Systemtheorie

Eine Darstellung für Ingenieure

Von
Prof. Dr.-Ing. Rolf Unbehauen
Universität Erlangen-Nürnberg

Mit 149 Abbildungen

4., verbesserte Auflage

R. Oldenbourg Verlag München Wien 1983

CIP-Kurztitelaufnahme der Deutschen Bibliothek

Unbehauen, Rolf:
Systemtheorie : e. Darst. für Ingenieure /
von Rolf Unbehauen. – 4., verb. Aufl. –
München ; Wien : Oldenbourg, 1983.
ISBN 3-486-38454-6

Gesamtherstellung: R. Oldenbourg Graphische Betriebe GmbH, München

ISBN 3-486-38454-6

Inhalt

IV. Funktionentheoretische Methoden

Vorwort

Seit dem Erscheinen der ersten Auflage des Buches sind mehr als 10 Jahre vergangen. In dieser Zeit, die mit einem erheblichen technologischen Wandel verbunden war, wurden auch die Erkenntnisse auf dem Gebiet der Systemtheorie erweitert, und zugleich hat die Bedeutung der Systemtheorie für technische Anwendungen zugenommen. Diesem Umstand und den dadurch bedingten neuen Anforderungen in der Ausbildung mußte in der vorliegenden dritten Auflage Rechnung getragen werden. Es konnte daher nicht ausbleiben, daß der Text wesentlich erweitert und aufgrund der inzwischen gemachten Lehrerfahrung an einigen Stellen überarbeitet und ergänzt wurde. Die Erweiterungen betreffen in erster Linie die Einbeziehung stochastischer Prozesse und die gleichzeitige Behandlung sowohl kontinuierlicher als auch diskontinuierlicher Systeme. In der unten gegebenen Inhaltsübersicht sind diese Erweiterungen besonders hervorgehoben.

Die Systemtheorie ist heute ein eingeführtes Grundlagenfach der Ingenieurwissenschaften. Die vorhandenen Verfahren werden in der Nachrichtentechnik ebenso wie in der Meßtechnik und Regelungstechnik angewendet. Die Methodik beruht in aller Regel darauf, mathematische Modelle bereitzustellen, um bei verschiedenartigsten Anwendungen in einheitlicher Weise Einsichten in technische Zusammenhänge zu gewinnen und quantitative Ergebnisse zu erzielen. Dabei stellen die genannten Modelle mathematische Bilder für das Zusammenspiel der physikalischen Erscheinungen dar, die den technischen Vorgängen zugrunde liegen. Da zur inneren Logik einer Theorie das deduktive Vorgehen gehört, verlangt eine sinnvolle Anwendung systemtheoretischer Methoden eine Gewöhnung an das deduktive Denken. Natürlich kann auf physikalische Interpretationen nicht verzichtet werden. Besonders hervorgehoben sei die studiendidaktische und lernökonomische Bedeutung der Systemtheorie, die in der Tatsache zu sehen ist, daß man leichter lehrt und lernt, wenn eine Vielzahl von Einzelerscheinungen in der Nachrichten-, Meß- und Regelungstechnik als Konsequenz weniger systemtheoretischer Grundkonzepte erklärt und durchschaut werden kann; man sollte vermehrt anstreben, den Studenten nicht in jedem Fach mit einer „spezifischen“ Theorie einschließlich der speziellen Nomenklatur zu belasten.

Das Buch wendet sich an Studenten und Ingenieure in der Praxis, die systemtheoretische Methoden zur Lösung technischer Probleme kennenlernen wollen. Es ist zum Selbststudium und als Arbeitstext neben Vorlesungen gedacht.

Im ersten Kapitel werden die Grundbegriffe der Systemtheorie eingeführt. Der Begriff der Linearität nimmt hier eine zentrale Stellung ein, und es wird das Zusammenspiel der Eingangsgrößen und der Ausgangsgrößen bei linearen Systemen ohne Beachtung

des inneren System-Zustandes untersucht. Dabei wird von Anfang an neben dem klassischen kontinuierlichen Fall auch der diskontinuierliche Fall behandelt. Die entwickelten Methoden eignen sich dazu, das Zeitverhalten von Übertragungseinrichtungen in bequemer Weise zu beurteilen. In einem abschließenden Abschnitt des Kapitels wird der Begriff des stochastischen Prozesses erklärt und untersucht, in welcher Weise derartige Prozesse durch lineare Systeme verändert werden. Das zweite Kapitel ist Verfahren des Zustandsraumes gewidmet. Diese Verfahren gehören heute zum Standard der Systemtheorie. Breiten Raum finden die Aufstellung der Zustandsgleichungen, die Lösung dieser Gleichungen, die Klärung der Begriffe Steuerbarkeit, Beobachtbarkeit, Stabilität und die Entwicklung von Kriterien zur Überprüfung dieser Eigenschaften. Abschließend werden Methoden der Zustandsgrößenrückkopplung, des Entwurfs von Zustandsbeobachtern und der optimalen Regelung behandelt.
Im Gegensatz zu den beiden ersten Kapiteln, in denen ausschließlich Verfahren des Zeitbereichs behandelt werden, sind in den Kapiteln III und IV vor allem Methoden des Frequenzbereichs Gegenstand der Betrachtungen. In diesem Sinne ist das Buch in zwei Teile gegliedert, die trotz ihres engen Zusammenhangs auch unabhängig voneinander gelesen werden können. Die Signal- und Systembeschreibung mit Hilfe der Fourier-Transformation wird im dritten Kapitel ausführlich behandelt. Diese Beschreibungsart ist der Vorstellungswelt des Ingenieurs besonders angepaßt. Hierbei werden auch nicht-kausale Systeme in die Betrachtungen einbezogen, zumal in vielen Fällen der Verzicht auf die Kausalität die Untersuchungen wesentlich vereinfacht, und andererseits die dadurch bedingten Fehler bei qualitativen Überlegungen oft keine große Rolle spielen. Auch bei der Beschreibung von Möglichkeiten zur Darstellung von Signalen und Systemen im Frequenzbereich wird neben dem kontinuierlichen Fall der diskontinuierliche Fall ausführlich besprochen, wobei unter anderem auf die diskrete Fourier-Transformation (DFT) und das Konzept der schnellen Fourier-Transformation (FFT) eingegangen wird. Zwei Abschnitte beinhalten Verfahren zur digitalen Signalverarbeitung und die Darstellung stochastischer Prozesse im Frequenzbereich mit Hilfe der spektralen Leistungsdichte. Im Rahmen von Anwendungen werden Methoden zur Signalerkennung im Rauschen erörtert. Im Kapitel IV soll die Nützlichkeit der Funktionentheorie für die Behandlung systemtheoretischer Probleme gezeigt werden. Neben der einseitigen und zweiseitigen Laplace-Transformation wird die Z-Transformation eingeführt. Im Rahmen der Beschreibung einiger graphischer Stabilitätsverfahren findet man das Nyquistsche Kriterium, die Methode der Wurzelortskurve, das Popow-Kriterium und ein Kreiskriterium. Die Frage der Verknüpfung einerseits zwischen Realteil und Imaginärteil von Übertragungsfunktionen, andererseits von Betrag und Phase wird für den kontinuierlichen und den diskontinuierlichen Fall ausführlich behandelt; auf diskontinuierliche Systeme mit streng linearer Phase wird besonders eingegangen. Den Abschluß bildet eine kurze Einführung in die Theorie der Optimalfilter.
An zahlreichen Stellen des Buches wird versucht, die gewonnenen Ergebnisse durch Beispiele zu erläutern und zu erproben. Die wichtigsten Gleichungsbeziehungen sind innerhalb der einzelnen Kapitel durchnumeriert. Soweit auf Gleichungen in anderen Kapiteln Bezug genommen wird, erfolgt ein ausdrücklicher Hinweis, sonst beziehen sich Verweise auf Gleichungsnummern stets auf das laufende Kapitel. Die verwendeten Symbole wurden in Anlehnung an die im deutschen Schrifttum üblichen Bezeichnungen gewählt. So werden Vektoren und Matrizen durch halbfette Zeichen, transponierte Matrizen durch einen Strich, konjugiert-komplexe Zahlen durch einen Stern und die

komplexe Frequenzvariable durch p gekennzeichnet. Die wichtigsten Formelzeichen und Abkürzungen sind am Ende des Buches in einer Tabelle zusammengestellt. In Anlehnung an die in der Mathematik schon seit langem üblichen Bezeichnungen für die bei Funktionszuordnungen auftretenden Variablen entschied ich mich für $\boldsymbol{x}$ als Zeichen des Vektors der Eingangssignale (Ursachen) und für $\boldsymbol{y}$ als Symbol des Vektors der Ausgangssignale (Wirkungen), während für den Zustandsvektor das Zeichen $\boldsymbol{z}$ gewählt wurde. Anderen Bezeichnungsvorschlägen konnte ich mich aus didaktischen Gründen nicht anschließen.
Für das Verständnis des Stoffes wird erwartet, daß der Leser mit den Elementen der Matrizenalgebra und der Analysis reeller Funktionen einschließlich der Theorie gewöhnlicher linearer Differentialgleichungen vertraut ist und über einige Grundkenntnisse der Funktionentheorie verfügt. Der Umfang dieser Kenntnisse dürfte etwa dem Stoff entsprechen, wie er Ingenieuren in den mathematischen Grundvorlesungen an deutschen wissenschaftlichen Hochschulen geboten wird. Im Anhang findet der Leser eine kurze Einführung in die Elemente der Distributionentheorie, die sich für die moderne Systemtheorie als nützlich erwiesen hat, und in einige Grundbegriffe aus der elementaren Wahrscheinlichkeitsrechnung. Daneben sind in Tabellenform bei Anwendungen wichtige Korrespondenzen der Fourier-, Laplace- und Z-Transformation angegeben.
Es ist mir ein besonderes Anliegen, Herrn Dr. U. Forster, Oberingenieur an meinem Lehrstuhl, für seine unermüdliche Unterstützung bei der Erstellung dieser Neuauflage herzlichen Dank zu sagen. Er hat mich in jeder Phase der Vorbereitungsarbeiten unterstützt, das gesamte Manuskript einer kritischen Prüfung unterzogen und an zahlreichen Stellen Verbesserungsvorschläge eingebracht. Ohne diese Mitwirkung hätte das Buch die vorliegende Form nicht gefunden. Darüber hinaus gilt mein Dank auch allen übrigen Mitarbeiterinnen und Mitarbeitern meines Lehrstuhls, die bei der Erstellung des Manuskripts mitgeholfen haben, namentlich Frau R. Dittrich und Frau H. Geisenfelder. Der Lektorin vom R. Oldenbourg Verlag, Fräulein Deinass, danke ich für die ausgezeichnete Zusammenarbeit und für die verlegerische Betreuung des Vorhabens.

Erlangen, April 1979 R. Unbehauen

Vorwort zur vierten Auflage

Die positive Aufnahme der dritten Auflage und der Umstand, daß überraschend schnell wieder eine Neuauflage notwendig geworden ist, dürfen als Zeichen dafür gesehen werden, daß die Erweiterung von einer „Einführung" zu einer „Darstellung" der Systemtheorie sinnvoll und berechtigt war. In der vorliegenden vierten Auflage wurden einige Korrekturen vorgenommen, und darüber hinaus war es möglich, verschiedene kleinere Ergänzungen zu machen, die sich aufgrund der inzwischen gewonnenen weiteren Lehrerfahrung als nützlich erwiesen haben. Hinweise und Vorschläge werden vom Verfasser auch in Zukunft dankbar entgegengenommen.

Erlangen, Juli 1982 R. Unbehauen

I. Eingang-Ausgang-Beschreibung von linearen Systemen

1. Grundlegende Begriffe

1.1. Das System und die Signale

Unter einem *System* wird im folgenden ein mathematisches Modell verstanden, das in sehr allgemeiner Weise zur Beschreibung und zur Untersuchung technischer Gebilde, beispielsweise zur mathematischen Analyse elektrischer Netzwerke, nachrichtentechnischer oder regelungstechnischer Anlagen, verwendet werden kann. Die hierbei auftretenden physikalischen Größen, wie Spannungen, Ströme, Drehwinkel und dergleichen, werden als *Signale* bezeichnet und mit Hilfe von Zeitfunktionen dargestellt. Jedes dieser Signale wird zunächst als *deterministisch* betrachtet; die entsprechende Zeitfunktion zeichnet sich also dadurch aus, daß jedem Zeitpunkt t, in dem das Signal existiert, in eindeutiger Weise ein (reeller oder komplexer) Zahlenwert zugewiesen ist. Hierbei unterscheidet man noch zwischen zeitlich *kontinuierlichen* und *diskontinuierlichen* Signalen, je nachdem ob die entsprechende Zeitfunktion für alle t-Werte ($-\infty < t < \infty$) oder nur für die diskreten normierten Zeitpunkte $t = n$ (n ganzzahlig) erklärt ist (Bild 1). Auf die Möglichkeit der *stochastischen* Signalbeschreibung wird im Abschnitt 3 eingegangen.
Da die zu entwickelnde Theorie möglichst allgemein anwendbar sein soll, spielt die physikalische Bedeutung der im System vorkommenden Zeitfunktionen eine untergeordnete Rolle. Von diesen Zeitfunktionen sind zwei Gruppen besonders ausgezeichnet. Die eine umfaßt die *Eingangssignale*, die mit $x_1(t), x_2(t), \ldots, x_m(t)$ bezeichnet werden und die Systemerregung bedeuten. Die zweite Gruppe stellt die *Ausgangssignale* dar, die mit

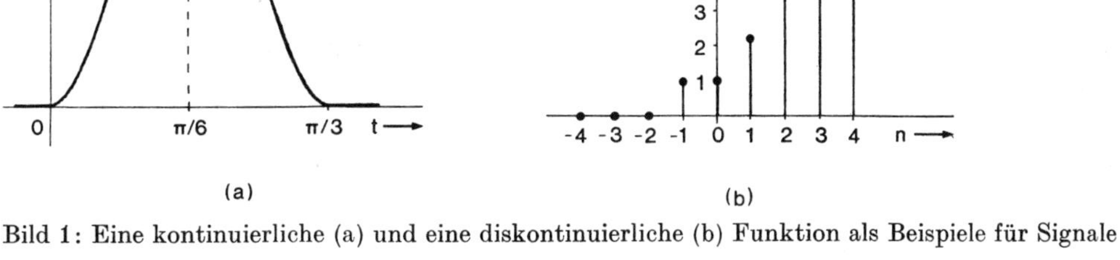

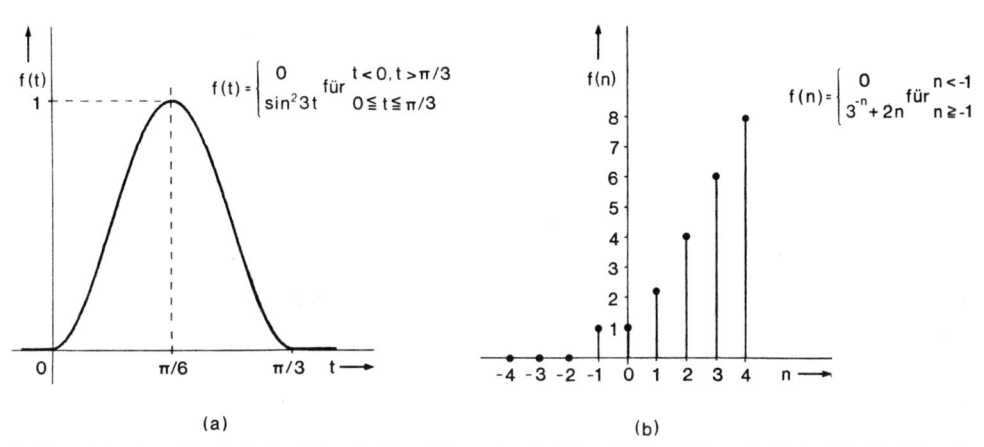

Bild 1: Eine kontinuierliche (a) und eine diskontinuierliche (b) Funktion als Beispiele für Signale

$y_1(t), y_2(t), \ldots, y_n(t)$ bezeichnet werden und die Systemreaktion bedeuten. Bild 2a zeigt eine schematische Darstellung des Systems. Es empfiehlt sich, die Ein- und Ausgangsgrößen zu Vektoren zusammenzufassen (Bild 2b):

$$\boldsymbol{x}(t) = \begin{bmatrix} x_1(t) \\ x_2(t) \\ \vdots \\ x_m(t) \end{bmatrix}, \quad \boldsymbol{y}(t) = \begin{bmatrix} y_1(t) \\ y_2(t) \\ \vdots \\ y_n(t) \end{bmatrix}. \tag{1}$$

In sehr vielen Anwendungsfällen liegt nur *ein* Eingangssignal und nur *ein* Ausgangssignal ($m = n = 1$) vor. Sind alle Eingangs- und Ausgangssignale kontinuierlich, so wird auch das System als *kontinuierlich* bezeichnet. Von einem *diskontinuierlichen* System hingegen spricht man, wenn diese Signale diskontinuierlich sind, und die Zeitvariable t wird dann durchweg durch n ersetzt. *Hybride* Systeme, bei denen $\boldsymbol{x}(t)$ kontinuierlich (diskontinuierlich) und $\boldsymbol{y}(t)$ diskontinuierlich (kontinuierlich) ist, werden hier weniger betrachtet.

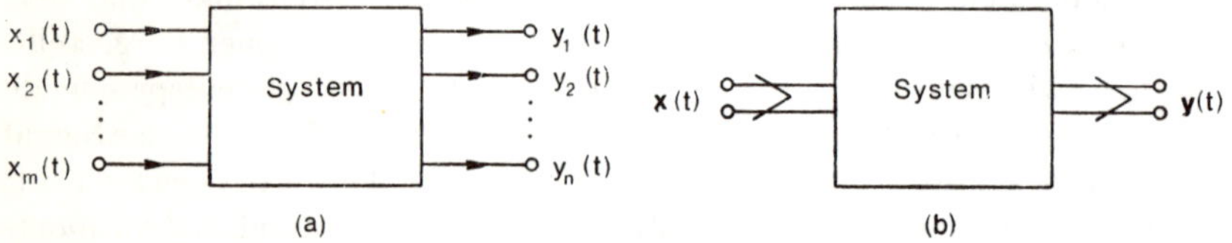

Bild 2: Schematische Darstellung des Systems

Als Beispiele für ein (kontinuierliches) System seien das im Bild 3a dargestellte, aus einem Sender mit der Sendespannung $x(t)$, einer Übertragungsstrecke und einem Empfänger mit der Verbraucherspannung $y(t)$ bestehende Nachrichten-Übertragungssystem sowie der im Bild 3b vereinfacht dargestellte Regelkreis mit der Führungsgröße $x_1(t)$, der Störgröße $x_2(t)$ und der Regelgröße $y_1(t)$ genannt. Ein Digitalrechner, der Zeichen- bzw. Zahlenfolgen über Lochkarten einliest, verarbeitet und entsprechende Folgen auf Papier ausdruckt, kann als Beispiel für ein diskontinuierliches System betrachtet werden.

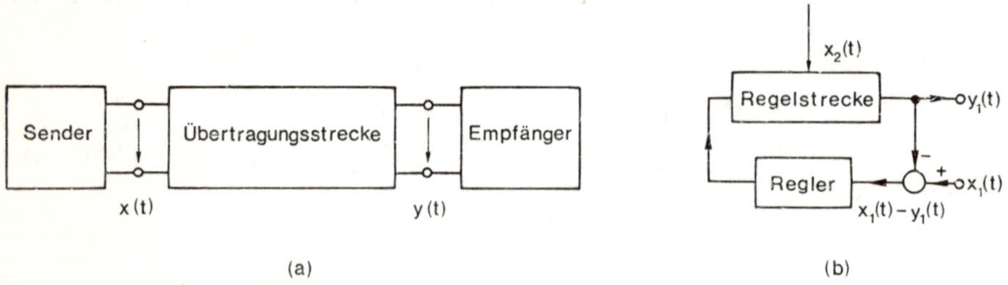

Bild 3: Nachrichtenübertragungssystem (a) und Regelkreis (b) als Beispiele für Systeme

Die zwischen Ein- und Ausgangsgrößen eines Systems bestehende Verknüpfung soll allgemein in Form einer Operatorbeziehung [52] ausgedrückt werden:[1])

$$\boldsymbol{y}(t) = T[\boldsymbol{x}(t)]. \tag{2}$$

[1]) Wir wollen im folgenden annehmen, daß alle Eingangsgrößen $\boldsymbol{x}(t)$ aus einer Funktionenmenge stammen, für die der Operator definiert ist. Diese Funktionen seien als zulässig bezeichnet.

Diese Gleichung besagt, daß dem vektoriellen Eingangssignal $\boldsymbol{x}(t)$ der Ausgangsvektor $\boldsymbol{y}(t)$ zugeordnet ist. Sie braucht nicht eine explizite Rechenvorschrift darzustellen. Es ist jedoch notwendig, die Klasse der als Eingangsvektoren zulässigen $\boldsymbol{x}(t)$ genau abzugrenzen. Sofern die Erregung $\boldsymbol{x}(t)$ aus Gl. (2) bereits von $t = -\infty$ an auf das betreffende System wirkt, sollen die Energiespeicher des Systems zu diesem Zeitpunkt leer sein.[1]) Das System soll sich also zu diesem Zeitpunkt „in Ruhe befinden". Wird jedoch, was sich bei vielen Anwendungen ergibt, das System von einem endlichen Zeitpunkt t_0 an durch $\boldsymbol{x}(t)$ erregt, so muß zur eindeutigen Beschreibung des Systems nach Gl. (2) der Zustand der Energiespeicher zum Zeitpunkt t_0 spezifiziert werden. Wenn nichts anderes gesagt wird, soll sich auch in diesem Fall das System zum Zeitpunkt t_0 in Ruhe befinden. In Gl. (2) sind $\boldsymbol{x}(t)$, $\boldsymbol{y}(t)$ durch $x(t)$, $y(t)$ zu ersetzen, wenn nur *ein* Eingangssignal und nur *ein* Ausgangssignal existieren.

Die vorausgegangene Systemdefinition ist noch zu allgemein, um eine für praktische Anwendungen brauchbare Theorie aufzubauen. Deshalb sollen nun einige grundlegende Systemeigenschaften definiert werden, die für die weiteren Betrachtungen eine entscheidende Rolle spielen. Die wichtigste dieser Eigenschaften ist die *Linearität*, die im folgenden meist vorausgesetzt wird. Hierbei handelt es sich, beiläufig bemerkt, um eine jener Idealisierungen, die bei realen Gebilden in Strenge nicht vorliegen, die aber bei zahlreichen Anwendungen näherungsweise bestehen und den wesentlichen Sachverhalt beschreiben. Ohne Einführung dieser Idealisierungen würden die Untersuchungen in unnötiger Weise kompliziert.

1.2. Die Systemeigenschaften

Grundsätzlich wird im folgenden davon ausgegangen, daß alle vorkommenden Eingangssignale zulässig sind, und es wird angenommen, daß die Erregung in irgendeinem Zeitpunkt t_0 (z. B. $t_0 = -\infty$) einsetzt und bis zu einem willkürlichen Beobachtungszeitpunkt $t_1 > t_0$ anhält. Die Systemeigenschaften werden explizit für kontinuierliche Systeme formuliert; durch den Übergang von der kontinuierlichen Zeitvariablen zur diskreten Zeit können sie ganz entsprechend auch für diskontinuierliche Systeme ausgedrückt werden.

Es wird dem Leser empfohlen, zur Veranschaulichung der folgenden Definitionen den Fall zu betrachten, daß nur ein Eingangssignal und nur ein Ausgangssignal vorhanden sind ($m = n = 1$).

a) Linearität

Man betrachtet zwei willkürliche Eingangssignale $\boldsymbol{x}^{(1)}(t)$, $\boldsymbol{x}^{(2)}(t)$. Die nach Gl. (2) zugeordneten Ausgangssignale seien mit $\boldsymbol{y}^{(1)}(t)$, $\boldsymbol{y}^{(2)}(t)$ bezeichnet. Es gelte also

$$\boldsymbol{y}^{(\nu)}(t) = T[\boldsymbol{x}^{(\nu)}(t)] \quad (\nu = 1, 2). \tag{3a}$$

Dem betreffenden System wird nun genau dann die Eigenschaft der *Linearität* zugeschrieben, wenn jeder Linearkombination der $\boldsymbol{x}^{(\nu)}(t)$ ($\nu = 1, 2$) die entsprechende

---

[1]) Unter Energiespeichern versteht man diejenigen Bestandteile des Systems, die jenen Teilen der betreffenden physikalischen Anordnung entsprechen, welche Energie speichern. Beispiele sind Spulen und Kondensatoren oder mechanische Federn für kontinuierliche Systeme und Verzögerungsglieder für diskontinuierliche Systeme.

Linearkombination der $\boldsymbol{y}^{(\nu)}(t)$ $(\nu = 1, 2)$ als System-Reaktion entspricht. Es muß also für beliebige Konstanten k_1 und k_2 stets die Beziehung

$$T[k_1\boldsymbol{x}^{(1)}(t) + k_2\boldsymbol{x}^{(2)}(t)] = k_1\boldsymbol{y}^{(1)}(t) + k_2\boldsymbol{y}^{(2)}(t) \tag{3b}$$

erfüllt sein. Betrachtet man N Funktionen $\boldsymbol{x}^{(\nu)}(t)$ $(\nu = 1, 2, \ldots, N)$, so folgt durch wiederholte Anwendung der Gln. (3a, b) stets

$$T\left[\sum_{\nu=1}^{N} k_\nu \boldsymbol{x}^{(\nu)}(t)\right] = \sum_{\nu=1}^{N} k_\nu T[\boldsymbol{x}^{(\nu)}(t)]. \tag{4}$$

Aus der Definition der Linearität nach den Gln. (3a, b) folgt unmittelbar

$$T[k\boldsymbol{x}(t)] = kT[\boldsymbol{x}(t)],$$

d. h., die Multiplikation der Eingangsgröße $\boldsymbol{x}(t)$ mit einer Konstanten k bewirkt, daß auch die zu $\boldsymbol{x}(t)$ gehörende Ausgangsgröße $\boldsymbol{y}(t)$ mit k multipliziert wird. Diese spezielle Eigenschaft heißt *Homogenität*. Die im Sonderfall $k_1 = k_2 = 1$ durch Gl. (3b) ausgedrückte Eigenschaft wird *Additivität* genannt. Homogenität und Additivität zusammen sind zur Linearität äquivalent.

Natürlich soll die Nullfunktion $\boldsymbol{x}(t) \equiv \boldsymbol{0}$ stets als Eingangsgröße zulässig sein. Hierauf reagiert ein lineares System, wie man den Gln. (3a, b) unmittelbar entnimmt, mit $\boldsymbol{y}(t) \equiv \boldsymbol{0}$. Es gilt also

$$T[\boldsymbol{0}] = \boldsymbol{0}. \tag{5}$$

Zur Erweiterung der Aussage Gl. (4) wird nun an den Operator $T[\boldsymbol{x}]$ eine Art *Stetigkeitsforderung* bezüglich der Erregung $\boldsymbol{0}$ gestellt. Dazu betrachtet man eine Folge von Eingangsvektoren $\{\boldsymbol{x}(t)\}$. Aus der Konvergenz dieser Folge gegen die Nullfunktion, d. h. aus

$$\{\boldsymbol{x}(t)\} \to \boldsymbol{0} \tag{6a}$$

soll nun stets die Konvergenz der Folge der entsprechenden Ausgangsvektoren gegen die Nullfunktion, also

$$\{T[\boldsymbol{x}(t)]\} \to \boldsymbol{0} \tag{6b}$$

folgen.

Unter der Voraussetzung (6a, b) läßt sich jetzt in Gl. (4) der Grenzübergang $N \to \infty$ ausführen. Auf diese Weise ergibt sich die erweiterte Linearitätseigenschaft[1])

$$T\left[\sum_{\nu=1}^{\infty} k_\nu \boldsymbol{x}^{(\nu)}(t)\right] = \sum_{\nu=1}^{\infty} k_\nu T[\boldsymbol{x}^{(\nu)}(t)]. \tag{7}$$

---

[1]) Zum Nachweis der Gültigkeit von Gl. (7) stellt man die linke Seite dieser Gleichung zunächst in der Form

$$T\left[\sum_{\nu=1}^{N} k_\nu \boldsymbol{x}^{(\nu)}(t) + \boldsymbol{R}_N(t)\right]$$

bei beliebigem, ganzzahligem N dar, wobei das Restglied die Eigenschaft $\lim\limits_{N\to\infty} \boldsymbol{R}_N(t) = \boldsymbol{0}$ aufweist. Nun läßt sich Gl. (4) anwenden, und man erhält

$$T\left[\sum_{\nu=1}^{N} k_\nu \boldsymbol{x}^{(\nu)}(t) + \boldsymbol{R}_N(t)\right] = \sum_{\nu=1}^{N} k_\nu T[\boldsymbol{x}^{(\nu)}(t)] + T[\boldsymbol{R}_N(t)].$$

Diese Beziehung liefert für $N \to \infty$ wegen der Gln. (6a, b) die rechte Seite von Gl. (7).

Weiterhin kann unter der Voraussetzung (6a, b) aus Gl. (4) die erweiterte Linearitätseigenschaft

$$T\left[\int_a^b k(\tau)\,\boldsymbol{x}(t,\tau)\,\mathrm{d}\tau\right] = \int_a^b k(\tau)\,T[\boldsymbol{x}(t,\tau)]\,\mathrm{d}\tau \tag{8}$$

gefolgert werden, sofern das auf der linken Seite von Gl. (8) stehende, von t abhängige Integral sich darstellen läßt als endliche Summe mit einem im Beobachtungsintervall $t_0 \leqq t \leqq t_1$ dem Betrage nach unter jede Grenze drückbaren Restglied.[1]) Eine derartige Darstellung ist sicher dann möglich, wenn $\boldsymbol{x}(t, \tau)$ und $k(\tau)$ in der Variablen τ stückweise stetige Funktionen sind, das betreffende Integral also im sogenannten Riemannschen Sinne aufgefaßt werden kann. Diese Darstellung ist bei Zugrundelegung des Stieltjesschen Integralbegriffes [52] auch dann möglich, wenn nur eine der Funktionen $k(\tau)$ und $\boldsymbol{x}(t, \tau)$ stetig ist und $\mathrm{d}\boldsymbol{X} = \boldsymbol{x}(t, \tau)\,\mathrm{d}\tau$ bzw. $\mathrm{d}K = k(\tau)\,\mathrm{d}\tau$ das „verallgemeinerte Differential" einer stückweise stetigen Funktion darstellt.

Als einfaches Beispiel eines linearen Systems sei die Verzögerungsleitung mit der Operatorgleichung

$$y(t) = T[x(t)] = x(t - t_v)$$

erwähnt. Man kann sich direkt davon überzeugen, daß in diesem Fall die Definition nach den Gln. (3a, b) erfüllt wird.

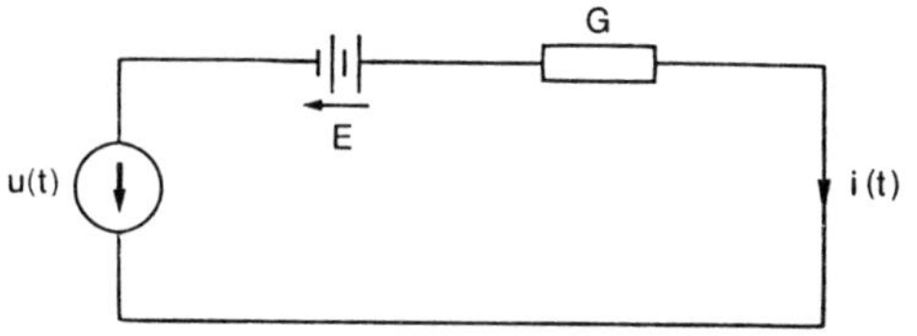

Bild 4: Einfaches elektrisches Netzwerk mit der Gleichspannungsquelle E und dem ohmschen Leitwert G

Für das im Bild 4 dargestellte, aus idealisierten Elementen aufgebaute elektrische Netzwerk gilt offensichtlich

$$i(t) = Gu(t) + GE. \tag{9}$$

Betrachtet man die Spannung $u(t)$ als Eingangssignal und den Strom $i(t)$ als Ausgangssignal, so stellt das vorliegende Netzwerk im Sinne der Gln. (3a, b) offensichtlich *kein* lineares System dar. Wird allerdings die Stromdifferenz $y(t) = i(t) - GE$ zum Ausgangssignal erklärt, dann ist das System gemäß Gl. (9) linear.

b) Zeitinvarianz

Einer willkürlichen Erregung $\boldsymbol{x}(t)$ sei nach Gl. (2) die System-Reaktion $\boldsymbol{y}(t)$ zugeordnet. Das betreffende System wird genau dann als *zeitinvariant* bezeichnet, wenn für beliebiges reelles t_v stets

$$T[\boldsymbol{x}(t - t_v)] = \boldsymbol{y}(t - t_v) \tag{10}$$

[1]) Zum Nachweis der Gültigkeit von Gl. (8) wird das Integral auf der linken Seite dieser Gleichung ersetzt durch

$$\sum_{\nu=1}^{N} k(\tau_\nu)\,\boldsymbol{x}(t, \tau_\nu)\,\Delta\tau_\nu + \boldsymbol{R}_N(t),$$

und man verfährt dann in analoger Weise wie in Fußnote 1, S. 18.

gilt. Bei einem zeitinvarianten System ist also die Form des Ausgangssignals unabhängig davon, wann das Eingangssignal einsetzt (Bild 5). Die bei der Definition der Linearität genannte Verzögerungsleitung ist ein Beispiel für ein zeitinvariantes System. Ist ein System nicht zeitinvariant, so spricht man von einem *zeitvarianten* System.

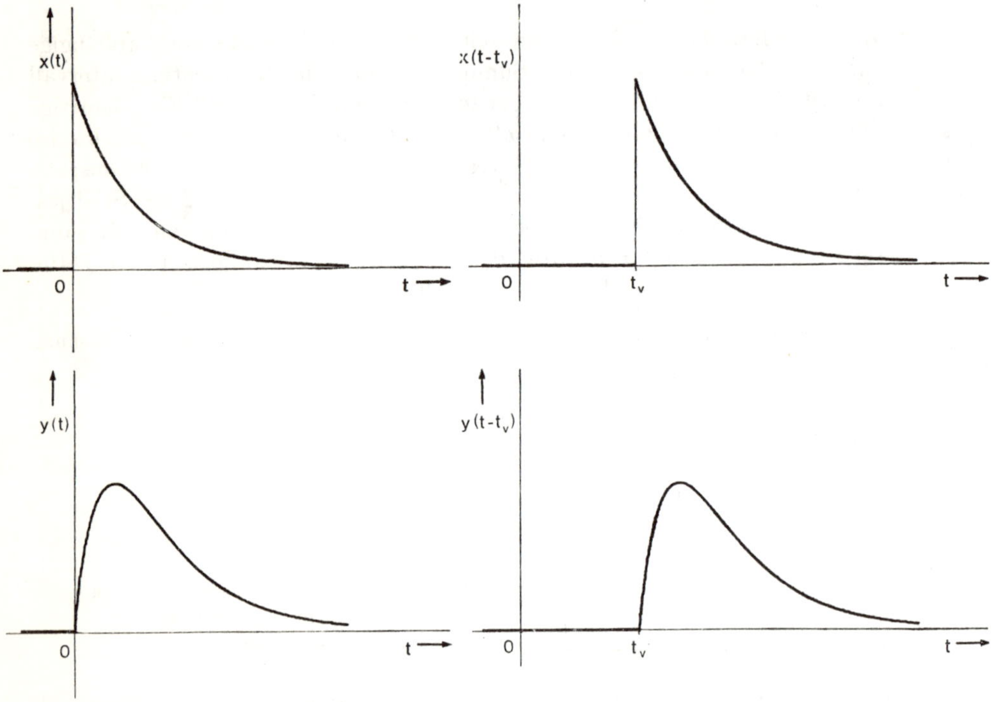

Bild 5: Zur Definition der Zeitinvarianz

c) Kausalität

Ein System heißt genau dann *kausal*, wenn der Verlauf des Ausgangssignals $\boldsymbol{y}(t)$ bis zu irgendeinem Zeitpunkt t_1 stets nur vom Verlauf des entsprechenden Eingangssignals $\boldsymbol{x}(t)$ bis zu diesem Zeitpunkt t_1 abhängt, d. h., wenn für zwei beliebige Eingangssignale $\boldsymbol{x}^{(\nu)}(t)$ $(\nu = 1, 2)$ mit der Eigenschaft

$$\boldsymbol{x}^{(1)}(t) \equiv \boldsymbol{x}^{(2)}(t) \quad \text{für} \quad t \leqq t_1 \tag{11a}$$

bei willkürlichem t_1 die entsprechenden Ausgangssignale die Eigenschaft

$$T[\boldsymbol{x}^{(1)}(t)] \equiv T[\boldsymbol{x}^{(2)}(t)] \quad \text{für} \quad t \leqq t_1 \tag{11b}$$

aufweisen.

Die Definitionsgleichungen (11a, b) haben angesichts Gl. (5) zur Folge, daß ein *lineares, kausales* System auf jedes Eingangssignal $\boldsymbol{x}(t)$ mit der Eigenschaft

$$\boldsymbol{x}(t) \equiv \boldsymbol{0} \quad \text{für} \quad t < t_1 \tag{12a}$$

mit einem Ausgangssignal $\boldsymbol{y}(t)$ reagiert, das die Eigenschaft

$$\boldsymbol{y}(t) \equiv \boldsymbol{0} \quad \text{für} \quad t < t_1 \tag{12b}$$

aufweist.

Man kann sich leicht davon überzeugen, daß das durch die Gleichung

$$y(n) = x(n) + x(n+1)$$

beschriebene lineare diskontinuierliche System mit einem Eingang und einem Ausgang nicht kausal ist.

d) Gedächtnislose und dynamische Systeme

Hängt der Wert des Ausgangssignals $\boldsymbol{y}(t)$ zu jedem Zeitpunkt $t = t_1$ nur vom Wert des Eingangssignals $\boldsymbol{x}(t)$ zum Zeitpunkt $t = t_1$ ab, also nicht von vergangenen oder gar künftigen Werten von $\boldsymbol{x}(t)$, so bezeichnet man das betreffende System als *gedächtnislos*. Andernfalls spricht man von einem *dynamischen* System. Dieses hat, wie man zu sagen pflegt, das endliche Gedächtnis τ ($\neq \infty$) oder ein unendliches Gedächtnis, je nachdem die Ausgangsgröße $\boldsymbol{y}(t_1)$ immer nur von den Werten der Eingangsgröße im Intervall $t_1 - \tau$ bis t_1 abhängt oder von den Werten im Intervall von $-\infty$ bis t_1.

Das im Bild 4 dargestellte elektrische Netzwerk mit $u(t)$, $i(t)$ als Ein- bzw. Ausgangsgröße liefert ein Beispiel für ein gedächtnisloses System. Die zugehörige Gl. (9) ist typisch für die Verknüpfung zwischen Ein- und Ausgangsgröße von gedächtnislosen Systemen. Das durch die Gleichung $y(t) = x^2(t)$ beschriebene System ist nichtlinear und gedächtnislos, das durch $y(t) = tx(t)$ gekennzeichnete System ist linear, zeitvariant und gedächtnislos; schließlich ist das durch die Beziehung $y(t) = 2x(t) + 3x(t-1)$ charakterisierte System linear, zeitinvariant und dynamisch mit dem endlichen Gedächtnis $\tau = 1$.

e) Stabilität

Ein System soll genau dann als *stabil* bezeichnet werden, wenn jedes beschränkte zulässige Eingangssignal $\boldsymbol{x}(t)$ ein ebenfalls beschränktes Ausgangssignal $\boldsymbol{y}(t)$ zur Folge hat, d. h., wenn aus der Bedingung

$$|x_\mu(t)| \leqq M < \infty \qquad (\mu = 1, 2, \ldots, m) \tag{13a}$$

für die Komponenten des Erregungsvektors $\boldsymbol{x}(t)$ die Einschränkung

$$|y_\nu(t)| \leqq N < \infty \qquad (\nu = 1, 2, \ldots, n) \tag{13b}$$

für die Komponenten des Reaktionsvektors $\boldsymbol{y}(t)$ für *alle* t-Werte folgt.

Ergänzung: Wie man zeigen kann [69], ist bei einem linearen System die durch Gln. (13a, b) ausgedrückte Eigenschaft gleichbedeutend mit der Existenz einer vom Eingangssignal unabhängigen endlichen Zahl L derart, daß aus

$$|x_\mu(t)| \leqq M$$

für $\mu = 1, \ldots, m$ und alle t stets

$$|y_\nu(t)| \leqq LM$$

für $\nu = 1, \ldots, n$ und alle t folgt.

Der Leser möge sich davon überzeugen, daß die wiederholt genannte Verzögerungsleitung ein stabiles, das durch die Beziehung

$$y(t) = \int_{-\infty}^{t} x(\tau)\, d\tau$$

definierte Integrierglied ein instabiles System darstellt.

f) Reellwertigkeit

Ein System heißt *reell*, wenn jedem reellen Eingangssignal ein reelles Ausgangssignal zugeordnet ist.

1.3. Standardsignale

In der Systemtheorie spielen drei Signale eine fundamentale Rolle, die im folgenden eingeführt werden. Sie finden vorzugsweise als Eingangssignale Verwendung.

a) Die harmonische Exponentielle

Hierunter versteht man die im Intervall $-\infty < t < \infty$ definierte Funktion

$$e^{j\omega t} = \cos \omega t + j \sin \omega t \; (\omega = \text{const}),$$

wobei $j = \sqrt{-1}$ die imaginäre Einheit bedeutet. Diese Funktion ist für die Signal- und Systemdarstellung im Frequenzbereich von entscheidender Bedeutung. Bekanntlich lassen sich periodische Funktionen unter wenig einschränkenden Bedingungen durch ihre Fourier-Reihe, also durch Überlagerung von Funktionen der Art $c_\nu \exp(j\nu\omega t)$ ausdrücken. In welcher Weise auch nichtperiodische Funktionen mit Hilfe der harmonischen Exponentiellen darstellbar sind, wird später noch ausführlich gezeigt.
Ersetzt man die kontinuierliche Variable t durch die diskrete Variable n ($n = \ldots, -1, 0, 1, \ldots$), dann entsteht die diskontinuierliche harmonische Exponentielle, die bei diskontinuierlichen Signalen und Systemen entsprechende Bedeutung hat wie die kontinuierliche harmonische Exponentielle.

b) Die Sprungfunktion

Hierunter wird die Funktion

$$s(t) = \begin{cases} 0 & \text{für} \quad t < 0 \\ 1 & \text{für} \quad t > 0 \end{cases}$$

verstanden (Bild 6a). Mit Hilfe dieser Funktion kann jede in $-\infty < t < \infty$ stetige und stückweise differenzierbare Funktion $f(t)$, deren Grenzwert $\lim_{t \to -\infty} f(t) = f(-\infty)$ existiert, dargestellt werden: Ausgehend von der Beziehung

$$f(t) = f(-\infty) + \int_{-\infty}^{t} f'(\tau)\, d\tau$$

erhält man unter Verwendung der Sprungfunktion $s(t)$ die Darstellung[1])

$$f(t) = f(-\infty) + \int_{-\infty}^{\infty} f'(\tau)\, s(t-\tau)\, d\tau. \tag{14a}$$

Diese Darstellung für $f(t)$ kann nach Bild 7 gedeutet werden. Aus Bild 7 ist nämlich unmittelbar die approximative Form

$$f(t) \approx f(-\infty) + \sum_{\nu=-\infty}^{\infty} s(t-\tau_{\nu+1})\,[f(\tau_{\nu+1}) - f(\tau_\nu)] \tag{15}$$

---

[1]) Die Anwendung der Gl. (14a) auf Funktionen $f(t)$, die Unstetigkeiten in Form von Sprüngen aufweisen, ist gestattet, wenn $f(t)$ als verallgemeinerte Funktion im Sinne der Distributionentheorie aufgefaßt wird.

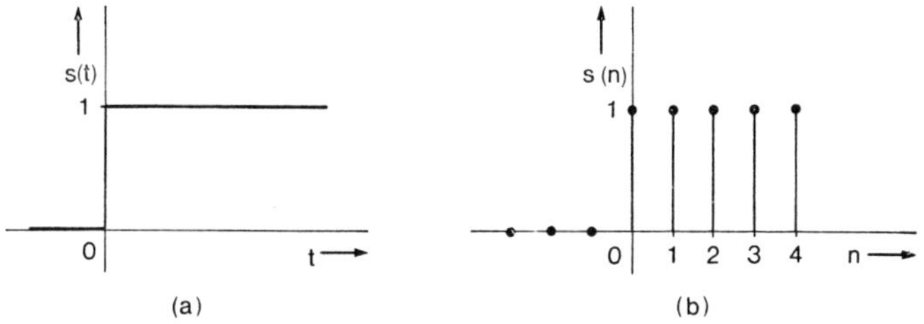

Bild 6: Die Sprungfunktion

mit $\tau_{\nu+1} = \tau_\nu + \Delta\tau$ zu erkennen. Erweitert man die unter dem Summenzeichen stehende eckige Klammer mit $\Delta\tau$, so geht für $\Delta\tau \to 0$ Gl. (15) in Gl. (14a) über.
Ersetzt man die kontinuierliche Variable t durch die diskrete Variable n ($n = \ldots, -1, 0, 1, \ldots$), dann entsteht die diskontinuierliche Sprungfunktion (auch Einheitssprung genannt) $s(n)$; hierbei empfiehlt sich noch, $s(n) = 1$ für $n = 0$ zu vereinbaren (Bild 6b). Entsprechend Gl. (14a) läßt sich dann jede diskontinuierliche Funktion in der Form

$$f(n) = f(-\infty) + \sum_{\nu=-\infty}^{\infty} [f(\nu) - f(\nu - 1)]\, s(n - \nu) \tag{14b}$$

ausdrücken.

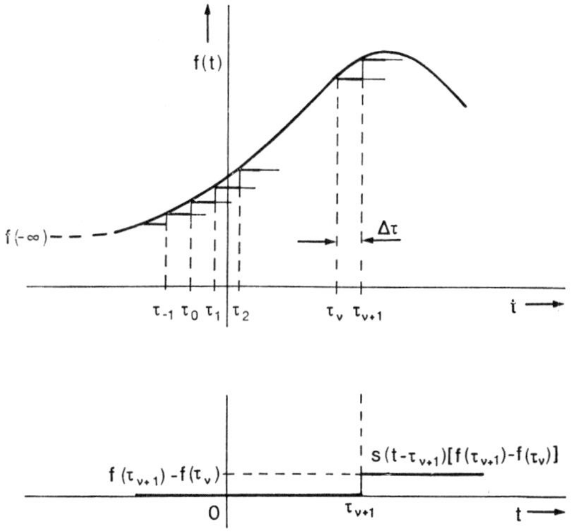

Bild 7: Approximative Darstellung einer Funktion durch Sprungfunktionen

c) Die Impulsfunktion

Die Impulsfunktion $\delta(t)$, auch Delta-Funktion genannt, ist im Sinne der klassischen Analysis keine Funktion. Sie ist eine sogenannte verallgemeinerte Funktion oder *Distribution*, die in einer von der Definition *gewöhnlicher* Funktionen abweichenden Weise eingeführt zu werden pflegt. Hierbei verlangt man, daß für jede in $-\infty < t < \infty$ stetige Funktion $f(t)$ die Beziehung

$$\int_{-\infty}^{\infty} f(\tau)\, \delta(t - \tau)\, \mathrm{d}\tau = f(t) \tag{16a}$$

erfüllt sein soll. Streng genommen hat das in Gl. (16a) vorkommende Integral allerdings nicht die Bedeutung eines Integrals im Sinne der klassischen Analysis, sondern ist nur im Rahmen der Distributionentheorie sinnvoll erklärt (man vergleiche den Anhang A).

Man kann sich die Delta-Funktion näherungsweise als Rechteckfunktion

$$r_\varepsilon(t) = \begin{cases} \dfrac{1}{\varepsilon} & \text{für} \quad 0 < t < \varepsilon \\[2ex] 0 & \text{für} \quad t < 0, \quad t > \varepsilon \end{cases} \tag{17}$$

bei kleinem, positivem ε veranschaulichen (Bild 8). Im Sinne der Distributionentheorie gilt

$$\lim_{\varepsilon \to 0} r_\varepsilon(t) = \delta(t). \tag{18}$$

Eine beliebige in $-\infty < t < \infty$ stetige Funktion $f(t)$ läßt sich nun näherungsweise mit Hilfe der Rechteckfunktion $r_\varepsilon(t)$ Gl. (17) in der Form

$$f(t) \approx \sum_{\nu=-\infty}^{\infty} f(\tau_\nu)\, r_{\Delta\tau}(t - \tau_\nu)\, \Delta\tau \tag{19}$$

darstellen (Bild 9). Für $\Delta\tau \to 0$ geht bei Beachtung von Gl. (18) die Gl. (19) in die Beziehung (16a) über, welche die sogenannte Ausblendeigenschaft der Delta-Funktion ausdrückt. Die Bezeichnung „Ausblendeigenschaft" weist auf die aus Gl. (19) und Bild 9 ersichtliche Entstehung des Funktionswertes $f(t)$ durch „Ausblendung" mit Hilfe

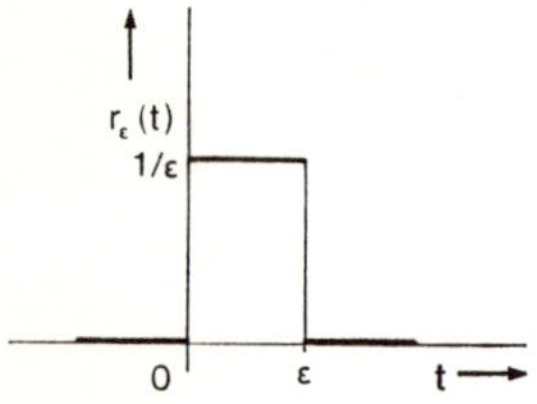

Bild 8: Approximative Darstellung der δ-Funktion

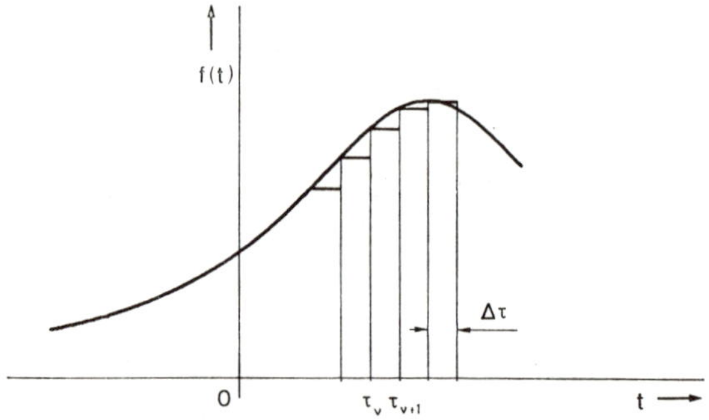

Bild 9: Approximative Darstellung einer Funktion durch Rechteck-Impulse

einer „schmalen" Rechteckfunktion $r_\varepsilon(t)$ hin. Bei den weiteren Untersuchungen wird die Delta-Funktion durch eine nadelförmige Funktion (Bild 10a) graphisch dargestellt. Ist die δ-Funktion mit einem Faktor A versehen, so heißt A Impulsstärke. Diese wird bei einer Darstellung gemäß Bild 10a an der Spitze des Impulses angegeben.

Die Delta-Funktion ist mit der Sprungfunktion im Sinne der Distributionentheorie über die Relation

$$s(t) = \int_{-\infty}^{t} \delta(\tau)\, \mathrm{d}\tau \tag{20a}$$

bzw.

$$\delta(t) = \frac{\mathrm{d}s(t)}{\mathrm{d}t} \tag{20b}$$

verknüpft. Man kann sich die Aussage der Gln. (20 a, b) dadurch veranschaulichen, daß man die Rechteckfunktion Gl. (17), welche die Funktion $\delta(t)$ approximiert, integriert, also nach Bild 11 die Funktion

$$s_\varepsilon(t) = \int_{-\infty}^{t} r_\varepsilon(\tau)\,\mathrm{d}\tau \tag{21a}$$

bildet. Hieraus folgt

$$r_\varepsilon(t) = \frac{\mathrm{d}s_\varepsilon(t)}{\mathrm{d}t}. \tag{21b}$$

Für $\varepsilon \to 0$ strebt, wie man sieht, $s_\varepsilon(t)$ gegen $s(t)$ und nach Gl. (18) $r_\varepsilon(t)$ gegen $\delta(t)$. Dabei gehen die Gln. (21a, b) in die Gln. (20a, b) über. Man vergleiche hierzu auch den Anhang A.

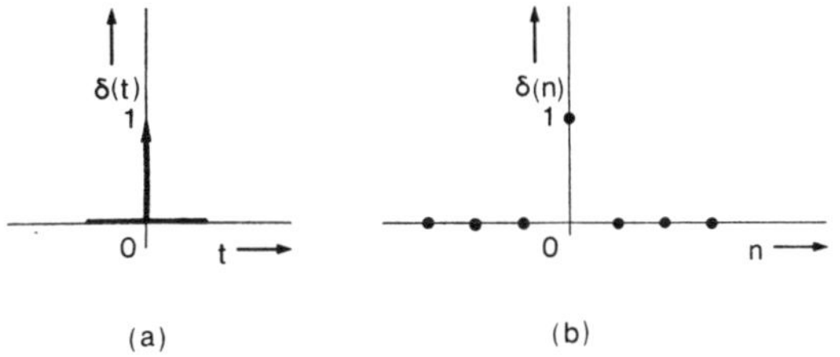

Bild 10: Graphische Darstellung der δ-Funktion

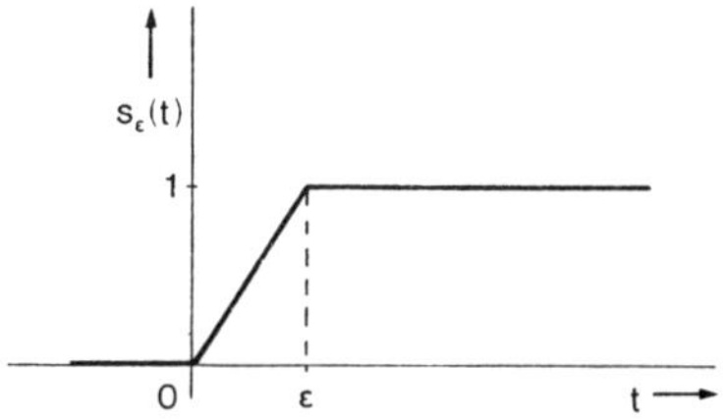

Bild 11: Integrierte Rechteckfunktion

Im Rahmen der Distributionentheorie lassen sich auch Differentialquotienten der Delta-Funktion bilden, insbesondere die erste Ableitung $\delta'(t)$. Zum Studium der Distributionentheorie seien die Bücher [48, 52, 57, 61] empfohlen. Ein kurzer Einblick wird im Anhang A gegeben.

Die diskontinuierliche Impulsfunktion (auch Einheitsimpuls genannt) ist durch die Beziehung

$$\delta(n) = \begin{cases} 1 & \text{für} \quad n = 0 \\ 0 & \text{für} \quad n \neq 0 \end{cases}$$

(n ganz) definiert (Bild 10b). Sie erlaubt entsprechend Gl. (16a), jede diskontinuierliche Funktion in der Form

$$f(n) = \sum_{\nu=-\infty}^{\infty} f(\nu)\,\delta(n-\nu) \tag{16b}$$

darzustellen.

Der Zusammenhang zwischen dem Einheitsimpuls und dem Einheitssprung läßt sich ausdrücken in der Form

$$s(n) = \sum_{\nu=-\infty}^{n} \delta(\nu)$$

bzw. durch

$$\delta(n) = s(n) - s(n-1).$$

2. Systemcharakterisierung durch Sprung- und Impulsantwort

Im Abschnitt 1.3 konnte gezeigt werden, wie sich Signale durch Superposition von Sprungfunktionen nach Gln. (14a, b) oder durch Überlagerung von Impulsfunktionen nach Gln. (16a, b) darstellen lassen. Betrachtet man ein *lineares* System und stellt man die Eingangssignale durch eine der genannten Superpositionen dar, dann können wegen der Linearität des Systems die entsprechenden Ausgangssignale direkt angegeben werden. Allerdings muß hierfür die Systemreaktion auf die zeitlich verschobene Sprung- bzw. Impulsfunktion bekannt sein. Diese Signale sollen dabei stets als System-Eingangsgrößen zugelassen sein.
Auf diese Weise wird im folgenden die Verknüpfung zwischen Ein- und Ausgangsgröße für den Fall hergeleitet, daß das betreffende System nur einen Eingang und nur einen Ausgang aufweist. Die Erweiterung dieser Betrachtungen auf Systeme mit mehreren Ein- und Ausgängen erfolgt im Abschnitt 2.8.
Die Beschreibung der verschiedenen Möglichkeiten zur Verknüpfung der Eingangssignale mit den Ausgangssignalen eines Systems ist als eine der Hauptaufgaben der Systemtheorie zu betrachten.

2.1. Die Sprungantwort

Unter der *Sprungantwort* $a(t, \tau)$ eines linearen kontinuierlichen Systems ($m = n = 1$) wird die Reaktion des Systems auf das Eingangssignal $s(t - \tau)$ verstanden:

$$a(t, \tau) = T[s(t - \tau)]. \tag{22}$$

Die Größe τ bedeutet, wie auch aus Bild 12 zu erkennen ist, jenen Zeitpunkt, zu dem der Sprung der Eingangsgröße einsetzt. Ist das System *kausal*, so weist die Sprungantwort nach den Gln. (12a, b) die Eigenschaft

$$a(t, \tau) \equiv 0 \quad \text{für} \quad t < \tau \tag{23}$$

auf, d. h., die Sprungantwort verschwindet in allen Zeitpunkten, die vor dem Einsetzen des Sprunges liegen. Im Falle, daß das betreffende System *zeitinvariant* ist, gilt nach Gl. (10)

$$a(t, \tau) = a(t - \tau). \tag{24}$$

Dann ist also die Sprungantwort nur von der Zeitspanne zwischen dem Einsetzen des Sprunges und dem Beobachtungszeitpunkt abhängig. Es genügt daher zur Kennzeichnung der Sprungantwort eines zeitinvarianten Systems, die Reaktion auf eine einzige Sprungerregung, etwa auf $s(t)$, zu bestimmen (Bild 13). Bei einem *zeitvarianten* System

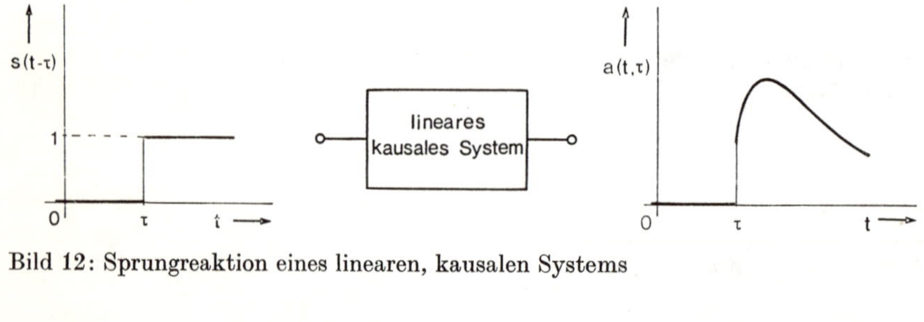

Bild 12: Sprungreaktion eines linearen, kausalen Systems

hingegen ist die Sprungstelle τ neben dem Beobachtungszeitpunkt t eine wesentliche Variable, weshalb man sich die Funktion $a(t, \tau)$ in diesem Falle geometrisch als eine Fläche über der (t, τ)-Ebene vorzustellen hat (Bild 14).
Es werden im weiteren gewöhnlich nur solche kontinuierlichen Systeme betrachtet, die eine *stetige* Sprungantwort mit höchstens *einer* Sprungstelle im „Einschaltzeitpunkt" $t = \tau$ haben. Mit $a(0+)$ wird der Wert der Sprungantwort $a(t)$ eines zeitinvarianten, linearen Systems unmittelbar nach dem Einsetzen des Sprunges $s(t)$ am Systemeingang bezeichnet (Bild 13).

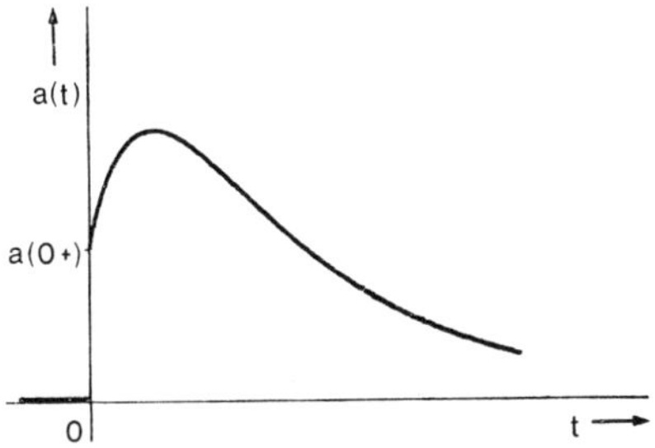

Bild 13: Sprungantwort $a(t)$ eines linearen, zeitinvarianten und kausalen Systems

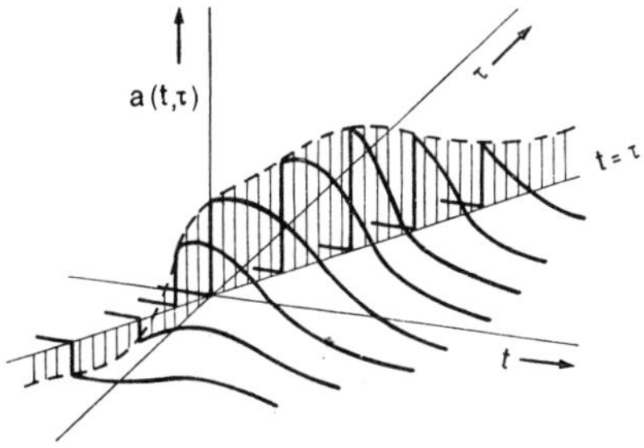

Bild 14: Sprungantwort $a(t, \tau)$ eines linearen, zeitvarianten und kausalen Systems

Im Falle eines diskontinuierlichen Systems sind in der Sprungantwort $a(t, \tau)$ die Variablen t und τ durch die ganzzahligen Veränderlichen n bzw. ν zu ersetzen. Die Sprungantwort bedeutet hier die Systemreaktion auf die Erregung in Form der diskontinuierlichen Sprungfunktion $s(n - \nu)$ mit dem diskreten Zeitparameter n und dem diskreten Parameter ν, der den Zeitpunkt angibt, zu dem der diskrete Sprung der Erregung einsetzt. Wie im kontinuierlichen Fall ist bei einem zeitinvarianten diskontinuierlichen System die Sprungantwort nur eine Funktion der Zeitspanne $n - \nu$.

Als Beispiel zur Bestimmung der Sprungantwort sei das im Bild 15 dargestellte lineare, zeitinvariante elektrische Zweitor betrachtet. Wählt man $x(t) = s(t)$, so ist direkt zu erkennen, daß die Reaktion $y(t) = a(t)$ unmittelbar nach dem Einsetzen des Sprunges auf den Wert $a(0+) = 1$

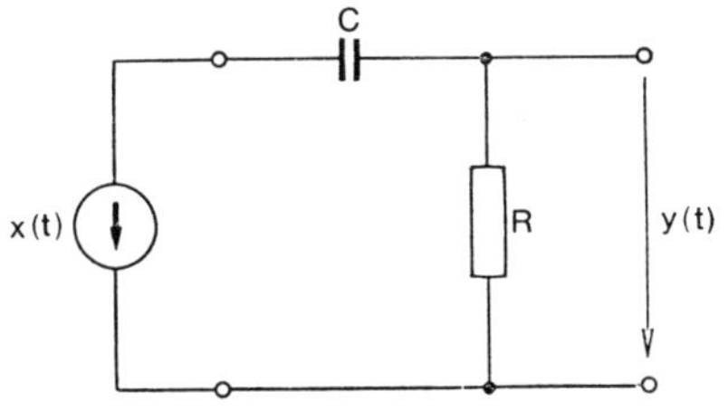

Bild 15: Einfaches elektrisches Zweitor (RC-Glied). $x(t)$ beschreibt eine Spannungsquelle

springt und für $t \to \infty$ gegen Null strebt. Da das Netzwerk nur *einen* Energiespeicher enthält, nämlich die Kapazität C, sinkt $a(t)$ *exponentiell* auf Null ab, und zwar mit der Zeitkonstanten $T = RC$. Somit ist

$$a(t) = s(t)\, e^{-t/T}. \tag{25}$$

Dieses Ergebnis kann natürlich auch aus der Differentialgleichung für $y(t)$ unter Beachtung der Anfangsbedingung ermittelt werden. Würde wenigstens eines der Netzwerkelemente R und C in Abhängigkeit von t variieren, so hätte man ein Beispiel für ein lineares zeitvariantes System.

2.2. Die Impulsantwort

Unter der *Impulsantwort* $h(t, \tau)$ eines linearen kontinuierlichen Systems wird die Antwort des Systems auf das Eingangssignal $\delta(t - \tau)$ verstanden:

$$h(t, \tau) = T[\delta(t - \tau)]. \tag{26}$$

Hier bedeutet die Größe τ jenen Zeitpunkt, zu welchem der Stoß des Eingangssignals stattfindet. Ist das betreffende System *kausal*, so gilt nach den Gln. (12a, b)

$$h(t, \tau) \equiv 0 \quad \text{für} \quad t < \tau. \tag{27}$$

Die Impulsantwort eines linearen, kausalen Systems ist also zu allen Zeitpunkten gleich Null, die vor dem Zeitpunkt des Stoßes liegen. Falls das System *zeitinvariant* ist, gilt

$$h(t, \tau) = h(t - \tau). \tag{28}$$

Die Impulsantwort eines linearen, zeitinvarianten Systems hängt also nur von der Zeitspanne ab, die zwischen dem Zeitpunkt des δ-Stoßes und dem Beobachtungszeitpunkt liegt. In diesem Fall genügt es, zur Ermittlung der Impulsantwort die Reaktion nur auf eine einzige Stoßerregung, etwa auf $\delta(t)$, zu bestimmen (Bild 16).

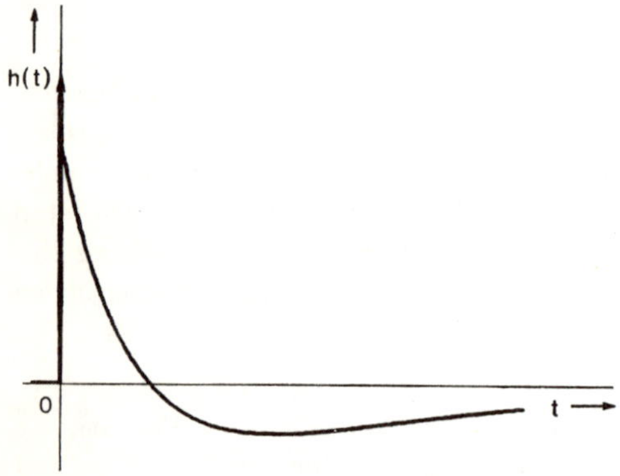

Bild 16: Impulsantwort $h(t)$ eines linearen, zeitinvarianten und kausalen Systems

Im weiteren werden nur kontinuierliche Systeme mit *stückweise stetiger* Impulsantwort betrachtet, bei der gewöhnlich nur im „Einschaltzeitpunkt" $t = \tau$ ein δ-Anteil zugelassen ist, wie dies im Bild 16 für ein zeitinvariantes System angedeutet ist.
Im Falle eines diskontinuierlichen Systems sind in der Impulsantwort $h(t, \tau)$ die Variablen t und τ durch die ganzzahligen Veränderlichen n bzw. ν zu ersetzen. Die Impulsantwort bedeutet hier die Systemreaktion auf die Erregung in Form der diskontinuierlichen Impulsfunktion $\delta(n - \nu)$ mit dem diskreten Zeitparameter n und dem diskreten Parameter ν, der den Zeitpunkt angibt, zu dem der Stoß des Eingangssignals stattfindet. Wie im kontinuierlichen Fall ist bei einem zeitinvarianten diskontinuierlichen System die Impulsantwort nur eine Funktion der Zeitspanne $n - \nu$.

Das durch die Gleichung $y(n) = 3x(n) + 2x(n - 1)$ beschriebene, lineare, zeitinvariante System hat offensichtlich die Impulsantwort $h(n) = 3\delta(n) + 2\delta(n - 1)$, während das kausale System mit der Eingang-Ausgang-Beziehung $y(n) + 3y(n - 1) = x(n)$ die Impulsantwort $h(n) = (-3)^n s(n)$ besitzt, was sich durch rekursive Lösung dieser Gleichung für $x(n) = \delta(n)$ herleiten läßt oder leicht durch Einsetzen verifiziert werden kann.

Ein kausales, diskontinuierliches System, bei dem der Zusammenhang zwischen Eingangsgröße und Ausgangsgröße wie in den beiden vorausgegangenen Beispielen durch eine Differenzengleichung beschrieben wird, heißt *rekursiv* bzw. *nichtrekursiv*, je nachdem, ob zur Darstellung des gegenwärtigen Ausgangssignals neben Werten des Eingangssignals auch frühere Werte des Ausgangssignals benötigt werden oder nicht. In diesem Sinne ist das erste Beispiel ein nichtrekursives, das zweite ein rekursives System.

2.3. *Zusammenhang zwischen Sprungantwort und Impulsantwort*

Die δ-Funktion läßt sich gemäß Gl. (20b) in der Form

$$\delta(t-\tau) = \frac{s(t-\tau) - s(t-\tau-\Delta\tau)}{\Delta\tau} + R(\Delta\tau; t-\tau) \tag{29a}$$

mit

$$\lim_{\Delta\tau\to 0} R(\Delta\tau; t-\tau) = 0 \tag{29b}$$

darstellen (Bild 17). Nun wird die Funktion $\delta(t-\tau)$ in der Form nach Gl. (29a) als Eingangssignal eines linearen kontinuierlichen Systems betrachtet und dem entspre-

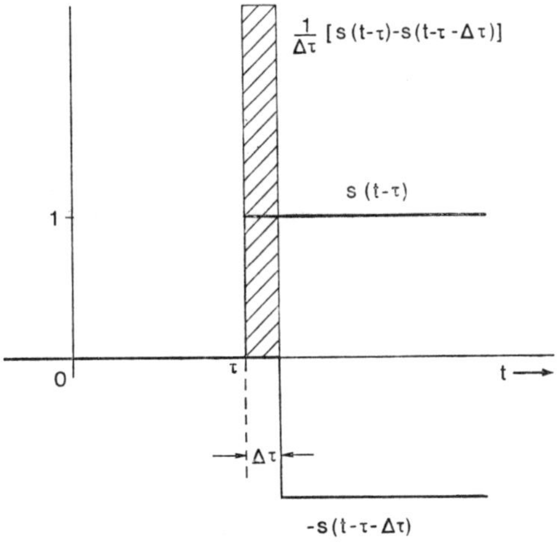

Bild 17: Zur Darstellung der Funktion $\delta(t-\tau)$

chenden T-Operator unterworfen. Unter Beachtung der Gln. (22) und (26) sowie der Linearitätseigenschaft erhält man auf diese Weise aus Gl. (29a) die Beziehung

$$h(t,\tau) = \frac{1}{\Delta\tau}\,[a(t,\tau) - a(t,\tau+\Delta\tau)] + T[R(\Delta\tau; t-\tau)],$$

aus der für $\Delta\tau \to 0$ wegen der Gültigkeit der Gln. (6a, b) und (29b) bei Voraussetzung der partiellen Differenzierbarkeit von $a(t,\tau)$ nach der Variablen τ die folgende Relation zwischen der Sprungantwort und der Impulsantwort folgt:

$$h(t,\tau) = -\frac{\partial a(t,\tau)}{\partial\tau}. \tag{30}$$

Durch Integration ergibt sich aus dieser Gleichung zunächst die Beziehung

$$\int_{\infty}^{\tau} h(t, \sigma)\, \mathrm{d}\sigma = a(t, \infty) - a(t, \tau).$$

Da $a(t, \infty)$ die Systemreaktion auf die Sprungfunktion mit Sprungstelle ∞, also auf die identisch verschwindende Erregung ist, muß nach Gl. (5) $a(t, \infty) \equiv 0$ gelten, und man erhält deshalb

$$a(t, \tau) = \int_{\tau}^{\infty} h(t, \sigma)\, \mathrm{d}\sigma. \tag{31}$$

Die Gln. (30) und (31), welche Verknüpfungen zwischen Sprung- und Impulsantwort darstellen, lassen sich im Falle der Zeitinvarianz des betreffenden Systems vereinfachen. Man erhält dann, wie aus den Gln. (30) und (31) unmittelbar folgt, die Beziehungen

$$h(t) = \frac{\mathrm{d}a(t)}{\mathrm{d}t}, \tag{32}$$

$$a(t) = \int_{-\infty}^{t} h(\sigma)\, \mathrm{d}\sigma. \tag{33}$$

Die abgeleiteten Relationen zwischen Sprung- und Impulsantwort sind z. B. insofern bedeutsam, als es oft einfach ist, die Sprungantwort eines Systems anzugeben. Man erhält dann nach Gl. (30) bzw. Gl. (32) unmittelbar auch die Impulsantwort.

Betrachtet man beispielsweise das elektrische System nach Bild 15, dann gewinnt man die Impulsantwort des Systems nach Gl. (32) mit Gl. (25) in der Form

$$h(t) = \frac{\mathrm{d}s(t)}{\mathrm{d}t}\, \mathrm{e}^{-t/T} + s(t) \cdot (-1/T)\, \mathrm{e}^{-t/T}$$

oder

$$h(t) = \delta(t) - s(t) \cdot \frac{1}{T} \cdot \mathrm{e}^{-t/T}. \tag{34}$$

Hierbei wurde berücksichtigt, daß $\delta(t)\, \mathrm{e}^{-t/T} = \delta(t)$ gilt. Eine direkte Bestimmung von $h(t)$ wäre nicht so einfach gewesen.

Im Falle eines linearen diskontinuierlichen Systems läßt sich der Zusammenhang zwischen Sprung- und Impulsantwort entsprechend ausdrücken. Die den Gln. (32) und (33) entsprechenden Beziehungen lauten

$$h(n) = a(n) - a(n-1)$$

bzw.

$$a(n) = \sum_{\nu=-\infty}^{n} h(\nu).$$

Der Leser möge sich die Herleitung dieser Beziehungen aus der bereits genannten Verknüpfung von Einheitssprung und Einheitsimpuls selbst überlegen.

2.4. Die Sprungantwort als Systemcharakteristik

Mit Hilfe der im Abschnitt 2.1 eingeführten Sprungantwort ist es nunmehr möglich, die Ausgangsgröße $y(t)$ eines linearen kontinuierlichen Systems als Reaktion auf ein Eingangssignal $x(t)$ anzugeben, sofern $x(t)$ eine in $-\infty < t < \infty$ stetige und stückweise differenzierbare Funktion mit einem existierenden Grenzwert $\lim_{t\to-\infty} x(t) = x(-\infty)$ ist. Unter dieser Voraussetzung besteht die Gl. (14a) für $f(t) \equiv x(t)$. Unterwirft man diese Darstellung für die Eingangsgröße der betreffenden T-Operation, so entsteht bei Beachtung der Gln. (8) und (22) die Aussage

$$y(t) = x(-\infty)\, a(t, -\infty) + \int_{-\infty}^{\infty} x'(\tau)\, a(t, \tau)\, \mathrm{d}\tau . \tag{35}$$

Hierbei wurde berücksichtigt, daß

$$T[x(-\infty)] = x(-\infty)\, T[1] = x(-\infty)\, T[s(t + \infty)] = x(-\infty)\, a(t, -\infty)$$

ist. Entsprechend der approximativen Deutung von Gl. (14a) durch Gl. (15) läßt sich die Aussage von Gl. (35) durch Anwendung der T-Operation auf Gl. (15) für $f(t) \equiv x(t)$ veranschaulichen, so daß man sich $y(t)$ approximativ durch Superposition der Reaktionen auf Sprungerregungen verschiedener Sprungstellen und Sprunghöhen vorstellen kann. Ist das betreffende System kausal, so genügt es wegen der Gültigkeit von Gl. (23), im Integral der Gl. (35) nur bis t zu integrieren.
Liegt nun ein zeitinvariantes lineares System vor, so läßt sich Gl. (35) wegen der Gültigkeit von Gl. (24) in der Form

$$y(t) = x(-\infty)\, a(\infty) + \int_{-\infty}^{\infty} x'(\tau)\, a(t - \tau)\, \mathrm{d}\tau \tag{36a}$$

darstellen ($-\infty < t < \infty$). Ist das zeitinvariante System kausal, dann darf natürlich in Gl. (36a) die obere Integrationsgrenze ∞ durch t ersetzt werden.
Es sei jetzt noch der im Hinblick auf praktische Anwendungen besonders interessante Fall betrachtet, daß die Erregung erst im Nullpunkt einsetzt, d. h., daß das Eingangssignal die Eigenschaft

$$x(t) \equiv 0 \quad \text{für} \quad t < 0 \tag{37}$$

aufweist. Ein Sprung von $x(t)$ im Nullpunkt sei zugelassen. Dies steht im Einklang mit der Aussage von Fußnote 1, S. 22. Das Eingangssignal $x(t)$ läßt sich dann nach Bild 18

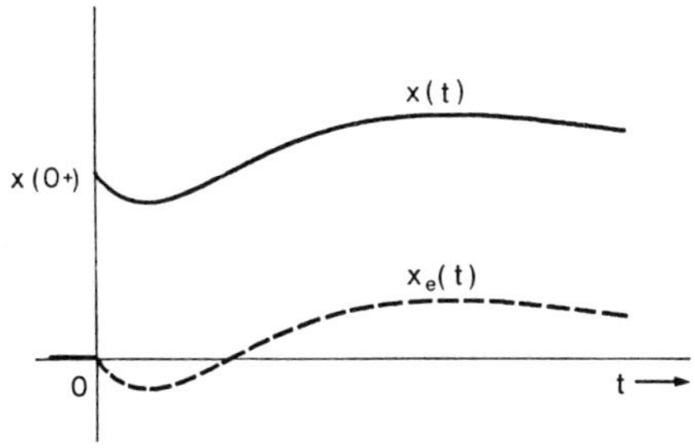

Bild 18: Zur Darstellung der Funktion $x(t)$ nach Gl. (38a)

in der Form

$$x(t) = x_e(t) + x(0+)\, s(t) \tag{38a}$$

darstellen. Hierbei ist $x_e(t)$ auf der gesamten t-Achse stetig und stückweise differenzierbar, so daß

$$x'(t) = x_e'(t) + x(0+)\, \delta(t) \tag{38b}$$

gebildet werden kann. Setzt man Gl. (38b) unter Berücksichtigung der Gl. (37) in Gl. (36a) ein, so erhält man wegen $x(-\infty) = 0$ zunächst

$$y(t) = \int_{0-}^{\infty} [x_e'(\tau) + x(0+)\, \delta(\tau)]\, a(t - \tau)\, d\tau$$

und bei Beachtung der Ausblendeigenschaft der δ-Funktion gemäß Gl. (16a) schließlich die Beziehung

$$y(t) = x(0+)\, a(t) + \int_{0}^{\infty} x_e'(\tau)\, a(t - \tau)\, d\tau. \tag{39}$$

In dieser Darstellung darf natürlich die obere Integrationsgrenze ∞ durch t ersetzt werden, falls das betreffende lineare System kausal ist.

Die vorausgegangenen Betrachtungen sollten die Möglichkeit zeigen, bei alleiniger Kenntnis der Sprungantwort eines linearen Systems den Zusammenhang zwischen Ein- und Ausgangsgröße anzugeben und damit das System hinsichtlich seiner Übertragungseigenschaften vollständig zu kennzeichnen. In diesem Sinne ist es üblich, die Sprungantwort als *Systemcharakteristik* (Zeitcharakteristik) zu bezeichnen.

Auch lineare diskontinuierliche Systeme können in ganz entsprechender Weise mit Hilfe ihrer (diskontinuierlichen) Sprungantwort vollständig charakterisiert werden. So liefert beispielsweise im zeitinvarianten Fall die Anwendung der T-Operation auf die Darstellung der Erregung $x(n)$ nach Gl. (14b) unmittelbar die Relation

$$y(n) = x(-\infty)\, a(\infty) + \sum_{\nu=-\infty}^{\infty} [x(\nu) - x(\nu - 1)]\, a(n - \nu), \tag{36b}$$

die der Gl. (36a) entspricht.

2.5. *Die Impulsantwort als Systemcharakteristik*

Es soll nun gezeigt werden, wie mit Hilfe der im Abschnitt 2.2 eingeführten Impulsantwort das Eingangssignal mit dem Ausgangssignal eines linearen kontinuierlichen Systems ähnlich verknüpft werden kann, wie dies im vorausgegangenen Abschnitt bei Verwendung der Sprungantwort gelungen ist. Die Eingangsgröße $x(t)$ wird als für alle t-Werte stetige Funktion vorausgesetzt.[1]) Dann läßt sich $x(t)$ nach Gl. (16a) für $f(t) \equiv x(t)$ darstellen. Unterwirft man diese Darstellung für das Eingangssignal $x(t)$ der betreffenden T-Operation, so erhält man bei Berücksichtigung der Gln. (8) und (26) die Relation

$$y(t) = \int_{-\infty}^{\infty} x(\tau)\, h(t, \tau)\, d\tau. \tag{40}$$

[1]) Durch Erweiterung der Untersuchungen kann gezeigt werden, daß $x(t)$ auch Sprungstellen aufweisen darf.

Entsprechend der näherungsweisen Interpretation der Gl. (16a) durch die Gl. (19) läßt sich Gl. (40) approximativ durch Anwendung der T-Operation auf Gl. (19) für $f(t) \equiv x(t)$ deuten, d. h. durch Superposition von Systemreaktionen auf gewisse Rechteckimpulse verschiedener Stärken und Stoßstellen. Im Falle eines *kausalen* linearen Systems darf in Gl. (40) wegen der Gültigkeit von Gl. (27) die obere Integrationsgrenze ∞ durch $t+$ ersetzt werden. Das $+$-Zeichen bei dieser modifizierten Integrationsgrenze ist erforderlich, um bei der Integration nach τ den möglicherweise in $h(t, \tau)$ enthaltenen Impulsanteil für $\tau = t$ zu erfassen. Im Falle eines *zeitinvarianten* linearen Systems ist die Gl. (28) gültig, und die Darstellung Gl. (40) läßt sich folgendermaßen vereinfachen:

$$y(t) = \int_{-\infty}^{\infty} x(\tau)\, h(t-\tau)\, \mathrm{d}\tau. \tag{41}$$

Ist das betrachtete System auch *kausal*, dann darf die obere Integrationsgrenze ∞ durch $t+$ ersetzt werden. Es soll nun die Impulsantwort $h(t)$ des zeitinvarianten, linearen Systems in der Form

$$h(t) = a(0+)\, \delta(t) + h_e(t) \tag{42}$$

dargestellt werden, wobei $h_e(t)$ den impulsfreien Bestandteil der Impulsantwort $h(t)$ bedeutet; die Impulsstärke darf angesichts des im Abschnitt 2.3 diskutierten Zusammenhangs zwischen Sprung- und Impulsantwort sofort als $a(0+)$ geschrieben werden.[1]) Man vergleiche insbesondere Gl. (32). Substituiert man jetzt $h(t)$ nach Gl. (42) in die Gl. (41), so entsteht zunächst die Beziehung

$$y(t) = \int_{-\infty}^{\infty} [x(\tau)\, a(0+)\, \delta(t-\tau) + x(\tau)\, h_e(t-\tau)]\, \mathrm{d}\tau,$$

und hieraus folgt bei Beachtung der Ausblendeigenschaft der δ-Funktion nach Gl. (16a)

$$y(t) = a(0+)\, x(t) + \int_{-\infty}^{\infty} x(\tau)\, h_e(t-\tau)\, \mathrm{d}\tau. \tag{43}$$

Im Kausalitätsfall darf die obere Integrationsgrenze durch t ersetzt werden. Das $+$-Zeichen bei t ist jetzt nicht mehr erforderlich, da $h_e(t)$ keinen Impulsanteil enthält.
Betrachtet man schließlich noch den Fall, daß die Erregung erst im Zeit-Nullpunkt einsetzt [$x(t) \equiv 0$ für $t < 0$] und setzt man Kausalität des Systems voraus, so lautet Gl. (43) einfach

$$y(t) = a(0+)\, x(t) + \int_{0}^{t} x(\tau)\, h_e(t-\tau)\, \mathrm{d}\tau. \tag{44}$$

---

[1]) Bei einem zeitvarianten, linearen, kausalen System läßt sich die Sprungantwort (Bild 14) in der Form

$$a(t, \tau) = a(t, t+)\, s(t-\tau) + a_e(t, \tau)$$

darstellen, wobei $a_e(t, \tau)$ auch für $t = \tau$ stetig ist. Nach Gl. (30) folgt hieraus die Darstellung für die Impulsantwort:

$$h(t, \tau) = A(t)\, \delta(t-\tau) + h_e(t, \tau).$$

Hierbei ist $h_e(t, \tau)$ der impulsfreie Teil der Impulsantwort.

Die Integrationsvariable τ in den Gln. (41), (43) und (44) läßt sich durch eine neue Veränderliche ϑ gemäß der Relation

$$\vartheta = t - \tau \tag{45}$$

ersetzen. Dadurch entsteht beispielsweise aus Gl. (41) die Relation

$$y(t) = \int_{-\infty}^{\infty} x(t - \vartheta)\, h(\vartheta)\, \mathrm{d}\vartheta . \tag{46a}$$

Hier darf im Fall der Kausalität die untere Integrationsgrenze $-\infty$ durch $0-$ ersetzt werden, wobei das $-$-Zeichen erforderlich ist, um einen möglicherweise in $h(t)$ enthaltenen Impulsanteil bei der Integration zu erfassen. In entsprechender Weise lassen sich die Gl. (43) und (44) unter Verwendung der Integrationsvariablen ϑ darstellen. Auch in den Gln. (36a) und (39), die im Falle eines linearen, zeitinvarianten Systems Verknüpfungen zwischen Ein- und Ausgangsgrößen über die Sprungantwort liefern, kann die Integrationsvariable τ durch die Veränderliche ϑ Gl. (45) ersetzt werden. Integrale der Form, wie sie in Gln. (36a) und (41) auftreten, sind sogenannte *Faltungsintegrale*. So kann man z. B. sagen, daß gemäß Gl. (41) das Ausgangssignal $y(t)$ durch Faltung der Funktionen $x(t)$ und $h(t)$ entsteht. Man pflegt dies in der Form

$$y(t) = x(t) * h(t)$$

auszudrücken. Mit Gl. (46a) folgt $x(t) * h(t) = h(t) * x(t)$ (Kommutativität der Faltung).
Es wurde im vorstehenden gezeigt, wie im Falle eines linearen Systems allein mit Hilfe der Impulsantwort das Eingangssignal mit dem Ausgangssignal in eindeutiger Weise verknüpft werden kann. In diesem Sinne reicht also die Impulsantwort zur Kennzeichnung des Systems aus, weshalb auch diese Funktion als *Systemcharakteristik* (Zeitcharakteristik) bezeichnet wird.
Auch lineare diskontinuierliche Systeme lassen sich mittels der (diskontinuierlichen) Impulsantwort entsprechend den vorausgegangenen Untersuchungen charakterisieren. So erhält man insbesondere die der Gl. (41) bzw. der Gl. (46a) entsprechende Relation

$$y(n) = \sum_{\nu=-\infty}^{\infty} x(\nu)\, h(n - \nu) = \sum_{\mu=-\infty}^{\infty} x(n - \mu)\, h(\mu) \tag{46b}$$

im zeitinvarianten Fall. Der Leser möge selbst diese Beziehung ausgehend von der Darstellung der Erregung $x(n)$ mit Hilfe der Impulsfunktion gemäß Gl. (16b) herleiten. Ganz entsprechend dem kontinuierlichen Fall spricht man bei diesen Summen von der (diskreten) *Faltung* von $x(n)$ mit $h(n)$.

2.6. Ein Stabilitätskriterium

Im Abschnitt 1.2 wurde mit Hilfe der Gln. (13a, b) die Stabilität eines Systems definiert. In diesem Sinne läßt sich für ein nach Gl. (40) darstellbares lineares kontinuierliches System mit *einem* Eingang und *einem* Ausgang ein Stabilitätskriterium folgendermaßen aussprechen:

Ein lineares kontinuierliches System ist genau dann stabil, wenn die Impulsantwort $h(t, \tau)$ die Bedingung

$$\int_{-\infty}^{\infty} |h(t, \tau)|\, \mathrm{d}\tau \leqq K < \infty \tag{47}$$

für alle t-Werte erfüllt.

Die Forderung (47) ist nur dann sinnvoll, wenn die Impulsantwort keinen δ-Anteil enthält. Ein δ-Anteil, wie er nach Abschnitt 2.5 [insbesondere Fußnote 1, S. 33] in $h(t, \tau)$ zulässig ist, hat jedoch keinen Einfluß auf die Stabilität bzw. Instabilität des betreffenden Systems, wie man unmittelbar sieht, sofern die Impulsstärke $A(t)$ für alle t-Werte dem Betrage nach beschränkt ist.

Zum Beweis des Stabilitätskriteriums wird zunächst nachgewiesen, daß das betreffende System auf jedes dem Betrage nach beschränkte Eingangssignal $x(t)$ mit einem ebenfalls dem Betrage nach beschränkten Ausgangssignal $y(t)$ antwortet, falls die Bedingung (47) erfüllt ist. Es folgt aus Gl. (40) die Relation

$$|y(t)| = \left| \int_{-\infty}^{\infty} x(\tau)\, h(t, \tau)\, d\tau \right| \leqq \int_{-\infty}^{\infty} |x(\tau)| \cdot |h(t, \tau)|\, d\tau$$

und hieraus wegen

$$|x(\tau)| \leqq M$$

die Abschätzung

$$|y(t)| \leqq M \int_{-\infty}^{\infty} |h(t, \tau)|\, d\tau .$$

Ist also gemäß Gl. (47) das Integral

$$I(t) = \int_{-\infty}^{\infty} |h(t, \tau)|\, d\tau \tag{48}$$

für alle t-Werte gleichmäßig beschränkt, dann gilt die Ungleichung

$$|y(t)| \leqq M I(t) \leqq M K ,$$

d. h., das Ausgangssignal ist dem Betrage nach beschränkt. Gemäß der Ergänzung zur Definition der Stabilität im Abschnitt 1.2 muß nun noch gezeigt werden, daß es zu mindestens einem Eingangssignal mit der Eigenschaft $|x(t)| \leqq M$ keine endliche Zahl L gibt, so daß $|y(t)| \leqq LM$ gilt für alle t, wenn das Integral $I(t)$ Gl. (48) nicht gleichmäßig beschränkt ist, wenn also zu jeder noch so großen Zahl Z ein t_0 existiert, so daß $I(t_0) > Z$ gilt. Wählt man hierzu als Eingangssignal

$$x(t) = \begin{cases} 1 & > 0 \\ 0, \quad \text{falls} \quad h(t_0, t) & = 0 \\ -1 & < 0 \end{cases}$$

dann folgt aus Gl. (40)

$$y(t_0) = \int_{-\infty}^{\infty} |h(t_0, \tau)|\, d\tau > Z .$$

Da $|x(t)| \leqq 1$ gilt und Z beliebig groß gewählt werden kann, ist damit gezeigt, daß die oben genannte Zahl L nicht existiert, der Beweis ist also vollständig geführt.

Im Falle eines zeitinvarianten linearen Systems ist der Integralausdruck $I(t)$ Gl. (48) von der Zeit t unabhängig, da mit Gl. (28) und der Substitution gemäß Gl. (45)

$$I = \int_{-\infty}^{\infty} |h(\sigma)|\, d\sigma \tag{49}$$

wird. Ein zeitinvariantes lineares System ist deshalb genau dann stabil, wenn I nach Gl. (49) endlich, die Impulsantwort also absolut integrierbar ist.
Für die Stabilität eines linearen *diskontinuierlichen* Systems läßt sich ein entsprechendes Kriterium angeben. Im wesentlichen braucht man nur die Integrale durch entsprechende Summen zu ersetzen, so daß sich beispielsweise im Falle des linearen zeitinvarianten Systems die notwendige und hinreichende Stabilitätsforderung

$$\sum_{\nu=-\infty}^{\infty} |h(\nu)| \leqq K < \infty$$

ergibt.

2.7. *Beispiele*

Die folgenden Beispiele sind dazu gedacht, die in den vorausgegangenen Abschnitten eingeführten Begriffe zu erläutern und die gewonnenen Ergebnisse zu erproben.

Beispiel 1:

Die Kapazität C des im Bild 15 dargestellten elektrischen Systems sei sehr lange vor dem Zeitpunkt $t = 0$ auf die Spannung $u_c(0)$ aufgeladen worden und werde bis $t = 0$ auf diesem Wert gehalten. Der Eingang des Systems werde zur Zeit $t = 0$ an die Spannung

$$x(t) = A\delta(t - t_0), \qquad t > 0$$

geschaltet, wobei A eine reelle Konstante und $t_0 > 0$ ist.

a) Wie lautet das Eingangssignal $x(t)$ für $-\infty < t < \infty$?
b) Man ermittle den zeitlichen Verlauf der Ausgangsgröße $y(t)$.

Lösung:

a) Die Eingangsgröße $x(t)$ hat offensichtlich den im Bild 19 angegebenen Verlauf. Demzufolge läßt sich $x(t)$ in der Form

$$x(t) = u_c(0) - u_c(0)\, s(t) + A\delta(t - t_0) \tag{50}$$

für $-\infty < t < \infty$ darstellen.

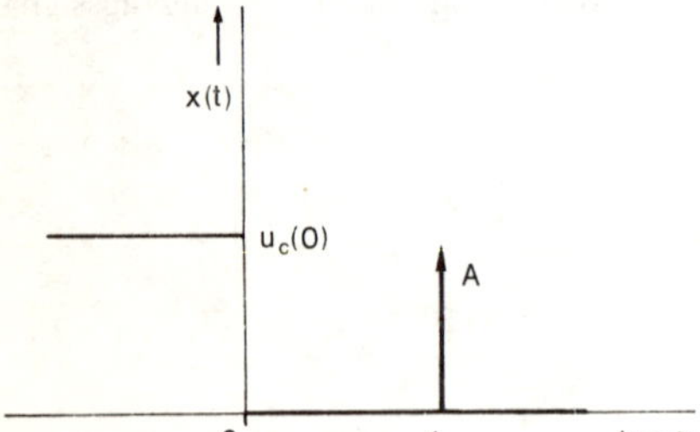

Bild 19: Verlauf der Eingangsgröße $x(t)$ beim Beispiel 1

b) Die Ausgangsgröße $y(t)$ erhält man am einfachsten, indem man Gl. (50) der T-Operation unterwirft und dabei angesichts der Linearität die Darstellung der Sprungantwort nach Gl. (25) sowie die Form der Impulsantwort nach Gl. (34) berücksichtigt. Dann erhält man wegen $T[1] = 0$ für das Ausgangssignal

$$\begin{aligned} y(t) &= u_c(0)\, T[1] - u_c(0)\, a(t) + Ah(t - t_0) \\ &= -u_c(0)\, s(t)\, e^{-t/T} + A\delta(t - t_0) - s(t - t_0)\, \frac{A}{T}\, e^{-(t-t_0)/T}. \end{aligned}$$

Dieses Ergebnis läßt sich auch mit Hilfe der Gl. (36a) oder mit Hilfe der Gl. (43) ermitteln. Dem Leser sei die Bestimmung von $y(t)$ auf diesem Wege als Übung empfohlen.

Beispiel 2:

Ein lineares, zeitinvariantes, kontinuierliches System besitze die Impulsantwort $h(t)$ nach Bild 20.

a) Man bestimme die Sprungantwort $a(t)$ des Systems.

b) Man bestimme die Systemreaktion auf das Eingangssignal $x(t) = s(t) - s(t - t_0)$ für $t_0 = 0{,}5$; $t_0 = 1$ und $t_0 = 5$.

c) Unter Verwendung von $h(t)$ sollen die Systemreaktionen auf die Eingangssignale

$$x_1(t) = s(t)\,\mathrm{e}^{-t} \quad \text{und} \quad x_2(t) = s(t)\,t$$

ermittelt werden.

d) Wie ändert sich die Systemantwort auf das Eingangssignal $x_2(t)$, wenn die Zeitcharakteristik $h(t)$ nach Bild 21 zur Impulsantwort $h_0(t)$ modifiziert wird?

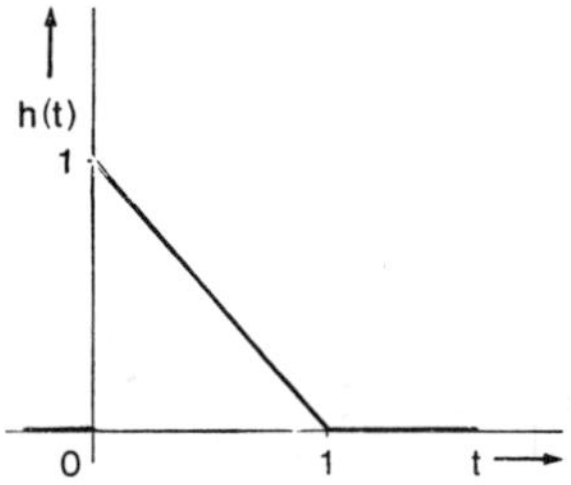

Bild 20: Beispiel der Impulsantwort eines linearen, zeitinvarianten Systems

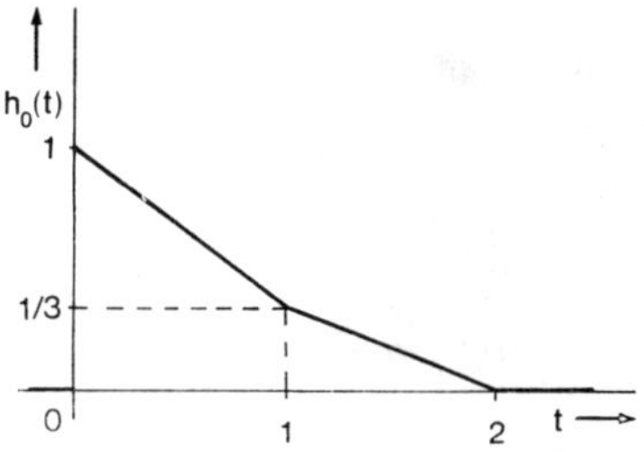

Bild 21: Modifizierung der Impulsantwort von Bild 20

Lösung:

a) Aus Bild 20 läßt sich direkt die Darstellung

$$h(t) = (1 - t)\,[s(t) - s(t - 1)] \tag{51}$$

ablesen. Daraus folgt nach Gl. (33) für die Sprungantwort

$$a(t) = \int_{-\infty}^{t} (1 - \sigma)\,[s(\sigma) - s(\sigma - 1)]\,\mathrm{d}\sigma$$

$$= s(t) \int_{0}^{t} (1 - \sigma)\,\mathrm{d}\sigma - s(t - 1) \int_{1}^{t} (1 - \sigma)\,\mathrm{d}\sigma$$

oder

$$a(t) = [s(t) - s(t - 1)] \left[t - \frac{1}{2}\,t^2\right] + \frac{1}{2}\,s(t - 1). \tag{52}$$

b) Den in der Aufgabenstellung genannten Rechteckimpulsen entspricht die Systemreaktion

$$T[s(t) - s(t - t_0)] = a(t) - a(t - t_0),$$

wobei das Ergebnis Gl. (52) zu berücksichtigen ist. Diese Systemreaktion ist für die verschiedenen Werte t_0 im Bild 22 dargestellt.

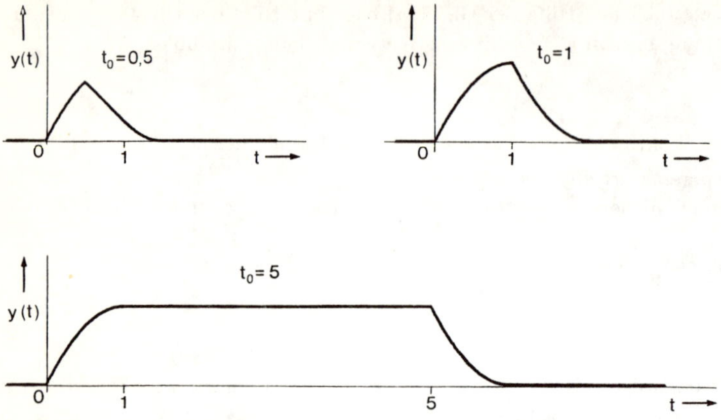

Bild 22: Systemantworten auf Rechteckimpulse verschiedener Dauer t_0

c) Mit Hilfe von Gl. (46a) erhält man für die Systemantwort auf das Eingangssignal $x_1(t)$ die Darstellung

$$y_1(t) = \int_{-\infty}^{\infty} s(t-\sigma)\, e^{-(t-\sigma)}\, (1-\sigma)\, [s(\sigma) - s(\sigma-1)]\, d\sigma$$

$$= e^{-t} \left[s(t) \int_0^t e^{\sigma}(1-\sigma)\, d\sigma - s(t-1) \int_1^t e^{\sigma}(1-\sigma)\, d\sigma \right]$$

oder nach einigen Zwischenrechnungen

$$y_1(t) = s(t)\, [2 - 2e^{-t} - t] - s(t-1)\, [2 - e^{1-t} - t].$$

In ähnlicher Weise gewinnt man die Systemantwort auf das Eingangssignal $x_2(t)$. Zunächst erhält man

$$y_2(t) = \int_{-\infty}^{\infty} s(t-\sigma)\, (t-\sigma)\, (1-\sigma)\, [s(\sigma) - s(\sigma-1)]\, d\sigma$$

$$= s(t) \int_0^t (t-\sigma)\, (1-\sigma)\, d\sigma - s(t-1) \int_1^t (t-\sigma)\, (1-\sigma)\, d\sigma$$

und hieraus schließlich

$$y_2(t) = s(t) \left[\frac{t^2}{2} - \frac{t^3}{6} \right] - s(t-1) \left[\frac{1}{6} - \frac{t}{2} + \frac{t^2}{2} - \frac{t^3}{6} \right]. \tag{53}$$

d) Die modifizierte Impulsantwort $h_0(t)$ hat die Darstellung

$$h_0(t) = \left[1 - \frac{2}{3}\, t \right] [s(t) - s(t-1)] + \left[\frac{2}{3} - \frac{1}{3}\, t \right] [s(t-1) - s(t-2)].$$

Nun wird mit $x(t) = x_2(t)$ die Gl. (46a) angewendet, und man erhält

$$y_2(t) = s(t) \left[\frac{t^2}{2} - \frac{t^3}{9} \right] + s(t-1) \left[-\frac{1}{18} + \frac{t}{6} - \frac{t^2}{6} + \frac{t^3}{18} \right]$$

$$+ s(t-2) \left[-\frac{4}{9} + \frac{2}{3}\, t - \frac{1}{3}\, t^2 + \frac{1}{18}\, t^3 \right]. \tag{54}$$

Die Ergebnisse Gl. (53) und Gl. (54) sind im Bild 23 dargestellt.

Beispiel 3:

Mit Hilfe einer Meßeinrichtung (z. B. Verstärker und Oszilloskop) soll die Anstiegsflanke einer Zeitfunktion (z. B. einer Spannung) experimentell untersucht werden. Da die Meßeinrichtung kein ideales Übertragungssystem ist, weist der beobachtete Funktionsverlauf eine Verformung gegenüber dem ursprünglichen Verlauf auf. Es soll untersucht werden, welche Verformung der Spannung durch die Meßeinrichtung entsteht. Hierzu wird die Meßeinrichtung als ein lineares, zeitinvariantes, kontinuierliches System aufgefaßt. Der Einfachheit wegen werden sowohl die Form der zu messenden Zeitfunktion $x(t)$ als auch die der Sprungantwort $a(t)$ des Systems nach Bild 24 idealisiert.

a) Wie lautet der Zusammenhang zwischen der beobachteten Spannung $y(t)$ und den Funktionen $x(t)$ und $h(t) = \mathrm{d}a(t)/\mathrm{d}t$?
Im Integranden des auftretenden Faltungsintegrals soll die Zeit t nur bei der Funktion x vorkommen.

b) Man stelle den Integranden des bei der Bestimmung von $y(t)$ gewonnenen Integrals in Abhängigkeit von der Integrationsveränderlichen bei festem Wert t durch Schaubilder dar und zeige, daß im Hinblick auf die Auswertung des genannten Integrals zwischen vier wesentlichen t-Bereichen, also zwischen vier wesentlich verschiedenen Schaubildern, zu unterscheiden ist.

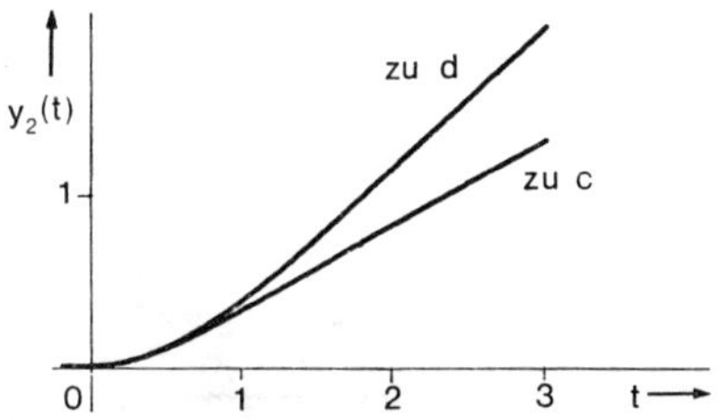

Bild 23: Systemantworten auf das Signal $s(t)\, t$ für das Beispiel 2

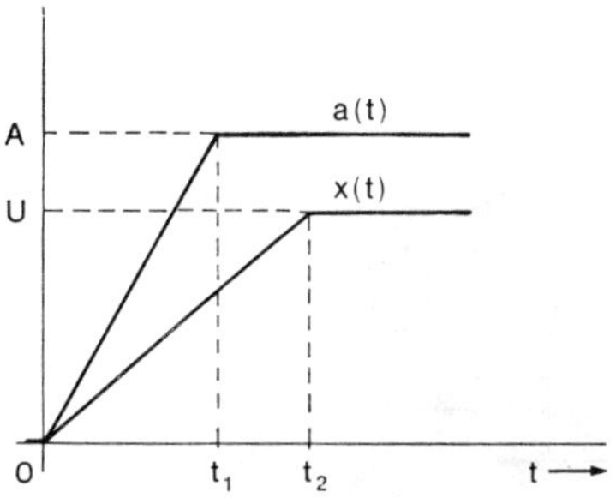

Bild 24: Zeitfunktion $x(t)$ und Sprungantwort $a(t)$ für das Beispiel 3

c) Entsprechend den vier t-Bereichen ist das Integral zur Bestimmung der Spannung $y(t)$ auszuwerten und in einem Schaubild darzustellen.

Lösung:

a) Nach Gl. (46a) gilt

$$y(t) = \int_0^t h(\tau)\, x(t-\tau)\, \mathrm{d}\tau .$$

Dabei ist

$$h(\tau) = \begin{cases} A/t_1 & \text{für } 0 \leqq \tau \leqq t_1 \\ 0 & \text{für die übrigen } \tau . \end{cases}$$

b) Man kann $y(t)$ für einen bestimmten t-Wert erzeugen, indem man von $x(t-\tau)$ jenen Teil ausblendet, der im Intervall $0 \leqq \tau \leqq t_1$ liegt, sodann den Flächeninhalt zwischen diesem ausgeblendeten Kurvenstück und der τ-Achse ermittelt und schließlich noch die Fläche mit dem Faktor A/t_1 multipliziert. Hierbei gibt es wegen des rampenförmigen Verlaufs von $x(t-\tau)$ vier wesentlich verschiedene Flächen, und zwar ein Dreieck, ein Trapez, ein Fünfeck oder ein

Rechteck, je nachdem, ob der betreffende t-Wert im Intervall $(0, t_1]$, $(t_1, t_2]$, $(t_2, t_1 + t_2)$ bzw. $[t_1 + t_2, \infty)$ liegt (Bild 25). Bewegt sich die Kurve $x(t - \tau)$ bei festgehaltenem τ-Koordinatensystem mit wachsendem t von links nach rechts, so kann man sich das Ausgangssignal $y(t)$ bis auf den Maßstabsfaktor A/t_1 als Fläche unter dem durch die Impulsantwort $h(\tau)$ ausgeschnittenen Teil von $x(t - \tau)$ vorstellen. Diese Fläche ist im Bild 25 schraffiert dargestellt.

c) Mit Hilfe der Darstellung im Bild 25 wird das Integral für $y(t)$ ausgewertet:

$$y(t) = \begin{cases} (AU/2t_1t_2)\, t^2 & 0 \leqq t \leqq t_1 \\ (AU/2t_1t_2)\,(2t_1t - t_1^2) & t_1 \leqq t \leqq t_2 \\ (AU/2t_1t_2)\,[-t^2 + 2(t_1 + t_2)\,t - (t_1^2 + t_2^2)] & t_2 \leqq t \leqq t_1 + t_2 \\ AU & t_1 + t_2 \leqq t < \infty . \end{cases} \quad \text{für}$$

Für negative t-Werte ist natürlich $y(t) \equiv 0$. Bild 26 zeigt den Verlauf von $y(t)$.

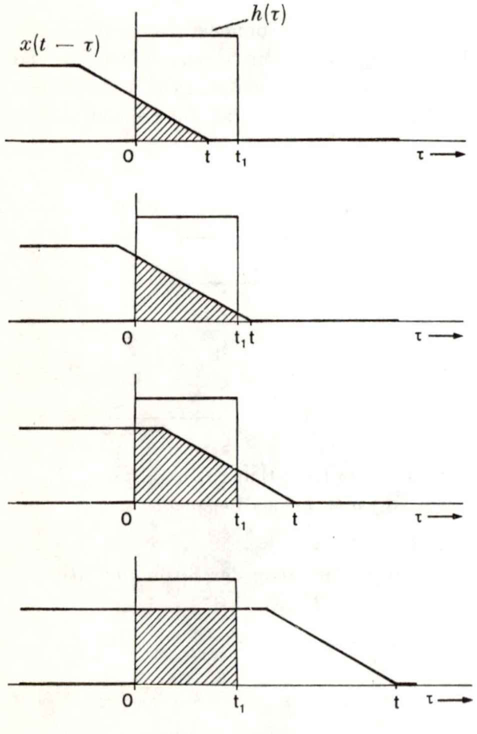

Bild 25: Entstehung der Funktion $y(t)$ als Faltung der Impulsantwort $h(t)$ und der Funktion $x(t)$

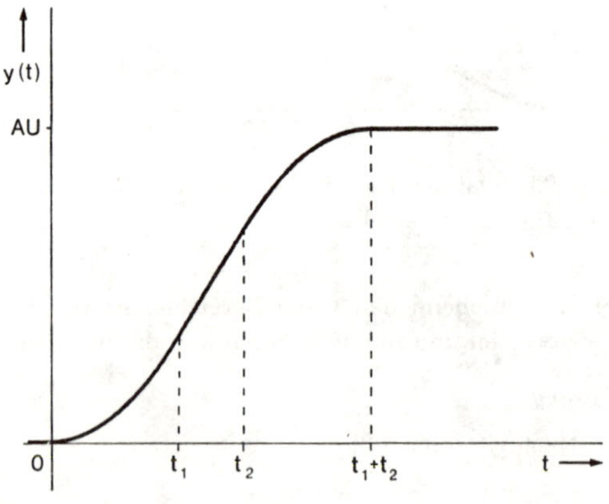

Bild 26: Verlauf der Ausgangsfunktion $y(t)$

Beispiel 4:

Ein lineares, diskontinuierliches, kausales System werde durch die Differenzengleichung

$$y(n) - \frac{1}{3}\, y(n - 1) = x(n)$$

beschrieben.

a) Man bestimme die Impulsantwort $h(n)$ des Systems.
b) Man bestimme die Systemreaktion $y(n)$ auf das Eingangssignal $x(n) = s(n) - s(n-4)$ für die diskreten Zeitpunkte $n = 2$ und $n = 5$ durch Faltung.
c) Man zeige, daß das System auf die Erregung $x(n) = 2^n$ mit dem Signal $y(n) = H \cdot 2^n$ (H = const) antwortet. Welchen Wert hat H?

Lösung:

a) Für $x(n) = \delta(n)$ erhält man durch rekursive Lösung der Differenzengleichung bei Beachtung von $h(n) = 0$ für $n < 0$ die Impulsantwort

$$h(n) = \left(\frac{1}{3}\right)^n s(n).$$

b) Das Ausgangssignal läßt sich durch Faltung in der Form

$$y(n) = x(n) * h(n)$$

ausdrücken. Für $n = 2$ folgt hieraus

$$\begin{aligned} y(2) &= x(2)\,h(0) + x(1)\,h(1) + x(0)\,h(2) \\ &= 1 + \frac{1}{3} + \frac{1}{9}, \end{aligned}$$

und für $n = 5$ ergibt sich

$$\begin{aligned} y(5) &= x(3)\,h(2) + x(2)\,h(3) + x(1)\,h(4) + x(0)\,h(5) \\ &= \left(\frac{1}{3}\right)^2 + \left(\frac{1}{3}\right)^3 + \left(\frac{1}{3}\right)^4 + \left(\frac{1}{3}\right)^5. \end{aligned}$$

c) Für das Eingangssignal $x(n) = 2^n$ erhält man durch Faltung mit der berechneten Impulsantwort $h(n)$ die zugehörige Ausgangsgröße

$$\begin{aligned} y(n) &= \sum_{\nu=-\infty}^{n} 2^\nu \left(\frac{1}{3}\right)^{n-\nu} \\ &= \sum_{\mu=0}^{\infty} 2^{n-\mu} \left(\frac{1}{3}\right)^{\mu} \\ &= 2^n \sum_{\mu=0}^{\infty} \left(\frac{1}{6}\right)^{\mu} = \frac{6}{5} \cdot 2^n. \end{aligned}$$

Es gilt also $H = 6/5$.
Aus dieser Diskussion ist unmittelbar zu erkennen, daß jedes lineare, zeitinvariante, diskontinuierliche System auf die Erregung $x(n) = z^n$ (z = const, $n = \ldots, -1, 0, 1, 2, \ldots$) mit dem Signal $y(n) = Hz^n$ (H = const, jedoch abhängig von z) antwortet, die Existenz der Antwort vorausgesetzt.

2.8. Erweiterung

Die in früheren Abschnitten durchgeführten Untersuchungen über den Zusammenhang zwischen Eingangssignal und Ausgangssignal sollen jetzt auf den Fall erweitert werden, daß das betreffende lineare System mehrere Eingänge und mehrere Ausgänge hat. Trifft man für die m Eingangssignale $x_\mu(t)$ ($\mu = 1, 2, \ldots, m$) dieselben Voraussetzungen wie für die Eingangsgröße $x(t)$ bei der Darstellung der Ausgangsfunktion $y(t)$ aufgrund der Impulsantwort nach Gl. (40), so läßt sich im kontinuierlichen Fall die Reaktion am ν-ten Ausgang ($\nu = 1, 2, \ldots, n$) als Antwort allein auf die Erregung $x_\mu(t)$ ($\mu = 1, 2, \ldots, m$) am μ-ten Eingang in der Form

$$y_{\nu\mu}(t) = \int_{-\infty}^{\infty} h_{\nu\mu}(t, \tau)\, x_\mu(\tau)\, \mathrm{d}\tau$$

$$(\mu = 1, 2, \ldots, m;\ \nu = 1, 2, \ldots, n)$$

darstellen. Die gesamte Reaktion am ν-ten Ausgang als Antwort auf *sämtliche* Eingangsgrößen $x_\mu(t)$ ($\mu = 1, 2, \ldots, m$) lautet dann angesichts der Linearität des Systems

$$y_\nu(t) = \sum_{\mu=1}^{m} \int_{-\infty}^{\infty} h_{\nu\mu}(t, \tau)\, x_\mu(\tau)\, \mathrm{d}\tau \tag{55a}$$

$$(\nu = 1, 2, \ldots, n).$$

Es empfiehlt sich nun, die $h_{\nu\mu}(t, \tau)$ zur *Matrix der Impulsantworten* zusammenzufassen:

$$\boldsymbol{H}(t, \tau) = \begin{bmatrix} h_{11}(t, \tau) & h_{12}(t, \tau) & \ldots & h_{1m}(t, \tau) \\ h_{21}(t, \tau) & & & \\ \vdots & & & \\ h_{n1}(t, \tau) & \ldots & & h_{nm}(t, \tau) \end{bmatrix}.$$

Dann lassen sich die Vektoren der Ein- und Ausgangsgrößen in der folgenden Weise miteinander verknüpfen, wie aus Gl. (55a) zu ersehen ist:

$$\boldsymbol{y}(t) = \int_{-\infty}^{\infty} \boldsymbol{H}(t, \tau)\, \boldsymbol{x}(\tau)\, \mathrm{d}\tau. \tag{55b}$$

Die entsprechenden Aussagen für lineare diskontinuierliche Systeme sind naheliegend und brauchen daher nicht im einzelnen angegeben zu werden.

3. Stochastische Signale und lineare Systeme

Bisher wurden die System-Eingangsgrößen und damit auch die entsprechenden Ausgangsgrößen durch *deterministische* Signale beschrieben, d. h. durch Funktionen, bei denen jedem Zeitpunkt, in dem das Signal existiert, in eindeutiger Weise ein Zahlenwert zugewiesen ist. In vielen Fällen ist aber eine Signaldarstellung in dieser Weise nicht möglich. Es empfiehlt sich dann, *stochastische* Signale zur Beschreibung der Ein- und Ausgangsgrößen zu verwenden. Hierunter versteht man Funktionen mit der folgenden Besonderheit: Jedem Zeitpunkt, in dem das Signal existiert, ist zunächst eine Menge von möglichen Werten zugeordnet, aus der weitgehend zufällig ein bestimmter aktueller Wert ausgewählt wird. Hinter der Zufälligkeit dieser Auswahl steckt gewöhnlich eine Gesetzmäßigkeit, die wegen ihrer Komplexität zweckmäßig mit Methoden der Wahrscheinlichkeitsrechnung beschrieben wird. So können Rauschvorgänge und andere zufallsabhängige Störungen, aber häufig auch Nachrichten, die zu übertragen oder zu verarbeiten sind, nicht als deterministische Signale betrachtet werden, wenn a priori deren exakter Verlauf unbekannt ist. Man betrachtet sie dann vielmehr als stochastische Signale (stochastische Prozesse), die mittels wahrscheinlichkeitstheoretischer Charakteristiken beschrieben werden. Hierauf soll im folgenden eingegangen werden. Die verwendeten Begriffe und Tatsachen aus der Wahrscheinlichkeitsrechnung sind im Anhang B zusammengestellt.

3.1. Beschreibung stochastischer Prozesse

Es wird der Verlauf einer Zeitfunktion betrachtet, die unter bestimmten Randbedingungen durch Messung ermittelt wurde. Als Beispiel sei der zeitliche Verlauf der Ausgangsspannung eines am Eingang kurzgeschlossenen, sich in Betrieb befindlichen Spannungsverstärkers genannt. Die Messung der Zeitfunktion soll nun unter denselben Bedingungen ständig wiederholt werden. Im Fall des genannten Beispiels soll an aufeinanderfolgenden Tagen am selben Spannungsverstärker unter denselben Betriebsbedingungen und äußeren Bedingungen jeweils die Ausgangsspannung gemessen werden; jede der täglichen Messungen liefert eine gleichartige Zeitfunktion $x(t, e)$. Mit dem Parameter $e = e_1, e_2, \dots$ sollen die verschiedenen Meßfunktionen unterschieden werden, während t den Zeitparameter bedeutet (Bild 27). Die Gesamtheit (das *Ensemble*) der Zeitfunktionen $x(t, e) = x_\mu(t)$ bildet einen *stochastischen Prozeß*. Für jeden festen Zeitpunkt $t = t_0$ ist dann $x(t_0, e)$ in bezug auf $e = e_1, e_2, \dots$ eine Zufallsvariable, und für jede feste Messung $e = e_\mu$ ist $x(t, e_\mu)$ eine bestimmte Zeitfunktion. Im weiteren soll ein stochastischer Prozeß in der Form $\boldsymbol{x}(t)$ geschrieben werden. Als weiteres Beispiel eines stochastischen Prozesses sei die von einem Sinusgenerator mit fest eingestellter Amplitude und Frequenz erzeugte Spannung

$$\boldsymbol{x}(t) = a \sin(\omega t + \varphi)$$

genannt, wobei die Phase φ eine Zufallsvariable darstellt.

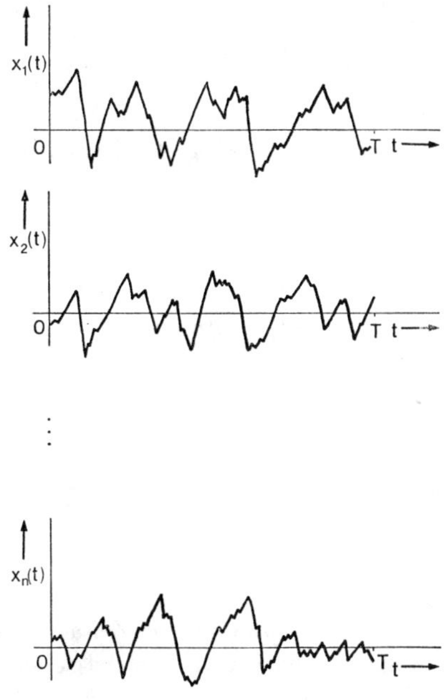

Bild 27: Spannungsverläufe, wie sie unter gleichen Bedingungen am Ausgang eines Verstärkers gemessen werden. Ihre Gesamtheit stellt ein Beispiel für einen stochastischen Prozeß dar.

Zur Beschreibung eines stochastischen Prozesses $\boldsymbol{x}(t)$ kann die Verteilungsfunktion

$$F(x, t) = P(\boldsymbol{x}(t) \leqq x) \tag{56a}$$

oder die Dichtefunktion

$$f(x, t) = \frac{\partial F(x, t)}{\partial x} \tag{56b}$$

benützt werden. Beide Funktionen sind von der Zeit t abhängig. Für festgehaltenes t ist $f(x, t)\,\Delta x$ bei hinreichend kleinem $\Delta x > 0$ näherungsweise die Wahrscheinlichkeit dafür, daß der Wert der Zufallsvariablen $\boldsymbol{x}(t)$ zwischen x und $x + \Delta x$ liegt. Zur Charakterisierung eines stochastischen Prozesses $\boldsymbol{x}(t)$ werden neben der Verteilungs- bzw. Dichtefunktion Gln. (56a, b) noch die Verteilungs- bzw. Dichtefunktionen höherer Ordnung

$$F(x_1, \ldots, x_m; t_1, \ldots, t_m) = P(\boldsymbol{x}(t_1) \leqq x_1, \ldots, \boldsymbol{x}(t_m) \leqq x_m) \tag{57a}$$

und

$$f(x_1, \ldots, x_m; t_1, \ldots, t_m) = \frac{\partial^m F(x_1, \ldots, x_m; t_1, \ldots, t_m)}{\partial x_1 \ldots \partial x_m} \tag{57b}$$

für jede Ordnung m und alle $t_1, \ldots, t_m$ herangezogen. Damit lassen sich fast alle Prozesse stochastisch vollständig beschreiben. Man begnügt sich jedoch bei der Kennzeichnung eines stochastischen Prozesses vielfach mit gewissen Erwartungswerten, wie dem statistischen Mittelwert

$$m_x(t) = E[\boldsymbol{x}(t)] = \int_{-\infty}^{\infty} x f(x, t)\, \mathrm{d}x$$

und der sogenannten *Autokovarianzfunktion*

$$c_{xx}(t_1, t_2) = E[(\boldsymbol{x}(t_1) - m_x(t_1))\,(\boldsymbol{x}(t_2) - m_x(t_2))].$$

Hieraus folgt auch die *Streuung* $\sigma_x(t)$ des Prozesses über die Beziehung

$$\sigma_x^2(t) = c_{xx}(t, t).$$

In diesem Zusammenhang sei auch die im folgenden häufig herangezogene *Autokorrelationsfunktion*

$$r_{xx}(t_1, t_2) = E[\boldsymbol{x}(t_1)\,\boldsymbol{x}(t_2)] = c_{xx}(t_1, t_2) + m_x(t_1)\, m_x(t_2)$$

genannt. Man beachte, daß die Bildung obiger Erwartungswerte jeweils einer Mittelung über das gesamte Ensemble zu einem bzw. zwei festen Zeitpunkten entspricht, weswegen diese Erwartungswerte auch Ensemblemittelwerte genannt werden.

Zur Kennzeichnung der gegenseitigen Abhängigkeit zweier stochastischer Prozesse $\boldsymbol{x}(t)$ und $\boldsymbol{y}(t)$ werden die sogenannten *Kreuzkovarianzfunktion*

$$c_{xy}(t_1, t_2) = E[(\boldsymbol{x}(t_1) - m_x(t_1))\,(\boldsymbol{y}(t_2) - m_y(t_2))]$$

und die *Kreuzkorrelationsfunktion*

$$r_{xy}(t_1, t_2) = E[\boldsymbol{x}(t_1)\,\boldsymbol{y}(t_2)]$$

verwendet. Sind die betrachteten Signale nicht über der kontinuierlichen Zeitachse, sondern nur zu diskreten Zeitpunkten definiert, dann spricht man von stochastischen

Prozessen in diskreter Zeit oder von diskontinuierlichen stochastischen Prozessen. In diesem Fall braucht lediglich in den oben angegebenen Beziehungen der Zeitparameter t durch die diskrete Zeit n ersetzt zu werden.

3.2. Stationäre stochastische Prozesse, Ergodenhypothese

Stochastische Prozesse in der im letzten Abschnitt beschriebenen allgemeinen Form sind für praktische Anwendungen weniger geeignet. Daher werden für das weitere zwei Einschränkungen getroffen, die den realen Gegebenheiten häufig entsprechen und zu erheblichen mathematischen Vereinfachungen führen. Es handelt sich hierbei um die Stationarität und Ergodizität.

Ein stochastischer Prozeß wird (im strengen Sinn) *stationär* genannt, wenn sich die statistischen Eigenschaften durch eine beliebige zeitliche Verschiebung des Prozesses nicht ändern. Der Prozeß $\boldsymbol{x}(t)$ und der Prozeß $\boldsymbol{y}(t) = \boldsymbol{x}(t + \tau)$ können dann für beliebiges τ durch dieselben Verteilungs- bzw. Dichtefunktionen jeglicher Ordnung beschrieben werden. Es muß insbesondere

$$f(x, t) = f(x, t + \tau)$$

gelten, d. h., die Wahrscheinlichkeitsdichte f darf nicht von der Zeit abhängen. Daher schreibt man kurz

$$f(x, t) = f(x).$$

Entsprechend muß

$$f(x_1, x_2; t_1, t_2) = f(x_1, x_2; \tau)$$

mit $\tau = t_2 - t_1$ gelten. Aus diesen Vereinfachungen folgt direkt

$$m_x(t) = E[\boldsymbol{x}(t)] = m_x = \text{const} \tag{58}$$

und

$$r_{xx}(t_1, t_2) = E[\boldsymbol{x}(t_1)\, \boldsymbol{x}(t_2)] = r_{xx}(\tau) \tag{59}$$

mit $\tau = t_2 - t_1$. Der Mittelwert eines stationären Prozesses ist also zeitunabhängig; die Autokorrelationsfunktion ist nur von der Zeitdifferenz $\tau = t_2 - t_1$ abhängig. Wegen der besonderen Bedeutung von Mittelwert und Autokorrelationsfunktion nennt man einen Prozeß auch *im weiteren Sinne stationär*, wenn nur die Eigenschaften gemäß den Gln. (58) und (59) gegeben sind.

Normalerweise ist ein stochastischer Prozeß nicht von Anfang an stationär. Vielmehr kann stationäres Verhalten erst erwartet werden, wenn transiente Vorgänge abgeklungen sind. Diese Erscheinung ist vergleichbar mit der Entstehung stationärer Vorgänge in linearen, zeitinvarianten und stabilen Netzwerken aufgrund zeitlich konstanter oder periodischer Erregung. Bei dem im Abschnitt 3.1 genannten Beispiel eines am Eingang kurzgeschlossenen Verstärkers wird die Ausgangsspannung durch thermische Bewegung von Ladungsträgern hervorgerufen. Man darf erwarten, daß nach dem Abklingen thermischer Übergangsvorgänge die Wahrscheinlichkeitsverteilungen der Ausgangsspannung nicht mehr von der Zeit abhängen.

Die *Ergodenhypothese* ist im Zusammenhang mit der Frage zu sehen, ob bei einem stationären Prozeß eine statistische Auswertung zu einem bzw. mehreren bestimmten Zeitpunkten über das gesamte Ensemble nicht ersetzt werden kann durch eine entsprechende Auswertung einer einzelnen beliebigen Musterfunktion aus dem Ensemble. Es geht insbesondere um die Frage, ob der Erwartungswert irgendeiner aus dem Prozeß abgeleiteten Zufallsvariablen — z. B. der Zufallsvariablen $\boldsymbol{x}(t_1)$ oder $\boldsymbol{x}(t_1)\,\boldsymbol{x}(t_1+\tau)$ — sich bei einer beliebig ausgewählten Ensemblefunktion $x_i(t)$ nicht auch als zeitlicher Mittelwert einstellt, wenn man nur lange genug wartet. So ist dem Ensemblemittelwert $E[\boldsymbol{x}(t_1)]$ der zeitliche Mittelwert

$$m_i = \lim_{T\to\infty} \frac{1}{2T} \int_{-T}^{T} x_i(t)\,\mathrm{d}t = \overline{x_i(t)}$$

und dem Ensemblemittelwert $E[\boldsymbol{x}(t_1)\cdot\boldsymbol{x}(t_1+\tau)]$ der zeitliche Mittelwert

$$r_i(\tau) = \lim_{T\to\infty} \frac{1}{2T} \int_{-T}^{T} x_i(t)\,x_i(t+\tau)\,\mathrm{d}t = \overline{x_i(t)\,x_i(t+\tau)}$$

zugewiesen. Im allgemeinen ist die Existenz dieser Mittelwerte für alle Ensemblefunktionen nicht gesichert. Ebensowenig kann bei Voraussetzung der Existenz dieser Mittelwerte deren Unabhängigkeit vom gewählten Ensemblemitglied (von i) sichergestellt werden. Über die Existenz, die Unabhängigkeit vom gewählten Ensemblemitglied und die Übereinstimmung der zeitlichen Mittelwerte mit den entsprechenden Erwartungswerten gibt es eine Reihe von mathematischen Aussagen, sogenannte Ergodentheoreme, auf die hier nicht näher eingegangen wird. Aufgrund dieser Theoreme wird ein stationärer stochastischer Prozeß $\boldsymbol{x}(t)$ (im strengen Sinne) *ergodisch* genannt, wenn mit der Wahrscheinlichkeit Eins alle (über dem Ensemble gebildeten) Erwartungswerte übereinstimmen mit den entsprechenden zeitlichen Mittelwerten der einzelnen Musterfunktionen. Gilt diese Übereinstimmung nur für den Mittelwert $m_x = E[\boldsymbol{x}(t)]$ und die Autokorrelationsfunktion $r_{xx}(\tau) = E[\boldsymbol{x}(t)\,\boldsymbol{x}(t+\tau)]$, dann heißt $\boldsymbol{x}(t)$ *im weiteren Sinne ergodisch.* Beispielsweise ist der bereits genannte Prozeß $\boldsymbol{x}(t) = a\sin(\omega_0 t + \varphi)$ im weiteren Sinne ergodisch, sofern φ gleichverteilt ist im Intervall von 0 bis 2π. Natürlich muß ein ergodischer Prozeß auch stationär sein, umgekehrt ist aber nicht jeder stationäre Prozeß ergodisch, auch wenn dies häufig angenommen werden darf.

Bei fast allen Anwendungen sind zur Ermittlung statistischer Eigenschaften eines stochastischen Prozesses nur einzelne Musterfunktionen verfügbar. Aufgrund der Ergodenhypothese können dann durch zeitliche Mittelwertbildung die notwendigen statistischen Eigenschaften des Prozesses experimentell ermittelt werden. Andererseits kann bei vielen praktisch bedeutsamen Prozessen, z. B. bei vielen Arten des Rauschens, mit einfachen heuristischen Überlegungen auf die Übereinstimmung von Zeit- und Ensemblemittelwerten geschlossen werden. Im folgenden sollen jedenfalls alle Prozesse als ergodisch und damit stationär angenommen werden, sofern nicht ausdrücklich etwas anderes gesagt wird.

3.3. Korrelationsfunktionen

Die eingeführten Mittelwerte spielen bei der Charakterisierung stochastischer Prozesse namentlich deshalb eine fundamentale Rolle, weil die Wahrscheinlichkeitsdichtefunktionen experimentell und theoretisch schwierig zu bestimmen sind. Beschränkt man sich auf ergodische Prozesse, dann können diese Mittelwerte als zeitliche Mittelwerte gebildet werden. Im folgenden wird der wichtigste dieser Mittelwerte, die Korrelationsfunktion näher betrachtet.

3.3.1. Korrelationsfaktor

Als ein Maß für den Verwandtschaftsgrad (Korrelation) zweier Meßreihen, die vom gleichen Parameter abhängen, wird bei statistischen Auswertungen der sogenannte *Korrelationsfaktor* benützt, der eng verwandt ist mit der Kovarianz, wie sie im Rahmen der Wahrscheinlichkeitsrechnung für zwei Zufallsvariablen eingeführt wird (Anhang B). Ist beispielsweise ξ die Niederschlagsmenge von Dezember bis Februar und η der Ernteertrag im darauffolgenden Sommer, so kann über eine Reihe von Jahren hinweg etwa die im Bild 28 dargestellte Meßreihe aufgestellt werden, wobei in $x(n)$ die jährlichen Werte von ξ und in $y(n)$ die jährlichen Werte von η zusammengefaßt sind. Nach Eliminiation von n kann derselbe Sachverhalt in anderer Gestalt nach Bild 29 beschrieben werden, wo die geometrische Verteilung der Meßpunkte die statistische Verwandtschaft der Zufallsvariablen ξ und η anschaulich charakterisiert.

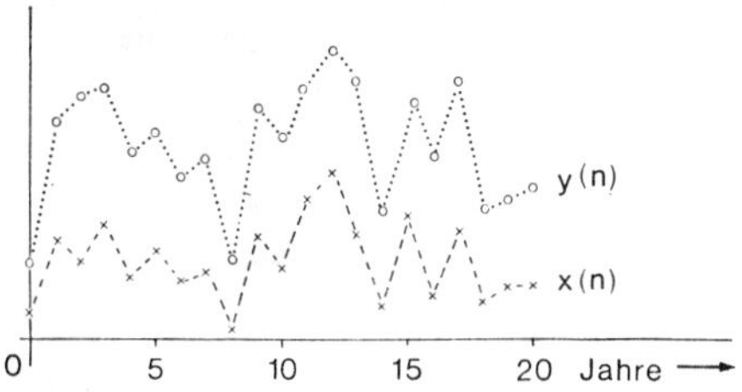

Bild 28: Darstellung der jährlichen Niederschlagsmenge $x(n)$, die jeweils in der Zeit von Dezember bis Februar gemessen wurde, und des Ernteertrags $y(n)$ im darauffolgenden Sommer

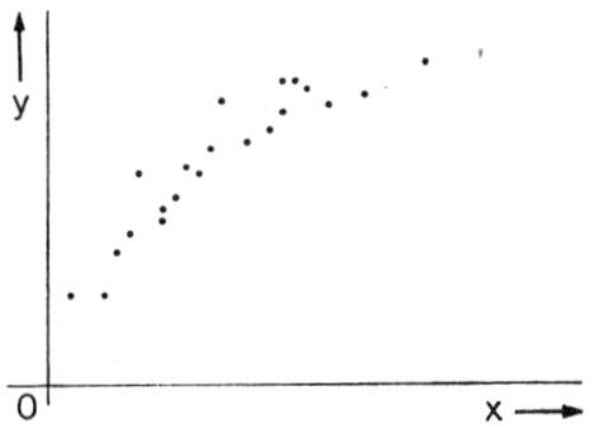

Bild 29: Darstellung der Meßreihen aus Bild 28 nach Elimination der Zeit n zur Veranschaulichung der statistischen Verwandtschaft

Aufgrund der Ergodenhypothese können die Mittelwerte $E(\xi)$ und $E(\eta)$ näherungsweise durch die Werte

$$\bar{x} = \frac{1}{N} \sum_{n=1}^{N} x(n), \qquad \bar{y} = \frac{1}{N} \sum_{n=1}^{N} y(n)$$

ersetzt werden, wobei über alle N Meßwerte summiert wird. Ganz entsprechend ergibt sich für die Kovarianz von ξ und η mit $v(n) = x(n) - \bar{x}$ und $w(n) = y(n) - \bar{y}$ näherungsweise

$$c_N = \frac{1}{N} \sum_{n=1}^{N} v(n)\, w(n). \tag{60}$$

Man nennt die beiden Meßreihen *kovariant,* wenn im Mittel $v(n)\, w(n) > 0$ und damit $c_N > 0$ gilt, sie heißen *kontravariant,* wenn im Mittel $v(n)\, w(n) < 0$, also $c_N < 0$ ist. Zeigen die Meßreihen keine Verwandtschaft, dann wird mit wachsendem N der Wert c_N gegen 0 gehen, ξ und η sind dann unkorreliert (vgl. Anhang B). Bei dem obigen Beispiel wird man erwarten, daß die beiden Meßreihen kovariant sind (Bild 29).

Zur besseren Beurteilung des Verwandtschaftsgrades wird meist eine Normierung der Form

$$r_N = \frac{c_N}{\sqrt{\overline{v^2}\,\overline{w^2}}} \tag{61}$$

mit $\overline{v^2} = \frac{1}{N} \sum v^2(n)$ und $\overline{w^2} = \frac{1}{N} \sum w^2(n)$ eingeführt, so daß $|r_N| \leqq 1$ wird. Der Quotient r_N heißt dann *Korrelationsfaktor.*

3.3.2. Kreuzkorrelationsfunktion und Autokorrelationsfunktion

Entsprechend dem Vorgehen bei zwei Meßreihen im letzten Abschnitt kann aufgrund der Ergodenhypothese auch der statistische Zusammenhang zweier ergodischer stochastischer Prozesse[1]) $\boldsymbol{x}(t)$ und $\boldsymbol{y}(t)$ über eine zeitliche Mittelung durch die *Kreuzkorrelierte*

$$r_{xy}(\tau) = \lim_{T\to\infty} \frac{1}{2T} \int_{-T}^{T} x(t)\, y(t+\tau)\, \mathrm{d}t \tag{62}$$

ausgedrückt werden, wobei $x(t)$ und $y(t)$ beliebige Funktionen aus dem jeweiligen Ensemble sind. Wie bei den beiden Meßreihen im Abschnitt 3.3.1 kann $r_{xy}(\tau)$ als einfaches Maß für die statistische Verwandtschaft der Zufallsvariablen $\boldsymbol{x}(t_0)$ und $\boldsymbol{y}(t_0 + \tau)$ (für beliebiges, festes t_0) und damit auch der beiden Prozesse $\boldsymbol{x}(t)$ und $\boldsymbol{y}(t)$ angesehen werden. Wählt man speziell $\boldsymbol{y}(t) = \boldsymbol{x}(t)$, dann erhält man die *Autokorrelierte*

$$r_{xx}(\tau) = \lim_{T\to\infty} \frac{1}{2T} \int_{-T}^{T} x(t)\, x(t+\tau)\, \mathrm{d}t \tag{63}$$

des Prozesses $\boldsymbol{x}(t)$, welche die gegenseitige statistische Abhängigkeit der Zufallsvariablen $\boldsymbol{x}(t_0)$ und $\boldsymbol{x}(t_0 + \tau)$ und damit die „innere Verwandtschaft" des Prozesses $\boldsymbol{x}(t)$ charakterisiert. Für $\tau \to 0$ muß sich hierbei ein Höchstmaß an statistischer Verwandtschaft einstellen, da sich dann die Werte der Zufallsvariablen $\boldsymbol{x}(t_0)$ und $\boldsymbol{x}(t_0 + \tau)$ beliebig wenig unterscheiden. Tatsächlich gilt allgemein

$$r_{xx}(0) \geqq |r_{xx}(\tau)| \tag{64}$$

für alle τ, was sich leicht nachweisen läßt, indem man beachtet, daß

$$\lim_{T\to\infty} \frac{1}{2T} \int_{-T}^{T} [x(t) \pm x(t+\tau)]^2\, \mathrm{d}t = 2[r_{xx}(0) \pm r_{xx}(\tau)] \geqq 0$$

gelten muß. Für die Existenz der Autokorrelationsfunktion für beliebige τ muß also nur gefordert werden, daß der quadratische Mittelwert der Ensemblefunktion

$$r_{xx}(0) = \lim_{T\to\infty} \frac{1}{2T} \int_{-T}^{T} x^2(t)\, \mathrm{d}t < \infty \tag{65}$$

einen endlichen Wert annimmt.

---

[1]) Genau genommen muß die Verknüpfung $\boldsymbol{x}(t) \cdot \boldsymbol{y}(t)$ ergodisch sein.

Für $\tau \to \infty$ nimmt gewöhnlich die statistische Abhängigkeit von $\boldsymbol{x}(t_0)$ und $\boldsymbol{x}(t_0 + \tau)$ ab, so daß diese Zufallsvariablen unkorreliert sind (vgl. Anhang B). Somit gilt, wenn man den Erwartungswert durch Zeitmittelwertbildung ausdrückt,

$$r_{xx}(\tau) = \lim_{T\to\infty} \frac{1}{2T} \int_{-T}^{T} x(t)\, dt \cdot \lim_{T\to\infty} \frac{1}{2T} \int_{-T}^{T} x(t + \tau)\, dt = m_x^2,$$

und daraus folgt für mittelwertfreie Prozesse ($m_x = 0$) die Eigenschaft

$$\lim_{\tau\to\pm\infty} r(\tau) = 0. \tag{66}$$

3.3.3. Weitere Eigenschaften der Korrelationsfunktionen

Im folgenden werden einige wichtige Eigenschaften von Korrelationsfunktionen angegeben und, soweit erforderlich, über die Darstellung als Erwartungswert bewiesen. Dem Leser sei als Übung empfohlen, die entsprechenden Nachweise über die Darstellung als Zeitmittelwert zu führen.

a) Die Autokorrelationsfunktion ist eine gerade Funktion, es gilt also

$$r_{xx}(\tau) = r_{xx}(-\tau). \tag{67}$$

Zum Nachweis dieser Aussage sei daran erinnert, daß für beliebiges t_0 stets $r_{xx}(\tau) = E[\boldsymbol{x}(t_0)\, \boldsymbol{x}(t_0 + \tau)]$ und somit

$$r_{xx}(-\tau) = E[\boldsymbol{x}(t_0)\, \boldsymbol{x}(t_0 - \tau)] = E[\boldsymbol{x}(t_1)\, \boldsymbol{x}(t_1 + \tau)] = r_{xx}(\tau)$$

gilt mit $t_1 = t_0 - \tau$.

b) Nach Abschnitt 3.3.2 ist

$$r_{xx}(0) = E[\boldsymbol{x}^2(t_0)] \geqq |r_{xx}(\tau)|, \tag{68}$$

der Betrag der Autokorrelationsfunktion ist damit niemals größer als die „mittlere Signalleistung“[1])

$$E[\boldsymbol{x}^2(t_0)] = \lim_{T\to\infty} \frac{1}{2T} \int_{-T}^{T} x^2(t)\, dt.$$

c) Für mittelwertfreie, „rein stochastische“ Signale gilt nach Abschnitt 3.3.2

$$\lim_{\tau\to\infty} r_{xx}(\tau) = 0. \tag{69}$$

Diese Eigenschaft basiert auf der Voraussetzung, daß bei einem rein stochastischen Signal die Zufallsvariablen $\boldsymbol{x}(t_0)$ und $\boldsymbol{x}(t_0 + \tau)$ für $\tau \to \infty$ statistisch unabhängig sind. Dies darf erwartet werden, wenn $\boldsymbol{x}(t)$ keine konstanten oder periodischen Anteile aufweist.

---

[1]) Wirkt das Signal $x(t)$ als Spannung an einem 1Ω-Widerstand, dann ist $x^2(t)$ die in diesem Widerstand verbrauchte Leistung.

d) Ist $\boldsymbol{v}(t) = \boldsymbol{x}(t) + c$ mit einem mittelwertfreien, rein stochastischen Prozeß $\boldsymbol{x}(t)$ und einer beliebigen Konstanten c, dann wird

$$r_{vv}(\tau) = r_{xx}(\tau) + c^2, \tag{70}$$

wie sich leicht zeigen läßt.

e) Ist $\boldsymbol{v}(t) = \boldsymbol{x}(t) + a\cos(\omega_0 t + \varphi) = \boldsymbol{x}(t) + \boldsymbol{p}(t)$ mit einem stochastischen Prozeß $\boldsymbol{x}(t)$ und dem periodischen Anteil $\boldsymbol{p}(t) = a\cos(\omega_0 t + \varphi)$, bei dem φ eine im Intervall $(0, 2\pi)$ gleichverteilte Zufallsvariable und a eine Konstante darstellt, dann wird unter der sinnvollen Annahme der statistischen Unabhängigkeit von $\boldsymbol{x}(t)$ und $\boldsymbol{p}(t)$

$$r_{vv}(\tau) = r_{xx}(\tau) + r_{pp}(\tau) = r_{xx}(\tau) + \frac{a^2}{2}\cos\omega_0\tau. \tag{71}$$

Zum Nachweis dieser Beziehung schreibt man

$$\begin{aligned} r_{vv}(\tau) &= E\big[\big(\boldsymbol{x}(t_0) + \boldsymbol{p}(t_0)\big)\big(\boldsymbol{x}(t_0+\tau) + \boldsymbol{p}(t_0+\tau)\big)\big] \\ &= E[\boldsymbol{x}(t_0)\,\boldsymbol{x}(t_0+\tau)] + E[\boldsymbol{x}(t_0)\,\boldsymbol{p}(t_0+\tau)] + E[\boldsymbol{p}(t_0)\,\boldsymbol{x}(t_0+\tau)] \\ &\quad + E[\boldsymbol{p}(t_0)\,\boldsymbol{p}(t_0+\tau)], \end{aligned}$$

und wegen der statistischen Unabhängigkeit von $\boldsymbol{x}(t)$ und $\boldsymbol{p}(t)$ wird

$$E[\boldsymbol{x}(t_0)\,\boldsymbol{p}(t_0+\tau)] = E[\boldsymbol{p}(t_0)\,\boldsymbol{x}(t_0+\tau)] = E[\boldsymbol{p}(t_0)]\,E[\boldsymbol{x}(t_0)] = 0,$$

da $E[\boldsymbol{p}(t_0)] = 0$ ist. Damit resultiert die Gl. (71), wenn man noch berücksichtigt, daß (mit $t_0 = 0$)

$$\begin{aligned} r_{pp}(\tau) &= E[a\cos\varphi \cdot a\cos(\omega_0\tau + \varphi)] = E\left[\frac{a^2}{2}\big(\cos\omega_0\tau + \cos(\omega_0\tau + 2\varphi)\big)\right] \\ &= \frac{a^2}{2}\cos\omega_0\tau \end{aligned}$$

gilt. Bemerkenswert hierbei ist, daß im Ergebnis die Phasenverschiebung des periodischen Anteils nicht mehr enthalten ist. Dies liegt daran, daß eine zeitliche Verschiebung die Autokorrelationsfunktion eines stationären Prozesses nicht beeinflußt.

f) Die Kreuzkorrelierte ist im allgemeinen keine gerade Funktion, sondern sie erfüllt die Bedingung

$$r_{xy}(-\tau) = r_{yx}(\tau), \tag{72}$$

was sich unmittelbar aus der Definitionsgleichung $r_{xy}(-\tau) = E[\boldsymbol{x}(t_0)\,\boldsymbol{y}(t_0 - \tau)]$ ergibt, wenn man $t_0 - \tau$ durch t_1 ersetzt.

g) Die Kreuzkorrelierte hat im Gegensatz zur Autokorrelierten nicht notwendig ihr Maximum bei $\tau = 0$; als Abschätzungen für ihren Betrag sind oft die Beziehungen

$$|r_{xy}(\tau)| \leqq \sqrt{r_{xx}(0)\cdot r_{yy}(0)} \leqq \frac{1}{2}[r_{xx}(0) + r_{yy}(0)] \tag{73}$$

nützlich, die ausgehend von der für alle k geltenden Bedingung

$$E\big[\big(\boldsymbol{x}(t) + k\boldsymbol{y}(t+\tau)\big)^2\big] = r_{xx}(0) + 2k r_{xy}(\tau) + k^2 r_{yy}(0) \geqq 0$$

leicht mit $k = -r_{xy}(\tau)/r_{yy}(0)$ bzw. $k = \pm 1$ abgeleitet werden können.

h) Wie bei der Autokorrelierten gilt

$$\lim_{\tau \to \pm\infty} r_{xy}(\tau) = 0, \tag{74}$$

sofern mindestens einer der beiden Prozesse mittelwertfrei ist und die Perioden eventuell enthaltener periodischer Anteile nicht kommensurabel sind.

3.3.4. Experimentelle Bestimmung der Korrelationsfunktion

In vielen Fällen stehen nur einzelne Musterfunktionen eines stochastischen Prozesses zur Verfügung, und die statistischen Eigenschaften des Prozesses werden aufgrund der Ergodenhypothese mit geeigneten Geräten durch zeitliche Mittelwertbildung gewonnen. Zur Messung der Korrelationsfunktion werden sogenannte analoge *Korrelatoren* eingesetzt, die auf der Darstellung

$$r(\tau) = r(-\tau) = \lim_{T\to\infty} \frac{1}{2T} \int_{-T}^{T} x(t)\, x(t-\tau)\, \mathrm{d}t$$

der Autokorrelierten beruhen und nach dem Schema von Bild 30 aufgebaut sind. Der Mittelwertbildner ist hierbei im wesentlichen ein Integrierer mit der Impulsantwort

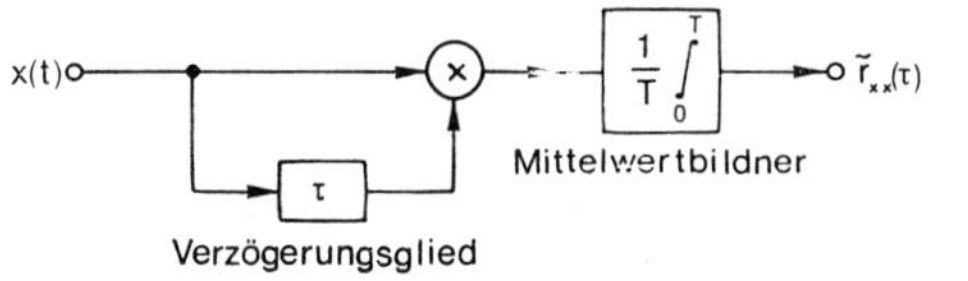

Bild 30: Schema eines Korrelators

nach Bild 31a, der über eine hinreichend lange Zeit T sein Eingangssignal $u(t) = x(t) \times x(t-\tau)$ integriert und somit das Ausgangssignal

$$\tilde{r}_{xx}(\tau) = \int_{-\infty}^{\infty} u(\sigma)\, h(t-\sigma)\, \mathrm{d}\sigma = \frac{1}{T} \int_{t-T}^{t} x(\sigma)\, x(\sigma-\tau)\, \mathrm{d}\sigma$$

produziert. Für hinreichend großes T kann dann $\tilde{r}_{xx}(\tau)$ als Näherung für $r_{xx}(\tau)$ angesehen werden. Der Mittelwertbildner läßt sich hierbei durch ein *RLC*-Zweitor realisieren, dessen Impulsantwort den Verlauf nach Bild 31b aufweist.
Häufig werden Korrelatoren auch in digitaler Technik durch elektronische Bausteine realisiert.

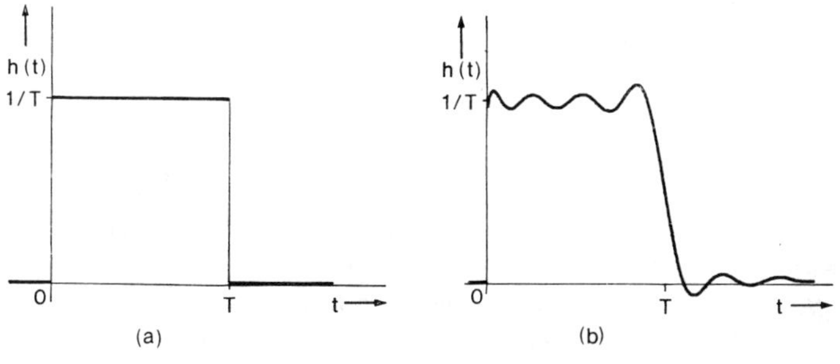

Bild 31: Ideale (a) und approximative (b) Impulsantwort des Mittelwertbildners von Bild 30

3.4. *Stochastische Prozesse und lineare Systeme*

3.4.1. *Einige grundlegende Eigenschaften*

Wirkt nach Bild 32 am Eingang eines linearen, zeitinvarianten, stabilen und kausalen Systems mit der Impulsantwort $h(t)$ ein stationärer stochastischer Prozeß $\boldsymbol{x}(t)$, dann ist für jede Musterfunktion $x(t)$ des Prozesses das Ausgangssignal $y(t)$ gegeben durch die Beziehung

$$y(t) = \int_0^\infty h(\sigma)\, x(t-\sigma)\, \mathrm{d}\sigma, \tag{75}$$

und das Ensemble aller Ausgangssignale stellt einen stochastischen Prozeß $\boldsymbol{y}(t)$ dar, der ebenfalls stationär ist, sofern der Prozeß am Eingang schon hinreichend lange (von $t = -\infty$ an) auf das System einwirkt. Für den statistischen Mittelwert des Ausgangsprozesses gilt dann

$$m_y = E[\boldsymbol{y}(t)] = \int_0^\infty h(\sigma)\, E[\boldsymbol{x}(t-\sigma)]\, \mathrm{d}\sigma = \int_0^\infty h(\sigma)\, \mathrm{d}\sigma \cdot m_x, \tag{76}$$

und für die Kreuzkorrelierte zwischen Eingangsprozeß und Ausgangsprozeß

$$\begin{aligned} r_{xy}(\tau) = E[\boldsymbol{x}(t)\, \boldsymbol{y}(t+\tau)] &= \int_0^\infty h(\sigma)\, E[\boldsymbol{x}(t)\, \boldsymbol{x}(t+\tau-\sigma)]\, \mathrm{d}\sigma \\ &= \int_0^\infty h(\sigma)\, r_{xx}(\tau-\sigma)\, \mathrm{d}\sigma. \end{aligned} \tag{77}$$

Auf die Analogie zwischen der Gl. (75) und der Gl. (77) wird besonders hingewiesen. Für die Autokorrelationsfunktion des Ausgangsprozesses erhält man ganz entsprechend

$$r_{yy}(\tau) = E[\boldsymbol{y}(t)\, \boldsymbol{y}(t+\tau)] = E\left[\int_0^\infty h(\alpha)\, \boldsymbol{x}(t-\alpha)\, \boldsymbol{y}(t+\tau)\, \mathrm{d}\alpha\right]$$

$$= \int_0^\infty h(\alpha)\, r_{xy}(\tau+\alpha)\, \mathrm{d}\alpha \tag{78}$$

$$= \int_0^\infty \int_0^\infty h(\alpha)\, h(\sigma)\, r_{xx}(\tau+\alpha-\sigma)\, \mathrm{d}\sigma\, \mathrm{d}\alpha. \tag{79}$$

Es sei dem Leser als Übung empfohlen, die gewonnenen Beziehungen für die Kreuz- und Autokorrelierte über die Darstellung der Korrelationsfunktionen als Zeitmittelwerte abzuleiten.

3.4.2. *Übergangsvorgänge*

Bei den bisherigen Untersuchungen wurde vorausgesetzt, daß die Erregung $\boldsymbol{x}(t)$ stationär ist und von $t = -\infty$ an auf das System einwirkt. Dann ist auch das Ausgangssignal $\boldsymbol{y}(t)$ stationär (genauer: $\boldsymbol{y}(t)$ ist stationär im strengen Sinn, wenn $\boldsymbol{x}(t)$ stationär im strengen Sinn ist, und $\boldsymbol{y}(t)$ ist stationär im weiteren Sinn, wenn $\boldsymbol{x}(t)$ stationär im weiteren Sinn ist). Dies gilt nicht mehr, wenn das Eingangssignal erst vom Zeitnullpunkt (oder von irgendeinem endlichen Zeitpunkt) an auf das System einwirkt, wie es im Bild 33 angedeutet ist.

Setzt man voraus, daß alle Energiespeicher des linearen, zeitinvarianten und stabilen Systems im Bild 33 zum Zeitpunkt $t = 0$ leer sind, dann gilt für jede Musterfunktion $y(t)$ des Ausgangssignals $\boldsymbol{y}(t)$

$$y(t) = \int_0^t h(\sigma)\, x(t-\sigma)\, \mathrm{d}\sigma. \tag{80}$$

In diesem Fall gilt für den statistischen Mittelwert des Ausgangsprozesses

$$E[\boldsymbol{y}(t)] = \int_0^t h(\sigma)\, E[\boldsymbol{x}(t-\sigma)]\, \mathrm{d}\sigma = \int_0^t h(\sigma)\, \mathrm{d}\sigma \cdot m_x,$$

im allgemeinen ist dieser Mittelwert eine Funktion der Zeit, der Prozeß $\boldsymbol{y}(t)$ ist also nicht stationär. Damit ist nicht zu erwarten, daß der zeitliche Mittelwert von $\boldsymbol{y}(t)$ oder $\boldsymbol{y}^2(t)$

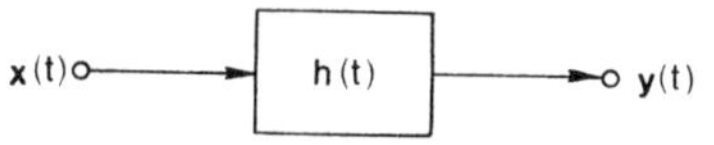

Bild 32: Lineares, zeitinvariantes, stabiles und kausales System, das am Eingang durch den stationären stochastischen Prozeß $\boldsymbol{x}(t)$ erregt wird und am Ausgang den ebenfalls stationären Prozeß $\boldsymbol{y}(t)$ liefert

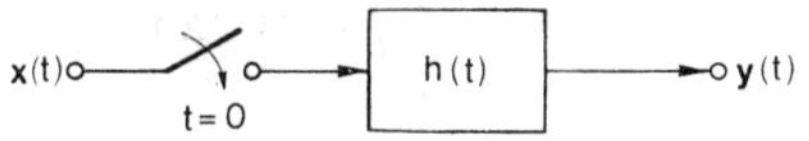

Bild 33: Das System von Bild 32 wird erst vom Zeitpunkt $t = 0$ an durch den Prozeß $\boldsymbol{x}(t)$ erregt. Der Prozeß $\boldsymbol{y}(t)$ am Ausgang ist asymptotisch stationär

für $t > 0$ mit dem Ensemblemittelwert $m_y(t_1) = E[\boldsymbol{y}(t_1)]$ bzw. $r_{yy}(t_1, t_1) = E[\boldsymbol{y}^2(t_1)]$ für beliebiges $t_1 > 0$ übereinstimmt, es gilt aber stets

$$\begin{aligned}\lim_{t_1\to\infty} E[\boldsymbol{y}(t_1)] &= \lim_{t_1\to\infty} E\left[\int_0^{t_1} h(\sigma)\, \boldsymbol{x}(t_1-\sigma)\, \mathrm{d}\sigma\right] \\ &= \lim_{t_1\to\infty} \int_0^{t_1} h(\sigma)\, \mathrm{d}\sigma \cdot m_x = \overline{y(t)}\end{aligned} \tag{81}$$

mit

$$\begin{aligned}\overline{y(t)} &= \lim_{T\to\infty} \frac{1}{T} \int_0^T y(t)\, \mathrm{d}t \\ &= \int_0^\infty h(\sigma) \lim_{T\to\infty} \frac{1}{T} \int_0^T s(t-\sigma)\, x(t-\sigma)\, \mathrm{d}t\, \mathrm{d}\sigma \\ &= \int_0^\infty h(\sigma)\, \mathrm{d}\sigma \cdot m_x,\end{aligned}$$

wobei die Vertauschung der Integrale wegen der vorausgesetzten Stabilität des Systems erlaubt ist und die Ergodizität von $\boldsymbol{x}(t)$ verwendet wurde. Ganz entsprechend läßt sich zeigen, daß

$$\lim_{t_1 \to \infty} E[\boldsymbol{y}^2(t_1)] = \overline{y^2(t)} \tag{82}$$

gilt. Das Ausgangssignal eines linearen, zeitinvarianten und stabilen Systems ist damit asymptotisch stationär, wenn das System am Eingang durch ein für $t < 0$ verschwindendes und für $t > 0$ stationäres Signal erregt wird.

Legt man beispielsweise an ein RC-Glied mit der Impulsantwort

$$h(t) = s(t)\,\mathrm{e}^{-at}, \qquad a > 0$$

im Zeitpunkt $t = 0$ sogenanntes weißes Rauschen mit der Autokorrelationsfunktion $r_{xx}(\tau) = K\delta(\tau)$, dann ist der im Zeitpunkt $t_1 > 0$ im Mittel zu erwartende Wert der Signalleistung des Ausgangssignals gegeben durch

$$\begin{aligned} E[\boldsymbol{y}^2(t_1)] &= \int_0^{t_1}\int_0^{t_1} h(\sigma)\,h(\tau)\,r_{xx}(\sigma - \tau)\,\mathrm{d}\sigma\,\mathrm{d}\tau \\ &= \int_0^{t_1}\int_0^{t_1} \mathrm{e}^{-a(\sigma+\tau)} K\delta(\sigma - \tau)\,\mathrm{d}\sigma\,\mathrm{d}\tau \\ &= K\int_0^{t_1} \mathrm{e}^{-2a\tau}\,\mathrm{d}\tau = \frac{K}{2a}\,(1 - \mathrm{e}^{-2at_1}). \end{aligned}$$

Für $t_1 \to \infty$ stimmt dieser Wert überein mit dem Quadrat des Effektivwerts $\overline{y^2(t)}$.

Abschließend sei bemerkt, daß die im Abschnitt 3 behandelten Methoden zur Beschreibung kontinuierlicher stochastischer Signale sich sinngemäß auch auf diskontinuierliche stochastische Prozesse anwenden lassen.

II. Systemcharakterisierung durch dynamische Gleichungen, Methode des Zustandsraumes

1. Vorbemerkungen

Bei den bisherigen Betrachtungen wurde der Begriff des Systems im Sinne einer direkten Zuordnung der Eingangsgrößen zu den Ausgangsgrößen verwendet. Im folgenden soll dieser Begriff insoweit modifiziert werden, als nunmehr neben den Eingangs- und Ausgangsgrößen noch „innere" Signale, die sogenannten *Zustandsgrößen*, eingeführt werden. Die in diesem Sinne modifizierte Betrachtungsweise erfährt allerdings die Einschränkung, daß jetzt nur Systeme mit konzentrierten Parametern zugelassen werden, bei denen der Zusammenhang zwischen Erregung und Reaktion durch *gewöhnliche* Differentialgleichungen bzw. Differenzengleichungen beschrieben werden kann. Beispiele von Systemen dieser Art sind elektrische Netzwerke mit ohmschen Widerständen, Induktivitäten und Kapazitäten. Kontinuierliche Systeme mit verteilten Parametern werden durch *partielle* Differentialgleichungen beschrieben und sollen von den folgenden Betrachtungen ausgeschlossen sein.

Im Rahmen der neuen Beschreibung wird das System im wesentlichen durch eine Vektor-Differentialgleichung erster Ordnung dargestellt. Diese Methode hat gegenüber der bisherigen Art der Systemdarstellung eine Reihe beachtlicher Vorteile. Als erster Vorteil sei die konzentrierte Form der Schreibweise unter Verwendung von Matrizen genannt. Es sei weiterhin erwähnt, daß sich jetzt dynamische Probleme unter der Berücksichtigung beliebiger Anfangswerte bequem und anschaulich behandeln lassen. Es wird ferner möglich, Fälle von Systeminstabilitäten zu erkennen, welche nicht feststellbar sind, wenn nur die direkte Zuordnung zwischen Eingangs- und Ausgangssignalen betrachtet wird. Die neue Betrachtungsweise ist der Theorie der Differentialgleichungen angepaßt, so daß entsprechende Methoden anwendbar werden. Erwähnenswert scheint auch zu sein, daß diese Methode die Behandlung zahlreicher theoretischer Probleme beispielsweise der Netzwerktheorie und der Regelungstechnik erleichtert. Schließlich sei darauf hingewiesen, daß sich die neue Betrachtungsweise vorzüglich zur Rechner-Simulation von Systemen eignet und Vorteile bei der numerischen Auswertung bietet.

Am Beispiel elektrischer Netzwerke soll im nächsten Abschnitt die Methode eingeführt und erläutert werden.

2. Beschreibung elektrischer Netzwerke im Zustandsraum

Es soll ein aus konzentrierten, linearen, zeitinvarianten ohmschen Widerständen, Kapazitäten und Induktivitäten bestehendes elektrisches Netzwerk betrachtet werden. Die das Netzwerk erregenden Größen (Spannungen, Ströme), welche als voneinander unabhängig wählbar vorausgesetzt werden, seien mit $x_1(t), x_2(t), \ldots, x_m(t)$ bezeichnet und in gewohnter Weise zum Vektor $\boldsymbol{x}(t)$ der Eingangsgrößen zusammengefaßt. Die im Netzwerk auftretenden elektrischen Spannungen und Ströme lassen sich dadurch bestimmen, daß man ein System von Differentialgleichungen in geeigneter Weise aufstellt und dieses unter Berücksichtigung der Anfangsbedingungen löst. Bei der Aufstellung dieses Differentialgleichungssystems verwendet man häufig die Methode der Maschenströme [41, 42, 45].

Im folgenden soll gezeigt werden, wie ein die Spannungen und Ströme des Netzwerkes bestimmendes System von Differentialgleichungen ermittelt werden kann, das gewissermaßen eine Normalform für die dynamische Beschreibung eines Netzwerkes darstellt. Als Netzwerk-Variablen werden außer den Erregungen solche Größen eingeführt, welche die Energie voneinander unabhängiger Energiespeicher kennzeichnen. Sie werden als *Zustandsvariablen* bezeichnet. Es seien dies die Induktivitätsströme i_μ ($\mu = 1, 2, \ldots, l$) und die Kapazitätsspannungen u_μ ($\mu = l + 1, l + 2, \ldots, l + c$). Dabei bleiben diejenigen Induktivitäten, deren Ströme durch Linearkombination der schon als Zustandsvariablen gewählten Induktivitätsströme gegeben sind, ebenso außer acht wie alle Kapazitäten, deren Spannungen durch Linearkombination der schon als Zustandsvariablen gewählten Kapazitätsspannungen bestimmt sind.[1])

Zur Vereinfachung soll zunächst vorausgesetzt werden, daß das Netzwerk nur voneinander linear unabhängige Energiespeicher besitzt und keine linearen Abhängigkeiten zwischen den Erregungen und den Zustandsgrößen vorhanden sind. Denkt man sich nun alle Kapazitäten durch Spannungsquellen und alle Induktivitäten durch Stromquellen ersetzt, so daß diese Quellen die durch die Zustandsvariablen bestimmten Spannungen bzw. Ströme erzeugen, dann kann im Rahmen einer Gleichstromrechnung jeder Strom und jede Spannung innerhalb des Netzwerkes als Linearkombination der Eingangsgrößen $x_\mu(t)$ ($\mu = 1, 2, \ldots, m$), der Ströme i_μ ($\mu = 1, 2, \ldots, l$) und der Spannungen u_μ ($\mu = l + 1, l + 2, \ldots, l + c$) dargestellt werden. Eine derartige Darstellung ist insbesondere für die Induktivitätsspannungen $L_\mu \, \mathrm{d}i_\mu/\mathrm{d}t$ ($\mu = 1, 2, \ldots, l$) und für die Kapazitätsströme $C_\mu \, \mathrm{d}u_\mu/\mathrm{d}t$ ($\mu = l + 1, \ldots, l + c$) möglich. Deshalb lassen sich folgende Beziehungen aufstellen:

$$L_\mu \frac{\mathrm{d}i_\mu}{\mathrm{d}t} = \sum_{\nu=1}^{l} \varrho_{\mu\nu} i_\nu + \sum_{\nu=l+1}^{l+c} \alpha_{\mu\nu} u_\nu + \sum_{\nu=1}^{m} \varepsilon_{\mu\nu} x_\nu, \quad (\mu = 1, 2, \ldots, l) \tag{1}$$

$$C_\mu \frac{\mathrm{d}u_\mu}{\mathrm{d}t} = \sum_{\nu=1}^{l} \beta_{\mu\nu} i_\nu + \sum_{\nu=l+1}^{l+c} \gamma_{\mu\nu} u_\nu + \sum_{\nu=1}^{m} \delta_{\mu\nu} x_\nu, \quad (\mu = l + 1, l + 2, \ldots, l + c). \tag{2}$$

[1]) Man kann in systematischer Weise voneinander unabhängige Induktivitäten und Kapazitäten ermitteln, deren Ströme bzw. Spannungen als Zustandsvariablen in dem Sinn verwendbar sind, daß durch Linearkombination dieser Variablen und der Eingangsgrößen alle Netzwerk-Ströme und -Spannungen bestimmt werden können [44]. Man zerlegt zu diesem Zweck das Netzwerk in einen „vollständigen Baum" und in ein „Baumkomplement". Der Baum soll möglichst viele Kapazitäten, das Baumkomplement möglichst viele Induktivitäten enthalten. Dies ist gewährleistet, wenn zunächst die Spannungsquellen, dann möglichst viele Kapazitäten, schließlich möglichst viele ohmsche Widerstände und zuletzt die noch erforderliche Zahl von Induktivitäten zur Bildung des Baums verwendet werden; Stromquellen dürfen im Baum nicht enthalten sein. Bei Netzwerken mit Übertragern oder aktiven Netzwerkelementen gibt es entsprechend modifizierte Verfahren [44].

Die Konstanten $\alpha_{\mu\nu}$, $\beta_{\mu\nu}$, $\gamma_{\mu\nu}$, $\delta_{\mu\nu}$, $\varepsilon_{\mu\nu}$, $\varrho_{\mu\nu}$ können in elementarer Weise bestimmt werden. Man erhält beispielsweise die Konstante $\alpha_{\mu\nu}$ als Quotienten der μ-ten Induktivitätsspannung zur Kapazitätsspannung Nr. ν, wenn alle anderen Kapazitätsspannungen sowie sämtliche Induktivitätsströme und Eingangsgrößen für irgendeinen Zeitpunkt gleich Null gesetzt werden. Die Konstante $\delta_{\mu\nu}$ ergibt sich als Quotient des Kapazitätsstromes Nr. μ zur ν-ten Eingangsgröße, wenn alle anderen Eingangsgrößen sowie sämtliche Kapazitätsspannungen und Induktivitätsströme für irgendeinen Zeitpunkt gleich Null gesetzt werden. In entsprechender Weise erhält man die übrigen Konstanten.
Die Zustandsvariablen i_μ und u_μ werden jetzt gleichartig bezeichnet:

$$z_\mu = \begin{cases} i_\mu & \text{für} \quad \mu = 1, 2, \ldots, l \\ u_\mu & \text{für} \quad \mu = l+1, \ldots, l+c. \end{cases}$$

Dann lassen sich die Gln. (1) und (2) in der Form

$$\frac{\mathrm{d}z_\mu}{\mathrm{d}t} = \sum_{\nu=1}^{q} A_{\mu\nu} z_\nu + \sum_{\nu=1}^{m} B_{\mu\nu} x_\nu \qquad (\mu = 1, 2, \ldots, q = l + c) \tag{3}$$

darstellen. Hierbei gilt

für $\mu = 1, 2, \ldots, l$

$$A_{\mu\nu} = \begin{cases} \varrho_{\mu\nu}/L_\mu & (\nu = 1, 2, \ldots, l), \\ \alpha_{\mu\nu}/L_\mu & (\nu = l+1, \ldots, q), \end{cases}$$

$$B_{\mu\nu} = \varepsilon_{\mu\nu}/L_\mu \qquad (\nu = 1, 2, \ldots, m),$$

für $\mu = l + 1, \ldots, q$

$$A_{\mu\nu} = \begin{cases} \beta_{\mu\nu}/C_\mu & (\nu = 1, 2, \ldots, l), \\ \gamma_{\mu\nu}/C_\mu & (\nu = l+1, \ldots, q), \end{cases}$$

$$B_{\mu\nu} = \delta_{\mu\nu}/C_\mu \qquad (\nu = 1, 2, \ldots, m).$$

Schließlich erhält man aus Gl. (3) bei Einführung des Zustandsvektors

$$\boldsymbol{z}(t) = \begin{bmatrix} z_1 \\ z_2 \\ \vdots \\ z_q \end{bmatrix}$$

und der Matrizen

$$\boldsymbol{A} = \begin{bmatrix} A_{11} & A_{12} & \ldots & A_{1q} \\ A_{21} & A_{22} & \ldots & A_{2q} \\ \vdots \\ A_{q1} & A_{q2} & \ldots & A_{qq} \end{bmatrix}, \qquad \boldsymbol{B} = \begin{bmatrix} B_{11} & B_{12} & \ldots & B_{1m} \\ B_{21} & B_{22} & \ldots & B_{2m} \\ \vdots \\ B_{q1} & B_{q2} & \ldots & B_{qm} \end{bmatrix}$$

die Darstellung

$$\frac{\mathrm{d}\boldsymbol{z}}{\mathrm{d}t} = \boldsymbol{A}\boldsymbol{z} + \boldsymbol{B}\boldsymbol{x}. \tag{4}$$

Als Systemausgangsgrößen seien bestimmte Ströme bzw. Spannungen, die im Netzwerk vorkommen, betrachtet. Sie sollen mit $y_1(t), y_2(t), \ldots, y_n(t)$ bezeichnet und zum Vektor $\boldsymbol{y}(t)$ zusammengefaßt werden. Diese Ausgangsgrößen lassen sich durch Linearkombination der $z_\nu(t)$ und $x_\nu(t)$ darstellen:

$$y_\mu(t) = \sum_{\nu=1}^{q} C_{\mu\nu} z_\nu(t) + \sum_{\nu=1}^{m} D_{\mu\nu} x_\nu(t), \qquad (\mu = 1, 2, \ldots, n). \tag{5}$$

Die in dieser Darstellung auftretenden Koeffizienten werden ähnlich wie die Elemente der Matrizen $\boldsymbol{A}$ und $\boldsymbol{B}$ bestimmt.

Faßt man die Koeffizienten $C_{\mu\nu}$ zur Matrix $\boldsymbol{C}$ mit n Zeilen und q Spalten zusammen und bildet man in entsprechender Weise aus den $D_{\mu\nu}$ die Matrix $\boldsymbol{D}$ mit n Zeilen und m Spalten, dann können die Gln. (5) in der Form

$$\boldsymbol{y} = \boldsymbol{C}\boldsymbol{z} + \boldsymbol{D}\boldsymbol{x} \tag{6}$$

geschrieben werden. Die beiden Matrizengleichungen (4) und (6) erlauben nun, das elektrische Netzwerk vollständig zu beschreiben. Wie man sieht, ist bei Kenntnis des Vektors $\boldsymbol{z}(t)$ für $t = t_0$ das Ausgangssignal $\boldsymbol{y}(t)$ in eindeutiger Weise aus dem als zulässig vorausgesetzten Eingangssignal $\boldsymbol{x}(t)$ für $t \geqq t_0$ bestimmt. Aus diesem Grund sagt man, daß der Vektor $\boldsymbol{z}(t)$ in jedem Zeitpunkt t den *Zustand* des Systems bestimmt. Die Gln. (4) und (6) bilden in diesem Sinne eine *Systembeschreibung im Zustandsraum.* Treten im Netzwerk linear abhängige Energiespeicher auf, dann liefert die Gleichstrombetrachtung zunächst nur an allen ohmschen Widerständen Ströme und Spannungen, während die Ströme und Spannungen für die abhängigen Energiespeicher aufgrund der linearen Verknüpfung mit den Zustandsgrößen und den Strom-Spannungs-Beziehungen für die Netzwerkelemente angegeben werden können. Dies hat zur Folge, daß auf den rechten Seiten der Gln. (1) und (2) auch noch Terme mit der ersten Ableitung von Zustandsvariablen auftreten. Zur Gewinnung der Normalform Gln. (4) und (6) müssen die erweiterten Gln. (1) und (2) nach den Ableitungen der Zustandsvariablen aufgelöst werden.

Falls sich die Elemente des Netzwerkes mit der Zeit ändern, lassen sich nach wie vor Gleichungen der Form (4) und (6) aufstellen. Es empfiehlt sich in diesem Fall, als Zustandsvariablen statt der Spannungen die Ladungen der Kapazitäten und statt der Ströme die magnetischen Flüsse der Induktivitäten zu verwenden. Die Matrizen $\boldsymbol{A}$, $\boldsymbol{B}$, $\boldsymbol{C}$ und $\boldsymbol{D}$ sind dann im allgemeinen von der Zeit abhängig.

Beispiel: Bild 34 zeigt ein einfaches Netzwerk. Die Spannung $x(t)$ sei die Eingangsgröße, der Strom durch den ohmschen Widerstand R_1 stelle die Ausgangsgröße $y(t)$ dar. Der Strom z_1 durch die Induktivität L und die Spannung z_2 an der Kapazität C sind als Zustandsvariablen des Systems zu wählen. Nach Gl. (4) wird

$$\frac{\mathrm{d}z_1}{\mathrm{d}t} = A_{11}z_1 + A_{12}z_2 + B_{11}x,$$

$$\frac{\mathrm{d}z_2}{\mathrm{d}t} = A_{21}z_1 + A_{22}z_2 + B_{21}x.$$

Zur Bestimmung von A_{11} betrachtet man den Fall, daß $z_2 = x = 0$ ist. Aus dem Netzwerk folgt direkt, daß dann

$$L\frac{\mathrm{d}z_1}{\mathrm{d}t} = -\frac{R_1R_2}{R_1 + R_2}\, z_1,$$

also

$$A_{11} = -\frac{R_1 R_2}{L(R_1 + R_2)}$$

gilt. Wird $z_1 = x = 0$ gewählt, so erhält man[1])

$$L\frac{dz_1}{dt} = -\frac{R_1}{R_1 + R_2} z_2,$$

also

$$A_{12} = -\frac{R_1}{L(R_1 + R_2)}.$$

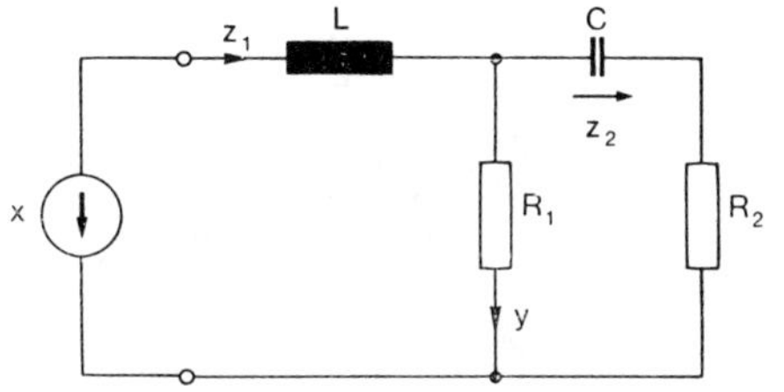

Bild 34: Einfaches Netzwerk zur Erläuterung der Methode des Zustandsraumes

Weiterhin ergibt sich

$$L\frac{dz_1}{dt} = x$$

für $z_1 = z_2 = 0$, also

$$B_{11} = \frac{1}{L}.$$

Für $z_2 = x = 0$ erhält man

$$C\frac{dz_2}{dt} = \frac{R_1}{R_1 + R_2} z_1,$$

d. h.

$$A_{21} = \frac{R_1}{C(R_1 + R_2)}.$$

Schließlich wird

$$A_{22} = -\frac{1}{C(R_1 + R_2)}, \qquad B_{21} = 0.$$

Damit lautet die Gl. (4) für das Beispiel

$$\frac{d\boldsymbol{z}}{dt} = \begin{bmatrix} \dfrac{-R_1 R_2}{L(R_1 + R_2)} & \dfrac{-R_1}{L(R_1 + R_2)} \\ \dfrac{R_1}{C(R_1 + R_2)} & \dfrac{-1}{C(R_1 + R_2)} \end{bmatrix} \boldsymbol{z} + \begin{bmatrix} \dfrac{1}{L} \\ 0 \end{bmatrix} x. \qquad (7\text{a})$$

Das Ausgangssignal hat nach Gl. (6) die Form

$$y = C_{11} z_1 + C_{12} z_2 + D_{11} x.$$

---

[1]) Man beachte, daß aus $z_1(t) = 0$ für irgendeinen Zeitpunkt $t = t_1$ nicht notwendig $dz_1/dt = 0$ für $t = t_1$ folgt.

Für $z_2 = x = 0$ wird

$$y = \frac{R_2}{R_1 + R_2} z_1,$$

also

$$C_{11} = \frac{R_2}{R_1 + R_2}.$$

Entsprechend erhält man

$$C_{12} = \frac{1}{R_1 + R_2}, \qquad D_{11} = 0.$$

Damit lautet für das Beispiel die Gl. (6)

$$y = \left[\frac{R_2}{R_1 + R_2}, \frac{1}{R_1 + R_2}\right] z. \tag{7b}$$

Im folgenden soll noch gezeigt werden, wie die Zustandsgleichungen für ein RLC-Netzwerk nach einem einfachen topologischen Verfahren systematisch aufgestellt werden können. Dazu benötigt man einige Grundbegriffe der Netzwerktopologie, die zunächst mitgeteilt werden. Unter einem (vollständigen) *Baum* eines Netzwerks versteht man einen Teil des Netzwerks, der alle vorhandenen Knoten miteinander verbindet, ohne daß ein geschlossener Weg, eine sogenannte Masche, vorhanden ist. Den restlichen Teil des Netzwerks bezeichnet man als *Baumkomplement.* Jede Menge von Zweigen des Netzwerks, durch deren Entfernung das Netzwerk in zwei Teile zerfällt (dabei zählt ein einzelner Knoten als Teil), heißt *Schnittmenge.* Unter einem *Normalbaum* wird ein Baum verstanden, der alle Spannungsquellen, keine Stromquellen, möglichst viele Kapazitäten und möglichst wenige Induktivitäten enthält. Das entsprechende Baumkomplement heißt *Normalbaumkomplement.* Aus jedem Zweig eines Baums kann durch alleinige Hinzufügung von Zweigen des entsprechenden Baumkomplements genau eine Schnittmenge gebildet werden, die *fundamental* genannt wird. Aus jedem Zweig eines Baumkomplements kann durch alleinige Hinzufügung von Zweigen des entsprechenden Baums genau eine Masche gebildet werden, die *fundamental* genannt wird.

Damit Zustandsgleichungen in der Form der Gln. (4) und (6) existieren, wird vorausgesetzt, daß keine durch eine Kapazität im Baumkomplement bestimmte Fundamentalmasche eine Spannungsquelle und keine durch eine Induktivität im Baum bestimmte Fundamentalschnittmenge eine Stromquelle enthält. Dies entspricht der Forderung, daß alle Erregungen unabhängig von den Zustandsvariablen wählbar sein sollen.[1]) Die Aufstellung der Zustandsgleichungen erfolgt nun in folgenden Schritten:

1. Es wird ein Normalbaum gewählt. Die Ströme aller im Normalbaumkomplement auftretenden Induktivitäten seien i_μ ($\mu = 1, 2, \ldots, l$), die Spannungen aller im Normalbaum auftretenden Kapazitäten seien u_μ ($\mu = l + 1, \ldots, l + c$).
2. Es werden die Zustandsvariablen

$$z_\mu = \begin{cases} i_\mu & \text{für} \quad \mu = 1, 2, \ldots, l \\ u_\mu & \text{für} \quad \mu = l + 1, \ldots, l + c \end{cases}$$

[1]) Ist die genannte Voraussetzung nicht erfüllt, dann tritt in den Zustandsgleichungen auch noch die erste Ableitung des Erregungsvektors auf.

eingeführt. Dadurch lassen sich alle Kapazitätsspannungen und Induktivitätsströme durch die Zustandsvariablen z_μ ($\mu = 1, 2, \ldots, l + c$) direkt ausdrücken. Durch die Ableitung der Spannungen an den Kapazitäten im Normalbaumkomplement lassen sich deren Ströme als Linearkombination von ersten Ableitungen der Zustandsgrößen darstellen. Entsprechend gewinnt man die Induktivitätsspannungen im Normalbaum als Linearkombination von ersten Ableitungen der Zustandsgrößen. Im Rahmen einer reinen Gleichstrombetrachtung sind nun die Spannungen an allen ohmschen Widerständen des Normalbaums sowie die Ströme durch sämtliche ohmschen Widerstände des Normalbaumkomplements mit Hilfe der Zustandsvariablen z_μ und der Eingangsgrößen x_ν ($\nu = 1, 2, \ldots, m$) auszudrücken.

3. Jeder Induktivität im Normalbaumkomplement wird ihre fundamentale Masche zugeordnet. Jeder Kapazität im Normalbaum wird ihre fundamentale Schnittmenge zugeordnet. Durch Anwendung der Maschenregel (zweites Kirchhoffsches Gesetz [45]) auf sämtliche dieser l Maschen und durch Anwendung der Knotenregel (erstes Kirchhoffsches Gesetz [45]) auf sämtliche dieser c Schnittmengen entstehen $q = l + c$ Bestimmungsgleichungen für die Ableitungen $\mathrm{d}z_\mu/\mathrm{d}t$. Durch Auflösung dieser Gleichungen erhält man die Zustandsgleichungen in der Form von Gl. (4). Die Gl. (6) erhält man unter Berücksichtigung der gewonnenen Zustandsgleichungen wie die im Schritt 2 ermittelten Ströme und Spannungen.

Beispiel: Es soll noch einmal das Netzwerk von Bild 34 betrachtet werden. Als Normalbaum wird derjenige Teil des Netzwerks gewählt, der aus der Spannungsquelle x, der Kapazität C und dem Widerstand R_1 besteht (Bild 35). Ersetzt man im Netzwerk von Bild 34 die Induktivität durch

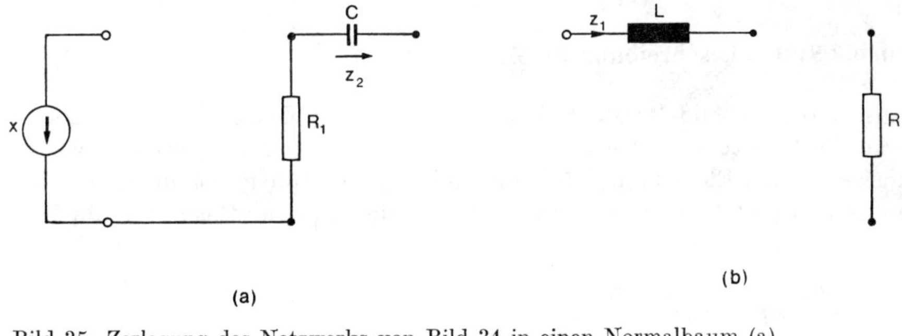

Bild 35: Zerlegung des Netzwerks von Bild 34 in einen Normalbaum (a) und ein Normalbaumkomplement (b)

eine Stromquelle z_1 und die Kapazität durch eine Spannungsquelle z_2 (Bild 36), so erhält man durch Gleichstromrechnung unmittelbar

$$u_1 = \frac{R_1 R_2}{R_1 + R_2} z_1 + \frac{R_1}{R_1 + R_2} z_2 \tag{8a}$$

und

$$i_2 = \frac{R_1}{R_1 + R_2} z_1 - \frac{1}{R_1 + R_2} z_2 . \tag{8b}$$

Die zur Induktivität L gehörende Fundamentalmasche enthält außer diesem Netzwerkelement den Widerstand R_1 und die Quelle x. Die Maschenregel liefert für die Induktivitätsspannung mit

Gl. (8a) direkt

$$L\,\frac{\mathrm{d}z_1}{\mathrm{d}t} = x - u_1 = x - \left(\frac{R_1 R_2}{R_1 + R_2}\,z_1 + \frac{R_1}{R_1 + R_2}\,z_2\right).$$

Die zur Kapazität C gehörende Fundamentalschnittmenge enthält außer diesem Netzwerkelement nur den Widerstand R_2. Die Knotenregel liefert für den Kapazitätsstrom mit Gl. (8b) direkt

$$C\,\frac{\mathrm{d}z_2}{\mathrm{d}t} = i_2 = \frac{R_1}{R_1 + R_2}\,z_1 - \frac{1}{R_1 + R_2}\,z_2.$$

Die Größe $y = u_1/R_1$ kann aus Gl. (8a) direkt angegeben werden. Damit sind die bereits früher erhaltenen Ergebnisse bestätigt.

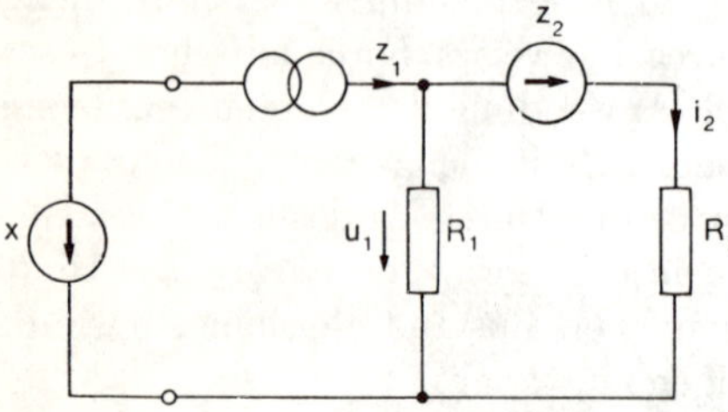

Bild 36: Zur Darstellung von u_1 und i_2 als Funktionen von z_1, z_2 und x aufgrund des Überlagerungssatzes

Abschließend sei noch erwähnt, daß die Zustandsgleichungen nach der Wahl der Zustandsvariablen auch mit Hilfe anderer Netzwerkanalyse-Verfahren (z. B. [45]) aufgestellt werden können.

3. Allgemeine Systembeschreibung im Zustandsraum

Die im Abschnitt 2 behandelte Methode zur Beschreibung elektrischer Netzwerke im Zustandsraum soll jetzt auf allgemeine kontinuierliche Systeme angewendet werden, die aus konzentrierten Elementen aufgebaut sind und mit Hilfe gewöhnlicher Differentialgleichungen dargestellt werden können. Die Beschreibung im Zustandsraum lautet in ihrer Normalform

$$\frac{\mathrm{d}\boldsymbol{z}(t)}{\mathrm{d}t} = \boldsymbol{f}(\boldsymbol{z}, \boldsymbol{x}, t), \tag{9a}$$

$$\boldsymbol{y} = \boldsymbol{g}(\boldsymbol{z}, \boldsymbol{x}, t). \tag{9b}$$

Dabei ist $\boldsymbol{x}(t)$ der Vektor der m Eingangsfunktionen, $\boldsymbol{y}(t)$ ist der Vektor der n Ausgangsfunktionen und $\boldsymbol{z}(t)$ der Zustandsvektor mit q Komponenten. Weiterhin bezeichnen $\boldsymbol{f}$ und $\boldsymbol{g}$ vektorielle Funktionen.[1]) Die Komponenten des Zustandsvektors $\boldsymbol{z}(t)$ werden häufig mit jenen Zeitfunktionen identifiziert, welche die Energiespeicher des Systems kennzeichnen. Bei der Beschreibung von Analogrechner-Schaltungen, die aus Addier-, Integrier- und Multipliziergliedern für Konstanten aufgebaut sind, empfiehlt es sich, als Zustandsgrößen die Ausgangssignale der Integrierer zu wählen.

---

[1]) Im folgenden wird angenommen, daß die Funktionen $\boldsymbol{f}$ und $\boldsymbol{g}$ eine eindeutige Lösung der Gln. (9a, b) zulassen. Einzelheiten bezüglich der Existenz von Lösungen der Differentialgleichung (9a) findet man im Buch [49].

Die Eingangsgröße $\boldsymbol{x}(t)$ bestimmt zusammen mit dem Wert des Zustandsvektors $\boldsymbol{z}(t)$ für den Anfangszeitpunkt $t = t_0$ nach den Grundgleichungen (9a, b) den Zustandsvektor $\boldsymbol{z}(t)$ und das Ausgangssignal $\boldsymbol{y}(t)$ für $t \geqq t_0$. In diesem Sinne faßt der Zustandsvektor $\boldsymbol{z}(t)$ zu jedem Zeitpunkt t_0 die Vergangenheit des Systems zusammen, die im wesentlichen durch den Vektor $\boldsymbol{x}(t)$ der Eingangsgrößen für $t \leqq t_0$ bestimmt ist. Diese Zusammenfassung der Vergangenheit erfolgt insoweit, als sie für den künftigen Zustand von Bedeutung ist.

Man kann sich den Zustandsvektor $\boldsymbol{z}(t)$ im q-dimensionalen Euklidischen Raum vorstellen, wobei q die Zahl der Komponenten von $\boldsymbol{z}(t)$ ist. Der Zustandsvektor $\boldsymbol{z}(t)$ beschreibt nun in Abhängigkeit des Zeitparameters t eine Kurve (Trajektorie) im q-dimensionalen Zustandsraum, wobei etwa der Zustand $\boldsymbol{z}(t_0)$ in den Zustand $\boldsymbol{z}(t_1)$ übergeht. Die Kurve, die durch den Zustandsvektor im Intervall $t_0 \leqq t \leqq t_1$ beschrieben wird, ist in eindeutiger Weise durch den Anfangszustand $\boldsymbol{z}(t_0)$ und die Eingangsgröße $\boldsymbol{x}(t)$ im Intervall $t_0 \leqq t \leqq t_1$ bestimmt. Die kleinste Zahl von Funktionen $z_\mu(t)$, die zur eindeutigen Kennzeichnung des Systemzustandes erforderlich sind, heißt *Ordnung* des Systems. Die Ordnung ist unabhängig von der Wahl der Zustandsgrößen.

Läßt sich das System durch *lineare* Differentialgleichungen beschreiben, so lauten die Grundgleichungen

$$\frac{\mathrm{d}\boldsymbol{z}(t)}{\mathrm{d}t} = \boldsymbol{A}(t)\,\boldsymbol{z}(t) + \boldsymbol{B}(t)\,\boldsymbol{x}(t), \tag{10}$$

$$\boldsymbol{y}(t) = \boldsymbol{C}(t)\,\boldsymbol{z}(t) + \boldsymbol{D}(t)\,\boldsymbol{x}(t). \tag{11}$$

Hierbei sind $\boldsymbol{A}(t)$, $\boldsymbol{B}(t)$, $\boldsymbol{C}(t)$ und $\boldsymbol{D}(t)$ Matrizen mit Elementen, die im allgemeinen Funktionen der Zeit sind, und

$$\boldsymbol{x} = \begin{bmatrix} x_1 \\ x_2 \\ \vdots \\ x_m \end{bmatrix}, \quad \boldsymbol{y} = \begin{bmatrix} y_1 \\ y_2 \\ \vdots \\ y_n \end{bmatrix}, \quad \boldsymbol{z} = \begin{bmatrix} z_1 \\ z_2 \\ \vdots \\ z_q \end{bmatrix}.$$

$\boldsymbol{A}(t)$ ist eine q-reihige quadratische Matrix, die Matrix $\boldsymbol{B}(t)$ hat q Zeilen und m Spalten, und die Matrizen $\boldsymbol{C}(t)$ und $\boldsymbol{D}(t)$ weisen jeweils n Zeilen und q bzw. m Spalten auf. Jedes durch die Gln. (10) und (11) für $t \geqq t_0$ beschriebene System ist, wie aufgrund der im nächsten Abschnitt abzuleitenden Lösung dieser Gleichungen zu erkennen ist, im Sinne der Definition aus Abschnitt 1.2 von Kapitel I genau dann für $t \geqq t_0$ linear, wenn der Anfangszustand $\boldsymbol{z}(t_0)$ jeweils gleich Null ist. Trotzdem sollen alle durch die Gln. (10) und (11) beschreibbaren Systeme bei Zulassung beliebiger Anfangszustände als *linear* bezeichnet werden.

Sind die Parameter der durch die Gln. (10) und (11) darstellbaren Systeme zeitunabhängig, dann sind die Koeffizientenmatrizen konstant, und man schreibt einfach $\boldsymbol{A}$, $\boldsymbol{B}$, $\boldsymbol{C}$ und $\boldsymbol{D}$. Das System heißt dann *zeitinvariant*.

Auch *diskontinuierliche* Systeme, die sich mit Hilfe gewöhnlicher Differenzengleichungen beschreiben lassen, können im Zustandsraum dargestellt werden. Ein lineares, im allgemeinen zeitvariantes, diskontinuierliches System wird im Zustandsraum durch die Differenzengleichungen

$$\boldsymbol{z}(n+1) = \boldsymbol{A}(n)\,\boldsymbol{z}(n) + \boldsymbol{B}(n)\,\boldsymbol{x}(n), \tag{12}$$

$$\boldsymbol{y}(n) = \boldsymbol{C}(n)\,\boldsymbol{z}(n) + \boldsymbol{D}(n)\,\boldsymbol{x}(n) \tag{13}$$

beschrieben. Dabei ist $\boldsymbol{x}(n)$ der Vektor der Eingangsgrößen, $\boldsymbol{y}(n)$ der Vektor der Ausgangsgrößen und $\boldsymbol{z}(n)$ der Zustandsvektor. Weiterhin bedeuten $\boldsymbol{A}(n)$, $\boldsymbol{B}(n)$, $\boldsymbol{C}(n)$, $\boldsymbol{D}(n)$ Systemmatrizen, welche wie die anderen Größen von der diskreten Zeitvariablen n abhängen. Die Gln. (12), (13) stehen in Analogie zu den Gln. (10), (11) für kontinuierliche Systeme. Falls alle Systemmatrizen von n unabhängig sind, heißt das System *zeitinvariant.*

3.1. Umwandlung von Eingang-Ausgang-Beschreibungen in Zustandsgleichungen

Häufig wird ein kontinuierliches System mit einem Eingang und einem Ausgang durch eine lineare Differentialgleichung q-ter Ordnung mit konstanten Koeffizienten beschrieben. Es ergibt sich dann die Aufgabe, eine entsprechende Beschreibung im Zustandsraum anzugeben. Dieses Problem soll im folgenden behandelt werden. Die Differentialgleichung q-ter Ordnung laute[1])

$$\frac{\mathrm{d}^q y}{\mathrm{d}t^q} + \alpha_{q-1} \frac{\mathrm{d}^{q-1} y}{\mathrm{d}t^{q-1}} + \cdots + \alpha_1 \frac{\mathrm{d}y}{\mathrm{d}t} + \alpha_0 y$$

$$= \beta_{q-1} \frac{\mathrm{d}^{q-1} x}{\mathrm{d}t^{q-1}} + \cdots + \beta_1 \frac{\mathrm{d}x}{\mathrm{d}t} + \beta_0 x. \tag{14}$$

Bevor zwei Verfahren zur Lösung der gestellten Aufgabe diskutiert werden, soll eine Vorbemerkung gemacht werden. Bei einem System mit nur einer Eingangsgröße und einer Ausgangsgröße ist die Matrix $\boldsymbol{B}$ ein Spaltenvektor $\boldsymbol{b}$, die Matrix $\boldsymbol{C}$ ein Zeilenvektor $\boldsymbol{c}'$ und die Matrix $\boldsymbol{D}$ ein Skalar d. Gelingt es, für das durch Gl. (14) gegebene System eine Zustandsdarstellung gemäß den Gln. (10) und (11) mit dem Quadrupel $(\boldsymbol{A}, \boldsymbol{b}, \boldsymbol{c}', d)$ von zeitunabhängigen Systemmatrizen anzugeben, so weisen die Zustandsgleichungen mit dem Quadrupel $(\boldsymbol{A}', \boldsymbol{c}, \boldsymbol{b}', d)$ dasselbe Ein-Ausgang-Verhalten auf. In diesem Sinne gehört zu jeder Zustandsdarstellung des durch die Gl. (14) gegebenen Systems eine duale Darstellung mit derselben Impulsantwort. Diese Tatsache läßt sich später mit Hilfe der Ergebnisse von Abschnitt 4.3 einfach beweisen.

Ein erstes Verfahren

Es soll zuerst der einfache Fall

$$\frac{\mathrm{d}^q y}{\mathrm{d}t^q} + \alpha_{q-1} \frac{\mathrm{d}^{q-1} y}{\mathrm{d}t^{q-1}} + \cdots + \alpha_0 y = x \tag{15}$$

mit $\beta_0 = 1$ und $\beta_1 = \beta_2 = \cdots = \beta_{q-1} = 0$ betrachtet werden. Setzt man hier $y = z_1$, $\mathrm{d}y/\mathrm{d}t = z_2, \ldots, \mathrm{d}^{q-1}y/\mathrm{d}t^{q-1} = z_q$, dann gilt

$$\frac{\mathrm{d}z_\mu}{\mathrm{d}t} = z_{\mu+1}, \qquad \mu = 1, \ldots, q-1, \tag{16a}$$

---

[1]) Tritt auf der rechten Seite der Differentialgleichung auch der Term $\beta_q \, \mathrm{d}^q x/\mathrm{d}t^q$ auf, dann kann dieser Fall stets durch die Substitution $y - \beta_q x = \tilde{y}$ auf die Form der Gl. (14) gebracht werden. Im Anschluß an die Realisierung der transformierten Differentialgleichung erhält man aus $\tilde{y}$ die interessierende Ausgangsgröße y durch Addition von $\beta_q x$, was sich schaltungstechnisch leicht realisieren läßt. Ableitungen der Funktion x von höherer Ordnung als q sind in Gl. (14) aufgrund der Forderung der Stabilität ausgeschlossen.

und aus Gl. (15) wird

$$\frac{\mathrm{d}z_q}{\mathrm{d}t} = -\alpha_0 z_1 - \alpha_1 z_2 - \cdots - \alpha_{q-1} z_q + x. \tag{16b}$$

Der Differentialgleichung (15) ist damit die Zustandsdarstellung

$$\frac{\mathrm{d}\boldsymbol{z}}{\mathrm{d}t} = \begin{bmatrix} 0 & 1 & 0 & \ldots & & 0 \\ 0 & 0 & 1 & 0 & \ldots & 0 \\ \vdots & & & & & \\ 0 & 0 & \ldots & & 0 & 1 \\ -\alpha_0 & -\alpha_1 & -\alpha_2 & \ldots & & -\alpha_{q-1} \end{bmatrix} \boldsymbol{z} + \begin{bmatrix} 0 \\ 0 \\ \vdots \\ 0 \\ 1 \end{bmatrix} x, \tag{17a}$$

$$y = [\ 1 \quad 0 \quad \ldots \quad 0]\, \boldsymbol{z} \tag{17b}$$

zugeordnet.
Mit $y = z_1$ kann die Gl. (15) auch in der Form

$$\frac{\mathrm{d}^q z_1}{\mathrm{d}t^q} + \alpha_{q-1} \frac{\mathrm{d}^{q-1} z_1}{\mathrm{d}t^{q-1}} + \cdots + \alpha_0 z_1 = x$$

geschrieben werden. Hieraus erhält man durch fortgesetzte Differentiation nach t bei Berücksichtigung von Gl. (16a) die weiteren Beziehungen

$$\frac{\mathrm{d}^q z_2}{\mathrm{d}t^q} + \alpha_{q-1} \frac{\mathrm{d}^{q-1} z_2}{\mathrm{d}t^{q-1}} + \cdots + \alpha_0 z_2 = \frac{\mathrm{d}x}{\mathrm{d}t},$$
$$\vdots$$
$$\frac{\mathrm{d}^q z_q}{\mathrm{d}t^q} + \alpha_{q-1} \frac{\mathrm{d}^{q-1} z_q}{\mathrm{d}t^{q-1}} + \cdots + \alpha_0 z_q = \frac{\mathrm{d}^{q-1}x}{\mathrm{d}t^{q-1}}.$$

Multipliziert man diese q Gleichungen der Reihe nach mit $\beta_0, \beta_1, \ldots, \beta_{q-1}$, dann liefert die Summe der Ergebnisse gerade die Gl. (14), wenn man noch $y = \beta_0 z_1 + \beta_1 z_2 + \cdots + \beta_{q-1} z_q$ setzt. Damit ist gezeigt, daß der Gl. (14) die Zustandsdarstellung mit den Systemmatrizen

$$\boldsymbol{A} = \begin{bmatrix} 0 & 1 & 0 & \ldots & & 0 \\ 0 & 0 & 1 & 0 & \ldots & 0 \\ \vdots & & & & & \\ 0 & 0 & \ldots & & & 1 \\ -\alpha_0 & -\alpha_1 & \ldots & & & -\alpha_{q-1} \end{bmatrix}, \quad \boldsymbol{b} = \begin{bmatrix} 0 \\ 0 \\ \vdots \\ 0 \\ 1 \end{bmatrix},$$

$$\boldsymbol{c}' = [\ \beta_0 \quad \beta_1 \quad \ldots \quad \beta_{q-1}], \qquad d = 0$$

zugeordnet werden kann. Man beachte, daß die Parameter dieser Darstellung unmittelbar durch die Koeffizienten der gegebenen Differentialgleichung ausgedrückt sind. Im Bild 37 ist das Signalflußdiagramm einer Schaltung angegeben, durch die das System simuliert werden kann. Im Sinne der eingangs gemachten Vorbemerkung gibt es eine zur Schaltung von Bild 37 duale Realisierung der Differentialgleichung (14) mit dem Quadrupel $(\boldsymbol{A}', \boldsymbol{c}, \boldsymbol{b}', d)$ von Systemmatrizen. Das Signalflußdiagramm dieser Realisierung ist im Bild 38 dargestellt.

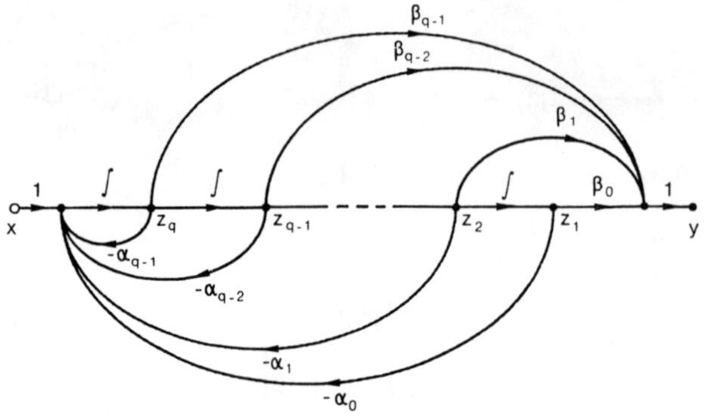

Bild 37: Schaltbild zur Simulation eines Systems aufgrund des ersten Verfahrens. Kleine Kreise kennzeichnen Quellen, von denen das jeweils angegebene Signal ausgeht. Knoten bezeichnen Verteilungsstellen, an denen die Summe aller einlaufenden Signale in jeden auslaufenden Pfad abgegeben wird. Ein an einem Pfad angegebenes Integral bzw. eine Konstante bedeutet, daß das betreffende Signal längs des Pfades integriert bzw. mit der Konstanten multipliziert wird

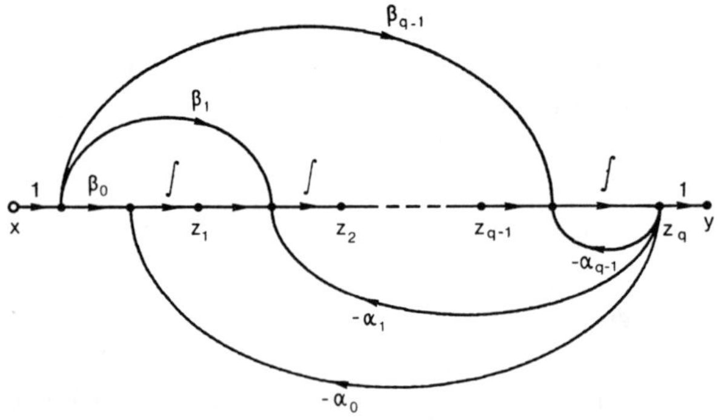

Bild 38: Zur Schaltung von Bild 37 duale Realisierung der Differentialgleichung (14). Beide Schaltungen besitzen die gleiche Impulsantwort wie das durch Gl. (14) gegebene System und enthalten neben Addierern und Multiplizierern jeweils q Integratoren

Ein zweites Verfahren

Beim Übergang vom einfachen Sonderfall Gl. (15) zum allgemeinen Fall Gl. (14) muß in der oben beschriebenen Zustandsdarstellung Gln. (17a, b) lediglich der Vektor $\boldsymbol{c}' = [1 \; 0 \; \dots \; 0]$ durch den neuen Vektor $\boldsymbol{c}' = [\beta_0 \; \beta_1 \; \dots \; \beta_{q-1}]$ ersetzt werden. Man kann ausgehend von den Gln. (17a, b) auch durch Änderung der Komponenten des Vektors $\boldsymbol{b}$ eine Zustandsbeschreibung für Gl. (14) ermitteln. Hierzu setzt man

$$\frac{\mathrm{d}z_\mu}{\mathrm{d}t} = z_{\mu+1} + b_\mu x, \qquad \mu = 1, \dots, q-1,$$

$$\frac{\mathrm{d}z_q}{\mathrm{d}t} = -\alpha_0 z_1 - \alpha_1 z_2 - \cdots - \alpha_{q-1} z_q + b_q x,$$

dann ergibt sich durch fortgesetzte Differentiation nach der Zeit ausgehend von Gl. (17b)

$$\left.\begin{aligned}
y &= z_1, \\
\frac{\mathrm{d}y}{\mathrm{d}t} &= z_2 + b_1 x, \\
\frac{\mathrm{d}^2 y}{\mathrm{d}t^2} &= z_3 + b_2 x + b_1 \frac{\mathrm{d}x}{\mathrm{d}t}, \\
&\vdots \\
\frac{\mathrm{d}^{q-1} y}{\mathrm{d}t^{q-1}} &= z_q + b_{q-1} x + b_{q-2} \frac{\mathrm{d}x}{\mathrm{d}t} + \cdots + b_1 \frac{\mathrm{d}^{q-2} x}{\mathrm{d}t^{q-2}}, \\
\frac{\mathrm{d}^q y}{\mathrm{d}t^q} &= -\alpha_0 z_1 - \alpha_1 z_2 - \cdots - \alpha_{q-1} z_q + b_q x + b_{q-1} \frac{\mathrm{d}x}{\mathrm{d}t} \\
&\quad + \cdots + b_1 \frac{\mathrm{d}^{q-1} x}{\mathrm{d}t^{q-1}}.
\end{aligned}\right\} \qquad (18)$$

Multipliziert man diese $q + 1$ Beziehungen der Reihe nach mit $\alpha_0, \alpha_1, \ldots, \alpha_{q-1}$, dann liefert die Summe der Ergebnisse gerade die Gl. (14), wenn man noch die Forderungen

$$\left.\begin{aligned}
b_1 &= \beta_{q-1}, \\
b_2 + \alpha_{q-1} b_1 &= \beta_{q-2}, \\
b_3 + \alpha_{q-1} b_2 + \alpha_{q-2} b_1 &= \beta_{q-3}, \\
&\vdots \\
b_q + \alpha_{q-1} b_{q-1} + \cdots + \alpha_1 b_1 &= \beta_0
\end{aligned}\right\} \qquad (19)$$

erfüllt, aus denen die Komponenten b_μ des Vektors $\boldsymbol{b}$ sukzessive bestimmt werden können. In Matrixschreibweise hat diese Forderung die Form

$$\begin{bmatrix} 1 & 0 & \ldots & & 0 \\ \alpha_{q-1} & 1 & 0 & \ldots & 0 \\ \vdots & & & & \\ \alpha_1 & \alpha_2 & \ldots & \alpha_{q-1} & 1 \end{bmatrix} \begin{bmatrix} b_1 \\ b_2 \\ \vdots \\ b_q \end{bmatrix} = \begin{bmatrix} \beta_{q-1} \\ \beta_{q-2} \\ \vdots \\ \beta_0 \end{bmatrix}$$

Hieraus entsteht der Vektor $\boldsymbol{b}$ durch Linksmultiplikation des Vektors der $\beta_{q-\nu}$ mit der inversen Koeffizientenmatrix, deren Existenz gewährleistet ist, da die Determinante der Koeffizientenmatrix gleich Eins ist. Damit ist gezeigt, daß die Differentialgleichung (14) stets auch durch Zustandsgleichungen mit den Systemmatrizen

$$\boldsymbol{A} = \begin{bmatrix} 0 & 1 & 0 & \ldots & & 0 \\ 0 & 0 & 1 & 0 & \ldots & 0 \\ \vdots & & & & & \\ 0 & 0 & \ldots & & 0 & 1 \\ -\alpha_0 & -\alpha_1 & \ldots & & & -\alpha_{q-1} \end{bmatrix}$$

$$\boldsymbol{b} = \begin{bmatrix} 1 & 0 & \ldots & & 0 \\ \alpha_{q-1} & 1 & 0 & \ldots & 0 \\ \vdots & & & & \\ \alpha_1 & \alpha_2 & \ldots & \alpha_{q-1} & 1 \end{bmatrix}^{-1} \begin{bmatrix} \beta_{q-1} \\ \beta_{q-2} \\ \vdots \\ \beta_0 \end{bmatrix}$$

$$\boldsymbol{c}' = [1 \quad 0 \quad \ldots \quad 0], \qquad d = 0$$

ersetzt werden kann. Bild 39 zeigt die entsprechende Schaltung in Form eines Signalflußdiagramms, und Bild 40 gibt die hierzu duale Realisierung mit dem Systemmatrizen-Quadrupel ($\boldsymbol{A}'$, $\boldsymbol{c}$, $\boldsymbol{b}'$, d) an.

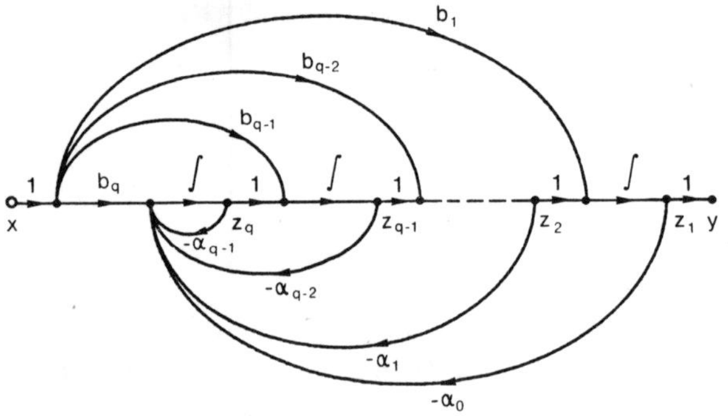

Bild 39: Schaltbild zur Simulation eines Systems aufgrund des zweiten Verfahrens

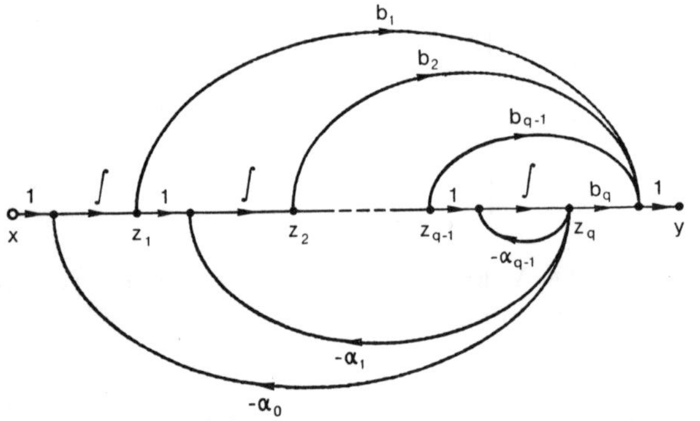

Bild 40: Zur Schaltung von Bild 39 duale Realisierung der Differentialgleichung (14)

Mit Hilfe der Gln. (18) können die Anfangswerte der Zustandsvariablen $z_\mu(t)$ im Zeitpunkt $t = t_0$ leicht aus den Anfangswerten der Funktionen $x(t)$, $y(t)$ und deren Ableitungen gewonnen werden. Im einzelnen gilt

$$z_1(t_0) = y(t_0),$$

$$z_2(t_0) = \left[\frac{\mathrm{d}y}{\mathrm{d}t} - b_1 x\right]_{t=t_0},$$

$$z_3(t_0) = \left[\frac{\mathrm{d}^2 y}{\mathrm{d}t^2} - b_1 \frac{\mathrm{d}x}{\mathrm{d}t} - b_2 x\right]_{t=t_0},$$

$$\vdots$$

$$z_q(t_0) = \left[\frac{\mathrm{d}^{q-1} y}{\mathrm{d}t^{q-1}} - b_1 \frac{\mathrm{d}^{q-2} x}{\mathrm{d}t^{q-2}} - \cdots - b_{q-1} x\right]_{t=t_0}.$$

Es sei auch besonders erwähnt, daß die beim zweiten Verfahren beschriebene Methode zur Darstellung eines durch die Gl. (14) gegebenen linearen Systems im Zustandsraum entsprechend auch dann angewendet werden kann, wenn das System zeitvariant ist, d. h., wenn die Koeffizienten α_μ und β_μ Funktionen der Zeit sind. Dabei sind diese Funktionen als hinreichend oft differenzierbar vorauszusetzen. Die Komponenten b_μ des Vektors $\boldsymbol{b}$ müssen dann als Funktionen von t betrachtet werden, und man erhält für ihre Ermittlung ein den Gln. (19) ähnliches System von Gleichungen, das auch Differentialquotienten der Koeffizienten enthält und sukzessive lösbar ist.
Die zwei beschriebenen Verfahren zur Überführung einer linearen Differentialgleichung q-ter Ordnung in Zustandsgleichungen können auf den Fall linearer *diskontinuierlicher* Systeme direkt übertragen werden. Dabei wird davon ausgegangen, daß das Eingang-Ausgang-Verhalten durch die lineare Differenzengleichung q-ter Ordnung[1])

$$y(n+q) + \alpha_{q-1} y(n+q-1) + \cdots + \alpha_1 y(n+1) + \alpha_0 y(n)$$
$$= \beta_{q-1} x(n+q-1) + \cdots + \beta_1 x(n+1) + \beta_0 x(n) \tag{20}$$

gegeben ist. Diese Gleichung entspricht der Gl. (14) für kontinuierliche Systeme.
In direkter Analogie zum ersten Verfahren existiert die Zustandsdarstellung

$$\boldsymbol{z}(n+1) = \begin{bmatrix} 0 & 1 & 0 & \dots & & 0 \\ 0 & 0 & 1 & 0 & \dots & 0 \\ \vdots & & & & & \\ 0 & 0 & \dots & & 0 & 1 \\ -\alpha_0 & -\alpha_1 & \dots & & & -\alpha_{q-1} \end{bmatrix} \boldsymbol{z}(n) + \begin{bmatrix} 0 \\ 0 \\ \vdots \\ 0 \\ 1 \end{bmatrix} x(n),$$
$$y(n) = [\ \beta_0 \quad \beta_1 \quad \dots \quad \beta_{q-1}]\ \boldsymbol{z}(n).$$

Die Realisierung dieser Zustandsdarstellung und damit der Differenzengleichung (20) erfolgt durch die Schaltung nach Bild 37 bzw. die duale Realisierung nach Bild 38, wobei lediglich die Integratoren durch Verzögerungsglieder zu ersetzen sind und die Abhängigkeit aller Signale von der diskreten Zeit zu beachten ist.
In Analogie zum zweiten oben beschriebenen Verfahren existiert für die Differenzengleichung (20) die Zustandsdarstellung

$$\boldsymbol{z}(n+1) = \begin{bmatrix} 0 & 1 & 0 & \dots & \dots & 0 \\ 0 & 0 & 1 & 0 & \dots & 0 \\ \vdots & & & & & \\ 0 & 0 & \dots & & 0 & 1 \\ -\alpha_0 & -\alpha_1 & \dots & & & -\alpha_{q-1} \end{bmatrix} \boldsymbol{z}(n) + \begin{bmatrix} b_1 \\ b_2 \\ \vdots \\ b_q \end{bmatrix} x(n),$$
$$y(n) = [\ 1 \quad 0 \quad \dots \quad 0]\ \boldsymbol{z}(n),$$

wobei die Koeffizienten b_μ ($\mu = 1, \dots, q$) auch hier durch das Gleichungssystem (19) eindeutig bestimmt sind. Auch hier erfolgt die Realisierung gemäß den Signalflußdiagrammen im Bild 39 bzw. Bild 40 für die duale Darstellung bei entsprechender Modifikation (Verzögerungsglieder statt Integratoren, Abhängigkeit der Signale von

---

[1]) Hier ist eine der Fußnote 1 auf S. 64 entsprechende Bemerkung zu machen. Terme $x(n+\mu)$ mit $\mu > q$ können in Gl. (20) aus Gründen der Kausalität nicht auftreten.

der diskreten Zeit). Es sei hier noch angemerkt, daß Systeme, die nur aus Verzögerungs-, Multiplizier- und Addiergliedern aufgebaut sind, als *digitale Filter* bezeichnet werden, weil ihre praktische Verwirklichung üblicherweise mit digitalen Bausteinen erfolgt. Weitere Verfahren zur Beschreibung der Differentialgleichung (14) oder der Differenzengleichung (20) im Zustandsraum lassen sich im Rahmen des Konzepts der Übertragungsfunktion einfach begründen. Hierauf wird erst im Kapitel IV eingegangen.

Abschließend sei erwähnt, daß aufgrund von Gl. (20) oder einer der äquivalenten Zustandsdarstellungen ein lineares, zeitinvariantes, diskontinuierliches System direkt durch einen Digitalrechner simuliert werden kann. Man kann aber auch ein kontinuierliches System näherungsweise mit Hilfe eines Digitalrechners simulieren, wenn die entsprechende Zustandsdifferentialgleichung in geeigneter Weise in eine Zustandsdifferenzengleichung überführt wird und die vorkommenden Signale nur in diskreten Zeitpunkten betrachtet werden.

3.2. Lineare Transformation des Zustandsraumes

Die Wahl der Zustandsvariablen $z_\mu(t)$, wie sie beispielsweise bei der Beschreibung elektrischer Netzwerke und für die Darstellung eines durch die Gl. (14) gegebenen Systems mit einem Eingang und einem Ausgang getroffen wurde, ist keinesfalls zwingend. Man kann für ein durch die Grundgleichungen (10) und (11) beschreibbares System mit konstanten Matrizen $\boldsymbol{A}$, $\boldsymbol{B}$, $\boldsymbol{C}$ und $\boldsymbol{D}$ neue Zustandsvariablen $\zeta_\nu(t)$ $(\nu = 1, 2, \ldots, q)$ einführen, die mit den früheren Zustandsvariablen $z_\mu(t)$ durch die linearen Beziehungen

$$z_\mu(t) = \sum_{\nu=1}^{q} m_{\mu\nu}\zeta_\nu(t), \qquad (\mu = 1, 2, \ldots, q) \tag{21}$$

verknüpft sind. Die Zustandsvariablen ζ_ν werden zum Zustandsvektor $\boldsymbol{\zeta}$ und die $m_{\mu\nu}$ zur Matrix $\boldsymbol{M}$ zusammengefaßt. Dann läßt sich die Gl. (21) in Matrizenform schreiben:

$$\boldsymbol{z} = \boldsymbol{M}\boldsymbol{\zeta}. \tag{22}$$

Dabei wird vorausgesetzt, daß die Matrix $\boldsymbol{M}$ nichtsingulär ist, so daß die Transformation Gl. (22) umgekehrt werden kann:

$$\boldsymbol{\zeta} = \boldsymbol{M}^{-1}\boldsymbol{z}. \tag{23}$$

Substituiert man nun die Gl. (22) in die Grundgleichungen (10) und (11) mit konstanten Koeffizientenmatrizen, so ergibt sich

$$\boldsymbol{M}\frac{\mathrm{d}\boldsymbol{\zeta}}{\mathrm{d}t} = \boldsymbol{A}\boldsymbol{M}\boldsymbol{\zeta} + \boldsymbol{B}\boldsymbol{x},$$

$$\boldsymbol{y} = \boldsymbol{C}\boldsymbol{M}\boldsymbol{\zeta} + \boldsymbol{D}\boldsymbol{x}.$$

Durch Linksmultiplikation der ersten Gleichung mit $\boldsymbol{M}^{-1}$ erhält man

$$\frac{\mathrm{d}\boldsymbol{\zeta}}{\mathrm{d}t} = \boldsymbol{M}^{-1}\boldsymbol{A}\boldsymbol{M}\boldsymbol{\zeta} + \boldsymbol{M}^{-1}\boldsymbol{B}\boldsymbol{x}.$$

Auf diese Weise entstehen die Grundgleichungen in den neuen Zustandsvariablen:

$$\frac{\mathrm{d}\boldsymbol{\zeta}}{\mathrm{d}t} = \tilde{\boldsymbol{A}}\boldsymbol{\zeta} + \tilde{\boldsymbol{B}}\boldsymbol{x}, \tag{24a}$$

$$\boldsymbol{y} = \tilde{\boldsymbol{C}}\boldsymbol{\zeta} + \tilde{\boldsymbol{D}}\boldsymbol{x}. \tag{24b}$$

Für die Koeffizientenmatrizen gilt

$$\tilde{\boldsymbol{A}} = \boldsymbol{M}^{-1}\boldsymbol{A}\boldsymbol{M}, \quad \tilde{\boldsymbol{B}} = \boldsymbol{M}^{-1}\boldsymbol{B}, \quad \tilde{\boldsymbol{C}} = \boldsymbol{C}\boldsymbol{M}, \quad \tilde{\boldsymbol{D}} = \boldsymbol{D}. \qquad (25\text{a, b, c, d})$$

Durch geeignete Wahl der Transformationsmatrix $\boldsymbol{M}$ können besonders ausgezeichnete System-Darstellungen gemäß den Gln. (24a, b) gewonnen werden. Hat die Matrix $\boldsymbol{A}$ genau q voneinander verschiedene Eigenwerte, so läßt sich bei Wahl von $\boldsymbol{M}$ als Modalmatrix erreichen, daß die Matrix $\tilde{\boldsymbol{A}}$ eine nur in der Hauptdiagonalen mit von Null verschiedenen Elementen besetzte Matrix (Diagonalmatrix) Λ darstellt, deren Hauptdiagonalelemente mit den Eigenwerten p_μ ($\mu = 1, 2, \ldots, q$) der Matrix $\boldsymbol{A}$ identisch sind. Man sagt dann, daß die Gln. (24a, b) Normalform haben. Die einzelnen Differentialgleichungen für die Zustandsvariablen ζ_μ sind dann entkoppelt, d. h., sie haben die Form

$$\frac{\mathrm{d}\zeta_\mu}{\mathrm{d}t} = p_\mu \zeta_\mu + f_\mu,$$

wobei f_μ die auf die μ-te Zustandsvariable wirkende Erregung bedeutet. Im Falle, daß die Matrix $\boldsymbol{A}$ mehrfache Eigenwerte aufweist, läßt sich im allgemeinen durch keine Matrix $\boldsymbol{M}$ eine Transformation auf Diagonalform erreichen. Jedoch kann durch eine geeignete Matrix $\boldsymbol{M}$ stets $\boldsymbol{A}$ auf die sogenannte Jordansche Normalform [65] gebracht werden, so daß die Matrix $\tilde{\boldsymbol{A}}$ neben den Eigenwerten in der Hauptdiagonalen an bestimmten Stellen der oberen Nebendiagonalen noch Einsen, im übrigen aber nur Nullelemente hat. Dadurch sind bestimmte benachbarte Zustandsvariablen $\zeta_\mu(t)$, $\zeta_{\mu+1}(t)$ miteinander gekoppelt. Die Transformation auf die Jordansche Normalform, die im Falle einfacher Eigenwerte von $\boldsymbol{A}$ mit der genannten Transformation auf Diagonalform übereinstimmt, ist vor allem zur Erleichterung numerischer Berechnungen und zur Gewinnung einer gewissen Einsicht in das Systemverhalten von Bedeutung.

Die Zustandsraumdarstellung aufgrund der Gln. (24a, b) wird als *äquivalent* zur Darstellung gemäß den Gln. (10) und (11) bezeichnet. Man kann auch im Fall eines zeitvarianten linearen Systems, d. h. zeitabhängiger Systemmatrizen $\boldsymbol{A}(t)$, $\boldsymbol{B}(t)$, $\boldsymbol{C}(t)$, $\boldsymbol{D}(t)$, Äquivalenztransformationen durchführen. Dabei wird man die Transformationsmatrix $\boldsymbol{M}$ im allgemeinen als zeitabhängig betrachten und voraussetzen, daß $\boldsymbol{M}(t)$ für alle t nichtsingulär und in t stetig differenzierbar ist. Auf Einzelheiten einer derartigen Transformation soll nicht eingegangen werden. Im Abschnitt 4.2 wird eine solche Transformation auf periodisch zeitvariante Systeme angewendet.

Die obigen Überlegungen lassen sich direkt auch auf diskontinuierliche Systeme anwenden.

4. Lösung der Zustandsgleichungen, Übergangsmatrix

4.1. Der zeitinvariante Fall

a) Kontinuierliches System

Es soll nun der Zustandsvektor $\boldsymbol{z}(t)$ bei Vorgabe des Anfangszustandes $\boldsymbol{z}(t_0)$ für den Fall bestimmt werden, daß das betreffende System durch die lineare Differentialgleichung (10) beschrieben wird. Nach Bestimmung von $\boldsymbol{z}(t)$ für $t \geqq t_0$ ist aufgrund von Gl. (11) auch der Vektor $\boldsymbol{y}(t)$ der Ausgangssignale ermittelt. Zunächst sollen die Koeffizientenmatrizen $\boldsymbol{A}$, $\boldsymbol{B}$, $\boldsymbol{C}$ und $\boldsymbol{D}$ zeitunabhängig sein. Es wird daher die Differentialgleichung

$$\frac{\mathrm{d}\boldsymbol{z}}{\mathrm{d}t} = \boldsymbol{A}\boldsymbol{z} + \boldsymbol{B}\boldsymbol{x} \tag{26}$$

betrachtet. Ist der Vektor $\boldsymbol{x}(t)$ der Eingangsgrößen beständig gleich Null, dann erhält man für den Zustandsvektor $\boldsymbol{z}(t)$ die homogene Differentialgleichung

$$\frac{\mathrm{d}\boldsymbol{z}}{\mathrm{d}t} = \boldsymbol{A}\boldsymbol{z}. \tag{27}$$

Die Lösung dieser Differentialgleichung lautet bei Beachtung des Anfangszustands

$$\boldsymbol{z}(t) = \mathrm{e}^{\boldsymbol{A}\cdot(t-t_0)}\boldsymbol{z}(t_0), \qquad (t \geqq t_0). \tag{28}$$

Die in der Lösung auftretende Matrix

$$\boldsymbol{\Phi}(t) = \mathrm{e}^{\boldsymbol{A}t} \tag{29}$$

wird *Übergangsmatrix* genannt, da durch sie der Übergang des Zustandes $\boldsymbol{z}(t_0)$ in den Zustand $\boldsymbol{z}(t)$ beschrieben wird. Sie ist durch die folgende Reihe definiert:

$$\mathrm{e}^{\boldsymbol{A}t} = \boldsymbol{E} + \boldsymbol{A}t + \boldsymbol{A}^2\frac{t^2}{2!} + \boldsymbol{A}^3\frac{t^3}{3!} + \cdots. \tag{30}$$

Die Matrix $\boldsymbol{E}$ bezeichnet die Einheitsmatrix. Diese Reihe konvergiert, wie gezeigt werden kann, für jede quadratische Matrix $\boldsymbol{A}$ und jedes t. Differenziert man $\boldsymbol{z}(t)$ in Gl. (28) unter Beachtung der Darstellung der Übergangsmatrix nach Gl. (30), so ergibt sich:

$$\begin{aligned}\frac{\mathrm{d}\boldsymbol{z}}{\mathrm{d}t} &= \left[\boldsymbol{A} + \boldsymbol{A}^2(t-t_0) + \boldsymbol{A}^3\frac{(t-t_0)^2}{2!} + \boldsymbol{A}^4\frac{(t-t_0)^3}{3!} + \cdots\right]\boldsymbol{z}(t_0)\\ &= \boldsymbol{A}\mathrm{e}^{\boldsymbol{A}\cdot(t-t_0)}\boldsymbol{z}(t_0).\end{aligned} \tag{31}$$

Die Differentialgleichung (27) wird also durch die Lösung $\boldsymbol{z}(t)$ nach Gl. (28) erfüllt, wie man sieht, wenn man die Gln. (28) und (31) in Gl. (27) substituiert.

Mit Hilfe der Laplace-Transformation (man vergleiche insbesondere Abschnitt 3.2, Kapitel IV) kann gezeigt werden, daß die Übergangsmatrix $\boldsymbol{\Phi}(t)$ in folgender Weise darstellbar ist:

$$\boldsymbol{\Phi}(t) = \mathrm{e}^{\boldsymbol{A}t} = \sum_{\mu=1}^{l}\boldsymbol{A}_\mu(t)\,\mathrm{e}^{p_\mu t}. \tag{32}$$

Dabei sind die p_μ ($\mu = 1, 2, \ldots, l$) die voneinander verschiedenen Lösungen der *charakteristischen* (Polynom-) *Gleichung*

$$\det(p\boldsymbol{E} - \boldsymbol{A}) = 0, \tag{33}$$

die sogenannten Eigenwerte. Die Matrix $\boldsymbol{A}_\mu(t)$ ist ein Polynom in t, dessen Grad höchstens gleich $r_\mu - 1$ ist, wenn r_μ die Vielfachheit des Eigenwerts p_μ bezeichnet. Ist dieser Grad kleiner als $\boldsymbol{r_\mu - 1}$, dann erscheint $\boldsymbol{\Phi}(t)$ als Übergangsmatrix eines Systems von geringerer Ordnung als sie die Zahl der Zustandsvariablen angibt. Dies ergibt sich genau dann, wenn der Grad des sogenannten *Minimalpolynoms* kleiner ist als jener des charakteristischen Polynoms $\det(p\boldsymbol{E} - \boldsymbol{A})$. Unter dem Minimalpolynom versteht man das gradniedrigste Polynom $f(p) = b_0 + b_1 p + \cdots + p^k$ ($k \leqq$ Grad des charakteristischen Polynoms), für das die Matrizengleichung $f(\boldsymbol{A}) = b_0\boldsymbol{E} + b_1\boldsymbol{A} + \cdots + \boldsymbol{A}^k = \boldsymbol{0}$ erfüllt ist. Der Grad des Minimalpolynoms gibt die *eigentliche* Ordnung des Systems an. Das System heißt *irreduzibel,* wenn Minimalpolynom und charakteristisches Polynom identisch sind. In vielen Fällen treten nur einfache Eigenwerte auf, und dann ist natürlich das System irreduzibel.

Die Lösung der Gl. (26) mit nicht identisch verschwindendem $\boldsymbol{x}(t)$ erhält man aus der Lösung Gl. (28) der homogenen Gleichung durch Anwendung der Methode der Variation der Konstanten. Mit dem Ansatz

$$\boldsymbol{z}(t) = \mathrm{e}^{\boldsymbol{A}t}\boldsymbol{f}(t) \tag{34a}$$

wird

$$\frac{\mathrm{d}\boldsymbol{z}(t)}{\mathrm{d}t} = \boldsymbol{A}\,\mathrm{e}^{\boldsymbol{A}t}\boldsymbol{f}(t) + \mathrm{e}^{\boldsymbol{A}t}\,\frac{\mathrm{d}\boldsymbol{f}}{\mathrm{d}t}. \tag{34b}$$

Setzt man die Gln. (34a, b) in die Differentialgleichung (26) ein, so entsteht für $\boldsymbol{f}(t)$ die Differentialgleichung

$$\mathrm{e}^{\boldsymbol{A}t}\,\frac{\mathrm{d}\boldsymbol{f}}{\mathrm{d}t} = \boldsymbol{B}\boldsymbol{x}(t)$$

oder

$$\frac{\mathrm{d}\boldsymbol{f}}{\mathrm{d}t} = \mathrm{e}^{-\boldsymbol{A}t}\boldsymbol{B}\boldsymbol{x}(t).$$

Hieraus erhält man durch Integration $\boldsymbol{f}(t)$ und dann gemäß Gl. (34a) die partikuläre Lösung

$$\boldsymbol{z}(t) = \mathrm{e}^{\boldsymbol{A}t}\int_{t_0}^{t}\mathrm{e}^{-\boldsymbol{A}\sigma}\boldsymbol{B}\boldsymbol{x}(\sigma)\,\mathrm{d}\sigma. \tag{35}$$

Die untere Integrationsgrenze wurde gerade so gewählt, daß $\boldsymbol{z}(t_0) = \boldsymbol{0}$ wird, damit durch Superposition der Lösung Gl. (35) mit der Lösung Gl. (28) der homogenen Differentialgleichung die gewünschte Lösung der inhomogenen Differentialgleichung mit dem Anfangszustand $\boldsymbol{z}(t_0)$ entsteht.[1]) Auf diese Weise erhält man mit der Bezeichnung Gl. (29) für die Übergangsmatrix

$$\boldsymbol{z}(t) = \boldsymbol{\Phi}(t - t_0)\,\boldsymbol{z}(t_0) + \int_{t_0}^{t}\boldsymbol{\Phi}(t - \sigma)\,\boldsymbol{B}\boldsymbol{x}(\sigma)\,\mathrm{d}\sigma. \tag{36}$$

Im folgenden sollen zwei Methoden zur praktischen Berechnung der Übergangsmatrix $\boldsymbol{\Phi}(t)$ angegeben werden.

Erste Methode (Verwendung des Cayley-Hamilton-Theorems)

Die charakteristische Gleichung (33) der Matrix $\boldsymbol{A}$ laute, ausführlich geschrieben,

$$p^q + a_1 p^{q-1} + a_2 p^{q-2} + \cdots + a_q = 0. \tag{37}$$

---

[1]) Es sei darauf hingewiesen, daß die allgemeine Lösung eines inhomogenen linearen Differentialgleichungssystems als Summe der allgemeinen Lösung des homogenen Systems und einer partikulären Lösung des inhomogenen Systems dargestellt werden kann.

Ihre Lösungen sind die Eigenwerte p_μ ($\mu = 1, 2, \ldots, l$). Das Cayley-Hamilton-Theorem der Algebra besagt nun, daß nicht nur die Eigenwerte, sondern auch die Matrix $\boldsymbol{A}$ die Gl. (37) erfüllt, daß also die Beziehung

$$\boldsymbol{A}^q + a_1\boldsymbol{A}^{q-1} + a_2\boldsymbol{A}^{q-2} + \cdots + a_q\boldsymbol{E} = \boldsymbol{0}$$

besteht. Aufgrund dieser Tatsache läßt sich die q-te Potenz von $\boldsymbol{A}$ durch Linearkombination niedrigerer Potenzen in der Form

$$\boldsymbol{A}^q = -a_1\boldsymbol{A}^{q-1} - a_2\boldsymbol{A}^{q-2} - \cdots - a_q\boldsymbol{E} \tag{38}$$

ausdrücken. Schreibt man $\boldsymbol{A}^{q+1} = \boldsymbol{A}\boldsymbol{A}^q$, so kann auch die $(q+1)$-te Potenz entsprechend durch Linearkombination von Potenzen bis zur Ordnung $(q-1)$ ausgedrückt werden, indem man die Gl. (38) zweimal anwendet:

$$\begin{aligned}\boldsymbol{A}^{q+1} = &-(a_2 - a_1{}^2)\,\boldsymbol{A}^{q-1} - (a_3 - a_1a_2)\,\boldsymbol{A}^{q-2} - (a_4 - a_1a_3)\,\boldsymbol{A}^{q-3} \\ &- \cdots - (a_q - a_1a_{q-1})\,\boldsymbol{A} - a_q\boldsymbol{E}.\end{aligned}$$

Auf diese Weise läßt sich grundsätzlich jede Potenz von $\boldsymbol{A}$ der Ordnung $m \geqq q$ in der Form

$$\boldsymbol{A}^m = k_0{}^{(m)}\boldsymbol{E} + k_1{}^{(m)}\boldsymbol{A} + \cdots + k_{q-1}^{(m)}\boldsymbol{A}^{q-1} \tag{39}$$

$$(m = q, q+1, \ldots)$$

ausdrücken. Da die Gl. (38) nicht nur von der Matrix $\boldsymbol{A}$, sondern auch von allen Eigenwerten p_μ ($\mu = 1, 2, \ldots, l$) erfüllt wird, gelten die entsprechenden Beziehungen

$$p_\mu{}^m = k_0{}^{(m)} + k_1{}^{(m)}p_\mu + \cdots + k_{q-1}^{(m)}p_\mu{}^{q-1} \tag{40}$$

$$(m = q, q+1, \ldots)$$

für alle Eigenwerte p_μ der Matrix $\boldsymbol{A}$. Führt man die Gl. (39) für $m = q, q+1, \ldots$ in die Gl. (30) ein und faßt man dann Potenzen von $\boldsymbol{A}$ gleicher Ordnung zusammen, dann erhält man für die Übergangsmatrix

$$\mathrm{e}^{\boldsymbol{A}t} = \alpha_0(t)\,\boldsymbol{E} + \alpha_1(t)\,\boldsymbol{A} + \cdots + \alpha_{q-1}(t)\,\boldsymbol{A}^{q-1}. \tag{41}$$

Setzt man die Gl. (40) für $m = q, q+1, \ldots$ in die der Gl. (30) entsprechende Potenzreihenentwicklung von $\exp(p_\mu t)$ ein und faßt man dann Potenzen von p_μ gleicher Ordnung zusammen, dann erhält man weiterhin

$$\mathrm{e}^{p_\mu t} = \alpha_0(t) + \alpha_1(t)\,p_\mu + \cdots + \alpha_{q-1}(t)\,p_\mu{}^{q-1} \tag{42}$$

$$(\mu = 1, 2, \ldots, l).$$

Die Übergangsmatrix kann nun direkt nach Gl. (41) numerisch angegeben werden, indem man die von der Zeit t abhängigen Parameter $\alpha_0(t), \alpha_1(t), \ldots, \alpha_{q-1}(t)$ durch Auflösung der Gln. (42) ($\mu = 1, 2, \ldots, l$) berechnet, wobei die p_μ als Lösungen der Gl. (37) einzusetzen sind. Liegen mehrfache Eigenwerte vor ($l < q$), so reichen die auf diese Weise entstehenden l linearen Gleichungen zur Berechnung der q Parameter $\alpha_\nu(t)$ noch nicht aus. Ist $r_\mu > 1$ die Vielfachheit des Eigenwerts p_μ, dann lassen sich weitere Bestimmungsgleichungen für die $\alpha_\nu(t)$ dadurch aufstellen, daß man die Gl. (42) nacheinander $(r_\mu - 1)$-mal nach p_μ differenziert. Auf diese Weise entstehen zusammen mit den l ursprünglichen Gleichungen insgesamt genau q lineare Bestimmungsgleichungen für die q Parameter $\alpha_\nu(t)$ ($\nu = 0, 1, \ldots, q-1$), die stets eine eindeutige Lösung besitzen. Das folgende Beispiel soll die Vorgehensweise erläutern.

Beispiel: Es wird das im Bild 34 dargestellte elektrische Netzwerk betrachtet. Es sei $R_1 = R_2 = 1$ und $L = C = 1/2$ (normiert) gewählt. Dann erhält man nach den Gln. (7a, b)

$$\boldsymbol{A} = \begin{bmatrix} -1 & -1 \\ 1 & -1 \end{bmatrix}, \quad \boldsymbol{b} = \begin{bmatrix} 2 \\ 0 \end{bmatrix}, \quad \boldsymbol{c}' = \left[\frac{1}{2}, \frac{1}{2}\right]. \tag{43}$$

Zur numerischen Bestimmung der Übergangsmatrix wird diese mit $q = 2$ nach Gl. (41) in der Form

$$e^{\boldsymbol{A}t} = \alpha_0(t)\,\boldsymbol{E} + \alpha_1(t)\,\boldsymbol{A} \tag{44}$$

geschrieben. Weiterhin besteht nach Gl. (42) für die Eigenwerte p_1, p_2 die Beziehung

$$e^{p_\mu t} = \alpha_0(t) + \alpha_1(t)\,p_\mu. \tag{45}$$

Die Eigenwerte erhält man aus der Gleichung

$$\begin{vmatrix} p+1 & 1 \\ -1 & p+1 \end{vmatrix} \equiv p^2 + 2p + 2 = 0.$$

Hieraus folgt

$$p_{1,2} = -1 \pm \mathrm{j}.$$

Setzt man den Eigenwert $p_1 = -1 + \mathrm{j}$ in die Gl. (45) ein, so wird

$$e^{(-1+\mathrm{j})t} = \alpha_0(t) + \alpha_1(t)\,(-1 + \mathrm{j}).$$

Diese Gleichung läßt sich in zwei reelle Beziehungen zur Ermittlung der Funktionen $\alpha_0(t)$, $\alpha_1(t)$ auflösen:

$$e^{-t}\cos t = \alpha_0(t) - \alpha_1(t),$$

$$e^{-t}\sin t = \alpha_1(t).$$

Hieraus gewinnt man

$$\alpha_0(t) = e^{-t}(\cos t + \sin t), \tag{46a}$$

$$\alpha_1(t) = e^{-t}\sin t. \tag{46b}$$

Substituiert man nun die Gln. (46a, b) in die Gl. (44), dann entsteht bei Beachtung von $\boldsymbol{A}$ nach Gl. (43)

$$\boldsymbol{\Phi}(t) = \begin{bmatrix} e^{-t}\cos t & -e^{-t}\sin t \\ e^{-t}\sin t & e^{-t}\cos t \end{bmatrix}. \tag{47}$$

Man hätte die Übergangsmatrix Gl. (47) auch direkt durch Lösung des Differentialgleichungssystems (27) für beliebige Anfangsbedingungen und durch anschließende Darstellung der Lösung in Form von Gl. (28) bestimmen können.

Zweite Methode (Diagonalisierung der Matrix $\boldsymbol{A}$*)*

Nimmt man zunächst an, daß die Matrix $\boldsymbol{A}$ nur einfache Eigenwerte p_μ ($\mu = 1, 2, \ldots, l = q$) besitzt, dann kann man gemäß Abschnitt 3.2 mittels der Modalmatrix $\boldsymbol{M}$ die Diagonalmatrix

$$\tilde{\boldsymbol{A}} = \boldsymbol{M}^{-1}\boldsymbol{A}\boldsymbol{M} = \begin{bmatrix} p_1 & & & \\ & p_2 & & 0 \\ & & \ddots & \\ 0 & & & p_q \end{bmatrix}$$

erzeugen. Multipliziert man nun die Gl. (30) von links mit $\boldsymbol{M}^{-1}$, von rechts mit $\boldsymbol{M}$ und ersetzt man $\boldsymbol{A}^2$ durch $\boldsymbol{AMM}^{-1}\boldsymbol{A}$, $\boldsymbol{A}^3$ durch $\boldsymbol{AMM}^{-1}\boldsymbol{AMM}^{-1}\boldsymbol{A}$ usw., so ergibt sich

$$\boldsymbol{M}^{-1}\,\mathrm{e}^{\boldsymbol{A}t}\boldsymbol{M} = \mathrm{e}^{\tilde{\boldsymbol{A}}t} = \begin{bmatrix} \mathrm{e}^{p_1 t} & & & \\ & \mathrm{e}^{p_2 t} & & 0 \\ & & \ddots & \\ 0 & & & \mathrm{e}^{p_q t} \end{bmatrix}$$

und hieraus für die Übergangsmatrix

$$\mathrm{e}^{\boldsymbol{A}t} = \boldsymbol{M} \begin{bmatrix} \mathrm{e}^{p_1 t} & & & \\ & \mathrm{e}^{p_2 t} & & 0 \\ & & \ddots & \\ 0 & & & \mathrm{e}^{p_q t} \end{bmatrix} \boldsymbol{M}^{-1}. \tag{48}$$

Dieses Ergebnis erlaubt die numerische Bestimmung der Übergangsmatrix nach Berechnung der Eigenwerte p_μ $(\mu = 1, 2, \ldots, q)$ und der Modalmatrix $\boldsymbol{M}$. Weitere Einzelheiten sollen durch das folgende Beispiel erläutert werden. Zuvor sei angemerkt, daß die bereits mehrfach aufgetretene Matrix

$$\boldsymbol{A} = \begin{bmatrix} 0 & 1 & \ldots & 0 \\ \vdots & & & \\ 0 & \ldots & & 1 \\ -\alpha_0 & -\alpha_1 & \ldots & -\alpha_{q-1} \end{bmatrix}$$

unter der Voraussetzung verschiedener Eigenwerte $p_1, \ldots, p_q$ die nichtsinguläre Modalmatrix

$$\boldsymbol{M} = \begin{bmatrix} 1 & 1 & \ldots & 1 \\ p_1 & p_2 & \ldots & p_q \\ \vdots & & & \\ p_1^{q-1} & p_2^{q-1} & \ldots & p_q^{q-1} \end{bmatrix}$$

besitzt.

Beispiel: Es wird die durch Gl. (43) gegebene Matrix $\boldsymbol{A}$ verwendet. Die Eigenwerte sind $p_1 = -1 + \mathrm{j}$ und $p_2 = -1 - \mathrm{j}$. Die Eigenvektoren $\boldsymbol{m}_1, \boldsymbol{m}_2$ erhält man als nichttriviale Lösungen der Gleichung

$$(p_\mu \boldsymbol{E} - \boldsymbol{A})\boldsymbol{m}_\mu = \boldsymbol{0} \qquad (\mu = 1, 2),$$

d. h.

$$\begin{bmatrix} \pm\mathrm{j} & 1 \\ -1 & \pm\mathrm{j} \end{bmatrix} \begin{bmatrix} m_{1\mu} \\ m_{2\mu} \end{bmatrix} = \boldsymbol{0},$$

wobei die Normierung $\sqrt{|m_{1\mu}|^2 + |m_{2\mu}|^2} = 1$ vereinbart wird. Es ergibt sich

$$\begin{bmatrix} m_{11} \\ m_{21} \end{bmatrix} = \frac{1}{\sqrt{2}} \begin{bmatrix} \mathrm{j} \\ 1 \end{bmatrix}, \qquad \begin{bmatrix} m_{12} \\ m_{22} \end{bmatrix} = \frac{1}{\sqrt{2}} \begin{bmatrix} -\mathrm{j} \\ 1 \end{bmatrix}.$$

Diese Eigenvektoren bilden die Spalten der Modalmatrix, es ist also

$$\boldsymbol{M} = \frac{1}{\sqrt{2}} \begin{bmatrix} \mathrm{j} & -\mathrm{j} \\ 1 & 1 \end{bmatrix} \quad \text{und} \quad \boldsymbol{M}^{-1} = \frac{1}{\sqrt{2}} \begin{bmatrix} -\mathrm{j} & 1 \\ \mathrm{j} & 1 \end{bmatrix}.$$

Nach Gl. (48) erhält man für die Übergangsmatrix

$$e^{\boldsymbol{A}t} = \frac{1}{\sqrt{2}}\begin{bmatrix} j & -j \\ 1 & 1 \end{bmatrix}\begin{bmatrix} e^{p_1t} & 0 \\ 0 & e^{p_2t} \end{bmatrix}\frac{1}{\sqrt{2}}\begin{bmatrix} -j & 1 \\ j & 1 \end{bmatrix} = \frac{1}{2}\begin{bmatrix} (e^{p_1t} + e^{p_2t}) & j(e^{p_1t} - e^{p_2t}) \\ -j(e^{p_1t} - e^{p_2t}) & (e^{p_1t} + e^{p_2t}) \end{bmatrix}$$

in Übereinstimmung mit Gl. (47).

Falls die Matrix $\boldsymbol{A}$ mehrfache Eigenwerte hat, tritt an die Stelle der Diagonalmatrix $\tilde{\boldsymbol{A}}$ die Jordansche Normalform, und man kann die Übergangsmatrix entsprechend wie bei einer Matrix mit nur einfachen Eigenwerten berechnen.

b) Diskontinuierliches System

Im Fall eines diskontinuierlichen Systems ist die Differenzengleichung (12) mit von n unabhängigen Systemmatrizen $\boldsymbol{A}, \boldsymbol{B}$ bei gegebenem $\boldsymbol{x}(n)$ und Vorgabe des Anfangszustandes $\boldsymbol{z}(n_0)$ zu lösen. Die homogene Gleichung

$$\boldsymbol{z}(n + 1) = \boldsymbol{A}\boldsymbol{z}(n)$$

hat offensichtlich die Lösung

$$\boldsymbol{z}(n) = \boldsymbol{\Phi}(n - n_0)\, \boldsymbol{z}(n_0) \tag{49}$$

mit der Übergangsmatrix

$$\boldsymbol{\Phi}(n) = \boldsymbol{A}^n. \tag{50a}$$

Mit Hilfe der Z-Transformation (Kapitel IV, Abschnitt 4) kann gezeigt werden, daß die Übergangsmatrix in der Form

$$\boldsymbol{\Phi}(n) = \sum_{\mu=1}^{l} z_\mu{}^n \boldsymbol{A}_\mu(n) \tag{50b}$$

dargestellt werden kann. Dabei sind die z_μ die Eigenwerte der Matrix $\boldsymbol{A}$ mit den Vielfachheiten r_μ ($\mu = 1, 2, \ldots, l$). Die Matrix $\boldsymbol{A}_\mu(n)$ ist ein Polynom in n, dessen Grad nicht größer als $(r_\mu - 1)$ sein kann; zu einem einfachen Eigenwert z_μ gehört eine von n unabhängige Matrix $\boldsymbol{A}_\mu$.

Zur Bestimmung der allgemeinen Lösung der inhomogenen Differenzengleichung soll der homogenen Lösung Gl. (49) die partikuläre Lösung mit der Eigenschaft $\boldsymbol{z}(n_0) = \boldsymbol{0}$ superponiert werden. Diese partikuläre Lösung läßt sich aus der Differenzengleichung (12) unmittelbar schrittweise ableiten:

$$\boldsymbol{z}(n_0 + 1) = \boldsymbol{B}\boldsymbol{x}(n_0),$$

$$\boldsymbol{z}(n_0 + 2) = \boldsymbol{A}\boldsymbol{B}\boldsymbol{x}(n_0) + \boldsymbol{B}\boldsymbol{x}(n_0 + 1),$$

$$\boldsymbol{z}(n_0 + 3) = \boldsymbol{A}^2\boldsymbol{B}\boldsymbol{x}(n_0) + \boldsymbol{A}\boldsymbol{B}\boldsymbol{x}(n_0 + 1) + \boldsymbol{B}\boldsymbol{x}(n_0 + 2),$$

$$\ldots$$

oder allgemein

$$\boldsymbol{z}(n) = \sum_{\nu=n_0}^{n-1} \boldsymbol{A}^{n-\nu-1}\boldsymbol{B}\boldsymbol{x}(\nu), \qquad (n > n_0). \tag{51}$$

Durch Superposition der Lösungen Gln. (49) und (51) folgt schließlich mit Gl. (50a) die Lösung der Zustandsgleichung (12) mit von n unabhängigen Systemmatrizen in der Form

$$\boldsymbol{z}(n) = \boldsymbol{\Phi}(n - n_0)\, \boldsymbol{z}(n_0) + \sum_{\nu=n_0}^{n-1} \boldsymbol{\Phi}(n - \nu - 1)\, \boldsymbol{B}\boldsymbol{x}(\nu). \tag{52}$$

Die Übergangsmatrix $\boldsymbol{\Phi}(n)$ Gl. (50a) läßt sich wie im Fall eines kontinuierlichen Systems numerisch berechnen. Man kann $\boldsymbol{A}^n$ $(n = 1, 2, 3, \ldots)$ stets als Linearkombination von Potenzen der Matrix $\boldsymbol{A}$ bis zur Ordnung $(q - 1)$ ausdrücken. Für $n = 1, 2, \ldots, q - 1$ lassen sich die dabei auftretenden Gewichtsfaktoren trivialerweise sofort angeben; für $n = q, q + 1, \ldots$ empfiehlt es sich, das Cayley-Hamilton-Theorem heranzuziehen, wie dies bereits beim kontinuierlichen System gezeigt wurde. — Falls $\boldsymbol{A}$ nur einfache Eigenwerte z_μ $(\mu = 1, 2, \ldots, l = q)$ aufweist und $\boldsymbol{M}$ die Modalmatrix von $\boldsymbol{A}$ ist, läßt sich die Übergangsmatrix auch aufgrund der Darstellung

$$\boldsymbol{\Phi}(n) = \boldsymbol{A}^n = (\boldsymbol{M}\tilde{\boldsymbol{A}}\boldsymbol{M}^{-1})^n = \boldsymbol{M}\tilde{\boldsymbol{A}}^n\boldsymbol{M}^{-1}$$

$$= \boldsymbol{M}\begin{bmatrix} {z_1}^n & & & 0 \\ & {z_2}^n & & \\ & & \ddots & \\ 0 & & & {z_q}^n \end{bmatrix}\boldsymbol{M}^{-1}$$

berechnen. Beim Auftreten mehrfacher Eigenwerte muß die Methode entsprechend modifiziert werden.

4.2. Der zeitvariante Fall

a) Kontinuierliches System

Es sei jetzt der Fall betrachtet, daß die Koeffizientenmatrizen in den Grundgleichungen (10) und (11) Funktionen der Zeit sind. Es wird daher die Differentialgleichung

$$\frac{\mathrm{d}\boldsymbol{z}}{\mathrm{d}t} = \boldsymbol{A}(t)\,\boldsymbol{z}(t) + \boldsymbol{B}(t)\,\boldsymbol{x}(t) \tag{53}$$

den weiteren Untersuchungen zugrunde gelegt. Zunächst soll die homogene Gleichung

$$\frac{\mathrm{d}\boldsymbol{z}}{\mathrm{d}t} = \boldsymbol{A}(t)\,\boldsymbol{z}(t) \tag{54}$$

untersucht werden. Um die Existenz und Eindeutigkeit der gesuchten Lösung zu sichern, wird vorausgesetzt, daß alle Elemente der Systemmatrix $\boldsymbol{A}(t)$ in t stetig sind. Zur Diskussion der Lösung von Gl. (54) werden die q-dimensionalen Einheitsvektoren $\boldsymbol{e}_\nu$ $(\nu = 1, 2, \ldots, q)$ eingeführt, bei denen die ν-te Komponente gleich Eins ist und alle übrigen Komponenten verschwinden. Es sei

$$\boldsymbol{\varphi}_\nu(t, t_0) = \begin{bmatrix} \varphi_{1\nu}(t, t_0) \\ \varphi_{2\nu}(t, t_0) \\ \vdots \\ \varphi_{q\nu}(t, t_0) \end{bmatrix} \qquad (\nu = 1, 2, \ldots, q)$$

die Lösung der Gl. (54) mit der speziellen Anfangsbedingung $\boldsymbol{\varphi}_\nu(t_0, t_0) = \boldsymbol{e}_\nu$; der Anfangszeitpunkt t_0 hat hier die Bedeutung eines Parameters. Im Bild 41 sind die Trajektorien der Lösungsvektoren für ein Beispiel mit $q = 3$ skizziert. Es gilt dann stets folgende Aussage: Die q Lösungsvektoren $\boldsymbol{\varphi}_\nu(t, t_0)$ $(\nu = 1, 2, \ldots, q)$ sind für jeden festen Wert t voneinander linear unabhängig.

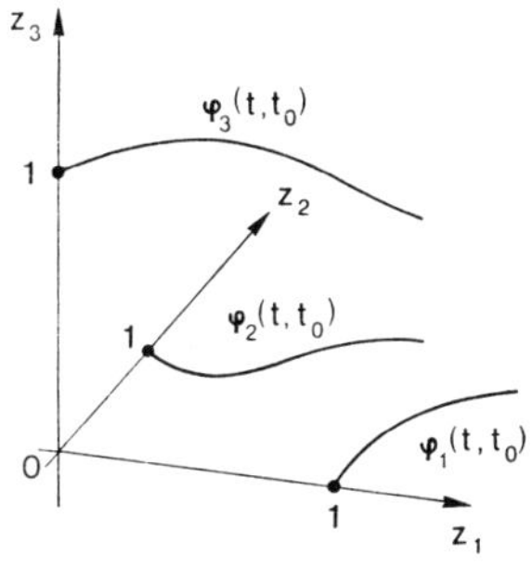

Bild 41: Verlauf der Trajektorien für die Vektoren $\boldsymbol{\varphi}_\nu(t, t_0)$ $(\nu = 1, 2, 3)$ für $t \geqq t_0$

Beweis: Es wird angenommen, daß ein Zeitpunkt t' und Konstanten α_ν $(\nu = 1, 2, \ldots, q)$, die nicht alle Null sind, existieren, so daß

$$\sum_{\nu=1}^{q} \alpha_\nu \boldsymbol{\varphi}_\nu(t', t_0) = \mathbf{0} \tag{55}$$

gilt. Da die Linearkombination

$$\boldsymbol{z}(t) = \sum_{\nu=1}^{q} \alpha_\nu \boldsymbol{\varphi}_\nu(t, t_0) \tag{56}$$

eine Lösung der Gl. (54) ist, folgt wegen der Bedingung Gl. (55) aus der Lösungseindeutigkeit $\boldsymbol{z}(t) \equiv \mathbf{0}$, also insbesondere $\boldsymbol{z}(t_0) = \mathbf{0}$, d. h. mit Gl. (56) und $\boldsymbol{\varphi}_\nu(t_0, t_0) = \boldsymbol{e}_\nu$ die Beziehung

$$\sum_{\nu=1}^{q} \alpha_\nu \boldsymbol{e}_\nu = \mathbf{0}.$$

Diese Aussage ist aber falsch, da die Einheitsvektoren $\boldsymbol{e}_\nu$ voneinander linear unabhängig sind. Die Annahme, daß die Lösungsvektoren $\boldsymbol{\varphi}_\nu(t, t_0)$ $(\nu = 1, 2, \ldots, q)$ zu irgendeinem Zeitpunkt voneinander linear abhängig sind, hat somit auf einen Widerspruch geführt und muß verworfen werden.

Es soll nun noch gezeigt werden, daß jede beliebige Lösung der Gl. (54) als Linearkombination der $\boldsymbol{\varphi}_\nu(t, t_0)$ dargestellt werden kann. Ist nämlich $\boldsymbol{z}(t)$ irgendeine Lösung mit dem Anfangsvektor $\boldsymbol{z}(t_0)$ und den Komponenten $z_\nu(t_0)$, $\nu = 1, 2, \ldots, q$, dann gilt

$$\boldsymbol{z}(t_0) = \sum_{\nu=1}^{q} z_\nu(t_0)\, \boldsymbol{e}_\nu,$$

und die Funktion

$$\sum_{\nu=1}^{q} z_\nu(t_0)\, \boldsymbol{\varphi}_\nu(t, t_0)$$

ist eine Lösung der Gl. (54), die für $t = t_0$ den Anfangsvektor $\boldsymbol{z}(t_0)$ annimmt, also wegen der Lösungseindeutigkeit mit $\boldsymbol{z}(t)$ übereinstimmt. In Matrizenform läßt sich dies folgendermaßen ausdrücken:

$$\boldsymbol{z}(t) = \boldsymbol{\Phi}(t, t_0)\, \boldsymbol{z}(t_0). \tag{57}$$

Dabei ist

$$\boldsymbol{\Phi}(t, t_0) = \begin{bmatrix} \varphi_{11}(t, t_0) & \varphi_{12}(t, t_0) & \dots & \varphi_{1q}(t, t_0) \\ \varphi_{21}(t, t_0) & \varphi_{22}(t, t_0) & \dots & \vdots \\ \vdots & & & \\ \varphi_{q1}(t, t_0) & \dots & & \varphi_{qq}(t, t_0) \end{bmatrix}$$

die *Übergangsmatrix* des Systems, die im Fall eines zeitinvarianten Systems mit $\boldsymbol{\Phi}(t - t_0) = e^{\boldsymbol{A}\cdot(t-t_0)}$ (man vergleiche Gl. (29)) übereinstimmt. Die q Spalten der Übergangsmatrix sind durch die Lösungsvektoren $\boldsymbol{\varphi}_\nu(t, t_0)$ ($\nu = 1, 2, \dots, q$) gegeben. Aus diesem Grund erfüllt $\boldsymbol{\Phi}(t, t_0)$ die Matrix-Differentialgleichung

$$\frac{\partial}{\partial t} \boldsymbol{\Phi}(t, t_0) = \boldsymbol{A}(t)\, \boldsymbol{\Phi}(t, t_0) \tag{58}$$

mit der Anfangsbedingung $\boldsymbol{\Phi}(t_0, t_0) = \boldsymbol{E}$, und es gilt für jedes t det $\boldsymbol{\Phi}(t, t_0) \neq 0$, was die Existenz der Inversen von $\boldsymbol{\Phi}(t, t_0)$ gewährleistet.

Beispiel: Es sei

$$\boldsymbol{A}(t) = \begin{bmatrix} 0 & 0 \\ t & 0 \end{bmatrix}.$$

Die Gl. (54) lautet mit dieser Systemmatrix komponentenweise

$$\frac{dz_1}{dt} = 0$$

$$\frac{dz_2}{dt} = t z_1.$$

Durch Integration erhält man die Lösung

$$\boldsymbol{z}(t) = \begin{bmatrix} k_1 \\ t^2 k_1/2 + k_2 \end{bmatrix}$$

mit den Integrationskonstanten k_1 und k_2. Aus der Forderung $\boldsymbol{z}(t_0) = \boldsymbol{e}_1$ ergibt sich $k_1 = 1$, $k_2 = -t_0^2/2$, also der Lösungsvektor

$$\boldsymbol{\varphi}_1(t, t_0) = \begin{bmatrix} 1 \\ (t^2 - t_0^2)/2 \end{bmatrix},$$

aus der Forderung $\boldsymbol{z}(t_0) = \boldsymbol{e}_2$ dagegen $k_1 = 0$, $k_2 = 1$, also der weitere Lösungsvektor

$$\boldsymbol{\varphi}_2(t, t_0) = \begin{bmatrix} 0 \\ 1 \end{bmatrix}.$$

Damit hat die Übergangsmatrix die Form

$$\boldsymbol{\Phi}(t, t_0) = \begin{bmatrix} 1 & 0 \\ (t^2 - t_0^2)/2 & 1 \end{bmatrix}.$$

Ausgehend von der Lösung Gl. (57) für die homogene Differentialgleichung (54) läßt sich nunmehr nach der Methode der Variation der Konstanten die inhomogene Differentialgleichung (53) unter Berücksichtigung des Anfangszustandes $\boldsymbol{z}(t_0)$ lösen. Mit

Hilfe des Ansatzes

$$\boldsymbol{z}(t) = \boldsymbol{\Phi}(t, t_0)\,\boldsymbol{f}(t) \tag{59a}$$

erhält man zunächst

$$\frac{\mathrm{d}\boldsymbol{z}}{\mathrm{d}t} = \frac{\partial \boldsymbol{\Phi}(t, t_0)}{\partial t}\,\boldsymbol{f}(t) + \boldsymbol{\Phi}(t, t_0)\,\frac{\mathrm{d}\boldsymbol{f}}{\mathrm{d}t}\,. \tag{59b}$$

Setzt man die Gln. (59a, b) in Gl. (53) ein, so entsteht die Differentialgleichung

$$\left[\frac{\partial \boldsymbol{\Phi}(t, t_0)}{\partial t} - \boldsymbol{A}(t)\,\boldsymbol{\Phi}(t, t_0)\right]\boldsymbol{f}(t) + \boldsymbol{\Phi}(t, t_0)\,\frac{\mathrm{d}\boldsymbol{f}}{\mathrm{d}t} = \boldsymbol{B}(t)\,\boldsymbol{x}(t)\,. \tag{60}$$

Da die Übergangsmatrix $\boldsymbol{\Phi}(t, t_0)$ als Funktion von t die homogene Differentialgleichung (58) befriedigt, verschwindet der Ausdruck in eckigen Klammern in Gl. (60) identisch. Damit verbleibt

$$\frac{\mathrm{d}\boldsymbol{f}}{\mathrm{d}t} = \boldsymbol{\Phi}^{-1}(t, t_0)\,\boldsymbol{B}(t)\,\boldsymbol{x}(t)\,,$$

woraus durch Integration und mit Gl. (59a) die Lösung

$$\boldsymbol{z}(t) = \boldsymbol{\Phi}(t, t_0) \int_{t_0}^{t} \boldsymbol{\Phi}^{-1}(\sigma, t_0)\,\boldsymbol{B}(\sigma)\,\boldsymbol{x}(\sigma)\,\mathrm{d}\sigma \tag{61}$$

der inhomogenen Differentialgleichung (53) mit der Anfangsbedingung $\boldsymbol{z}(t_0) = \boldsymbol{0}$ entsteht. Überlagert man schließlich der Lösung Gl. (61) die Lösung Gl. (57) der homogenen Differentialgleichung, dann erhält man

$$\boldsymbol{z}(t) = \boldsymbol{\Phi}(t, t_0)\,\boldsymbol{z}(t_0) + \boldsymbol{\Phi}(t, t_0) \int_{t_0}^{t} \boldsymbol{\Phi}^{-1}(\sigma, t_0)\,\boldsymbol{B}(\sigma)\,\boldsymbol{x}(\sigma)\,\mathrm{d}\sigma \tag{62}$$

als Zustandsvektor mit dem gewünschten Anfangszustand.

Es soll noch auf einige *Eigenschaften der Übergangsmatrix* hingewiesen werden. Wie oben schon erwähnt wurde, gilt

$$\boldsymbol{\Phi}(t_0, t_0) = \boldsymbol{E}\,. \tag{63}$$

Die Übergangsmatrix $\boldsymbol{\Phi}(t, t_0)$ stimmt also für $t = t_0$ mit der Einheitsmatrix überein. Nun läßt sich für $\boldsymbol{x}(t) \equiv \boldsymbol{0}$ der Anfangszustand $\boldsymbol{z}(t_0)$ bzw. $\boldsymbol{z}(t_1)$ in den Zustand $\boldsymbol{z}(t_2)$ gemäß Gl. (57) folgendermaßen überführen:

$$\boldsymbol{z}(t_2) = \boldsymbol{\Phi}(t_2, t_0)\,\boldsymbol{z}(t_0)\,, \tag{64a}$$

$$\boldsymbol{z}(t_2) = \boldsymbol{\Phi}(t_2, t_1)\,\boldsymbol{z}(t_1)\,. \tag{64b}$$

Andererseits gilt

$$\boldsymbol{z}(t_1) = \boldsymbol{\Phi}(t_1, t_0)\,\boldsymbol{z}(t_0)\,. \tag{64c}$$

Da $\boldsymbol{z}(t_0)$ beliebig gewählt werden darf, folgt aus den Gln. (64a, b) mit Gl. (64c) die multiplikative Eigenschaft der Übergangsmatrix

$$\boldsymbol{\Phi}(t_2, t_0) = \boldsymbol{\Phi}(t_2, t_1)\,\boldsymbol{\Phi}(t_1, t_0)\,. \tag{65}$$

Mit Gl. (64b) und gemäß Gl. (57) erhält man

$$\boldsymbol{\Phi}^{-1}(t_2, t_1)\, \boldsymbol{z}(t_2) = \boldsymbol{z}(t_1) = \boldsymbol{\Phi}(t_1, t_2)\, \boldsymbol{z}(t_2)$$

und hieraus

$$\boldsymbol{\Phi}^{-1}(t_2, t_1) = \boldsymbol{\Phi}(t_1, t_2). \tag{66}$$

Damit ist eine Verknüpfung zwischen der Übergangsmatrix und ihrer Inversen gefunden. Bei Beachtung der Eigenschaft Gl. (66) läßt sich Gl. (62) als Darstellung des Zustandsvektors folgendermaßen vereinfachen:

$$\boldsymbol{z}(t) = \boldsymbol{\Phi}(t, t_0)\, \boldsymbol{z}(t_0) + \int_{t_0}^{t} \boldsymbol{\Phi}(t, \sigma)\, \boldsymbol{B}(\sigma)\, \boldsymbol{x}(\sigma)\, \mathrm{d}\sigma. \tag{67}$$

Die Übergangsmatrix $\boldsymbol{\Phi}(t, t_0)$ muß im allgemeinen numerisch ermittelt werden. Durch formale Integration der Gl. (58) erhält man die Integralgleichung

$$\boldsymbol{\Phi}(t, t_0) = \boldsymbol{E} + \int_{t_0}^{t} \boldsymbol{A}(\sigma_1)\, \boldsymbol{\Phi}(\sigma_1, t_0)\, \mathrm{d}\sigma_1$$

für $\boldsymbol{\Phi}(t, t_0)$. Benützt man die rechte Seite dieser Gleichung, um $\boldsymbol{\Phi}(\sigma_1, t_0)$ zu ersetzen, so entsteht die weitere Beziehung

$$\boldsymbol{\Phi}(t, t_0) = \boldsymbol{E} + \int_{t_0}^{t} \boldsymbol{A}(\sigma_1)\, \mathrm{d}\sigma_1 + \int_{t_0}^{t} \boldsymbol{A}(\sigma_1) \int_{t_0}^{\sigma_1} \boldsymbol{A}(\sigma_2)\, \boldsymbol{\Phi}(\sigma_2, t_0)\, \mathrm{d}\sigma_2\, \mathrm{d}\sigma_1.$$

Fährt man in dieser Weise fort, dann entsteht die sogenannte Peano-Baker-Reihe

$$\boldsymbol{\Phi}(t, t_0) = \boldsymbol{E} + \int_{t_0}^{t} \boldsymbol{A}(\sigma_1)\, \mathrm{d}\sigma_1 + \int_{t_0}^{t} \boldsymbol{A}(\sigma_1) \int_{t_0}^{\sigma_1} \boldsymbol{A}(\sigma_2)\, \mathrm{d}\sigma_2\, \mathrm{d}\sigma_1 + \cdots$$

als Darstellung der Übergangsmatrix, die sich für die numerische Auswertung weniger eignet, jedoch für theoretische Betrachtungen von Bedeutung ist.

Sonderfall des periodisch zeitvarianten Systems

Sind die Parameter des Systems *periodische* Funktionen mit derselben (primitiven) Periodendauer T (> 0), so sind auch die Koeffizientenmatrizen, insbesondere $\boldsymbol{A}(t)$, mit T periodische Funktionen. Es gilt also für den nicht erregten Fall

$$\frac{\mathrm{d}\boldsymbol{z}}{\mathrm{d}t} = \boldsymbol{A}(t)\, \boldsymbol{z}(t) \tag{68a}$$

mit

$$\boldsymbol{A}(t + T) = \boldsymbol{A}(t). \tag{68b}$$

Hieraus folgt, daß mit $\boldsymbol{\varphi}_\nu(t, t_0)$ auch $\boldsymbol{\varphi}_\nu(t + T, t_0)$ eine Lösung der Gl. (68a) darstellt, da

$$\frac{\partial \boldsymbol{\varphi}_\nu(t + T, t_0)}{\partial t} = \boldsymbol{A}(t + T)\, \boldsymbol{\varphi}_\nu(t + T, t_0) = \boldsymbol{A}(t)\, \boldsymbol{\varphi}_\nu(t + T, t_0)$$

gilt. Da jede Lösung von Gl. (68a) als Linearkombination der Spalten von $\boldsymbol{\Phi}(t, t_0)$ dargestellt werden kann, besteht die Beziehung

$$\boldsymbol{\varphi}_\nu(t + T, t_0) = \sum_{\mu=1}^{q} \boldsymbol{\varphi}_\mu(t, t_0)\, k_{\mu\nu}$$

mit konstanten Werten $k_{\mu\nu}$. Faßt man diese Konstanten zur Matrix $\boldsymbol{K}$ zusammen, dann läßt sich dies in Matrizenform durch

$$\boldsymbol{\Phi}(t + T, t_0) = \boldsymbol{\Phi}(t, t_0)\, \boldsymbol{K} \tag{69}$$

ausdrücken, und $\boldsymbol{K}$ ist nichtsingulär, weil die Determinante der Übergangsmatrix stets von Null verschieden ist. Aus Gl. (69) folgt mit Gl. (63)

$$\boldsymbol{K} = \boldsymbol{\Phi}(t_0 + T, t_0). \tag{70a}$$

Außerdem gilt, wie man sieht, für ganzzahliges n

$$\boldsymbol{\Phi}(t + nT, t_0) = \boldsymbol{\Phi}(t, t_0)\, \boldsymbol{K}^n. \tag{70b}$$

Da $\boldsymbol{\Phi}(t + nT, t_0 + nT)$ offensichtlich mit $\boldsymbol{\Phi}(t, t_0)$ übereinstimmt, folgt aus Gl. (70b)

$$\boldsymbol{\Phi}(t, t_0 + nT) = \boldsymbol{\Phi}(t, t_0)\, \boldsymbol{K}^{-n}. \tag{70c}$$

Angesichts der Gln. (70a, b, c) genügt es zur Bestimmung der Übergangsmatrix eines periodischen Systems, diese Matrix nur in einem Periodizitätsbereich, etwa in $0 \leqq t < T$, $0 \leqq t_0 < T$, zu ermitteln. — Da $\boldsymbol{K}$ nichtsingulär und konstant ist, gibt es eine konstante Matrix $\tilde{\boldsymbol{A}}$ (mit im allgemeinen komplexwertigen Elementen) mit der Eigenschaft

$$\boldsymbol{K} = \mathrm{e}^{\tilde{\boldsymbol{A}}T}. \tag{71}$$

Schreibt man die Übergangsmatrix in der Form

$$\boldsymbol{\Phi}(t, t_0) = \boldsymbol{P}(t, t_0)\, \mathrm{e}^{\tilde{\boldsymbol{A}}\cdot(t-t_0)}, \tag{72}$$

so folgt mit Gl. (69) und Gl. (71)

$$\boldsymbol{\Phi}(t + T, t_0) = \boldsymbol{P}(t + T, t_0)\, \mathrm{e}^{\tilde{\boldsymbol{A}}\cdot(t+T-t_0)} = \boldsymbol{P}(t, t_0)\, \mathrm{e}^{\tilde{\boldsymbol{A}}\cdot(t-t_0)}\, \mathrm{e}^{\tilde{\boldsymbol{A}}T},$$

also

$$\boldsymbol{P}(t + T, t_0) = \boldsymbol{P}(t, t_0). \tag{73a}$$

Entsprechend zeigt man mit den Gln. (70c) für $n = 1$ und (71), daß

$$\boldsymbol{P}(t, t_0 + T) = \boldsymbol{P}(t, t_0) \tag{73b}$$

gilt. Die Übergangsmatrix eines periodischen Systems läßt sich also gemäß Gl. (72) als Produkt der nach den Gln. (73a, b) periodischen Matrix $\boldsymbol{P}(t, t_0)$ mit der Exponentialmatrix $\mathrm{e}^{\tilde{\boldsymbol{A}}\cdot(t-t_0)}$ darstellen. Diese Exponentialmatrix ist im nicht erregten Fall ($\boldsymbol{x}(t) \equiv \boldsymbol{0}$) maßgebend für das Verhalten des Zustandsvektors für $t \to \infty$ und damit für die Stabilität des Systems. Wie man sieht, strebt $\boldsymbol{\Phi}(t, t_0)$ bei festem t_0 für $t \to \infty$ genau dann gegen die Nullmatrix, wenn die Eigenwerte der Matrix $\boldsymbol{K}$ Gl. (71) dem Betrage nach kleiner als Eins sind oder wenn, was gleichbedeutend ist, die Eigenwerte der Matrix $\tilde{\boldsymbol{A}}$ ausschließlich negativen Realteil haben.[1])

[1]) Man kann zeigen, daß diese Bedingungen auch im Fall $\boldsymbol{x}(t) \not\equiv \boldsymbol{0}$ die Stabilität im Sinne von Kapitel I sicherstellen.

Durch die Transformation

$$\boldsymbol{z}(t) = \boldsymbol{P}(t, t_1)\, \boldsymbol{\zeta}(t) \tag{74}$$

mit einem beliebigen, aber festen Wert t_1 läßt sich die Zustandsdarstellung des periodisch zeitvarianten Systems in eine interessante äquivalente Form überführen. Mit Gl. (74) und der Gleichung

$$\frac{\mathrm{d}\boldsymbol{z}(t)}{\mathrm{d}t} = \boldsymbol{P}(t, t_1)\, \frac{\mathrm{d}\boldsymbol{\zeta}(t)}{\mathrm{d}t} + \frac{\partial \boldsymbol{P}(t, t_1)}{\partial t}\, \boldsymbol{\zeta}(t)$$

geht die Gl. (53) über in die Beziehung

$$\frac{\mathrm{d}\boldsymbol{\zeta}(t)}{\mathrm{d}t} = \boldsymbol{P}^{-1}(t, t_1) \left[\boldsymbol{A}(t)\, \boldsymbol{P}(t, t_1) - \frac{\partial \boldsymbol{P}(t, t_1)}{\partial t} \right] \boldsymbol{\zeta}(t) + \boldsymbol{P}^{-1}(t, t_1)\, \boldsymbol{B}(t)\, \boldsymbol{x}(t). \tag{75}$$

Aus Gl. (72) erhält man

$$\boldsymbol{P}(t, t_1) = \boldsymbol{\Phi}(t, t_1)\, \mathrm{e}^{-\tilde{\boldsymbol{A}} \cdot (t - t_1)}$$

und

$$\frac{\partial \boldsymbol{P}(t, t_1)}{\partial t} = \frac{\partial \boldsymbol{\Phi}(t, t_1)}{\partial t}\, \mathrm{e}^{-\tilde{\boldsymbol{A}} \cdot (t - t_1)} - \boldsymbol{\Phi}(t, t_1)\, \mathrm{e}^{-\tilde{\boldsymbol{A}} \cdot (t - t_1)} \tilde{\boldsymbol{A}}$$

oder, da die Übergangsmatrix die Gl. (58) erfüllt,

$$\begin{aligned} \frac{\partial \boldsymbol{P}(t, t_1)}{\partial t} &= \boldsymbol{A}(t)\, \boldsymbol{\Phi}(t, t_1)\, \mathrm{e}^{-\tilde{\boldsymbol{A}} \cdot (t - t_1)} - \boldsymbol{\Phi}(t, t_1)\, \mathrm{e}^{-\tilde{\boldsymbol{A}} \cdot (t - t_1)} \tilde{\boldsymbol{A}} \\ &= \boldsymbol{A}(t)\, \boldsymbol{P}(t, t_1) - \boldsymbol{P}(t, t_1)\, \tilde{\boldsymbol{A}}. \end{aligned}$$

Führt man diese Darstellungen in die Gl. (75) ein, so ergibt sich für die Matrix vor dem transformierten Zustandsvektor $\boldsymbol{\zeta}(t)$

$$\boldsymbol{P}^{-1}(t, t_1) \left[\boldsymbol{A}(t)\, \boldsymbol{P}(t, t_1) - \frac{\partial \boldsymbol{P}(t, t_1)}{\partial t} \right] = \boldsymbol{P}^{-1}(t, t_1)\, \boldsymbol{P}(t, t_1)\, \tilde{\boldsymbol{A}} = \tilde{\boldsymbol{A}},$$

also eine zeitunabhängige Matrix. Die äquivalente Zustandsdarstellung des periodisch zeitvarianten Systems lautet damit

$$\frac{\mathrm{d}\boldsymbol{\zeta}(t)}{\mathrm{d}t} = \tilde{\boldsymbol{A}} \boldsymbol{\zeta}(t) + \tilde{\boldsymbol{B}}(t)\, \boldsymbol{x}(t),$$

$$\boldsymbol{y}(t) = \tilde{\boldsymbol{C}}(t)\, \boldsymbol{\zeta}(t) + \tilde{\boldsymbol{D}}(t)\, \boldsymbol{x}(t)$$

mit den konstanten bzw. periodischen Systemmatrizen

$$\tilde{\boldsymbol{A}} = \frac{1}{T} \ln \boldsymbol{\Phi}(t_0 + T, t_0), \qquad \tilde{\boldsymbol{B}}(t) = \boldsymbol{P}^{-1}(t, t_1)\, \boldsymbol{B}(t),$$

$$\tilde{\boldsymbol{C}}(t) = \boldsymbol{C}(t)\, \boldsymbol{P}(t, t_1), \qquad \tilde{\boldsymbol{D}}(t) = \boldsymbol{D}(t).$$

Der Parameter t_1 darf beliebig gewählt werden. Die Inverse der Matrix $\boldsymbol{P}(t, t_1)$ existiert, da die Übergangsmatrix Gl. (72) für alle Werte t und t_1 nichtsingulär ist. Das besonders Interessante an den gewonnenen Ergebnissen ist, daß durch die verwendete Transformation das nicht erregte, periodisch zeitvariante System Gl. (68a) in ein äquivalentes zeitinvariantes System überführt wird.

Beispiel: Im Bild 42 ist ein Netzwerk mit den periodisch zeitvarianten Leitwerten $G_1(t) = G_0(1 - \cos t)$ und $G_2(t) = G_0(1 - 0{,}5 \cos t)$ abgebildet. Die Kapazitäten C_1, C_2 sind zeitinvariant; Eingangsgröße ist der Urstrom $x(t)$, Ausgangsgröße die Spannung $y(t)$ an der Quelle.

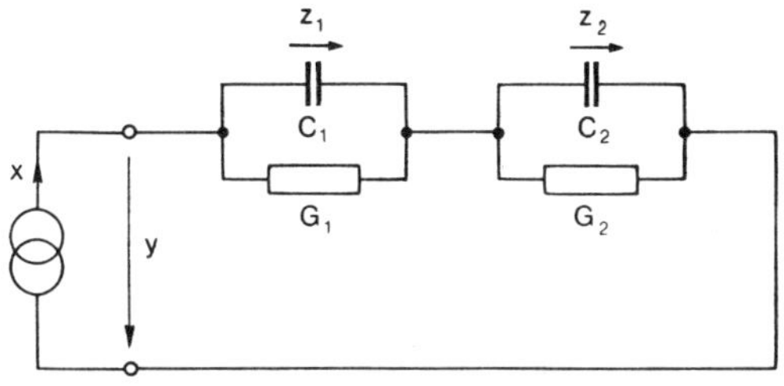

Bild 42: Periodisch zeitvariantes Netzwerk. Die Kapazitäten sind zeitunabhängig, während sich die ohmschen Leitwerte periodisch mit der Zeit ändern

Die Zustandsdarstellung des Systems mit den Kapazitätsspannungen $z_1(t)$ und $z_2(t)$ als Zustandsvariablen lautet

$$\frac{\mathrm{d}}{\mathrm{d}t}\boldsymbol{z}(t) = \begin{bmatrix} -\dfrac{G_1(t)}{C_1} & 0 \\ 0 & -\dfrac{G_2(t)}{C_2} \end{bmatrix} \boldsymbol{z}(t) + \begin{bmatrix} \dfrac{1}{C_1} \\ \dfrac{1}{C_2} \end{bmatrix} x(t),$$

$$y(t) = [1 \quad 1]\,\boldsymbol{z}(t).$$

Eine kurze Rechnung liefert die Übergangsmatrix

$$\boldsymbol{\Phi}(t, t_0) = \begin{bmatrix} \mathrm{e}^{\frac{G_0}{C_1}(t_0 - t + \sin t - \sin t_0)} & 0 \\ 0 & \mathrm{e}^{\frac{G_0}{C_2}\left(t_0 - t + \frac{1}{2}\sin t - \frac{1}{2}\sin t_0\right)} \end{bmatrix}$$

und damit nach Gl. (70a) mit $T = 2\pi$ die Matrix

$$\boldsymbol{K} = \begin{bmatrix} \mathrm{e}^{-\frac{G_0}{C_1}2\pi} & 0 \\ 0 & \mathrm{e}^{-\frac{G_0}{C_2}2\pi} \end{bmatrix}.$$

Da diese Matrix nach Gl. (71) gleich $\mathrm{e}^{\tilde{\boldsymbol{A}}2\pi}$ ist, erhält man

$$\tilde{\boldsymbol{A}} = \begin{bmatrix} -\dfrac{G_0}{C_1} & 0 \\ 0 & -\dfrac{G_0}{C_2} \end{bmatrix}$$

und weiterhin gemäß Gl. (72)

$$\boldsymbol{P}(t, t_0) = \begin{bmatrix} \mathrm{e}^{\frac{G_0}{C_1}(\sin t - \sin t_0)} & 0 \\ 0 & \mathrm{e}^{\frac{G_0}{2C_2}\left(\sin t - \sin t_0\right)} \end{bmatrix}.$$

Wählt man noch zur Vereinfachung $G_0/C_1 = G_0/2C_2 = 1$, dann lauten die Systemmatrizen der äquivalenten Darstellung

$$\tilde{\boldsymbol{A}} = \begin{bmatrix} -1 & 0 \\ 0 & -2 \end{bmatrix}, \quad \tilde{\boldsymbol{B}}(t) = \mathrm{e}^{\sin t_0 - \sin t} \begin{bmatrix} 1 \\ 2 \end{bmatrix} \frac{1}{G_0},$$

$$\tilde{\boldsymbol{C}}(t) = [1 \quad 1]\, \mathrm{e}^{\sin t - \sin t_0}, \quad \tilde{\boldsymbol{D}}(t) \equiv \boldsymbol{0}.$$

b) Diskontinuierliches System

Dem diskontinuierlichen Fall liegen die Gln. (12) und (13) zugrunde. Die *Übergangsmatrix*

$$\boldsymbol{\Phi}(n, n_0) = [\boldsymbol{\varphi}_1(n, n_0) \ldots \boldsymbol{\varphi}_q(n, n_0)]$$

wird als diejenige Matrix eingeführt, deren Spaltenvektoren $\boldsymbol{\varphi}_\varkappa(n, n_0)$ die Lösungen der homogenen Differenzengleichung (12) mit der Anfangsbedingung $\boldsymbol{\varphi}_\varkappa(n_0, n_0) = \boldsymbol{e}_\varkappa$ ($\varkappa = 1, 2, \ldots, q$) sind. Die homogene Gl. (12) hat dann unter dem Anfangszustand $\boldsymbol{z}(n_0)$ die Lösung

$$\boldsymbol{z}(n) = \boldsymbol{\Phi}(n, n_0)\, \boldsymbol{z}(n_0). \tag{76}$$

Entsprechend dem kontinuierlichen Fall erfüllt die Übergangsmatrix $\boldsymbol{\Phi}(n, n_0)$ die Differenzengleichung

$$\boldsymbol{\Phi}(n + 1, n_0) = \boldsymbol{A}(n)\, \boldsymbol{\Phi}(n, n_0) \tag{77}$$

mit der Anfangsbedingung

$$\boldsymbol{\Phi}(n_0, n_0) = \boldsymbol{E}.$$

Durch fortgesetzte Anwendung dieser Beziehung erhält man

$$\boldsymbol{\Phi}(n, n_0) = \boldsymbol{A}(n - 1)\, \boldsymbol{A}(n - 2) \ldots \boldsymbol{A}(n_0) \qquad (n > n_0), \tag{78a}$$

woraus sich auch unmittelbar die multiplikative Eigenschaft der Übergangsmatrix

$$\boldsymbol{\Phi}(n, n_0) = \boldsymbol{\Phi}(n, n_1)\, \boldsymbol{\Phi}(n_1, n_0) \qquad (n > n_1 > n_0)$$

ableiten läßt. Im zeitinvarianten Fall reduziert sich die Darstellung Gl. (78a) auf das bereits bekannte Ergebnis gemäß Gl. (50a).

Unter der Voraussetzung, daß die Matrizen $\boldsymbol{A}(n)$ invertierbar sind, kann auch für $n < n_0$ die Übergangsmatrix $\boldsymbol{\Phi}(n, n_0)$ angegeben werden. Multipliziert man nämlich die Gl. (77) von links mit $\boldsymbol{A}^{-1}(n)$, dann erhält man durch fortgesetzte Anwendung der veränderten Gleichung

$$\boldsymbol{\Phi}(n, n_0) = \boldsymbol{A}^{-1}(n)\, \boldsymbol{A}^{-1}(n + 1) \ldots \boldsymbol{A}^{-1}(n_0 - 1) \qquad (n < n_0). \tag{78b}$$

Entsprechend Gl. (66) gilt dann

$$\boldsymbol{\Phi}^{-1}(n_0, n) = \boldsymbol{\Phi}(n, n_0).$$

Zur Bestimmung der allgemeinen Lösung der inhomogenen Differenzengleichung wird der homogenen Lösung Gl. (76) die partikuläre Lösung mit der Eigenschaft $\boldsymbol{z}(n_0) = \boldsymbol{0}$ überlagert. Diese partikuläre Lösung läßt sich aus der Differenzengleichung (12) unmittelbar schrittweise ableiten:

$$\boldsymbol{z}(n_0 + 1) = \boldsymbol{B}(n_0)\,\boldsymbol{x}(n_0)$$

$$\boldsymbol{z}(n_0 + 2) = \boldsymbol{A}(n_0 + 1)\,\boldsymbol{B}(n_0)\,\boldsymbol{x}(n_0) + \boldsymbol{B}(n_0 + 1)\,\boldsymbol{x}(n_0 + 1)$$

$$\boldsymbol{z}(n_0 + 3) = \boldsymbol{A}(n_0 + 2)\,\boldsymbol{A}(n_0 + 1)\,\boldsymbol{B}(n_0)\,\boldsymbol{x}(n_0) + \boldsymbol{A}(n_0 + 2)\,\boldsymbol{B}(n_0 + 1)\,\boldsymbol{x}(n_0 + 1) + \boldsymbol{B}(n_0 + 2)\,\boldsymbol{x}(n_0 + 2)$$

oder allgemein für $n > n_0 + 2$

$$\boldsymbol{z}(n) = \sum_{\nu=n_0}^{n-2} \boldsymbol{A}(n-1)\ldots\boldsymbol{A}(\nu+1)\,\boldsymbol{B}(\nu)\,\boldsymbol{x}(\nu) + \boldsymbol{B}(n-1)\,\boldsymbol{x}(n-1).$$

Durch Superposition dieser partikulären Lösung mit der homogenen Lösung erhält man bei Beachtung der Gl. (78a) die Lösung der Zustandsgleichung (12) in der Form

$$\boldsymbol{z}(n) = \boldsymbol{\Phi}(n, n_0)\,\boldsymbol{z}(n_0) + \sum_{\nu=n_0}^{n-1} \boldsymbol{\Phi}(n, \nu+1)\,\boldsymbol{B}(\nu)\,\boldsymbol{x}(\nu) \qquad (79)$$

$$(n > n_0)$$

mit dem beliebigen Anfangszustand $\boldsymbol{z}(n_0)$.

Sonderfall des periodisch zeitvarianten Systems

Von besonderem Interesse ist der Fall, daß die Systemmatrizen in n mit der Periodendauer N (natürliche Zahl) periodisch sind. Es gilt dann insbesondere

$$\boldsymbol{A}(n + N) = \boldsymbol{A}(n).$$

Für das Folgende soll vorausgesetzt werden, daß die Matrix $\boldsymbol{A}(n)$ für alle n aus einer Periode nichtsingulär ist. Entsprechend dem periodisch zeitvarianten, kontinuierlichen Fall erfüllt neben der Matrix $\boldsymbol{\Phi}(n, n_0)$ auch $\boldsymbol{\Phi}(n + N, n_0)$ die Differenzengleichung (77), und es existiert eine nichtsinguläre, zeitunabhängige q-reihige quadratische (im allgemeinen komplexe) Matrix $\tilde{\boldsymbol{A}}$, so daß

$$\boldsymbol{\Phi}(n + N, n_0) = \boldsymbol{\Phi}(n, n_0)\,\tilde{\boldsymbol{A}}^N$$

gilt. Man kann nun wie im kontinuierlichen Fall die folgenden Aussagen machen:

$$\tilde{\boldsymbol{A}}^N = \boldsymbol{\Phi}(n_0 + N, n_0), \qquad (80)$$

$$\boldsymbol{\Phi}(n + kN, n_0) = \boldsymbol{\Phi}(n, n_0)\,\tilde{\boldsymbol{A}}^{kN}, \qquad (81)$$

$$\boldsymbol{\Phi}(n, n_0 + kN) = \boldsymbol{\Phi}(n, n_0)\,\tilde{\boldsymbol{A}}^{-kN}. \qquad (82)$$

Schreibt man die Übergangsmatrix in der Form

$$\boldsymbol{\Phi}(n, n_0) = \boldsymbol{P}(n, n_0)\,\tilde{\boldsymbol{A}}^{(n-n_0)}, \qquad (83)$$

dann erweist sich die Matrix $\boldsymbol{P}(n, n_0)$ als in beiden Variablen periodisch mit der Periode N. Es gilt nämlich einerseits nach Gl. (83)

$$\boldsymbol{\Phi}(n + N, n_0) = \boldsymbol{P}(n + N, n_0)\,\tilde{\boldsymbol{A}}^{(n+N-n_0)},$$

andererseits nach Gl. (81) mit Gl. (83)

$$\boldsymbol{\Phi}(n + N, n_0) = \boldsymbol{P}(n, n_0)\, \tilde{\boldsymbol{A}}^{(n-n_0)}\, \tilde{\boldsymbol{A}}^{N}.$$

Ein Vergleich dieser beiden Gleichungen zeigt die Periodizität von $\boldsymbol{P}(n, n_0)$ in der Variablen n. Weiterhin gilt einerseits nach Gl. (83)

$$\boldsymbol{\Phi}(n, n_0 + N) = \boldsymbol{P}(n, n_0 + N)\, \tilde{\boldsymbol{A}}^{(n-n_0-N)};$$

andererseits nach Gl. (82) mit Gl. (83)

$$\boldsymbol{\Phi}(n, n_0 + N) = \boldsymbol{P}(n, n_0)\, \tilde{\boldsymbol{A}}^{(n-n_0)}\, \tilde{\boldsymbol{A}}^{-N}.$$

Ein Vergleich dieser zwei Gleichungen zeigt die Periodizität von $\boldsymbol{P}(n, n_0)$ in der Variablen n_0.

Schließlich sei noch die Transformation

$$\boldsymbol{z}(n) = \boldsymbol{P}(n, n_1)\, \boldsymbol{\zeta}(n) \tag{84}$$

mit einem beliebigen, aber festen Wert n_1 kurz diskutiert. Führt man diese Transformation in Gl. (12) ein, dann ergibt sich zunächst

$$\boldsymbol{\zeta}(n + 1) = \boldsymbol{P}^{-1}(n + 1, n_1)\, \boldsymbol{A}(n)\, \boldsymbol{P}(n, n_1)\, \boldsymbol{\zeta}(n) + \boldsymbol{P}^{-1}(n + 1, n_1)\, \boldsymbol{B}(n)\, \boldsymbol{x}(n)$$

oder bei Verwendung der Gl. (83) und bei Beachtung der Eigenschaften der Übergangsmatrix

$$\begin{aligned}\boldsymbol{\zeta}(n + 1) = {} & \tilde{\boldsymbol{A}}^{(n+1-n_1)}\boldsymbol{\Phi}(n_1, n + 1)\, \boldsymbol{A}(n)\, \boldsymbol{\Phi}(n, n_1)\, \tilde{\boldsymbol{A}}^{(n-n_1)}\boldsymbol{\zeta}(n) \\ & + \boldsymbol{P}^{-1}(n + 1, n_1)\, \boldsymbol{B}(n)\, \boldsymbol{x}(n),\end{aligned}$$

also mit $\boldsymbol{A}(n)\, \boldsymbol{\Phi}(n, n_1) = \boldsymbol{\Phi}(n + 1, n_1)$

$$\boldsymbol{\zeta}(n + 1) = \tilde{\boldsymbol{A}}\boldsymbol{\zeta}(n) + \boldsymbol{P}^{-1}(n + 1, n_1)\, \boldsymbol{B}(n)\, \boldsymbol{x}(n).$$

Die äquivalente Zustandsbeschreibung lautet also

$$\boldsymbol{\zeta}(n + 1) = \tilde{\boldsymbol{A}}\boldsymbol{\zeta}(n) + \tilde{\boldsymbol{B}}(n)\, \boldsymbol{x}(n)$$

und aufgrund von Gln. (13) und (84)

$$\boldsymbol{y}(n) = \tilde{\boldsymbol{C}}(n)\, \boldsymbol{\zeta}(n) + \tilde{\boldsymbol{D}}(n)\, \boldsymbol{x}(n)$$

mit den konstanten bzw. periodischen Systemmatrizen

$$\tilde{\boldsymbol{A}} = \boldsymbol{\Phi}^{1/N}(n_0 + N, n_0), \qquad \tilde{\boldsymbol{B}}(n) = \boldsymbol{P}^{-1}(n + 1, n_1)\, \boldsymbol{B}(n),$$

$$\tilde{\boldsymbol{C}}(n) = \boldsymbol{C}(n)\, \boldsymbol{P}(n, n_1), \qquad \tilde{\boldsymbol{D}}(n) = \boldsymbol{D}(n).$$

Die Stabilität des Systems wird durch das Verhalten der Matrix $\tilde{\boldsymbol{A}}$ bestimmt. Sind nämlich alle Eigenwerte der Matrix $\tilde{\boldsymbol{A}}$ dem Betrage nach kleiner als Eins, dann strebt die Übergangsmatrix bei festem n_0 für $n \to \infty$ gegen die Nullmatrix.

4.3. Zusammenhang zwischen Übergangsmatrix und Matrix der Impulsantworten

Es soll jetzt noch auf den Zusammenhang zwischen der Übergangsmatrix $\boldsymbol{\Phi}(t, t_0)$ und der Matrix der Impulsantworten $\boldsymbol{H}(t, \tau)$ hingewiesen werden, die im Kapitel I, Abschnitt 2.8 eingeführt wurde. Für ein lineares, kausales, im Zustandsraum darstellbares

System gilt nach den Gln. (11) und (67) für $t \geqq t_0$

$$\boldsymbol{y}(t) = \boldsymbol{C}(t)\,\boldsymbol{\Phi}(t, t_0)\,\boldsymbol{z}(t_0) + \int_{t_0}^{t} \boldsymbol{C}(t)\,\boldsymbol{\Phi}(t, \sigma)\,\boldsymbol{B}(\sigma)\,\boldsymbol{x}(\sigma)\,\mathrm{d}\sigma + \boldsymbol{D}(t)\,\boldsymbol{x}(t)$$

oder

$$\boldsymbol{y}(t) = \boldsymbol{C}(t)\,\boldsymbol{\Phi}(t, t_0)\,\boldsymbol{z}(t_0) + \int_{t_0}^{t+} [\boldsymbol{C}(t)\,\boldsymbol{\Phi}(t, \sigma)\,\boldsymbol{B}(\sigma) + \delta(t-\sigma)\,\boldsymbol{D}(t)]\,\boldsymbol{x}(\sigma)\,\mathrm{d}\sigma. \tag{85}$$

Betrachtet man den Fall, daß das System zum Zeitpunkt $t_0 = -\infty$ im Zustand $\boldsymbol{z}(t_0) = \boldsymbol{0}$ erregt wurde, dann folgt aus Gl. (85) weiterhin

$$\boldsymbol{y}(t) = \int_{-\infty}^{t+} [\boldsymbol{C}(t)\,\boldsymbol{\Phi}(t, \sigma)\,\boldsymbol{B}(\sigma) + \delta(t-\sigma)\,\boldsymbol{D}(t)]\,\boldsymbol{x}(\sigma)\,\mathrm{d}\sigma. \tag{86}$$

Andererseits gilt nach Gl. (55b) aus Kapitel I

$$\boldsymbol{y}(t) = \int_{-\infty}^{t+} \boldsymbol{H}(t, \sigma)\,\boldsymbol{x}(\sigma)\,\mathrm{d}\sigma. \tag{87}$$

Da $\boldsymbol{x}(\sigma)$ im Rahmen der zugelassenen Eingangssignale willkürlich gewählt werden darf, führt ein Vergleich der Gln. (86) und (87) auf die Beziehung

$$\boldsymbol{H}(t, \tau) = \begin{cases} \boldsymbol{C}(t)\,\boldsymbol{\Phi}(t, \tau)\,\boldsymbol{B}(\tau) + \delta(t-\tau)\,\boldsymbol{D}(t) & \text{für } t \geqq \tau, \\ 0 & \text{für } t < \tau. \end{cases} \tag{88}$$

Damit ist es gelungen, zwischen der Matrix $\boldsymbol{H}(t, \tau)$ der Impulsantworten einerseits und der durch die Matrix $\boldsymbol{A}(t)$ bestimmten Übergangsmatrix $\boldsymbol{\Phi}(t, \tau)$, den Matrizen $\boldsymbol{B}(t)$, $\boldsymbol{C}(t)$ und $\boldsymbol{D}(t)$ andererseits einen Zusammenhang herzustellen. Ist das System zeitinvariant, so wird $\boldsymbol{H}(t, \tau) = \boldsymbol{H}(t-\tau)$ und Gl. (88) vereinfacht sich zu

$$\boldsymbol{H}(t) = \begin{cases} \boldsymbol{C}\,\mathrm{e}^{\boldsymbol{A}t}\boldsymbol{B} + \delta(t)\,\boldsymbol{D} & \text{für } t \geqq 0, \\ 0 & \text{für } t < 0. \end{cases} \tag{89}$$

Beispiel: Es wird das im Bild 34 dargestellte Netzwerk mit $R_1 = R_2 = 1$ und $L = C = 1/2$ betrachtet. Die Übergangsmatrix ist durch Gl. (47) gegeben. Die Matrizen $\boldsymbol{B}$ und $\boldsymbol{C}$ werden durch die Gln. (43) geliefert, und es ist $\boldsymbol{D} = \boldsymbol{0}$. Aus Gl. (89) erhält man dann die Impulsantwort

$$h(t) = \begin{bmatrix} \frac{1}{2}, & \frac{1}{2} \end{bmatrix} \begin{bmatrix} \mathrm{e}^{-t}\cos t & -\mathrm{e}^{-t}\sin t \\ \mathrm{e}^{-t}\sin t & \mathrm{e}^{-t}\cos t \end{bmatrix} \begin{bmatrix} 2 \\ 0 \end{bmatrix}$$
$$= \mathrm{e}^{-t}(\cos t + \sin t) \quad \text{für} \quad t \geqq 0.$$

Man kann dieses Ergebnis auf andere Weise bestätigen, etwa mit Hilfe der Laplace-Transformation (Kapitel IV).

Im *diskontinuierlichen* Fall erhält man anstelle der Gl. (85), wenn man von Anfang an $n_0 = -\infty$ und $\boldsymbol{z}(n_0) = \boldsymbol{0}$ voraussetzt, aufgrund der Gln. (13) und (79) für den Vektor der Ausgangsgrößen

$$\boldsymbol{y}(n) = \sum_{\nu=-\infty}^{n-1} \boldsymbol{C}(n)\,\boldsymbol{\Phi}(n, \nu+1)\,\boldsymbol{B}(\nu)\,\boldsymbol{x}(\nu) + \boldsymbol{D}(n)\,\boldsymbol{x}(n)$$

oder bei Verwendung der diskreten δ-Funktion

$$\boldsymbol{y}(n) = \sum_{\nu=-\infty}^{n} [\boldsymbol{C}(n)\,\boldsymbol{\Phi}(n, \nu+1)\,\boldsymbol{B}(\nu) + \{\boldsymbol{D}(n) - \boldsymbol{C}(n)\,\boldsymbol{\Phi}(n, n+1)\,\boldsymbol{B}(n)\} \times \delta(n-\nu)]\,\boldsymbol{x}(\nu).$$

Der Ausdruck in eckigen Klammern liefert die Matrix der Impulsantworten

$$\boldsymbol{H}(n, \nu) = \begin{cases} \boldsymbol{C}(n)\,\boldsymbol{\Phi}(n, \nu+1)\,\boldsymbol{B}(\nu) & \text{für} \quad n > \nu, \\ \boldsymbol{D}(n) & \text{für} \quad n = \nu, \\ \boldsymbol{0} & \text{für} \quad n < \nu. \end{cases} \tag{90}$$

Unter Voraussetzung der Zeitinvarianz ergibt sich

$$\boldsymbol{H}(n) = \begin{cases} \boldsymbol{C}\boldsymbol{A}^{n-1}\boldsymbol{B} & \text{für} \quad n > 0, \\ \boldsymbol{D} & \text{für} \quad n = 0, \\ \boldsymbol{0} & \text{für} \quad n < 0. \end{cases} \tag{91}$$

Ausgehend von den Gln. (89) bzw. (91) kann nun für die Zustandsdarstellung eines linearen zeitinvarianten (kontinuierlichen bzw. diskontinuierlichen) Systems die folgende Aussage abgeleitet werden: Ersetzt man das Quadrupel von Systemmatrizen $(\boldsymbol{A}, \boldsymbol{B}, \boldsymbol{C}, \boldsymbol{D})$ durch das Matrizenquadrupel $(\boldsymbol{A}', \boldsymbol{C}', \boldsymbol{B}', \boldsymbol{D}')$, dann geht die zugehörige Matrix der Impulsantworten über in die transponierte Matrix. Hat das betrachtete System nur einen Eingang und einen Ausgang, dann ist die Matrix der Impulsantworten eine skalare Funktion und stimmt mit ihrer Transponierten überein. Damit ist gezeigt, daß die beiden Zustandsdarstellungen mit dem Matrizenquadrupel $(\boldsymbol{A}, \boldsymbol{b}, \boldsymbol{c}', d)$ bzw. $(\boldsymbol{A}', \boldsymbol{c}, \boldsymbol{b}', d)$ dasselbe Ein-Ausgang-Verhalten aufweisen. Diese Tatsache wurde im Abschnitt 3.1 im Zusammenhang mit dualen Realisierungen ausgenützt.

5. Steuerbarkeit und Beobachtbarkeit linearer Systeme

In diesem Abschnitt sollen zwei allgemeine Eigenschaften linearer Systeme untersucht werden, welche im Zusammenhang mit verschiedenen praktischen und theoretischen Fragestellungen von Bedeutung sind.

5.1. Einführendes Beispiel

Bild 43 zeigt ein Netzwerk, das durch die Spannungsquelle $x(t)$ erregt wird und dessen Ausgangsgröße die Spannung $y(t)$ ist. Wählt man den Induktivitätsstrom $z_1(t)$ und die Kapazitätsspannung $z_2(t)$ als Zustandsgrößen, dann lautet die Zustandsraumbeschreibung des Netzwerks mit den Zeitkonstanten $T_1 = L_1/R_1$ und $T_2 = R_2C_2$

$$\frac{\mathrm{d}\boldsymbol{z}(t)}{\mathrm{d}t} = \begin{bmatrix} -\dfrac{1}{T_1} & 0 \\ 0 & -\dfrac{1}{T_2} \end{bmatrix} \boldsymbol{z}(t) + \begin{bmatrix} \dfrac{1}{L_1} \\ 0 \end{bmatrix} x(t),$$

$$y(t) = [0 \quad 1]\,\boldsymbol{z}(t) + x(t).$$

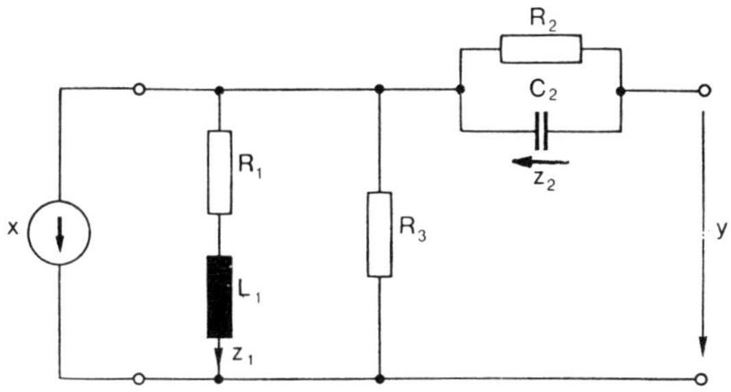

Bild 43: Netzwerk zur Erläuterung der Steuerbarkeit und Beobachtbarkeit linearer Systeme

Als Lösung der Zustandsgleichungen mit dem Anfangszustand $\boldsymbol{z}(t_0)$ ergibt sich

$$\boldsymbol{z}(t) = \begin{bmatrix} z_1(t_0)\, \mathrm{e}^{-(t-t_0)/T_1} \\ \\ z_2(t_0)\, \mathrm{e}^{-(t-t_0)/T_2} \end{bmatrix} + \begin{bmatrix} \dfrac{1}{L_1} \displaystyle\int_{t_0}^{t} \mathrm{e}^{-(t-\sigma)/T_1} x(\sigma)\, \mathrm{d}\sigma \\ \\ 0 \end{bmatrix}$$

$$y(t) = z_2(t_0)\, \mathrm{e}^{-(t-t_0)/T_2} + x(t)\,.$$

Wie man sieht, ist es beim vorliegenden Beispiel nicht möglich, durch die Erregung $x(t)$ den Verlauf der Zustandsgröße $z_2(t)$ zu beeinflussen, weil die Eigenfunktion $\exp(-t/T_2)$ des Netzwerks vom Eingang her nicht angeregt werden kann. Diese Eigenschaft des Netzwerks kann auch in der Weise gesehen werden, daß es nicht möglich ist, das Netzwerk bei freier Wahl von $x(t)$ von einem beliebigen Anfangszustand $\boldsymbol{z}(t_0)$ in endlicher Zeit in einen willkürlich wählbaren Endzustand $\boldsymbol{z}(t_1)$ zu überführen. Der Leser möge sich das am Fall $\boldsymbol{z}(t_0) = \boldsymbol{0}$ und $z_1(t_1) = 0$, $z_2(t_1) \neq 0$ verdeutlichen. Angesichts dieser Eigenschaft spricht man davon, daß das Netzwerk nicht steuerbar ist. Wie man bereits am vorliegenden Beispiel (Bild 43) sieht, wird allgemein die Steuerbarkeit durch Eigenschaften der Matrix $\boldsymbol{B}$ in bezug auf die Matrix $\boldsymbol{A}$ bestimmt. Dies soll im nächsten Abschnitt näher untersucht werden. Während die Steuerbarkeit die Frage betrifft, ob der Systemzustand vom Eingang aus unter Kontrolle gebracht werden kann, bezieht sich die Beobachtbarkeit auf das Problem, aus dem Verlauf der Ausgangsgröße bei Kenntnis der Eingangsgröße und der Systemmatrizen den Zustand $\boldsymbol{z}(t_0)$ festzustellen. Wie die Zustandsgleichungen des gewählten Beispiels (Bild 43) erkennen lassen, ist das Ausgangssignal $y(t)$ völlig unabhängig von der ersten Komponente des Systemzustandes. Diese Tatsache kann auch so gesehen werden, daß in der Ausgangsgröße die Eigenfunktion $\exp(-t/T_1)$ nicht enthalten ist. Das Netzwerk ist daher nicht beobachtbar. Die Beobachtbarkeit wird allgemein durch Eigenschaften der Matrix $\boldsymbol{C}$ in bezug auf die Matrix $\boldsymbol{A}$ bestimmt, wie man an diesem Beispiel sieht. Eine genaue Untersuchung erfolgt im übernächsten Abschnitt.

5.2. Steuerbarkeit

Den folgenden Betrachtungen wird ein kontinuierliches System zugrundegelegt, das durch die Zustandsgleichung (10) beschrieben wird. Das System heißt in dieser Darstellung *steuerbar* zum Zeitpunkt t_0, wenn der Zustand $\boldsymbol{z}(t)$ von einem beliebigen Anfangszustand $\boldsymbol{z}_0 = \boldsymbol{z}(t_0)$ bei Wahl eines geeigneten Eingangssignals $\boldsymbol{x}(t)$ in endlicher Zeit in einen willkürlich wählbaren Endzustand $\boldsymbol{z}_1 = \boldsymbol{z}(t_1)$ überführt werden kann. Ohne Einschränkung der Allgemeinheit darf $\boldsymbol{z}(t_1) = \boldsymbol{0}$ gewählt werden, weil dies durch eine Verschiebung des Koordinatenursprungs im Zustandsraum stets erreicht werden kann. Die Frage der Steuerbarkeit soll für den Fall zeitunabhängiger Matrizen $\boldsymbol{A}$ und $\boldsymbol{B}$ näher untersucht werden. Unter dieser Voraussetzung ist der Zeitpunkt t_0 kein wesentlicher Parameter, da aus der Steuerbarkeit zu irgendeinem Zeitpunkt t_0 die Steuerbarkeit für alle t_0 folgt. Es wird daher ohne Einschränkung der Allgemeinheit $t_0 = 0$ gewählt. Die Lösung der Gl. (10) lautet nach den Gln. (36) und (29) für $t \geqq t_0 = 0$

$$\boldsymbol{z}(t) = \mathrm{e}^{\boldsymbol{A}t}\boldsymbol{z}_0 + \int_0^t \mathrm{e}^{\boldsymbol{A}\cdot(t-\sigma)}\boldsymbol{B}\boldsymbol{x}(\sigma)\,\mathrm{d}\sigma.$$

Die Forderung für Steuerbarkeit läßt sich damit in Form der Gleichung

$$\boldsymbol{0} = \mathrm{e}^{\boldsymbol{A}t_1}\boldsymbol{z}_0 + \mathrm{e}^{\boldsymbol{A}t_1}\int_0^{t_1} \mathrm{e}^{-\boldsymbol{A}\sigma}\boldsymbol{B}\boldsymbol{x}(\sigma)\,\mathrm{d}\sigma \tag{92}$$

zur Bestimmung der Eingangsgröße $\boldsymbol{x}(t)$ bei beliebigem $\boldsymbol{z}_0$ ausdrücken. Man kann jetzt zeigen, daß die Gl. (92) genau dann lösbar und damit das System steuerbar ist, wenn die Vektorfunktionen in den q Zeilen der Matrix

$$\boldsymbol{F}(t) = \mathrm{e}^{\boldsymbol{A}t}\boldsymbol{B} \tag{93}$$

linear unabhängig sind, d. h., wenn mit einem Vektor $\boldsymbol{\alpha}$ aus der Identität

$$\boldsymbol{\alpha}'\,\mathrm{e}^{\boldsymbol{A}t}\boldsymbol{B} \equiv \boldsymbol{0} \tag{94}$$

stets $\boldsymbol{\alpha} = \boldsymbol{0}$ folgt.

Beweis: Um die Notwendigkeit der Aussage zu zeigen, wird angenommen, daß das System steuerbar ist, aber die q Zeilen der Matrix $\boldsymbol{F}(t)$ Gl. (93) linear abhängig sind. Dann muß ein q-dimensionaler Vektor $\boldsymbol{\alpha} \neq \boldsymbol{0}$ existieren, so daß Gl. (94) gilt. Wählt man in Gl. (92) als Anfangszustand $\boldsymbol{z}_0$ speziell den Vektor $\boldsymbol{\alpha}$ und multipliziert man die Gl. (92) von links mit $\boldsymbol{\alpha}'\exp(-\boldsymbol{A}t_1)$, so ergibt sich die skalare Gleichung

$$0 = \boldsymbol{\alpha}'\boldsymbol{\alpha} + \int_0^{t_1} \boldsymbol{\alpha}'\,\mathrm{e}^{-\boldsymbol{A}\sigma}\boldsymbol{B}\boldsymbol{x}(\sigma)\,\mathrm{d}\sigma$$

oder bei Berücksichtigung von Gl. (94) im Integranden

$$\boldsymbol{\alpha}'\boldsymbol{\alpha} = 0,$$

d. h. $\boldsymbol{\alpha} = \boldsymbol{0}$ im Widerspruch zur Annahme $\boldsymbol{\alpha} \neq \boldsymbol{0}$. Damit müssen die q Zeilen der Matrix $\boldsymbol{F}(t)$ Gl. (93) notwendigerweise linear unabhängig sein. — Um die *Hinlänglichkeit* obiger Aussage nachzuweisen, wird angenommen, daß die q Zeilen der Matrix $\boldsymbol{F}(t)$ Gl. (93) linear unabhängig sind, und gezeigt, daß mindestens ein $\boldsymbol{x}(t)$ als Lösung von Gl. (92) existiert. Führt man die Matrix

$$\boldsymbol{W}_s(t_1) = \int_0^{t_1} \mathrm{e}^{-\boldsymbol{A}\sigma}\boldsymbol{B}\boldsymbol{B}'\,\mathrm{e}^{-\boldsymbol{A}'\sigma}\,\mathrm{d}\sigma$$

mit beliebigem $t_1 > 0$ ein, dann gilt für jeden Vektor $\boldsymbol{\alpha} \neq \boldsymbol{0}$

$$\boldsymbol{\alpha}'\boldsymbol{W}_s(t_1)\,\boldsymbol{\alpha} = \int_0^{t_1} \boldsymbol{\alpha}'\boldsymbol{F}(-\sigma)\,\boldsymbol{F}'(-\sigma)\,\boldsymbol{\alpha}\,\mathrm{d}\sigma.$$

Dieser Ausdruck ist stets positiv, da der Integrand die Summe der Quadrate von Funktionen ist und laut Voraussetzung $\boldsymbol{\alpha}'\boldsymbol{F}(-\sigma) \not\equiv \boldsymbol{0}$ nicht identisch verschwinden kann. Damit ist $\boldsymbol{W}_s(t_1)$ eine positiv definite Matrix. Es existiert also die Inverse dieser Matrix, mit der das spezielle Eingangssignal

$$\boldsymbol{x}(t) = -\boldsymbol{B}' \, \mathrm{e}^{-\boldsymbol{A}'t} \boldsymbol{W}_s^{-1}(t_1) \, \boldsymbol{z}_0$$

gebildet werden kann. Dieses $\boldsymbol{x}(t)$ löst die Gl. (92), wie man unmittelbar durch Substitution erkennt, und ist damit ein Signal, das den beliebigen Anfangszustand $\boldsymbol{z}_0$ in den Endzustand $\boldsymbol{z}(t_1) = \boldsymbol{0}$ überführt.

Man kann nun weiterhin die Aussage beweisen, daß die Zeilen der Matrix $\boldsymbol{F}(t)$ genau dann linear unabhängig sind, wenn die Matrix $\boldsymbol{U} = [\boldsymbol{B}, \boldsymbol{AB}, \ldots, \boldsymbol{A}^{q-1}\boldsymbol{B}]$ den größtmöglichen Rang q hat. Hierzu wird zuerst angenommen, daß die Zeilen von $\boldsymbol{F}(t)$ linear abhängig sind, d. h., daß Gl. (94) für irgendein $\boldsymbol{\alpha} \neq \boldsymbol{0}$ erfüllt ist. Dann gilt auch für alle $\mu \geqq 0$

$$\frac{\mathrm{d}^\mu}{\mathrm{d}t^\mu} (\boldsymbol{\alpha}' \, \mathrm{e}^{\boldsymbol{A}t}\boldsymbol{B}) = \boldsymbol{\alpha}' \, \mathrm{e}^{\boldsymbol{A}t}\boldsymbol{A}^\mu \boldsymbol{B} \equiv \boldsymbol{0},$$

und für $t = 0$ folgt hieraus insbesondere

$$\boldsymbol{\alpha}'[\boldsymbol{B}, \boldsymbol{AB}, \ldots, \boldsymbol{A}^{q-1}\boldsymbol{B}] = \boldsymbol{\alpha}'\boldsymbol{U} = \boldsymbol{0}.$$

Dies besagt aber, daß der Rang von $\boldsymbol{U}$ kleiner als q sein muß. Nimmt man andererseits an, daß der Rang von $\boldsymbol{U}$ kleiner als q ist, dann existiert ein Vektor $\boldsymbol{\alpha} \neq \boldsymbol{0}$, so daß $\boldsymbol{\alpha}'\boldsymbol{U} = \boldsymbol{0}$, also $\boldsymbol{\alpha}'\boldsymbol{A}^\mu\boldsymbol{B} = \boldsymbol{0}$ für $\mu = 0, 1, \ldots, q-1$ gilt. Aufgrund des Cayley-Hamilton-Theorems folgt dann aber

$$\boldsymbol{\alpha}'\boldsymbol{A}^\mu\boldsymbol{B} = \boldsymbol{0}$$

auch für $\mu \geqq q$, und wegen Gl. (30) ergibt sich hieraus $\boldsymbol{\alpha}'\boldsymbol{F}(t) \equiv \boldsymbol{0}$. Damit ist die genannte Aussage bewiesen.
Insgesamt ist damit folgendes Ergebnis gefunden:

Satz II.1: Ein lineares durch die Gl. (10) mit konstanten Matrizen $\boldsymbol{A}$ und $\boldsymbol{B}$ darstellbares System ist in dieser Darstellung genau dann steuerbar, wenn die sogenannte *Steuerbarkeitsmatrix*

$$\boldsymbol{U} = [\boldsymbol{B}, \boldsymbol{AB}, \boldsymbol{A}^2\boldsymbol{B}, \ldots, \boldsymbol{A}^{q-1}\boldsymbol{B}]$$

den Rang q hat. Besitzt das System nur einen Eingang, dann ist die Matrix $\boldsymbol{B}$ ein Vektor und $\boldsymbol{U}$ eine quadratische Matrix der Ordnung q. In einem solchen Fall ist die Steuerbarkeit genau dann gegeben, wenn die Determinante von $\boldsymbol{U}$ nicht verschwindet.
Wird ein lineares, zeitinvariantes System nach Abschnitt 3.2 durch eine nichtsinguläre Transformation des Zustandsvektors gemäß Gl. (23) in eine äquivalente Zustandsdarstellung überführt, dann erhält man für die Steuerbarkeitsmatrix $\tilde{\boldsymbol{U}}$ des neuen Systems wegen Gln. (25a, b)

$$\tilde{\boldsymbol{U}} = \boldsymbol{M}^{-1}\boldsymbol{U}.$$

Beachtet man, daß durch die Multiplikation mit einer nichtsingulären Matrix keine Rangänderung eintritt, so ist damit das Ergebnis gewonnen, daß durch eine nichtsinguläre Transformation des Zustandsvektors bei der damit verbundenen Äquivalenzlenztransformation des Systems die Eigenschaft der Steuerbarkeit nicht beeinflußt wird.

Die im Zusammenhang mit der Steuerbarkeit linearer Systeme mit konstanten Matrizen $\boldsymbol{A}$ und $\boldsymbol{B}$ angestellten Überlegungen lassen sich auf den Fall zeitabhängiger Matrizen übertragen. Der Zeitpunkt t_0 ist hier allerdings ein wesentlicher Parameter. Die Gln. (92) und (93) sind entsprechend durch Einführung der Übergangsmatrix $\boldsymbol{\Phi}(t, t_0)$ als Funktion von t und t_0 zu modifizieren, und die Steuerbarkeit des Systems in der Darstellung nach Gl. (10) ist zum Zeitpunkt t_0 genau dann gegeben, wenn ein endlicher Zeitpunkt $t_1 > t_0$ existiert, so daß die q Vektorfunktionen in den Zeilen der Matrix $\boldsymbol{\Phi}(t, t_0)\,\boldsymbol{B}(t)$ im Intervall $t_0 \leqq t \leqq t_1$ linear unabhängig sind. Diese Steuerbarkeitsbedingung kann durch folgendes kennzeichnendes Kriterium ersetzt werden: Es muß einen Zeitpunkt $t_1 > t_0$ geben, so daß die Matrix

$$[\boldsymbol{M}_0(t), \boldsymbol{M}_1(t), \ldots, \boldsymbol{M}_{q-1}(t)],$$

deren Teilmatrizen durch die Rekursionsbeziehung

$$\boldsymbol{M}_{\mu+1}(t) = -\boldsymbol{A}(t)\,\boldsymbol{M}_\mu(t) + \frac{\mathrm{d}}{\mathrm{d}t}\boldsymbol{M}_\mu(t) \qquad (\mu = 0, 1, \ldots, q-1),$$
$$\boldsymbol{M}_0(t) = \boldsymbol{B}(t)$$

definiert sind, für $t = t_1$ den Rang q hat. Dabei muß vorausgesetzt werden, daß die zeitabhängigen Systemmatrizen $\boldsymbol{A}(t)$ und $\boldsymbol{B}(t)$ hinreichend oft stetig differenzierbar sind.

Die Eigenschaft der Steuerbarkeit kann in gleicher Weise auch für *diskontinuierliche* Systeme eingeführt werden. Ein diskontinuierliches System in der Darstellung Gl. (12) ist demnach genau dann steuerbar, wenn ein beliebiger Anfangszustand $\boldsymbol{z}(n_0) = \boldsymbol{z}_0$ durch eine endliche Folge von Eingangswerten in einen beliebigen Endzustand überführt werden kann. Im Falle zeitunabhängiger Matrizen kann die Gl. (52) mit $n = q$ und $n_0 = 0$ bei Berücksichtigung von Gl. (50a) in der Form

$$\boldsymbol{z}(q) = \boldsymbol{A}^q\boldsymbol{z}(0) + [\boldsymbol{B}, \boldsymbol{A}\boldsymbol{B}, \ldots, \boldsymbol{A}^{q-1}\boldsymbol{B}]\begin{bmatrix}\boldsymbol{x}(q-1)\\ \boldsymbol{x}(q-2)\\ \vdots\\ \boldsymbol{x}(0)\end{bmatrix}$$

geschrieben werden. Hieraus wird unmittelbar deutlich, daß diese Beziehung genau dann für beliebige $\boldsymbol{z}(q)$, $\boldsymbol{z}(0)$ eine Lösung $\boldsymbol{x}(0), \ldots, \boldsymbol{x}(q-1)$ hat, wenn die Matrix $[\boldsymbol{B}, \ldots, \boldsymbol{A}^{q-1}\boldsymbol{B}]$ den größtmöglichen Rang q hat. Die Verwendung von mehr als q Eingangswerten führt zu keinem andern Resultat, da aufgrund des Cayley-Hamilton-Theorems die Spalten von $\boldsymbol{A}^{q+j}\boldsymbol{B}$, $j = 0, 1, \ldots$, linear abhängig sind von den Spalten von $\boldsymbol{A}^i\boldsymbol{B}$, $i = 0, \ldots, q-1$. Der Leser möge sich die Einzelheiten selbst überlegen. Im Falle konstanter Matrizen $\boldsymbol{A}$ und $\boldsymbol{B}$ kann also die Steuerbarkeit in Form von Satz II.1 gekennzeichnet werden.

Beispiel: Es sei das im Bild 44 dargestellte Netzwerk betrachtet. Die Eingangsgröße $x(t)$ ist der Strom am Eingang des Netzwerkes. Die Zustandsvariablen sind die Kapazitätsspannung $z_1(t)$ und der Induktivitätsstrom $z_2(t)$. Mit

$$\boldsymbol{z} = \begin{bmatrix} z_1 \\ z_2 \end{bmatrix}$$

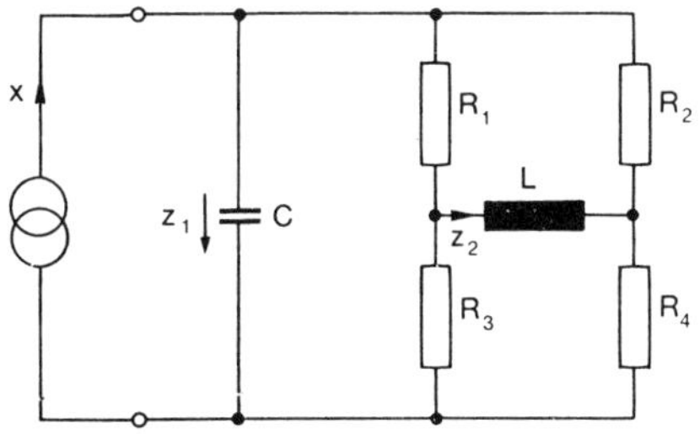

Bild 44: Elektrisches Netzwerk zur Erläuterung der Steuerbarkeit

lautet die Zustandsgleichung

$$\frac{\mathrm{d}\boldsymbol{z}}{\mathrm{d}t} = \boldsymbol{A}\boldsymbol{z} + \boldsymbol{b}x$$

mit den nach Abschnitt 2 leicht zu bestimmenden Matrizen

$$\boldsymbol{A} = \begin{bmatrix} -\frac{1}{C}\left(\frac{1}{R_1 + R_3} + \frac{1}{R_2 + R_4}\right) & \frac{1}{C}\left(\frac{R_1}{R_1 + R_3} - \frac{R_2}{R_2 + R_4}\right) \\ \frac{1}{L}\left(\frac{R_2}{R_2 + R_4} - \frac{R_1}{R_1 + R_3}\right) & -\frac{1}{L}\left(\frac{R_1 R_3}{R_1 + R_3} + \frac{R_2 R_4}{R_2 + R_4}\right) \end{bmatrix},$$

$$\boldsymbol{b} = \begin{bmatrix} \frac{1}{C} \\ 0 \end{bmatrix}.$$

Die Steuerbarkeitsmatrix ist

$$[\boldsymbol{b}, \boldsymbol{A}\boldsymbol{b}] = \begin{bmatrix} \frac{1}{C} & -\frac{1}{C^2}\left(\frac{1}{R_1 + R_3} + \frac{1}{R_2 + R_4}\right) \\ 0 & \frac{1}{LC}\left(\frac{R_2}{R_2 + R_4} - \frac{R_1}{R_1 + R_3}\right) \end{bmatrix}.$$

Wie man sieht, hat diese Matrix genau dann den Rang < 2, wenn sie singulär ist, wenn also

$$\frac{R_2}{R_2 + R_4} = \frac{R_1}{R_1 + R_3}, \tag{95}$$

d. h.

$$R_2 R_3 = R_1 R_4,$$

gilt. Dies ist die Abgleichbedingung für die im Netzwerk enthaltene Brücke. Ist die Abgleichbedingung erfüllt, dann ist die Differentialgleichung für den Induktivitätsstrom nicht nur unabhängig vom Eingangsstrom $x(t)$, sondern auch von der Kapazitätsspannung $z_1(t)$, weshalb die Zustandsvariable $z_2(t)$ von außen nicht erregt werden kann. Von den zwei Eigenschwingungen wird in diesem Fall durch das Eingangssignal nur eine angeregt. Wenn alle Netzwerkelemente positiv sind, ist das Netzwerk im Sinne von Abschnitt 6 stabil. Falls die Induktivität L negativ ist, alle übrigen Elemente jedoch positiv sind, ist das Netzwerk instabil, und zwar auch dann, wenn die Bedingung Gl. (95) erfüllt ist, d. h., wenn von außen her die „instabile" Eigenschwingung nicht angeregt werden kann.

Der Begriff der Steuerbarkeit lehrt also, daß es lineare zeitinvariante Systeme gibt, bei denen nicht alle Eigenschwingungen von außen erregt werden können. Die entsprechenden Eigenwerte liefern keinen Beitrag zum Übertragungsverhalten, d. h. sie erscheinen nicht in der Übertragungsfunktion, wie sie im Kapitel III eingeführt wird. Bei elektrischen Netzwerken kommt diese Erscheinung dann vor, wenn das betreffende Netzwerk im Rahmen seines von außen feststellbaren Verhaltens überflüssige Energiespeicher hat. Solange die von außen nicht erregbaren Eigenschwingungen für $t \to \infty$ nicht über alle Grenzen anwachsen, ergeben sich keine Komplikationen. Im Abschnitt 6 wird gezeigt, daß dies sicher dann der Fall ist, wenn die entsprechenden Eigenwerte negativen Realteil haben, wie dies beispielsweise bei passiven Netzwerken stets der Fall ist, abgesehen von Sonderfällen, in denen Eigenwerte auch verschwindenden Realteil haben können. Sobald nicht erregbare, über alle Grenzen anwachsende Eigenschwingungen vorhanden sind, ist das System instabil, obwohl dies im Übertragungsverhalten nicht zum Ausdruck zu kommen braucht. Mit derartigen Erscheinungen muß bei aktiven Netzwerken gerechnet werden.

Abschließend sei noch erwähnt, daß sich die vorstehenden Betrachtungen auch im Fall komplexer Systemmatrizen $\boldsymbol{A}$, $\boldsymbol{B}$, $\boldsymbol{C}$, $\boldsymbol{D}$ ohne nennenswerte Änderungen durchführen lassen. Die Ergebnisse selbst ändern sich dabei nicht.

5.3. Beobachtbarkeit

Es wird von einem kontinuierlichen System ausgegangen, das durch die Zustandsgleichungen (10) und (11) mit bekannten im Intervall $-\infty < t < \infty$ stetigen Systemmatrizen beschrieben wird. Das System heißt in dieser Darstellung *beobachtbar* zum Zeitpunkt t_0, wenn bei Zulassung eines beliebigen Anfangszustandes $\boldsymbol{z}_0 = \boldsymbol{z}(t_0)$ ein endlicher Zeitpunkt $t_1 > t_0$ existiert, so daß bei Kenntnis des Eingangssignals $\boldsymbol{x}(t)$ und des Ausgangssignals $\boldsymbol{y}(t)$ im Intervall $t_0 \leqq t \leqq t_1$ der Anfangszustand $\boldsymbol{z}_0$ eindeutig bestimmt werden kann.

Die Frage der Beobachtbarkeit soll für den Fall zeitunabhängiger Systemmatrizen $\boldsymbol{A}$ und $\boldsymbol{C}$ näher untersucht werden. Unter dieser Voraussetzung ist der Zeitpunkt t_0 kein wesentlicher Parameter; es wird daher ohne Einschränkung der Allgemeinheit $t_0 = 0$ gewählt. Nach Abschnitt 4.3 läßt sich bei Wahl eines beliebigen Zeitpunkts $t > t_0$ für den Anfangszustand $\boldsymbol{z}_0$ die Bestimmungsgleichung

$$\boldsymbol{C}\,\mathrm{e}^{\boldsymbol{A}t}\boldsymbol{z}_0 = \Delta\boldsymbol{y}(t) \tag{96}$$

angeben, wobei die rechte Seite gegeben ist durch

$$\Delta\boldsymbol{y}(t) = \boldsymbol{y}(t) - \int_0^t \boldsymbol{C}\,\mathrm{e}^{\boldsymbol{A}\cdot(t-\sigma)}\boldsymbol{B}(\sigma)\,\boldsymbol{x}(\sigma)\,\mathrm{d}\sigma - \boldsymbol{D}(t)\,\boldsymbol{x}(t)$$

und demzufolge als bekannt angesehen werden darf. Man kann nun zeigen, daß $\boldsymbol{z}_0$ durch die Gl. (96) genau dann bestimmbar und damit das System beobachtbar ist, wenn die q Vektorfunktionen in den Spalten der Matrix

$$\boldsymbol{G}(t) = \boldsymbol{C}\,\mathrm{e}^{\boldsymbol{A}t} \tag{97}$$

linear unabhängig sind, d. h., wenn mit einem Vektor $\boldsymbol{\alpha}$ aus der Identität

$$\boldsymbol{C}\,\mathrm{e}^{\boldsymbol{A}t}\boldsymbol{\alpha} \equiv \boldsymbol{0} \tag{98}$$

stets $\boldsymbol{\alpha} = \boldsymbol{0}$ folgt.

Beweis: Um die *Notwendigkeit* der Aussage zu zeigen, wird angenommen, daß das System beobachtbar ist, aber die q Spalten der Matrix Gl. (97) linear abhängig sind. Dann muß ein q-dimensionaler Spaltenvektor $\boldsymbol{\alpha} \neq \boldsymbol{0}$ existieren, so daß Gl. (98) gilt. Wählt man das Eingangssignal $\boldsymbol{x}(t) \equiv \boldsymbol{0}$, dann gilt $\boldsymbol{y}(t) \equiv \Delta\boldsymbol{y}(t) \equiv \boldsymbol{0}$ für den Anfangszustand $\boldsymbol{z}_0 = \boldsymbol{\alpha}$, aber auch für $\boldsymbol{z}_0 = \boldsymbol{0}$. Man kann daher den Anfangszustand nicht eindeutig angeben. Es liegt damit ein Widerspruch zur vorausgesetzten Beobachtbarkeit vor. Daher muß die angenommene lineare Abhängigkeit der Spalten der Matrix Gl. (97) verworfen werden. — Um die *Hinlänglichkeit* obiger Aussage nachzuweisen, wird angenommen, daß die Vektorfunktionen in den q Spalten der Matrix $\boldsymbol{G}(t)$ Gl. (97) linear unabhängig sind, und gezeigt, daß dann die Gl. (96) nach $\boldsymbol{z}_0$ eindeutig gelöst werden kann. Dazu wird die Gl. (96) von links mit der Matrix $\exp(\boldsymbol{A}'t)\,\boldsymbol{C}'$ durchmultipliziert, sodann beide Seiten von $t = 0$ bis zu einem willkürlich wählbaren Zeitpunkt $t_1 > 0$ integriert und schließlich nach $\boldsymbol{z}_0$ aufgelöst. Auf diese Weise erhält man

$$\boldsymbol{z}_0 = \boldsymbol{W}_b^{-1}(t_1) \int_0^{t_1} \mathrm{e}^{\boldsymbol{A}'t}\boldsymbol{C}'\, \Delta\boldsymbol{y}(t)\, \mathrm{d}t$$

mit

$$\boldsymbol{W}_b(t_1) = \int_0^{t_1} \mathrm{e}^{\boldsymbol{A}'t}\boldsymbol{C}'\boldsymbol{C}\, \mathrm{e}^{\boldsymbol{A}t}\, \mathrm{d}t .$$

Dabei läßt sich wie beim Beweis des Steuerbarkeitskriteriums zeigen, daß die Matrix $\boldsymbol{W}_b(t_1)$ wegen der linearen Unabhängigkeit der Vektorfunktionen in den q Spalten der Matrix Gl. (97) nichtsingulär ist. Man kann also in diesem Fall tatsächlich $\boldsymbol{z}_0$ bei Kenntnis der Systemmatrizen $\boldsymbol{A}, \boldsymbol{B}(t), \boldsymbol{C}, \boldsymbol{D}(t)$ und der Signale $\boldsymbol{x}(t), \boldsymbol{y}(t)$ in einem Intervall $0 \leqq t \leqq t_1$ ($t_1 > 0$ beliebig) eindeutig angeben.

Ganz entsprechend dem Fall der Steuerbarkeit kann nun gezeigt werden, daß die Vektorfunktionen in den Spalten von $\boldsymbol{G}(t)$ Gl. (97) genau dann linear unabhängig sind, wenn die Matrix

$$\boldsymbol{V} = \begin{bmatrix} \boldsymbol{C} \\ \boldsymbol{C}\boldsymbol{A} \\ \vdots \\ \boldsymbol{C}\boldsymbol{A}^{q-1} \end{bmatrix}$$

den größtmöglichen Rang q aufweist. Insgesamt ist damit das folgende Ergebnis gefunden.

Satz II.2: Ein lineares durch die Gln. (10) und (11) mit konstanten Matrizen $\boldsymbol{A}$ und $\boldsymbol{C}$ darstellbares System ist in dieser Darstellung genau dann beobachtbar, wenn die sogenannte *Beobachtbarkeitsmatrix*

$$\boldsymbol{V} = \begin{bmatrix} \boldsymbol{C} \\ \boldsymbol{C}\boldsymbol{A} \\ \boldsymbol{C}\boldsymbol{A}^2 \\ \vdots \\ \boldsymbol{C}\boldsymbol{A}^{q-1} \end{bmatrix}$$

den Rang q hat. Besitzt das System nur einen Ausgang, dann ist die Matrix $\boldsymbol{C}$ ein Zeilenvektor $\boldsymbol{c}'$ und $\boldsymbol{V}$ eine quadratische Matrix der Ordnung q. In einem solchen Fall ist die Beobachtbarkeit genau dann gegeben, wenn die Determinante von $\boldsymbol{V}$ nicht verschwindet.

Durch eine Transformation des Zustandsvektors mit der nichtsingulären Matrix $\boldsymbol{M}$ geht die Matrix $\boldsymbol{V}$ in die neue Beobachtbarkeitsmatrix $\tilde{\boldsymbol{V}} = \boldsymbol{VM}$ über, so daß die Eigenschaft der Beobachtbarkeit durch eine solche Äquivalenztransformation des Systems nicht beeinflußt wird.

Die im Zusammenhang mit der Beobachtbarkeit linearer Systeme mit konstanten Matrizen $\boldsymbol{A}$ und $\boldsymbol{C}$ angestellten Überlegungen lassen sich auf den Fall zeitabhängiger Matrizen $\boldsymbol{A}(t)$ und $\boldsymbol{C}(t)$ übertragen. Der Zeitpunkt t_0 ist hier allerdings ein wesentlicher Parameter. Die Gln. (96) und (97) sind entsprechend durch Einführung der Übergangsmatrix $\boldsymbol{\Phi}(t, t_0)$ als Funktion von t und t_0 zu modifizieren, und die Beobachtbarkeit des Systems in der Darstellung nach den Gln. (10) und (11) zum Zeitpunkt t_0 ist genau dann gegeben, wenn ein endlicher Zeitpunkt $t_1 > t_0$ existiert, so daß die q Vektorfunktionen in den Spalten der Matrix $\boldsymbol{C}(t)\,\boldsymbol{\Phi}(t, t_0)$ im Intervall $t_0 \leqq t \leqq t_1$ linear unabhängig sind. Diese Beobachtbarkeitsbedingung kann durch folgendes kennzeichnende Kriterium ersetzt werden: Es muß einen Zeitpunkt $t_1 > t_0$ geben, so daß die Matrix

$$\begin{bmatrix} \boldsymbol{N}_0(t) \\ \boldsymbol{N}_1(t) \\ \vdots \\ \boldsymbol{N}_{q-1}(t) \end{bmatrix},$$

deren Teilmatrizen durch die Rekursionsbeziehung

$$\boldsymbol{N}_{\mu+1}(t) = \boldsymbol{N}_\mu(t)\,\boldsymbol{A}(t) + \frac{\mathrm{d}}{\mathrm{d}t}\,\boldsymbol{N}_\mu(t) \qquad (\mu = 0, 1, \ldots, q-1),$$

$$\boldsymbol{N}_0(t) = \boldsymbol{C}(t)$$

definiert sind, für $t = t_1$ den Rang q hat. Dabei muß vorausgesetzt werden, daß die zeitabhängigen Systemmatrizen $\boldsymbol{A}(t)$ und $\boldsymbol{C}(t)$ hinreichend oft stetig differenzierbar sind.

Wendet man die Ergebnisse auf konkrete Beispiele linearer zeitinvarianter Systeme, etwa auf einfache Netzwerke an, so zeigt sich, daß ein nicht beobachtbares System Eigenschwingungen aufweist, die sich am Systemausgang nicht bemerkbar machen. Die entsprechenden Eigenwerte liefern keinen Beitrag zur Übertragungsfunktion, die das Übertragungsverhalten kennzeichnet (Kapitel III).

Die Eigenschaft der Beobachtbarkeit kann in gleicher Weise auch für *diskontinuierliche* Systeme eingeführt werden. Die für kontinuierliche Systeme durchgeführten Überlegungen lassen sich entsprechend übertragen. Im Falle konstanter Matrizen $\boldsymbol{A}$ und $\boldsymbol{C}$ kann die Beobachtbarkeit in Form von Satz II.2 gekennzeichnet werden.

Abschließend sei noch erwähnt, daß sich die vorstehenden Betrachtungen auch im Fall komplexer Systemmatrizen $\boldsymbol{A}$, $\boldsymbol{B}$, $\boldsymbol{C}$, $\boldsymbol{D}$ ohne nennenswerte Änderungen durchführen lassen. Die Ergebnisse selbst ändern sich dabei nicht.

6. Stabilität

6.1. Vorbemerkungen

Bei zahlreichen systemtheoretischen Problemen interessiert nicht die explizite Lösung der Zustandsgleichungen, sondern nur die Stabilität, bei der es sich wie bei der Steuerbarkeit und Beobachtbarkeit um eine allgemeine Systemeigenschaft handelt. Es soll nun im Rahmen der Systembeschreibung im Zustandsraum die Stabilität zunächst für kontinuierliche Systeme untersucht werden. Wie bereits im Abschnitt 5 festgestellt wurde, gibt es Fälle von System-Instabilitäten, die bei alleiniger Betrachtung des Zusammenhangs zwischen Eingangs- und Ausgangssignal nicht feststellbar sind, die aber bei geeigneter Darstellung im Zustandsraum erkannt werden können. Die im folgenden durchgeführten Untersuchungen lassen sich zum Teil auch auf nichtlineare Systeme ausdehnen. Man kann grundsätzlich zwischen zwei Arten von Stabilität unterscheiden, nämlich jener bei nicht erregten Systemen und derjenigen bei erregten Systemen. Auf die zwischen diesen beiden Arten von Stabilität bestehende Verbindung wird teilweise eingegangen.

Für die folgenden Untersuchungen ist der Begriff der *Norm* eines Vektors, insbesondere des Zustandsvektors $\boldsymbol{z}(t)$, von Wichtigkeit. Es gibt verschiedene Möglichkeiten, die Norm eines Vektors einzuführen. Es soll hier die *Euklidische Norm* als verallgemeinerte Definition der Länge eines Vektors eingeführt werden. Hierunter versteht man den Zahlenwert

$$\|\boldsymbol{z}\| = \sqrt{\sum_{\mu=1}^{q} z_\mu^2}. \tag{99}$$

Offensichtlich ist die Norm $\|\boldsymbol{z}\|$ genau dann endlich, wenn jede Vektorkomponente z_μ endlich ist. Die aufgrund von Gl. (99) definierte Norm hat einige charakteristische Eigenschaften. Es gilt

$$\|\boldsymbol{z}\| > 0 \quad \text{für} \quad \boldsymbol{z} \neq \boldsymbol{0} \tag{100a}$$

und

$$\|\boldsymbol{0}\| = 0. \tag{100b}$$

Die eingeführte Norm befriedigt die sogenannte Dreiecksungleichung

$$\|\boldsymbol{z}_1 + \boldsymbol{z}_2\| \leqq \|\boldsymbol{z}_1\| + \|\boldsymbol{z}_2\|. \tag{100c}$$

Ist α eine reelle Konstante, so gilt

$$\|\alpha\boldsymbol{z}\| = |\alpha| \cdot \|\boldsymbol{z}\|. \tag{100d}$$

Es besteht nun die Möglichkeit, auch für eine quadratische Matrix $\boldsymbol{Q}$ die Norm zu definieren [54]. Diese Definition lautet

$$\|\boldsymbol{Q}\| = \sup_{\boldsymbol{x} \neq \boldsymbol{0}} \frac{\|\boldsymbol{Q}\boldsymbol{x}\|}{\|\boldsymbol{x}\|}. \tag{101a}$$

Die Norm $\|\boldsymbol{Q}\|$ ist also gleich der kleinsten oberen Schranke (Supremum) des Quotienten aus den Vektor-Normen $\|\boldsymbol{Q}\boldsymbol{x}\|$ und $\|\boldsymbol{x}\|$, wobei der Vektor $\boldsymbol{x}$ alle möglichen, vom Nullvektor verschiedenen Werte annehmen darf (die Dimension des Spaltenvektors $\boldsymbol{x}$ muß natürlich gleich der Ordnung der Matrix $\boldsymbol{Q}$ sein). Man kann zeigen, daß auch die Norm $\|\boldsymbol{Q}\|$ die Eigenschaften gemäß den Gln. (100a, b, c, d) aufweist. Weiterhin kann nachgewiesen werden, daß die Definition nach Gl. (101a) durch

$$\|\boldsymbol{Q}\| = \sup_{\|\boldsymbol{x}\|=1} \|\boldsymbol{Q}\boldsymbol{x}\| \tag{101b}$$

ersetzt werden kann. Aus Gl. (101a) ersieht man unmittelbar, daß die Ungleichung

$$\|\boldsymbol{Q}\boldsymbol{x}\| \leqq \|\boldsymbol{Q}\| \cdot \|\boldsymbol{x}\| \tag{102}$$

besteht.

6.2. Definition der Stabilität bei nicht erregten Systemen

Es werden Systeme betrachtet, die sich allgemein mit Hilfe der Grundgleichungen (9a, b) darstellen lassen. Es wird der Fall $\boldsymbol{x}(t) \equiv \mathbf{0}$ vorausgesetzt, so daß der Zustandsvektor $\boldsymbol{z}(t)$ die Differentialgleichung

$$\frac{\mathrm{d}\boldsymbol{z}}{\mathrm{d}t} = \boldsymbol{f}_0(\boldsymbol{z}, t) \tag{103}$$

erfüllen muß. Es soll weiterhin angenommen werden, daß die Differentialgleichung (103) eine eindeutige Lösung mit dem Anfangswert $\boldsymbol{z}(t_0)$ besitzt. Diese Lösung soll mit

$$\boldsymbol{\zeta}\big(t; \boldsymbol{z}(t_0)\big)$$

bezeichnet werden. Sie soll von $\boldsymbol{z}(t_0)$ stetig abhängen. Es wird der Zustand $\boldsymbol{z}_e$ als *Gleichgewichtszustand* in dem Sinne eingeführt, daß

$$\boldsymbol{f}_0(\boldsymbol{z}_e, t) = \mathbf{0} \quad \text{für alle } t$$

gilt. Es muß dann also für $\boldsymbol{z}(t_0) = \boldsymbol{z}_e$

$$\boldsymbol{\zeta}(t; \boldsymbol{z}_e) = \boldsymbol{z}_e$$

sein.

Die Stabilität im Sinne von M. A. Lyapunov wird nun folgendermaßen definiert: Ein Gleichgewichtszustand $\boldsymbol{z}_e$ heißt genau dann *stabil,* wenn für willkürliche Werte t_0 und $\varepsilon > 0$ stets eine nur von t_0 und ε abhängige Größe $\delta = \delta(t_0, \varepsilon) > 0$ existiert, so daß

$$\|\boldsymbol{\zeta}\big(t; \boldsymbol{z}(t_0)\big) - \boldsymbol{z}_e\| < \varepsilon \quad \text{für} \quad \text{alle } t \geqq t_0$$

gilt, falls der Anfangszustand $\boldsymbol{z}(t_0)$ innerhalb der δ-Umgebung des Gleichgewichtszustandes gewählt wird, d. h. derart, daß

$$\|\boldsymbol{z}(t_0) - \boldsymbol{z}_e\| < \delta$$

ist.

Die Stabilität verlangt also, daß um den betrachteten Gleichgewichtszustand stets eine Umgebung von Anfangszuständen $\boldsymbol{z}(t_0)$ vorhanden ist, so daß die Lösungen $\boldsymbol{\zeta}\big(t; \boldsymbol{z}(t_0)\big)$ für alle $t \geqq t_0$ innerhalb einer noch so kleinen Umgebung des Gleichgewichtszustands bleiben. Natürlich muß $\delta \leqq \varepsilon$ sein. Gibt es ein $\delta > 0$, das nur von ε, nicht aber von t_0 abhängt, so heißt der Gleichgewichtszustand *gleichmäßig stabil.* Im Bild 45 ist die Stabilität am Beispiel eines Systems zweiter Ordnung erläutert. Die angegebene Kurve (Trajektorie) stellt die Lösung $\boldsymbol{\zeta}\big(t; \boldsymbol{z}(t_0)\big)$ dar.

Ein Gleichgewichtszustand heißt *asymptotisch stabil,* wenn er stabil ist und wenn zudem ein $\delta_0(t_0)$ derart existiert, daß

$$\lim_{t\to\infty} \|\boldsymbol{\zeta}\big(t; \boldsymbol{z}(t_0)\big) - \boldsymbol{z}_e\| = 0$$

ist, falls der Anfangszustand $\boldsymbol{z}(t_0)$ in der Umgebung

$$\|\boldsymbol{z}(t_0) - \boldsymbol{z}_e\| < \delta_0$$

gewählt wird. Ist $\boldsymbol{z}_e$ gleichmäßig stabil und gibt es ein von t_0 unabhängiges δ_0, so heißt der Gleichgewichtszustand *gleichmäßig asymptotisch stabil.* Für praktische Anwendungen interessiert mehr die asymptotische als die gewöhnliche Stabilität.

Die Gesamtheit aller Anfangszustände $z(t_0)$ in der Umgebung des Gleichgewichtszustandes z_e, von denen Lösungen ausgehen, die im Endlichen bleiben und für $t \to \infty$ gegen z_e streben, bilden den *Bereich der Anziehung* für den Zeitpunkt t_0. Umfaßt dieser

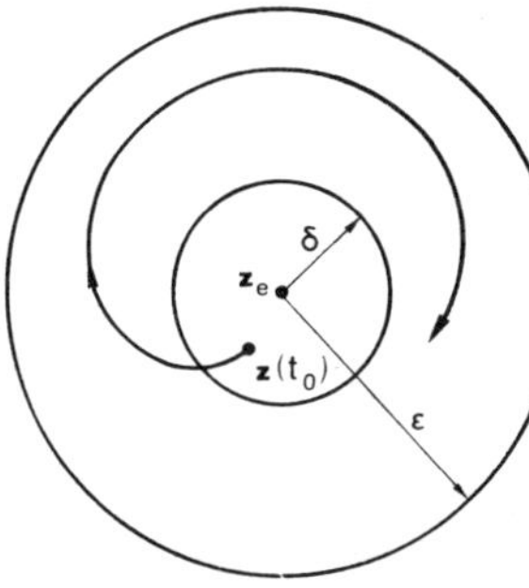

Bild 45: Zur Erläuterung der Stabilität

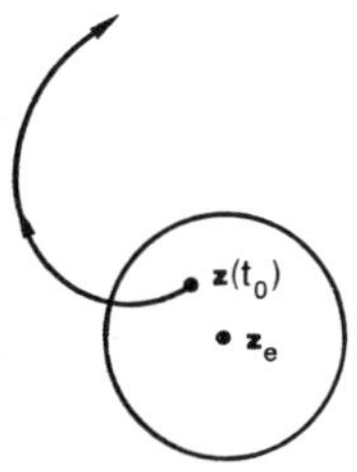

Bild 46: Zur Erläuterung der Instabilität

Bereich den gesamten Zustandsraum, d. h. strebt jede Lösung $\zeta(t; z(t_0))$ mit beliebigem $z(t_0)$ für $t \to \infty$ gegen z_e, so heißt z_e *asymptotisch stabil im Großen.* Notwendig für asymptotische Stabilität im Großen ist natürlich, daß nur ein einziger Gleichgewichtszustand existiert.

Der Gleichgewichtszustand heißt *instabil,* wenn er nicht stabil ist. Im Bild 46 ist ein Beispiel für Instabilität eines Systems zweiter Ordnung angedeutet. Im Fall eines instabilen Gleichgewichtszustandes kann die Norm der Lösung $\zeta(t; z(t_0))$ über alle Grenzen streben oder aber *beschränkt* bleiben. Es wird daher noch der Begriff der *Beschränktheit* des Gleichgewichtszustandes eingeführt. Der Gleichgewichtszustand z_e heißt genau dann *beschränkt,* wenn stets eine Zahl $\delta > 0$ und eine endliche Schranke $K = K(t_0, \delta) > 0$ existieren, so daß bei Wahl des Anfangszustandes $z(t_0)$ in der Umgebung

$$\|z(t_0) - z_e\| < \delta$$

für die Lösung

$$\|\zeta(t; z(t_0)) - z_e\| < K$$

für alle $t \geqq t_0$ gilt. Gibt es eine von t_0 unabhängige Schranke K, dann heißt der Gleichgewichtszustand *gleichmäßig beschränkt.*

Als Beispiel eines Systems mit einem instabilen, aber beschränkten Gleichgewichtszustand sei ein idealer Multivibrator genannt, der bei einer infinitesimalen Auslenkung aus einer Gleichgewichtslage in einen anderen Gleichgewichtszustand übergeht, der einen von Null verschiedenen endlichen Abstand von der ursprünglichen Gleichgewichtslage hat.

6.3. *Stabilitätskriterien für nicht erregte lineare Systeme*

Es soll nun die Stabilität linearer Systeme untersucht werden, die sich mit Hilfe der Zustandsgleichung (10) darstellen lassen. Da die Erregung $x(t)$ für $t \geqq t_0$ verschwinden soll, hat die Zustandsgleichung die Form

$$\frac{dz}{dt} = A(t)\, z(t). \tag{104}$$

Wie im Abschnitt 4.2 gezeigt wurde, lautet die Lösung der Differentialgleichung (104)

$$\boldsymbol{z}(t) = \boldsymbol{\Phi}(t, t_0)\, \boldsymbol{z}(t_0). \tag{105}$$

Hierbei ist $\boldsymbol{\Phi}(t, t_0)$ die Übergangsmatrix des Systems. Es soll nun der Gleichgewichtszustand $\boldsymbol{z}_e = \boldsymbol{0}$ auf Stabilität untersucht werden.[1]) Da nach Gl. (105) mit der Beziehung (102)

$$\|\boldsymbol{z}(t)\| \leqq \|\boldsymbol{\Phi}(t, t_0)\| \cdot \|\boldsymbol{z}(t_0)\| \tag{106}$$

gilt, wird die Stabilität durch die Übergangsmatrix $\boldsymbol{\Phi}(t, t_0)$ bestimmt. Da gemäß Gl. (105) eine skalare Multiplikation des Anfangszustands zur entsprechenden Streckung der gesamten Lösungstrajektorie führt, sind hier die Stabilität und die Beschränktheit äquivalente Eigenschaften des Nullzustands, und ein asymptotisch stabiler Nullzustand ist stets auch asymptotisch stabil im Großen. Man nennt daher ein lineares, nicht erregtes System stabil bzw. asymptotisch stabil, wenn sein Nullzustand diese Eigenschaft aufweist. Man kann nun die folgende Aussage machen.

Satz II.3: Ein lineares, nicht erregtes, durch Gl. (104) darstellbares System ist genau dann stabil, wenn die Norm der Übergangsmatrix für $t \geqq t_0$ beschränkt ist, wenn also eine endliche (im allgemeinen von t_0 abhängige) Konstante K existiert, so daß

$$\|\boldsymbol{\Phi}(t, t_0)\| \leqq K \quad \text{für alle } t \geqq t_0 \tag{107}$$

gilt.

Beweis: Es wird zunächst ein beliebiges $\varepsilon > 0$ gewählt. Dann erhält man mit $\delta = \varepsilon/K$ eine δ-Umgebung, so daß für jeden Anfangszustand $\boldsymbol{z}(t_0)$ mit $\|\boldsymbol{z}(t_0)\| < \delta = \varepsilon/K$ nach den Ungleichungen (106) und (107) die entsprechende Lösung in der Umgebung

$$\|\boldsymbol{z}(t)\| \leqq K\, \|\boldsymbol{z}(t_0)\| < K \cdot \frac{\varepsilon}{K} = \varepsilon$$

für $t \geqq t_0$ bleibt. Damit ist bewiesen, daß die Bedingung (107) eine hinreichende Stabilitätsforderung darstellt. Es ist jetzt noch zu zeigen, daß Ungleichung (107) auch eine notwendige Bedingung für Stabilität ist. Dazu muß nachgewiesen werden, daß das betreffende System instabil ist, falls diese Ungleichung nicht erfüllt wird. Zunächst kann aufgrund der Normdefinition nach Gl. (101b) festgestellt werden, daß $\boldsymbol{\Phi}(t, t_0)$ mindestens ein Element $\varphi_{\mu\nu}(t, t_0)$ enthalten muß, das in Abhängigkeit von t über alle Grenzen strebt. Wählt man als Anfangszustand den Vektor $\boldsymbol{e}_\nu$, dessen ν-te Komponente gleich Eins ist und dessen übrige Komponenten verschwinden, dann strebt die Norm der Lösung $\boldsymbol{\varphi}_\nu(t, t_0) = \boldsymbol{\Phi}(t, t_0)\, \boldsymbol{e}_\nu$ in Abhängigkeit von t über alle Grenzen. Durch geeignete Wahl einer reellen Konstanten α kann man in jeder δ-Umgebung einen Anfangszustand $\boldsymbol{z}(t_0) = \alpha \boldsymbol{e}_\nu$ wählen, von dem eine Lösung $\boldsymbol{z}(t)$ mit der Norm

$$\|\boldsymbol{z}(t)\| = |\alpha|\, | \cdot \|\boldsymbol{\varphi}_\nu(t, t_0)\|$$

ausgeht. Dieser Wert liegt voraussetzungsgemäß nicht für alle $t \geqq t_0$ unterhalb einer noch so großen Schranke. Die Aussage des Satzes ist damit vollständig bewiesen.

Ist die Konstante K in Ungleichung (107) von t_0 unabhängig, so ist die Stabilität offensichtlich gleichmäßig. Weiterhin geht aus obigen Überlegungen hervor, daß ein lineares System genau dann asymptotisch stabil ist, wenn $\|\boldsymbol{\Phi}(t, t_0)\|$ für alle $t \geqq t_0$ beschränkt ist und gegen 0 strebt für $t \to \infty$.

---

[1]) Im folgenden soll vorausgesetzt werden, daß $\det \boldsymbol{A}(t) \neq 0$ ist. Der Leser möge sich davon überzeugen, daß dann $\boldsymbol{z}_e = \boldsymbol{0}$ der einzige Gleichgewichtszustand ist.

Während die Anwendung des Stabilitätssatzes (Satz II.3) auf zeitvariante Systeme wegen der Schwierigkeit der Bestimmung der Norm von $\boldsymbol{\Phi}(t, t_0)$ im allgemeinen nicht einfach ist, kann der Satz im Falle, daß die Matrix $\boldsymbol{A}$ konstant ist, einfach angewendet werden. In diesem Fall läßt sich die Übergangsmatrix $\boldsymbol{\Phi}(t)$ nach Gl. (32) mit Hilfe der Eigenwerte p_μ ($\mu = 1, 2, \ldots, l$) der Matrix $\boldsymbol{A}$ und mit Hilfe bestimmter Matrizen-Polynome $\boldsymbol{A}_\mu(t)$ darstellen. Der Grad dieser Polynome ist nicht größer als die um Eins verminderte Vielfachheit des betreffenden Eigenwertes. Wie man aus Gl. (32) ersieht, hängt die Stabilität des Systems ausschließlich vom Verhalten der Übergangsmatrix für $t \to \infty$ ab; denn die Norm von $\boldsymbol{\Phi}(t)$ ist für jedes endliche t endlich. Ist wenigstens einer der Realteile σ_μ der Eigenwerte p_μ positiv, d. h. befindet sich mindestens ein Eigenwert p_μ in der rechten p-Halbebene, so strebt die Norm von $\boldsymbol{\Phi}(t)$ für $t \to \infty$ über alle Grenzen, und dann ist das System instabil. Liegen dagegen alle Eigenwerte in der linken p-Halbebene ($\sigma_\mu < 0$ für $\mu = 1, 2, \ldots, l$), so strebt die Norm von $\boldsymbol{\Phi}(t)$ gegen Null für $t \to \infty$, und dann ist das System asymptotisch stabil. Der einzige jetzt noch zu betrachtende Fall ist der, daß jene Eigenwerte p_μ, welche den größten Realteil haben, auf der imaginären Achse der p-Ebene liegen. Dann verhält sich $\boldsymbol{\Phi}(t)$ für $t \to \infty$ wie

$$\boldsymbol{\Phi}(t) \sim \sum_{\mu} \boldsymbol{A}_\mu(t)\, \mathrm{e}^{\mathrm{j}\omega_\mu t}. \tag{108}$$

Hierbei ist bezüglich all jener μ zu summieren, denen rein imaginäre Eigenwerte $p_\mu = \mathrm{j}\omega_\mu$ entsprechen. Die in der asymptotischen Gl. (108) vorkommenden $\boldsymbol{A}_\mu(t)$ sind sicher dann konstant, wenn die rein imaginären Eigenwerte einfach sind. Dann ist aber die Norm der rechten Seite der asymptotischen Gl. (108) beschränkt, und damit ist auch $\|\boldsymbol{\Phi}(t)\|$ beschränkt; das System ist also stabil. Wenn im Falle mehrfacher imaginärer Eigenwerte wenigstens eine der in der asymptotischen Gl. (108) vorkommenden Matrizen zeitabhängig ist, strebt die Norm von $\boldsymbol{\Phi}(t)$ für $t \to \infty$ über alle Grenzen; dann ist das System instabil. Sofern das Minimalpolynom (man vergleiche Abschnitt 4.1) nur einfache imaginäre Nullstellen hat, sind alle $\boldsymbol{A}_\mu(t)$ in der asymptotischen Gl. (108) konstant, und genau dann ist das System stabil. Die bezüglich der Stabilität linearer, zeitinvarianter Systeme gewonnenen Ergebnisse sollen nun zusammengefaßt werden.

Satz II.4: Ein nicht erregtes, lineares, zeitinvariantes System mit (konstanter) Matrix $\boldsymbol{A}$ ist genau dann asymptotisch stabil, wenn sich alle Eigenwerte von $\boldsymbol{A}$ in der offenen linken p-Halbebene befinden. Stabilität ist genau dann gegeben, wenn in der offenen rechten p-Halbebene keine Eigenwerte liegen und wenn alle rein imaginären Nullstellen des Minimalpolynoms einfach sind.

Zur Stabilitätsprüfung linearer, zeitinvarianter Systeme braucht man also die Eigenwerte selbst nicht zu bestimmen. Die Prüfung der asymptotischen Stabilität, die meistens interessiert, verlangt nur die Kontrolle, ob sämtliche Eigenwerte negativen Realteil haben. Hierfür gibt es verschiedene Möglichkeiten. Auf einige soll im folgenden kurz eingegangen werden.

6.4. Die Stabilitätskriterien von A. Hurwitz und *E. J. Routh*

Das charakteristische Polynom eines linearen Systems mit konstanter nichtsingulärer Matrix $\boldsymbol{A}$ lautet

$$D(p) = \det(p\boldsymbol{E} - \boldsymbol{A}) = p^q + a_1 p^{q-1} + a_2 p^{q-2} + \cdots + a_q. \tag{109}$$

Wenn die Elemente von $\boldsymbol{A}$ reelle Zahlenwerte sind, müssen auch die Koeffizienten a_μ des charakteristischen Polynoms reell sein. Wie im letzten Abschnitt gezeigt wurde, stellt die Forderung, daß alle Nullstellen des Polynoms $D(p)$ (Eigenwerte) negativen Realteil haben, eine notwendige und hinreichende Bedingung für die asymptotische Stabilität des durch die homogene Zustandsgleichung

$$\frac{\mathrm{d}\boldsymbol{z}}{\mathrm{d}t} = \boldsymbol{A}\boldsymbol{z}$$

gegebenen Systems dar. Ein Polynom, dessen Nullstellen durchweg negativen Realteil haben, wird *Hurwitzsches Polynom* genannt. Da jedes reelle Hurwitzsche Polynom $D(p)$ nach Gl. (109) als Produkt von Faktoren der Form $p + \alpha$ und (oder) $p^2 + \beta p + \gamma$ mit positiven Koeffizienten α, β, γ dargestellt werden kann, müssen alle Koeffizienten a_μ ($\mu = 1, 2, \ldots, q$) positiv sein. Dies bedeutet, daß $D(p)$ sicher kein Hurwitzsches Polynom ist, wenn mindestens einer der Koeffizienten Null oder negativ ist. Die Positivität der a_μ ist allerdings, wie an Hand von Beispielen leicht gezeigt werden kann, nur eine notwendige und keine hinreichende Forderung dafür, daß $D(p)$ ein Hurwitzsches Polynom ist.

Im folgenden werden zwei Verfahren angegeben, die es erlauben, aufgrund endlich vieler arithmetischer Operationen unter ausschließlicher Verwendung der reellen Koeffizienten a_μ festzustellen, ob das Polynom $D(p)$ ein Hurwitzsches Polynom ist oder nicht. Das erste auf *A. Hurwitz* zurückgehende Verfahren eignet sich vor allem dann, wenn die Koeffizienten a_μ nicht numerisch, sondern etwa als Formelausdrücke in den Systemparametern vorliegen. Sind die a_μ dagegen als Zahlenwerte gegeben, so empfiehlt es sich, das zweite, von E. *J. Routh* angegebene Verfahren anzuwenden.

a) Das Hurwitzsche Verfahren

Es werden die sogenannten Hurwitzschen Determinanten

$$\Delta_\mu = \begin{vmatrix} a_1 & 1 & 0 & 0 & \ldots & 0 \\ a_3 & a_2 & a_1 & 1 & \ldots & 0 \\ a_5 & a_4 & a_3 & a_2 & \ldots & \vdots \\ \vdots & \vdots & \vdots & \vdots & & \\ a_{2\mu-1} & a_{2\mu-2} & & & & a_\mu \end{vmatrix} \qquad (110)$$

$$(\mu = 1, 2, \ldots, q)$$

eingeführt. Hierbei sind die a_ν für $\nu > q$ gleich Null zu setzen. Es gilt nun

Satz II.5: Das Polynom $D(p)$ Gl. (109) ist genau dann ein Hurwitzsches Polynom, wenn alle Hurwitz-Determinanten positiv sind, also

$$\Delta_\mu > 0 \quad (\mu = 1, 2, \ldots, q) \qquad (111)$$

gilt. Genau dann ist das entsprechende nicht erregte System asymptotisch stabil.

Es sei noch folgendes bemerkt: Steht bei der Potenz p^q des Polynoms $D(p)$ Gl. (109) statt der Eins ein *positiver* Koeffizient a_0, so brauchen in den Hurwitz-Determinanten Δ_μ Gl. (110) die Einsen nur durch a_0 ersetzt zu werden, und die Bedingungen (111) sind auch dann notwendig und hinreichend dafür, daß $D(p)$ ein Hurwitz-Polynom ist.

b) Das Routhsche Verfahren

Die positiven Koeffizienten a_μ ($\mu = 0, 1, 2, \ldots, q$), wobei a_0 als möglicherweise von Eins verschiedener Koeffizient der Potenz p^q in Gl. (109) aufzufassen ist, werden in zwei Zeilen angeordnet:

$$\begin{matrix} a_0 & a_2 & a_4 & a_6 & \ldots \\ a_1 & a_3 & a_5 & a_7 & \ldots \end{matrix}$$

Diese beiden Zeilen werden um eine weitere Zeile ergänzt:

$$b_1 \quad b_2 \quad b_3 \quad b_4 \quad \ldots$$

Die Elemente dieser Zeile sind durch sogenannte Kreuzprodukt-Bildung folgendermaßen zu bestimmen:

$$b_1 = \frac{a_1 a_2 - a_0 a_3}{a_1}, \qquad b_2 = \frac{a_1 a_4 - a_0 a_5}{a_1},$$

$$b_3 = \frac{a_1 a_6 - a_0 a_7}{a_1}, \ \ldots$$

Die Berechnung der b_μ erfolgt natürlich nur so weit, bis alle weiteren verschwinden. In entsprechender Weise wird durch Kreuzprodukt-Bildung aus der zweiten und dritten Zeile eine vierte gebildet:

$$c_1 \quad c_2 \quad c_3 \quad c_4 \quad \ldots$$

Es ist

$$c_1 = \frac{b_1 a_3 - a_1 b_2}{b_1}, \qquad c_2 = \frac{b_1 a_5 - a_1 b_3}{b_1},$$

$$c_3 = \frac{b_1 a_7 - a_1 b_4}{b_1}, \ \ldots$$

Nun werden entsprechend weitere Zeilen ermittelt, bis sich insgesamt $(q + 1)$ derartiger Zeilen ergeben haben. Die letzten vier Zeilen haben folgendes Aussehen:

$$\begin{matrix} d_1 & d_2 & 0 \\ e_1 & e_2 & 0 \\ f_1 & 0 & \\ g_1. & & \end{matrix}$$

Hierbei ist

$$f_1 = \frac{e_1 d_2 - d_1 e_2}{e_1}, \qquad g_1 = e_2.$$

Es gilt nun

Satz II.6: Das Polynom $D(p)$ Gl. (109) mit positiven Koeffizienten a_μ ($\mu = 0, 1, \ldots, q$) ist genau dann ein Hurwitzsches Polynom, wenn alle Koeffizienten, die an erster Stelle der $(q + 1)$ Zeilen des Routh-Schemas stehen, positiv sind. Dies heißt, da die a_μ ohnedies positiv sind:

$$b_1 > 0, \quad c_1 > 0, \ \ldots, \ d_1 > 0, \quad e_1 > 0, \quad f_1 > 0, \quad g_1 > 0.$$

Die Richtigkeit des Hurwitzschen Stabilitätskriteriums (Satz II.5) wird im nächsten Abschnitt gezeigt. Die Äquivalenz des Hurwitzschen mit dem Routhschen Kriterium (Satz II.6) kann in einfacher Weise nachgewiesen werden, indem man die Hurwitz-Determinanten entsprechend der Bildung der Zeilen, die bei der Anwendung des Routhschen Kriteriums aufzustellen sind, auf Dreiecksgestalt bringt, so daß in den Hauptdiagonalen die Koeffizienten $a_1, b_1, c_1, \ldots, d_1, e_1, f_1, g_1$ stehen. Damit ist zu erkennen, daß

$$\Delta_1 = a_1, \quad \Delta_2 = a_1 b_1, \quad \Delta_3 = a_1 b_1 c_1, \ \ldots$$

$$\Delta_q = a_1 b_1 c_1 \ldots d_1 e_1 f_1 g_1$$

gilt, woraus folgt, daß genau dann alle Koeffizienten $a_1, b_1, c_1, \ldots, d_1, e_1, f_1, g_1$ positiv sind, wenn alle Hurwitz-Determinanten positiv sind, d. h., wenn $D(p)$ ein Hurwitz-Polynom ist.

Beispiel: Es sei das Polynom

$$D(p) = p^3 + 4p^2 + 4p + K$$

betrachtet. Da nicht alle Koeffizienten numerisch vorliegen, wird das Hurwitz-Kriterium (Satz II.5) angewendet. Das Polynom $D(p)$ ist demzufolge genau dann ein Hurwitz-Polynom, wenn die Bedingungen

$$\Delta_1 = 4 > 0, \quad \Delta_2 = \begin{vmatrix} 4 & 1 \\ K & 4 \end{vmatrix} = 16 - K > 0, \quad \Delta_3 = K\Delta_2 > 0$$

erfüllt sind. Das betreffende System ist also dann und nur dann stabil, wenn $0 < K < 16$ gilt.

Ohne Beweis [53] soll hier noch auf das Liénard-Chipart-Kriterium hingewiesen werden, das etwas geringeren Rechenaufwand erfordert als das Hurwitz-Kriterium. Unter Annahme postitiver Koeffizienten a_μ $(\mu = 1, 2, \ldots, q)$ ist demnach das Polynom $D(p)$ Gl. (109) genau dann ein Hurwitzsches Polynom, wenn alle Hurwitz-Determinanten Δ_μ mit $\mu = 1, 3, 5, \ldots$ oder mit $\mu = 2, 4, 6, \ldots$ positiv sind. Man braucht also für die Stabilitätsprüfung neben den Koeffizienten a_μ nur die Hurwitz-Determinanten ungerader Ordnung oder nur die Hurwitz-Determinanten gerader Ordnung auf ihr Vorzeichen zu überprüfen.
Es sei an dieser Stelle auch auf die graphischen Methoden zur Stabilitätsprüfung hingewiesen, die im Kap. IV, Abschn. 5 erläutert werden.

6.5. Die direkte Methode von M. A. Lyapunov

Die in diesem Abschnitt behandelte, von *M. A. Lyapunov* um die Jahrhundertwende entwickelte Methode erlaubt es, die Stabilität von Gleichgewichtszuständen bei linearen *und* nichtlinearen, nicht erregten Systemen ohne Ermittlung der Lösung zu prüfen. Die Schwierigkeit der Methode liegt darin, daß für ihre Anwendung eine „verallgemeinerte Energiefunktion", eine sogenannte *Lyapunovsche Funktion*, gefunden werden muß. Falls es gelingt, eine solche Funktion in Abhängigkeit von den Zustandsvariablen und der Zeit für das betreffende Problem derart anzugeben, daß diese im wesentlichen bezüglich der Zustandsvariablen positiv-definit ist und auf den Lösungstrajektorien in Abhängigkeit von der Zeit nicht ansteigt, dann ist das betreffende System im Ursprung stabil. Dies soll im folgenden genauer formuliert werden.

Das zu untersuchende System werde durch die Differentialgleichung

$$\frac{\mathrm{d}\boldsymbol{z}}{\mathrm{d}t} = \boldsymbol{f}_0(\boldsymbol{z}, t) \tag{112a}$$

mit stetiger rechter Seite beschrieben. Der auf Stabilität zu prüfende Gleichgewichtszustand sei (ohne Einschränkung der Allgemeinheit) der Nullzustand, d. h., es gelte für alle t-Werte

$$\boldsymbol{f}_0(\boldsymbol{0}, t) = \boldsymbol{0}. \tag{112b}$$

Es wird nun folgendes auf *M. A. Lyapunov* zurückgehende *hinreichende* Stabilitätstheorem ausgesprochen.

Satz II.7: Zu dem durch die Gln. (112a, b) definierten System existiere eine skalare Funktion $V(\boldsymbol{z}, t)$ mit stetigen partiellen Ableitungen erster Ordnung. Diese Funktion besitze die folgenden Eigenschaften in einer gewissen Umgebung U des Nullpunktes:

a) $V(\boldsymbol{z}, t)$ ist *positiv-definit,* d. h., es gilt für alle $t \geqq t_0$

$$V(\boldsymbol{0}, t) = 0$$

und mit zwei stetigen, nicht abnehmenden skalaren Funktionen $V_1(\|\boldsymbol{z}\|)$ und $V_2(\|\boldsymbol{z}\|)$ die Ungleichung

$$0 < V_1(\|\boldsymbol{z}\|) \leqq V(\boldsymbol{z}, t) \leqq V_2(\|\boldsymbol{z}\|)$$

für alle $\boldsymbol{z} \neq \boldsymbol{0}$. Hierbei sei $V_1(0) = 0$ und $V_2(0) = 0$.

b) Es gilt für $t \geqq t_0$

$$\frac{\mathrm{d}V}{\mathrm{d}t} = \frac{\partial V}{\partial t} + \sum_{\mu=1}^{q} \frac{\partial V}{\partial z_\mu} \cdot \frac{\mathrm{d}z_\mu}{\mathrm{d}t} \leqq 0, \tag{113a}$$

wobei die $\mathrm{d}z_\mu/\mathrm{d}t$ durch die Zustandsgleichung (112a) gegeben sind.

Dann ist das System im Nullpunkt *stabil.* — Gilt statt Ungleichung (113a) mit einer stetigen skalaren Funktion $V_3(\|\boldsymbol{z}\|)$, die für $\boldsymbol{z} = \boldsymbol{0}$ verschwindet,

$$\frac{\mathrm{d}V}{\mathrm{d}t} \leqq -V_3(\|\boldsymbol{z}\|) < 0 \tag{113b}$$

für $\boldsymbol{z} \neq \boldsymbol{0}$ und $t \geqq t_0$, dann ist das System im Ursprung *asymptotisch stabil.*

Beweis: Man kann den Beweis an Hand eines Systems zweiter Ordnung erläutern, wie dies im Bild 47 veranschaulicht wird. Es gilt

$$V\big(\boldsymbol{z}(t), t\big) = \int_{t_0}^{t} \left[\frac{\mathrm{d}V}{\mathrm{d}t}\right]_{t=\sigma} \cdot \mathrm{d}\sigma + V\big(\boldsymbol{z}(t_0), t_0\big)$$

und wegen Bedingung (113a) bzw. (113b) für $t \geqq t_0$

$$V\big(\boldsymbol{z}(t), t\big) \leqq V\big(\boldsymbol{z}(t_0), t_0\big). \tag{114}$$

Zu einem $\varepsilon > 0$ wird jetzt ein $\delta(t_0, \varepsilon) > 0$ derart gewählt, daß $V_1(\varepsilon) > V_2(\delta)$ ist. Liegt nun der Anfangszustand $\boldsymbol{z}(t_0)$ irgendwo in der δ-Umgebung, so muß der Zustand $\boldsymbol{z}(t)$ wegen Ungleichung (114)

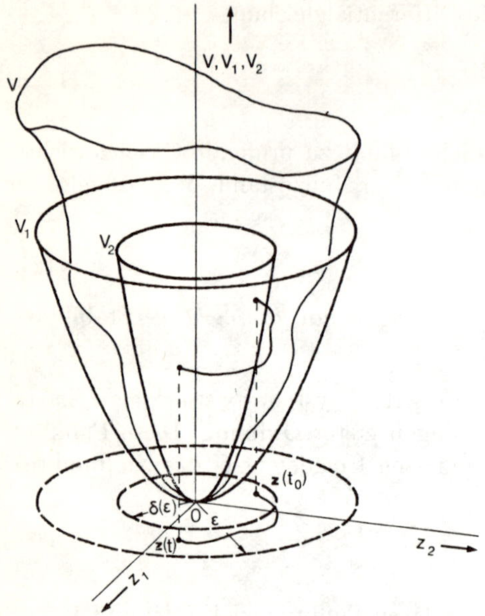

Bild 47. Zum Beweis des Stabilitätskriteriums nach M. A. Lyapunov

und der Eigenschaften von $V(\boldsymbol{z}, t)$ für $t \geqq t_0$ innerhalb der ε-Umgebung bleiben. Damit ist das System im Nullpunkt stabil. — Gilt statt Ungleichung (113a) die Ungleichung (113b), so muß $\boldsymbol{z}(t) \to \boldsymbol{0}$ für $t \to \infty$ streben. Wäre dies nicht der Fall, dann müßte eine positive Konstante c_1 existieren, so daß

$$V\big(\boldsymbol{z}(t), t\big) \geqq c_1 > 0 \tag{115}$$

für alle $t \geqq t_0$ gilt. Da $\mathrm{d}V/\mathrm{d}t$ stetig ist, und nur für $\boldsymbol{z} = \boldsymbol{0}$ verschwinden kann, müßte angesichts der Ungleichungen (113b) und (115) weiterhin eine Konstante c_2 existieren, so daß bei Wahl eines hinreichend großen T

$$\frac{\mathrm{d}V}{\mathrm{d}t} \leqq -c_2 < 0$$

für alle $t \geqq T$ gilt. Deshalb müßte für alle $t \geqq T$ die Beziehung

$$\begin{aligned} V\big(\boldsymbol{z}(t), t\big) &= V\big(\boldsymbol{z}(T), T\big) + \int_T^t \left[\frac{\mathrm{d}V}{\mathrm{d}t}\right]_{t=\sigma} \mathrm{d}\sigma \\ &\leqq V\big(\boldsymbol{z}(T), T\big) - (t - T)\, c_2 \end{aligned}$$

bestehen, die besagt, daß $V\big(\boldsymbol{z}(t), t\big)$ für $t \to \infty$ negativ wird. Da dies nicht möglich ist, muß $\boldsymbol{z}(t)$ für $t \to \infty$ gegen Null streben. Der Beweis des Satzes ist damit vollständig.

Liegt der häufig auftretende Sonderfall vor, daß die Funktion $\boldsymbol{f}_0$ in Gl. (112a) die Zeit t nicht explizit enthält, dann kann die Funktion V in Satz II.7 unabhängig von der Zeit t gewählt werden, und die damit gewonnenen Stabilitätsaussagen gelten gleichmäßig. Für derartige Systeme können die Forderungen für die asymptotische Stabilität in der folgenden Weise abgeschwächt werden.

Ergänzung: Enthält die Funktion $\boldsymbol{f}_0$ in Gl. (112a) die Zeit t nicht explizit und gibt es in einer Umgebung U des Nullpunkts eine positiv-definite Funktion $V(\boldsymbol{z})$, deren zeitliche

Ableitung auf keiner Lösungstrajektorie des Systems Gl. (112a) in U positiv wird und nur für $\boldsymbol{z} = \boldsymbol{0}$ identisch verschwindet, dann ist das System im Nullpunkt asymptotisch stabil.
Es sei ausdrücklich betont, daß Satz II.7 und seine Ergänzung nur hinreichende Stabilitätsbedingungen liefert. Wenn es also gelingt, eine Lyapunov-Funktion $V(\boldsymbol{z}, t)$ mit den geforderten Eigenschaften zu finden, ist das betreffende System im Nullpunkt (asymptotisch) stabil. Andernfalls kann nichts ausgesagt werden.
Sind die aufgestellten Forderungen im gesamten Zustandsraum erfüllt und strebt $V_1(\|\boldsymbol{z}\|)$ für $\|\boldsymbol{z}\| \to \infty$ gegen Unendlich, so gelten die Aussagen im Großen.

Beispiel: Es sei das durch die Gleichungen

$$\frac{\mathrm{d}z_1}{\mathrm{d}t} = z_2 - az_1(z_1^2 + z_2^2),$$

$$\frac{\mathrm{d}z_2}{\mathrm{d}t} = -z_1 - az_2(z_1^2 + z_2^2)$$

beschriebene System mit $a > 0$ betrachtet. Es hat den Gleichgewichtszustand $\boldsymbol{z} = \boldsymbol{0}$. Wählt man die skalare Funktion

$$V(\boldsymbol{z}, t) \equiv V(\boldsymbol{z}) \doteq z_1^2 + z_2^2$$

mit

$$\frac{\mathrm{d}V}{\mathrm{d}t} = -2a(z_1^2 + z_2^2)^2,$$

so erkennt man direkt, daß diese eine Lyapunov-Funktion mit allen im Satz II.7 geforderten Eigenschaften darstellt. Deshalb ist der Nullpunkt ein asymptotisch stabiler Gleichgewichtszustand des betrachteten Systems.

Satz II.7 soll nun zur Stabilitätsprüfung linearer, zeitinvarianter Systeme mit der homogenen Zustandsgleichung

$$\frac{\mathrm{d}\boldsymbol{z}}{\mathrm{d}t} = \boldsymbol{A}\boldsymbol{z} \tag{116}$$

verwendet werden. Hierbei sei $\boldsymbol{A}$ eine konstante, q-reihige, quadratische Matrix mit reellen Elementen. Es kann nun folgendes ausgesagt werden:

Satz II.8: Das durch Gl. (116) gegebene System ist genau dann asymptotisch stabil, wenn einer beliebig wählbaren konstanten, symmetrischen, positiv-definiten $(q \times q)$-Matrix $\boldsymbol{Q}$ in eindeutiger Weise eine konstante, positiv-definite, symmetrische $(q \times q)$-Matrix $\boldsymbol{P}$ derart zugeordnet werden kann, daß die Beziehung

$$\boldsymbol{A}'\boldsymbol{P} + \boldsymbol{P}\boldsymbol{A} = -\boldsymbol{Q} \tag{117}$$

gilt.

Ergänzung: Man kann Satz II.8 insofern erweitern, als man statt einer positiv-definiten Matrix $\boldsymbol{Q}$ eine positiv-semidefinite Matrix $\boldsymbol{Q}$ wählt. In diesem Fall liegt genau dann asymptotische Stabilität vor, wenn das gewählte $\boldsymbol{Q}$ in eindeutiger Weise nach Gl. (117) darstellbar ist, wobei $\boldsymbol{P}$ positiv-definit ist und $\boldsymbol{z}'\boldsymbol{Q}\boldsymbol{z}$ für keine nichttriviale Lösung von Gl. (116) identisch verschwindet.

Beweis: Zunächst wird angenommen, daß bei Vorgabe eines $\boldsymbol{Q}$ mit den genannten Eigenschaften die Gl. (117) eine eindeutige Lösung $\boldsymbol{P}$ habe. Betrachtet man dann die skalare Funktion

$$V(\boldsymbol{z}) = \boldsymbol{z}'\boldsymbol{P}\boldsymbol{z},$$

die für alle $\boldsymbol{z} \neq \boldsymbol{0}$ positiv und für $\boldsymbol{z} = \boldsymbol{0}$ gleich Null ist, dann gilt bei Verwendung der Differentialgleichung (116) für die Ableitung

$$\begin{aligned}\frac{\mathrm{d}V}{\mathrm{d}t} &= \boldsymbol{z}'(\boldsymbol{A}'\boldsymbol{P} + \boldsymbol{P}\boldsymbol{A})\,\boldsymbol{z} \\ &= -\boldsymbol{z}'\boldsymbol{Q}\boldsymbol{z},\end{aligned}$$

die voraussetzungsgemäß die Bedingung von Satz II.7 bzw. seiner Ergänzung erfüllt. Es liegt also asymptotische Stabilität vor. – Nun wird angenommen, daß das durch die Differentialgleichung (116) gegebene System asymptotisch stabil sei. Dann haben alle Eigenwerte von $\boldsymbol{A}$ negativen Realteil. Man betrachtet die Differentialgleichung

$$\frac{\mathrm{d}\boldsymbol{J}(t)}{\mathrm{d}t} = \boldsymbol{A}'\boldsymbol{J} + \boldsymbol{J}\boldsymbol{A} \tag{118}$$

unter der Anfangsbedingung $\boldsymbol{J}(0) = \boldsymbol{Q}$, wobei $\boldsymbol{Q}$ die vorgeschriebene symmetrische Matrix darstellt. Die Differentialgleichung (118) hat die Lösung

$$\boldsymbol{J}(t) = \mathrm{e}^{\boldsymbol{A}'t}\boldsymbol{Q}\,\mathrm{e}^{\boldsymbol{A}t}, \tag{119}$$

wie man durch Substitution dieser Matrixfunktion in die Gl. (118) ersieht. Durch Integration beider Seiten der Gl. (118) erhält man mit Gl. (119) bei Beachtung der Tatsache, daß für $t \to \infty$ die Exponentialfunktion $\mathrm{e}^{\boldsymbol{A}t}$ gegen die Nullmatrix strebt,

$$\int_0^\infty \frac{\mathrm{d}\boldsymbol{J}}{\mathrm{d}t}\,\mathrm{d}t = -\boldsymbol{Q} = \boldsymbol{A}'\int_0^\infty \boldsymbol{J}(t)\,\mathrm{d}t + \int_0^\infty \boldsymbol{J}(t)\,\mathrm{d}t \cdot \boldsymbol{A}.$$

Ein Vergleich dieser Gleichung mit Gl. (117) lehrt, daß wegen Gl. (119)

$$\boldsymbol{P} = \int_0^\infty \mathrm{e}^{\boldsymbol{A}'t}\boldsymbol{Q}\,\mathrm{e}^{\boldsymbol{A}t}\,\mathrm{d}t \tag{120}$$

eine Lösungsmatrix ist, welche aufgrund der Voraussetzungen positiv-definit ist. Es ist jetzt noch zu zeigen, daß $\boldsymbol{P}$ Gl. (120) eindeutige Lösung ist. Hierzu wird angenommen, daß $\boldsymbol{P}_0$ eine zweite Lösung sei. Dann folgt gemäß den Gln. (120) und (117)

$$\boldsymbol{P} = -\int_0^\infty \mathrm{e}^{\boldsymbol{A}'t}[\boldsymbol{A}'\boldsymbol{P}_0 + \boldsymbol{P}_0\boldsymbol{A}]\,\mathrm{e}^{\boldsymbol{A}t}\,\mathrm{d}t$$

oder wegen der Vertauschbarkeit der Matrizen $\boldsymbol{A}$ und $\mathrm{e}^{\boldsymbol{A}t}$

$$\boldsymbol{P} = -\int_0^\infty \frac{\mathrm{d}}{\mathrm{d}t}\,[\mathrm{e}^{\boldsymbol{A}'t}\boldsymbol{P}_0\,\mathrm{e}^{\boldsymbol{A}t}]\,\mathrm{d}t = \boldsymbol{P}_0.$$

Der Beweis des Satzes und seiner Ergänzung ist damit vollständig geliefert.

Es sei bemerkt, daß zur Anwendung von Satz II.8 jede positiv-definite, symmetrische Matrix als $\boldsymbol{Q}$ gewählt werden darf, insbesondere die Einheitsmatrix $\boldsymbol{E}$. Die gesuchte symmetrische Matrix $\boldsymbol{P}$ besitzt $q(q+1)/2$ unbekannte Elemente, und die Gl. (117)

liefert genau $q(q+1)/2$ lineare Gleichungen, die nach den Unbekannten aufzulösen sind. Die auf diese Weise gelieferte Matrix $\boldsymbol{P}$ muß eindeutig und positiv-definit sein. Da die Überprüfung dieser Bedingungen verhältnismäßig aufwendig ist, wird Satz II.8 einschließlich der Ergänzung nicht zur praktischen Stabilitätsprüfung herangezogen. Satz II.8 wird nun aber dazu verwendet, die Hurwitz-Bedingungen (Satz II.5) zu beweisen. Zunächst sei festgestellt, daß die lineare homogene Differentialgleichung

$$\frac{\mathrm{d}^q y}{\mathrm{d}t^q} + a_1 \frac{\mathrm{d}^{q-1} y}{\mathrm{d}t^{q-1}} + a_2 \frac{\mathrm{d}^{q-2} y}{\mathrm{d}t^{q-2}} + \cdots + a_q y = 0 \tag{121}$$

mit reellen Koeffizienten und der charakteristischen Gleichung

$$p^q + a_1 p^{q-1} + \cdots + a_q = 0 \tag{122}$$

in der Zustandsform

$$\frac{\mathrm{d}\boldsymbol{z}}{\mathrm{d}t} = \boldsymbol{A}\boldsymbol{z} \tag{123}$$

dargestellt werden kann. Hierbei soll $z_1(t) \equiv y(t)$ und

$$\boldsymbol{A} = \begin{bmatrix} 0 & 1 & 0 & 0 \ldots & & & & 0 \\ -b_q & 0 & 1 & 0 \ldots & & & & \vdots \\ 0 & -b_{q-1} & 0 & 1 & 0 \ldots & & & \\ \vdots & & & & & & & \\ 0 & \ldots & & & & -b_3 & 0 & 1 \\ 0 & \ldots & & & & 0 & -b_2 & -b_1 \end{bmatrix} \tag{124}$$

gewählt werden, wobei sich die Koeffizienten b_μ aus den a_μ folgendermaßen bestimmen[1]):

$$b_1 = \Delta_1, \quad b_2 = \frac{\Delta_2}{\Delta_1}, \quad b_3 = \frac{\Delta_3}{\Delta_1 \Delta_2}, \quad \ldots, \quad b_\mu = \frac{\Delta_{\mu-3}\Delta_\mu}{\Delta_{\mu-2}\Delta_{\mu-1}}, \tag{125}$$

$(\mu = 4, 5, \ldots, q)$.

Die $\Delta_1, \Delta_2, \ldots, \Delta_q$ sind die Hurwitz-Determinanten

$$\Delta_\mu = \begin{vmatrix} a_1 & 1 & 0 & \ldots & & \\ a_3 & a_2 & a_1 & 1 & \ldots & \\ a_5 & a_4 & a_3 & \ldots & & \\ \vdots & & & & & \\ a_{2\mu-1} & a_{2\mu-2} & \ldots & \ldots & & a_\mu \end{vmatrix}, \tag{126}$$

$(\mu = 1, 2, \ldots, q)$.

---

[1]) Die Darstellbarkeit der Differentialgleichung (121) durch Gl. (123) ersieht man, indem man unter Beachtung von Gl. (124) in der Gl. (123) die Komponente $z_1 \equiv y$ setzt und die übrigen Komponenten $z_2, \ldots, z_q$ eliminiert. Auf diese Weise erhält man eine Differentialgleichung q-ter Ordnung, deren Koeffizienten mit jenen der Ausgangsgleichung (121) gleichgesetzt werden. Durch diesen Koeffizientenvergleich gewinnt man die Aussage gemäß den Gln. (125) und (126). Der Leser möge sich dies im einzelnen für den Fall $q = 3$ veranschaulichen.

Sofern $\nu > q$ ist, sind die a_ν definitionsgemäß gleich Null. Bei der Darstellung der Differentialgleichung (121) in Form von Gl. (123) ist es wegen der Gln. (125) notwendig, daß die Hurwitz-Determinanten Δ_μ ($\mu = 1, 2, \ldots, q - 1$) nicht verschwinden. Es kann nun gezeigt werden, daß das durch Gl. (123) mit der Matrix $\boldsymbol{A}$ nach Gl. (124) darstellbare System genau dann asymptotisch stabil ist, wenn alle Koeffizienten b_μ positiv sind:

$$b_\mu > 0, \quad \mu = 1, 2, \ldots, q.$$

Zum Beweis dieser Aussage wird die skalare Funktion

$$V = \boldsymbol{z}'\boldsymbol{P}\boldsymbol{z}$$

mit der Diagonalmatrix

$$\boldsymbol{P} = \begin{bmatrix} b_1 b_2 \ldots b_q & & & & & 0 \\ & b_1 b_2 \ldots b_{q-1} & & & & \\ & & \ddots & & & \\ & & & b_1 b_2 b_3 & & \\ & & & & b_1 b_2 & \\ 0 & & & & & b_1 \end{bmatrix}$$

betrachtet. Die Funktion V ist genau dann positiv-definit, wenn alle $b_\mu > 0$ ($\mu = 1, 2, \ldots, q$) sind. Für die Ableitung von V erhält man

$$\frac{\mathrm{d}V}{\mathrm{d}t} = \boldsymbol{z}'[\boldsymbol{A}'\boldsymbol{P} + \boldsymbol{P}\boldsymbol{A}]\,\boldsymbol{z} = -2b_1^2 z_q^2 \leqq 0.$$

Hierbei wurde die Differentialgleichung (123) berücksichtigt. Wie man sieht, kann $\mathrm{d}V/\mathrm{d}t$ längs einer Lösungskurve dann und nur dann verschwinden, wenn $z_q \equiv 0$, also $\mathrm{d}z_q/\mathrm{d}t \equiv 0$ ist. Aus der Differentialgleichung (123) folgt jedoch mit Gl. (124), daß dies nur für $\boldsymbol{z} \equiv \boldsymbol{0}$ möglich ist. Damit sind die in der Ergänzung von Satz II.8 geforderten Voraussetzungen erfüllt, wenn alle b_μ ($\mu = 1, 2, \ldots, q$) positiv sind.[1]) Genau dann ist der Ursprung asymptotisch stabil.

Damit ist folgendes Ergebnis gefunden: Wenn sämtliche Hurwitz-Determinanten Gl. (126) positiv sind, so gilt $b_\mu > 0$ ($\mu = 1, 2, \ldots, q$), und somit ist das System gemäß Gl. (123) und damit auch jenes gemäß Gl. (121) asymptotisch stabil, d. h., alle Lösungen der charakteristischen Gleichung (122) haben negativen Realteil. Sind nicht alle Hurwitz-Determinanten positiv, ist jedoch keine dieser Determinanten gleich Null, so gibt es mindestens eine Lösung der charakteristischen Gleichung (122) mit einem nichtnegativen Realteil. Verschwindet *eine* der Hurwitz-Determinanten, z. B. Δ_5, so kann man bei Wahl von $\Delta_5 = -\varepsilon$ ($\varepsilon > 0$, sehr klein) eine Matrix $\boldsymbol{A}$ nach Gl. (124) angeben, deren charakteristisches Polynom die Koeffizienten a_μ ($\mu = 1, 2, \ldots, q$) von Gl. (122) liefert. Diese Koeffizienten a_μ führen erneut auf die Hurwitz-Determinanten, insbesondere auf $\Delta_5 = -\varepsilon$, aus denen die b_μ ermittelt wurden. Da die Determinante Δ_5 negativ ist, können nicht alle Lösungen der charakteristischen Gleichung auch bei noch so kleinem $\varepsilon > 0$ negativen Realteil haben. Da die Lösungen der charakteristischen

---

[1]) Es läßt sich zeigen, daß die Gleichung $\boldsymbol{A}'\boldsymbol{P} + \boldsymbol{P}\boldsymbol{A} = -\boldsymbol{Q}$ eine eindeutige Lösung $\boldsymbol{P}$ hat, sofern alle $b_\mu \neq 0$ sind.

Gleichung stetig von den Hurwitz-Determinanten abhängen (die Lösungen einer Polynomgleichung sind bekanntlich stetige Funktionen der Polynomkoeffizienten!), können auch für $\varepsilon = 0$ nicht alle Lösungen von Gl. (122) negativen Realteil haben. Wenn *mehrere* der Hurwitz-Determinanten Null sind, kann in entsprechender Weise geschlossen werden, daß nicht alle Lösungen der charakteristischen Gleichung (122) negativen Realteil haben. Damit ist das Hurwitzsche Stabilitätskriterium (Satz II.5) vollständig bewiesen.
Eine netzwerktheoretische Begründung des Routhschen Stabilitätstests findet sich im Buch [46].

6.6. Stabilität bei erregten Systemen

Während die vorausgegangenen Stabilitätsuntersuchungen sich ausschließlich mit nicht erregten kontinuierlichen Systemen befaßten, soll jetzt die Stabilität erregter linearer kontinuierlicher Systeme betrachtet werden. Den Betrachtungen werden Systeme zugrunde gelegt, die durch die Zustandsgleichung

$$\frac{\mathrm{d}\boldsymbol{z}(t)}{\mathrm{d}t} = \boldsymbol{A}(t)\,\boldsymbol{z}(t) + \boldsymbol{B}(t)\,\boldsymbol{x}(t) \tag{127}$$

darstellbar sind. Der Anfangszustand $\boldsymbol{z}(t_0)$ sei jedenfalls Null. Damit läßt sich für $t \geqq t_0$ der Zustand $\boldsymbol{z}(t)$ mit Hilfe der Übergangsmatrix $\boldsymbol{\Phi}(t, t_0)$ nach Gl. (67) folgendermaßen ausdrücken:

$$\boldsymbol{z}(t) = \int_{t_0}^{t} \boldsymbol{\Phi}(t, \sigma)\,\boldsymbol{B}(\sigma)\,\boldsymbol{x}(\sigma)\,\mathrm{d}\sigma. \tag{128}$$

Führt man die Abkürzung

$$\boldsymbol{\Psi}(t, \sigma) = \boldsymbol{\Phi}(t, \sigma)\,\boldsymbol{B}(\sigma) \tag{129}$$

ein, so erhält man aus Gl. (128)

$$\boldsymbol{z}(t) = \int_{t_0}^{t} \boldsymbol{\Psi}(t, \sigma)\,\boldsymbol{x}(\sigma)\,\mathrm{d}\sigma. \tag{130}$$

Für die weiteren Untersuchungen wird vorausgesetzt, daß der Zustandsvektor $\boldsymbol{z}(t)$ in der Form nach Gl. (130) dargestellt werden kann, wobei $\boldsymbol{x}(\sigma)$ den m-dimensionalen Vektor der (als zulässig vorausgesetzten) Eingangssignale bedeutet und $\boldsymbol{\Psi}(t, \sigma)$ entsprechend Kapitel I, Abschnitt 2.8 (insbesondere Gl. (55b)) als Matrix der Impulsantworten vom Eingangsvektor $\boldsymbol{x}$ zum Zustandsvektor $\boldsymbol{z}$ gedeutet werden kann:

$$\boldsymbol{\Psi}(t, \sigma) = \begin{bmatrix} \psi_{11}(t, \sigma) & \psi_{12}(t, \sigma) & \dots & \psi_{1m}(t, \sigma) \\ \psi_{21}(t, \sigma) & \dots & & \\ \vdots & & & \\ \psi_{q1}(t, \sigma) & \dots & & \psi_{qm}(t, \sigma) \end{bmatrix} \tag{131}$$

Da im weiteren allein von der Zustandsdarstellung (130) in Verbindung mit Gl. (131) Gebrauch gemacht wird, sind die Aussagen nicht nur für Systeme gültig, die durch

gewöhnliche Differentialgleichungen beschrieben werden können, sondern für allgemeinere Systeme.
Ein erregtes lineares System, das sich mit Hilfe der Gl. (130) beschreiben läßt, soll nun genau dann *stabil* heißen, wenn für alle t_0 zu jeder beschränkten Eingangsgröße, d. h. zu jedem $\boldsymbol{x}(t)$ mit

$$\|\boldsymbol{x}(t)\| \leqq M < \infty \qquad (t \geqq t_0)$$

ein beschränkter Zustandsvektor, d. h. ein $\boldsymbol{z}(t)$ mit

$$\|\boldsymbol{z}(t)\| \leqq N < \infty \qquad (t \geqq t_0)$$

gehört. Aufgrund dieser Stabilitätsdefinition kann folgendes ausgesprochen werden.

Satz II.9: Ein durch Gl. (130) beschreibbares erregtes, lineares System ist dann und nur dann stabil, wenn die Bedingungen

$$\int_{t_0}^{t} |\psi_{\mu\nu}(t, \sigma)| \, \mathrm{d}\sigma \leqq K_{\mu\nu} < \infty \tag{132}$$

$$(\mu = 1, 2, \ldots, q; \ \nu = 1, 2, \ldots, m)$$

für alle $t > t_0$ und alle t_0 gelten.
Ähnlich wie die Stabilitätsbedingung (47) aus Kapitel I haben die Forderungen (132) nur einen Sinn, wenn die Elemente der Matrix $\boldsymbol{\Psi}(t, \sigma)$ keine Impulsanteile besitzen, wie sie für $t = \sigma$ möglich sind. Solche Anteile können aber bei Anwendung von Satz II.9 unberücksichtigt bleiben, da sie offensichtlich keinen Einfluß auf die Stabilität bzw. Instabilität des betreffenden Systems haben.

Der *Beweis* von Satz II.9 erfolgt in Analogie zum Beweis des Stabilitätskriteriums aus Kapitel I, Abschnitt 2.6. An die Stelle der Betragsbildung tritt jetzt die Bildung der Norm, wobei die Norm von $\boldsymbol{\Psi}(t, \sigma)$ nach der Ungleichung

$$\|\boldsymbol{\Psi}(t, \sigma)\| \leqq \sum_{\mu=1}^{q} \sum_{\nu=1}^{m} |\psi_{\mu\nu}(t, \sigma)|$$

abgeschätzt werden kann, deren Gültigkeit man aufgrund der Definition der Norm nach Abschnitt 6.1 nachweist.

Es sollen jetzt noch einmal solche lineare Systeme betrachtet werden, die nach Gl. (127) beschrieben werden können. Die Matrix $\boldsymbol{\Psi}(t, \sigma)$ ist dann durch Gl. (129) gegeben, und es gilt für die Elemente dieser Matrix

$$\psi_{\mu\nu}(t, \sigma) = \sum_{\varkappa=1}^{q} \varphi_{\mu\varkappa}(t, \sigma) \, b_{\varkappa\nu}(\sigma),$$

woraus zu erkennen ist, daß derartige Systeme sicher dann stabil sind, wenn für alle $t \geqq t_0$ bei beschränktem $\boldsymbol{B}(t)$

$$\int_{t_0}^{t} |\varphi_{\mu\nu}(t, \sigma)| \, \mathrm{d}\sigma \leqq L_{\mu\nu} < \infty \tag{133}$$

$$(\mu, \nu = 1, 2, \ldots, q)$$

gilt. Dies ist allerdings nur eine hinreichende, keinesfalls eine notwendige Stabilitätsbedingung. Denn die Koeffizienten $b_{\varkappa\nu}(\sigma)$ können so beschaffen sein, daß alle Bedingungen (132) erfüllt sind, während gewisse Integrale in den Ungleichungen (133) Unendlich werden. Dies kann beispielsweise bei nicht steuerbaren linearen Systemen mit konstanten Parametern vorkommen, wenn nämlich eine vom Eingang nicht erregbare Eigenschwingung mit $t \to \infty$ über alle Grenzen wächst. In derartigen Fällen kann das nicht erregte System instabil sein, obschon das erregte System nach der gewählten Definition stabiles Verhalten zeigt (Paradoxon!). Andererseits gibt es lineare Systeme, die ohne Erregung stabil, als erregte Systeme instabil sind. Setzt man unter der Annahme, daß die Ungleichungen (133) bestehen, nicht nur die Beschränktheit von $\boldsymbol{B}(t)$, sondern auch der Matrizen $\boldsymbol{C}(t)$ und $\boldsymbol{D}(t)$ voraus, dann ist das erregte System auch im Sinne von Kapitel I stabil, wie aufgrund vorstehender Überlegungen und Gl. (11) zu ersehen ist.

Bei linearen Systemen mit konstanten Parametern darf ohne Einschränkung der Allgemeinheit $t_0 = 0$ als Anfangszeitpunkt gewählt werden. Dann erhält man statt der Gl. (130)

$$\boldsymbol{z}(t) = \int_0^t \boldsymbol{\Psi}(t-\sigma)\, \boldsymbol{x}(\sigma)\, \mathrm{d}\sigma . \tag{134}$$

Man kann diese Beziehung der Laplace-Transformation (Kapitel IV) unterwerfen und stellt dann fest, daß angesichts der Bedingungen (132) notwendigerweise folgende Forderung für Stabilität erhoben werden muß: Alle Elemente der in den Laplace-Bereich transformierten Matrix $\boldsymbol{\Psi}(t)$ (Matrix der Übertragungsfunktionen) dürfen als Funktionen der komplexen Variablen p für $\operatorname{Re} p \geqq 0$ keine Unendlichkeitsstelle haben.

Gilt zusätzlich zu Gl. (134) die Zustandsgleichung

$$\frac{\mathrm{d}\boldsymbol{z}}{\mathrm{d}t} = \boldsymbol{A}\boldsymbol{z} + \boldsymbol{B}\boldsymbol{x}$$

mit konstanten Matrizen $\boldsymbol{A}$ und $\boldsymbol{B}$, so stellt die Laplace-Transformierte von $\boldsymbol{\Psi}(t)$ eine Matrix dar, deren Elemente rationale Funktionen in p sind. Mit Hilfe der Bedingungen (132) stellt man dann fest, daß das betreffende erregte, lineare System genau dann stabil ist, wenn sämtliche Pole der genannten rationalen Funktionen im Innern der linken p-Halbebene $\operatorname{Re} p < 0$ liegen. Ist das System steuerbar, dann stimmt die Gesamtheit dieser Pole, wie man zeigen kann, mit der Gesamtheit der Eigenwerte der Matrix $\boldsymbol{A}$ überein. In diesem Fall ist die Eigenschaft, daß das nicht erregte System asymptotisch stabil ist, äquivalent mit der Eigenschaft, daß das erregte System sich stabil verhält.

Beispiel: Es soll abschließend das im Bild 48 dargestellte System betrachtet werden. Wie man direkt ablesen kann, lauten die Differentialgleichungen für die Zustandsvariablen

$$\frac{\mathrm{d}z_1}{\mathrm{d}t} = -z_1 \qquad -3x ,$$

$$\frac{\mathrm{d}z_2}{\mathrm{d}t} = z_1 + 2z_2 + x .$$

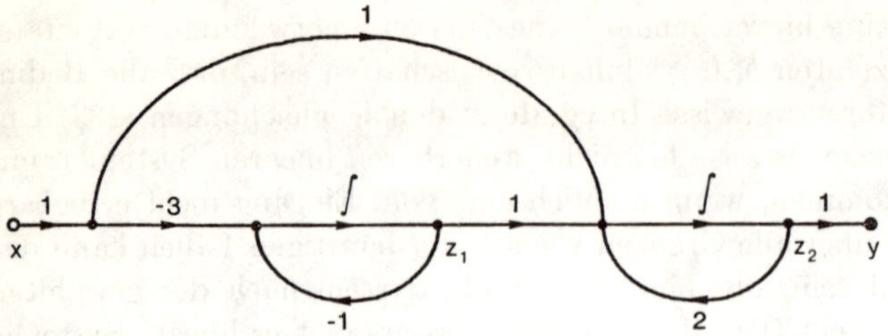

Bild 48: System zweiter Ordnung

Also gilt

$$\boldsymbol{A} = \begin{bmatrix} -1 & 0 \\ 1 & 2 \end{bmatrix}, \qquad \boldsymbol{b} = \begin{bmatrix} -3 \\ 1 \end{bmatrix}.$$

Die charakteristische Gleichung wird

$$\det(p\boldsymbol{E} - \boldsymbol{A}) \equiv (p+1)(p-2) = 0.$$

Also sind $p_1 = -1$ und $p_2 = 2$ die Eigenwerte. Da nur zwei verschiedene Eigenwerte vorkommen, hat die Übergangsmatrix die Form

$$\boldsymbol{\Phi}(t) = \alpha_0(t)\,\boldsymbol{E} + \alpha_1(t)\,\boldsymbol{A}.$$

Da die beiden Eigenwerte die Beziehung

$$e^{p_\mu t} = \alpha_0(t) + \alpha_1(t)\,p_\mu \qquad (\mu = 1, 2)$$

befriedigen müssen, erhält man die zwei folgenden Bestimmungsgleichungen für die Funktionen $\alpha_0(t)$, $\alpha_1(t)$:

$$e^{-t} = \alpha_0(t) - \alpha_1(t),$$

$$e^{2t} = \alpha_0(t) + 2\alpha_1(t).$$

Hieraus folgt

$$\alpha_0(t) = \frac{2e^{-t} + e^{2t}}{3}, \qquad \alpha_1(t) = \frac{e^{2t} - e^{-t}}{3}.$$

Also lautet die Übergangsmatrix

$$\boldsymbol{\Phi}(t) = \begin{bmatrix} e^{-t} & 0 \\ \frac{1}{3}(e^{2t} - e^{-t}) & e^{2t} \end{bmatrix}.$$

Gemäß Gl. (129) wird die Matrix der Impulsantworten

$$\boldsymbol{\Psi}(t) = \boldsymbol{\Phi}(t)\,\boldsymbol{b} = \begin{bmatrix} -3e^{-t} \\ e^{-t} \end{bmatrix}.$$

Da die Elemente der Matrix $\boldsymbol{\Psi}(t)$ absolut integrierbar sind, ist das erregte System nach Satz II.9 stabil. Dagegen ist das nicht erregte System nach Satz II.4 instabil, da der Eigenwert $p_2 = 2$ in der rechten p-Halbebene liegt. Dieser Unterschied liegt daran, daß das System nicht steuerbar ist (man vergleiche Satz II.1), denn die Steuerbarkeitsmatrix

$$[\boldsymbol{b}, \boldsymbol{A}\boldsymbol{b}] = \begin{bmatrix} -3 & 3 \\ 1 & -1 \end{bmatrix}$$

ist singulär.

6.7. *Stabilität diskontinuierlicher Systeme*

Die bisherigen Untersuchungen im Zusammenhang mit Stabilitätsfragen waren auf kontinuierliche Systeme beschränkt. Sie lassen sich jedoch auf diskontinuierliche Systeme übertragen, indem man die im Abschnitt 6.2 eingeführten Grundbegriffe entsprechend auf diskontinuierliche Systeme anwendet. So wird der Gleichgewichtszustand $\boldsymbol{z}_e$ eines diskontinuierlichen Systems stabil genannt, wenn zu jedem $\varepsilon > 0$ ein δ existiert, so daß

$$\|\boldsymbol{z}(n) - \boldsymbol{z}_e\| < \varepsilon$$

für alle $n \geqq n_0$ gilt, sofern

$$\|\boldsymbol{z}(n_0) - \boldsymbol{z}_e\| < \delta$$

ist, und man spricht von einem asymptotisch stabilen Gleichgewichtszustand, wenn zusätzlich

$$\lim_{n\to\infty} \|\boldsymbol{z}(n) - \boldsymbol{z}_e\| = 0$$

ist. Wie im kontinuierlichen Fall wird ein lineares diskontinuierliches System (asymptotisch) stabil genannt, wenn für den Nullzustand diese Eigenschaft vorhanden ist.
In diesem Abschnitt wird für diskontinuierliche Systeme, die linear und zeitinvariant sein sollen, zunächst das Problem der asymptotischen Stabilität studiert. Der Zustandsvektor ist durch die Gleichung

$$\boldsymbol{z}(n+1) = \boldsymbol{A}\boldsymbol{z}(n) \tag{135}$$

und den Anfangszustand $\boldsymbol{z}(n_0)$ bestimmt. Wie man aus den Gln. (49) und (50a, b), durch welche die Lösung explizit beschrieben wird, ersieht, ist das System Gl. (135) genau dann asymptotisch stabil, wenn die Übergangsmatrix $\boldsymbol{A}^n$ für $n \to \infty$ gegen die Nullmatrix strebt. Aufgrund von Gl. (50b) oder (siehe Abschnitt 4.1) aufgrund der Darstellung der Übergangsmatrix $\boldsymbol{A}^n$ in Form von $\boldsymbol{M}\tilde{\boldsymbol{A}}^n\boldsymbol{M}^{-1}$ mit der Jordanschen Normalform $\tilde{\boldsymbol{A}}$, in deren Hauptdiagonale die Eigenwerte z_μ stehen, ist zu erkennen, daß $\boldsymbol{A}^n$ genau dann gegen $\boldsymbol{0}$ strebt, wenn für alle Eigenwerte z_μ von $\boldsymbol{A}$ die Bedingung

$$|z_\mu| < 1$$

gilt. Die asymptotische Stabilität des durch Gl. (135) beschriebenen diskontinuierlichen Systems läßt sich also prüfen, indem man feststellt, ob sämtliche Nullstellen z_μ des charakteristischen Polynoms

$$D(z) = \det(z\boldsymbol{E} - \boldsymbol{A}) = a_q + a_{q-1}z + \cdots + a_0 z^q \tag{136}$$

im Innern des Einheitskreises der komplexen z-Ebene liegen. Man braucht für diese Prüfung die Eigenwerte selbst nicht zu berechnen. Es gibt nämlich wie bei der Stabilitätsprüfung kontinuierlicher Systeme, die linear und zeitinvariant sind, einfache Verfahren, die es erlauben, aufgrund endlich vieler arithmetischer Operationen festzustellen, ob alle Eigenwerte in $|z| < 1$ liegen. Die Grundlage für ein solches numerisch gut geeignetes Verfahren bildet das Cohnsche Kriterium [68], das sich bei Annahme reeller Polynom-Koeffizienten a_μ auf die folgende Form bringen läßt, wobei neben $D(z)$ noch das (Spiegel-) Polynom

$$\overline{D}(z) = z^q D(1/z) = a_0 + a_1 z + \cdots + a_q z^q$$

Verwendung findet, dessen Nullstellen aus denen von $D(z)$ durch Spiegelung am Einheitskreis (und der reellen Achse) hervorgehen.

Satz II.10: Alle Nullstellen des Polynoms $D(z)$ Gl. (136) liegen genau dann im Innern des Einheitskreises, wenn

$$|a_0| > |a_q| \tag{137}$$

gilt und sich alle Nullstellen des Polynoms

$$D_1(z) = a_0 D(z) - a_q \overline{D}(z) = b_0 z^q + b_1 z^{q-1} + \cdots + b_{q-1} z \tag{138}$$

im Innern des Einheitskreises befinden.

Beweis: Das Polynom $D_1(z)$ Gl. (138) läßt sich in der Form $P(z, \varepsilon) = a_0[D(z) - \varepsilon \overline{D}(z)]$ mit dem Parameter $\varepsilon = a_q/a_0$ ausdrücken. In jedem Punkt des Einheitskreises $|z| = 1$ gilt $1/z = z^*$ und damit $|\overline{D}(z)| = |D(1/z)| = |D(z^*)| = |D^*(z)| = |D(z)|$. Deshalb besteht für $|z| = 1$ die Ungleichung

$$|P(z, \varepsilon)| = |a_0| \cdot |D(z) - \varepsilon \overline{D}(z)| \geqq |a_0| \cdot \big||D(z)| - |\varepsilon \overline{D}(z)|\big| = |a_0| \cdot |D(z)| \cdot \big|1 - |\varepsilon|\big|.$$

Im Fall $|\varepsilon| \neq 1$ besitzt also $P(z, \varepsilon)$ auf $|z| = 1$ nur dort Nullstellen, wo auch $D(z)$ verschwindet. Andererseits verschwindet $P(z, \varepsilon) = a_0[D(z) - \varepsilon z^q D(1/z)]$ in jeder Nullstelle von $D(z)$ auf $|z| = 1$, weil in jeder derartigen Nullstelle $D(z) = D(1/z) = 0$ gilt. Auf dem Einheitskreis sind daher die Nullstellen von $P(z, \varepsilon)$ und $D(z)$ im Fall $|\varepsilon| \neq 1$ identisch, und zwar, wie man sich weiter leicht überlegen kann, einschließlich der jeweiligen Vielfachheit; diese Nullstellen sind bezüglich ε invariant. Da die übrigen Nullstellen des Polynoms $P(z, \varepsilon)$ stetig vom Parameter ε abhängen und $P(z, 0) = a_0 D(z)$, $\lim P(z, \varepsilon)/\varepsilon = -a_0 \overline{D}(z)$ für $\varepsilon \to \infty$ gilt, müssen damit die Polynome $P(z, \varepsilon)$ und $D(z)$ im Fall $|\varepsilon| \neq 1$ gleich viele Nullstellen in $|z| < 1$ und gleich viele Nullstellen in $|z| > 1$ haben. Andernfalls müßte es mindestens einen Wert ε mit $|\varepsilon| \neq 1$ geben, für den wenigstens eine der Nullstellen von $P(z, 0) = a_0 D(z)$ bzw. von $\lim P(z, \varepsilon)/\varepsilon = -a_0 z^q D(1/z)$ $(\varepsilon \to \infty)$ kontinuierlich den Einheitskreis $|z| = 1$ erreicht hat, im Widerspruch zur gewonnenen Erkenntnis über die Nullstellen auf $|z| = 1$.
Liegen nun alle Nullstellen z_μ von $D(z)$ mit der Vielfachheit r_μ $(\mu = 1, 2, \ldots, l)$ im Innern des Einheitskreises, so besteht nach Gl. (136) die Beziehung

$$|a_q/a_0| = |z_1^{r_1} z_2^{r_2} \ldots z_l^{r_l}| = |\varepsilon| < 1,$$

also die Ungleichung (137), und damit müssen sich nach den obigen Überlegungen auch alle Nullstellen des in Gl. (138) eingeführten Polynoms $D_1(z) = P(z, a_q/a_0)$ in $|z| < 1$ befinden. Falls andererseits die Ungleichung (137), d. h. $|\varepsilon| = |a_q/a_0| < 1$ gilt und $D_1(z)$ nur in $|z| < 1$ verschwindet, kann auch $D(z)$ nur in $|z| < 1$ Nullstellen haben.

Gemäß dem Cohnschen Satz werden nun sukzessive die Polynome $D(z)$, $D_1(z)$, $D_2(z)$, … q-ten Grades berechnet, wobei $D_2(z)$ aus $D_1(z)$ wie $D_1(z)$ aus $D(z)$ gebildet wird usw.

Die Koeffizienten dieser Polynome berechnet man zweckmäßigerweise nach dem Schema

$$\begin{array}{llllll}
a_0 & a_1 & a_2 & & \dots & a_q \\
a_q & a_{q-1} & a_{q-2} & & \dots & a_0 \\
b_0 & b_1 & b_2 & \dots & b_{q-1} & \\
b_{q-1} & b_{q-2} & b_{q-3} & \dots & b_0 & \\
c_0 & c_1 & c_2 & \dots & c_{q-2} & \\
c_{q-2} & c_{q-3} & c_{q-4} & \dots & c_0 & \\
\dots & & & & & \\
e_0 & e_1 & e_2 & & & \\
e_2 & e_1 & e_0 & & & \\
f_0 & f_1 & & & & \\
f_1 & f_0 & & & &
\end{array}$$

mit

$$b_\mu = a_0 a_\mu - a_q a_{q-\mu}, \quad c_\mu = b_0 b_\mu - b_{q-1} b_{q-\mu-1}, \quad \dots,$$

$$f_\mu = e_0 e_\mu - e_2 e_{2-\mu},$$

wobei μ ein laufender Index ist. Das am Ende entstehende Polynom hat die Form $f_1 z^{q-1} + f_0 z^q$ mit der $(q-1)$-fachen Nullstelle in $z = 0$ und der einfachen Nullstelle $z = -f_1/f_0$. Für die praktische Rechnung kann jetzt folgendes Stabilitätskriterium ausgesprochen werden.

Satz II.11: Das Polynom $D(z)$ Gl. (136) hat genau dann Nullstellen nur im Innern des Einheitskreises, wenn die Ungleichungen

$$|a_0| > |a_q|, \quad |b_0| > |b_{q-1}|, \quad \dots, \quad |f_0| > |f_1|$$

erfüllt sind. Genau dann ist das entsprechende nicht erregte System asymptotisch stabil.

Durch die Transformation $z = (p + 1)/(p - 1)$ wird die z-Ebene derart in die p-Ebene abgebildet, daß das Innere des Einheitskreises $|z| < 1$ in die linke Halbebene $\operatorname{Re} p < 0$ übergeführt wird. Unterwirft man nun das Polynom $D(z)$ dieser Transformation, dann läßt sich die Stabilitätsprüfung auf die Frage zurückführen, ob das Zählerpolynom der Funktion $D[(p + 1)/(p - 1)]$ ein Hurwitz-Polynom und die Funktion selbst in $p = \infty$ nullstellenfrei ist. Dabei lassen sich die von den kontinuierlichen Systemen her bekannten Verfahren heranziehen. Man kann jedoch die Transformation vermeiden, wenn man den Stabilitätstest nach Satz II.11 durchführt.

Entsprechend Abschnitt 6.3 ist für die Stabilität des nicht erregten Systems Gl. (135) notwendig und hinreichend, daß die Norm der Übergangsmatrix $\boldsymbol{\Phi}(n)$ für alle n beschränkt bleibt. Dies ist, wie die Gl. (50b) erkennen läßt, genau dann der Fall, wenn alle Eigenwerte z_μ im Einheitskreis $|z| \leq 1$ liegen und die Matrizen $\boldsymbol{A}_\mu$ in Gl. (50b), welche zu den auf $|z| = 1$ liegenden Eigenwerten gehören, von n unabhängig sind, d. h. alle Eigenwerte z_μ mit $|z_\mu| = 1$ einfache Nullstellen des Minimalpolynoms sind.

Die Beziehung zwischen der (asymptotischen) Stabilität des nicht erregten Systems und der Stabilität des erregten Systems unterscheidet sich hier nicht vom Fall des kontinuierlichen Systems. Aus diesem Grund braucht auf diesbezügliche Einzelheiten nicht eingegangen zu werden.

7. Anwendungen

Im folgenden sollen noch einige Anwendungen der in den vorausgegangenen Abschnitten eingeführten Begriffe und entwickelten Methoden gebracht werden. Zunächst wird im Abschnitt 7.1 untersucht, unter welchen Bedingungen und in welcher Weise lineare, zeitinvariante, kontinuierliche Systeme — ausgehend von einer gegebenen Zustandsraumbeschreibung — mit Hilfe geeigneter Transformationen durch bestimmte kanonische Formen dargestellt werden können, die für Simulationszwecke, aber auch in anderem Zusammenhang von Bedeutung sind. Im Abschnitt 7.2 wird untersucht, welche Möglichkeiten die Zustandsgrößenrückkopplung bei einem linearen, zeitinvarianten, kontinuierlichen System bietet. Hierbei spielt unter anderem die Gewinnung der Zustandsgrößen aus den Systemmatrizen und dem Verlauf von Eingangs- und Ausgangssignal eine entscheidende Rolle. Auf dieses Problem wird im Abschnitt 7.3 eingegangen. Schließlich werden im Abschnitt 7.4 im Zusammenhang mit der optimalen Regelung auftretende systemtheoretische Fragestellungen und Lösungsmethoden kurz diskutiert.

7.1. Transformation auf kanonische Formen

Es wird ein beliebiges lineares, zeitinvariantes, kontinuierliches System mit einem Eingang und einem Ausgang ($m = n = 1$) betrachtet, für das aufgrund der Gln. (10) und (11) eine Zustandsdarstellung vorliegt; alle Systemmatrizen sollen reelle Elemente haben. Da nur ein Eingang vorhanden ist, besteht die Matrix $\boldsymbol{B}$ nur aus einem q-dimensionalen Spaltenvektor $\boldsymbol{b}$, und die Matrix $\boldsymbol{C}$ setzt sich nur aus einem q-dimensionalen Zeilenvektor $\boldsymbol{c}'$ zusammen, da nur ein Ausgang vorhanden ist; die Matrix $\boldsymbol{D}$ ist ein Skalar d. Das Quadrupel von Systemmatrizen wird daher im folgenden mit $(\boldsymbol{A}, \boldsymbol{b}, \boldsymbol{c}', d)$ bezeichnet.

Im Abschnitt 3.2 wurde gezeigt, wie mit Hilfe einer q-reihigen quadratischen und nichtsingulären Matrix $\boldsymbol{M}$ die Zustandsvariable $\boldsymbol{z}$ in eine neue Zustandsveränderliche $\boldsymbol{\zeta}$ übergeführt werden kann. Die im Zusammenhang mit dieser Äquivalenztransformation auftretenden und für das Weitere wichtigen Beziehungen sollen noch einmal angegeben werden:

$$\boldsymbol{z} = \boldsymbol{M}\boldsymbol{\zeta},$$

$$\tilde{\boldsymbol{A}} = \boldsymbol{M}^{-1}\boldsymbol{A}\boldsymbol{M}, \quad \tilde{\boldsymbol{b}} = \boldsymbol{M}^{-1}\boldsymbol{b}, \quad \tilde{\boldsymbol{c}}' = \boldsymbol{c}'\boldsymbol{M}, \quad \tilde{d} = d. \tag{139a–d}$$

Das Quadrupel von transformierten Systemmatrizen ist $(\tilde{\boldsymbol{A}}, \tilde{\boldsymbol{b}}, \tilde{\boldsymbol{c}}', \tilde{d})$. Für beide Quadrupel von Systemmatrizen lassen sich die Steuerbarkeitsmatrizen

$$\boldsymbol{U} = [\boldsymbol{b}, \boldsymbol{A}\boldsymbol{b}, \ldots, \boldsymbol{A}^{q-1}\boldsymbol{b}], \quad \tilde{\boldsymbol{U}} = [\tilde{\boldsymbol{b}}, \tilde{\boldsymbol{A}}\tilde{\boldsymbol{b}}, \ldots, \tilde{\boldsymbol{A}}^{q-1}\tilde{\boldsymbol{b}}] \tag{140a, b}$$

und die Beobachtbarkeitsmatrizen

$$\boldsymbol{V} = \begin{bmatrix} \boldsymbol{c}' \\ \boldsymbol{c}'\boldsymbol{A} \\ \vdots \\ \boldsymbol{c}'\boldsymbol{A}^{q-1} \end{bmatrix}, \qquad \tilde{\boldsymbol{V}} = \begin{bmatrix} \tilde{\boldsymbol{c}}' \\ \tilde{\boldsymbol{c}}'\tilde{\boldsymbol{A}} \\ \vdots \\ \tilde{\boldsymbol{c}}'\tilde{\boldsymbol{A}}^{q-1} \end{bmatrix} \tag{141a, b}$$

angeben. Dies sind quadratische Matrizen, die aufgrund der Gln. (139a—c) in folgender Weise miteinander verknüpft sind:

$$\tilde{\boldsymbol{U}} = \boldsymbol{M}^{-1}\boldsymbol{U}, \qquad \tilde{\boldsymbol{V}} = \boldsymbol{V}\boldsymbol{M}. \tag{142a, b}$$

Hieraus ist, wie auch früher schon festgestellt wurde, folgendes zu erkennen: Ist das System in der Darstellung mit dem Matrizenquadrupel $(\boldsymbol{A}, \boldsymbol{b}, \boldsymbol{c}', d)$ steuerbar, dann ist es auch steuerbar in der Darstellung mit dem Matrizenquadrupel $(\tilde{\boldsymbol{A}}, \tilde{\boldsymbol{b}}, \tilde{\boldsymbol{c}}', \tilde{d})$ und umgekehrt; denn aus der Nichtsingularität von $\boldsymbol{U}$ (man vergleiche Satz II.1) folgt mit Gl. (142a) die Nichtsingularität von $\tilde{\boldsymbol{U}}$ und umgekehrt. Entsprechendes gilt für das System in bezug auf die Beobachtbarkeit: die Beobachtbarkeit des Systems in der einen Darstellung hat die Beobachtbarkeit des Systems in der anderen Darstellung zur Folge. Liegen zwei äquivalente Darstellungen $(\boldsymbol{A}, \boldsymbol{b}, \boldsymbol{c}', d)$ und $(\tilde{\boldsymbol{A}}, \tilde{\boldsymbol{b}}, \tilde{\boldsymbol{c}}', \tilde{d})$ desselben Systems vor, dann kann man, wie die Gln. (142a, b) zeigen, die Transformationsmatrix $\boldsymbol{M}$ mit Hilfe der Steuerbarkeitsmatrizen $\boldsymbol{U}, \tilde{\boldsymbol{U}}$, nämlich als $\boldsymbol{U}\tilde{\boldsymbol{U}}^{-1}$, oder mit Hilfe der Beobachtbarkeitsmatrizen $\boldsymbol{V}, \tilde{\boldsymbol{V}}$, nämlich als $\boldsymbol{V}^{-1}\tilde{\boldsymbol{V}}$, ausdrücken, sofern Steuerbarkeit bzw. Beobachtbarkeit vorliegt.

Wie bereits im Abschnitt 3.2 hervorgehoben wurde, lassen sich durch geeignete Wahl der Matrix $\boldsymbol{M}$ interessante Äquivalenztransformationen durchführen. Im folgenden soll gezeigt werden, wie und unter welcher Voraussetzung das durch das Quadrupel $(\boldsymbol{A}, \boldsymbol{b}, \boldsymbol{c}', d)$ gegebene System in eine durch das Quadrupel $(\tilde{\boldsymbol{A}}, \tilde{\boldsymbol{b}}, \tilde{\boldsymbol{c}}', \tilde{d})$ gekennzeichnete Darstellung übergeführt werden kann, welche sich direkt durch eine der Schaltungen aus den Bildern 37—40 realisieren läßt. Diese Realisierungen haben für die Systemsimulation und für die Lösung von bestimmten Aufgaben große Bedeutung. Man spricht bei diesen Realisierungen von kanonischen Formen.

Für das Folgende wird das charakteristische Polynom des Systems in der Form

$$\det(p\boldsymbol{E} - \boldsymbol{A}) = \alpha_0 + \alpha_1 p + \cdots + \alpha_{q-1}p^{q-1} + p^q \tag{143a}$$

dargestellt. Nach dem Cayley-Hamilton-Theorem gilt dann

$$\boldsymbol{A}^q = -(\alpha_0\boldsymbol{E} + \alpha_1\boldsymbol{A} + \cdots + \alpha_{q-1}\boldsymbol{A}^{q-1}). \tag{143b}$$

Aus den Koeffizienten des charakteristischen Polynoms läßt sich die schon mehrfach verwendete sogenannte Frobenius-Matrix

$$\boldsymbol{F} = \begin{bmatrix} 0 & 1 & 0 & \cdots & & 0 \\ 0 & 0 & 1 & 0 & \cdots & 0 \\ \vdots & & & & & \vdots \\ 0 & 0 & \cdots & & & 1 \\ -\alpha_0 & -\alpha_1 & \cdots & & & -\alpha_{q-1} \end{bmatrix} \tag{144}$$

und die Dreiecksmatrix

$$\Delta = \begin{bmatrix} \alpha_1 & \alpha_2 & \alpha_3 & \dots & \alpha_{q-1} & 1 \\ \alpha_2 & \alpha_3 & \dots & \alpha_{q-1} & 1 & 0 \\ \vdots & & \cdot^{\cdot^{\cdot}} & & & \\ \alpha_{q-1} & 1 & 0 & \dots & & 0 \\ 1 & 0 & \dots & & & 0 \end{bmatrix} \tag{145}$$

aufbauen; beide Matrizen spielen im folgenden eine besondere Rolle.

Erste Äquivalenztransformation

Es wird die Beobachtbarkeit des Systems in der Darstellung mittels $(\boldsymbol{A}, \boldsymbol{b}, \boldsymbol{c}', d)$, d. h. die Nichtsingularität der Beobachtbarkeitsmatrix $\boldsymbol{V}$ Gl. (141a) vorausgesetzt, und es wird als inverse Transformationsmatrix

$$\boldsymbol{M}^{-1} = \boldsymbol{V} \tag{146}$$

gewählt. Zur Ermittlung der transformierten Systemmatrix $\tilde{\boldsymbol{A}}$ Gl. (139a) bildet man zunächst bei Berücksichtigung der Gln. (146), (141a) und (143b) das Matrizenprodukt

$$\boldsymbol{M}^{-1}\boldsymbol{A} = \begin{bmatrix} \boldsymbol{c}'\boldsymbol{A} \\ \boldsymbol{c}'\boldsymbol{A}^2 \\ \vdots \\ \boldsymbol{c}'\boldsymbol{A}^{q-1} \\ -\alpha_0\boldsymbol{c}' - \alpha_1\boldsymbol{c}'\boldsymbol{A} - \cdots - \alpha_{q-1}\boldsymbol{c}'\boldsymbol{A}^{q-1} \end{bmatrix}.$$

Dieses Produkt kann mit Hilfe der Frobenius-Matrix $\boldsymbol{F}$ Gl. (144) und der inversen Transformationsmatrix $\boldsymbol{M}^{-1} = \boldsymbol{V}$ Gl. (141a) auch in der Form

$$\boldsymbol{M}^{-1}\boldsymbol{A} = \boldsymbol{F}\boldsymbol{M}^{-1}$$

geschrieben werden. Ein Vergleich dieser Beziehung mit Gl. (139a) liefert

$$\tilde{\boldsymbol{A}} = \boldsymbol{F}; \tag{147a}$$

die transformierte $\boldsymbol{A}$-Matrix stimmt also mit der Frobenius-Matrix überein. Entsprechend Gl. (139c) wird die Beziehung

$$\boldsymbol{c}' = \tilde{\boldsymbol{c}}'\boldsymbol{M}^{-1} = \tilde{\boldsymbol{c}}' \begin{bmatrix} \boldsymbol{c}' \\ \boldsymbol{c}'\boldsymbol{A} \\ \vdots \\ \boldsymbol{c}'\boldsymbol{A}^{q-1} \end{bmatrix}$$

ausgewertet. Sie kann offensichtlich nur für

$$\tilde{\boldsymbol{c}}' = [1 \quad 0 \quad \dots \quad 0] \tag{147b}$$

bestehen. Im Gegensatz zu den Matrizen $\tilde{\boldsymbol{A}}$ und $\tilde{\boldsymbol{c}}$, die mit den entsprechenden Systemmatrizen des zweiten Verfahrens aus Abschnitt 3.1 übereinstimmen, weist der nach

Gl. (139b) zu bestimmende Vektor $\tilde{\boldsymbol{b}}$ mit den Elementen b_μ ($\mu = 1, 2, \ldots, q$) keine speziellen Eigenschaften auf.

Aufgrund der gewonnenen Darstellung $(\tilde{\boldsymbol{A}}, \tilde{\boldsymbol{b}}, \tilde{\boldsymbol{c}}', \tilde{d})$ läßt sich das System durch eine Schaltung gemäß Bild 39 realisieren, in der nur noch ein direkter, mit $\tilde{d} = d$ bewerteter Pfad vom Eingang zum Ausgang einzufügen ist.

Man kann den Zusammenhang zwischen der Eingangsgröße $x(t)$ und der Ausgangsgröße $y(t)$ auch in Form der Differentialgleichung (14) ausdrücken. Die Koeffizienten α_μ ($\mu = 0, 1, \ldots, q-1$) sind durch die des charakteristischen Polynoms Gl. (143a) gegeben. Die Koeffizienten β_μ ($\mu = 0, 1, \ldots, q-1$) erhält man mit Hilfe von Gl. (19), in der b_μ durch $\tilde{b}_\mu$ und die β_μ durch $\beta_\mu - \tilde{d}\alpha_\mu$ zu ersetzen sind, und es gilt $\beta_q = \tilde{d}$.[1])

Zweite Äquivalenztransformation

Es wird die Steuerbarkeit des Systems in der Darstellung mittels $(\boldsymbol{A}, \boldsymbol{b}, \boldsymbol{c}', d)$, d. h. die Nichtsingularität der Steuerbarkeitsmatrix $\boldsymbol{U}$ Gl. (140a) vorausgesetzt, und es wird die Transformationsmatrix

$$\boldsymbol{M} = \boldsymbol{U} \tag{148}$$

gewählt. Zur Ermittlung der transformierten Systemmatrix $\tilde{\boldsymbol{A}}$ bildet man zunächst bei Berücksichtigung der Gln. (148), (140a) und (143b) das Produkt

$$\boldsymbol{AM} = [\boldsymbol{Ab}, \boldsymbol{A}^2\boldsymbol{b}, \ldots, \boldsymbol{A}^{q-1}\boldsymbol{b}, -\alpha_0\boldsymbol{b} - \alpha_1\boldsymbol{Ab} - \cdots - \alpha_{q-1}\boldsymbol{A}^{q-1}\boldsymbol{b}].$$

Dieses Produkt kann mit Hilfe der Frobenius-Matrix $\boldsymbol{F}$ Gl. (144) und der Transformationsmatrix $\boldsymbol{M} = \boldsymbol{U}$ auch in der Form

$$\boldsymbol{AM} = \boldsymbol{MF}'$$

geschrieben werden. Ein Vergleich dieser Beziehung mit Gl. (139a) liefert

$$\tilde{\boldsymbol{A}} = \boldsymbol{F}'; \tag{149a}$$

die transformierte $\boldsymbol{A}$-Matrix stimmt also mit der transponierten Frobenius-Matrix überein. Entsprechend Gl. (139b) wird die Beziehung

$$\boldsymbol{b} = \boldsymbol{M}\tilde{\boldsymbol{b}} = [\boldsymbol{b}, \boldsymbol{Ab}, \ldots, \boldsymbol{A}^{q-1}\boldsymbol{b}]\,\tilde{\boldsymbol{b}}$$

ausgewertet. Sie kann offensichtlich nur für

$$\tilde{\boldsymbol{b}} = \begin{bmatrix} 1 \\ 0 \\ \vdots \\ 0 \end{bmatrix} \tag{149b}$$

bestehen. Im Gegensatz zu den Matrizen $\tilde{\boldsymbol{A}}$ und $\tilde{\boldsymbol{b}}$, die mit den entsprechenden Systemmatrizen des zweiten Verfahrens von Abschnitt 3.1 in dualer Form übereinstimmen, weist der nach Gl. (139c) zu bestimmende Vektor $\tilde{\boldsymbol{c}}'$ mit den Elementen $\tilde{c}_\mu$ ($\mu = 1, 2, \ldots, q$) keine speziellen Eigenschaften auf.

---

[1]) Die Größen α_μ und β_μ sind die Koeffizienten der im Kapitel III einzuführenden Übertragungsfunktion des Systems. Damit wird durch die Darstellung $(\tilde{\boldsymbol{A}}, \tilde{\boldsymbol{b}}, \tilde{\boldsymbol{c}}', \tilde{d})$ direkt auch die Übertragungsfunktion des Systems geliefert.

Aufgrund der gewonnenen Darstellung $(\tilde{\boldsymbol{A}}, \tilde{\boldsymbol{b}}, \tilde{\boldsymbol{c}}', \tilde{d})$ läßt sich das System durch die Schaltung nach Bild 40 realisieren mit der oben genannten Modifikation.
Man kann den Zusammenhang zwischen der Eingangsgröße $x(t)$ und der Ausgangsgröße $y(t)$ auch in Form der Differentialgleichung (14) ausdrücken. Die Koeffizienten α_μ $(\mu = 0, 1, \ldots, q-1)$ sind durch die des charakteristischen Polynoms Gl. (143a) gegeben. Weiterhin ist $\beta_q = \tilde{d}$, und die Koeffizienten β_μ $(\mu = 0, 1, \ldots, q-1)$ erhält man mit Hilfe von Gl. (19), in der die β_μ durch $\beta_\mu - \tilde{d}\alpha_\mu$ zu ersetzen sind und die auf das duale System zu beziehen ist, d. h., es muß b_μ durch $\tilde{c}_\mu$ $(\mu = 1, \ldots, q-1)$ ersetzt werden (man vergleiche auch die Fußnote auf S. 123).

Dritte Äquivalenztransformation

Es wird die Beobachtbarkeit des Systems in der Darstellung mittels $(\boldsymbol{A}, \boldsymbol{b}, \boldsymbol{c}', d)$, d. h. die Nichtsingularität der Beobachtbarkeitsmatrix $\boldsymbol{V}$ Gl. (141a) vorausgesetzt, und es wird als inverse Transformationsmatrix

$$\boldsymbol{M}^{-1} = \boldsymbol{\Lambda}\boldsymbol{V} \tag{150}$$

mit $\boldsymbol{\Lambda}$ Gl. (145) gewählt. Zur Ermittlung der transformierten Systemmatrix $\tilde{\boldsymbol{A}}$ bildet man zunächst bei Berücksichtigung der Gln. (150), (141a), (143b) und (145) das Produkt

$$\boldsymbol{M}^{-1}\boldsymbol{A} = \boldsymbol{\Lambda}\begin{bmatrix} \boldsymbol{c}'\boldsymbol{A} \\ \boldsymbol{c}'\boldsymbol{A}^2 \\ \vdots \\ \boldsymbol{c}'\boldsymbol{A}^{q-1} \\ -\alpha_0\boldsymbol{c}' - \alpha_1\boldsymbol{c}'\boldsymbol{A} - \cdots - \alpha_{q-1}\boldsymbol{c}'\boldsymbol{A}^{q-1} \end{bmatrix} = \begin{bmatrix} -\alpha_0 & 0 & \ldots & & 0 \\ 0 & \alpha_2 & \alpha_3 & \ldots & \alpha_{q-1} & 1 \\ 0 & \alpha_3 & \ldots & & 1 & 0 \\ \vdots & \vdots & & & & \vdots \\ & \alpha_{q-1} & & & & \\ 0 & 1 & 0 & \ldots & & 0 \end{bmatrix}\boldsymbol{V}.$$

Dieses Produkt kann mit Hilfe der Frobenius-Matrix $\boldsymbol{F}$ Gl. (144) und der inversen Transformationsmatrix $\boldsymbol{M}^{-1}$ Gl. (150) auch in der Form

$$\boldsymbol{M}^{-1}\boldsymbol{A} = \boldsymbol{F}'\boldsymbol{M}^{-1}$$

geschrieben werden. Ein Vergleich dieser Beziehung mit Gl. (139a) liefert

$$\tilde{\boldsymbol{A}} = \boldsymbol{F}'. \tag{151a}$$

Entsprechend Gl. (139c) wird die Beziehung

$$\boldsymbol{c}' = \tilde{\boldsymbol{c}}'\boldsymbol{M}^{-1} = \tilde{\boldsymbol{c}}'\boldsymbol{\Lambda}\boldsymbol{V}$$

ausgewertet. Sie liefert

$$\tilde{\boldsymbol{c}}' = [0 \quad 0 \quad \ldots \quad 0 \quad 1]. \tag{151b}$$

Im Gegensatz zu den Matrizen $\tilde{\boldsymbol{A}}$ und $\tilde{\boldsymbol{c}}'$, die mit den entsprechenden Systemmatrizen des ersten Verfahrens von Abschnitt 3.1 in dualer Form übereinstimmen, weist der nach Gl. (139b) zu bestimmende Vektor $\tilde{\boldsymbol{b}}$ mit den Elementen $\tilde{b}_\mu$ $(\mu = 1, 2, \ldots, q)$ keine speziellen Eigenschaften auf.
Aufgrund der gewonnenen Darstellung $(\tilde{\boldsymbol{A}}, \tilde{\boldsymbol{b}}, \tilde{\boldsymbol{c}}', \tilde{d})$ läßt sich das System durch die Schaltung nach Bild 38 realisieren mit der früher genannten Modifikation.

Für den Zusammenhang zwischen der Eingangsgröße $x(t)$ und der Ausgangsgröße $y(t)$ in Form der Differentialgleichung (14) werden die Koeffizienten α_μ ($\mu = 0, 1, \ldots, q - 1$) durch die des charakteristischen Polynoms Gl. (143a) geliefert; die Koeffizienten β_μ ($\mu = 0, 1, \ldots, q$) erhält man gemäß Abschnitt 3.1 in der Form

$$\beta_\mu = \tilde{d}\alpha_\mu + \tilde{b}_{\mu+1} \qquad (\mu = 0, 1, \ldots, q - 1),$$

$$\beta_q = \tilde{d},$$

(man vergleiche auch die Fußnote auf S. 123).

Vierte Äquivalenztransformation

Es wird die Steuerbarkeit des Systems in der Darstellung mittels ($\boldsymbol{A}$, $\boldsymbol{b}$, $\boldsymbol{c}'$, d), d. h. die Nichtsingularität der Steuerbarkeitsmatrix $\boldsymbol{U}$ Gl. (140a) vorausgesetzt, und es wird als Transformationsmatrix

$$\boldsymbol{M} = \boldsymbol{U}\boldsymbol{\Lambda} \tag{152}$$

mit $\boldsymbol{\Lambda}$ Gl. (145) gewählt. Zur Ermittlung der transformierten Systemmatrix $\tilde{\boldsymbol{A}}$ bildet man zunächst bei Berücksichtigung der Gln. (152), (140a), (143b) und (145) das Produkt

$$\boldsymbol{A}\boldsymbol{M} = [\boldsymbol{A}\boldsymbol{b}, \boldsymbol{A}^2\boldsymbol{b}, \ldots, \boldsymbol{A}^{q-1}\boldsymbol{b}, -\alpha_0\boldsymbol{b} - \alpha_1\boldsymbol{A}\boldsymbol{b} - \cdots - \alpha_{q-1}\boldsymbol{A}^{q-1}\boldsymbol{b}]\,\boldsymbol{\Lambda}$$

$$= \boldsymbol{U}\begin{bmatrix} -\alpha_0 & 0 & 0 & \ldots & & 0 \\ 0 & \alpha_2 & \alpha_3 & \ldots & \alpha_{q-1} & 1 \\ 0 & \alpha_3 & \ldots & & 1 & 0 \\ & \vdots & & & & \\ \vdots & \alpha_{q-1} & & & & \\ 0 & 1 & 0 & 0 & \ldots & 0 \end{bmatrix}.$$

Dieses Produkt kann mit Hilfe der Frobenius-Matrix $\boldsymbol{F}$ Gl. (144) und der Transformationsmatrix $\boldsymbol{M}$ Gl. (152) auch in der Form

$$\boldsymbol{A}\boldsymbol{M} = \boldsymbol{M}\boldsymbol{F}$$

geschrieben werden. Ein Vergleich dieser Beziehung mit Gl. (139a) liefert

$$\tilde{\boldsymbol{A}} = \boldsymbol{F}; \tag{153a}$$

Entsprechend Gl. (139b) wird die Beziehung

$$\boldsymbol{b} = \boldsymbol{M}\tilde{\boldsymbol{b}} = \boldsymbol{U}\boldsymbol{\Lambda}\tilde{\boldsymbol{b}}$$

ausgewertet. Sie liefert

$$\tilde{\boldsymbol{b}} = \begin{bmatrix} 0 \\ \vdots \\ 0 \\ 1 \end{bmatrix}. \tag{153b}$$

Man vergleiche hierzu die Systemmatrizen des ersten Verfahrens von Abschnitt 3.1. Der nach Gl. (139c) zu bestimmende Vektor $\tilde{\boldsymbol{c}}'$ mit den Elementen $\tilde{c}_\mu$ ($\mu = 1, 2, \ldots, q$) weist keine speziellen Eigenschaften auf. Aufgrund der gewonnenen Darstellung

$(\tilde{\boldsymbol{A}}, \tilde{\boldsymbol{b}}, \tilde{\boldsymbol{c}}', \tilde{d})$ läßt sich das System mit der schon genannten Modifikation durch die Schaltung nach Bild 37 realisieren.

Für den Zusammenhang zwischen der Eingangsgröße $x(t)$ und der Ausgangsgröße $y(t)$ in Form der Differentialgleichung (14) werden die Koeffizienten α_μ $(\mu = 0, 1, \ldots, q-1)$ durch die des charakteristischen Polynoms Gl. (143a) geliefert; die Koeffizienten β_μ $(\mu = 0, 1, \ldots, q)$ erhält man aufgrund von Abschnitt 3.1 in der Form

$$\beta_\mu = \tilde{d}\alpha_\mu + \tilde{c}_{\mu+1} \qquad (\mu = 0, 1, \ldots, q-1), \tag{154a}$$

$$\beta_q = \tilde{d}, \tag{154b}$$

(man vergleiche auch die Fußnote auf S. 123).

Abschließend sei noch bemerkt, daß auch lineare, zeitinvariante, kontinuierliche Systeme mit $m \geqq 1$ Eingängen, $n \geqq 1$ Ausgängen und dem Quadrupel $(\boldsymbol{A}, \boldsymbol{B}, \boldsymbol{C}, \boldsymbol{D})$ von Zustandsmatrizen auf kanonische Formen transformierbar sind. Setzt man Steuerbarkeit voraus, dann enthält die Steuerbarkeitsmatrix $\boldsymbol{U}$ genau q linear unabhängige Spaltenvektoren. Die Transformationsmatrix $\boldsymbol{M}$ läßt sich dann durch q derartiger Spaltenvektoren aufbauen, welche in geeigneter Weise aus den Spalten von $\boldsymbol{U}$ auszuwählen sind. Auf Einzelheiten soll hier verzichtet werden.

7.2. *Zustandsgrößenrückkopplung*

Von *Rückkopplung* spricht man, wenn ein System derart verändert wird, daß im System auftretende Signale, beispielsweise die Ausgangssignale, in mehr oder weniger veränderter Form neben der eigentlichen Erregung als Eingangsgrößen auf das System einwirken. Ohne diese Rückkopplung heißt das System *offen*. Rückgekoppelte Systeme spielen vor allem als Modelle für technische Regelungsvorgänge eine wichtige Rolle (man vergleiche auch Bild 3b).

Den folgenden Untersuchungen liegt als offenes System ein lineares, zeitinvariantes, kontinuierliches System mit einem Eingang und einem Ausgang zugrunde. Es sei durch das Quadrupel von Systemmatrizen $(\boldsymbol{A}, \boldsymbol{b}, \boldsymbol{c}', d)$ mit reellen Elementen gekennzeichnet, und es wird durch Rückführung der Zustandsgrößen derart zu einem rückgekoppelten System erweitert, daß man den Zustandsvektor $\boldsymbol{z}(t)$ mit einem konstanten Zeilenvektor $\boldsymbol{k}' = [k_1, k_2, \ldots, k_q]$, dem sogenannten *Regelvektor*, von links multipliziert, das Ergebnis der Erregung $x(t)$ überlagert und dann die Summe $x(t) + \boldsymbol{k}'\boldsymbol{z}(t)$ als Eingangsgröße des offenen Systems $(\boldsymbol{A}, \boldsymbol{b}, \boldsymbol{c}', d)$ wählt (Bild 49). Das rückgekoppelte System kann damit durch die Zustandsgleichungen

$$\frac{\mathrm{d}\boldsymbol{z}(t)}{\mathrm{d}t} = \boldsymbol{A}\boldsymbol{z}(t) + \boldsymbol{b}[x(t) + \boldsymbol{k}'\boldsymbol{z}(t)], \tag{155a}$$

$$y(t) = \boldsymbol{c}'\boldsymbol{z}(t) + d[x(t) + \boldsymbol{k}'\boldsymbol{z}(t)] \tag{155b}$$

beschrieben werden. Faßt man auf den rechten Seiten dieser Gleichungen alle mit $\boldsymbol{z}(t)$ behafteten Terme zusammen, dann entsteht die Normalform für die Zustandsdarstellung des rückgekoppelten Systems. Dabei ergeben sich offensichtlich die Systemmatrizen

$$\boldsymbol{A} + \boldsymbol{b}\boldsymbol{k}', \quad \boldsymbol{b}, \quad \boldsymbol{c}' + d\boldsymbol{k}', \quad d.$$

Die Rückkopplung bewirkt also eine Veränderung nur der $\boldsymbol{A}$-Matrix und des $\boldsymbol{c}$-Vektors.

Nun soll untersucht werden, was durch diese Art von Rückkopplung bezüglich des Systemverhaltens erreicht werden kann. Hierfür empfiehlt es sich, das offene System durch die im Abschnitt 7.1 als vierte kanonische Form eingeführte äquivalente Realisierung darzustellen. Dabei muß die Steuerbarkeit des offenen Systems vorausgesetzt werden. Der Zustandsvektor $\boldsymbol{z}(t)$ wird aufgrund der Transformationsbeziehung

$$\boldsymbol{z}(t) = \boldsymbol{M}\boldsymbol{\zeta}(t)$$

mit der Matrix $\boldsymbol{M}$ Gl. (152) durch den transformierten Zustandsvektor $\boldsymbol{\zeta}(t)$ in den Gln. (155a, b) ersetzt. Entsprechend den Gln. (139a—d) erhält man als Systemmatrizen des transformierten rückgekoppelten Systems

$$\boldsymbol{M}^{-1}(\boldsymbol{A} + \boldsymbol{b}\boldsymbol{k}')\boldsymbol{M} = \tilde{\boldsymbol{A}} + \tilde{\boldsymbol{b}}\tilde{\boldsymbol{k}}', \qquad \boldsymbol{M}^{-1}\boldsymbol{b} = \tilde{\boldsymbol{b}}, \tag{156a, b}$$

$$(\boldsymbol{c}' + d\boldsymbol{k}')\boldsymbol{M} = \tilde{\boldsymbol{c}}' + \tilde{d}\tilde{\boldsymbol{k}}', \qquad d = \tilde{d}. \tag{156c, d}$$

Dabei sind $\tilde{\boldsymbol{A}}$, $\tilde{\boldsymbol{b}}$, $\tilde{\boldsymbol{c}}'$, $\tilde{d}$ die Systemmatrizen des offenen Systems in transformierter Form, und

$$\boldsymbol{k}'\boldsymbol{M} = [\tilde{k}_1, \tilde{k}_2, \ldots, \tilde{k}_q] = \tilde{\boldsymbol{k}}'$$

ist der Regelvektor in transformierter Form. Durch die Gln. (153a, b) wird das spezielle Aussehen der Matriten $\tilde{\boldsymbol{A}}$ und $\tilde{\boldsymbol{b}}$ beschrieben. Die hierbei in $\boldsymbol{F}$ Gl. (144) auftretenden Parameter α_μ ($\mu = 0, 1, \ldots, q-1$) sind gemäß Gl. (143a) die Koeffizienten des charakteristischen Polynoms des offenen Systems. Die transformierte $\boldsymbol{A}$-Matrix des rückgekoppelten Systems $\tilde{\boldsymbol{A}} + \tilde{\boldsymbol{b}}\tilde{\boldsymbol{k}}'$ hat dank der besonderen Form des Vektors $\tilde{\boldsymbol{b}}$ Frobenius-Gestalt, weshalb die mit (-1) multiplizierten Elemente in der letzten Zeile dieser Matrix

$$\alpha_\mu - \tilde{k}_{\mu+1} \qquad (\mu = 0, 1, \ldots, q-1)$$

die Koeffizienten des charakteristischen Polynoms des rückgekoppelten Systems liefern. Diese Erkenntnis zeigt, daß die Zustandsgrößenrückkopplung eine Veränderung der Koeffizienten des charakteristischen Polynoms — nämlich um $(-\tilde{k}_{\mu+1})$ — und damit der Eigenwerte bewirkt. Auf diese Weise läßt sich eine gezielte Verschiebung der Eigenwerte erreichen.

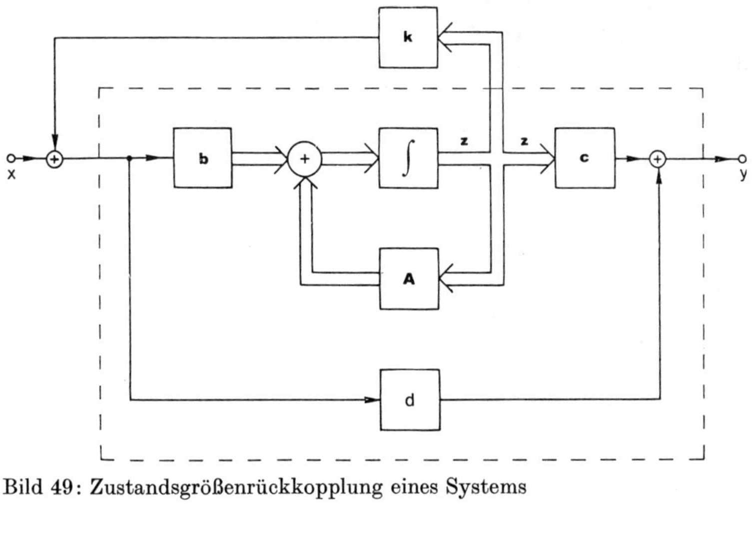

Bild 49: Zustandsgrößenrückkopplung eines Systems

Schreibt man nun vor, daß die Eigenwerte eines gegebenen, als steuerbar vorausgesetzten Systems ($\boldsymbol{A}, \boldsymbol{b}, \boldsymbol{c}', d$) auf die Werte λ_μ ($\mu = 1, 2, \ldots, q$) zu bringen sind, wobei komplexe Werte paarweise konjugiert komplex auftreten sollen, dann läßt sich diese Aufgabe dadurch lösen, daß dieses System gemäß Bild 49 durch Zustandsgrößenrückkopplung zu einem rückgekoppelten System erweitert wird. Die λ_μ ($\mu = 1, 2, \ldots, q$) liefern das charakteristische Polynom des rückgekoppelten Systems

$$\prod_{\mu=1}^{q} (p - \lambda_\mu) = \gamma_0 + \gamma_1 p + \cdots + \gamma_{q-1} p^{q-1} + p^q .$$

Die Koeffizienten γ_μ müssen, wie bereits erkannt wurde, mit den Größen $\alpha_\mu - \tilde{k}_{\mu+1}$ übereinstimmen. Daher erhält man die Vorschrift

$$\tilde{k}_{\mu+1} = \alpha_\mu - \gamma_\mu \qquad (\mu = 0, 1, \ldots, q-1) \tag{157}$$

zur Festlegung der Komponenten des transformierten Regelvektors $\tilde{\boldsymbol{k}}$. Durch Rücktransformation ergibt sich der Regelvektor

$$\boldsymbol{k}' = \tilde{\boldsymbol{k}}'\boldsymbol{M}^{-1} .$$

Die Parameter des rückgekoppelten Systems sind dann vollständig bestimmt, wobei die vorgeschriebenen Eigenwerte λ_μ durch dieses System realisiert werden.

Die beschriebene Methode der Zustandsgrößenrückkopplung läßt sich z. B. zur Stabilisierung von Systemen verwenden, indem man alle Eigenwerte p_μ mit $\operatorname{Re} p_\mu \geqq 0$, die also Anlaß zu Instabilitäten geben, an Stellen λ_μ mit $\operatorname{Re} \lambda_\mu < 0$ verschiebt.

Im Abschnitt 7.1 wurde gezeigt, wie sich das Eingang-Ausgang-Verhalten des offenen Systems in Form von Gl. (14) beschreiben läßt; dabei erhält man die Koeffizienten β_μ ($\mu = 0, 1, \ldots, q$) nach den Gln. (154a, b). Auch das Eingang-Ausgang-Verhalten des rückgekoppelten Systems läßt sich in Form der Differentialgleichung (14) ausdrücken. An die Stelle der Koeffizienten α_μ treten die γ_μ. In den Gln. (154a, b) ist α_μ durch γ_μ und entsprechend den Gln. (156c) und (157) $\tilde{c}_\mu$ durch $\tilde{c}_\mu + d(\alpha_{\mu-1} - \gamma_{\mu-1})$ zu ersetzen. Führt man dies durch, so ist zu erkennen, daß sich die β-Koeffizienten nicht verändern.[1])

Jedes System mit Systemmatrizen der Art nach Gln. (156a, b) besitzt eine nichtsinguläre Steuerbarkeitsmatrix. Die Steuerbarkeitsmatrix läßt sich nämlich mit Hilfe der Matrizen Gln. (156a, b) direkt explizit angeben, und es zeigt sich, daß sie in der Nebendiagonale ausnahmslos mit Einsen, oberhalb der Nebendiagonalen durchweg mit Nullen besetzt ist, so daß ihre Determinante stets vom Betrag 1 ist. Angesichts dieser Tatsache muß auch das rückgekoppelte System bei beliebiger Wahl von $\boldsymbol{k}'$ steuerbar sein.

Die erzielten Ergebnisse werden zusammengefaßt im

Satz II.12: Unter der Voraussetzung, daß das offene System ($\boldsymbol{A}, \boldsymbol{b}, \boldsymbol{c}', d$) steuerbar ist, muß auch das rückgekoppelte System unabhängig von der Wahl des Regelvektors $\boldsymbol{k}'$ steuerbar sein. In bezug auf das durch Gl. (14) beschriebene Eingang-Ausgang-Verhalten des Systems bewirkt die Zustandsgrößenrückkopplung keine Veränderung der Koeffizienten β_μ, gestattet aber eine beliebige Veränderung der Koeffizienten α_μ (und damit der Eigenwerte) des Systems.

---

[1]) Damit ist gezeigt, daß die Zustandsgrößenrückkopplung die Nullstellen der im Kapitel III einzuführenden Übertragungsfunktion nicht verändert.

Ergänzung: Sind die Eigenwerte λ_μ ($\mu = 1, 2, \ldots, q$) für das rückgekoppelte System vorgeschrieben, dann läßt sich der Regelvektor $\boldsymbol{k}'$ prinzipiell in folgenden Schritten ermitteln:

a) Man berechne das charakteristische Polynom für das offene System

$$\det(p\boldsymbol{E} - \boldsymbol{A}) = \alpha_0 + \alpha_1 p + \cdots + \alpha_{q-1} p^{q-1} + p^q.$$

b) Man berechne das charakteristische Polynom für das rückgekoppelte System

$$\prod_{\mu=1}^{q} (p - \lambda_\mu) = \gamma_0 + \gamma_1 p + \cdots + \gamma_{q-1} p^{q-1} + p^q.$$

c) Man berechne den transformierten Regelvektor

$$\tilde{\boldsymbol{k}}' = [\alpha_0 - \gamma_0, \alpha_1 - \gamma_1, \ldots, \alpha_{q-1} - \gamma_{q-1}].$$

d) Man berechne die Matrix

$$\boldsymbol{M} = \boldsymbol{U}\boldsymbol{\Delta}$$

mit $\boldsymbol{U}$ Gl. (140a) und $\boldsymbol{\Delta}$ Gl. (145).

e) Man berechne $\boldsymbol{M}^{-1}$.

f) Man berechne den Regelvektor

$$\boldsymbol{k}' = \tilde{\boldsymbol{k}}'\boldsymbol{M}^{-1}.$$

Abschließend sollen noch zwei Bemerkungen gemacht werden:
Entscheidend für die Anwendung der beschriebenen Zustandsgrößenrückkopplung ist die Steuerbarkeit des Systems. Ist diese Voraussetzung nicht gegeben, dann läßt sich durch eine geeignete Äquivalenztransformation der Zustandsdarstellung das System zerlegen in einen steuerbaren Teil, dessen Eigenwerte durch Zustandsgrößenrückkopplung beliebig verschoben werden können, und einen Restteil, dessen Eigenwerte durch Rückkopplung nicht beeinflußbar sind. Falls im Restteil Eigenwerte des Systems auftreten, die Instabilitäten verursachen, kann keine Stabilisierung des Systems erreicht werden.
Die behandelte Methode der Zustandsgrößenrückkopplung läßt sich auf steuerbare, lineare, zeitinvariante, kontinuierliche Systeme mit *mehreren* Ein- und Ausgängen ($m \geqq 1$, $n \geqq 1$) erweitern. Diesbezügliche Einzelheiten und interessante Ergänzungen finden sich in den Arbeiten [67, 70, 72].

7.3. Zustandsbeobachter

In diesem Abschnitt soll die folgende Aufgabe gelöst werden: Von einem linearen, zeitinvarianten und beobachtbaren System mit einem Eingang und einem Ausgang seien die Systemmatrizen $\boldsymbol{A}$, $\boldsymbol{b}$, $\boldsymbol{c}'$, d mit reellen Elementen bekannt; weiterhin seien stets das Eingangssignal $x(t)$ und das Ausgangssignal $y(t)$, dagegen nicht die Zustandsgrößen $z_1(t), z_2(t), \ldots, z_q(t)$ verfügbar. Gesucht ist ein System, das am Ausgang die Zustandsgrößen wenigstens näherungsweise liefert.
Die Lösung dieser Aufgabe ist vor allem im Zusammenhang mit der im letzten Abschnitt behandelten Zustandsgrößenrückkopplung von Bedeutung, weil bei praktischen An-

wendungen über die Zustandsvariablen als Signale meistens nicht verfügt werden kann.

Systeme, welche gesuchte Zustandsgrößen approximativ erzeugen, heißen *Zustandsbeobachter* (*Zustandsschätzer*). Es gibt verschiedene Möglichkeiten zur Realisierung von Zustandsbeobachtern. Im folgenden soll das Konzept eines auf D. G. Luenberger zurückgehenden Zustandsbeobachters beschrieben werden. Ohne Einschränkung der Allgemeinheit darf angenommen werden, daß der Systemparameter d verschwindet. Bild 50a zeigt das Blockschaltbild des Beobachters, der an seinem Ausgang eine Näherung $\hat{\boldsymbol{z}}(t)$ für den Zustandsvektor $\boldsymbol{z}(t)$ des ebenfalls dargestellten Systems $(\boldsymbol{A}, \boldsymbol{b}, \boldsymbol{c}', 0)$ liefern soll, wobei von diesem System die Systemmatrizen zahlenmäßig vorliegen und sonst nur die Signale $x(t)$, $y(t)$ verfügbar sind. Wie man dem Bild 50a entnimmt, wird das zu beobachtende System im Beobachter durch die Blöcke $\boldsymbol{A}, \boldsymbol{b}, \boldsymbol{c}'$ und den Integrationsblock nachgebildet. Zusätzlich wird das am Ausgang von Block $\boldsymbol{c}'$ im Beobachter entstehende Signal mit $y(t)$ verglichen und die Differenz beider Signale, mit dem Spaltenvektor $\boldsymbol{l}$ multipliziert, zusätzlich dem Integrator zugeführt. Diese Differenz verschwindet, wenn $\hat{\boldsymbol{z}}(t)$ mit $\boldsymbol{z}(t)$ übereinstimmt.

Das zu beobachtende System hat die Zustandsdarstellung

$$\frac{\mathrm{d}\boldsymbol{z}(t)}{\mathrm{d}t} = \boldsymbol{A}\boldsymbol{z}(t) + \boldsymbol{b}x(t), \tag{158a}$$

$$y(t) = \boldsymbol{c}'\boldsymbol{z}(t). \tag{158b}$$

Der Beobachter ist entsprechend durch die Gleichung

$$\frac{\mathrm{d}\hat{\boldsymbol{z}}(t)}{\mathrm{d}t} = \boldsymbol{A}\hat{\boldsymbol{z}}(t) + \boldsymbol{b}x(t) + \boldsymbol{l}[y(t) - \boldsymbol{c}'\hat{\boldsymbol{z}}(t)]$$

oder

$$\frac{\mathrm{d}\hat{\boldsymbol{z}}(t)}{\mathrm{d}t} = (\boldsymbol{A} - \boldsymbol{l}\boldsymbol{c}')\,\hat{\boldsymbol{z}}(t) + \boldsymbol{b}x(t) + \boldsymbol{l}y(t) \tag{159}$$

darstellbar. Aufgrund von Gl. (159) läßt sich der Beobachter in vereinfachter Form nach Bild 50b realisieren.

Für den Beobachtungsfehler

$$\boldsymbol{w}(t) = \boldsymbol{z}(t) - \hat{\boldsymbol{z}}(t)$$

erhält man durch Subtraktion der Gln. (158a) und (159) bei Verwendung der Gl. (158b) die homogene Differentialgleichung

$$\frac{\mathrm{d}\boldsymbol{w}(t)}{\mathrm{d}t} = (\boldsymbol{A} - \boldsymbol{l}\boldsymbol{c}')\,\boldsymbol{w}(t), \tag{160}$$

deren Lösung nach Abschnitt 4.1 angegeben werden kann. Aus dem Charakter dieser Lösung ist zu erkennen, daß der Fehler $\boldsymbol{w}(t)$ mit der Zeit um so schneller verschwindet, je stärker negativ die Realteile der Eigenwerte der Matrix $\boldsymbol{A} - \boldsymbol{l}\boldsymbol{c}'$ sind. Haben beispielsweise alle diese Eigenwerte negative Realteile, welche kleiner als $-1/T$ $(T > 0)$ sind, dann geht der Fehler $\boldsymbol{w}(t)$ mit wachsendem t in guter Näherung exponentiell mit der Zeitkonstanten T gegen Null, d. h., auch bei starker Abweichung der Anfangszustände $\boldsymbol{z}(t_0)$ und $\hat{\boldsymbol{z}}(t_0)$ zum Anfangszeitpunkt t_0 wird sich der Vektor $\hat{\boldsymbol{z}}(t)$ rasch dem

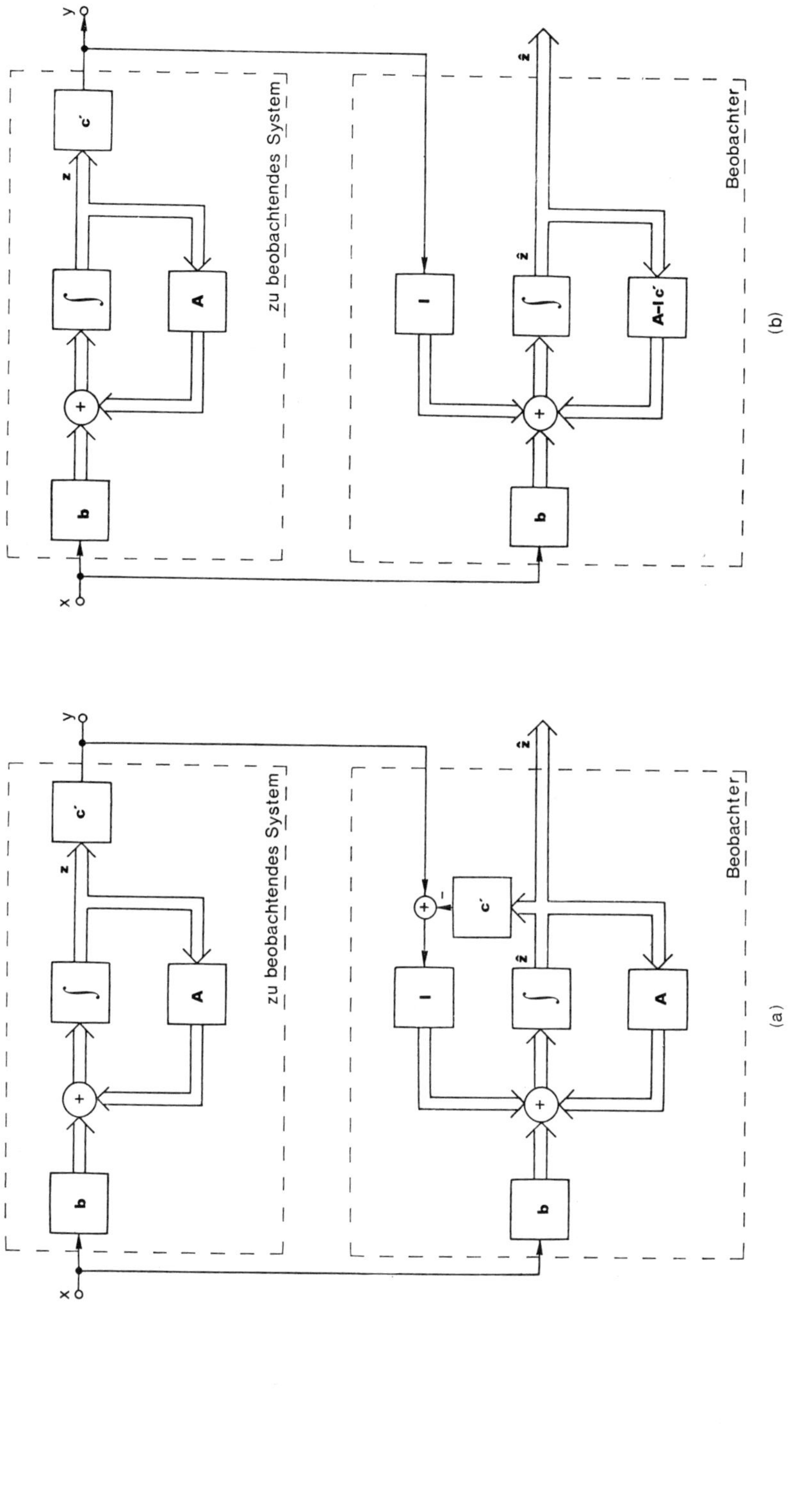

Bild 50: Blockschaltbild des Beobachters in ursprünglicher (a) und in vereinfachter Form (b)

Verlauf von $\boldsymbol{z}(t)$ nähern. Interessanterweise ist es nun möglich, durch Ausnützung der Freiheit in der Wahl des Vektors

$$\boldsymbol{l} = \begin{bmatrix} l_1 \\ l_2 \\ \vdots \\ l_q \end{bmatrix}$$

beliebige Eigenwerte der Matrix $\boldsymbol{A} - \boldsymbol{l}\boldsymbol{c}'$ zu erzeugen. Dies kann in völlig dualer Weise zu den Überlegungen des letzten Abschnitts gezeigt werden, soll aber dennoch wegen der Bedeutung dieser Überlegungen im einzelnen besprochen werden. Hierfür wird die im Abschnitt 7.1 bei der dritten kanonischen Form eingeführte Transformation herangezogen, die wegen der vorausgesetzten Beobachtbarkeit des Systems $(\boldsymbol{A}, \boldsymbol{b}, \boldsymbol{c}', 0)$ anwendbar ist. Die Zustandsvektoren $\boldsymbol{z}(t)$ und $\hat{\boldsymbol{z}}(t)$ werden aufgrund der Transformationsbeziehung

$$\boldsymbol{z}(t) = \boldsymbol{M}\boldsymbol{\zeta}(t), \qquad \hat{\boldsymbol{z}}(t) = \boldsymbol{M}\hat{\boldsymbol{\zeta}}(t)$$

mit der Matrix $\boldsymbol{M}$ Gl. (150) durch die transformierten Zustandsvektoren $\boldsymbol{\zeta}(t)$ und $\hat{\boldsymbol{\zeta}}(t)$ in den Gln. (158a, b), (159) und (160) ersetzt. Entsprechend Abschnitt 7.1 erhält man die Gleichungen

$$\frac{\mathrm{d}\boldsymbol{\zeta}(t)}{\mathrm{d}t} = \tilde{\boldsymbol{A}}\boldsymbol{\zeta}(t) + \tilde{\boldsymbol{b}}x(t), \qquad y(t) = \tilde{\boldsymbol{c}}'\boldsymbol{\zeta}(t), \tag{161a, b}$$

$$\frac{\mathrm{d}\hat{\boldsymbol{\zeta}}(t)}{\mathrm{d}t} = (\tilde{\boldsymbol{A}} - \tilde{\boldsymbol{l}}\tilde{\boldsymbol{c}}')\,\hat{\boldsymbol{\zeta}}(t) + \tilde{\boldsymbol{b}}x(t) + \tilde{\boldsymbol{l}}y(t), \tag{162}$$

$$\frac{\mathrm{d}\boldsymbol{\omega}(t)}{\mathrm{d}t} = (\tilde{\boldsymbol{A}} - \tilde{\boldsymbol{l}}\tilde{\boldsymbol{c}}')\,\boldsymbol{\omega}(t).$$

Dabei ist $\boldsymbol{\omega}(t) = \boldsymbol{\zeta}(t) - \hat{\boldsymbol{\zeta}}(t)$, und die Matrizen $\tilde{\boldsymbol{A}}$ und $\tilde{\boldsymbol{c}}'$ besitzen die durch die Gln. (151a, b) gegebenen Formen, wobei die Parameter α_μ $(\mu = 0, 1, \ldots, q-1)$ in $\tilde{\boldsymbol{A}}$ die Koeffizienten des charakteristischen Polynoms der Matrix $\boldsymbol{A}$ sind. Weiterhin bedeutet

$$\tilde{\boldsymbol{l}} = \boldsymbol{M}^{-1}\boldsymbol{l} = \begin{bmatrix} \tilde{l}_1 \\ \tilde{l}_2 \\ \vdots \\ \tilde{l}_q \end{bmatrix}.$$

Die Matrix $\tilde{\boldsymbol{A}} - \tilde{\boldsymbol{l}}\tilde{\boldsymbol{c}}'$ hat wegen des besonderen Aufbaus des Zeilenvektors $\tilde{\boldsymbol{c}}'$ die gleiche (transponierte Frobenius-) Form wie die Matrix $\tilde{\boldsymbol{A}}$ Gl. (151a), d. h. die mit (-1) multiplizierten Elemente in der letzten Spalte von $\tilde{\boldsymbol{A}} - \tilde{\boldsymbol{l}}\tilde{\boldsymbol{c}}'$, also

$$\alpha_\mu + \tilde{l}_{\mu+1} \qquad (\mu = 0, 1, \ldots, q-1)$$

müssen die Koeffizienten des charakteristischen Polynoms der Matrix $\boldsymbol{A} - \boldsymbol{l}\boldsymbol{c}'$ sein. Diese Tatsache zeigt, daß mit Hilfe des Vektors $\boldsymbol{l}$ die Eigenwerte der Matrix $\boldsymbol{A} - \boldsymbol{l}\boldsymbol{c}'$ in folgenden Rechenschritten auf vorgeschriebene Werte λ_μ $(\mu = 1, 2, \ldots, q)$, von denen die komplexen stets paarweise konjugiert vorkommen, gebracht werden können:

a) Man berechne das charakteristische Polynom für das zu beobachtende System

$$\det(p\boldsymbol{E} - \boldsymbol{A}) = \alpha_0 + \alpha_1 p + \cdots + \alpha_{q-1} p^{q-1} + p^q.$$

b) Man berechne aus den vorgeschriebenen Eigenwerten λ_μ ($\mu = 1, 2, \ldots, q$) das charakteristische Polynom der Matrix $\boldsymbol{A} - \boldsymbol{l}\boldsymbol{c}'$

$$\prod_{\mu=1}^{q} (p - \lambda_\mu) = \gamma_0 + \gamma_1 p + \cdots + \gamma_{q-1} p^{q-1} + p^q.$$

c) Man bilde den Vektor

$$\tilde{\boldsymbol{l}} = \begin{bmatrix} \gamma_0 - \alpha_0 \\ \gamma_1 - \alpha_1 \\ \vdots \\ \gamma_{q-1} - \alpha_{q-1} \end{bmatrix}.$$

d) Man berechne die Matrix

$$\boldsymbol{M}^{-1} = \boldsymbol{\Delta V}$$

mit $\boldsymbol{\Delta}$ Gl. (145) und $\boldsymbol{V}$ Gl. (141a).

e) Man berechne $\boldsymbol{M}$.

f) Man berechne den Vektor

$$\boldsymbol{l} = \boldsymbol{M}\tilde{\boldsymbol{l}}.$$

Damit sind alle Parameter des Beobachters bei beliebiger Vorschrift der Eigenwerte der Matrix $\boldsymbol{A} - \boldsymbol{l}\boldsymbol{c}'$ festgelegt.

Man kann den Zustandsbeobachter auch direkt aufgrund von Gl. (162) realisieren, was wegen des besonderen Charakters der Matrix $\tilde{\boldsymbol{A}} - \tilde{\boldsymbol{l}}\tilde{\boldsymbol{c}}'$ einfach wird (man vergleiche hierzu Bild 38). Man muß allerdings beachten, daß hier $y(t)$ nicht mit $\boldsymbol{l}$, sondern mit $\tilde{\boldsymbol{l}}$ multipliziert werden muß und am Beobachterausgang zunächst der Vektor $\hat{\boldsymbol{\zeta}}(t)$ entsteht. Erst wenn am Ausgang noch ein Block nachgeschaltet wird, der $\hat{\boldsymbol{\zeta}}(t)$ mit $\boldsymbol{M}$ multipliziert, erhält man das interessierende Signal $\hat{\boldsymbol{z}}(t)$.

Geht man davon aus, daß bei der Zustandsgrößenrückkopplung nach Bild 49 vom offenen System zwar die Systemmatrizen $\boldsymbol{A}, \boldsymbol{b}, \boldsymbol{c}'$ ($d = 0$) bekannt und weiterhin das Eingangs- und das Ausgangssignal, nicht jedoch der Zustandsvektor verfügbar sind, dann liegt es nahe, die Schaltung durch einen Zustandsschätzer zu ergänzen, dessen Ausgangssignal $\hat{\boldsymbol{z}}(t)$ dem Block $\boldsymbol{k}'$ zugeführt wird. Auf diese Weise entsteht das Blockschaltbild nach Bild 51. Das offene System wird dann durch das Signal $x(t) + \boldsymbol{k}'\hat{\boldsymbol{z}}(t)$ erregt und demnach durch die Zustandsgleichungen

$$\frac{d\boldsymbol{z}(t)}{dt} = \boldsymbol{A}\boldsymbol{z}(t) + \boldsymbol{b}[x(t) + \boldsymbol{k}'\hat{\boldsymbol{z}}(t)], \qquad y(t) = \boldsymbol{c}'\boldsymbol{z}(t), \tag{163a, b}$$

der Zustandsschätzer durch die Zustandsgleichung

$$\frac{d\hat{\boldsymbol{z}}(t)}{dt} = (\boldsymbol{A} - \boldsymbol{l}\boldsymbol{c}')\,\hat{\boldsymbol{z}}(t) + \boldsymbol{l}y(t) + \boldsymbol{b}[x(t) + \boldsymbol{k}'\hat{\boldsymbol{z}}(t)] \tag{164}$$

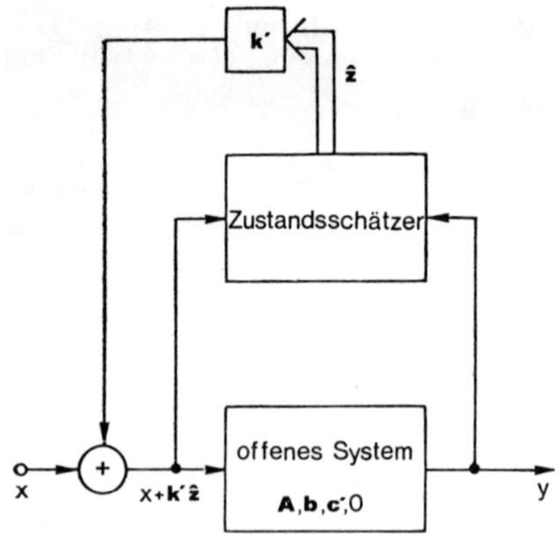

Bild 51: Zustandsrückkopplung mit Zustandsschätzer

beschrieben. Ersetzt man $\hat{\boldsymbol{z}}(t)$ durch $\boldsymbol{w}(t) = \boldsymbol{z}(t) - \hat{\boldsymbol{z}}(t)$, dann ergibt sich durch Subtraktion der Gln. (163a) und (164) bei Verwendung von Gl. (161b)

$$\frac{\mathrm{d}\boldsymbol{w}(t)}{\mathrm{d}t} = (\boldsymbol{A} - \boldsymbol{l}\boldsymbol{c}')\,\boldsymbol{w}(t)\,. \tag{165}$$

Entsprechend liefert Gl. (163a)

$$\frac{\mathrm{d}\boldsymbol{z}(t)}{\mathrm{d}t} = (\boldsymbol{A} + \boldsymbol{b}\boldsymbol{k}')\,\boldsymbol{z}(t) - \boldsymbol{b}\boldsymbol{k}'\boldsymbol{w}(t) + \boldsymbol{b}x(t)\,. \tag{166}$$

Die Vektoren $\boldsymbol{w}(t)$ und $\boldsymbol{z}(t)$ können nun zum Zustandsvektor des Gesamtsystems nach Bild 51 zusammengefaßt werden. Dieser Zustandsvektor ist mit dem aus $\hat{\boldsymbol{z}}(t)$ und $\boldsymbol{z}(t)$ gebildeten ursprünglichen Zustandsvektor durch die lineare Transformation

$$\begin{bmatrix} \boldsymbol{w}(t) \\ \boldsymbol{z}(t) \end{bmatrix} = \begin{bmatrix} -\boldsymbol{E} & \boldsymbol{E} \\ \boldsymbol{0} & \boldsymbol{E} \end{bmatrix} \begin{bmatrix} \hat{\boldsymbol{z}}(t) \\ \boldsymbol{z}(t) \end{bmatrix}$$

verknüpft. Nunmehr liefern die Gln. (165) und (166) die Zustandsgleichung

$$\frac{\mathrm{d}}{\mathrm{d}t} \begin{bmatrix} \boldsymbol{w}(t) \\ \boldsymbol{z}(t) \end{bmatrix} = \begin{bmatrix} (\boldsymbol{A} - \boldsymbol{l}\boldsymbol{c}') & \boldsymbol{0} \\ -\boldsymbol{b}\boldsymbol{k}' & (\boldsymbol{A} + \boldsymbol{b}\boldsymbol{k}') \end{bmatrix} \begin{bmatrix} \boldsymbol{w}(t) \\ \boldsymbol{z}(t) \end{bmatrix} + \begin{bmatrix} \boldsymbol{0} \\ \boldsymbol{b} \end{bmatrix} x(t)\,.$$

Dieses Ergebnis lehrt, daß das charakteristische Polynom des Gesamtsystems mit dem Produkt der charakteristischen Polynome übereinstimmt, welche der Zustandsschätzer (mit der Systemmatrix $\boldsymbol{A} - \boldsymbol{l}\boldsymbol{c}'$) und das Rückkopplungssystem (mit der Systemmatrix $\boldsymbol{A} + \boldsymbol{b}\boldsymbol{k}'$) besitzen; man spricht hierbei von der Separationseigenschaft. Die Eigenwerte des Zustandsschätzers erscheinen also unverändert im Gesamtsystem, und die Eigenwerte des rückgekoppelten Systems sind unabhängig davon, ob der Zustandsvektor $\boldsymbol{z}(t)$ oder die Approximation $\hat{\boldsymbol{z}}(t)$ des Schätzers rückgekoppelt wird. Für die Praxis hat das zur Folge, daß die Zustandsrückführung und der Zustandsschätzer unabhängig voneinander entworfen werden können.

Abschließend sollen noch folgende Bemerkungen gemacht werden: Wie aus den Gln. (161a, b) unter Berücksichtigung der speziellen Form des Vektors $\tilde{\boldsymbol{c}}'$ zu ersehen ist, wird die q-te Komponente des transformierten Zustandsvektors $\boldsymbol{\zeta}(t)$ direkt durch das Ausgangssignal $y(t)$ geliefert. Deshalb brauchen nur die Komponenten $\zeta_\mu(t)$ ($\mu = 1, 2, \ldots,$

$q - 1$) geschätzt zu werden. Dies läßt sich stets mittels eines ($q - 1$)-dimensionalen Schätzers erreichen. — Die beschriebene Methode der Zustandsbeobachtung läßt sich auf beobachtbare, lineare, zeitinvariante, kontinuierliche Systeme mit *mehreren* Ein- und Ausgängen ($m \geqq 1$, $n \geqq 1$) erweitern. Man kann in dualer Weise wie bei der Zustandsgrößenrückkopplung für $m \geqq 1$, $n \geqq 1$ verfahren.

7.4. Optimale Regelung

In der Regelungstechnik und anderen Anwendungsbereichen der Systemtheorie treten Entwurfsprobleme auf, bei denen nicht nur qualitative Forderungen hinsichtlich des Stabilitätsverhaltens, des Einschwingverhaltens oder anderer Systemeigenschaften gestellt sind, sondern es wird vielmehr in einem bestimmten quantitativen Sinne ein bestmögliches Systemverhalten gefordert. Hierbei ist es entscheidend, wie dieses Verhalten quantitativ bewertet wird. Die Wahl für ein geeignetes Maß zur Beschreibung des Systemverhaltens muß man einerseits unter dem Gesichtspunkt treffen, daß dadurch die gestellten Forderungen hinreichend gut berücksichtigt werden, andererseits unter dem Aspekt, daß die damit formulierte Problemstellung einer mathematischen Lösung zugeführt werden kann. Wenn sich, wie das häufig der Fall ist, beide Gesichtspunkte gleichzeitig nicht voll berücksichtigen lassen, muß ein Kompromiß gefunden werden. Im folgenden soll eine Klasse von Aufgaben der optimalen Regelung behandelt werden, wobei nicht in erster Linie eine mathematisch strenge Vorgehensweise angestrebt wird, sondern eine Darstellung der einschlägigen Methoden.

Es wird ein System betrachtet, das durch die Gl. (9a) beschrieben wird und zum Zeitpunkt t_0 einen vorgeschriebenen Zustand $\boldsymbol{z}(t_0) = \boldsymbol{z}_0$ hat. Bei einer großen Klasse von Problemen pflegt man nun, das Systemverhalten durch das Funktional[1])

$$J[\boldsymbol{x}(t)] = S[\boldsymbol{z}(t_1), t_1] + \int_{t_0}^{t_1} L[\boldsymbol{z}(t), \boldsymbol{x}(t), t]\, dt \tag{167}$$

zu bewerten. Dabei wird vorausgesetzt, daß die reellen skalaren Funktionen S und L stetig sind und stetige partielle Ableitungen erster Ordnung besitzen. Die Gl. (167) ist folgendermaßen zu lesen: Bei Vorgabe eines Eingangssignals $\boldsymbol{x}(t)$ in einem Intervall $t_0 \leqq t \leqq t_1$ ist aufgrund von Gl. (9a) und des vorgeschriebenen Anfangszustandes $\boldsymbol{z}(t_0) = \boldsymbol{z}_0$ der Zustand $\boldsymbol{z}(t)$ im Zeitintervall $[t_0, t_1]$ gegeben, und man kann die rechte Seite der Gl. (167) bei Kenntnis der Funktionen S und L auswerten, so daß ein bestimmter reeller Zahlenwert $J[\boldsymbol{x}(t)]$ geliefert wird. Falls das System *linear* ist, also speziell durch die Gl. (10) beschrieben wird, wählt man vielfach als Funktional speziell

$$J[\boldsymbol{x}(t)] = \frac{1}{2}\, \boldsymbol{z}'(t_1)\, \boldsymbol{M} \boldsymbol{z}(t_1) + \frac{1}{2} \int_{t_0}^{t_1} [\boldsymbol{z}'(t)\, \boldsymbol{Q}(t)\, \boldsymbol{z}(t) + \boldsymbol{x}'(t)\, \boldsymbol{R}(t)\, \boldsymbol{x}(t)]\, dt. \tag{168}$$

Dabei werden $\boldsymbol{M}$, $\boldsymbol{Q}(t)$, $\boldsymbol{R}(t)$ (für jedes $t \geqq t_0$) als reelle, symmetrische, positiv-definite, quadratische Matrizen vorgeschrieben.[2]) Die Faktoren 1/2 sind nur der späteren Bequemlichkeit wegen eingeführt.

---

[1]) Ein Funktional ist eine Vorschrift, durch die jedem Element einer bestimmten Funktionenmenge eine Zahl zugewiesen wird.

[2]) Gelegentlich werden positiv-semidefinite Matrizen $\boldsymbol{M}$ und $\boldsymbol{Q}(t)$ zugelassen.

Die nun zu lösende Aufgabe besteht darin, das Funktional $J[\boldsymbol{x}(t)]$, den sogenannten *Güteindex*, zum Minimum zu machen, d. h. jenes $\boldsymbol{x}(t)$ aus einer bestimmten Menge von Eingangssignalen zu finden, dem im oben beschriebenen Sinn der kleinstmögliche Wert J zugewiesen ist. Im folgenden soll die Menge der zugelassenen Eingangssignale die Klasse der stückweise stetigen Vektorfunktionen sein, und für eine derartige Funktion $\boldsymbol{x}(t)$ wird unter $\|\boldsymbol{x}\|$ stets sup $\|\boldsymbol{x}(t)\|$ bezüglich des betrachteten Intervalls $t_0 \leqq t \leqq t_1$ verstanden. Bei der Lösung des nunmehr formulierten Problems können zwei Möglichkeiten unterschieden werden: Die gesuchte Erregung $\boldsymbol{x}(t)$ wird als explizite Funktion der Zeit oder aber in Abhängigkeit vom Zustandsvektor $\boldsymbol{z}(t)$ geliefert. Die zweite Lösungsmöglichkeit ist dabei für die praktische Anwendung besonders interessant, da sie unmittelbar eine Realisierung aufgrund einer Zustandsgrößenrückkopplung erlaubt.
Man kann die Bedeutung der Aufgabe am Sonderfall des durch Gl. (168) eingeführten Güteindexes leicht veranschaulichen: Ein möglichst kleiner Wert J bedeutet vereinfacht ausgedrückt,

i) daß der Zustandsvektor $\boldsymbol{z}(t)$ am Ende des betrachteten Intervalls $[t_0, t_1]$ dem Nullzustand möglichst nahe kommt; denn der auf der rechten Seite von Gl. (168) an erster Stelle stehende Term ist eine positiv-definite quadratische Form in den Komponenten des Zustandsvektors $\boldsymbol{z}(t_1)$, welche den kleinstmöglichen Wert Null hat, falls $\boldsymbol{z}(t_1) = \boldsymbol{0}$ gilt,
ii) daß die Komponenten des Zustandsvektors $\boldsymbol{z}(t)$ ebenso wie die des Eingangssignals $\boldsymbol{x}(t)$ in unterschiedlicher Bewertung im Überführungsintervall $[t_0, t_1]$ betraglich möglichst klein sein sollen; denn das auf der rechten Seite von Gl. (168) stehende Integral würde den kleinsten Wert Null genau erreichen, wenn $\|\boldsymbol{z}\| = \|\boldsymbol{x}\| = 0$ gilt.

Zur Lösung der Aufgabe werden zwei Eingangssignale $\boldsymbol{x}(t)$ und $\boldsymbol{x}(t) + \delta\boldsymbol{x}(t)$ betrachtet, zu denen die Zustandsvektoren $\boldsymbol{z}(t)$ bzw. $\boldsymbol{z}(t) + \delta\boldsymbol{z}(t)$ mit dem fest vorgeschriebenen Anfangswert $\boldsymbol{z}_0$ gehören. Beiden Eingangssignalen sind individuelle Werte des Güteindexes zugeordnet, von deren Differenz die folgende Darstellung vorausgesetzt wird:

$$\Delta J = J[\boldsymbol{x}(t) + \delta\boldsymbol{x}(t)] - J[\boldsymbol{x}(t)] = \delta J[\boldsymbol{x}(t), \delta\boldsymbol{x}(t)] + \varrho[\boldsymbol{x}(t), \delta\boldsymbol{x}(t)]\,\|\delta\boldsymbol{x}\|. \tag{169}$$

Dabei wird angenommen, daß $\delta J[\boldsymbol{x}(t), \delta\boldsymbol{x}(t)]$ ein lineares Funktional in $\delta\boldsymbol{x}(t)$ ist und $\varrho[\boldsymbol{x}(t), \delta\boldsymbol{x}(t)]$ für $\|\delta\boldsymbol{x}\| \to 0$ gegen Null strebt. In diesem Sinne wird der Güteindex J als differenzierbar vorausgesetzt. Man bezeichnet $\delta J[\boldsymbol{x}(t), \delta\boldsymbol{x}(t)]$ als *Variation* des Funktionals J für $\boldsymbol{x}(t)$ bezüglich $\delta\boldsymbol{x}(t)$. Ersetzt man in Gl. (169) $\delta\boldsymbol{x}(t)$ durch $\alpha\delta\boldsymbol{x}(t)$ mit einer reellen Variablen α, dann folgt aus dieser Gleichung, daß die Variation δJ auf folgende Weise berechnet werden kann

$$\delta J[\boldsymbol{x}(t), \delta\boldsymbol{x}(t)] = \frac{\mathrm{d}}{\mathrm{d}\alpha} J[\boldsymbol{x}(t) + \alpha\, \delta\boldsymbol{x}(t)]\big|_{\alpha=0}. \tag{170}$$

Der Güteindex besitzt ein (relatives) Minimum, wenn ein Eingangssignal $\tilde{\boldsymbol{x}}(t)$ existiert mit der folgenden Eigenschaft: Es gibt ein $\varepsilon > 0$, so daß für alle Eingangssignale $\boldsymbol{x}(t)$ mit

$$\|\boldsymbol{x} - \tilde{\boldsymbol{x}}\| < \varepsilon$$

die Ungleichung

$$J[\boldsymbol{x}(t)] \geqq J[\tilde{\boldsymbol{x}}(t)] \tag{171}$$

erfüllt ist. Aufgrund einer bekannten Aussage der Variationsrechnung ist hierzu notwendig, daß $\tilde{\boldsymbol{x}}(t)$ eine sogenannte Extremale ist, d. h., daß

$$\delta J[\tilde{\boldsymbol{x}}(t), \delta \boldsymbol{x}(t)] = 0 \qquad \text{für alle } \delta \boldsymbol{x}(t) \tag{172}$$

erfüllt ist. Betrachtet man $J[\tilde{\boldsymbol{x}}(t) + \alpha\, \delta \boldsymbol{x}(t)]$ als Funktion von α, dann folgt die Forderung Gl. (172) aus der Überlegung, daß diese Funktion an der Stelle $\alpha = 0$ ein (relatives) Minimum hat, wenn $\tilde{\boldsymbol{x}}(t)$ die Ungleichung (171) erfüllt. Es muß dann die Ableitung auf der rechten Seite von Gl. (170) für $\boldsymbol{x}(t) = \tilde{\boldsymbol{x}}(t)$ und alle $\delta \boldsymbol{x}(t)$ verschwinden.
Zur Anwendung der Forderung Gl. (172) auf den Güteindex $J[\boldsymbol{x}(t)]$ Gl. (167), müßte der Zustandsvektor $\boldsymbol{z}(t)$ aufgrund der Gl. (9a) in Abhängigkeit von $\boldsymbol{x}(t)$ ausgedrückt und in Gl. (167) substituiert werden. Da dies im allgemeinen mit großen Schwierigkeiten verbunden ist, wird der Güteindex so modifiziert, daß die zunächst als Nebenbedingung auftretende Zustandsgleichung (9a) im Funktional mit berücksichtigt wird. Hierzu bildet man mit Hilfe eines Vektors

$$\boldsymbol{\lambda}'(t) = [\lambda_1(t), \lambda_2(t), \ldots, \lambda_q(t)],$$

dessen Komponenten zunächst unbestimmte Funktionen, sogenannte *Lagrangesche Multiplikatoren* bedeuten, das erweiterte Funktional

$$J_e[\boldsymbol{x}(t), \boldsymbol{z}(t)] = S[\boldsymbol{z}(t_1), t_1] + \int_{t_0}^{t_1} \left\{ L[\boldsymbol{z}(t), \boldsymbol{x}(t), t] + \boldsymbol{\lambda}'(t) \left[\boldsymbol{f}[\boldsymbol{z}(t), \boldsymbol{x}(t), t] - \frac{\mathrm{d}\boldsymbol{z}(t)}{\mathrm{d}t} \right] \right\} \mathrm{d}t, \tag{173}$$

in dem $\boldsymbol{x}(t)$ und $\boldsymbol{z}(t)$ als frei wählbare Vektorfunktionen auftreten und das für alle Lösungen der Gl. (9a) mit dem Güteindex Gl. (167) übereinstimmt. Führt man noch die sogenannte *Hamiltonsche Funktion*

$$H(\boldsymbol{z}, \boldsymbol{x}, t) = L[\boldsymbol{z}, \boldsymbol{x}, t] + \boldsymbol{\lambda}'\boldsymbol{f}(\boldsymbol{z}, \boldsymbol{x}, t) \tag{174}$$

ein, bei der zur Vereinfachung der Schreibweise das Argument t bei $\boldsymbol{x}$, $\boldsymbol{z}$ und $\boldsymbol{\lambda}$ weggelassen wurde, dann läßt sich die Gl. (173) durch partielle Integration auf die Form

$$J_e[\boldsymbol{x}(t), \boldsymbol{z}(t)] = S[\boldsymbol{z}(t_1), t_1] + \int_{t_0}^{t_1} \left\{ H(\boldsymbol{z}, \boldsymbol{x}, t) + \frac{\mathrm{d}\boldsymbol{\lambda}'}{\mathrm{d}t} \boldsymbol{z} \right\} \mathrm{d}t - [\boldsymbol{\lambda}'(t)\, \boldsymbol{z}(t)]_{t_0}^{t_1}$$

bringen. Entsprechend einer Variation $\delta \boldsymbol{x}(t)$ von $\boldsymbol{x}(t)$ und $\delta \boldsymbol{z}(t)$ von $\boldsymbol{z}(t)$ erhält man nun bei festen Werten t_0 und t_1 für das erweiterte Funktional die Variation

$$\delta J_e = \left[\left(\frac{\partial S}{\partial \boldsymbol{z}} - \boldsymbol{\lambda}' \right) \delta \boldsymbol{z} \right]_{t=t_1} + \int_{t_0}^{t_1} \left[\frac{\partial H}{\partial \boldsymbol{z}} \delta \boldsymbol{z} + \frac{\partial H}{\partial \boldsymbol{x}} \delta \boldsymbol{x} + \frac{\mathrm{d}\boldsymbol{\lambda}'}{\mathrm{d}t} \delta \boldsymbol{z} \right] \mathrm{d}t. \tag{175}$$

Dabei wurde berücksichtigt, daß $\delta \boldsymbol{z}(t_0) = \boldsymbol{0}$ gilt, weil von Anfang an $\boldsymbol{z}(t_0) = \boldsymbol{z}_0$ festliegt, und es wurden als Operatoren die Zeilenvektoren

$$\frac{\partial}{\partial \boldsymbol{x}} = \left[\frac{\partial}{\partial x_1}, \frac{\partial}{\partial x_2}, \ldots, \frac{\partial}{\partial x_m} \right], \qquad \frac{\partial}{\partial \boldsymbol{z}} = \left[\frac{\partial}{\partial z_1}, \frac{\partial}{\partial z_2}, \ldots, \frac{\partial}{\partial z_q} \right]$$

verwendet. Da $\delta\boldsymbol{x}(t)$ und $\delta\boldsymbol{z}(t)$ bei Berücksichtigung von $\delta\boldsymbol{z}(t_0) = \boldsymbol{0}$ in Gl. (175) als beliebige Funktionen gewählt werden dürfen, folgen hieraus gemäß Gl. (172) die Forderungen

$$\frac{\partial H}{\partial \boldsymbol{x}} = \boldsymbol{0} \qquad \text{für} \qquad t_0 \leqq t \leqq t_1, \tag{176}$$

$$\frac{\mathrm{d}\boldsymbol{\lambda}'}{\mathrm{d}t} = -\frac{\partial H}{\partial \boldsymbol{z}} \qquad \text{für} \qquad t_0 \leqq t \leqq t_1, \tag{177a}$$

$$\boldsymbol{\lambda}'(t_1) = \left.\frac{\partial S}{\partial \boldsymbol{z}}\right|_{t_1} \tag{177b}$$

Die Beziehungen (176) und (177a, b) liefern in Verbindung mit Gl. (9a) *notwendige* Bedingungen für eine Extremale. Man beachte, daß insgesamt $(2q + m)$ unbekannte Funktionen auftreten, nämlich die Zustandsvariablen $\tilde{z}_\mu$ $(\mu = 1, 2, \ldots, q)$, die Lagrangeschen Multiplikatoren $\tilde{\lambda}_\mu$ $(\mu = 1, 2, \ldots, q)$ und die Eingangsgrößen $\tilde{x}_\mu$ $(\mu = 1, 2, \ldots, m)$, wobei das Symbol $\tilde{}$ jeweils das gesuchte Optimum kennzeichnet. Für diese Unbekannten liegen die q skalaren Zustandsgleichungen (9a) mit der Anfangsbedingung $\boldsymbol{z}_0$, die m skalaren Gln. (176) und die q skalaren sogenannten adjungierten Gleichungen (177a) mit den Randbedingungen (177b) vor. Da die Lösungsfunktionen aufgrund notwendiger Bedingungen gewonnen werden, muß noch überprüft werden, ob tatsächlich ein Minimum des Güteindexes erreicht wird.

Die gewonnenen Ergebnisse sollen auf den Fall des durch Gl. (10) gekennzeichneten *linearen* Systems angewendet werden, wobei das Systemverhalten durch den Güteindex Gl. (168) beschrieben wird. Die Hamiltonsche Funktion Gl. (174) hat hier die Form

$$H(\boldsymbol{z}, \boldsymbol{x}, t) = \frac{1}{2}\,\boldsymbol{z}'\boldsymbol{Q}(t)\,\boldsymbol{z} + \frac{1}{2}\,\boldsymbol{x}'\boldsymbol{R}(t)\,\boldsymbol{x} + \boldsymbol{\lambda}'[\boldsymbol{A}(t)\,\boldsymbol{z} + \boldsymbol{B}(t)\,\boldsymbol{x}],$$

woraus man direkt die partiellen Ableitungen

$$\frac{\partial H}{\partial \boldsymbol{x}} = \boldsymbol{x}'\boldsymbol{R} + \boldsymbol{\lambda}'\boldsymbol{B} \tag{178}$$

und

$$\frac{\partial H}{\partial \boldsymbol{z}} = \boldsymbol{z}'\boldsymbol{Q} + \boldsymbol{\lambda}'\boldsymbol{A} \tag{179}$$

erhält. Führt man die Gln. (178), (179) in die Gln. (176) und (177a) ein, so entstehen die Beziehungen

$$\tilde{\boldsymbol{x}} = -\boldsymbol{R}^{-1}\boldsymbol{B}'\tilde{\boldsymbol{\lambda}} \tag{180}$$

$$\frac{\mathrm{d}\tilde{\boldsymbol{\lambda}}}{\mathrm{d}t} = -\boldsymbol{Q}\tilde{\boldsymbol{z}} - \boldsymbol{A}'\tilde{\boldsymbol{\lambda}} \tag{181}$$

und, wenn man noch die Zustandsgleichung (10) heranzieht,

$$\frac{\mathrm{d}\tilde{\boldsymbol{z}}}{\mathrm{d}t} = \boldsymbol{A}\tilde{\boldsymbol{z}} - \boldsymbol{B}\boldsymbol{R}^{-1}\boldsymbol{B}'\tilde{\boldsymbol{\lambda}}. \tag{182}$$

Die Gln. (181) und (182) lassen sich zusammenfassen zur Vektordifferentialgleichung

$$\frac{\mathrm{d}}{\mathrm{d}t}\begin{bmatrix}\tilde{\boldsymbol{z}}\\ \tilde{\boldsymbol{\lambda}}\end{bmatrix} = \begin{bmatrix}\boldsymbol{A} & -\boldsymbol{B}\boldsymbol{R}^{-1}\boldsymbol{B}'\\ -\boldsymbol{Q} & -\boldsymbol{A}'\end{bmatrix}\begin{bmatrix}\tilde{\boldsymbol{z}}\\ \tilde{\boldsymbol{\lambda}}\end{bmatrix}, \tag{183}$$

wobei die Anfangsbedingungen

$$\tilde{\boldsymbol{z}}(t_0) = \boldsymbol{z}_0$$

und nach Gl. (177b) mit $S = (1/2)\,\boldsymbol{z}'\boldsymbol{M}\boldsymbol{z}$ die Randbedingung

$$\tilde{\boldsymbol{\lambda}}(t_1) = \boldsymbol{M}\tilde{\boldsymbol{z}}(t_1) \tag{184}$$

gestellt sind. Die Übergangsmatrix, die durch Gl. (183) festliegt, wird mit

$$\boldsymbol{\Phi}(t, t_1) = \begin{bmatrix}\boldsymbol{\Phi}_1(t, t_1) & \boldsymbol{\Phi}_2(t, t_1)\\ \boldsymbol{\Phi}_3(t, t_1) & \boldsymbol{\Phi}_4(t, t_1)\end{bmatrix} \tag{185}$$

bezeichnet, so daß

$$\tilde{\boldsymbol{z}}(t) = \boldsymbol{\Phi}_1(t, t_1)\,\tilde{\boldsymbol{z}}(t_1) + \boldsymbol{\Phi}_2(t, t_1)\,\tilde{\boldsymbol{\lambda}}(t_1)$$

und

$$\tilde{\boldsymbol{\lambda}}(t) = \boldsymbol{\Phi}_3(t, t_1)\,\tilde{\boldsymbol{z}}(t_1) + \boldsymbol{\Phi}_4(t, t_1)\,\tilde{\boldsymbol{\lambda}}(t_1)$$

geschrieben werden kann. Ersetzt man in diesen Gleichungen $\tilde{\boldsymbol{\lambda}}(t_1)$ nach Gl. (184) durch $\boldsymbol{M}\tilde{\boldsymbol{z}}(t_1)$ und substituiert man anschließend $\tilde{\boldsymbol{z}}(t_1)$ in der zweiten Gleichung durch die erste, dann ergibt sich

$$\tilde{\boldsymbol{\lambda}}(t) = [\boldsymbol{\Phi}_3(t, t_1) + \boldsymbol{\Phi}_4(t, t_1)\,\boldsymbol{M}]\,[\boldsymbol{\Phi}_1(t, t_1) + \boldsymbol{\Phi}_2(t, t_1)\,\boldsymbol{M}]^{-1}\,\tilde{\boldsymbol{z}}(t)$$

oder

$$\tilde{\boldsymbol{\lambda}}(t) = \boldsymbol{P}(t)\,\tilde{\boldsymbol{z}}(t) \tag{186}$$

mit

$$\boldsymbol{P}(t) = [\boldsymbol{\Phi}_3(t, t_1) + \boldsymbol{\Phi}_4(t, t_1)\,\boldsymbol{M}]\,[\boldsymbol{\Phi}_1(t, t_1) + \boldsymbol{\Phi}_2(t, t_1)\,\boldsymbol{M}]^{-1}. \tag{187}$$

Es kann gezeigt werden, daß die hierbei auftretende Inverse für alle $t_0 \leqq t \leqq t_1$ existiert, so daß die Gl. (186) stets Gültigkeit hat. Führt man Gl. (186) in Gl. (180) ein, dann erhält man schließlich

$$\tilde{\boldsymbol{x}}(t) = -\boldsymbol{R}^{-1}(t)\,\boldsymbol{B}'(t)\,\boldsymbol{P}(t)\,\tilde{\boldsymbol{z}}(t). \tag{188}$$

Mit Gl. (188) ist eine Extremale des Problems in Abhängigkeit vom zugehörigen Zustandsvektor gefunden. Diese Extremale ist eindeutig und liefert, wie sich zeigen läßt, in der Tat ein Minimum des betrachteten Güteindexes Gl. (168), das gegeben ist durch

$$J[\tilde{\boldsymbol{x}}(t)] = \frac{1}{2}\,\boldsymbol{z}_0'\boldsymbol{P}(t_0)\,\boldsymbol{z}_0.$$

Zur expliziten Angabe des Regelgesetzes Gl. (188) ist die Kenntnis der Matrix $\boldsymbol{P}(t)$ erforderlich, die ihrerseits die Bestimmung der Übergangsmatrix $\boldsymbol{\Phi}(t, t_1)$ Gl. (185) voraussetzt, was für zeitvariante Systeme im allgemeinen nur numerisch erfolgen kann. Zur Bestimmung der Matrix $\boldsymbol{P}(t)$ kann aber auch eine Differentialgleichung aufgestellt werden. Zur Herleitung dieser Gleichung wird Gl. (186) zunächst nach t differenziert, und danach werden $\mathrm{d}\tilde{\boldsymbol{z}}(t)/\mathrm{d}t$, $\mathrm{d}\tilde{\boldsymbol{\lambda}}(t)/\mathrm{d}t$ und $\tilde{\boldsymbol{\lambda}}(t)$ aufgrund der Gln. (183) und (186) substituiert. Auf diese Weise erhält man die Beziehung

$$\left(\frac{\mathrm{d}\boldsymbol{P}}{\mathrm{d}t} + \boldsymbol{PA} - \boldsymbol{PBR}^{-1}\boldsymbol{B}'\boldsymbol{P} + \boldsymbol{Q} + \boldsymbol{A}'\boldsymbol{P}\right)\tilde{\boldsymbol{z}}(t) = \boldsymbol{0},$$

welche im gesamten Intervall $t_0 \leqq t \leqq t_1$ für beliebige Wahl des Anfangszustandes bestehen muß. Damit ergibt sich für $\boldsymbol{P}(t)$ die (Riccatische) Matrizen-Differentialgleichung

$$\frac{\mathrm{d}\boldsymbol{P}}{\mathrm{d}t} = \boldsymbol{PBR}^{-1}\boldsymbol{B}'\boldsymbol{P} - \boldsymbol{A}'\boldsymbol{P} - \boldsymbol{PA} - \boldsymbol{Q} \tag{189a}$$

mit der Randbedingung

$$\boldsymbol{P}(t_1) = \boldsymbol{M}, \tag{189b}$$

die der Gl. (187) unter Verwendung der Eigenschaft $\boldsymbol{\Phi}(t_1, t_1) = \boldsymbol{E}$ entnommen werden kann. Da sowohl $\boldsymbol{P}$ als auch $\boldsymbol{P}'$ die Differentialgleichung (189a) erfüllt und $\boldsymbol{P}(t_1) = \boldsymbol{M} = \boldsymbol{P}'(t_1)$ gelten muß, folgt aus der Eindeutigkeit der Lösung einer Differentialgleichung mit gegebener Anfangsbedingung, daß $\boldsymbol{P}$ für alle t ($t_0 \leqq t \leqq t_1$) symmetrisch sein muß. Die Gl. (189a) enthält daher $q(q+1)/2$ skalare nichtlineare Differentialgleichungen erster Ordnung, die numerisch integriert werden können.

Es sollen noch die folgenden abschließenden Bemerkungen gemacht werden:

1. Wendet man die oben abgeleiteten Ergebnisse auf den Sonderfall eines linearen zeitinvarianten Systems an und verwendet man im Güteindex Gl. (168) von der Zeit unabhängige Matrizen $\boldsymbol{R}$ und $\boldsymbol{Q}$, dann ist die Matrix $-\boldsymbol{R}^{-1}\boldsymbol{B}'\boldsymbol{P}(t)$, durch welche der Zusammenhang zwischen der optimalen Erregung $\boldsymbol{x}(t)$ und dem zugehörigen Zustandsvektor $\tilde{\boldsymbol{z}}(t)$ gemäß Gl. (188) hergestellt wird, im allgemeinen von der Zeit abhängig, so daß das rückgekoppelte System zeitvariant wird. Es läßt sich jedoch zeigen, daß unter der Voraussetzung der Steuerbarkeit des Systems im Falle $t_1 = \infty$ mit $\boldsymbol{M} = \boldsymbol{0}$ stets eine optimale Lösung

$$\tilde{\boldsymbol{x}}(t) = -\boldsymbol{R}^{-1}\boldsymbol{B}'\overline{\boldsymbol{P}}\tilde{\boldsymbol{z}}(t)$$

mit einer eindeutigen, konstanten Matrix $\overline{\boldsymbol{P}}$ existiert, die als Grenzwert der Lösung $\boldsymbol{P}(t)$ der Riccatischen Matrizendifferentialgleichung (189a) für $t_1 \to \infty$ ermittelt werden kann.

2. Die Hamiltonsche Funktion $H(\boldsymbol{z}, \boldsymbol{x}, t)$ Gl. (174) ist für $\boldsymbol{x} = \tilde{\boldsymbol{x}}$ (und $\boldsymbol{z} = \tilde{\boldsymbol{z}}$) im Intervall $t_0 \leqq t \leqq t_1$ konstant, falls die in Gl. (174) auftretenden Funktionen L und $\boldsymbol{f}$ nicht explizit von t abhängen.

Die Richtigkeit dieser Aussage läßt sich dadurch nachweisen, daß man mit Gl. (174) den Differentialquotienten

$$\frac{\mathrm{d}H}{\mathrm{d}t} = \frac{\partial L}{\partial \boldsymbol{z}} \cdot \frac{\mathrm{d}\boldsymbol{z}}{\mathrm{d}t} + \frac{\partial L}{\partial \boldsymbol{x}} \cdot \frac{\mathrm{d}\boldsymbol{x}}{\mathrm{d}t} + \frac{\mathrm{d}\boldsymbol{\lambda}'}{\mathrm{d}t}\boldsymbol{f} + \boldsymbol{\lambda}'\left(\frac{\partial \boldsymbol{f}}{\partial \boldsymbol{z}} \cdot \frac{\mathrm{d}\boldsymbol{z}}{\mathrm{d}t} + \frac{\partial \boldsymbol{f}}{\partial \boldsymbol{x}}\frac{\mathrm{d}\boldsymbol{x}}{\mathrm{d}t}\right)$$

bildet. Ersetzt man $\boldsymbol{f}$ nach Gl. (9a) durch $\mathrm{d}\boldsymbol{z}/\mathrm{d}t$, faßt man dann alle Terme mit dem Faktor $\mathrm{d}\boldsymbol{z}/\mathrm{d}t$ und alle Terme mit dem Faktor $\mathrm{d}\boldsymbol{x}/\mathrm{d}t$ zusammen und beachtet man schließlich die Definitionsgleichung (174) für $H(\boldsymbol{z}, \boldsymbol{x})$, dann entsteht die Beziehung

$$\frac{\mathrm{d}H}{\mathrm{d}t} = \left(\frac{\partial H}{\partial \boldsymbol{z}} + \frac{\mathrm{d}\boldsymbol{\lambda}'}{\mathrm{d}t}\right)\frac{\mathrm{d}\boldsymbol{z}}{\mathrm{d}t} + \frac{\partial H}{\partial \boldsymbol{x}} \cdot \frac{\mathrm{d}\boldsymbol{x}}{\mathrm{d}t}.$$

Führt man hier die Gln. (176) und (177a) ein, so ergibt sich $\mathrm{d}H/\mathrm{d}t = 0$ für $\boldsymbol{x} = \tilde{\boldsymbol{x}}$.

3. Bisher wurde angenommen, daß t_1 festliegt und $\boldsymbol{z}(t_1)$ nicht vorgeschrieben ist. Auf diese Einschränkung kann man verzichten. Ein Verzicht auf die Fixierung von t_1 hat in δJ_e Gl. (175) zur Folge, daß der Klammerausdruck außerhalb des Integrals durch den Ausdruck

$$\left[\left(H + \frac{\partial S}{\partial t}\right)\delta t_1\right]_{t=t_1}$$

zu ergänzen ist. In diesem Fall ergibt sich also bei der Bestimmung der Extremalen wegen der Wahlfreiheit in δt_1 die Forderung

$$\left[H + \frac{\partial S}{\partial t}\right]_{\substack{\boldsymbol{x}=\tilde{\boldsymbol{x}} \\ t=t_1}} = 0,$$

welche bei nicht spezifiziertem $\boldsymbol{z}(t_1)$, also beliebig wählbarem $\delta\boldsymbol{z}(t_1)$ zu den Bedingungen Gln. (177b) hinzukommt und bei vorgeschriebenem $\boldsymbol{z}(t_1) = \boldsymbol{z}_1$ zusammen mit der Randbedingung $\tilde{\boldsymbol{z}}(t_1) = \boldsymbol{z}_1$ die Gln. (177b) ersetzt. Hierbei ist zu beachten, daß t_1 eine zusätzliche Unbekannte ist. — Liegt nun aber neben t_1 auch $\boldsymbol{z}(t_1) = \boldsymbol{z}_1$ fest, dann gilt $\delta t_1 = 0$ und $\delta\boldsymbol{z}(t_1) = \boldsymbol{0}$, und die Gln. (177b) werden einfach durch die Randbedingung $\tilde{\boldsymbol{z}}(t_1) = \boldsymbol{z}_1$ ersetzt.

Beispiel: Ein eindimensionales System sei durch die Zustandsgleichung

$$\frac{\mathrm{d}z}{\mathrm{d}t} = az + bx \tag{190a}$$

mit nicht verschwindenden konstanten Parametern a und b gegeben. Das interessierende Zeitintervall sei $0 \leq t \leq 1$, und als Anfangsbedingung sei

$$z(0) = 1$$

vorgeschrieben. Das Eingangssignal soll derart bestimmt werden, daß der Güteindex

$$J[x(t)] = \frac{m}{2}\, z^2(1) + \int_0^1 x^2(t)\, \mathrm{d}t$$

mit $m > 0$ ein Minimum wird.

Die Hamiltonsche Funktion Gl. (174) lautet hier

$$H(z, x) = x^2 + \lambda(az + bx). \tag{191}$$

Damit erhält man aufgrund der Gln. (177a, b)

$$\frac{\mathrm{d}\tilde{\lambda}}{\mathrm{d}t} = -a\tilde{\lambda} \tag{190b}$$

und

$$\tilde{\lambda}(1) = m\tilde{z}(1) \tag{190c}$$

und nach Gl. (176)

$$2\tilde{x} + b\tilde{\lambda} = 0 \tag{190d}$$

Aus den Gln. (190a, b, d) ergibt sich gemäß Gl. (183) die Vektordifferentialgleichung

$$\frac{\mathrm{d}}{\mathrm{d}t}\begin{bmatrix}\tilde{z}\\ \tilde{\lambda}\end{bmatrix} = \begin{bmatrix} a & -\dfrac{b^2}{2} \\ 0 & -a \end{bmatrix}\begin{bmatrix}\tilde{z}\\ \tilde{\lambda}\end{bmatrix}$$

mit der Übergangsmatrix entsprechend Gl. (185)

$$\boldsymbol{\Phi}(t, 1) = \begin{bmatrix} \mathrm{e}^{a(t-1)} & \dfrac{b^2}{4a}\,(\mathrm{e}^{-a(t-1)} - \mathrm{e}^{a(t-1)}) \\ 0 & \mathrm{e}^{-a(t-1)} \end{bmatrix}. \tag{192}$$

Hieraus erhält man gemäß Gl. (187) die skalare Funktion

$$p(t) = \frac{m\,\mathrm{e}^{-a(t-1)}}{\mathrm{e}^{a(t-1)} + \dfrac{mb^2}{4a}\,[\mathrm{e}^{-a(t-1)} - \mathrm{e}^{a(t-1)}]}$$

und mit deren Hilfe die gesuchte optimale Lösung in Form des Regelgesetzes

$$\begin{aligned}\tilde{x}(t) &= -\frac{2abm\,\mathrm{e}^{-2a(t-1)}}{4a - mb^2 + mb^2\,\mathrm{e}^{-2a(t-1)}}\,\tilde{z}(t)\\ &= k(t)\,\tilde{z}(t).\end{aligned}$$

Durch Auflösung der hiermit aus Gl. (190a) gewonnenen rückgekoppelten Systemgleichung

$$\frac{\mathrm{d}\tilde{z}}{\mathrm{d}t} = a\tilde{z} + bk(t)\,\tilde{z} = [a + bk(t)]\,\tilde{z}$$

kann die optimale Lösung $\tilde{x}(t)$ auch explizit angegeben werden.

Ist im Gegensatz zur bisherigen Aufgabenstellung die Randbedingung $z(1) = 0$ vorgeschrieben, dann tritt anstelle von Gl. (190c) die Forderung $\tilde{z}(1) = 0$, und mit Hilfe der Übergangsmatrix Gl. (192) ergibt sich

$$\begin{bmatrix}\tilde{z}(t)\\ \tilde{\lambda}(t)\end{bmatrix} = \boldsymbol{\Phi}(t, 1)\begin{bmatrix}0\\ \tilde{\lambda}(1)\end{bmatrix} = \tilde{\lambda}(1)\begin{bmatrix}\dfrac{b^2}{4a}\,[\mathrm{e}^{-a(t-1)} - \mathrm{e}^{a(t-1)}] \\ \mathrm{e}^{-a(t-1)}\end{bmatrix}. \tag{193}$$

Setzt man hier $t = 0$, dann liefert die Anfangsbedingung $\tilde{z}(0) = 1$ den Wert

$$\tilde{\lambda}(1) = \frac{4a}{b^2(\mathrm{e}^{a} - \mathrm{e}^{-a})}, \tag{194}$$

und damit ergibt sich

$$\tilde{\lambda}(t) = \frac{4a\,\mathrm{e}^{a}}{b^2(\mathrm{e}^{a} - \mathrm{e}^{-a})}\,\mathrm{e}^{-at}.$$

Mit Gl. (190d) folgt hieraus die optimale Lösung

$$\tilde{x}(t) = \frac{2a}{b}\,\frac{\mathrm{e}^{2a}}{(1 - \mathrm{e}^{2a})}\,\mathrm{e}^{-at}. \tag{195}$$

Da durch Gl. (193) und (194) auch die optimale Zustandsgröße $\tilde{z}(t)$ explizit bekannt ist, läßt sich durch Einsetzen in Gl. (191) verifizieren, daß die Hamiltonsche Funktion einen konstanten Wert hat, nämlich

$$H(z, x) = \frac{-4a^2\, e^{2a}}{b^2(e^{2a} - 1)^2}.$$

Abschließend soll noch auf eine interessante Querverbindung zur Steuerbarkeit hingewiesen werden. Im Abschnitt 5.2 wurde als Lösung der Steuerbarkeitsbedingung Gl. (92) explizit ein Eingangssignal $\boldsymbol{x}(t)$ angegeben. Wertet man die dortige Formel für den vorliegenden Fall mit $t_1 = 1$ und $z_0 = 1$ aus, dann erhält man ein $x(t)$, das mit der durch Gl. (195) gegebenen Extremalen $x(t)$ identisch ist. Dieses interessante Ergebnis läßt sich insofern auf den Fall des mehrdimensionalen linearen, zeitinvarianten Systems verallgemeinern, als das im Abschnitt 5.2 angegebene Eingangssignal

$$\boldsymbol{x}(t) = -\boldsymbol{B}'\, e^{-\boldsymbol{A}'t} \boldsymbol{W}_s^{-1}(t_1)\, \boldsymbol{z}_0$$

den Anfangszustand $\boldsymbol{z}(0) = \boldsymbol{z}_0$ in den Endzustand $\boldsymbol{z}(t_1) = \boldsymbol{0}$ überführt und dabei den Güteindex

$$J[\boldsymbol{x}(t)] = \int_0^{t_1} \boldsymbol{x}'(t)\, \boldsymbol{x}(t) \mathrm{d}t$$

zum Minimum macht.

III. Signal- und Systembeschreibung mit Hilfe der Fourier-Transformation

1. Die Übertragungsfunktion

In diesem Abschnitt wird die Übertragungsfunktion eingeführt, und damit zugleich eine systemtheoretische Begründung für die Fourier-Transformation gegeben.

1.1. Der kontinuierliche Fall

Es wird ein lineares, zeitinvariantes, kontinuierliches System mit einem Eingang und einem Ausgang betrachtet, das über die Impulsantwort $h(t)$ (man vergleiche insbesondere die Gl. (46a) im Kapitel I) durch die Beziehung

$$y(t) = \int_{-\infty}^{\infty} x(t-\vartheta)\, h(\vartheta)\, \mathrm{d}\vartheta \tag{1}$$

beschrieben werden kann. Dabei ist wie bisher $x(t)$ das Eingangssignal, und $y(t)$ stellt das Ausgangssignal dar. Um in jedem Fall die Existenz des Ausgangssignals $y(t)$ zu sichern, soll die Stabilität des Systems im Sinne von Kapitel I, Gln. (13a, b) vorausgesetzt werden. Das hat die absolute Integrierbarkeit der Impulsantwort zur Folge, d. h. die Existenz des Integrals I von Gl. (49) aus Kapitel I. Nun wird als Eingangssignal die harmonische Exponentielle

$$x(t) = \mathrm{e}^{\mathrm{j}\omega t} \tag{2a}$$

gewählt, die bereits vom Zeitpunkt $t = -\infty$ an auf das System einwirkt. Nach Gl. (1) gewinnt man als entsprechendes Ausgangssignal

$$y(t) = \int_{-\infty}^{\infty} \mathrm{e}^{\mathrm{j}\omega(t-\vartheta)}\, h(\vartheta)\, \mathrm{d}\vartheta$$

oder

$$y(t) = \mathrm{e}^{\mathrm{j}\omega t} \int_{-\infty}^{\infty} h(\vartheta)\, \mathrm{e}^{-\mathrm{j}\omega\vartheta}\, \mathrm{d}\vartheta\,. \tag{2b}$$

Man pflegt das in Gl. (2b) stehende, nicht von der Zeit und nur von der Kreisfrequenz ω abhängige Integral als Funktion $H(\mathrm{j}\omega)$ abzukürzen:

$$H(\mathrm{j}\omega) = \int_{-\infty}^{\infty} h(\vartheta)\, \mathrm{e}^{-\mathrm{j}\omega\vartheta}\, \mathrm{d}\vartheta\,. \tag{3}$$

Diese Funktion heißt *Übertragungsfunktion* des Systems, da sie ähnlich wie die Impulsantwort $h(t)$ im Zeitbereich das Übertragungsverhalten des Systems im sogenannten Frequenzbereich charakterisiert, wie im einzelnen noch gezeigt wird. Die Gl. (2b) besagt, daß ein lineares, zeitinvariantes und stabiles System auf eine im Zeitpunkt $t = -\infty$ einsetzende harmonische Exponentielle $e^{j\omega t}$ mit einer gleichartigen Funktion reagiert, nämlich mit $H(j\omega)\, e^{j\omega t}$. Die auftretende Proportionalitätskonstante ist die nur von der Frequenz abhängige Übertragungsfunktion $H(j\omega)$. Weiterhin besagt die Gl. (2b) in Verbindung mit Gl. (2a), daß die Übertragungsfunktion $H(j\omega)$ eines linearen, zeitinvarianten und stabilen Systems[1]) als Quotient von Ausgangs- zu Eingangssignal gedeutet werden kann, sofern das Eingangssignal die Form von Gl. (2a) hat:

$$H(j\omega) = \left.\frac{y(t)}{x(t)}\right|_{x(t)=e^{j\omega t}} \tag{4}$$

Wird ein System der betrachteten Art durch die Differentialgleichung

$$\frac{d^q y}{dt^q} + \alpha_{q-1}\frac{d^{q-1}y}{dt^{q-1}} + \cdots + \alpha_0 y = \beta_q \frac{d^q x}{dt^q} + \beta_{q-1}\frac{d^{q-1}x}{dt^{q-1}} + \cdots + \beta_0 x$$

dargestellt, so erhält man hieraus aufgrund der Gln. (2a, b) für die Übertragungsfunktion $H(j\omega)$ nach Gl. (3) die Darstellung

$$H(j\omega) = \frac{\beta_q (j\omega)^q + \beta_{q-1}(j\omega)^{q-1} + \cdots + \beta_0}{(j\omega)^q + \alpha_{q-1}(j\omega)^{q-1} + \cdots + \alpha_0}. \tag{5}$$

Dies ist eine rationale Funktion in $j\omega$. Ersetzt man die Größe $j\omega$ in Gl. (5) durch p, dann kann die Funktion $H(p)$ bis auf einen konstanten Faktor durch ihre Pole und Nullstellen in der komplexen p-Ebene vollständig charakterisiert werden. Der Nennerausdruck in Gl. (5) stellt als Funktion von p das charakteristische Polynom des Systems dar, dessen Nullstellen wegen der vorausgesetzten Stabilität nach Kapitel II ausnahmslos in der linken Hälfte der p-Ebene ($\operatorname{Re} p < 0$) liegen müssen.

Läßt man nun die Eigenschaft der Zeitinvarianz fallen und betrachtet man ein lineares, im allgemeinen zeitvariantes und stabiles System mit einem Eingang und einem Ausgang, so tritt an die Stelle von Gl. (1) zunächst die Relation

$$y(t) = \int_{-\infty}^{\infty} x(\tau)\, h(t, \tau)\, d\tau \tag{6a}$$

(man vergleiche Gl. (40) aus Kapitel I). Es empfiehlt sich, den „Einschaltparameter" τ durch die Größe $\vartheta = t - \tau$ zu ersetzen. Dann erhält man mit der Impulsantwort

$$h(t, t - \vartheta) = b(t, \vartheta)$$

aus Gl. (6a) die Darstellung

$$y(t) = \int_{-\infty}^{\infty} x(t - \vartheta)\, b(t, \vartheta)\, d\vartheta. \tag{6b}$$

[1]) Die Stabilität stellt keine notwendige Voraussetzung für die Existenz der Übertragungsfunktion $H(j\omega)$ dar (man vergleiche die Bemerkungen nach Satz III.1). Es gibt auch instabile Systeme, für die $H(j\omega)$ existiert. Ein Beispiel bildet der ideale Tiefpaß (Abschnitt 2.3).

Nun wird auch hier das im Zeitpunkt $t = -\infty$ einsetzende harmonische Eingangssignal nach Gl. (2a) betrachtet. Nach Gl. (6b) wird dann das zugehörige Ausgangssignal

$$y(t) = e^{j\omega t} \int_{-\infty}^{\infty} b(t, \vartheta)\, e^{-j\omega\vartheta}\, d\vartheta . \tag{7}$$

Das hierbei auftretende Integral

$$H(j\omega, t) = \int_{-\infty}^{\infty} b(t, \vartheta)\, e^{-j\omega\vartheta}\, d\vartheta \tag{8}$$

wird als *verallgemeinerte Übertragungsfunktion* eingeführt, die nun allerdings außer von der Kreisfrequenz ω auch noch von der Zeit t abhängt. Diese Funktion geht bei Zeitinvarianz in die Übertragungsfunktion $H(j\omega)$ Gl. (3) über. Aufgrund der Gln. (2a) und (7) weist die durch Gl. (8) definierte Übertragungsfunktion $H(j\omega, t)$ ebenfalls die Eigenschaft gemäß Gl. (4) auf, d. h.

$$H(j\omega, t) = \left.\frac{y(t)}{x(t)}\right|_{x(t) = e^{j\omega t}} \tag{9}$$

Eine weitere Eigenschaft der Übertragungsfunktion eines reellen Systems läßt sich direkt der Definitionsgleichung (8) entnehmen:

$$H^*(j\omega, t) = H(-j\omega, t) . \tag{10}$$

Da die Übertragungsfunktion im allgemeinen eine komplexwertige Funktion ist, pflegt man

$$H(j\omega, t) = A(\omega, t)\, e^{-j\Theta(\omega, t)} \tag{11a}$$

oder

$$H(j\omega, t) = R(\omega, t) + jX(\omega, t) \tag{11b}$$

zu schreiben. Dabei ist $A(\omega, t)$ die Amplitudenfunktion, und $\Theta(\omega, t)$ stellt die Phasenfunktion[1]) dar. Im zeitinvarianten Fall entfallen die Abhängigkeiten von t; statt $A(\omega, t)$, $\Theta(\omega, t)$, $R(\omega, t)$ und $X(\omega, t)$ schreibt man dann einfach $A(\omega)$, $\Theta(\omega)$, $R(\omega)$ bzw. $X(\omega)$.

Es soll jetzt noch die Reaktion eines linearen, im allgemeinen zeitvarianten und stabilen Systems auf das bei $t = -\infty$ einsetzende Eingangssignal

$$x(t) = \cos \omega t \equiv \frac{1}{2}\, [e^{j\omega t} + e^{-j\omega t}] \tag{12}$$

ermittelt werden. Aus Gl. (9) gewinnt man die Reaktion auf das Signal $x_1(t) = e^{j\omega t}$ als

$$y_1(t) = T[e^{j\omega t}] = H(j\omega, t)\, e^{j\omega t} . \tag{13a}$$

---

[1]) Aus Gründen, die erst später (insbesondere Abschnitt 2.3) deutlich werden, ist es üblich, als Phase einer Übertragungsfunktion die negative Argumentfunktion zu wählen. Zur Vermeidung von Mißverständnissen wird hierbei stets die Bezeichnung Θ verwendet im Gegensatz zum Symbol Φ für die Argumentfunktion.

Entsprechend erhält man die Antwort auf das Eingangssignal $x_2(t) = \mathrm{e}^{-\mathrm{j}\omega t}$ als

$$y_2(t) = T[\mathrm{e}^{-\mathrm{j}\omega t}] = H(-\mathrm{j}\omega, t)\,\mathrm{e}^{-\mathrm{j}\omega t}. \tag{13b}$$

Da $x(t)$ nach Gl. (12) das arithmetische Mittel der den Ausgangssignalen von Gln. (13a, b) entsprechenden Eingangsgrößen ist, erhält man wegen der Linearität

$$y(t) = T[\cos \omega t] = \frac{1}{2}\,[y_1(t) + y_2(t)]$$

$$= \frac{1}{2}\,[H(\mathrm{j}\omega, t)\,\mathrm{e}^{\mathrm{j}\omega t} + H(-\mathrm{j}\omega, t)\,\mathrm{e}^{-\mathrm{j}\omega t}]$$

oder mit Gl. (10)

$$y(t) = \mathrm{Re}\,[H(\mathrm{j}\omega, t)\,\mathrm{e}^{\mathrm{j}\omega t}].$$

Bei Verwendung von Gl. (11a) wird schließlich

$$T[\cos \omega t] = A(\omega, t)\cos[\omega t - \Theta(\omega, t)]. \tag{14a}$$

Im Fall der Zeitinvarianz lautet dieses Ausgangssignal

$$T[\cos \omega t] = A(\omega)\cos[\omega t - \Theta(\omega)]. \tag{14b}$$

Die Gl. (14b) besagt: Ein harmonisches Eingangssignal der Kreisfrequenz ω ruft im stationären Zustand (Einschaltung bei $t = -\infty$) am Ausgang eines reellen, linearen, zeitinvarianten und stabilen Systems ein harmonisches Ausgangssignal *gleicher* Kreisfrequenz hervor. Das Eingangssignal und das Ausgangssignal unterscheiden sich nur in der Amplitude und in der Nullphase. Lineare zeitvariante Systeme besitzen diese Eigenschaft im allgemeinen nicht mehr, wie die Gl. (14a) erkennen läßt.

Man kann die Definitionsgleichung (3) bzw. (8) der Übertragungsfunktion als Operation betrachten, welche die Impulsantwort aus dem Zeitbereich in die Übertragungsfunktion im Frequenzbereich transformiert. Diese Transformation ist allgemein als *Fourier-Transformation* bekannt. In diesem Sinne ist die Übertragungsfunktion die Fourier-Transformierte der entsprechenden Impulsantwort. Im Abschnitt 2 soll der Übergang vom Zeitbereich in den Frequenzbereich näher untersucht werden.

1.2. Der diskontinuierliche Fall

Die im Abschnitt 1.1 durchgeführten Untersuchungen lassen sich direkt auf lineare *diskontinuierliche* Systeme mit einem Eingang und einem Ausgang übertragen. Im Fall der Zeitinvarianz, welcher hier näher untersucht werden soll, entspricht der Gl. (1) die Gl. (46b) aus Kapitel I. Betrachtet man nun als Eingangsgröße die diskontinuierliche harmonische Exponentielle

$$x(n) = \mathrm{e}^{\mathrm{j}\omega nT}, \tag{15}$$

die aus der kontinuierlichen harmonischen Exponentiellen $\tilde{x}(t) = \mathrm{e}^{\mathrm{j}\omega t}$ durch Abtastung an den Stellen $t = nT$ mit beliebiger Abtastperiode $T > 0$ entsteht und die von $n = -\infty$ an auf das als stabil vorausgesetzte System[1]) einwirkt, dann erhält man als System-

[1]) Siehe hierzu die Fußnote 1 auf Seite 145.

antwort

$$y(n) = \sum_{\nu=-\infty}^{\infty} e^{j\omega(n-\nu)T} h(\nu)$$

oder

$$y(n) = e^{j\omega nT} \sum_{\nu=-\infty}^{\infty} h(\nu)\,(e^{j\omega T})^{-\nu}. \tag{16}$$

Die von der diskreten Zeit n unabhängige und nur von $e^{j\omega T}$ abhängige Summe

$$H(e^{j\omega T}) = \sum_{\nu=-\infty}^{\infty} h(\nu)\,(e^{j\omega T})^{-\nu} \tag{17}$$

wird als *Übertragungsfunktion* des diskontinuierlichen Systems eingeführt. Sie hat, wie aus den Gln. (15), (16) und (17) hervorgeht, die Eigenschaft

$$H(e^{j\omega T}) = \left.\frac{y(n)}{x(n)}\right|_{x(n)=e^{j\omega nT}}. \tag{18}$$

Diese Beziehung liefert für den Fall, daß die Eingangsgröße und die Ausgangsgröße des Systems durch die Differenzengleichung

$$y(n) + \alpha_{q-1}y(n-1) + \cdots + \alpha_0 y(n-q)$$
$$= \beta_q x(n) + \beta_{q-1}x(n-1) + \cdots + \beta_0 x(n-q) \tag{20a}$$

miteinander verknüpft sind, mit der Abkürzung

$$z = e^{j\omega T} \tag{19}$$

die rationale Funktion

$$H(z) = \frac{\beta_q z^q + \beta_{q-1}z^{q-1} + \cdots + \beta_0}{z^q + \alpha_{q-1}z^{q-1} + \cdots + \alpha_0} \tag{20b}$$

als eine Darstellung der Übertragungsfunktion. Wie die Gl. (17) zeigt, gilt bei einem reellen System stets

$$H(e^{-j\omega T}) = H^*(e^{j\omega T}). \tag{21}$$

Mit Hilfe von Gl. (18) kann man die Systemantwort auf eine bereits von $n = -\infty$ wirkende harmonische Erregung, etwa in der Form

$$x(n) = \cos \omega nT,$$

angeben, indem man dieses Signal als halbe Summe zweier diskreter harmonischen Exponentiellen auffaßt, die entsprechenden Systemreaktionen superponiert und Gl. (21) beachtet. In Analogie zum kontinuierlichen Fall ergibt sich für die Systemantwort

$$y(n) = |H(e^{j\omega T})| \cos\,[\omega nT + \arg H(e^{j\omega T})],$$

also ein diskontinuierliches harmonisches Signal, das die gleiche Kreisfrequenz ω aufweist wie das Eingangssignal. Damit ist gezeigt, daß die Übertragungsfunktion das Systemverhalten bei harmonischer Erregung charakterisiert. Man spricht davon, daß die Übertragungsfunktion bei variablem ω den *Frequenzgang* beschreibt. Dieser Frequenzgang ist — im Gegensatz zum kontinuierlichen Fall — in Abhängigkeit von ω eine periodische Funktion mit der Periode $2\pi/T$. Man kann den Frequenzgang wie bei kontinuierlichen Systemen durch Realteil und Imaginärteil oder durch Betrag und Phase darstellen. Läßt sich die Übertragungsfunktion in Form von Gl. (20b) ausdrücken, dann kann man sich das Verhalten des Frequenzganges wie im kontinuierlichen Fall durch die Pole und Nullstellen von $H(z)$ in der komplexen z-Ebene veranschaulichen. Dabei ist bemerkenswert, daß alle komplexen Pole und alle komplexen Nullstellen paarweise konjugiert auftreten, da $H(z)$ eine reelle Funktion ist, d. h. für reelle z-Werte reelle Funktionswerte liefert.

Die Gl. (17), durch welche die Übertragungsfunktion $H(e^{j\omega T})$ eingeführt wurde, kann als eine Operation betrachtet werden, durch welche die Impulsantwort $h(n)$ aus dem Zeitbereich in den Frequenzbereich transformiert wird. Wie noch gezeigt wird, kann unter bestimmten Voraussetzungen jedem diskontinuierlichen Signal eine Frequenzfunktion, ein Spektrum, zugeordnet werden. In diesem Sinne darf die Übertragungsfunktion als Spektrum der Impulsantwort betrachtet werden.

2. Die Fourier-Transformation

2.1. Transformation stetiger Funktionen

Es sei an die Möglichkeit erinnert, eine stetige Funktion $f(t)$ aufgrund der Ausblendeigenschaft der δ-Funktion darzustellen:

$$f(t) = \int_{-\infty}^{\infty} f(\tau)\, \delta(t-\tau)\, d\tau. \tag{22}$$

Diese Gleichung hat nur im Rahmen des Distributionen-Begriffs eine strenge mathematische Bedeutung. Weiterhin sei die folgende bekannte Grenzwert-Darstellung der δ-Funktion genannt (man vergleiche den Anhang A):

$$\delta(t) = \lim_{\Omega\to\infty} \delta_\Omega(t) \tag{23a}$$

mit

$$\delta_\Omega(t) = \frac{1}{2\pi}\int_{-\Omega}^{\Omega} e^{j\omega t}\, d\omega = \frac{\sin \Omega t}{\pi t}. \tag{23b}$$

Man schreibt anstelle der Gln. (23a, b) oft kurz

$$\delta(t) = \frac{1}{2\pi}\int_{-\infty}^{\infty} e^{j\omega t}\, d\omega. \tag{24}$$

Es wird nun in Gl. (22) für die (verallgemeinerte) Funktion $\delta(t-\tau)$ die (gewöhnliche) Funktion $\delta_\Omega(t-\tau)$ gemäß Gl. (23b) eingeführt. Dann erhält man statt $f(t)$ die Funktion

$$f_\Omega(t) = \int_{-\infty}^{\infty} f(\tau)\, \delta_\Omega(t-\tau)\, d\tau. \tag{25a}$$

Diese Funktion strebt unter bestimmten Voraussetzungen über $f(t)$ für $\Omega \to \infty$ gegen $f(t)$. Solche Voraussetzungen sind z. B. die absolute Integrierbarkeit, die Stetigkeit und die stückweise Glattheit der Funktion $f(t)$. Im folgenden sollen diese Voraussetzungen angenommen werden. Mit Gl. (23b) erhält man aus Gl. (25a)

$$f_\Omega(t) = \frac{1}{2\pi} \int_{-\infty}^{\infty} \int_{-\Omega}^{\Omega} f(\tau)\, \mathrm{e}^{\mathrm{j}\omega(t-\tau)}\, \mathrm{d}\omega\, \mathrm{d}\tau . \tag{25b}$$

Hierbei sind die Integrale als Riemannsche Integrale aufzufassen. Unter den über $f(t)$ gemachten Voraussetzungen darf die Reihenfolge der Integrationen in Gl. (25b) vertauscht werden. Damit ergibt sich

$$f_\Omega(t) = \frac{1}{2\pi} \int_{-\Omega}^{\Omega} \mathrm{e}^{\mathrm{j}\omega t} \int_{-\infty}^{\infty} f(\tau)\, \mathrm{e}^{-\mathrm{j}\omega\tau}\, \mathrm{d}\tau\, \mathrm{d}\omega . \tag{25c}$$

Da für $\Omega \to \infty$ die Funktion $f_\Omega(t)$ gegen $f(t)$ strebt, erhält man nun aus Gl. (25c) die Darstellung[1])

$$f(t) = \frac{1}{2\pi} \int_{-\infty}^{\infty} F(\mathrm{j}\omega)\, \mathrm{e}^{\mathrm{j}\omega t}\, \mathrm{d}\omega \tag{26}$$

mit der Abkürzung

$$F(\mathrm{j}\omega) = \int_{-\infty}^{\infty} f(t)\, \mathrm{e}^{-\mathrm{j}\omega t}\, \mathrm{d}t . \tag{27}$$

Die im vorstehenden gewonnenen Ergebnisse werden zusammengefaßt im

Satz III.1: Eine im Intervall $-\infty < t < \infty$ definierte stetige, stückweise glatte und absolut integrierbare Funktion $f(t)$ läßt sich mit Hilfe ihrer nach Gl. (27) definierten Fourier-Transformierten (Frequenzfunktion, Spektrum) $F(\mathrm{j}\omega)$ durch die Umkehrformel Gl. (26) darstellen.

Ergänzung: Die Voraussetzung der absoluten Integrierbarkeit von $f(t)$ kann im Satz III.1 durch die Forderung ersetzt werden, daß $f(t)$ die Gestalt $f(t) = g(t) \sin(\omega_0 t + \Phi_0)$ hat, wobei ω_0 und Φ_0 beliebige reelle Konstanten sind, $g(t)$ monoton abnimmt und $f(t)/t$ für $|t| > A > 0$ absolut integrierbar ist.

Die im Fourier-Integral $F(\mathrm{j}\omega)$ Gl. (27) vorkommende Größe ω heißt Kreisfrequenz in Anlehnung an die Untersuchungen im Abschnitt 1. Die zwischen den Funktionen $f(t)$ und $F(\mathrm{j}\omega)$ nach den Gln. (26) und (27) bestehende Zuordnung soll gelegentlich durch folgende symbolische Schreibweise ausgedrückt werden:

$$f(t) \circ\!\!- F(\mathrm{j}\omega) .$$

---

[1]) Ersetzt man das Integral in Gl. (26) näherungsweise durch eine Summe, dann kann man sich $f(t)$ durch Superposition harmonischer Schwingungen entstanden denken. Insofern läßt sich die Darstellung Gl. (26) als Überlagerung unendlich vieler harmonischer Schwingungen auffassen, deren Kreisfrequenzen kontinuierlich über $-\infty < \omega < \infty$ verteilt sind; hierbei würde $F(\mathrm{j}\omega)/2\pi$ die „Amplitudendichte“ dieser Schwingungen bedeuten.

Man spricht von der Zuordnung zwischen Zeitbereich und Frequenzbereich. Die im Zusammenhang mit der Fourier-Transformation auftretenden uneigentlichen Integrale sind im Sinne des Cauchyschen Hauptwertes zu verstehen, nämlich als

$$\int_{-\infty}^{\infty} = \lim_{A\to\infty} \int_{-A}^{A} .$$

Die im Satz III.1 gemachten Voraussetzungen für $f(t)$ stellen nur *hinreichende* Bedingungen dar. Obwohl diese Bedingungen schon viele der bei praktischen Anwendungen vorkommenden Funktionen erfüllen, existieren weitere Funktionsklassen, die in den Frequenzbereich und von dort zurück in den Zeitbereich transformiert werden können. So ist es möglich, aufgrund der in der Ergänzung zu Satz III.1 gemachten Aussage eine Reihe weiterer Funktionen durch ihre Fourier-Transformierte darzustellen. Ein Beispiel bildet offensichtlich die Funktion

$$f(t) = \frac{\sin \Omega t}{t} .$$

Bei Zulassung von Distributionen wird die Klasse von Funktionen, die durch ihre Frequenzfunktionen nach Gl. (26) darstellbar sind, wesentlich erweitert (man vergleiche Abschnitt 4 und den Anhang A).

Da die Fourier-Transformierte $F(j\omega)$ im allgemeinen eine komplexwertige Funktion ist, verwendet man auch die Darstellungen

$$F(j\omega) = R(\omega) + jX(\omega) \tag{28a}$$

und

$$F(j\omega) = A(\omega)\, e^{j\Phi(\omega)} . \tag{28b}$$

Dabei ist $R(\omega)$ die Realteilfunktion, $X(\omega)$ die Imaginärteilfunktion, während $A(\omega)$ die Amplitudenfunktion und $\Phi(\omega)$ die Phasenfunktion darstellt.

Unter der Voraussetzung, daß $f(t)$ eine *reellwertige* Zeitfunktion ist, lassen sich $R(\omega)$ und $X(\omega)$ aus Gl. (27) in der Form

$$R(\omega) = \int_{-\infty}^{\infty} f(t) \cos \omega t \, dt , \tag{29a}$$

$$X(\omega) = - \int_{-\infty}^{\infty} f(t) \sin \omega t \, dt \tag{29b}$$

darstellen. Hieraus ist zu erkennen, daß die Realteilfunktion $R(\omega)$ eine gerade und die Imaginärteilfunktion $X(\omega)$ eine ungerade Funktion in ω ist, d. h. $R(\omega) = R(-\omega)$ und $X(\omega) = -X(-\omega)$ gilt. Dies entspricht der bei reellem $f(t)$ direkt aus Gl. (27) ablesbaren Eigenschaft des Spektrums

$$F(-j\omega) = F^*(j\omega) .$$

Weiterhin ist sofort zu sehen, daß $A(\omega)$ eine gerade und $\Phi(\omega)$ eine ungerade Funktion von ω ist. Man beachte jedoch, daß die Phase nur bis auf ganzzahlige Vielfache von 2π eindeutig ist.

Aus der Umkehrformel Gl. (26) erhält man bei reellem $f(t)$ mit den in den Gln. (28a, b) eingeführten Bezeichnungen

$$f(t) = \frac{1}{2\pi} \int_{-\infty}^{\infty} [R(\omega) \cos \omega t - X(\omega) \sin \omega t] \, d\omega$$

oder bei Berücksichtigung von $R(\omega) = R(-\omega)$ und $X(\omega) = -X(-\omega)$

$$f(t) = \frac{1}{\pi} \int_{0}^{\infty} [R(\omega) \cos \omega t - X(\omega) \sin \omega t] \, d\omega \tag{30a}$$

und weiterhin

$$f(t) = \frac{1}{\pi} \int_{0}^{\infty} A(\omega) \cos [\omega t + \Phi(\omega)] \, d\omega . \tag{30b}$$

Die gewonnenen Darstellungen vereinfachen sich, wenn $f(t)$ eine *gerade* Funktion ist, d. h. $f(t) = f(-t)$ gilt. Dann lauten die Gln. (29a, b)

$$R(\omega) = 2 \int_{0}^{\infty} f(t) \cos \omega t \, dt ; \qquad X(\omega) \equiv 0 , \tag{31}$$

und aus Gl. (30a) folgt

$$f(t) = \frac{1}{\pi} \int_{0}^{\infty} R(\omega) \cos \omega t \, d\omega . \tag{32}$$

Die Bedingung $X(\omega) \equiv 0$ ist kennzeichnend dafür, daß die reelle Zeitfunktion $f(t)$ gerade ist.

In entsprechender Weise lassen sich einfache Darstellungen angeben, wenn $f(t)$ eine *ungerade* Funktion ist. Aus den Gln. (29a, b) folgt dann

$$R(\omega) \equiv 0 ; \qquad X(\omega) = -2 \int_{0}^{\infty} f(t) \sin \omega t \, dt , \tag{33}$$

und aus Gl. (30a)

$$f(t) = -\frac{1}{\pi} \int_{0}^{\infty} X(\omega) \sin \omega t \, d\omega . \tag{34}$$

Die Bedingung $R(\omega) \equiv 0$ ist kennzeichnend dafür, daß die reelle Zeitfunktion $f(t)$ ungerade ist.

Man kann nun eine reelle Zeitfunktion $f(t)$, die im allgemeinen weder gerade noch ungerade ist, in die Summe von geradem und ungeradem Anteil zerlegen:

$$f(t) = f_g(t) + f_u(t) . \tag{35a}$$

Hierbei ist

$$f_g(t) = \frac{1}{2}\,[f(t) + f(-t)], \tag{35b}$$

$$f_u(t) = \frac{1}{2}\,[f(t) - f(-t)]. \tag{35c}$$

Die Gültigkeit der Gl. (35a) mit den in den Gln. (35b, c) eingeführten Funktionen ist offensichtlich. Führt man $f(t)$ nach Gl. (35a) in Gl. (27) ein und berücksichtigt man, daß $f_g(t)$ ein rein reelles und $f_u(t)$ ein rein imaginäres Spektrum hat, so erhält man für die Realteilfunktion $R(\omega)$ des Spektrums von $f(t)$ und die zugehörige Imaginärteilfunktion $X(\omega)$ gemäß den Gln. (31) und (33)

$$R(\omega) = 2\int_0^\infty f_g(t)\cos\omega t\,\mathrm{d}t, \tag{36a}$$

$$X(\omega) = -2\int_0^\infty f_u(t)\sin\omega t\,\mathrm{d}t. \tag{36b}$$

Das Spektrum des geraden Teils $f_g(t)$ liefert also die Realteilfunktion des Spektrums von $f(t)$, während die Imaginärteilfunktion durch das Spektrum des ungeraden Teiles $f_u(t)$ gegeben wird. Gemäß den Gln. (32) und (34) gewinnt man

$$f_g(t) = \frac{1}{\pi}\int_0^\infty R(\omega)\cos\omega t\,\mathrm{d}\omega \tag{37a}$$

und

$$f_u(t) = -\frac{1}{\pi}\int_0^\infty X(\omega)\sin\omega t\,\mathrm{d}\omega. \tag{37b}$$

Mit Hilfe der oben eingeführten symbolischen Schreibweise läßt sich damit bei einer reellen Funktion stets

$$f_g(t) \circ\!\!- R(\omega),$$

$$f_u(t) \circ\!\!- \mathrm{j}X(\omega)$$

schreiben.

Ist $f(t)$ eine komplexwertige Zeitfunktion und bezeichnet $F(\mathrm{j}\omega)$ ihre Fourier-Transformierte, dann gilt die Zuordnung

$$f^*(t) \circ\!\!- F^*(-\mathrm{j}\omega).$$

Diese Korrespondenz ergibt sich, wenn man $F^*(-\mathrm{j}\omega)$ gemäß Gl. (26) in den Zeitbereich zurücktransformiert.

Es sei noch auf folgendes hingewiesen: Die Impulsantwort $h(t)$ eines linearen, zeitinvarianten und stabilen Systems mit einem Eingang und einem Ausgang ist, wenn man von einem möglichen δ-Anteil absieht, absolut integrierbar. Damit existiert die Fourier-Transformierte von $h(t)$, d. h. in Übereinstimmung mit der Aussage von Gl. (3) die

Übertragungsfunktion $H(j\omega)$. Ist die Impulsantwort darüber hinaus stetig und stückweise glatt, dann läßt sie sich nach Satz III.1 aus $H(j\omega)$ durch Anwendung der Fourier-Umkehrformel gewinnen[1]):

$$h(t) = \frac{1}{2\pi} \int_{-\infty}^{\infty} H(j\omega)\, e^{j\omega t}\, d\omega$$

oder

$$h(t) = \frac{1}{\pi} \int_{0}^{\infty} A(\omega) \cos\left[\omega t - \Theta(\omega)\right] d\omega . \tag{38}$$

2.2. *Transformation von Funktionen mit Sprungstellen, das Gibbssche Phänomen*

Es werden jetzt Zeitfunktionen $f(t)$ mit den im Satz III.1 geforderten Eigenschaften betrachtet, wobei jedoch endlich viele Sprungstellen zugelassen sein mögen. Auch dann ändert sich an den Überlegungen, die zu den Gln. (26) und (27) führten, nichts, wenn man von den t-Abszissen absieht, die den Sprungstellen entsprechen. Es soll nun das Verhalten der durch die Umkehrformel Gl. (26) gelieferten Funktion an einer Sprungstelle untersucht werden, die sich im Zeitnullpunkt befinden möge (Bild 52). Die im Nullpunkt unstetige Funktion $f(t)$ läßt sich als Summe

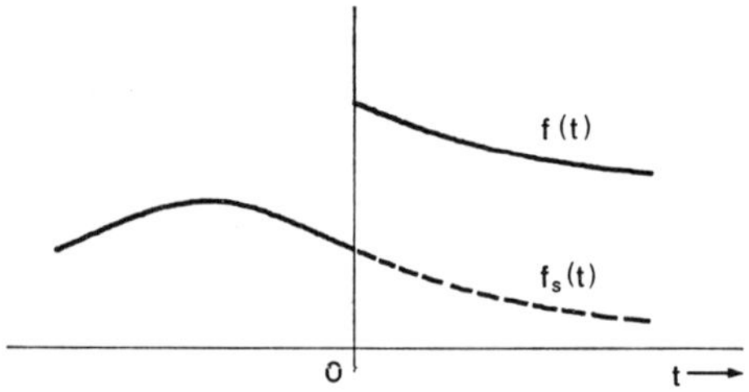

Bild 52: Zeitfunktion $f(t)$ mit einem Sprung im Nullpunkt. Die Funktion $f_s(t)$ stimmt für $t < 0$ mit $f(t)$ überein und unterscheidet sich von ihr um die Sprunghöhe $[f(0+) - f(0-)]$ für $t > 0$.

$$f(t) = f_s(t) + [f(0+) - f(0-)]\, s(t) \tag{39}$$

schreiben, wobei $f_s(t)$ mit $f(t)$ für $t < 0$ übereinstimmt und für $t > 0$ gegenüber $f(t)$ nach Bild 52 um $[f(0+) - f(0-)]$ verschoben ist, so daß sich $f_s(t)$ im Nullpunkt stetig verhält, also $f_s(0+) = f_s(0-) = f_s(0)$ gilt. Aus Gl. (25b) erhält man

$$f_\Omega(t) = \frac{1}{2\pi} \int_{-\infty}^{\infty} f(\tau) \int_{-\Omega}^{\Omega} e^{j\omega(t-\tau)}\, d\omega\, d\tau = \int_{-\infty}^{\infty} f(\tau)\, \frac{\sin \Omega(t-\tau)}{\pi(t-\tau)}\, d\tau$$

und daraus mit Gl. (39)

$$f_\Omega(t) = \int_{-\infty}^{\infty} f_s(\tau)\, \frac{\sin \Omega(t-\tau)}{\pi(t-\tau)}\, d\tau + [f(0+) - f(0-)] \int_{-\infty}^{\infty} s(\tau)\, \frac{\sin \Omega(t-\tau)}{\pi(t-\tau)}\, d\tau . \tag{40}$$

[1]) Auf das Verhalten der durch die Umkehrformel gelieferten Zeitfunktion an Unstetigkeitsstellen wird im Abschnitt 2.2 eingegangen.

Diese Funktion strebt an allen t-Stellen mit Ausnahme der Unstetigkeitsstellen für $\Omega \to \infty$ gegen $f(t)$. Da das erste Integral in Gl. (40) an allen Stetigkeitsstellen von $f_s(t)$, insbesondere an der Stelle $t = 0$, gegen diese Funktion strebt[1]), genügt es für das Studium des Verhaltens von $f_\Omega(t)$ in der Umgebung des Nullpunktes für $\Omega \to \infty$, das zweite Integral

$$s_\Omega(t) = \int_0^\infty \frac{\sin \Omega(t - \tau)}{\pi(t - \tau)} \, d\tau \tag{41a}$$

zu untersuchen. Mit $\Omega(t - \tau) = \xi$ wird

$$s_\Omega(t) = \int_{-\infty}^{\Omega t} \frac{\sin \xi}{\pi \xi} \, d\xi = \int_{-\infty}^{0} \frac{\sin \xi}{\pi \xi} \, d\xi + \frac{1}{\pi} \int_0^{\Omega t} \frac{\sin \xi}{\xi} \, d\xi .$$

Unter Verwendung des Integralsinus

$$\mathrm{Si}\,(x) = \int_0^x \frac{\sin \xi}{\xi} \, d\xi ,$$

dessen Grenzwert für $x \to \infty$ gleich $\pi/2$ ist, erhält man schließlich

$$s_\Omega(t) = \frac{1}{2} + \frac{1}{\pi} \,\mathrm{Si}\,(\Omega t) . \tag{41b}$$

Die Gl. (40) läßt sich jetzt auch in der Form

$$f_\Omega(t) = \int_{-\infty}^{\infty} f_s(\tau) \frac{\sin \Omega(t - \tau)}{\pi(t - \tau)} \, d\tau + [f(0+) - f(0-)] \, s_\Omega(t) \tag{42}$$

schreiben. Im Bild 53 ist der Verlauf der Funktion $s_\Omega(t)$ dargestellt. Mit Hilfe dieses Kurvenverlaufs kann nun der Verlauf von $f_\Omega(t)$ in der Umgebung des Zeitnullpunktes

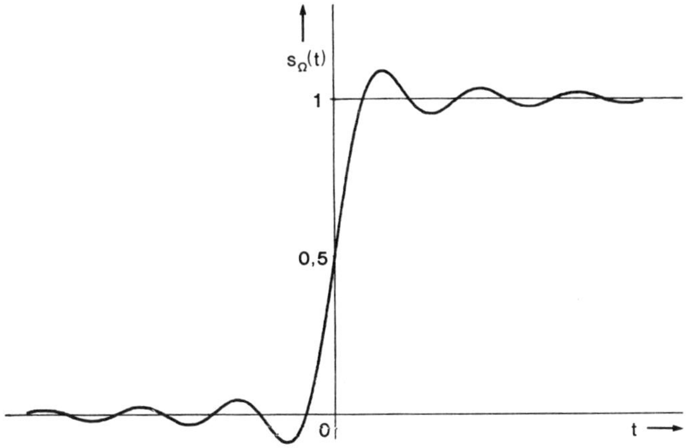

Bild 53:
Verlauf der Funktion $s_\Omega(t)$

[1]) Dies gilt, wie durch Einbeziehung von Distributionen gezeigt werden kann (Abschnitt 4), obwohl die Funktion $f_s(t)$ die Forderung der absoluten Integrierbarkeit verletzt.

für hinreichend großes Ω nach Gl. (42) angegeben werden, wobei man zu beachten hat, daß in der Umgebung des Nullpunktes für genügend großes Ω das erste Integral in Gl. (42) hinreichend gut mit $f_s(t)$ übereinstimmt. Bild 54 zeigt den Kurvenverlauf von $f_\Omega(t)$.

Es soll jetzt das Verhalten von $f_\Omega(t)$ beim Grenzübergang $\Omega \to \infty$ untersucht werden. Zunächst sei festgestellt, daß eine Vergrößerung von Ω für die Funktion $s_\Omega(t)$ nach Gl. (41b) nur eine Maßstabsänderung der Abszissenachse bewirkt, wobei die Stelle des Maximums und die Stellen der übrigen Extrema auf den Zeitnullpunkt zuwandern, ohne daß sich dabei die Ordinaten, insbesondere das Maximum von etwa 1,09 ändern. Dies bedeutet, daß bei zunehmendem Ω die Schwingungen von $f_\Omega(t)$ in der Nähe der

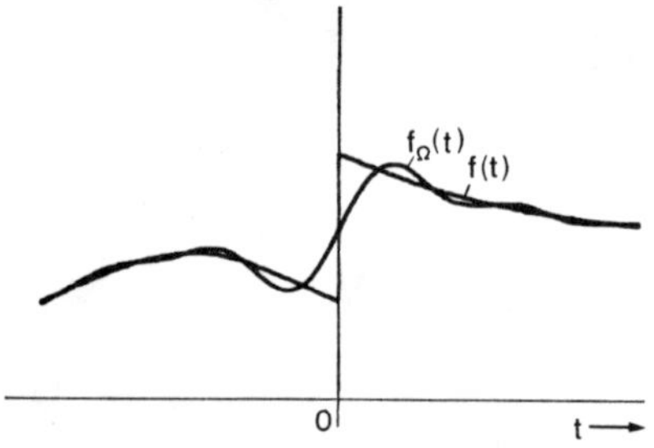

Bild 54: Verlauf der Funktion $f_\Omega(t)$ mit dem Gibbsschen Phänomen

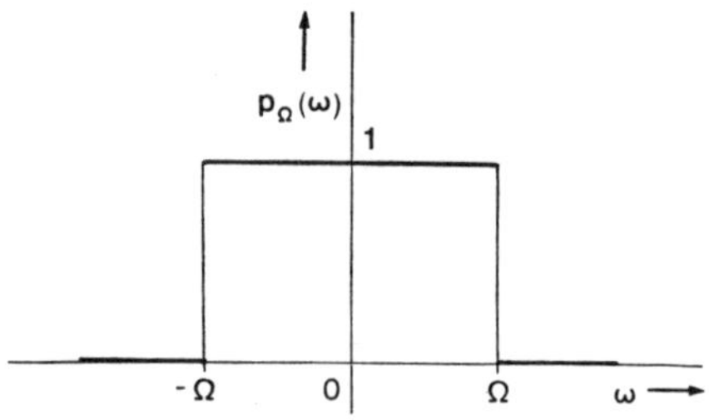

Bild 55: Rechteckförmige Funktion im Frequenzbereich

Sprungstelle immer näher an diese Stelle heranrücken. Obwohl die Stelle des Überschwingers, d. h. die Stelle des absoluten Maximums, für $\Omega \to \infty$ gegen $t = 0$ strebt, *bleibt die Höhe des Überschwingers von etwa* 9% *des Funktionssprungs* $[f(0+) - f(0-)]$ *unverändert.* Diese Erscheinung ist als *Gibbssches Phänomen* bekannt.

Mit Hilfe von Gl. (42) stellt man weiterhin fest, daß der Funktionswert von $f_\Omega(t)$ an der Stelle $t = 0$ für $\Omega \to \infty$ gegen $f(0-) + [f(0+) - f(0-)]/2 = [f(0+) + f(0-)]/2$ strebt, da das erste Integral in Gl. (42) für $t = 0$ und für $\Omega \to \infty$ gegen $f(0-)$ strebt und $s_\Omega(0)$ unabhängig von Ω gleich 1/2 ist. Es ist also

$$\lim_{\Omega \to \infty} f_\Omega(0) = \frac{f(0+) + f(0-)}{2}.$$

Definiert man die Funktion $f(t)$ an den Sprungstellen durch das arithmetische Mittel der links- und rechtsseitigen Grenzwerte, so liefert die Umkehrformel Gl. (26) die Funktionswerte $f(t)$ nicht nur an den Stetigkeitsstellen, sondern *auch* an den Sprungstellen.

Die Entstehung des Gibbsschen Phänomens soll im folgenden noch etwas näher studiert werden. Man kann sich die Funktion $f_\Omega(t)$ nach Gl. (25b) dadurch entstanden denken, daß man das Spektrum $F(\mathrm{j}\omega)$ Gl. (27) von $f(t)$ durch eine rechteckförmige Funktion (Bild 55)

$$p_\Omega(\omega) = \begin{cases} 1 & \text{für} \quad |\omega| < \Omega \\ 0 & \text{für} \quad |\omega| > \Omega \end{cases} \tag{43}$$

beschneidet, d. h. das Spektrum

$$F_\Omega(\mathrm{j}\omega) = p_\Omega(\omega)\, F(\mathrm{j}\omega) \tag{44a}$$

bildet, und sodann diese Funktion gemäß der Umkehrformel Gl. (26) in den Zeitbereich transformiert:

$$f_\Omega(t) = \frac{1}{2\pi} \int_{-\infty}^{\infty} F_\Omega(\mathrm{j}\omega)\, \mathrm{e}^{\mathrm{j}\omega t}\, \mathrm{d}\omega . \tag{44b}$$

Obwohl $f_\Omega(t)$ für $\Omega \to \infty$ gegen $f(t)$ strebt, vermag die Vergrößerung von Ω das Auftreten der Überschwinger an den Unstetigkeitsstellen (Gibbssches Phänomen) nicht zu verhindern. Dies liegt daran, daß das Spektrum $F_\Omega(\mathrm{j}\omega)$ aus dem Spektrum $F(\mathrm{j}\omega)$ nach

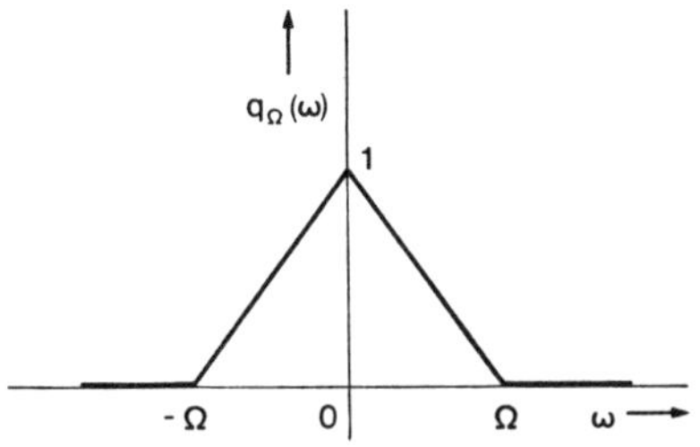

Bild 56:
Dreieckförmige Funktion im Frequenzbereich

Gl. (44a) durch *rechteckförmige* Beschneidung entsteht. Führt man stattdessen beispielsweise eine *dreieckförmige* Beschneidung mit Hilfe der Dreieck-Funktion (Bild 56)

$$q_\Omega(\omega) = \begin{cases} 1 - \dfrac{|\omega|}{\Omega} & \text{für} \quad |\omega| < \Omega \\ 0 & \text{für} \quad |\omega| > \Omega \end{cases} \tag{45a}$$

durch, indem man

$$G_\Omega(\mathrm{j}\omega) = q_\Omega(\omega)\, F(\mathrm{j}\omega) \tag{46a}$$

bildet, so erhält man als entsprechende Zeitfunktion nach den Gln. (26) und (27)

$$g_\Omega(t) = \frac{1}{2\pi} \int_{-\infty}^{\infty} \mathrm{e}^{\mathrm{j}\omega t} q_\Omega(\omega) \int_{-\infty}^{\infty} f(\tau)\, \mathrm{e}^{-\mathrm{j}\omega\tau}\, \mathrm{d}\tau\, \mathrm{d}\omega$$

$$= \int_{-\infty}^{\infty} f(\tau)\, \frac{1}{\pi} \int_{0}^{\Omega} \left(1 - \frac{\omega}{\Omega}\right) \cos \omega(t-\tau)\, \mathrm{d}\omega\, \mathrm{d}\tau$$

oder nach Ausführung der ω-Integration

$$g_\Omega(t) = \int_{-\infty}^{\infty} f(\tau)\, \frac{2 \sin^2 \dfrac{\Omega(t-\tau)}{2}}{\pi\Omega(t-\tau)^2}\, \mathrm{d}\tau . \tag{46b}$$

Da $G_\Omega(\mathrm{j}\omega)$ für $\Omega \to \infty$ nach Gl. (46a) gegen $F(\mathrm{j}\omega)$ strebt, muß $g_\Omega(t)$ gleichzeitig gegen $f(t)$ streben:

$$\lim_{\Omega \to \infty} g_\Omega(t) = f(t) . \tag{47}$$

Während bei rechteckförmiger Beschneidung des Spektrums $F(j\omega)$ die resultierende Zeitfunktion $f_\Omega(t)$ gemäß Gl. (25a) durch Faltung von $f(t)$ mit dem sogenannten *Fourierschen Kern*

$$\delta_\Omega(t) = \frac{\sin \Omega t}{\pi t}$$

gebildet wird, ergibt sich gemäß Gl. (46b) bei dreieckförmiger Beschneidung des Spektrums die Zeitfunktion $g_\Omega(t)$ durch Faltung von $f(t)$ mit dem sogenannten *Fejérschen Kern*

$$\varepsilon_\Omega(t) = \frac{2 \sin^2 \frac{\Omega t}{2}}{\pi \Omega t^2}. \tag{45b}$$

Da nicht nur $f_\Omega(t)$, sondern nach Gl. (47) auch $g_\Omega(t)$ mit $\Omega \to \infty$ gegen $f(t)$ strebt, konvergiert sowohl $\delta_\Omega(t)$ als auch $\varepsilon_\Omega(t)$ mit $\Omega \to \infty$ im Sinne der Distributionentheorie gegen $\delta(t)$.

Man kann jetzt auch das Verhalten der Funktion $g_\Omega(t)$ Gl. (46b) in der Umgebung der Sprungstelle $t = 0$ für $\Omega \to \infty$ untersuchen. Entsprechend der Darstellung von $f_\Omega(t)$ nach Gl. (40) erhält man für $g_\Omega(t)$ eine Darstellung, wobei statt der Fourier-Kerne nunmehr Fejér-Kerne auftreten. Das dem zweiten Integral in Gl. (40) entsprechende Integral ist

$$u_\Omega(t) = \int_{-\infty}^{\infty} s(\tau) \frac{2 \sin^2 \frac{\Omega(t-\tau)}{2}}{\pi \Omega (t-\tau)^2} \, d\tau$$

oder nach der Substitution $\Omega(t - \tau) = \xi$

$$u_\Omega(t) = \frac{2}{\pi} \int_{-\infty}^{\Omega t} \frac{\sin^2 \frac{\xi}{2}}{\xi^2} \, d\xi. \tag{48}$$

Diese Funktion $u_\Omega(t)$ ist im Gegensatz zur Funktion $s_\Omega(t)$ Gl. (41a) (man vergleiche Bild 57) eine monoton ansteigende Funktion, da der Integrand in Gl. (48) nie negativ wird. Deshalb strebt die Funktion $g_\Omega(t)$ nach Gl. (47) für $\Omega \to \infty$ ohne Überschwinger, d. h. ohne die Entstehung des Gibbsschen Phänomens, gegen $f(t)$ (Bild 57). Allerdings

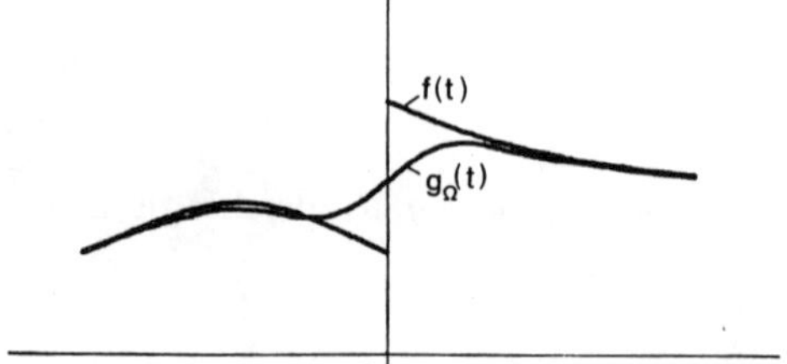

Bild 57: Verlauf der Funktion $g_\Omega(t)$, bei der das Gibbssche Phänomen nicht auftritt

erfolgt die Annäherung in der Umgebung der Unstetigkeitsstelle etwas langsamer als bei Rechteckbeschneidung. Da $u_\Omega(0) = 1/2$ ist, wie man der Gl. (48) entnehmen kann, gilt

$$\lim_{\Omega\to\infty} g_\Omega(0) = \frac{f(0+) + f(0-)}{2}.$$

2.3. *Der ideale Tiefpaß*

Zur Anwendung der bisher gewonnenen Ergebnisse soll der sogenannte *ideale Tiefpaß* diskutiert werden. Dieses System ist dadurch ausgezeichnet, daß das Spektrum $Y(j\omega)$ des Ausgangssignals $y(t)$ aus dem Spektrum $X(j\omega)$ des Eingangssignals $x(t)$ stets durch rechteckförmige Beschneidung mit der Funktion $A_0 p_{\omega_g}(\omega)$ und gleichzeitiger Multiplikation mit dem nur die Phase beeinflussenden Faktor $e^{-j\omega t_0}$ entsteht. Beim idealen Tiefpaß gilt also

$$Y(j\omega) = A_0 p_{\omega_g}(\omega)\, e^{-j\omega t_0} X(j\omega). \tag{49}$$

Hierbei bedeutet A_0 eine positive Konstante, t_0 (> 0) die sogenannte Laufzeit und ω_g die Grenzkreisfrequenz. Die Funktion $p_{\omega_g}(\omega)$ ist durch Gl. (43) definiert. Gemäß Gl. (25b) erhält man unter Berücksichtigung der Faktoren A_0 und $e^{-j\omega t_0}$ als Zusammenhang zwischen Ein- und Ausgangsgröße

$$y(t) = \int_{-\infty}^{\infty} x(\tau)\, A_0 \frac{\sin \omega_g(t - t_0 - \tau)}{\pi(t - t_0 - \tau)}\, d\tau. \tag{50}$$

Diese Relation entspricht der Gl. (41) in Kapitel I, weshalb die Impulsantwort des idealen Tiefpasses

$$h(t) = A_0 \frac{\sin \omega_g(t - t_0)}{\pi(t - t_0)} \tag{51a}$$

lautet (Bild 58). Da $h(t)$ für $t < 0$ nicht identisch verschwindet, stellt der ideale Tiefpaß ein nicht-kausales System dar. Außerdem läßt sich zeigen, daß $h(t)$ nicht absolut integrierbar ist, so daß der ideale Tiefpaß im Sinne von Kapitel I kein stabiles System ist. Die Sprungantwort $a(t)$ des idealen Tiefpasses gewinnt man aus Gl. (50) für $x(\tau) \equiv s(\tau)$. Auf diese Weise wird

$$a(t) = A_0 \int_0^{\infty} \frac{\sin \omega_g(t - t_0 - \tau)}{\pi(t - t_0 - \tau)}\, d\tau$$

oder mit den Gln. (41a, b)

$$a(t) = \frac{A_0}{2}\left[1 + \frac{2}{\pi}\,\text{Si}\,\{\omega_g(t - t_0)\}\right] \tag{51b}$$

(Bild 58). Wie man aus Bild 58 erkennen kann, darf bei hinreichend großem t_0 der ideale Tiefpaß näherungsweise als kausales System betrachtet werden. Als ***Anstiegszeit*** pflegt man die im Bild 58 angegebene Größe t_a zu bezeichnen. Sie entspricht jener Zeit, welche die durch die Tangente im Wendepunkt approximierte Sprungantwort vom Wert Null bis zum Endwert A_0 benötigt. Da die Steigung der Wendetangente nach Gl. (32) aus Kapitel I mit $h(t_0) = A_0\omega_g/\pi$ übereinstimmt, erhält man für t_a den Wert $A_0/h(t_0)$,

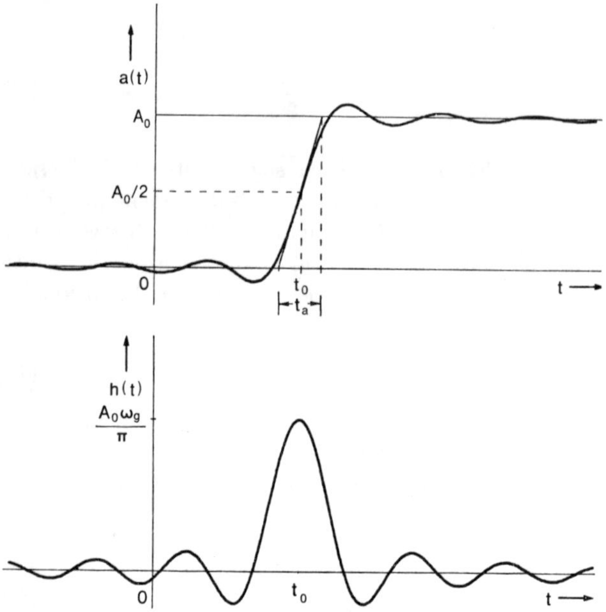

Bild 58: Sprung- und Impulsantwort des idealen Tiefpasses. Die Größe t_a wird als Anstiegszeit bezeichnet

also mit $\omega_g = 2\pi f_g$ die wichtige Formel

$$t_a = \frac{1}{2f_g}. \tag{52}$$

Mit Hilfe der Korrespondenz

$$\frac{\sin \omega_g t}{\pi t} \circ\!- p_{\omega_g}(\omega), \tag{53}$$

deren Gültigkeit leicht nachgewiesen werden kann, läßt sich die Impulsantwort Gl. (51a) in den Frequenzbereich transformieren, wodurch gemäß Gl. (3) die Übertragungsfunktion des idealen Tiefpasses entsteht:

$$H(j\omega) = A_0 p_{\omega_g}(\omega)\, e^{-j\omega t_0}. \tag{54}$$

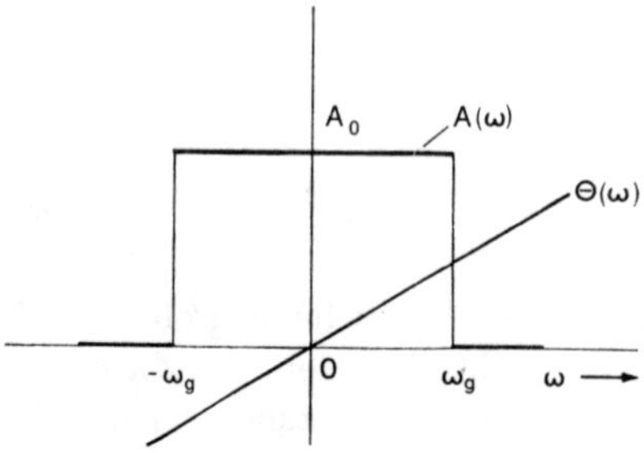

Bild 59: Amplituden- und Phasencharakteristik des idealen Tiefpasses

Aus Gl. (54) können die Amplitudenfunktion $A(\omega)$ und die Phasenfunktion $\Theta(\omega)$ (man vergleiche die Gl. (11a)) abgelesen werden. Bild 59 zeigt die entsprechenden Kurvenverläufe. Das Frequenzintervall $(0, \omega_g)$ heißt Durchlaßbereich, das Intervall (ω_g, ∞) Sperrbereich. Mit Hilfe der Gln. (49) und (54) stellt man fest, daß die Beziehung

$$Y(\mathrm{j}\omega) = H(\mathrm{j}\omega)\, X(\mathrm{j}\omega) \tag{55}$$

besteht. Diese Aussage liefert einen Zusammenhang zwischen Eingangs- und Ausgangsgröße im Frequenzbereich; sie ist, wie noch gezeigt wird, allgemein für lineare, zeitinvariante und stabile Systeme gültig und stellt die der Gl. (41) aus Kapitel I im Frequenzbereich entsprechende Aussage dar.

Auf einen Rechteckimpuls der Dauer $2T$

$$x(t) = p_T(t) = s(t + T) - s(t - T)$$

erhält man am Ausgang des idealen Tiefpasses wegen der Linearität

$$y(t) = a(t + T) - a(t - T).$$

Man vergleiche hierzu Bild 60. Die Überschwinger beim Anstieg bzw. Abfall des rechteckförmigen Ausgangssignals $y(t)$ rühren von der rechteckigen Amplitudencharakteristik $A(\omega)$ des idealen Tiefpasses her (Gibbssches Phänomen).

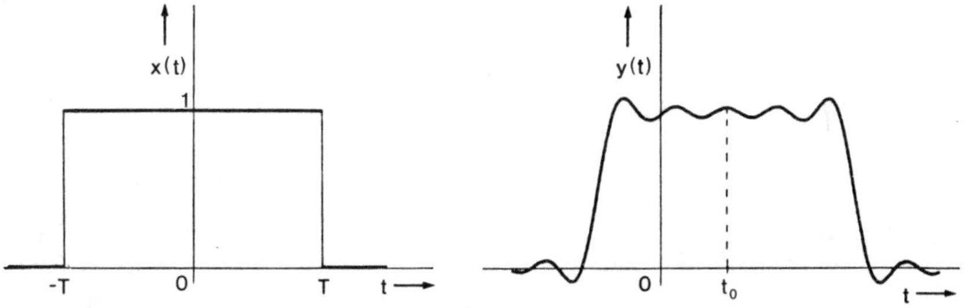

Bild 60: Ausgangssignal $y(t)$ eines idealen Tiefpasses als Antwort auf eine Rechteckfunktion $x(t)$

Falls das Eingangssignal $x(t)$ eines idealen Tiefpasses ein niederfrequentes Signal in dem Sinne ist, daß das Spektrum $X(\mathrm{j}\omega)$ für $|\omega| > \omega_g$ verschwindet, so erhält man mit den Gln. (54) und (55)

$$Y(\mathrm{j}\omega) = X(\mathrm{j}\omega)\, A_0\, \mathrm{e}^{-\mathrm{j}\omega t_0}$$

und durch Transformation in den Zeitbereich

$$y(t) = A_0 x(t - t_0).$$

Der ideale Tiefpaß wirkt dann, wenn man vom Faktor A_0 absieht, als Verzögerungsglied.

2.4. *Kausale Zeitfunktionen*

Im Hinblick auf die durch die Gln. (12a, b) aus Kapitel I ausgedrückte Eigenschaft linearer, kausaler Systeme bezeichnet man eine Zeitfunktion $f(t)$ mit der Eigenschaft

$$f(t) \equiv 0 \quad \text{für} \quad t < 0 \tag{56}$$

als *kausal*. Die Impulsantwort eines linearen, zeitinvarianten und kausalen Systems mit einem Eingang und einem Ausgang stellt beispielsweise eine kausale Zeitfunktion dar. Da $f(-t)$ für $t > 0$ wegen Gl. (56) verschwindet, läßt sich gemäß den Gln. (35b, c) eine kausale Zeitfunktion folgendermaßen schreiben:

$$f(t) = 2f_g(t) = 2f_u(t), \qquad t > 0. \tag{57}$$

Die Bedeutung der Gl. (57) geht aus Bild 61 hervor. Die Gln. (37a, b) liefern nun Darstellungen für $f_g(t)$ und $f_u(t)$ aufgrund der Realteil- bzw. Imaginärteilfunktion des Spek-

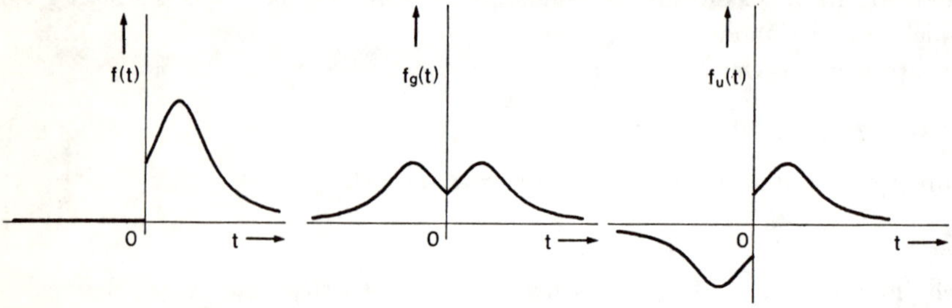

Bild 61: Gerader und ungerader Teil einer kausalen Zeitfunktion $f(t)$

trums von $f(t)$. Substituiert man diese Darstellungen in Gl. (57), dann erhält man für $t > 0$

$$f(t) = \frac{2}{\pi} \int_0^\infty R(\omega) \cos \omega t \, d\omega \tag{58a}$$

und

$$f(t) = -\frac{2}{\pi} \int_0^\infty X(\omega) \sin \omega t \, d\omega . \tag{58b}$$

Es sei bemerkt, daß Gl. (58a) für $t = 0$ den Funktionswert $f(0+)$, also den rechtsseitigen Grenzwert an der Stelle $t = 0$ liefert. Denn nach Gl. (26) ergibt sich für $t = 0$ der Wert

$$\frac{1}{\pi} \int_0^\infty R(\omega) \, d\omega = \frac{f(0+)}{2} .$$

Die Gln. (36a, b) bilden Darstellungen der Realteil- und der Imaginärteilfunktion des Spektrums einer Zeitfunktion $f(t)$ aufgrund des geraden bzw. des ungeraden Teiles von $f(t)$. Substituiert man in die Gln. (36a, b) über Gl. (57) $f(t)$ gemäß den Gln. (58a, b), so erhält man

$$R(\omega) = -\frac{2}{\pi} \int_0^\infty \int_0^\infty X(\eta) \sin \eta t \cos \omega t \, d\eta \, dt \tag{59a}$$

und

$$X(\omega) = -\frac{2}{\pi} \int_0^\infty \int_0^\infty R(\eta) \cos \eta t \sin \omega t \, d\eta \, dt . \tag{59b}$$

Diese Beziehungen lehren, daß im Falle kausaler Zeitfunktionen Realteil- und Imaginärteilfunktion des Spektrums miteinander gekoppelt und nicht unabhängig voneinander sind. Dies trifft insbesondere für Realteil und Imaginärteil der Übertragungsfunktion $H(\mathrm{j}\omega)$ eines linearen, zeitinvarianten, kausalen und stabilen Systems zu. Man kann umgekehrt zeigen, daß aus jeder der Gln. (59a, b) die Kausalität der zugehörigen Zeitfunktion folgt.

Beispiel: Es seien gegeben

$$R(\omega) = \frac{1}{1+\omega^2}, \qquad X(\omega) = \frac{-\omega}{1+\omega^2}.$$

Man erhält zunächst

$$\int_0^\infty R(\eta)\cos\eta t\,\mathrm{d}\eta = \int_0^\infty \frac{\cos\eta t}{1+\eta^2}\,\mathrm{d}\eta = \frac{\pi}{2}\,\mathrm{e}^{-t}$$

und sodann nach Substitution in die rechte Seite von Gl. (59b)

$$-\frac{2}{\pi}\int_0^\infty \frac{\pi}{2}\,\mathrm{e}^{-t}\sin\omega t\,\mathrm{d}t = -\int_0^\infty \mathrm{e}^{-t}\,\frac{\mathrm{e}^{\mathrm{j}\omega t}-\mathrm{e}^{-\mathrm{j}\omega t}}{2\mathrm{j}}\,\mathrm{d}t = \frac{-\omega}{1+\omega^2}.$$

Da diese Funktion mit $X(\omega)$ übereinstimmt, ist Gl. (59b) erfüllt. Die entsprechende Zeitfunktion muß also kausal sein. Die Fourier-Transformierte dieser Zeitfunktion ist

$$F(\mathrm{j}\omega) = R(\omega) + \mathrm{j}X(\omega) = \frac{1-\mathrm{j}\omega}{1+\omega^2}$$

oder

$$F(\mathrm{j}\omega) = \frac{1}{1+\mathrm{j}\omega}.$$

Die Zeitfunktion lautet

$$f(t) = s(t)\,\mathrm{e}^{-t},$$

wie man durch Transformation dieser Funktion gemäß Gl. (27) in den Frequenzbereich bestätigt. Wie man sieht, stellt $f(t)$ tatsächlich eine kausale Zeitfunktion dar. Man kann jetzt auch die Betrags- und die Phasenfunktion des Spektrums $F(\mathrm{j}\omega)$ angeben:

$$A(\omega) = \frac{1}{\sqrt{1+\omega^2}}; \qquad \Phi(\omega) = -\operatorname{arc\,tan}\omega.$$

Bild 62 zeigt den Verlauf der Zeitfunktion und die Funktionen $A(\omega)$ und $\Phi(\omega)$. Da der gerade Anteil $f_g(t) = \mathrm{e}^{-|t|}/2$ die Fourier-Transformierte $R(\omega) = 1/(1+\omega^2)$ hat, erhält man noch die

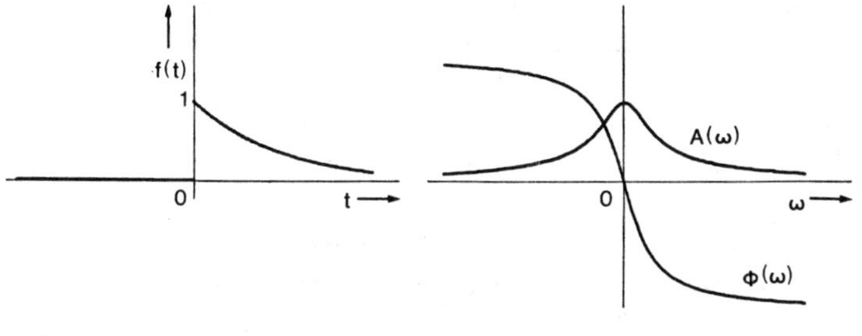

Bild 62: Kausale Zeitfunktion $f(t) = s(t)\,\mathrm{e}^{-t}$ und die entsprechenden Frequenzfunktionen $A(\omega)$, $\Phi(\omega)$

Korrespondenz

$$e^{-|t|} \circ\!- \frac{2}{1 + \omega^2}.$$

Man vergleiche hierzu das Bild 63.

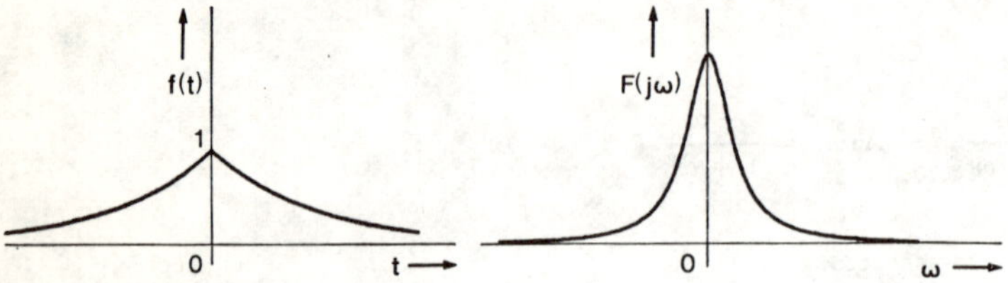

Bild 63: Gerade Zeitfunktion $f(t) = e^{-|t|}$ und zugehöriges Spektrum $F(j\omega)$

Auf die Frage des Zusammenhanges zwischen Real- und Imaginärteil der Fourier-Transformierten kausaler Zeitfunktionen wird im Kapitel IV noch ausführlich eingegangen. Dabei zeigt sich insbesondere, daß die Beziehungen Gln. (59a, b) für die numerische Auswertung durch einfachere Verfahren ersetzt werden können.

3. Eigenschaften der Fourier-Transformation

3.1. Elementare Eigenschaften

Aus den Grundgleichungen (26) und (27) der Fourier-Transformation läßt sich unmittelbar eine Reihe von Eigenschaften dieser Transformation ablesen.

a) Linearität

Aus den Zuordnungen

$$f_1(t) \circ\!- F_1(j\omega), \qquad f_2(t) \circ\!- F_2(j\omega)$$

folgt mit willkürlichen Konstanten a_1 und a_2

$$a_1 f_1(t) + a_2 f_2(t) \circ\!- a_1 F_1(j\omega) + a_2 F_2(j\omega).$$

b) Zeitverschiebung

Aus der Zuordnung

$$f(t) \circ\!- F(j\omega)$$

folgt

$$f(t - t_0) \circ\!- F(j\omega)\, e^{-j\omega t_0}.$$

Eine Verschiebung des Zeitvorganges um t_0 in positiver t-Richtung bewirkt im Frequenzbereich eine Multiplikation mit $e^{-j\omega t_0}$, d. h. eine reine Phasenänderung um $-\omega t_0$. Zum Beweis bildet man das Fourier-Integral

$$\int_{-\infty}^{\infty} f(t - t_0)\, e^{-j\omega t}\, dt = \int_{-\infty}^{\infty} f(\tau)\, e^{-j\omega(\tau + t_0)}\, d\tau = e^{-j\omega t_0} F(j\omega).$$

Ein System mit einem Eingang und einem Ausgang heißt verzerrungsfrei, wenn sich das Ausgangssignal $y(t)$ vom Eingangssignal $x(t)$ nur durch einen Maßstabsfaktor A_0

und eine zeitliche Verschiebung $t_0 \geqq 0$ unterscheidet:

$$y(t) = A_0 x(t - t_0).$$

Im Frequenzbereich lautet diese Relation wegen der Zeitverschiebungseigenschaft

$$Y(j\omega) = A_0 \, e^{-j\omega t_0} X(j\omega).$$

Im Sinne von Gl. (55) bedeutet dies, daß die Übertragungsfunktion eines verzerrungsfreien Systems

$$H(j\omega) = A_0 \, e^{-j\omega t_0}$$

ist. Sie hat konstante Amplitude A_0 und lineare Phase $\Theta(\omega) = t_0\omega$. Die entsprechende Impulsantwort lautet

$$h(t) = A_0 \delta(t - t_0).$$

c) Frequenzverschiebung

Aus der Korrespondenz

$$f(t) \circ\!\!- F(j\omega)$$

folgt mit der reellen Konstanten ω_0

$$f(t) \, e^{j\omega_0 t} \circ\!\!- F[j(\omega - \omega_0)].$$

Eine Verschiebung des Spektrums um die Kreisfrequenz ω_0 in positiver ω-Richtung bedingt also eine Multiplikation der Zeitfunktion mit dem Faktor $e^{j\omega_0 t}$. Zum Beweis wird das Fourier-Integral gebildet:

$$\int_{-\infty}^{\infty} f(t) \, e^{j\omega_0 t} \, e^{-j\omega t} \, dt = \int_{-\infty}^{\infty} f(t) \, e^{-j(\omega - \omega_0)t} \, dt = F[j(\omega - \omega_0)].$$

Beispiele: Die Frequenzverschiebungs-Eigenschaft läßt sich zur Ermittlung des Spektrums der amplitudenmodulierten Trägerschwingungen

$$f_c(t) = f(t) \cos \omega_0 t$$

und

$$f_s(t) = f(t) \sin \omega_0 t$$

aus dem Spektrum $F(j\omega)$ von $f(t)$ verwenden. Man erhält

$$f_c(t) \equiv \frac{f(t)}{2} \, e^{j\omega_0 t} + \frac{f(t)}{2} \, e^{-j\omega_0 t} \circ\!\!- \frac{1}{2} \{F[j(\omega - \omega_0)] + F[j(\omega + \omega_0)]\}$$

und entsprechend

$$f_s(t) \circ\!\!- \frac{1}{2j} \{F[j(\omega - \omega_0)] - F[j(\omega + \omega_0)]\}.$$

Wenn also ein mit ω_0 verglichen niederfrequentes Signal $f(t)$, d. h. ein Signal, dessen Spektrum $F(j\omega)$ für $|\omega| > \omega_g$ mit $0 < \omega_g < \omega_0$ gleich Null ist, mit der Funktion $\cos \omega_0 t$ multipliziert wird (man sagt auch, daß das niederfrequente Nutzsignal $f(t)$ der hochfrequenten Trägerschwingung $\cos \omega_0 t$ aufmoduliert wird), so bewirkt dies im Frequenzbereich eine Verschiebung der Amplitudenfunktion $A(\omega) = |F(j\omega)|$ um $\pm \omega_0$ bei gleichzeitiger Multiplikation mit 0,5 sowie eine entsprechende Verschiebung der Phasenfunktion $\Phi(\omega)$, ohne daß dabei eine gegenseitige Überlappung der verschobenen Teilspektren auftritt (Bild 64). In analoger Weise kann die Modulation von $\sin \omega_0 t$ aufgrund des Spektrums von $f_s(t)$ gedeutet werden.

Es soll das Signal $x(t) = f_c(t)$ als Eingangssignal eines linearen, zeitinvarianten und stabilen Systems mit der Übertragungsfunktion $H(j\omega)$ betrachtet werden. Es sei die sogenannte Einhüllende $f(t)$ eine *schmalbandige* niederfrequente Zeitfunktion, d. h., die wesentlichen Funktionswerte des Spektrums $F(j\omega)$ von $f(t)$ seien auf ein kleines Intervall $|\omega| < \Omega$ beschränkt. Außerhalb

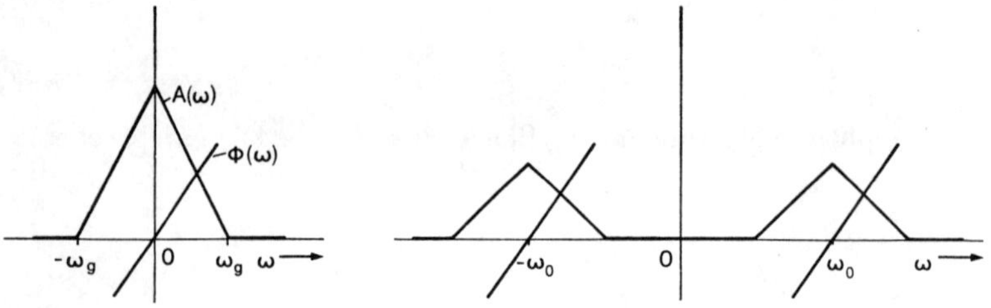

Bild 64: Spektrum eines niederfrequenten Signals $f(t)$ und Spektrum des Signals $f(t) \cos \omega_0 t$

dieses Intervalls darf $F(j\omega)$ mit ausreichender Genauigkeit gleich Null gesetzt werden. Das Spektrum $X(j\omega) = \{F[j(\omega - \omega_0)] + F[j(\omega + \omega_0)]\}/2$ hat dann nur in den kleinen Intervallen $|\omega - \omega_0| < \Omega$ und $|\omega + \omega_0| < \Omega$ von Null verschiedene Werte. In diesen Intervallen darf die Übertragungsfunktion bei flachem Verlauf von $A(\omega)$ in $\omega = \omega_0$ durch

$$H(j\omega) = \begin{cases} A(\omega_0)\, e^{-j[\Theta(\omega_0) + (\omega - \omega_0)\Theta'(\omega_0)]} & \text{für } |\omega - \omega_0| < \Omega \\ A(\omega_0)\, e^{-j[-\Theta(\omega_0) + (\omega + \omega_0)\Theta'(\omega_0)]} & \text{für } |\omega + \omega_0| < \Omega \end{cases}$$

approximiert werden, wobei die Güte der Annäherung um so besser ist, je kleiner Ω ist. Nach Gl. (55), die, wie noch gezeigt wird, nicht nur für den idealen Tiefpaß gilt, erhält man das Spektrum $Y(j\omega)$ des Ausgangssignals in der folgenden Form:

$$Y(j\omega) = \frac{1}{2} A(\omega_0)\, e^{-j\omega\Theta'(\omega_0)} \{F[j(\omega - \omega_0)]\, e^{-j[\Theta(\omega_0) - \omega_0\Theta'(\omega_0)]}$$
$$+ F[j(\omega + \omega_0)]\, e^{j[\Theta(\omega_0) - \omega_0\Theta'(\omega_0)]}\}.$$

Hierbei wurde die genannte Werteverteilung von $F(j\omega)$ berücksichtigt. Die Zeitfunktion des in geschweiften Klammern stehenden Spektrums gewinnt man aus $f(t)$ durch Berücksichtigung der Frequenzverschiebungseigenschaft. Hieraus ergibt sich dann unmittelbar bei Beachtung der Zeitverschiebungseigenschaft das Ausgangssignal

$$y(t) = \frac{1}{2} A(\omega_0) \{f[t - \Theta'(\omega_0)]\, e^{j\omega_0[t - \Theta'(\omega_0)]}\, e^{-j[\Theta(\omega_0) - \omega_0\Theta'(\omega_0)]}$$
$$+ f[t - \Theta'(\omega_0)]\, e^{-j\omega_0[t - \Theta'(\omega_0)]}\, e^{j[\Theta(\omega_0) - \omega_0\Theta'(\omega_0)]}\}.$$

Führt man die sogenannte *Gruppenlaufzeit*

$$\frac{d\Theta(\omega)}{d\omega} = T_G(\omega)$$

und die sogenannte *Phasenlaufzeit*

$$\frac{\Theta(\omega)}{\omega} = T_P(\omega)$$

des Systems ein, dann läßt sich schließlich das Ausgangssignal als

$$y(t) = A(\omega_0)\, f[t - T_G(\omega_0)] \cdot \cos \omega_0[t - T_P(\omega_0)]$$

darstellen. Die Gruppenlaufzeit bzw. die Phasenlaufzeit eines linearen, zeitinvarianten und stabilen Systems ist also für $\omega = \omega_0$ gleich der zeitlichen Verschiebung der Einhüllenden $f(t)$ bzw. der Trägerschwingung $\cos \omega_0 t$ beim Durchgang durch das System, sofern die Einhüllende $f(t)$ ein schmalbandiges, niederfrequentes Signal darstellt. Man vergleiche hierzu Bild 65.

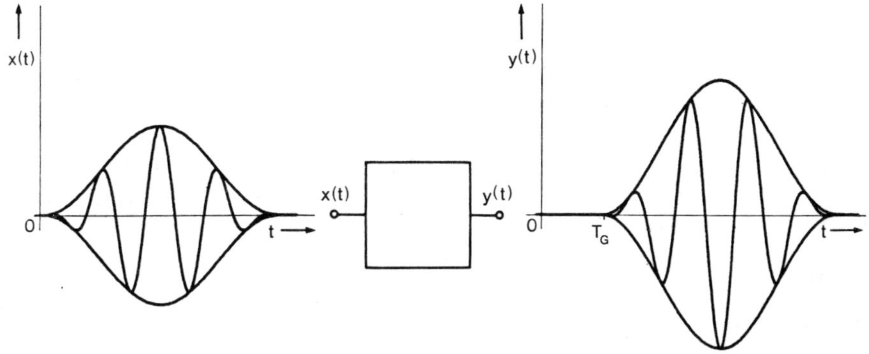

Bild 65: Zur Bedeutung von Gruppen- und Phasenlaufzeit

d) Zeitdehnung

Aus der Korrespondenz

$$f(t) \circ\!\!- F(\mathrm{j}\omega)$$

folgt bei Wahl einer willkürlichen Konstanten $a \neq 0$

$$f(at) \circ\!\!- \frac{1}{|a|}\, F\left(\frac{\mathrm{j}\omega}{a}\right).$$

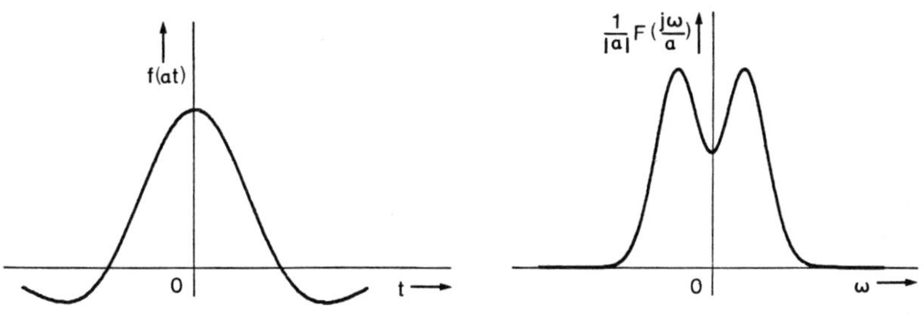

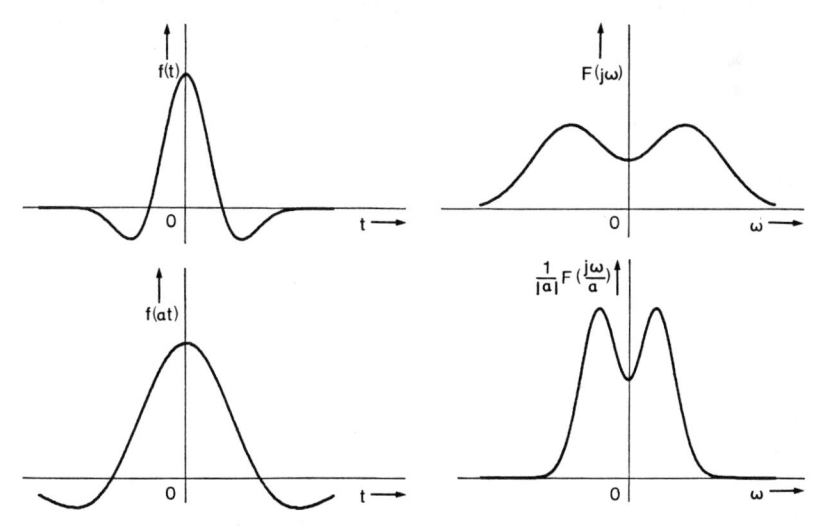

Bild 66: Zur Reziprozität von Zeitdauer und Bandbreite

Diese Aussage ist als *Ähnlichkeitssatz* bekannt. Zum Beweis bildet man für $a > 0$ das Fourier-Integral

$$\int_{-\infty}^{\infty} f(at)\, e^{-j\omega t}\, dt = \frac{1}{a}\int_{-\infty}^{\infty} f(\tau)\, e^{-j\frac{\omega}{a}\tau}\, d\tau = \frac{1}{a} F\left(\frac{j\omega}{a}\right).$$

Für $a < 0$ tritt eine Vorzeichenumkehr ein, da in diesem Fall der Integration in t von $-\infty$ bis ∞ die Integration in $\tau = at$ von ∞ bis $-\infty$ entspricht.
Der Ähnlichkeitssatz hat eine grundlegende Bedeutung für die Nachrichtentechnik. Der Satz besagt nämlich, daß der Dehnung eines Zeitvorganges eine Verkürzung der „Breite" des Spektrums entspricht und umgekehrt. Dies soll im Bild 66 veranschaulicht werden. Zeitdauer und Bandbreite verhalten sich also in reziproker Weise zueinander. Man pflegt diesen Sachverhalt qualitativ folgendermaßen auszudrücken: Vorgänge mit schmalem Spektrum haben lange Dauer; Vorgänge mit breitem Spektrum haben kurze Dauer (man vergleiche auch Abschnitt 3.3).

e) Symmetrie

Aus der Korrespondenz

$$f(t) \circ\!\!- F(j\omega)$$

folgt

$$F(jt) \circ\!\!- 2\pi f(-\omega).$$

Die Richtigkeit dieser als Vertauschungssatz bekannten Aussage ist direkt aus den Grundgleichungen zu erkennen.

Beispiel: Der Rechteckimpuls $p_a(t) = s(t + a) - s(t - a)$ hat das Spektrum

$$F(j\omega) = \int_{-a}^{a} e^{-j\omega t}\, dt = \frac{2 \sin a\omega}{\omega}.$$

Der Vertauschungssatz liefert dann die schon verwendete Korrespondenz

$$\frac{\sin at}{\pi t} \circ\!\!- p_a(\omega).$$

f) Differentiation und Integration im Zeitbereich

Aus der Korrespondenz

$$f(t) \circ\!\!- F(j\omega)$$

folgt bei Existenz des n-ten Differentialquotienten von $f(t)$ und dessen Fourier-Transformierter die Zuordnung

$$\frac{d^n f(t)}{dt^n} \circ\!\!- (j\omega)^n F(j\omega).$$

Diese Aussage kann aus den Grundgleichungen abgeleitet werden.
Es sei weiterhin das Integral

$$g(t) = \int_{-\infty}^{t} f(\tau)\, d\tau$$

betrachtet. Die Funktionen $f(t)$ und $g(t)$ mögen die Fourier-Transformierten $F(\mathrm{j}\omega)$ und $G(\mathrm{j}\omega)$ besitzen, die als gewöhnliche Funktionen existieren. Dann gilt wegen $\mathrm{d}g/\mathrm{d}t = f(t)$ nach den beiden letzten Zuordnungen

$$\mathrm{j}\omega G(\mathrm{j}\omega) = F(\mathrm{j}\omega),$$

also die Korrespondenz

$$\int_{-\infty}^{t} f(\tau)\,\mathrm{d}\tau \circ\!\!- \frac{F(\mathrm{j}\omega)}{\mathrm{j}\omega}.$$

Es sei betont, daß diese Aussage nur gilt, wenn die Spektren $F(\mathrm{j}\omega)$ und $G(\mathrm{j}\omega)$ als gewöhnliche Funktionen existieren. Dies bedingt, daß $F(\mathrm{j}\omega)$ für $\omega = 0$ verschwindet. Ist $F(0) \neq 0$, so gilt die allgemeinere Korrespondenz[1])

$$\int_{-\infty}^{t} f(\tau)\,\mathrm{d}\tau \circ\!\!- \frac{F(\mathrm{j}\omega)}{\mathrm{j}\omega} + \pi F(0)\,\delta(\omega).$$

Dann ist, wie man sieht, $G(\mathrm{j}\omega)$ als Distribution aufzufassen.

g) Differentiation im Frequenzbereich

Aus der Korrespondenz

$$f(t) \circ\!\!- F(\mathrm{j}\omega)$$

folgt bei Existenz des n-ten Differentialquotienten von $F(\mathrm{j}\omega)$ und der zugehörigen Zeitfunktion die Zuordnung

$$(-\mathrm{j}t)^n f(t) \circ\!\!- \frac{\mathrm{d}^n F(\mathrm{j}\omega)}{\mathrm{d}\omega^n}.$$

Diese Aussage ergibt sich aus den Grundgleichungen (26) und (27).

3.2. Weitere Sätze

a) Der Faltungssatz

Die Operation der Faltung ist für die Systemtheorie von grundlegender Bedeutung. Hierauf wurde im Kapitel I bereits hingewiesen. Es soll daher im folgenden untersucht werden, wie das Spektrum einer durch Faltung gebildeten Zeitfunktion durch die Spektren der an der Faltung beteiligten Funktionen dargestellt werden kann.

---

[1]) Man schreibt zum Beweis dieser Korrespondenz das Integral in der Form

$$g(t) = \int_{-\infty}^{t} f(\tau)\,\mathrm{d}\tau = \int_{-\infty}^{\infty} f(\tau)\,s(t-\tau)\,\mathrm{d}\tau,$$

also als Faltung der Funktionen $f(t)$ und $s(t)$. Nun kann der Faltungssatz (Satz III.2, S. 170) im Bereich der Distributionen angewendet werden. Unter Berücksichtigung des durch die Zuordnung (74) gegebenen Spektrums der Sprungfunktion $s(t)$ erhält man unmittelbar das Ergebnis, wobei noch die Distributionenbeziehung $F(\mathrm{j}\omega)\,\delta(\omega) = F(0)\,\delta(\omega)$ berücksichtigt werden muß. Hierbei muß $F(\mathrm{j}\omega)$ im Nullpunkt stetig sein.

Unter der Faltung zweier reeller Zeitfunktionen $f_1(t)$ und $f_2(t)$, die bis auf endlich viele Sprungstellen stetig sein mögen, versteht man die Funktion

$$f(t) = \int_{-\infty}^{\infty} f_1(\tau)\, f_2(t-\tau)\, \mathrm{d}\tau\,. \tag{60}$$

Da an späterer Stelle die in t gleichmäßige Konvergenz des Faltungsintegrals Gl. (60) verlangt wird, fordert man quadratische Integrierbarkeit der Funktionen $f_1(t)$ und $f_2(t)$, d. h.

$$\int_{-\infty}^{\infty} f_\mu^2(t)\, \mathrm{d}t = K_\mu < \infty \qquad (\mu = 1, 2)\,.$$

Dann läßt sich nämlich das Integral in Gl. (60) mit Hilfe der Schwarzschen Ungleichung gleichmäßig abschätzen.[1]) Es wird vorausgesetzt, daß die Funktionen $f_1(t)$ und $f_2(t)$ in den Frequenzbereich transformierbar sind. Die Spektren werden mit $F_1(\mathrm{j}\omega)$ bzw. $F_2(\mathrm{j}\omega)$ bezeichnet. Sodann wird die Fourier-Transformierte $F(\mathrm{j}\omega)$ von $f(t)$ gebildet:

$$F(\mathrm{j}\omega) = \int_{-\infty}^{\infty} \mathrm{e}^{-\mathrm{j}\omega t} \left[\int_{-\infty}^{\infty} f_1(\tau)\, f_2(t-\tau)\, \mathrm{d}\tau\right] \mathrm{d}t\,.$$

Angesichts der für die Funktionen $f_1(t)$ und $f_2(t)$ geforderten Eigenschaften darf die Reihenfolge der Integrationen vertauscht werden. Dann erhält man

$$F(\mathrm{j}\omega) = \int_{-\infty}^{\infty} f_1(\tau) \left[\int_{-\infty}^{\infty} f_2(t-\tau)\, \mathrm{e}^{-\mathrm{j}\omega t}\, \mathrm{d}t\right] \mathrm{d}\tau = \int_{-\infty}^{\infty} f_1(\tau)\, F_2(\mathrm{j}\omega)\, \mathrm{e}^{-\mathrm{j}\omega\tau}\, d\tau\,,$$

also

$$F(\mathrm{j}\omega) = F_1(\mathrm{j}\omega)\, F_2(\mathrm{j}\omega)\,. \tag{61}$$

Das gewonnene Ergebnis wird zusammengefaßt im

Satz III.2: Es seien $f_1(t)$ und $f_2(t)$ zwei reelle, quadratisch integrierbare, stetige Funktionen mit höchstens endlich vielen Sprungstellen. Die Fourier-Transformierten dieser Funktionen werden als existent vorausgesetzt und mit $F_1(\mathrm{j}\omega)$ bzw. $F_2(\mathrm{j}\omega)$ bezeichnet. Dann existiert auch die Fourier-Transformierte $F(\mathrm{j}\omega)$ des Faltungsintegrals, und es gilt die Gl. (61).

Anmerkung: Die im Satz III.2 geforderten Bedingungen sind nur hinreichende Voraussetzungen. Neben diesem Faltungssatz für den Zeitbereich gibt es einen Faltungssatz für den Frequenzbereich. Dieser besagt, daß unter bestimmten Voraussetzungen (man vergleiche insbesondere Satz III.2) die Korrespondenz

$$f_1(t)\, f_2(t) \circ\!\!- \frac{1}{2\pi} \int_{-\infty}^{\infty} F_1(\mathrm{j}y)\, F_2[\mathrm{j}(\omega - y)]\, \mathrm{d}y \tag{62}$$

besteht.

---

[1]) Die Schwarzsche Ungleichung wird in folgender Form verwendet: Sind $g_1(t)$, $g_2(t)$ zwei im allgemeinen komplexwertige, stückweise stetige Funktionen des reellen Parameters t, so gilt die Relation

$$\left|\int_a^b g_1(t)\, g_2^*(t)\, \mathrm{d}t\right|^2 \leqq \int_a^b |g_1(t)|^2\, \mathrm{d}t \int_a^b |g_2(t)|^2\, \mathrm{d}t\,.$$

Das Gleichheitszeichen gilt genau dann, wenn $g_1(t)$ und $g_2(t)$ proportionale Funktionen sind.

b) Die Parsevalsche Formel

Die reelle, stückweise glatte Funktion $f(t)$ sei durch die Fourier-Transformierte $F(\mathrm{j}\omega)$ darstellbar. Es besitze $f^2(t)$ eine Fourier-Transformierte, $|F(\mathrm{j}\omega)|$ sei quadratisch integrierbar, und $F(\mathrm{j}\omega)$ sei stetig mit höchstens endlich vielen Sprungstellen. Dann gilt

$$\int_{-\infty}^{\infty} f^2(t)\,\mathrm{d}t = \frac{1}{2\pi}\int_{-\infty}^{\infty} |F(\mathrm{j}\omega)|^2\,\mathrm{d}\omega. \tag{63}$$

Diese als Parsevalsche Formel bekannte Aussage läßt sich mit Hilfe der Korrespondenz (62) beweisen. Hieraus folgt zunächst

$$\int_{-\infty}^{\infty} f_1(t)\,f_2(t)\,\mathrm{e}^{-\mathrm{j}\omega t}\,\mathrm{d}t = \frac{1}{2\pi}\int_{-\infty}^{\infty} F_1(\mathrm{j}y)\,F_2[\mathrm{j}(\omega - y)]\,\mathrm{d}y.$$

Setzt man nun $\omega = 0$ und wählt man $f_1(t) \equiv f_2(t) \equiv f(t)$, $F_1(\mathrm{j}\omega) \equiv F_2(\mathrm{j}\omega) \equiv F(\mathrm{j}\omega)$, so gewinnt man die Gl. (63), sofern man noch beachtet, daß $F^*(\mathrm{j}y) = F(-\mathrm{j}y)$ gilt.
Das auf der linken Seite der Parsevalschen Formel Gl. (63) stehende Integral wird als *Signalenergie* bezeichnet, weil es die einem ohmschen Widerstand der Größe Eins zugeführte Gesamtenergie darstellt, wenn $f(t)$ gleich der am ohmschen Widerstand wirkenden Spannung ist.

c) Anwendungen

Nach Gl. (41) aus Kapitel I läßt sich das Ausgangssignal $y(t)$ eines linearen, zeitinvarianten und stabilen Systems mit einem Eingang und einem Ausgang durch Faltung des Eingangssignals $x(t)$ mit der Impulsantwort $h(t)$ darstellen. Setzt man die Existenz des Fourier-Integrals $X(\mathrm{j}\omega)$ von $x(t)$ im Sinne von Abschnitt 2.1 voraus, dann lautet die der Gl. (41) aus Kapitel I im Frequenzbereich entsprechende Aussage gemäß Satz III.2

$$Y(\mathrm{j}\omega) = H(\mathrm{j}\omega)\,X(\mathrm{j}\omega). \tag{64a}$$

Hierbei ist $Y(\mathrm{j}\omega)$ das Spektrum von $y(t)$ und $H(\mathrm{j}\omega)$ die Übertragungsfunktion des Systems. Die Verknüpfung von Ein- und Ausgangsgröße nach Gl. (64a) ist einfacher als die entsprechende Verknüpfung im Zeitbereich. Für das Beispiel des idealen Tiefpasses (man vergleiche die Gl. (55)) wurde die Gültigkeit von Gl. (64a) bereits früher nachgewiesen. Durch Anwendung der Umkehrformel gewinnt man gemäß Satz III.1 aus Gl. (64a) das Ausgangssignal

$$y(t) = \frac{1}{2\pi}\int_{-\infty}^{\infty} H(\mathrm{j}\omega)\,X(\mathrm{j}\omega)\,\mathrm{e}^{\mathrm{j}\omega t}\,\mathrm{d}\omega. \tag{64b}$$

Ist das betrachtete lineare System zeitvariant, dann erhält man unter den bisherigen Voraussetzungen aus Gl. (6b) unter Verwendung der Umkehrformel zunächst

$$y(t) = \frac{1}{2\pi}\int_{-\infty}^{\infty}\int_{-\infty}^{\infty} X(\mathrm{j}\omega)\,\mathrm{e}^{\mathrm{j}\omega(t-\vartheta)}\,h(t,\vartheta)\,\mathrm{d}\omega\,\mathrm{d}\vartheta$$

und hieraus durch Änderung der Integrationsreihenfolge und Beachtung von Gl. (8)

$$y(t) = \frac{1}{2\pi} \int_{-\infty}^{\infty} H(j\omega, t)\, X(j\omega)\, e^{j\omega t}\, d\omega. \tag{64c}$$

Dies ist eine Verallgemeinerung von Gl. (64b). Eine entsprechende Verallgemeinerung der Gl. (64a) ist nicht möglich.

Die im Abschnitt 2.1 eingeführte Funktion $f_\Omega(t)$ ist nach den Gln. (25a), (23b) die Faltung der Funktion $f(t)$ mit dem Fourier-Kern $\delta_\Omega(t)$. Die Fourier-Transformierte $F_\Omega(j\omega)$ von $f_\Omega(t)$ muß daher nach Satz III.2 gleich dem Produkt der Fourier-Transformierten $F(j\omega)$ von $f(t)$ mit der Fourier-Transformierten von $\delta_\Omega(t)$, also gemäß Korrespondenz (53) mit der Funktion $p_\Omega(\omega)$ sein. Diese Aussage wird bereits durch die Gl. (44a) geliefert.

Die im Abschnitt 2.2 eingeführte Funktion $g_\Omega(t)$ läßt sich nach Gl. (46b) auffassen als Faltung der Funktion $f(t)$ mit dem Fejér-Kern $\varepsilon_\Omega(t)$. Aufgrund von Satz III.2 ist daher die Fourier-Transformierte $G_\Omega(j\omega)$ von $g_\Omega(t)$ gleich dem Produkt der Fourier-Transformierten $F(j\omega)$ von $f(t)$ mit der Fourier-Transformierten des Fejér-Kernes $\varepsilon_\Omega(t)$ Gl. (45b), also mit der Funktion $q_\Omega(\omega)$ Gl. (45a). Diese Aussage wird bereits durch Gl. (46a) geliefert. Die Gültigkeit der Korrespondenz

$$\varepsilon_\Omega(t) \circ\!- q_\Omega(\omega) \tag{65}$$

läßt sich dadurch nachweisen, daß man die Fourier-Transformierte von $q_\Omega(t)$ ermittelt und dann den Vertauschungssatz (Eigenschaft e im Abschnitt 3.1) anwendet. Dies sei dem Leser als Übung empfohlen.

Unter einem sogenannten *Spalt* versteht man ein System, dessen Ausgangssignal $y(t)$ durch rechteckförmige Ausblendung des Eingangssignals $x(t)$ entsteht:

$$y(t) = x(t)\, p_T(t).$$

Hierbei ist $p_T(t)$ gemäß Gl. (43) gegeben. Mit Hilfe des Faltungssatzes im Frequenzbereich erhält man das Spektrum $Y(j\omega)$ des Ausgangssignals durch Faltung des Spektrums $X(j\omega)$ mit dem Spektrum von $p_T(t)/2\pi$, also mit der Funktion $\sin \omega T/\pi\omega$:

$$Y(j\omega) = \int_{-\infty}^{\infty} X(jy) \frac{\sin T(\omega - y)}{\pi(\omega - y)}\, dy.$$

Man beachte, daß es sich hierbei um ein lineares, aber zeitvariantes System handelt, das auch durch seine Übertragungsfunktion

$$H(j\omega, t) = p_T(t)$$

oder durch seine Impulsantwort

$$h(t, \tau) = p_T(t)\, \delta(t - \tau)$$

gekennzeichnet werden kann.

3.3. *Zeitdauer und Bandbreite*

Für die Nachrichtentechnik sind die Begriffe der Dauer eines Zeitvorgangs, insbesondere eines impulsförmigen Vorganges, und der Breite des zugehörigen Spektrums von großer Wichtigkeit. Es gibt verschiedene Möglichkeiten, Zeitdauer und Bandbreite eines Impulses zu definieren.

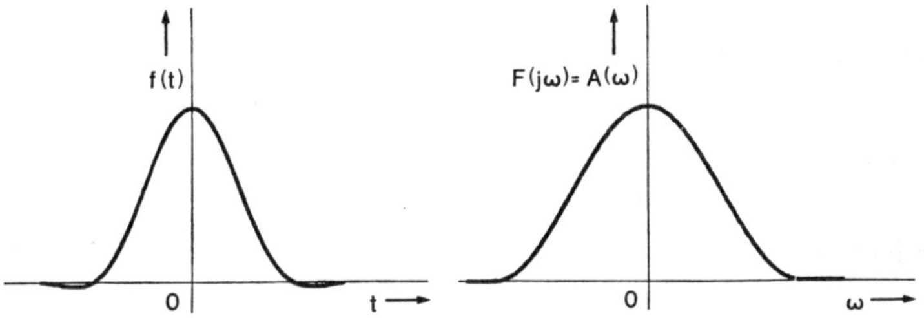

Bild 67: Zur Definition von Zeitdauer und Bandbreite

Betrachtet man ein reelles Signal $f(t)$, dessen Spektrum $F(\mathrm{j}\omega)$ rein reell und zudem nichtnegativ sei, dann ist die Funktion $f(t)$ nicht nur gerade (Abschnitt 2.1), sondern sie hat ihr Maximum im Nullpunkt, da

$$f(t) = \frac{1}{2\pi}\int_{-\infty}^{\infty} F(\mathrm{j}\omega)\cos\omega t\,\mathrm{d}\omega \leqq \frac{1}{2\pi}\int_{-\infty}^{\infty} F(\mathrm{j}\omega)\,\mathrm{d}\omega = f(0)$$

gilt (Bild 67). Es liegt nahe, als Zeitdauer von $f(t)$

$$T = \frac{1}{f(0)}\int_{-\infty}^{\infty} f(t)\,\mathrm{d}t \tag{66a}$$

und als Bandbreite

$$B = \frac{1}{F(0)}\int_{-\infty}^{\infty} F(\mathrm{j}\omega)\,\mathrm{d}\omega \tag{66b}$$

zu wählen. Dies bedeutet, daß das aus der Zeitdauer T und dem Funktionswert $f(0)$ gebildete Rechteck den gleichen Flächeninhalt hat wie die Fläche zwischen $f(t)$ und der Zeitachse. Entsprechend läßt sich die Bandbreite interpretieren. Da das Integral über $f(t)$ in Gl. (66a) mit $F(0)$ und das Integral über $F(\mathrm{j}\omega)$ in Gl. (66b) mit $2\pi f(0)$ identisch ist, muß

$$TB = 2\pi \tag{67}$$

gelten. Bei der Definition von Zeitdauer und Bandbreite nach den Gln. (66a, b) ist also für die betrachteten Zeitvorgänge das Produkt TB nach Gl. (67) konstant. Je kürzer der Zeitvorgang ist, um so breiter ist das Spektrum und umgekehrt.

Man pflegt gelegentlich auch bei impulsförmigen Vorgängen als Zeitdauer

$$T = \sqrt{\frac{\int_{-\infty}^{\infty} t^2 f^2(t)\,\mathrm{d}t}{\int_{-\infty}^{\infty} f^2(t)\,\mathrm{d}t}} \tag{68a}$$

und als Bandbreite

$$B = \sqrt{\frac{\int\limits_{-\infty}^{\infty} \omega^2 \, |F(\mathrm{j}\omega)|^2 \, \mathrm{d}\omega}{\int\limits_{-\infty}^{\infty} |F(\mathrm{j}\omega)|^2 \, \mathrm{d}\omega}} \tag{68b}$$

zu definieren. Setzt man voraus, daß die Signalenergie gleich E ist, also

$$\int\limits_{-\infty}^{\infty} f^2(t) \, \mathrm{d}t = E$$

gilt[1]), dann besteht die Relation

$$TB \geqq \frac{1}{2}. \tag{69}$$

Das Gleichheitszeichen gilt genau dann, wenn

$$f(t) = \sqrt[4]{\frac{2aE^2}{\pi}} \, \mathrm{e}^{-at^2} \tag{70}$$

(a beliebige positive Konstante) gilt. Die als *Gaußsches Signal* bekannte Zeitfunktion $f(t)$ Gl. (70) ist also diejenige Funktion, welche bei Definition von Zeitdauer und Bandbreite nach den Gln. (68a, b) das *kleinste* Zeitdauer-Bandbreite-Produkt hat. In diesem Sinne darf das Gaußsche Signal als das für die Übertragung günstigste Signal betrachtet werden. Die Ungleichung (69) wird in Anlehnung an eine formale Analogie aus der Quantenmechanik als Unschärferelation bezeichnet.

Zum Beweis der Beziehungen (69) und (70) verwendet man die Schwarzsche Ungleichung (man vergleiche die Fußnote 1, S. 170) mit $g_1(t) \equiv tf(t)$ und $g_2(t) \equiv \mathrm{d}f/\mathrm{d}t$ und erhält

$$\left| \int\limits_{-\infty}^{\infty} tf(t) \cdot f'(t) \, \mathrm{d}t \right|^2 \leqq \int\limits_{-\infty}^{\infty} t^2 f^2(t) \, \mathrm{d}t \cdot \int\limits_{-\infty}^{\infty} f'^2(t) \, \mathrm{d}t .$$

Bei Beachtung der vorausgesetzten Eigenschaften für $f(t)$ findet man für die linke Seite dieser Ungleichung nach Anwendung partieller Integration den Wert $E^2/4$. Auf der rechten Seite der Ungleichung ist das erste Integral offensichtlich gleich T^2E, und das zweite Integral ist gleich B^2E, wie durch Anwendung der Parsevalschen Formel in Verbindung mit der Differentiationseigenschaft (Abschnitt 3.1, f) leicht zu erkennen ist. Damit ist die Gültigkeit der Ungleichung (69) nachgewiesen. Das Gleichheitszeichen gilt genau dann, wenn

$$\frac{\mathrm{d}f}{\mathrm{d}t} = -2atf(t)$$

gilt (in der Schwarzschen Ungleichung $kg_1(t) \equiv g_2(t)$, $k = -2a$ gesetzt). Diese Differentialgleichung führt auf $f(t)$ nach Gl. (70), wenn man noch berücksichtigt, daß die Signalenergie gleich E ist.

---

[1]) Es sind noch gewisse Voraussetzungen über $f(t)$ zu machen, die im einzelnen nicht aufgeführt werden, sich jedoch im Verlauf der Beweisführung ergeben.

4. Die Fourier-Transformation im Bereich der verallgemeinerten Funktionen

Durch Einbeziehung von Distributionen, insbesondere der δ-Funktion, in die bisherigen Betrachtungen läßt sich die Klasse der durch Fourier-Integrale darstellbaren Funktionen beträchtlich erweitern. Es wird dann möglich, zahlreiche für die Systemtheorie bedeutsame Funktionen in den Frequenzbereich zu transformieren, die bei ausschließlicher Zulassung gewöhnlicher Funktionen keine Fourier-Transformierte haben. Es zeigt sich, daß die bisher gefundenen Eigenschaften der Fourier-Transformation im wesentlichen weiter Gültigkeit haben. Man hat allerdings bei allen Operationen die Regeln der Distributionentheorie zu beachten.

4.1. Die Fourier-Transformierte der δ-Funktion und der Sprungfunktion

Ersetzt man die Funktion $f(t)$ in Gl. (27) durch die Funktion $\delta(t)$, so erkennt man aufgrund der Ausblendeigenschaft der δ-Funktion, daß ihre Fourier-Transformierte $F(\mathrm{j}\omega)$ unabhängig von der Kreisfrequenz gleich Eins ist („weißes" Spektrum). Andererseits lehrt die Gl. (24) in Verbindung mit der Gl. (26), daß die δ-Funktion mit Hilfe der Frequenzfunktion Eins als Fourier-Integral darstellbar ist. Daher besteht die Korrespondenz

$$\delta(t) \circ\!\!-\, 1. \tag{71}$$

Zur Ermittlung der Fourier-Transformierten der Sprungfunktion $s(t)$ empfiehlt es sich, zunächst die Fourier-Transformierte der Signum-Funktion

$$\operatorname{sgn} t = \begin{cases} 1 & \text{für} \quad t > 0 \\ -1 & \text{für} \quad t < 0 \end{cases}$$

zu ermitteln. Hierfür erhält man

$$F(\mathrm{j}\omega) = \lim_{T\to\infty} \int_{-T}^{T} \operatorname{sgn} t \, \mathrm{e}^{-\mathrm{j}\omega t} \, \mathrm{d}t = -2\mathrm{j} \lim_{T\to\infty} \int_{0}^{T} \sin \omega t \, \mathrm{d}t.$$

Wie man sieht, ist $F(0) = 0$. Verschwindet ω nicht, dann liefert die Ausführung der Integration

$$F(\mathrm{j}\omega) = \frac{2}{\mathrm{j}\omega} - \frac{2}{\mathrm{j}\omega} \lim_{T\to\infty} \cos \omega T.$$

Der hierbei auftretende Grenzwert ist im Sinne der Distributionentheorie gleich Null, so daß das Ergebnis lautet:

$$F(\mathrm{j}\omega) = \begin{cases} 0 & \text{für} \quad \omega = 0 \\ \dfrac{2}{\mathrm{j}\omega} & \text{für} \quad \omega \neq 0. \end{cases}$$

Setzt man diese Frequenzfunktion in die Gl. (26) ein, so erhält man

$$f(t) = \frac{2}{\pi} \int_{0+}^{\infty} \frac{\sin \omega t}{\omega} \, \mathrm{d}\omega.$$

Dies liefert für $t > 0$ den Wert 1, für $t < 0$ den Wert -1. Denn das Integral über $\sin \xi/\xi$ von 0 bis ∞ ist gleich Si (∞), d. h. nach Abschnitt 2.2 (Gl. (41b) und Bild 53) gleich $\pi/2$. Somit besteht die Korrespondenz

$$\operatorname{sgn} t \circ\!- \begin{cases} 0 & \text{für} \quad \omega = 0 \\ \dfrac{2}{\mathrm{j}\omega} & \text{für} \quad \omega \neq 0 \,. \end{cases} \tag{72}$$

Mit Hilfe der Symmetrie-Eigenschaft (Eigenschaft e aus Abschnitt 3.1) folgt aus der Zuordnung (71) die Korrespondenz

$$1 \circ\!- 2\pi\delta(\omega) \,. \tag{73}$$

Die längs der gesamten Zeitachse konstante Funktion Eins hat als Spektrum den δ-Impuls im Nullpunkt mit der Stärke 2π (Linienspektrum). Da die Sprungfunktion $s(t)$ durch Überlagerung der konstanten Zeitfunktion 1/2 und der Funktion (sgn t)/2

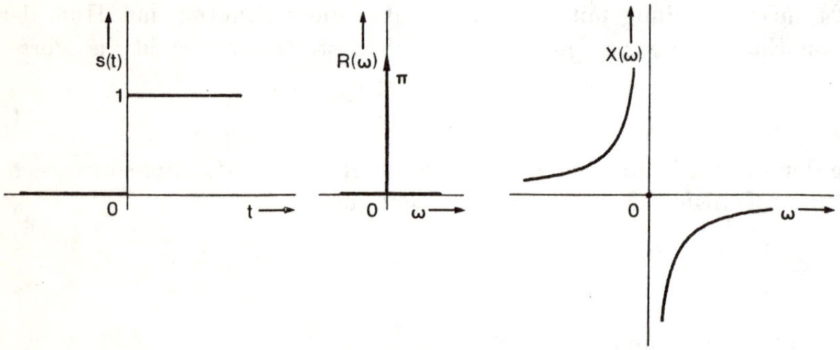

Bild 68: Veranschaulichung der Korrespondenz (74)

erzeugt werden kann, erhält man wegen der Linearitätseigenschaft der Fourier-Transformation das Spektrum von $s(t)$ durch Addition der aus den Beziehungen (72) und (73) ablesbaren Spektren von 1/2 und (sgn t)/2. Es gilt also

$$s(t) \circ\!- \pi\delta(\omega) + \frac{1}{\mathrm{j}\omega} \,. \tag{74}$$

Es ist dabei noch zu beachten, daß der Imaginärteil des Spektrums an der Stelle $\omega = 0$ wegen Relation (72) verschwindet. Bild 68 möge zur Veranschaulichung von Korrespondenz (74) dienen.

Durch Substitution des Spektrums von $s(t)$ in die Umkehrformel läßt sich eine geschlossene Darstellung für $s(t)$ angeben.

Betrachtet man

$$x(t) = s(t)$$

als Eingangsfunktion eines linearen, zeitinvarianten und durch seine Übertragungsfunktion $H(\mathrm{j}\omega)$ gegebenen Systems, dann erhält man aufgrund der Korrespondenz (74) das Spektrum des Ausgangssignals in der Form

$$Y(\mathrm{j}\omega) = \pi H(0)\,\delta(\omega) + H(\mathrm{j}\omega)/\mathrm{j}\omega$$
$$= \pi R(0)\,\delta(\omega) + \frac{X(\omega)}{\omega} - \mathrm{j}\,\frac{R(\omega)}{\omega}.$$

Hieraus lassen sich im Falle eines kausalen Systems, d. h. für den Fall, daß $y(t) = a(t)$ für $t < 0$ verschwindet, mit Hilfe der Gln. (58a, b) zwei einfache allgemeine Darstellungen für die Sprungantwort angeben[1]):

$$a(t) = \frac{2}{\pi}\int\limits_{0-}^{\infty}\left[\frac{\pi}{2}\,R(0)\,\delta(\omega) + \frac{X(\omega)}{\omega}\right]\cos\omega t\,\mathrm{d}\omega$$
$$= R(0) + \frac{2}{\pi}\int\limits_{0}^{\infty}\frac{X(\omega)}{\omega}\cos\omega t\,\mathrm{d}\omega;$$
$$a(t) = \frac{2}{\pi}\int\limits_{0}^{\infty}\frac{R(\omega)}{\omega}\sin\omega t\,\mathrm{d}\omega,$$

$(t > 0)$.

4.2. *Weitere grundlegende Korrespondenzen*

Die Zeitverschiebungseigenschaft der Fourier-Transformation (Abschnitt 3.1, Teil b) führt von der Korrespondenz (71) auf die Zuordnung

$$\delta(t - t_0) \circ\!\!- \mathrm{e}^{-\mathrm{j}\omega t_0}. \tag{75}$$

Die Frequenzverschiebungseigenschaft (Abschnitt 3.1, Teil c) liefert aus Korrespondenz (73)

$$\mathrm{e}^{\mathrm{j}\omega_0 t} \circ\!\!- 2\pi\delta(\omega - \omega_0). \tag{76}$$

Zur Ermittlung der Spektren der über die gesamte Zeitachse andauernden harmonischen Signale $\cos\omega_0 t$ und $\sin\omega_0 t$ stellt man diese mit Hilfe der Exponentiellen $\mathrm{e}^{\mathrm{j}\omega_0 t}$ und $\mathrm{e}^{-\mathrm{j}\omega_0 t}$ dar, wie z. B. $\cos\omega_0 t = (\mathrm{e}^{\mathrm{j}\omega_0 t} + \mathrm{e}^{-\mathrm{j}\omega_0 t})/2$. Dann erhält man aufgrund der Linearitätseigenschaft der Fourier-Transformation und der Korrespondenz (76) die Zuordnungen

$$\cos\omega_0 t \circ\!\!- \pi[\delta(\omega - \omega_0) + \delta(\omega + \omega_0)], \tag{77a}$$

$$\sin\omega_0 t \circ\!\!- \frac{\pi}{\mathrm{j}}\,[\delta(\omega - \omega_0) - \delta(\omega + \omega_0)]. \tag{77b}$$

Will man die Spektren der erst im Zeitnullpunkt eingeschalteten harmonischen Funktionen $s(t)\cos\omega_0 t$ und $s(t)\sin\omega_0 t$ ermitteln, dann empfiehlt es sich, diese Signale eben-

---

[1]) Aufgrund der Entstehung von Gl. (58a) muß im Integral die untere Integrationsgrenze 0— und der Faktor bei $\delta(\omega)$ im Integranden gleich $\pi R(0)/2$ gesetzt werden. Der Leser möge sich dies im einzelnen überlegen.

falls mit Hilfe der Funktion $e^{j\omega_0 t}$ und $e^{-j\omega_0 t}$ darzustellen, wie z. B. $s(t) \cos \omega_0 t = s(t) \times [e^{j\omega_0 t} + e^{-j\omega_0 t}]/2$. Unter Verwendung der Korrespondenz (74), der Frequenzverschiebungs- und der Linearitätseigenschaft ergeben sich dann die Zuordnungen

$$s(t) \cos \omega_0 t \circ\!- \frac{\pi}{2} [\delta(\omega - \omega_0) + \delta(\omega + \omega_0)] + \frac{j\omega}{\omega_0^2 - \omega^2}, \tag{78a}$$

$$s(t) \sin \omega_0 t \circ\!- \frac{\pi}{2j} [\delta(\omega - \omega_0) - \delta(\omega + \omega_0)] + \frac{\omega_0}{\omega_0^2 - \omega^2}. \tag{78b}$$

Bild 69 veranschaulicht die Korrespondenz (78b).

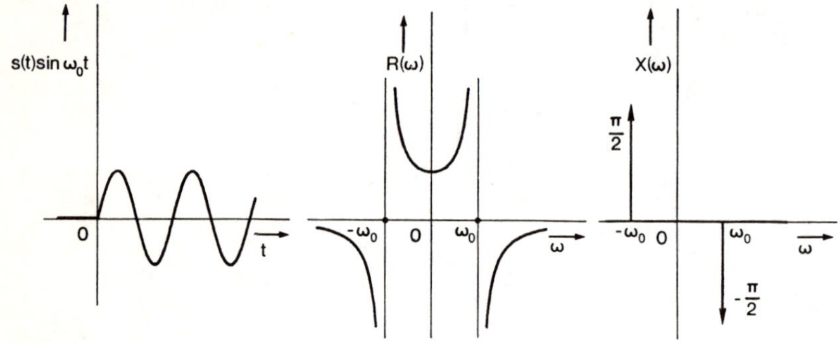

Bild 69: Veranschaulichung der Korrespondenz (78b)

Betrachtet man

$$x(t) = s(t) \sin \omega_0 t$$

als Eingangssignal eines linearen, im allgemeinen zeitvarianten, durch seine Übertragungsfunktion $H(j\omega, t)$ gegebenen Systems, dann erhält man aus Gl. (64c) mit Hilfe der Korrespondenz (78b)

$$y(t) = \frac{1}{2\pi} \int_{-\infty}^{\infty} H(j\omega, t) \left[\frac{\pi}{2j} \{\delta(\omega - \omega_0) - \delta(\omega + \omega_0)\} + \frac{\omega_0}{\omega_0^2 - \omega^2} \right] e^{j\omega t} \, d\omega$$

$$= \frac{1}{4j} [H(j\omega_0, t) \, e^{j\omega_0 t} - H(-j\omega_0, t) \, e^{-j\omega_0 t}]$$

$$+ \frac{1}{2\pi} \int_{-\infty}^{\infty} \frac{\omega_0}{\omega_0^2 - \omega^2} H(j\omega, t) \, e^{j\omega t} \, d\omega .$$

Durch Zerlegung der Übertragungsfunktion $H(j\omega, t)$ in den geraden und den ungeraden Anteil bezüglich t (man vergleiche die Gln. (35b, c)) und bei Beachtung von Gl. (10) ergibt sich

$$y(t) = \frac{1}{2} \operatorname{Im} [H(j\omega_0, t) \, e^{j\omega_0 t}] + \frac{1}{2\pi} \int_{-\infty}^{\infty} \frac{\omega_0}{\omega_0^2 - \omega^2} [H_g(j\omega, t) + H_u(j\omega, t)] \, e^{j\omega t} \, d\omega .$$

Hieraus folgt eine entsprechende Darstellung für $y(-t)$. Addiert man diese beiden Darstellungen, so erhält man im Fall eines *kausalen* Systems ($y(-t) = 0$ für $t > 0$) als Ausgangssignal

$$y(t) = \frac{1}{2} \operatorname{Im} [H(\mathrm{j}\omega_0, t)\, \mathrm{e}^{\mathrm{j}\omega_0 t} + H(\mathrm{j}\omega_0, -t)\, \mathrm{e}^{-\mathrm{j}\omega_0 t}] + \frac{1}{\pi} \int_{-\infty}^{\infty} \frac{\omega_0}{\omega_0^2 - \omega^2} [H_g(\mathrm{j}\omega, t) \cos \omega t + \mathrm{j} H_u(\mathrm{j}\omega, t) \sin \omega t]\, \mathrm{d}\omega,$$
$$(t > 0).$$

Im zeitinvarianten Fall vereinfacht sich diese Darstellung weiter, da dann $H_u(\mathrm{j}\omega, t) \equiv 0$ ist und $H_g(\mathrm{j}\omega, t) \equiv H(\mathrm{j}\omega, t) \equiv H(\mathrm{j}\omega) = R(\omega) + \mathrm{j}X(\omega)$ gilt:

$$y(t) = X(\omega_0) \cos \omega_0 t + \frac{2}{\pi} \int_0^{\infty} \frac{\omega_0 R(\omega) \cos \omega t}{\omega_0^2 - \omega^2}\, \mathrm{d}\omega,$$
$$(t > 0).$$

Eine weitere Darstellung erhält man, wenn die früheren Darstellungen von $y(t)$ und $y(-t)$ nicht addiert, sondern subtrahiert werden.

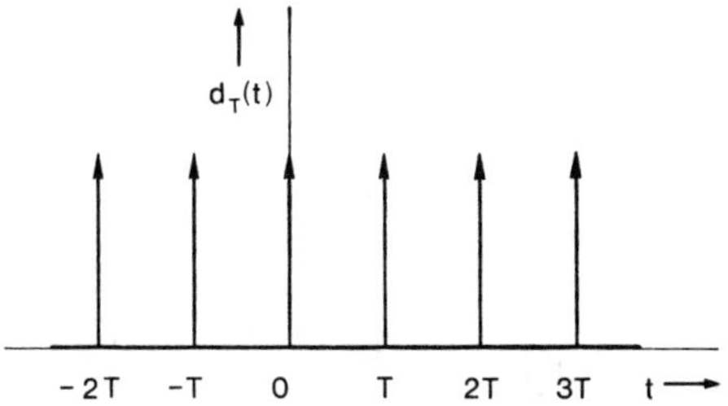

Bild 70: Periodische Impulsfolge

Es soll im folgenden die Fourier-Transformierte einer periodischen Folge von δ-Impulsen ermittelt werden. Eine derartige Impulsfolge der Periode T läßt sich in der Form

$$d_T(t) = \sum_{\mu=-\infty}^{\infty} \delta(t - \mu T) \tag{79a}$$

schreiben (Bild 70). Mit der Korrespondenz (75) und $\omega_0 = 2\pi/T$ erhält man als zugehöriges Spektrum

$$D_{\omega_0}(\mathrm{j}\omega) = \sum_{\mu=-\infty}^{\infty} \mathrm{e}^{-\mathrm{j}\mu 2\pi\omega/\omega_0}. \tag{79b}$$

Wie man sieht, ist $D_{\omega_0}(\mathrm{j}\omega)$ eine in ω *periodische* Funktion mit der Periode ω_0. Unter Verwendung der Abkürzung

$$q = \mathrm{e}^{-\mathrm{j}2\pi\omega/\omega_0} \tag{80}$$

kann Gl. (79b) auch in der Form

$$D_{\omega_0}(\mathrm{j}\omega) = \lim_{N\to\infty} \sum_{\mu=-N}^{N} q^\mu = \lim_{N\to\infty} \frac{q^{-N} - q^{N+1}}{1 - q} = \lim_{N\to\infty} \frac{q^{-(N+1/2)} - q^{N+1/2}}{q^{-1/2} - q^{1/2}} \tag{81a}$$

dargestellt werden. In Gl. (81a) wurde die letzte Darstellung von $D_{\omega_0}(\mathrm{j}\omega)$ aus der vorletzten durch Multiplikation von Zähler und Nenner des Quotienten mit $q^{-1/2}$ gewonnen. Führt man jetzt in Gl. (81a) die Abkürzung nach Gl. (80) ein, dann wird

$$D_{\omega_0}(\mathrm{j}\omega) = \lim_{N\to\infty} \frac{\sin\left[\left(N+\frac{1}{2}\right)2\pi\omega/\omega_0\right]}{\sin(\pi\omega/\omega_0)}. \tag{81b}$$

Der in Gl. (81b) auftretende Quotient läßt sich im Intervall $(-\omega_0, \omega_0)$, aber auch nur in diesem Intervall, durch Potenzreihenentwicklung der Nennerfunktion folgendermaßen darstellen:

$$\frac{\sin\left[\left(N+\frac{1}{2}\right)2\pi\omega/\omega_0\right]}{\sin(\pi\omega/\omega_0)} = \frac{\sin\left[\left(N+\frac{1}{2}\right)2\pi\omega/\omega_0\right]}{\pi\omega/\omega_0}[1+\varrho(\omega)]$$

$$(-\omega_0 < \omega < \omega_0).$$

Dabei gilt $\varrho(0) = 0$. Dieser Ausdruck strebt für $N \to \infty$ gegen die Funktion

$$\omega_0\delta(\omega)\,[1+\varrho(\omega)] = D_{\omega_0}(\mathrm{j}\omega)$$

$$(-\omega_0 < \omega < \omega_0),$$

da im Sinne der Distributionentheorie

$$\delta(\omega) = \lim_{a\to\infty} \frac{\sin a\omega}{\pi\omega}$$

ist. Beachtet man noch die Beziehung $\delta(\omega)\,\varrho(\omega) = \delta(\omega)\,\varrho(0) = 0$, so erhält man im Intervall $-\omega_0 < \omega < \omega_0$

$$D_{\omega_0}(\mathrm{j}\omega) = \omega_0\delta(\omega).$$

Durch periodische Fortsetzung dieser Funktion mit der Periode ω_0 ergibt sich schließlich die Fourier-Transformierte von $d_T(t)$ im gesamten Frequenzbereich:

$$D_{\omega_0}(\mathrm{j}\omega) = \omega_0 \sum_{\mu=-\infty}^{\infty} \delta(\omega - \mu\omega_0). \tag{82}$$

Ohne weiteres ist zu erkennen, daß in Umkehrung der soeben durchgeführten Untersuchung dem Spektrum Gl. (82) die Zeitfunktion nach Gl. (79a) entspricht. Somit besteht die Korrespondenz

$$\sum_{\mu=-\infty}^{\infty} \delta(t-\mu T) \circ\!\!- \omega_0 \sum_{\mu=-\infty}^{\infty} \delta(\omega - \mu\omega_0), \tag{83}$$

$$(\omega_0 = 2\pi/T).$$

Die periodische Folge $d_T(t)$ von δ-Impulsen der Stärke Eins hat als Spektrum $D_{\omega_0}(\mathrm{j}\omega)$ eine ebenfalls periodische Folge von δ-Impulsen der Stärke ω_0.

4.3. *Die Fourier-Transformation periodischer Zeitfunktionen*

Es wird eine nicht notwendigerweise reelle Funktion $f(t)$ der Zeit t $(-\infty < t < \infty)$ betrachtet, die mit der Periode T periodisch sein möge:

$$f(t) = f(t + T).$$

Neben dieser Funktion $f(t)$ wird noch die Funktion $f_0(t)$ in die Betrachtung einbezogen, die im Intervall $[0, T]$ gleich $f(t)$ und außerhalb dieses Intervalls gleich Null sei:

$$f_0(t) = \begin{cases} f(t) & \text{für} \quad 0 \leqq t \leqq T \\ 0 & \text{für} \quad t < 0 \quad \text{und} \quad t > T. \end{cases}$$

Im Bild 71 ist ein Beispiel für reelle Funktionen $f(t)$, $f_0(t)$ dargestellt. Die Funktion $f_0(t)$ soll, abgesehen von endlich vielen Sprüngen, die im Satz III.1 geforderten Eigenschaften einer durch ihre Frequenzfunktion darstellbaren Zeitfunktion erfüllen, so daß die

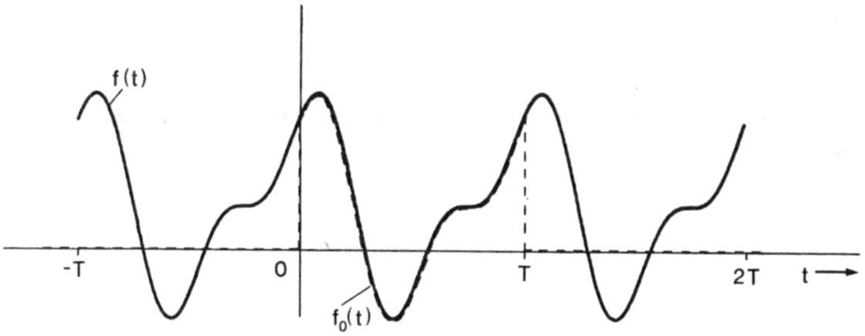

Bild 71: Beispiele reeller Funktionen $f(t)$ und $f_0(t)$

Korrespondenz

$$f_0(t) \circ\!\!- F_0(\mathrm{j}\omega) = \int_0^T f(t)\, \mathrm{e}^{-\mathrm{j}\omega t}\, \mathrm{d}t \tag{84}$$

besteht. Man kann nun die Funktion $f(t)$ durch Faltung der Funktion $f_0(t)$ mit der periodischen Impulsfolge $d_T(t)$ aus Gl. (79a) erzeugen:

$$f(t) = \int_{-\infty}^{\infty} f_0(\tau)\, d_T(t - \tau)\, \mathrm{d}\tau. \tag{85}$$

Die Richtigkeit dieser Aussage ist aus Bild 72 sofort zu erkennen. Mit zunehmendem t verschiebt sich die Impulsfolge nach rechts. Ausgehend von $t = 0$ durchwandert der zunächst im Nullpunkt befindliche Impuls das Intervall $[0, T]$, und dabei wird durch diesen Impuls gemäß Gl. (85) zum Zeitpunkt t $(0 \leqq t \leqq T)$, wenn man von den Unstetigkeitsstellen absieht, der Funktionswert $f_0(t) = f(t)$ ausgeblendet (Bild 72), während die übrigen Impulse wirkungslos sind. Wird $t > T$, so wandert der ursprünglich bei $\tau = -T$ gelegene Impuls ins Intervall $[0, T]$ und blendet in gleicher Weise bis zum Zeitpunkt $t = 2T$ aus. Dieses Ausblendspiel wiederholt sich in jedem Intervall $nT \leqq t \leqq (n + 1)\, T$ (n ganze Zahl). Deshalb entsteht durch Gl. (85) die Funktion $f(t)$ im gesamten Zeitbereich $-\infty < t < \infty$.

Das Spektrum $F(\mathrm{j}\omega)$ von $f(t)$ gewinnt man, indem man die Gl. (85) der Fourier-Transformation unterwirft. Aufgrund des Faltungssatzes erhält man mit Hilfe des Spektrums Gl. (82) der Impulsfolge $d_T(t)$

$$F(\mathrm{j}\omega) = F_0(\mathrm{j}\omega)\,\omega_0 \sum_{\mu=-\infty}^{\infty} \delta(\omega - \mu\omega_0)$$

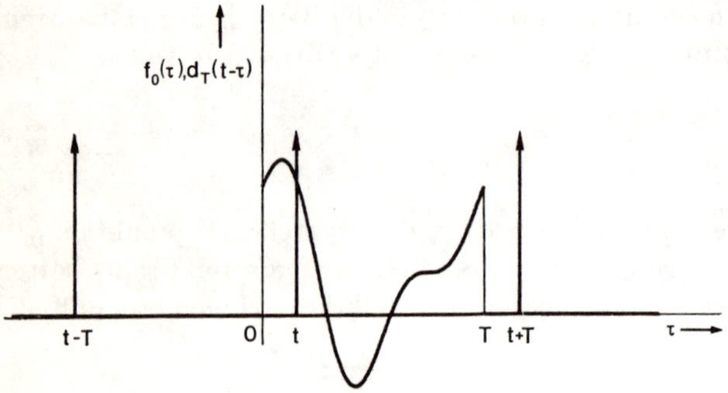

Bild 72: Erzeugung der Funktion $f(t)$ durch Faltung der Funktion $f_0(t)$ mit der periodischen Impulsfolge $d_T(t)$

oder bei Beachtung der Relation $F_0(\mathrm{j}\omega)\,\delta(\omega - \mu\omega_0) = F_0(\mathrm{j}\mu\omega_0)\,\delta(\omega - \mu\omega_0)$ sowie bei Verwendung der Abkürzung

$$2\pi A_\mu = \omega_0 F_0(\mathrm{j}\mu\omega_0),$$

wobei $F_0(\mathrm{j}\mu\omega_0)$ aus $f(t)$ nach Gl. (84) zu bestimmen und $\omega_0 = 2\pi/T$ ist, schließlich

$$F(\mathrm{j}\omega) = 2\pi \sum_{\mu=-\infty}^{\infty} A_\mu \delta(\omega - \mu\omega_0) \tag{86a}$$

mit

$$A_\mu = \frac{1}{T}\int_0^T f(t)\,\mathrm{e}^{-\mathrm{j}\mu 2\pi t/T}\,\mathrm{d}t. \tag{86b}$$

Wendet man jetzt auf Gl. (86a) die Fourier-Umkehrformel an und beachtet man, daß

$$\int_{-\infty}^{\infty} \mathrm{e}^{\mathrm{j}\omega t}\delta(\omega - \mu\omega_0)\,\mathrm{d}\omega = \mathrm{e}^{\mathrm{j}\mu\omega_0 t}$$

mit $\omega_0 = 2\pi/T$ ist, so erhält man die als Fourier-Reihenentwicklung bekannte Darstellung periodischer Funktionen:

$$f(t) = \sum_{\mu=-\infty}^{\infty} A_\mu\,\mathrm{e}^{\mathrm{j}\mu 2\pi t/T}. \tag{86c}$$

Die Fourier-Koeffizienten A_μ ($\mu = 0, \pm 1, \pm 2, \ldots$) sind durch Gl. (86b) gegeben und stimmen nach Gl. (84) bis auf den Faktor $1/T$ mit dem Wert des Fourier-Integrals $F_0(\mathrm{j}\omega)$ von $f_0(t)$ für $\omega = \mu\omega_0 = \mu 2\pi/T$ überein. Wie Gl. (86b) erkennen läßt, gilt bei reeller Zeitfunktion $f(t)$

$$A_{-\mu} = A_\mu^*.$$

Aus Gl. (86a) ersieht man, daß eine periodische Funktion kein kontinuierliches Spektrum, sondern ein diskretes Linienspektrum hat. Dieses Linienspektrum besteht aus äquidistanten δ-Stößen an den Stellen $\omega = \mu\omega_0$ ($\mu = 0, \pm 1, \pm 2, \ldots$) mit den Impulsstärken $2\pi A_\mu$. Eine Teilsumme

$$f_N(t) = \sum_{\mu=-N}^{N} A_\mu \, e^{j\mu 2\pi t/T} \tag{87}$$

der Fourier-Reihe Gl. (86c) kann man sich entstanden denken durch rechteckförmige Beschneidung des Spektrums $F(j\omega)$ der Funktion $f(t)$ gemäß Gl. (44a) mit $\Omega = (N + 1/2)\,\omega_0$. Infolgedessen trifft man bei den Teilsummen $f_N(t)$ das Gibbssche Phänomen an, d. h. das Auftreten von Überschwingern an allen Sprungstellen der Funktion $f(t)$. Diese Erscheinung läßt sich auch hier nach der im Abschnitt 2.2 gezeigten Methode dadurch beseitigen, daß man das Spektrum $F(j\omega)$ Gl. (86a) nicht rechteckförmig, sondern dreieckförmig gemäß Gl. (46a) mit $\Omega = N\omega_0$ beschneidet. Dies bewirkt, daß in der Teilsumme Gl. (87) die A_μ durch die Koeffizienten

$$B_\mu = A_\mu \left(1 - \frac{|\mu|}{N}\right)$$

zu ersetzen sind. Auf diese Weise entstehen die sogenannten Fejérschen Teilsummen.

Auch die Impulsfolge $d_T(t)$ Gl. (79a) läßt sich (im Sinne der Distributionentheorie) durch eine Fourier-Reihe darstellen. Ein Vergleich der Korrespondenz (83) mit dem Spektrum Gl. (86a) für periodische Funktionen lehrt, daß die Fourier-Koeffizienten A_μ von $d_T(t)$ durchweg $1/T$ sind.

Beispiel: Am Eingang eines idealen Tiefpasses mit der Übertragungsfunktion nach Gl. (54) wirke ein (reelles) periodisches Signal $x(t)$ mit der Periodendauer $T = 2\pi/\omega_0$ und den Fourier-Koeffizienten α_μ($\mu = 0, \pm 1, \pm 2, \ldots$). Die Grenzkreisfrequenz ω_g des Tiefpasses liege zwischen $N\omega_0$ und $(N + 1)\,\omega_0$, wobei N eine natürliche Zahl ist. Wie lautet das Ausgangssignal $y(t)$?

Man erhält aus den Gln. (54) und (55) mit der Darstellung des Spektrums von $x(t)$ gemäß Gl. (86a) das Spektrum der Ausgangsgröße:

$$Y(j\omega) = A_0 \, e^{-j\omega t_0} 2\pi \sum_{\mu=-N}^{N} \alpha_\mu \delta(\omega - \mu\omega_0).$$

Hieraus folgt durch Fourier-Umkehrtransformation

$$y(t) = A_0 \sum_{\mu=-N}^{N} \alpha_\mu \, e^{j\mu 2\pi(t-t_0)/T}.$$

Diese Funktion ist ebenfalls ein periodisches Signal mit der Periodendauer T. Der Tiefpaß läßt nur die Teilschwingungen von $x(t)$ mit Kreisfrequenzen im Intervall $[-N\omega_0, N\omega_0]$ passieren, wobei die Amplituden dieser Schwingungen mit A_0 multipliziert und die Signale selbst um die Zeit t_0 verzögert werden. Im Fall $N = 1$ erhält man

$$y(t) = A_0[\alpha_0 + \alpha_1 \, e^{j2\pi(t-t_0)/T} + \alpha_1{*} \, e^{-j2\pi(t-t_0)/T}] = A_0\{\alpha_0 + 2\,|\alpha_1| \cos[2\pi(t - t_0)/T + \arg \alpha_1]\}.$$

Wirkt das periodische Signal $x(t)$ am Eingang eines willkürlichen linearen, zeitinvarianten, stabilen Systems mit der Übertragungsfunktion $H(j\omega)$, dann lautet die Fourier-Transformierte des Ausgangssignals

$$Y(j\omega) = H(j\omega)\, 2\pi \sum_{\mu=-\infty}^{\infty} \alpha_\mu \delta(\omega - \mu\omega_0) = 2\pi \sum_{\mu=-\infty}^{\infty} \alpha_\mu H(j\mu\omega_0)\, \delta(\omega - \mu\omega_0)$$

und damit das Ausgangssignal selbst

$$y(t) = \sum_{\mu=-\infty}^{\infty} \alpha_\mu H\left(j\mu \frac{2\pi}{T}\right) e^{j\mu 2\pi t/T}.$$

Diese Funktion ist auch wieder periodisch mit der Periodendauer T. Man beachte, daß die Fourier-Koeffizienten β_μ des Ausgangssignals direkt in der Form

$$\beta_\mu = \alpha_\mu H(j\mu\omega_0)$$

angegeben werden können. Es sei dem Leser als Übung empfohlen, unter Verwendung der Gl. (64c) das entsprechende Ergebnis für ein zeitvariantes, lineares, stabiles System abzuleiten.

4.4. Zeitbegrenzte Signale, bandbegrenzte Signale, das Abtasttheorem

a) Zeitbegrenzte Signale

Es wird ein sogenanntes *zeitbegrenztes* Signal betrachtet, d. h. ein Signal $f(t)$ mit der Eigenschaft

$$f(t) \equiv 0 \quad \text{für } |t| > T. \tag{88}$$

Es sei vorausgesetzt, daß $f(t)$ gemäß Abschnitt 4.3 im Intervall $[-T, T]$ durch eine Fourier-Reihe darstellbar ist (man beachte, daß die Periodendauer $2T$ ist):

$$f(t) = \sum_{\mu=-\infty}^{\infty} A_\mu e^{j\mu\pi t/T}, \qquad (|t| < T), \tag{89a}$$

$$A_\mu = \frac{1}{2T}\int_{-T}^{T} f(t)\, e^{-j\mu\pi t/T}\, dt = \frac{1}{2T} F(j\mu\pi/T). \tag{89b}$$

Hierbei bedeutet $F(j\omega)$ die Fourier-Transformierte von $f(t)$. Ausgehend von Gl. (89a) kann nun $f(t)$ mit Hilfe der Rechteckfunktion

$$p_T(t) = \begin{cases} 1 & \text{für} \quad |t| < T \\ 0 & \text{für} \quad |t| > T \end{cases} \tag{90}$$

im gesamten Intervall $-\infty < t < \infty$ dargestellt werden:

$$f(t) = \sum_{\mu=-\infty}^{\infty} A_\mu p_T(t)\, e^{j\mu\pi t/T}. \tag{91}$$

Für die Funktion $p_T(t)$ Gl. (90) gilt die Korrespondenz

$$p_T(t) \circ\!- \frac{2 \sin T\omega}{\omega}. \tag{92}$$

Unterwirft man die Gl. (91) der Fourier-Transformation, so erhält man bei Beachtung der Korrespondenz (92) und der Frequenzverschiebungseigenschaft sowie der Form von

A_μ nach Gl. (89b) das Spektrum von $f(t)$ zu

$$F(j\omega) = \sum_{\mu=-\infty}^{\infty} F(j\mu\pi/T) \frac{\sin(T\omega - \mu\pi)}{T\omega - \mu\pi}. \tag{93}$$

Das Spektrum $F(j\omega)$ eines nach Gl. (88) zeitbegrenzten Signals $f(t)$ ist also allein durch seine diskreten Werte an den Stellen $\omega = \mu\pi/T$ ($\mu = 0, \pm 1, \pm 2, \ldots$) nach Gl. (93) bestimmt.

Das Ergebnis Gl. (93) kann dazu verwendet werden, die Fourier-Transformierte einer zeitbegrenzten Funktion numerisch zu bestimmen. Man braucht dazu nur durch harmonische Analyse[1]) die Fourier-Koeffizienten A_μ gemäß Gl. (89b) aus der Funktion $f(t)$ für $\mu = 0, \pm 1, \pm 2, \ldots, \pm N$ zu bestimmen und hat dann die Werte für die Koeffizienten $F(j\mu\pi/T)$ in Gl. (93) für $\mu = 0, \pm 1, \ldots, \pm N$. Bei hinreichend großem N dürfen die Koeffizienten für $|\mu| > N$ näherungsweise gleich Null gesetzt werden, so daß dann $F(j\omega)$ nach Gl. (93) numerisch bekannt ist. Falls die Zeitfunktion $f(t)$, deren Spektrum numerisch bestimmt werden soll, zwar nicht zeitbegrenzt ist, jedoch die Grenzwerte Null für $t \to \pm\infty$ besitzt, oder falls durch geeignete Umformung die Zeitfunktion auf ein solches Signal zurückgeführt werden kann, dann darf mit im allgemeinen aus

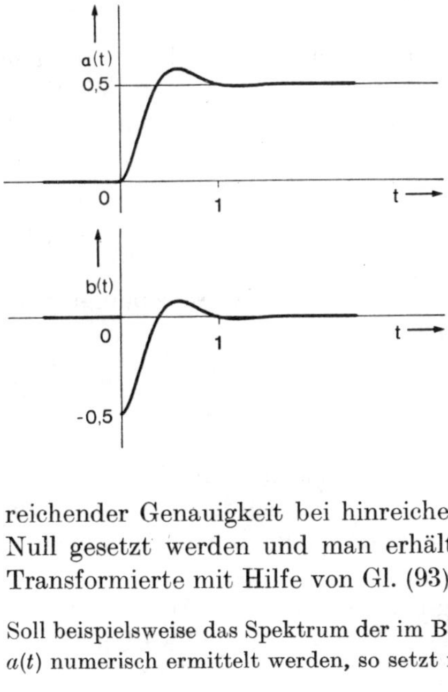

Bild 73:
Verlauf der Sprungantwort $a(t)$ und der Funktion $b(t)$

reichender Genauigkeit bei hinreichend großem T für $|t| > T$ die Zeitfunktion gleich Null gesetzt werden und man erhält so eine zeitbegrenzte Funktion, deren Fourier-Transformierte mit Hilfe von Gl. (93) numerisch bestimmt werden kann.

Soll beispielsweise das Spektrum der im Bild 73 dargestellten Sprungantwort (Übergangsfunktion) $a(t)$ numerisch ermittelt werden, so setzt man

$$a(t) = 0{,}5s(t) + b(t).$$

Die Funktion $b(t)$ ist ebenfalls im Bild 73 dargestellt. Wie man sieht, dürfen die Funktionswerte $b(t)$ für $t > T = 2$ mit guter Näherung gleich Null gesetzt werden, so daß $b(t)$ als zeitbegrenztes Signal aufgefaßt werden darf. Gemäß den Gln. (93) und (89b), wobei $f(t)$ durch $b(t)$ und $F(j\omega)$ durch $B(j\omega)$ zu ersetzen ist, läßt sich das Spektrum $B(j\omega)$ von $b(t)$ bestimmen. Das Spektrum der

---

[1]) Hierfür gibt es verschiedene Methoden, man vergleiche auch Abschnitt 5.5.

Funktion $0{,}5s(t)$ erhält man aus der Korrespondenz (74), so daß die gewünschte Fourier-Transformierte

$$F(\mathrm{j}\omega) = 0{,}5\pi\delta(\omega) + \frac{1}{2\mathrm{j}\omega} + B(\mathrm{j}\omega)$$

lautet.

b) Bandbegrenzte Signale

Nunmehr wird ein sogenanntes *bandbegrenztes Signal* betrachtet, d. h. ein Signal, dessen Spektrum die Eigenschaft

$$F(\mathrm{j}\omega) \equiv 0 \quad \text{für} \quad |\omega| > \omega_g \tag{94}$$

hat. Es sei vorausgesetzt, daß $F(\mathrm{j}\omega)$ gemäß Abschnitt 4.3 im Intervall $[-\omega_g, \omega_g]$ durch eine Fourier-Reihe dargestellt werden kann:

$$F(\mathrm{j}\omega) = \sum_{\nu=-\infty}^{\infty} A_\nu \, \mathrm{e}^{-\mathrm{j}\nu\pi\omega/\omega_g}, \qquad (|\omega| < \omega_g), \tag{95a}$$

$$A_\nu = \frac{1}{2\omega_g} \int_{-\omega_g}^{\omega_g} F(\mathrm{j}\omega)\, \mathrm{e}^{\mathrm{j}\nu\pi\omega/\omega_g}\, \mathrm{d}\omega = \frac{\pi}{\omega_g} f\left(\nu \frac{\pi}{\omega_g}\right). \tag{95b}$$

Hierbei bedeutet $f(t)$ die $F(\mathrm{j}\omega)$ entsprechende Zeitfunktion. Im Vergleich mit den Formeln aus Abschnitt 4.3 wurde der Summationsindex μ durch $-\nu$ ersetzt. Mit Hilfe der Rechteckfunktion $p_{\omega_g}(\omega)$ gemäß Gl. (43) läßt sich die Gültigkeit der Formel Gl. (95a) auf den gesamten Frequenzbereich ausdehnen:

$$F(\mathrm{j}\omega) = \sum_{\nu=-\infty}^{\infty} A_\nu p_{\omega_g}(\omega)\, \mathrm{e}^{-\mathrm{j}\nu\pi\omega/\omega_g}. \tag{96}$$

Jetzt liefert die Korrespondenz (53) in Verbindung mit der Zeitverschiebungseigenschaft aus Gl. (96) und mit Gl. (95b) die Zeitfunktion

$$f(t) = \sum_{\nu=-\infty}^{\infty} f\left(\nu \frac{\pi}{\omega_g}\right) \frac{\sin(\omega_g t - \nu\pi)}{\omega_g t - \nu\pi}. \tag{97}$$

Diese Beziehung zur Darstellung einer bandbegrenzten Zeitfunktion $f(t)$ aus ihren diskreten Werten an den Stellen $t = \nu\pi/\omega_g$ ($\nu = 0, \pm 1, \pm 2, \ldots$) ist das Gegenstück zu Gl. (93), mit deren Hilfe das Spektrum einer zeitbegrenzten Funktion in entsprechender Weise durch diskrete Werte dargestellt wird.

Die Gl. (97) ist dazu geeignet, die zu einem begrenzten Spektrum $F(\mathrm{j}\omega)$ ($\equiv 0$ für $|\omega| > \omega_g$) gehörige Zeitfunktion $f(t)$ numerisch zu bestimmen. Zu diesem Zweck hat man mit Hilfe harmonischer Analyse des Spektrums $F(\mathrm{j}\omega)$ die diskreten Funktionswerte $f(\nu\pi/\omega_g)$ nach Gl. (95b) zu ermitteln und erhält dann nach Gl. (97) die Funktion $f(t)$ im gesamten Zeitbereich, wobei die $f(\nu\pi/\omega_g)$ für $|\nu| > N$ bei hinreichend großem N näherungsweise Null gesetzt werden dürfen. Ist das Spektrum nicht begrenzt, jedoch im Limes für $\omega \to \pm\infty$ Null oder läßt sich die Fourier-Transformierte, deren Zeitfunktion numerisch zu ermitteln ist, auf ein solches Spektrum reduzieren, dann kann man mit einem hinreichend großen ω_g das Spektrum für $|\omega| > \omega_g$ näherungsweise gleich Null setzen und erhält so ein begrenztes Spektrum, dessen Zeitfunktion mit Hilfe der Gl. (97) bestimmt ist.

c) Abtasttheorem

Gleichung (97) ist die mathematische Form des im Jahre 1949 von C. E. Shannon angegebenen *Abtasttheorems*. Es soll zusammengefaßt werden im

Satz III.3: Eine bezüglich der Kreisfrequenz ω_g bandbegrenzte Zeitfunktion $f(t)$ ist in eindeutiger Weise durch ihre diskreten Werte

$$f_\nu = f\left(\nu \frac{\pi}{\omega_g}\right)$$

für $\nu = 0, \pm 1, \pm 2, \ldots$ nach Gl. (97) bestimmt (Bild 74).

Das Abtasttheorem hat für die Nachrichtenübertragung außerordentlich große Bedeutung, da es auf die Möglichkeit hinweist, bandbegrenzte Signale durch diskrete Funktionswerte zu übertragen, die in gleichen Zeitabständen $\pi/\omega_g = 1/(2f_g)$ dem Signal zu entnehmen sind. Natürlich darf man auch mit einer kürzeren Periode, d. h. mit einer

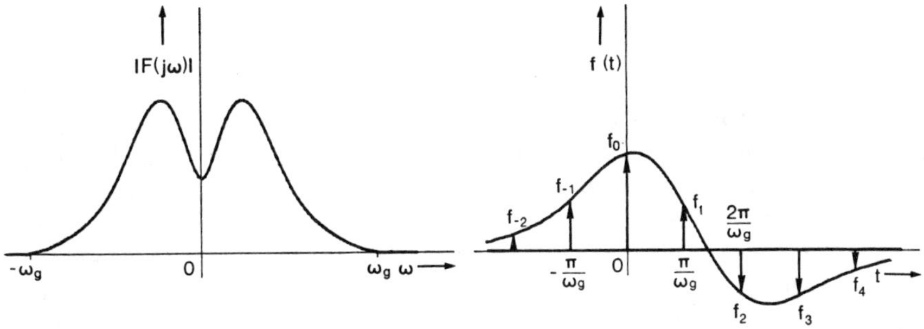

Bild 74: Zum Abtasttheorem. Die bandbegrenzte Zeitfunktion $f(t)$ ist durch die diskreten Werte f_ν bestimmt

größeren Rate — man bezeichnet die kleinstmögliche Rate $\omega_g/\pi = 2f_g$ als *Nyquist-Rate* — die Funktionswerte entnehmen (abtasten). Dies bedeutet nur die Wahl einer entsprechend größeren Grenzkreisfrequenz ω_g in Gl. (94), was auf die Aussage des Abtasttheorems keinen Einfluß hat.

Werden die diskreten Funktionswerte in idealisierter Weise in Form äquidistanter δ-Impulse übertragen, wobei die Impulsstärken gleich den abgetasteten Funktionswerten sind, dann lautet die Sendefunktion

$$x(t) = \sum_{\mu=-\infty}^{\infty} f\left(\mu \frac{\pi}{\omega_g}\right) \delta\left(t - \mu \frac{\pi}{\omega_g}\right). \tag{98a}$$

Das zugehörige Spektrum ist

$$X(\mathrm{j}\omega) = \sum_{\mu=-\infty}^{\infty} f\left(\mu \frac{\pi}{\omega_g}\right) \mathrm{e}^{-\mathrm{j}\mu\pi\omega/\omega_g}, \tag{98b}$$

wie man unmittelbar sieht. Das Spektrum $X(\mathrm{j}\omega)$ stellt eine in ω periodische Funktion mit der Periode $2\omega_g$ dar. Der Vergleich von Gl. (98b) mit den Gln. (95a, b) lehrt, daß

$$X(\mathrm{j}\omega) \equiv \frac{\omega_g}{\pi} F(\mathrm{j}\omega),$$

$$(-\omega_g \leqq \omega \leqq \omega_g),$$

gilt. Die Sendefunktion $x(t)$ Gl. (98a) hat also ein Spektrum $X(j\omega)$, das bis auf den konstanten Faktor ω_g/π im Intervall $[-\omega_g, \omega_g]$ mit dem Spektrum der bandbegrenzten Funktion $f(t)$ übereinstimmt. Außerhalb dieses Intervalls hat man sich $X(j\omega)$ periodisch fortgesetzt zu denken, während dort $F(j\omega)$ identisch verschwindet. Die diskrete Übertragung erfordert also, etwa im Rahmen des Zeitmultiplex-Verfahrens, den gesamten Frequenzbereich $(-\infty < \omega < \infty)$. Wird nun das Signal $x(t)$ als Eingangssignal eines idealen Tiefpasses gewählt, dessen Grenzkreisfrequenz ω_g mit jener des zu übertragenden Signals $f(t)$ übereinstimmt, dann lautet das Spektrum des Ausgangssignals $y(t)$ nach Gl. (55) und mit den Gln. (54) und (43)

$$Y(j\omega) = H(j\omega)\, X(j\omega) = A_0 \frac{\omega_g}{\pi} F(j\omega)\, e^{-j\omega t_0}, \qquad (-\infty < \omega < \infty).$$

Durch Übergang in den Zeitbereich ergibt sich

$$y(t) = A_0 \frac{\omega_g}{\pi} f(t - t_0).$$

Das Ausgangssignal $y(t)$ des idealen Tiefpasses stimmt damit bis auf den Maßstabsfaktor $A_0\omega_g/\pi$ und die zeitliche Verschiebung t_0 mit dem zu übertragenden Signal überein. Die Demodulation des für die Übertragung benutzten, aus einer periodischen Folge von Impulsen bestehenden Signals $x(t)$ kann also mit einem idealen Tiefpaß durchgeführt werden, dessen Grenzkreisfrequenz mit derjenigen des zu übertragenden Signals übereinstimmt. — Auf die Demodulation des Signals $x(t)$ mit Hilfe eines idealen Tiefpasses wird man auch durch folgende Überlegung geführt. Die Antwort eines idealen Tiefpasses mit der Grenzkreisfrequenz ω_g auf einen δ-Stoß zum Zeitpunkt $t = \nu\pi/\omega_g$ und mit der Stärke $f(\nu\pi/\omega_g)\,\pi/(A_0\omega_g)$ stimmt nach Gl. (51a), abgesehen von der zeitlichen Verzögerung um t_0, mit dem in Gl. (97) vorkommenden Summanden überein. Wirken zu allen Zeiten $t = \nu\pi/\omega_g$ $(\nu = 0, \pm 1, \pm 2, \ldots)$ derartige δ-Stöße am Eingang des idealen Tiefpasses, so erhält man wegen der Linearität des Systems am Ausgang die Zeitfunktion nach Gl. (97), wenn man von der Verzögerungszeit t_0 absieht. Bild 75 soll die Demodulation verdeutlichen. — Es soll noch auf die Erzeugung der Funktion $f(t)$ gemäß Gl. (97) besonders hingewiesen werden. Der Summand

$$\sigma_\nu(t) = f\left(\nu \frac{\pi}{\omega_g}\right) \frac{\sin(\omega_g t - \nu\pi)}{\omega_g t - \nu\pi}, \tag{99}$$

wobei ν eine beliebige ganze Zahl ist, stimmt an der Stelle $t = \nu\pi/\omega_g$ mit der Funktion $f(t)$ überein, während für $t = \mu\pi/\omega_g$ $(\mu = 0, \pm 1, \pm 2, \ldots;\ \mu \neq \nu)$ dieser Summand gleich Null ist. Die Funktion $f(t)$ entsteht also nach Gl. (97) dadurch, daß an jeder Stelle $t = \nu\pi/\omega_g$ (ν ganz) der Summand $\sigma_\nu(t)$ den Funktionswert von $f(t)$ liefert, während

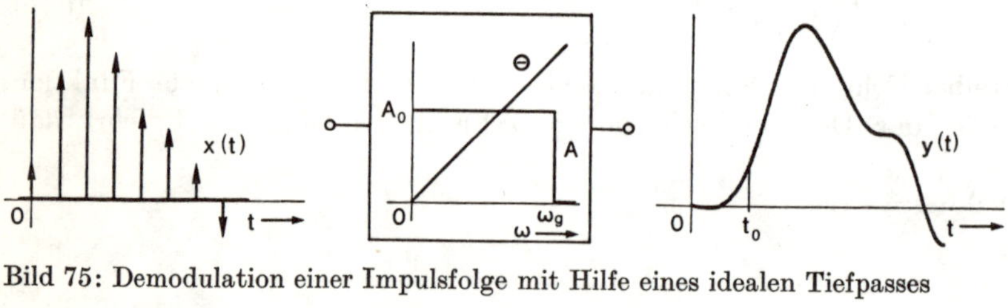

Bild 75: Demodulation einer Impulsfolge mit Hilfe eines idealen Tiefpasses

alle anderen Summanden an dieser Stelle den Beitrag Null liefern. Zwischen den Zeitpunkten $t = \nu\pi/\omega_g$ wird durch Superposition der Summanden der Funktionswert $f(t)$ erreicht (Bild 76).

Die Folge der Abtastwerte $f(nT)$ mit $T = \pi/\omega_g$ kann auch als diskontinuierliches Signal betrachtet und über ein diskontinuierliches System übertragen werden. Aus dem empfangenen diskontinuierlichen Signal $f(nT)$ kann die kontinuierliche Zeitfunktion $f(t)$ gemäß Gl. (97) rekonstruiert werden.

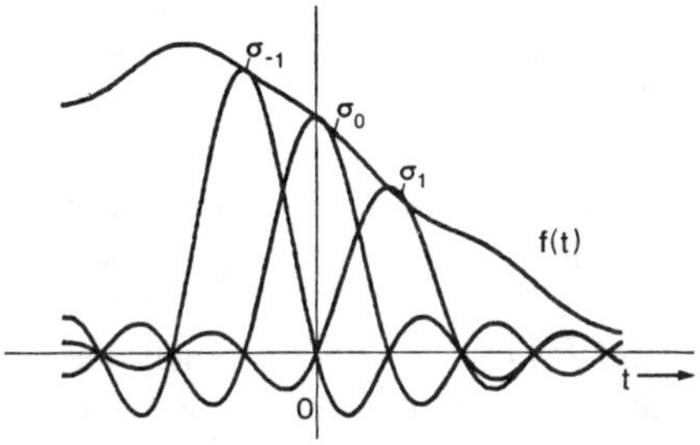

Bild 76: Erzeugung der bandbegrenzten Funktion $f(t)$ durch Superposition von Funktionen $\sigma_\nu(t)$

d) Bandbegrenzte Interpolation und Approximation

Ist $f(t)$ eine nicht notwendigerweise bandbegrenzte Funktion, dann kann man trotzdem bei Wahl einer willkürlichen Kreisfrequenz ω_g mit Hilfe der Funktionswerte von $f(t)$ an den Stellen $t = \nu\pi/\omega_g$ ($\nu = 0, \pm 1, \pm 2, \ldots$) die Reihe nach Gl. (97)

$$f_i(t) = \sum_{\nu=-\infty}^{\infty} f\left(\nu \frac{\pi}{\omega_g}\right) \frac{\sin(\omega_g t - \nu\pi)}{\omega_g t - \nu\pi}$$

bilden, die aber im allgemeinen nicht mehr mit $f(t)$ identisch ist. Der Reihenwert stimmt jedoch, wie aus den Überlegungen im Abschnitt c hervorgeht, an den diskreten Stellen $t = \nu\pi/\omega_g$ ($\nu = 0, \pm 1, \pm 2, \ldots$) mit $f(t)$ überein; die Reihe $f_i(t)$ interpoliert also bezüglich dieser Stellen die Funktion $f(t)$. Da das Spektrum von $f_i(t)$ begrenzt ist, spricht man von *bandbegrenzter Interpolation* von $f(t)$ durch $f_i(t)$. Für das Spektrum $F_i(j\omega)$ von $f_i(t)$ erhält man zunächst

$$F_i(j\omega) = \sum_{\nu=-\infty}^{\infty} f\left(\nu \frac{\pi}{\omega_g}\right) \frac{\pi}{\omega_g}\, p_{\omega_g}(\omega)\, e^{-j\nu\pi\omega/\omega_g}.$$

Der Wert $f(\nu\pi/\omega_g)$ läßt sich mit Hilfe des Spektrums $F(j\omega)$ von $f(t)$ aufgrund des Umkehrintegrals ausdrücken. Wird diese Darstellung eingeführt, dann ergibt sich weiterhin

$$F_i(j\omega) = p_{\omega_g}(\omega) \sum_{\nu=-\infty}^{\infty} \frac{1}{2\omega_g} \left\{ \int_{-\infty}^{\infty} F(j\eta)\, e^{j\nu\pi\eta/\omega_g}\, d\eta \right\} e^{-j\nu\pi\omega/\omega_g}.$$

Das hier auftretende Integral kann bei Verwendung der periodischen Funktion

$$F_p(j\omega) = \sum_{\mu=-\infty}^{\infty} F[j(\omega + \mu 2\omega_g)]$$

mit der Periode $2\omega_g$ als ein Integral von $-\omega_g$ bis ω_g geschrieben werden. Auf diese Weise entsteht die Darstellung

$$F_i(j\omega) = p_{\omega_g}(\omega) \sum_{\nu=-\infty}^{\infty} \frac{1}{2\omega_g} \left\{ \int_{-\omega_g}^{\omega_g} F_p(j\eta)\, e^{j\nu\pi\eta/\omega_g}\, d\eta \right\} e^{-j\nu\pi\omega/\omega_g}.$$

Da die Summe nichts anderes als die Fourier-Reihendarstellung von $F_p(\mathrm{j}\omega)$ darstellt, gilt also

$$F_i(\mathrm{j}\omega) = p_{\omega_g}(\omega) \sum_{\mu=-\infty}^{\infty} F[\mathrm{j}(\omega + \mu 2\omega_g)].$$

Das bezüglich ω_g bandbegrenzte Spektrum $F_i(\mathrm{j}\omega)$ der interpolierenden Funktion $f_i(t)$ ist demnach im Intervall $-\omega_g < \omega < \omega_g$ gleich einer Summe von Teilspektren, die aus $F(\mathrm{j}\omega)$ durch Verschiebung um $\mu 2\omega_g$ ($\mu = 0, \pm 1, \pm 2, \ldots$) hervorgehen. Man sieht also an Hand dieses Ergebnisses, wie sich die bandbegrenzte Interpolation im Frequenzbereich auswirkt.

Wird nun das Signal $f_i(t)$ im Sinne der Gl. (98a) an den Stellen $\nu\pi/\omega_g$ abgetastet, was gleichbedeutend mit der entsprechenden Abtastung des ursprünglichen Signals $f(t)$ ist, dann entsteht, wie aus den Überlegungen nach Abschnitt c folgt, eine Impulsfolge mit dem Spektrum $(\omega_g/\pi)\, F_p(\mathrm{j}\omega)$.

Soll das nicht notwendigerweise bandbegrenzte Signal $f(t)$ durch eine bezüglich der frei wählbaren Kreisfrequenz ω_g bandbegrenzten Funktion $f_a(t)$ im Sinne des kleinsten mittleren Fehlerquadrats approximiert werden, dann muß bei festliegenden Funktionen $f(t)$ und $F(\mathrm{j}\omega)$ das unbekannte Signal $f_a(t)$ mit dem Spektrum $F_a(\mathrm{j}\omega)$, welches für $|\omega| > \omega_g$ jedenfalls verschwinden muß, derart gewählt werden, daß der Fehler

$$\Delta = \int_{-\infty}^{\infty} |f(t) - f_a(t)|^2 \,\mathrm{d}t = \frac{1}{2\pi} \int_{-\infty}^{\infty} |F(\mathrm{j}\omega) - F_a(\mathrm{j}\omega)|^2 \,\mathrm{d}\omega$$

ein Minimum wird. Da $F_a(\mathrm{j}\omega)$ für $|\omega| > \omega_g$ verschwindet, kann

$$\Delta = \frac{1}{2\pi} \int_{|\omega|>\omega_g} |F(\mathrm{j}\omega)|^2 \,\mathrm{d}\omega + \frac{1}{2\pi} \int_{-\omega_g}^{\omega_g} |F(\mathrm{j}\omega) - F_a(\mathrm{j}\omega)|^2 \,\mathrm{d}\omega$$

geschrieben werden. Wie man hieraus sieht, nimmt Δ genau dann seinen kleinstmöglichen Wert an, wenn

$$F_a(\mathrm{j}\omega) = p_{\omega_g}(\omega)\, F(\mathrm{j}\omega)$$

gewählt wird. Das Signal $f_a(t)$, welches $f(t)$ im Sinne des kleinsten mittleren Fehlerquadrats approximiert, läßt sich also bis auf eine zeitliche Verschiebung als Ausgangssignal $y(t) = f_a(t - t_0)$ eines idealen Tiefpasses mit dem Amplitudenfaktor $A_0 = 1$, der Grenzkreisfrequenz ω_g und der Laufzeit t_0 erzeugen, wenn dieses System mit $x(t) = f(t)$ erregt wird. Es sei dem Leser als Übung empfohlen nachzuweisen, daß für die Abweichung bei der bandbegrenzten Approximation

$$|f(t) - f_a(t)| \leqq \frac{1}{2\pi} \int_{|\omega|>\omega_g} |F(\mathrm{j}\omega)| \,\mathrm{d}\omega$$

gilt.

4.5. *Die Impulsmethode zur numerischen Durchführung der Transformation zwischen Zeit- und Frequenzbereich*

Es wird zunächst eine Methode diskutiert, mit deren Hilfe eine nach Gl. (26) darstellbare Zeitfunktion $f(t)$ mit der Eigenschaft $f(t) \equiv 0$ für $|t| > T$ näherungsweise in den Frequenzbereich transformiert werden kann. Die Funktion $f(t)$ wird gemäß Bild 77 durch eine aus Geradenstücken bestehende Kurve $f_0(t)$ (Polygonzug) angenähert, wobei die Abszissen t_μ ($\mu = 0, 1, 2, \ldots, N$) nicht äquidistant verteilt zu sein brauchen. Anstelle der Funktion $f(t)$ wird der Polygonzug $f_0(t)$ in den Frequenzbereich transformiert. Hierzu empfiehlt es sich, die zweite Ableitung von $f_0(t)$ zu bilden. Gemäß Bild 77 besteht die erste Ableitung von $f_0(t)$ aus einer Treppenkurve, die zweite aus einer Folge von δ-Stößen. Die δ-Stöße treten an den Stellen t_μ mit den Stärken c_μ ($\mu = 0, 1, \ldots, N$) auf. Die Impulsstärke c_μ ist gleich der Höhe des Treppensprunges von $\mathrm{d}f_0(t)/\mathrm{d}t$ oder gleich der Änderung des Anstiegs des Polygons $f_0(t)$ an der Stelle $t = t_\mu$. Es gilt also

$$\frac{\mathrm{d}^2 f_0(t)}{\mathrm{d}t^2} = \sum_{\mu=0}^{N} c_\mu \delta(t - t_\mu). \tag{100a}$$

Bezeichnet man die Fourier-Transformierte von $f_0(t)$ mit $F_0(\mathrm{j}\omega)$, dann erhält man nach der Differentiationseigenschaft der Fourier-Transformation (Abschnitt 3.1, Teil f) aus Gl. (100a)

$$(\mathrm{j}\omega)^2 F_0(\mathrm{j}\omega) = \sum_{\mu=0}^{N} c_\mu \, \mathrm{e}^{-\mathrm{j}\omega t_\mu}. \tag{100b}$$

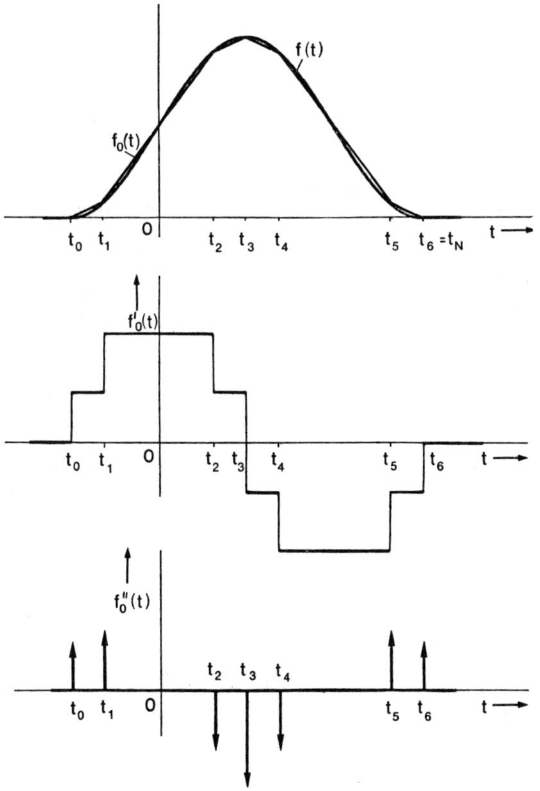

Bild 77: Zur näherungsweisen Transformation der Zeitfunktion $f(t)$ in den Frequenzbereich nach der Impulsmethode

Da $f_0(t)$ näherungsweise mit $f(t)$ übereinstimmt, darf erwartet werden, daß $F_0(\mathrm{j}\omega)$ das gewünschte Spektrum $F(\mathrm{j}\omega)$ mit ausreichender Genauigkeit approximiert. Durch Auflösung von Gl. (100b) nach $F_0(\mathrm{j}\omega)$ erhält man daher

$$F(\mathrm{j}\omega) \approx -\frac{1}{\omega^2} \sum_{\mu=0}^{N} c_\mu \, \mathrm{e}^{-\mathrm{j}\omega t_\mu}. \tag{101}$$

Die approximative Auflösung von Gl. (100b) nach $F(\mathrm{j}\omega)$ durch bloße Division mit $-\omega^2$ ist erlaubt, da aufgrund der Voraussetzungen über die Funktion $f(t)$ das Spektrum eine gewöhnliche Funktion darstellt. Die Gl. (101) liefert eine näherungsweise Darstellung des Spektrums der gegebenen Zeitfunktion $f(t)$. Die rechte Seite der Näherungsgleichung (101) strebt keineswegs gegen ∞ für $\omega \to 0$, weil die Summe über alle c_μ und die Summe über alle $c_\mu t_\mu$ verschwinden.

Nun soll auch ein Verfahren zur approximativen Ermittlung der zu einem vorgegebenen Spektrum $F(\mathrm{j}\omega)$ gehörenden Zeitfunktion $f(t)$ erörtert werden. Dabei soll lediglich angenommen werden, daß $F(\mathrm{j}\omega)$ eine gewöhnliche Funktion darstellt und das Spektrum einer *kausalen* Zeitfunktion $f(t)$ ist. Nach Gl. (58a) läßt sich die kausale Zeitfunktion $f(t)$ mit Hilfe der Realteilfunktion $R(\omega)$ von $F(\mathrm{j}\omega)$ für $t > 0$ in der Form

$$f(t) = \frac{2}{\pi} \int_0^\infty R(\omega) \cos \omega t \, \mathrm{d}\omega \qquad (t > 0)$$

darstellen. Die Zeitfunktion $-t^2 f(t)$ ist ebenfalls kausal. Da nach Abschnitt 3.1, Teil g dieser Funktion die Fourier-Transformierte $\mathrm{d}^2F(\mathrm{j}\omega)/\mathrm{d}\omega^2 = \mathrm{d}^2R(\omega)/\mathrm{d}\omega^2 + \mathrm{j}\mathrm{d}^2X(\omega)/\mathrm{d}\omega^2$ zugeordnet ist, gilt gemäß Gl. (58a) die Darstellung

$$t^2 f(t) = -\frac{2}{\pi} \int_0^\infty \frac{\mathrm{d}^2R(\omega)}{\mathrm{d}\omega^2} \cos \omega t \, \mathrm{d}\omega \qquad (t > 0). \tag{102}$$

Für die weiteren Betrachtungen wird angenommen, daß $R(\omega)$ für $\omega \to \infty$ gegen Null strebt. Damit darf $R(\omega)$ oberhalb einer bestimmten Kreisfrequenz Ω näherungsweise gleich Null gesetzt werden. Jetzt wird die Realteilfunktion $R(\omega)$ durch einen Polygonzug $R_0(\omega)$ approximiert, dessen Knickstellen die Abszissen ω_μ ($\mu = 0, 1, \ldots, N$) haben (Bild 78). Sodann wird $R(\omega)$ in Gl. (102) durch $R_0(\omega)$ ersetzt. Hierfür hat man

$$\frac{\mathrm{d}^2R_0(\omega)}{\mathrm{d}\omega^2} = \sum_{\mu=0}^{N} d_\mu \delta(\omega - \omega_\mu) \tag{103}$$

mit $\omega_0 = 0$ und $\omega_N = \Omega$ zu bilden. Dabei sind die d_μ die Sprungwerte der Steigung von $R_0(\omega)$ an den Knickstellen. Die Konstante d_0 ist die Steigung von $R_0(\omega)$ an der Stelle $\omega = \omega_0+ = 0+$, d. h. der Sprungwert der Steigung im Nullpunkt, sofern die Steigung für $\omega = 0-$ gleich Null gesetzt wird (Bild 78).[1]) Führt man die Gl. (103) in Gl. (102) anstelle der zweiten Ableitung von $R(\omega)$ ein, so gewinnt man unter Berücksichtigung

---

[1]) Diese Besonderheit bezüglich des Koeffizienten d_0 hat ihren Grund in der Entstehung der Gl. (58a). Der Leser möge sich dies im einzelnen überlegen, wobei zu beachten ist, daß die untere Integrationsgrenze in Gl. (58a) ursprünglich $-\infty$ war, während der Faktor 2 vor dem Integral fehlte.

der Ausblendeigenschaft der δ-Funktion schließlich

$$f(t) \approx -\frac{2}{\pi t^2} \sum_{\mu=0}^{N} d_\mu \cos \omega_\mu t \qquad (t > 0). \tag{104}$$

Die rechte Seite von Gl. (104) strebt für $t \to 0+$ keineswegs über alle Grenzen, da offensichtlich wegen der vorausgesetzten Eigenschaft von $f(t)$ die Bindung

$$\sum_{\mu=0}^{N} d_\mu = 0 \tag{105}$$

der Koeffizienten d_μ besteht. Das Verhalten der rechten Seite von Gl. (104) für kleine positive Zeiten läßt sich durch Reihenentwicklung der cos-Funktionen bei Berücksichtigung von Gl. (105) leicht angeben.

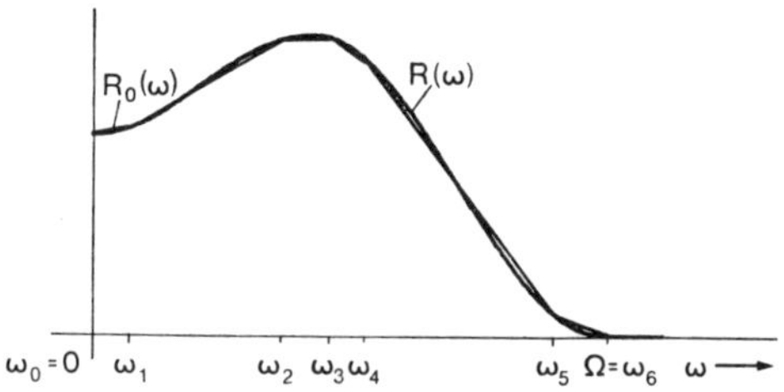

Bild 78: Zur approximativen Transformation einer Frequenzfunktion in den Zeitbereich

Die geschilderte Methode zur approximativen Ermittlung einer Zeitfunktion aus ihrem Spektrum ist insbesondere zur näherungsweisen Bestimmung der Impulsantwort $h(t)$ eines linearen, zeitinvarianten, kausalen und stabilen Systems aus der Realteilfunktion $R(\omega)$ der Übertragungsfunktion $H(\mathrm{j}\omega)$ geeignet.

4.6. Die Poissonsche Summenformel und einige Folgerungen

In diesem Abschnitt sollen Vorbereitungen zur späteren Beschreibung periodischer diskontinuierlicher Signale im Frequenzbereich getroffen werden.

Es wird von zwei Funktionen $f(t)$ und $F(\mathrm{j}\omega)$ ausgegangen, die durch die Grundgleichungen (26) und (27) der Fourier-Transformation miteinander verknüpft sein sollen. Aus diesen Funktionen werden mit frei wählbaren Konstanten $T_1 > 0$ und $\Omega_1 > 0$ die periodischen Funktionen

$$f_p(t) = \sum_{\nu=-\infty}^{\infty} f(t + \nu T_1), \qquad F_p(\mathrm{j}\omega) = \sum_{\nu=-\infty}^{\infty} F[\mathrm{j}(\omega + \nu \Omega_1)] \tag{106a, b}$$

gebildet; die Grundperioden betragen T_1 bzw. Ω_1. Die Funktion $f_p(t)$ setzt sich aus der Summe von $f(t)$ und deren fortgesetzten Verschiebungen um jeweils T_1 in positiver und negativer t-Richtung zusammen. Die Fourier-Koeffizienten A_μ von $f_p(t)$ lassen sich mit Hilfe von Gl. (86b) ausdrücken, indem man in den Integranden auf der rechten Seite dieser Gleichung als Zeitfunktion die Summe von Gl. (106a) einsetzt und dann die Reihenfolge von Summation und Integration vertauscht. Faßt man dabei die Summe der Integrale zu einem Integral zusammen, dann ergibt sich für die Fourier-Koeffizienten

$$A_\mu = \frac{1}{T_1} \int_{-\infty}^{\infty} f(t)\, \mathrm{e}^{-\mathrm{j}\mu \frac{2\pi}{T_1} t}\, \mathrm{d}t = \frac{1}{T_1} F\left(\mathrm{j}\mu \frac{2\pi}{T_1}\right).$$

Damit kann die Zeitfunktion $f_p(t)$ als Fourier-Reihe folgendermaßen ausgedrückt werden:

$$f_p(t) = \frac{1}{T_1} \sum_{\mu=-\infty}^{\infty} F\left(\mathrm{j}\mu \frac{2\pi}{T_1}\right) \mathrm{e}^{\mathrm{j}\mu \frac{2\pi}{T_1} t}. \tag{107}$$

Diese Beziehung ist als *Poissonsche Summenformel* bekannt.
In gleicher Weise läßt sich auch die periodische Funktion $F_p(\mathrm{j}\omega)$ Gl. (106b) als Fourier-Reihe in der Form

$$F_p(\mathrm{j}\omega) = \frac{2\pi}{\Omega_1} \sum_{\nu=-\infty}^{\infty} f\left(\nu \frac{2\pi}{\Omega_1}\right) \mathrm{e}^{-\mathrm{j}\nu \frac{2\pi}{\Omega_1} \omega} \tag{108}$$

darstellen. Die Fourier-Koeffizienten entstanden gemäß Gl. (86b), wobei im Integranden die Zeitfunktion durch $F_p(\mathrm{j}\omega)$ Gl. (106b) und die Periode durch Ω_1 zu ersetzen waren; durch Vertauschung der Reihenfolge von Summation und Integration und bei Berücksichtigung der Fourier-Umkehrformel ergab sich schließlich die Gl. (108). Ist $t = \nu 2\pi/\Omega_1$ eine Sprungstelle von $f(t)$, dann bedeutet $f(\nu 2\pi/\Omega_1)$ in Gl. (108) den arithmetischen Mittelwert von links- und rechtsseitigem Grenzwert.
Im Periodizitätsintervall $0 \leqq t < T_1$ werden jetzt N äquidistante Punkte nT ($n = 0, 1, \ldots, N-1$) im Abstand $T = T_1/N$ zur Auswertung der Gl. (107) gewählt. Auf diese Weise entsteht die diskontinuierliche Funktion

$$f_p(nT) = \frac{1}{T_1} \sum_{\mu=-\infty}^{\infty} F\left(\mathrm{j}\mu \frac{2\pi}{T_1}\right) \left(\mathrm{e}^{\mathrm{j}\frac{2\pi}{N}}\right)^{\mu n}, \tag{109}$$

die mit der Periode N periodisch ist, wenn man n alle ganzen Zahlen durchlaufen läßt. Der in Gl. (109) auftretende Summationsindex μ wird nun durch

$$\mu = k + \varkappa N$$

$$(k = 0, 1, \ldots, N-1;\ \varkappa = 0, \pm 1, \pm 2, \ldots)$$

ersetzt. Dadurch läßt sich die Gl. (109) auf die Form

$$f_p(nT) = \frac{1}{T_1} \sum_{k=0}^{N-1} \mathrm{e}^{\mathrm{j}\frac{2\pi}{N} kn} \sum_{\varkappa=-\infty}^{\infty} F\left[\mathrm{j}\left(k \frac{2\pi}{T_1} + \varkappa N \frac{2\pi}{T_1}\right)\right]$$

bringen. Setzt man nun $\Omega = \Omega_1/N$ und wählt man

$$T\Omega = \frac{2\pi}{N}, \tag{110}$$

dann entsteht hieraus mit Gl. (106b)

$$f_p(nT) = \frac{1}{T_1} \sum_{k=0}^{N-1} F_p(\mathrm{j}k\Omega)\, \mathrm{e}^{\mathrm{j}\frac{2\pi}{N} nk}. \tag{111}$$

Betrachtet man die Gl. (111) für $n = 0, 1, \ldots, N-1$, dann verfügt man über N Gleichungen für die Bestimmung der Werte $F_p(\mathrm{j}k\Omega)$ ($k = 0, 1, \ldots, N-1$) aus den Werten $f_p(nT)$. Zur formelmäßigen Auflösung dieser Gleichungen wird auf beiden Seiten von Gl. (111) mit $\exp(-\mathrm{j}2\pi nm/N)$ durchmultipliziert und bei festgehaltenem, ganzzahligem

m über n von 0 bis $N - 1$ summiert. Auf diese Weise erhält man zunächst die Beziehung

$$\sum_{n=0}^{N-1} f_p(nT)\, e^{-j\frac{2\pi}{N}nm} = \frac{1}{T_1} \sum_{k=0}^{N-1} F_p(jk\Omega) \sum_{n=0}^{N-1} \left[e^{j\frac{2\pi}{N}(k-m)}\right]^n. \tag{112}$$

Die auf der rechten Seite dieser Gleichung auftretende innere Summe mit dem Index n kann einfach ausgewertet werden, wenn man sich die einzelnen Summanden in der komplexen Zahlenebene veranschaulicht; man findet direkt den Summenwert 0 oder N, je nachdem ob $k \neq m$ oder $k = m$ gilt. Berücksichtigt man dies in der Gl. (112), so ergibt sich mit $T = T_1/N$

$$F_p(jm\Omega) = T \sum_{n=0}^{N-1} f_p(nT)\, e^{-j\frac{2\pi}{N}nm}. \tag{113}$$

Läßt man in Gl. (113) nicht nur $m = 0, 1, \ldots, N - 1$ zu, sondern darf m alle ganzzahligen Werte durchlaufen, dann wird durch Gl. (113) eine (im allgemeinen komplexwertige) periodische diskontinuierliche Funktion mit der Periode N definiert.

Das Gleichungspaar (111) und (113) wird sich noch als außerordentlich nützlich erweisen, insbesondere zur spektralen Beschreibung periodischer diskontinuierlicher Signale.

5. Darstellung diskontinuierlicher Signale und Systeme im Frequenzbereich

5.1. Das Spektrum

In diesem Abschnitt soll gezeigt werden, wie man auch einem diskontinuierlichen Signal $f(n)$ ein Spektrum zuweisen kann und welche Bedeutung diese spektrale Signalbeschreibung für die Charakterisierung diskontinuierlicher Systeme im Frequenzbereich hat.

Gegeben sei das diskontinuierliche Signal $f(n)$. Die Werte $f(n)$ sollen als diskrete Funktionswerte eines bandbegrenzten kontinuierlichen Signals $\tilde{f}(t)$ für $t = nT$ ($T > 0$ beliebig wählbar) aufgefaßt werden. Ein solches Signal $\tilde{f}(t)$ kann gemäß Gl. (97) mit $\omega_g = \pi/T$ in Form der unendlichen Reihe

$$\tilde{f}(t) = \sum_{n=-\infty}^{\infty} f(n) \frac{\sin \omega_g(t - n\pi/\omega_g)}{\omega_g(t - n\pi/\omega_g)}$$

dargestellt werden, deren Konvergenz für alle t-Werte vorausgesetzt wird. Unterwirft man diese Darstellung der Fourier-Transformation, so ergibt sich das Spektrum

$$\tilde{F}(j\omega) = p_{\omega_g}(\omega)\, T \sum_{n=-\infty}^{\infty} f(n)\, e^{-j\omega nT}. \tag{114}$$

Durch Anwendung der Fourier-Umkehrformel (26) für $t = nT$ erhält man hieraus

$$f(n) = \frac{1}{2\omega_g} \int_{-\omega_g}^{\omega_g} F(e^{j\omega T})\, e^{j\omega nT}\, d\omega \tag{115a}$$

mit

$$F(e^{j\omega T}) = \sum_{n=-\infty}^{\infty} f(n)\, e^{-j\omega n T}. \tag{115b}$$

Das Gleichungspaar (115a, b) bildet eine umkehrbar eindeutige Korrespondenz zwischen dem diskontinuierlichen Signal $f(n)$ und dessen Frequenzfunktion (oder Spektrum) $F(e^{j\omega T})$, die in Abhängigkeit von ω periodisch ist mit der Grundperiode $2\pi/T = 2\omega_g$. Die Gln. (115a, b) entsprechen den Gln. (26) und (27) für den Fall kontinuierlicher Signale; sie verlieren aber ihren Sinn, wenn die Reihe in Gl. (115b) divergiert. Eine notwendige Bedingung für die Konvergenz ist

$$f(n) \to 0 \quad \text{für} \quad n \to \pm\infty,$$

hinreichend ist die Forderung

$$\sum_{n=-\infty}^{\infty} |f(n)| < \infty.$$

Damit kann die im Abschnitt 1.2 eingeführte Übertragungsfunktion $H(e^{j\omega T})$ eines linearen, zeitinvarianten, diskontinuierlichen Systems mit einer Eingangsgröße $x(n)$ und einer Ausgangsgröße $y(n)$ als Spektrum der Impulsantwort $h(n)$ im Sinne der Gln. (115a, b) aufgefaßt werden, und man erhält daher neben der Gl. (17) als Verknüpfung von Impulsantwort und Übertragungsfunktion die Beziehung

$$h(n) = \frac{1}{2\omega_g} \int_{-\omega_g}^{\omega_g} H(e^{j\omega T})\, e^{j\omega n T}\, d\omega. \tag{116}$$

Nach Kapitel I läßt sich der Zusammenhang zwischen den Signalen $x(n)$ und $y(n)$ in der Form

$$y(n) = \sum_{\mu=-\infty}^{\infty} x(n-\mu)\, h(\mu) \tag{117a}$$

darstellen. Führt man hier unter Verwendung des Spektrums $X(e^{j\omega T})$ von $x(n)$ für $x(n-\mu)$ die Darstellung gemäß der Gl. (115a) ein, so ergibt sich für das Ausgangssignal

$$y(n) = \sum_{\mu=-\infty}^{\infty} \frac{1}{2\omega_g} \left(\int_{-\omega_g}^{\omega_g} X(e^{j\omega T})\, e^{j\omega(n-\mu)T}\, d\omega \right) h(\mu)$$

$$= \frac{1}{2\omega_g} \int_{-\omega_g}^{\omega_g} X(e^{j\omega T}) \left[\sum_{\mu=-\infty}^{\infty} h(\mu)\, e^{-j\omega\mu T} \right] e^{j\omega n T}\, d\omega$$

oder mit Gl. (17)

$$y(n) = \frac{1}{2\omega_g} \int_{-\omega_g}^{\omega_g} X(e^{j\omega T})\, H(e^{j\omega T})\, e^{j\omega n T}\, d\omega. \tag{117b}$$

Das Spektrum $Y(e^{j\omega T})$ von $y(n)$ entsteht also, wie man der Gl. (117b) entnimmt, durch Multiplikation des Spektrums der Eingangsgröße mit der Übertragungsfunktion. Dieses Ergebnis steht in völliger Analogie zur entsprechenden Aussage für lineare, zeitinvariante, *kontinuierliche* Systeme, nämlich zu

$$\tilde{y}(t) = \frac{1}{2\pi} \int_{-\infty}^{\infty} \tilde{X}(j\omega)\, \tilde{H}(j\omega)\, e^{j\omega t}\, d\omega, \tag{118}$$

wobei $\tilde{X}(j\omega)$ das Spektrum der Eingangsgröße $\tilde{x}(t)$, $\tilde{H}(j\omega)$ die Übertragungsfunktion des Systems und $\tilde{y}(t)$ das Ausgangssignal bedeuten.

5.2. Digitale Simulation kontinuierlicher Systeme

Im Zusammenhang mit den Gln. (117b) und (118) soll folgende für die digitale Simulation kontinuierlicher Systeme fundamentale Frage beantwortet werden: Wie muß zur gegebenen Übertragungsfunktion $\tilde{H}(j\omega)$ eines kontinuierlichen Systems, das zum Eingangssignal $\tilde{x}(t)$ das Ausgangssignal $\tilde{y}(t)$ liefert, die Übertragungsfunktion $H(e^{j\omega T})$ eines diskontinuierlichen Systems gewählt werden, damit dieses bei Erregung durch die Abtastwerte von $\tilde{x}(t)$ mit den Abtastwerten von $\tilde{y}(t)$ reagiert? Das gesuchte System soll also bei Erregung durch das diskontinuierliche Signal

$$x(n) = \tilde{x}(nT) \tag{119a}$$

mit dem Signal

$$y(n) = \tilde{y}(nT) \tag{119b}$$

antworten.

Die durch die Gln. (119a, b) ausgedrückte Simulationsbedingung läßt sich aufgrund des Abtasttheorems und angesichts der Gln. (117b) und (118) nur dadurch erfüllen, daß ausschließlich bandbegrenzte Signale $\tilde{x}(t)$ zugelassen werden, für die also die Einschränkung

$$\tilde{X}(j\omega) \equiv 0 \quad \text{für} \quad |\omega| > \omega_g = \frac{\pi}{T} \tag{120}$$

besteht. Schränkt man nun in dieser Weise die Klasse der zugelassenen Eingangssignale ein, dann wird gemäß den Gln. (117b) und (118) die Simulationsbedingung genau dadurch erfüllt, daß man

$$H(e^{j\omega T}) \equiv \tilde{H}(j\omega) \quad \text{für} \quad |\omega| < \omega_g = \frac{\pi}{T} \tag{121}$$

wählt, da aufgrund der Gln. (114) und (115b)

$$\tilde{X}(j\omega) \equiv T X(e^{j\omega T}) \quad \text{für } |\omega| < \omega_g$$

gilt. Das somit gefundene Ergebnis wird zusammengefaßt im

Satz III.4 (*Simulations-Theorem*): Läßt man als Eingangsgrößen eines durch die Übertragungsfunktion $\tilde{H}(j\omega)$ charakterisierten linearen, zeitinvarianten, kontinuierlichen Systems mit einem Eingang und einem Ausgang nur bandbegrenzte Signale zu, die also

die Einschränkung Gl. (120) erfüllen, dann kann dieses System im Sinne der Bedingungen Gln. (119a, b) durch ein lineares, zeitinvariantes, diskontinuierliches System mit einem Eingang und einem Ausgang simuliert werden, indem der Frequenzgang des diskontinuierlichen Systems nach Gl. (121) gewählt wird.
Ergänzend soll noch folgendes bemerkt werden: Erregt man das durch Gl. (121) gekennzeichnete diskontinuierliche System mit einem Impuls $x(n) = \delta(n)$, dessen Spektrum $X(e^{j\omega T})$ nach Gl. (115b) identisch Eins ist, dann erhält man nach Gl. (117b) und mit Gl. (121) für die Impulsantwort

$$h(n) = \frac{1}{2\omega_g} \int_{-\omega_g}^{\omega_g} \tilde{H}(j\omega)\, e^{j\omega nT}\, d\omega = \frac{T}{2\pi} \int_{-\infty}^{\infty} p_{\omega_g}(\omega)\, \tilde{H}(j\omega)\, e^{j\omega nT}\, d\omega,$$

d. h.,

$$h(n) = T\tilde{h}_{\omega_g}(nT). \tag{122}$$

Dabei bedeutet $\tilde{h}_{\omega_g}(t)$ die Impulsantwort des kontinuierlichen Systems mit der (rechteckförmig beschnittenen) Übertragungsfunktion $p_{\omega_g}(\omega)\, \tilde{H}(j\omega)$. Das Simulationssystem läßt sich also auch durch seine Impulsantwort nach Gl. (122) kennzeichnen.
Abschließend sei noch bemerkt, daß das kontinuierliche Ausgangssignal $\tilde{y}(t)$ in gewohnter Weise (Abschnitt 4.4) durch Demodulation von $y(n)$ gewonnen werden kann, da $\tilde{y}(t)$ ebenfalls bandbegrenzt ist.

5.3. *Spektraldarstellung periodischer diskontinuierlicher Signale*

Hat ein diskontinuierliches Signal $f(n)$ die Eigenschaft der Periodizität, gilt also mit einer (kleinstmöglichen) positiven natürlichen Zahl N, der (Grund-) Periode, die Identität

$$f(n) = f(n + N),$$

dann läßt sich $f(n)$ nach Gl. (115b) kein Spektrum zuordnen, da die unendliche Reihe in dieser Gleichung divergiert. Eine entsprechende Schwierigkeit hätte es beim Versuch gegeben, einem periodischen kontinuierlichen Signal nach Gl. (27) ohne Einbeziehung von Distributionen eine Fourier-Transformierte zuzuweisen und das Signal aufgrund der Gl. (26) darzustellen. Aus diesem Grund wurden die Fourier-Reihen eingeführt, und es gelang, periodische kontinuierliche Signale mittels unendlicher trigonometrischer Polynome — man vergleiche diesbezüglich die Gln. (86c) und (86b) — darzustellen. Im folgenden soll gezeigt werden, daß in Analogie zur Fourier-Reihendarstellung periodischer kontinuierlicher Signale die Möglichkeit besteht, periodische diskontinuierliche Signale durch ein endliches trigonometrisches Polynom auszudrücken.
Zunächst wird neben der Funktion $f(n)$ (Bild 79a) das diskontinuierliche Signal (Bild 79b)

$$g(n) = \begin{cases} f(n) & \text{für } n = 0, 1, \ldots, N-1, \\ 0 & \text{sonst} \end{cases}$$

eingeführt. Nach dem Vorbild von Abschnitt 5.1 läßt sich $g(n)$ mit einem frei wählbaren $T > 0$ ein bandbegrenztes kontinuierliches Signal $\tilde{g}(t)$ zuordnen (Bild 79c), das die Werte $g(n) = \tilde{g}(nT)$ interpoliert und dessen begrenztes Spektrum (Bild 79d) mit $\tilde{G}(j\omega)$

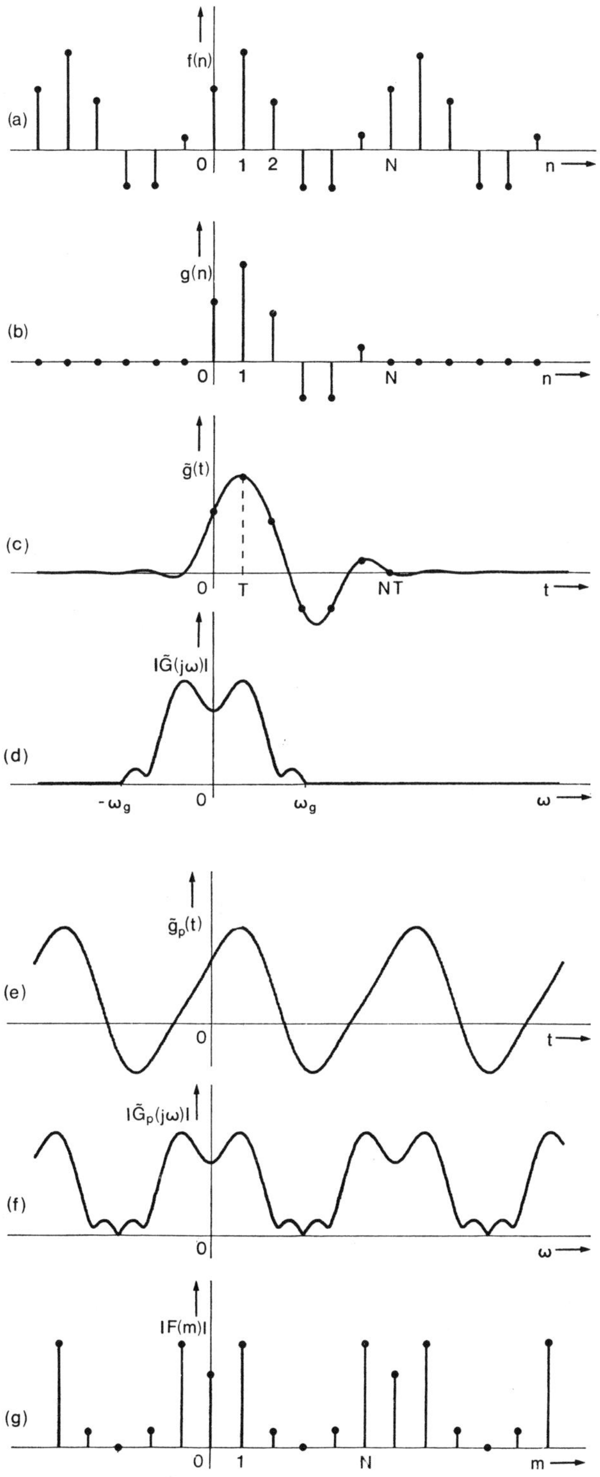

Bild 79: Zur Einführung des Spektrums eines periodischen diskontinuierlichen Signals

bezeichnet werden soll; für die Grenzkreisfrequenz gilt dabei $\omega_g = \pi/T$. Aus $\tilde{g}(t)$ und $\tilde{G}(\mathrm{j}\omega)$ werden nun gemäß den Gln. (106a, b) mit $T_1 = NT$ und mit $\Omega_1 = 2\omega_g = 2\pi/T = N(2\pi/T_1) = N\Omega$ die periodischen Funktionen $\tilde{g}_p(t)$ und $\tilde{G}_p(\mathrm{j}\omega)$ (Bild 79e, f) konstruiert. Es gilt offensichtlich für alle ganzzahligen n

$$\tilde{g}_p(nT) = f(n), \tag{123}$$

die periodische kontinuierliche Funktion $\tilde{g}_p(t)$ interpoliert also die periodische Wertefolge $f(n)$, und es gilt weiterhin

$$\tilde{G}_p(\mathrm{j}\omega) \equiv \tilde{G}(\mathrm{j}\omega) \quad \text{für} \quad |\omega| < \omega_g.$$

Nun wird die (im allgemeinen komplexwertige) periodische diskontinuierliche Funktion

$$F(m) = \frac{\tilde{G}_p(\mathrm{j}m\Omega)}{T} \tag{124}$$

betrachtet (Bild 79g). Da die diskontinuierlichen Funktionen $\tilde{g}_p(nT)$ und $\tilde{G}_p(\mathrm{j}m\Omega)$ im Sinne der Gln. (111) und (113) miteinander verknüpft sind, lassen sich angesichts der Gln. (123) und (124) die folgenden Beziehungen angeben:

$$f(n) = \frac{1}{N} \sum_{m=0}^{N-1} F(m)\, \mathrm{e}^{\mathrm{j}\frac{2\pi}{N}mn}, \tag{125a}$$

$$F(m) = \sum_{n=0}^{N-1} f(n)\, \mathrm{e}^{-\mathrm{j}\frac{2\pi}{N}nm}. \tag{125b}$$

Aufgrund dieser Beziehungen wird $F(m)$ Gl. (125b) als *Spektrum* des periodischen Signals $f(n)$ bezeichnet. Damit ist es gelungen, ein periodisches diskontinuierliches Signal $f(n)$ mit Hilfe seines durch Gl. (125b) gegebenen diskreten Spektrums nach Gl. (125a) eindeutig darzustellen. Die Gln. (125a, b) sind mit den Gln. (86c, b) für die entsprechende Darstellung periodischer kontinuierlicher Signale zu vergleichen. Der unendlichen Reihe in Gl. (86c) entspricht die endliche Summe in Gl. (125a); dem Integral in Gl. (86b) entspricht die Summe in Gl. (125b).

Man kann das Ergebnis beispielsweise dazu verwenden, die stationäre Antwort eines diskontinuierlichen Systems mit einem Eingang, einem Ausgang und mit der Übertragungsfunktion $H(\mathrm{e}^{\mathrm{j}\omega T})$ bei Erregung durch ein periodisches Signal $x(n)$ mit der Periode N zu ermitteln. Bezeichnet $X(m)$ das durch Gl. (125b) gegebene Spektrum von $x(n)$ und führt man in Gl. (117a) für $x(n-\mu)$ die Darstellung gemäß Gl. (125a) ein, dann erhält man nach Vertauschung der Reihenfolge der Summationen in der aus Gl. (117a) entstandenen Beziehung und bei Beachtung von Gl. (17) die Darstellung

$$y(n) = \frac{1}{N} \sum_{m=0}^{N-1} X(m)\, H\left(\mathrm{e}^{\mathrm{j}\frac{2\pi}{N}m}\right) \mathrm{e}^{\mathrm{j}\frac{2\pi}{N}mn}.$$

Hieraus ist zu erkennen, daß auch $y(n)$ ein periodisches Signal mit der Periode N ist und daß man das Spektrum dieses Signals als Produkt

$$Y(m) = X(m)\, H\left(\mathrm{e}^{\mathrm{j}\frac{2\pi}{N}m}\right)$$

ausdrücken kann.

5.4. *Die zeitvariable Fourier-Transformation*

Will man für ein Signal eine Spektralbeschreibung angeben, so besteht bisher die Möglichkeit, das Signal aufgrund von Gl. (26) bzw. Gl. (115a) darzustellen. Dabei spielt das Spektrum eine entscheidende Rolle, welches durch Gl. (27) bzw. Gl. (115b) gegeben ist und vom Verlauf des Signals im gesamten Zeitbereich abhängt. Gelegentlich kommt es jedoch vor, daß im interessierenden Zeitpunkt das gesamte Signal noch gar nicht verfügbar ist. Andererseits kann das Signal auch während eines längeren Zeitraums einen unregelmäßigen Verlauf haben, wie es beispielsweise bei akustischen Signalen häufig vorkommt, so daß das Spektrum ein außerordentlich kompliziertes Aussehen besitzt und eine praktische Bestimmung unmöglich wird. In solchen Fällen empfiehlt es sich [28], einen Teil des Signals auszublenden und diesen in den Frequenzbereich zu transformieren.

Dies soll zunächst für ein kontinuierliches Signal im einzelnen untersucht werden. Ausgehend von der zu transformierenden Funktion $f(t)$ wird zunächst eine Verschiebung um $-\tau$ (τ sei ein fester Parameter) vorgenommen und sodann nach Wahl eines konstanten Wertes $T_0 > 0$ mit der Rechteckfunktion $p_{T_0}(t)$ ausgeblendet. Die so entstehende Zeitfunktion $p_{T_0}(t)\, f(t+\tau)$ wird der Fourier-Transformation unterworfen, und es ergibt sich das von τ abhängige Spektrum

$$F(\tau, \mathrm{j}\omega) = \int_{-\infty}^{\infty} p_{T_0}(t)\, f(t+\tau)\, \mathrm{e}^{-\mathrm{j}\omega t}\, \mathrm{d}t. \tag{126}$$

Das zeitbegrenzte Signal $p_{T_0}(t)\, f(t+\tau)$ mit der Fourier-Transformierten $F(\tau, \mathrm{j}\omega)$ Gl. (126) kann bei festem τ gemäß Gl. (106a) mit $T_1 = 2T_0$ periodisiert werden, und man erhält nach Gl. (107) für das Intervall $|t| < T_0$ die Darstellung

$$f(t+\tau) = \frac{1}{2T_0} \sum_{\mu=-\infty}^{\infty} F\left(\tau, \frac{\mathrm{j}\mu\pi}{T_0}\right) \mathrm{e}^{\mathrm{j}\mu\pi t/T_0}, \tag{127a}$$

aus der für $t = 0$ und anschließender Substitution von τ durch t

$$f(t) = \frac{1}{2T_0} \sum_{\mu=-\infty}^{\infty} F\left(t, \frac{\mathrm{j}\mu\pi}{T_0}\right) \tag{127b}$$

folgt. Die Gl. (127b) ermöglicht es, die zeitvariable Fourier-Transformation umzukehren, d. h. $f(t)$ aus $F(t, \mathrm{j}\omega)$ zu berechnen. Wie man sieht, benötigt man dazu nur die diskreten Werte

$$F\left(t, \frac{\mathrm{j}\mu\pi}{T_0}\right) = \int_{-\infty}^{\infty} p_{T_0}(\tau)\, f(t+\tau)\, \mathrm{e}^{-\mathrm{j}\frac{\mu\pi}{T_0}\tau}\, \mathrm{d}\tau. \tag{128}$$

Dieses Integral soll nach dem Parameter t differenziert werden. Man braucht dazu zunächst nur im Integral auf der rechten Seite von Gl. (128) $f(t+\tau)$ durch $\partial f(t+\tau)/\partial t = \partial f(t+\tau)/\partial \tau$ zu ersetzen. Formt man dann das Integral nach der Regel der partiellen Integration um und beachtet man, daß der integralfreie Anteil für $\tau \to \pm\infty$ verschwindet, so erhält man

$$\frac{\partial F\left(t, \frac{\mathrm{j}\mu\pi}{T_0}\right)}{\partial t} = -\int_{-\infty}^{\infty} f(\tau + t)\left[\delta(\tau + T_0)\,\mathrm{e}^{\mathrm{j}\mu\pi} - \delta(\tau - T_0)\,\mathrm{e}^{-\mathrm{j}\mu\pi}\right.$$

$$\left. + p_{T_0}(\tau)\left(-\mathrm{j}\,\frac{\mu\pi}{T_0}\right)\mathrm{e}^{-\mathrm{j}\frac{\mu\pi}{T_0}\tau}\right]\mathrm{d}\tau$$

oder bei Beachtung der Gl. (128)

$$\frac{\partial F\left(t, \frac{\mathrm{j}\mu\pi}{T_0}\right)}{\partial t} = \mathrm{j}\,\frac{\mu\pi}{T_0}\,F\left(t, \frac{\mathrm{j}\mu\pi}{T_0}\right) + (-1)^{\mu}\,[f(t + T_0) - f(t - T_0)]. \qquad (129)$$

Daraus ist zu erkennen, daß die Summanden in Gl. (127b) auch durch Lösung einer Differentialgleichung erster Ordnung für jedes μ gewonnen werden können.

Im diskontinuierlichen Fall wird das zu transformierende Signal $f(n)$ zunächst um $-\nu$

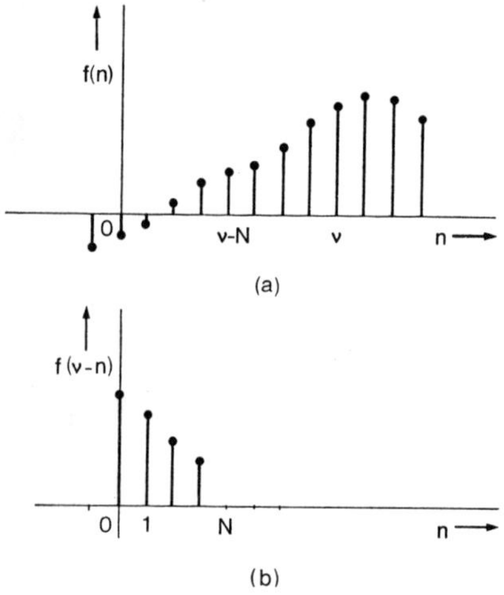

Bild 80: Zur Erklärung des zeitvariablen Spektrums eines diskontinuierlichen Signals nach Gl. (130)

(ν sei ein fester Parameter) verschoben, daraufhin das Vorzeichen der diskreten Variablen n geändert[1]) und sodann nach Wahl einer konstanten natürlichen Zahl N (> 0) die Werte des entstandenen Signals $f(\nu - n)$ außerhalb des Intervalls $n = 0, 1, \ldots, N - 1$ unterdrückt (Bild 80). Die ausgeblendete Funktion kann nun gemäß Gl. (115b) in den Frequenzbereich übergeführt werden, wodurch das von ν abhängige Spektrum

$$F(\nu, \mathrm{e}^{\mathrm{j}\omega T}) = \sum_{n=0}^{N-1} f(\nu - n)\,\mathrm{e}^{-\mathrm{j}\omega n T} \qquad (130)$$

entsteht. Wählt man

$$\omega T = \frac{2\pi}{N}\,m \qquad (m \text{ ganz}),$$

[1]) Die Notwendigkeit des Vorzeichenwechsels ist hier nicht einsichtig. Er erweist sich aber bei der digitalen Realisierung der Inversionsformel (131) als erforderlich.

so erhält man aus Gl. (130) speziell

$$F\left(\nu,\, e^{j\frac{2\pi}{N}m}\right) = \sum_{n=0}^{N-1} f(\nu - n)\, e^{-j\frac{2\pi}{N}nm}$$

Diese Gleichung läßt sich nach den Gln. (125a, b) umkehren, und es ergibt sich auf diese Weise

$$f(\nu - n) = \frac{1}{N} \sum_{m=0}^{N-1} F\left(\nu,\, e^{j\frac{2\pi}{N}m}\right) e^{j\frac{2\pi}{N}mn}, \tag{131}$$

woraus für $n = 0$ nach anschließender Substitution von ν durch n die Darstellung

$$f(n) = \frac{1}{N} \sum_{m=0}^{N-1} F\left(n,\, e^{j\frac{2\pi}{N}m}\right) \tag{132}$$

folgt. Sie ermöglicht die Inversion der zeitvariablen Frequenztransformation, d. h. die Darstellung der Zeitfunktion $f(n)$ aus ihrem zeitvariablen Spektrum $F(n, e^{j\omega T})$ Gl. (130). Wie man sieht, werden hierbei nur die diskreten Werte

$$F\left(n,\, e^{j\frac{2\pi}{N}m}\right) = \sum_{\nu=0}^{N-1} f(n - \nu)\, e^{-j\frac{2\pi}{N}\nu m} \tag{133}$$

benötigt. Diese Formel soll noch für $n - 1$ statt für n ausgewertet werden. Ändert man dazu die Gl. (133) entsprechend ab und ersetzt man sodann den Summationsindex ν durch $\mu = \nu + 1$, so läßt sich unter Heranziehung der unveränderten Gl. (133) folgende Beziehung angeben:

$$F\left(n - 1,\, e^{j\frac{2\pi}{N}m}\right) = e^{j\frac{2\pi}{N}m}\left[F\left(n,\, e^{j\frac{2\pi}{N}m}\right) + f(n - N) - f(n)\right]. \tag{134}$$

Sie stellt eine Differenzengleichung erster Ordnung dar, mit der sich die in Gl. (132) auftretenden Summanden für jedes m ermitteln lassen.

Die Gl. (134) kann als Eingang-Ausgang-Beschreibung eines linearen, zeitinvarianten, diskontinuierlichen Systems im Sinne von Gl. (20a) mit $q = N$ und der Eingangsgröße $x(n) = f(n)$ und der Ausgangsgröße $y(n) = F\left(n,\, e^{j\frac{2\pi}{N}m}\right)$ betrachtet werden, wobei allerdings komplexe Koeffizienten auftreten. Die Übertragungsfunktion lautet nach Gl. (20b)

$$H(z) = \frac{z^N - 1}{z^N - e^{-j\frac{2\pi}{N}m} z^{N-1}}.$$

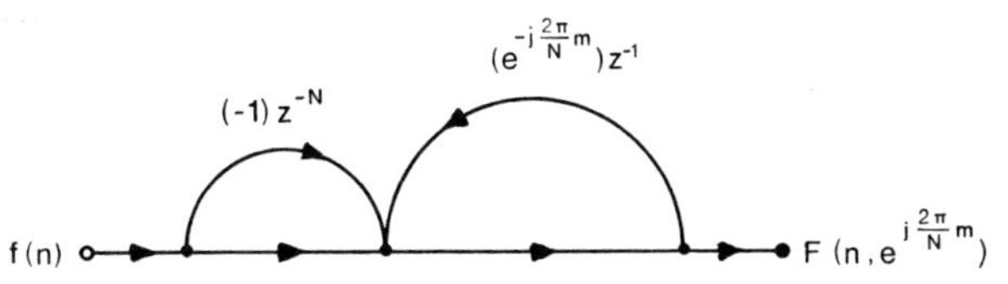

Bild 81: Diskontinuierliches System zur Erzeugung von $F\left(n,\, e^{j\frac{2\pi}{N}m}\right)$ aus $f(n)$ gemäß Gl. (134)

Bild 81 zeigt ein Blockschaltbild für dieses System. Durch N derartige Systeme für $m = 0, 1, \ldots, N - 1$ lassen sich die in Gl. (131) auftretenden Koeffizienten realisieren, die abgesehen vom Faktor $1/N$ das Spektrum des periodisierten, im Bild 79b dargestellten Ausschnittes von $f(\nu - n)$ darstellen. Dabei kann der von m unabhängige Anteil des Systems im Bild 81 für alle m Teilsysteme gemeinsam verwendet werden.

5.5. *Diskretisierung der Fourier-Transformation*

In diesem Abschnitt soll gezeigt werden, wie man mit Hilfe der bereits besprochenen Methoden zur Darstellung diskontinuierlicher Signale die Fourier-Transformation numerisch durchführen kann.
Ausgegangen wird von einer graphisch oder tabellarisch gegebenen bandbegrenzten Zeitfunktion, d. h. von einem Signal $f(t)$, dessen Spektrum $F(j\omega)$ die Eigenschaft

$$|F(j\omega)| \equiv 0 \quad \text{für} \quad |\omega| > \omega_g \tag{135}$$

besitzt.[1]) Es soll versucht werden, das Spektrum $F(j\omega)$ in äquidistanten Punkten in einem Abstand Ω zu ermitteln. Hierzu wird die aus $f(t)$ zu berechnende Frequenzfunktion $F(j\omega)$ nach Wahl eines Parameters Ω_1 mit der Eigenschaft

$$N\Omega = \Omega_1 \geqq 2\omega_g$$

(N natürliche Zahl) gemäß Gl. (106b) periodisiert. Dadurch entsteht die periodische Funktion $F_p(j\omega)$, welche im Intervall $-\omega_g < \omega < \omega_g$ mit $F(j\omega)$ übereinstimmt. Im Bild 82 ist dieser Sachverhalt erläutert. Die gesuchten Werte $F(jm\Omega)$ hängen mit den

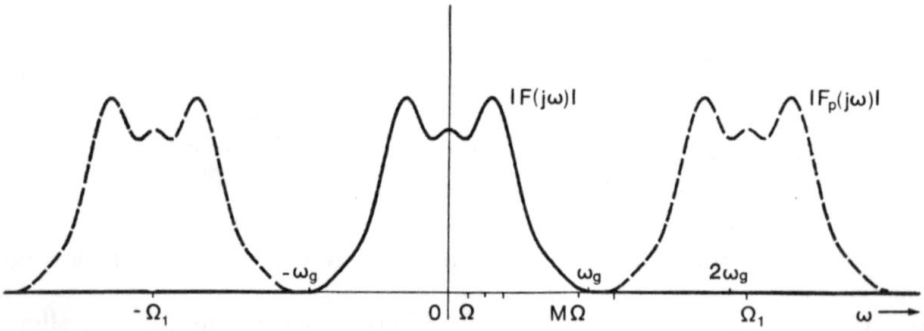

Bild 82: Periodisierung des Spektrums $F(j\omega)$

diskreten Werten der Funktion $F_p(j\omega)$ im Intervall $[0, \Omega_1]$ über die Beziehungen

$$F(jm\Omega) = F_p(jm\Omega) \quad \text{für} \quad m = 0, 1, \ldots, M, \tag{136a}$$

$$F(-jm\Omega) = F_p[j(\Omega_1 - m\Omega)] \quad \text{für} \quad m = 1, 2, \ldots, M \tag{136b}$$

zusammen, wobei die natürliche Zahl M durch die Ungleichung

$$M\Omega \leqq \omega_g < (M + 1)\,\Omega$$

---

[1]) Falls $f(t)$ nicht bandbegrenzt ist, soll Gl. (135) bei hinreichend großem ω_g näherungsweise erfüllt sein.

festgelegt ist. Es liegt nahe, auch das Signal $f(t)$ gemäß Gl. (106a) mit dem Zeitparameter $T_1 = 2\pi/\Omega$ zu periodisieren (Bild 83). Dann lassen sich die diskreten Werte des gesuchten Spektrums aufgrund der Gl. (113) in Verbindung mit den Gln. (136a, b) aus den Abtastwerten $f_p(nT)$ der periodischen Zeitfunktion $f_p(t)$ berechnen; dabei gilt wegen Gl. (110) $T = T_1/N$. Etwas unangenehm ist hierbei, daß man sich zuerst $f_p(nT)$ aus den $f(nT + \nu NT)$ verschaffen muß. In der Regel kann aber $f(t)$ außerhalb eines endlichen Intervalls der Breite T_0 vernachlässigt werden. Dadurch treten bei der Auswertung der Gl. (106a) zur Gewinnung von $f_p(nT)$ aus $f(nT + \nu NT)$ nur endlich viele von Null verschiedene Summanden auf. Ist T der N_0-te Teil von T_0, dann ist die Zahl dieser Summanden gerade N_0.

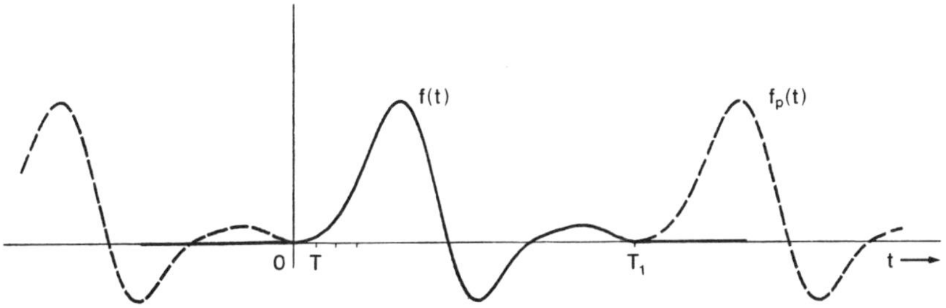

Bild 83: Periodisierung der Zeitfunktion $f(t)$

Die diskreten Werte der Frequenzfunktion $F(j\omega)$ lassen sich also näherungsweise in den folgenden Schritten aus der Zeitfunktion $f(t)$ berechnen, wenn man voraussetzt, daß $f(t)$ für $t < 0$ und $t > T_0$ vernachlässigt werden kann und bezüglich der Grenzkreisfrequenz ω_g bandbegrenzt ist:

1. Es werden Werte für die Parameter T_1 und N gewählt. Dadurch liegen die Parameter $\Omega = 2\pi/T_1$, $\Omega_1 = N\Omega$ und $T = T_1/N$ fest. Bei der Wahl von T_1 und N muß jedenfalls beachtet werden, daß $\Omega_1 = 2\pi N/T_1$ größer als $2\omega_g$ ist. Besonders einfach läßt sich $f_p(t)$ aus $f(t)$ gewinnen, wenn $T_1 = T_0$ gewählt wird, weil dann beide Funktionen im Intervall $0 \leqq t < T_1$ übereinstimmen. Es kann jedoch auch einmal erforderlich werden, T_1 kleiner als T_0 zu wählen, um bei festliegendem Wert N, welcher den Rechenaufwand maßgebend bestimmt, die Bedingung $\Omega_1 > 2\omega_g$, d. h. $T_1 < \pi N/\omega_g$, zu erfüllen; dann erhält man $f_p(nT)$ nach Gl. (106a) durch Addition von (endlich vielen) Werten der Zeitfunktion $f(t)$. Falls im Hinblick auf eine genügend gute Darstellung von $F(j\omega)$ durch diskrete Funktionswerte im Abstand Ω für den Parameter $\Omega = 2\pi/T_1$ eine obere Schranke vorgeschrieben werden muß, kann es notwendig werden, T_1 größer als T_0 zu wählen. Dann gilt $f_p(t) \equiv f(t)$ für $0 \leqq t \leqq T_0$ und $f_p(t) \equiv 0$ für $T_0 < t < T_1$. Immer muß aber die Bedingung $\Omega_1 > 2\omega_g$ beachtet werden.

2. Es wird die Gl. (113) für $m = 0, 1, \ldots, N-1$ ausgewertet. Die Gln. (136a, b) liefern die diskreten Werte des zu bestimmenden Spektrums.

Der Näherungscharakter der Rechnung ist letztlich darauf zurückzuführen, daß eine bandbegrenzte Funktion grundsätzlich außerhalb eines endlichen Intervalls nicht identisch verschwinden kann. Mit hinreichend großem T_0 läßt sich der Fehler reduzieren.

Man kann das Spektrum $F(j\omega)$ noch in kleineren Frequenzabständen als Ω berechnen, ohne Ω selbst zu verkleinern, d. h. ohne N bei festgehaltenem Ω_1 zu vergrößern. Dazu werden neben den diskreten Funktionswerten $F(jm\Omega)$ noch die diskreten Funktionswerte $F[j(m\Omega + \Omega/2)]$ berechnet, indem das beschriebene Verfahren außer auf $f(t)$ auch auf die Zeitfunktion $f(t)\, e^{j\Omega t/2}$ mit der Frequenzfunktion $F[j(\omega + \Omega/2)]$ angewendet wird. Das geschilderte Verfahren läßt sich auch dazu verwenden, aus einer zeitbegrenzten Frequenzfunktion $F(j\omega)$ die Zeitfunktion $f(t)$ näherungsweise zu berechnen. Hierzu wird die Gl. (111) herangezogen und die Werte $F_p(jk\Omega)$ aufgrund der Gl. (106b) numerisch ermittelt. Die diskreten Werte $f(nT)$ erhält man aus den $f_p(nT)$, entsprechend wie oben die $F(jm\Omega)$ aus den $F_p(jm\Omega)$ gewonnen wurden.

Weiterhin kann man das beschriebene Verfahren auch dazu heranziehen, die gemäß Gl. (86b) definierten Fourier-Koeffizienten A_μ einer periodischen Funktion $f(t)$ mit der Periode T_1 zu berechnen. Dazu wird die Fourier-Reihe nach Gl. (86c) für $t = nT$ $(n = 0, 1, \ldots, N-1)$ ausgewertet, wobei $T = T_1/N$ bedeutet. Man erhält dann Beziehungen der Art von Gl. (109), wenn man $f_p(nT)$ mit $f(nT)$ und $F\left(j\mu \dfrac{2\pi}{T_1}\right)\Big/ T_1$ mit A_μ identifiziert. Damit muß $F_p(jk\Omega)/T_1$ mit

$$A_p(k) = \sum_{\varkappa=-\infty}^{\infty} A_{k+\varkappa N} \qquad (k = 0, 1, \ldots, N-1) \tag{137a}$$

identifiziert werden, und es ergibt sich somit entsprechend Gl. (113)

$$A_p(m) = \frac{1}{N} \sum_{n=0}^{N-1} f(nT)\, e^{-j\frac{2\pi}{N}nm} \tag{137b}$$

$$(m = 0, 1, \ldots, N-1).$$

Aus den $A_p(m)$ lassen sich die Fourier-Koeffizienten A_μ dann direkt angeben, wenn man alle A_μ für $|\mu| > M$ vernachlässigen darf und $N > 2M$ gewählt wurde. Dann folgt aus Gl. (137a)

$$A_\mu = \begin{cases} A_p(\mu) & \text{für} \quad |\mu| \leqq N/2, \\ 0 & \text{für} \quad |\mu| > N/2. \end{cases} \tag{137c}$$

Falls umgekehrt die Fourier-Koeffizienten A_μ einer periodischen Funktion $f(t)$ gegeben sind, lassen sich aufgrund von Gl. (137a) nach Wahl von N die Koeffizienten $A_p(k)$ $(k = 0, 1, \ldots, N-1)$ berechnen. Dann erhält man diskrete Werte von $f(t)$ gemäß Gl. (111) durch die endliche Summe

$$f(nT) = \sum_{k=0}^{N-1} A_p(k)\, e^{j\frac{2\pi}{N}kn}$$

$$(n = 0, 1, \ldots, N-1).$$

6. Die diskrete Fourier-Transformation

6.1. Die Transformationsbeziehungen

In den vorausgegangenen Abschnitten waren die Gln. (111) und (113), welche umkehrbar eindeutige Zuordnungen zweier Zahlen-N-Tupel beinhalten, verschiedentlich von entscheidender Bedeutung. Diese Korrespondenz ist in der Form der Gln. (125a, b) als *diskrete Fourier-Transformation* (DFT) bekannt:

$$f(n) = \frac{1}{N} \sum_{m=0}^{N-1} F(m)\, e^{j\frac{2\pi}{N}mn} \tag{138a}$$

$(n = 0, 1, \ldots, N - 1)$,

$$F(m) = \sum_{n=0}^{N-1} f(n)\, e^{-j\frac{2\pi}{N}nm} \tag{138b}$$

$(m = 0, 1, \ldots, N - 1)$.

Durch die DFT werden also die Zahlen $F(m)$ $(m = 0, 1, \ldots, N - 1)$ in die Zahlen $f(n)$ $(n = 0, 1, \ldots, N - 1)$ und umgekehrt abgebildet. Man nennt $F(m)$ das diskrete Spektrum oder die diskrete Fourier-Transformierte der diskontinuierlichen Zeitfunktion $f(n)$. Läßt man in Gl. (138a) den Index n und in Gl. (138b) den Index m alle ganzen Zahlen annehmen, dann erhält man periodische Zahlenfolgen mit der Periode N, die durch das Gleichungspaar (138a, b) miteinander verknüpft sind, und die Summation in diesen Gleichungen kann dann von irgendeinem ganzzahligen n_0 bis $n_0 + N - 1$ geführt werden. Symbolisch soll die durch die Gln. (138a, b) gegebene Zuordnung kurz in der Form

$$f(n) \underset{N}{\vdash\!\!-\!\!-} F(m)$$

geschrieben werden. Die Zahl N heißt die Ordnung der Transformation.

Neben den bisher mittels der DFT behandelten Aufgaben läßt sich auch das folgende Problem lösen: Gesucht sind die Koeffizienten A_m des Polynoms

$$P(z) = \sum_{m=0}^{N-1} A_m z^m,$$

welches in den Punkten

$$z = z_n = e^{j\frac{2\pi}{N}n} \qquad (n = 0, 1, \ldots, N - 1)$$

auf dem Einheitskreis in der komplexen z-Ebene vorgeschriebene Werte f_n annimmt. Dieses Interpolationsproblem wird aufgrund der Gln. (138a, b) dadurch gelöst, daß man die Koeffizienten A_m mit $F(m)$ identifiziert und nach Gl. (138b) aus den vorgeschriebenen Werten $f_n = f(n)$ berechnet.

Es erscheint bemerkenswert, daß die DFT mit Hilfe eines diskontinuierlichen Systems realisierbar ist. Betrachtet man die Differenzengleichung

$$y(n) - e^{j\frac{2\pi}{N}m}\, y(n-1) = x(n) \tag{139}$$

als Verknüpfung zwischen Eingangssignal und Ausgangssignal, geht man von $y(n) = 0$ für $n < 0$ aus und wählt man

$$x(n) = \begin{cases} f(n) & \text{für} \quad 0 \leqq n \leqq N - 1, \qquad (140a) \\ 0 & \text{sonst} \qquad (140b) \end{cases}$$

dann ergibt sich, wie man durch rekursive Lösung der Gl. (139) bei Beachtung der Gln. (140a, b) findet,

$$y(N) = \sum_{\nu=0}^{N-1} f(\nu)\, e^{j\frac{2\pi}{N}m(N-\nu)} = \sum_{\nu=0}^{N-1} f(\nu)\, e^{-j\frac{2\pi}{N}\nu m},$$

d. h. mit Gl. (138b)

$$y(N) = F(m).$$

Das System liefert also am Ausgang zum diskreten Zeitpunkt $n = N$ den Wert $F(m)$, wenn es am Eingang mit den diskreten Werten $f(\nu)$, $\nu = 0, \ldots, N-1$, erregt wird. Verwendet man für $m = 0, 1, \ldots, N-1$ jeweils ein solches System, dann liefern die N Ausgänge zum Zeitpunkt $n = N$ das N-Tupel $F(m)$ aus dem N-Tupel $f(n)$.
Die DFT besitzt eine Reihe von Eigenschaften, die mit denen der Fourier-Transformation vergleichbar sind. Diese Eigenschaften lassen sich unmittelbar den Gln. (138a, b) entnehmen, wobei die Zahlenfolgen für alle ganzzahligen n und m betrachtet werden. Genannt seien die folgenden Eigenschaften:

Verschiebung:
Aus

$$f(n) \underset{N}{\longmapsto} F(m)$$

folgt mit beliebigen ganzzahligen Werten n_0, m_0

$$f(n)\, e^{j\frac{2\pi}{N}nm_0} \underset{N}{\longmapsto} F(m - m_0)$$

und

$$f(n - n_0) \underset{N}{\longmapsto} e^{-j\frac{2\pi}{N}mn_0} F(m).$$

Faltung:
Aus

$$f_1(n) \underset{N}{\longmapsto} F_1(m), \qquad f_2(n) \underset{N}{\longmapsto} F_2(m)$$

folgt

$$\sum_{\nu=0}^{N-1} f_1(\nu)\, f_2(n-\nu) \underset{N}{\longmapsto} F_1(m)\, F_2(m)$$

und

$$f_1(n)\, f_2(n) \underset{N}{\longmapsto} \frac{1}{N} \sum_{\mu=0}^{N-1} F_1(\mu)\, F_2(m-\mu).$$

Aus der letzten Faltungsbeziehung folgt auch unmittelbar die Parsevalsche Formel für reelles $f(n)$:

$$\sum_{n=0}^{N-1} f^2(n) = \frac{1}{N} \sum_{m=0}^{N-1} |F(m)|^2.$$

Hierbei wurde berücksichtigt, daß $F(-m) = F^*(m)$ ist.
Daß die DFT eine lineare Transformation darstellt, ist offensichtlich.

6.2. Die schnelle Fourier-Transformation

Die numerische Auswertung der DFT für eine Folge der Periode N erfordert $(N-1)^2$ (im allgemeinen komplexe) Multiplikationen. Da diese Zahl im wesentlichen der Rechenzeitbedarf festlegt, sind einige Verfahren entwickelt worden mit dem Ziel, die Zahl der erforderlichen Multiplikationen zu reduzieren. Hierauf soll im folgenden noch kurz eingegangen werden.

Es sei die Periode N einer Folge $f(n)$ geradzahlig, es gelte also $N = 2N_1$ mit einer natürlichen Zahl N_1. Dann liefert die Gl. (138b) die korrespondierende Folge

$$F(m) = \sum_{n=0}^{N-1} f(n)\, e^{-j\frac{2\pi}{2N_1}nm} = \sum_{\nu=0}^{N_1-1} f(2\nu)\, e^{-j\frac{2\pi}{N_1}\nu m} + e^{-j\frac{\pi}{N_1}m} \sum_{\nu=0}^{N_1-1} f(2\nu+1)\, e^{-j\frac{2\pi}{N_1}\nu m}$$

Ordnet man der Teilfolge $f(2n) = f_1(n)$ von $f(n)$ durch

$$f_1(n) \underset{N_1}{\longmapsto} F_1(m)$$

und der Teilfolge $f(2n+1) = f_2(n)$ durch

$$f_2(n) \underset{N_1}{\longmapsto} F_2(m)$$

ihre diskreten Spektren zu, dann läßt sich obiges Ergebnis in der Form

$$f(n) \underset{2N_1}{\longmapsto} F(m) = F_1(m) + e^{-j\frac{\pi}{N_1}m} F_2(m)$$

ausdrücken. Es wird zusammengefaßt im

Satz III.5: Die periodische Folge $f(n)$ mit geradzahliger Periode N läßt sich durch die diskrete Fourier-Transformation in die Folge $F(m)$ dadurch überführen, daß man die beiden Teilfolgen $f_1(n) = f(2n)$ und $f_2(n) = f(2n+1)$ mit der Periode $N/2$ in $F_1(m)$ bzw. $F_2(m)$ transformiert und daraus die Folge

$$F(m) = F_1(m) + e^{-j\frac{2\pi}{N}m} F_2(m) \tag{141}$$

bildet. Die diskrete Fourier-Transformation einer Folge mit der geradzahligen Periode N läßt sich also auf die Transformation zweier Folgen mit der halben Periode reduzieren.

Anmerkung: Man kann entsprechend zeigen, daß sich die DFT einer Folge $f(n)$ mit der Periode N_0N_1 (N_0, N_1 natürliche Zahlen) auf die Transformation von N_0 Folgen mit der Periode N_1 reduzieren läßt.

Da $F_1(m)$ und $F_2(m)$ die Periode $N/2$ haben, folgt aus Gl. (141)

$$F\left(m + \frac{N}{2}\right) = F_1(m) - e^{-j\frac{2\pi}{N}m} F_2(m). \tag{142}$$

Bei der numerischen Berechnung von $F(m)$ aus $F_1(m)$ und $F_2(m)$ werden zweckmäßigerweise die Gln. (141) und (142) für $m = 0, 1, \ldots, (N/2) - 1$ ausgewertet. Dabei sind nur $(N/2) - 1$ Multiplikationen erforderlich, da die Auswertung der Gl. (142) keine zusätzlichen Multiplikationen benötigt. Es wird noch eine Multiplikation hinzugerechnet, um den übrigen Rechenaufwand, insbesondere die Subtraktionen, zu berücksichtigen; dabei wird angenommen, daß alle Exponentialfaktoren in einem Speicher stets verfügbar sind.

Besonders effektiv läßt sich die durch Satz III.5 gegebene Berechnungsmöglichkeit anwenden, wenn die Periode N eine Zweierpotenz ist, wenn also

$$N = 2^s$$

gilt. Dann kann durch zweimalige Anwendung von Satz III.5 die Berechnung von $F_1(m)$ und $F_2(m)$ aus $f_1(n)$ bzw. $f_2(n)$ mit der Periode 2^{s-1} auf die Transformation jeweils zweier Folgen, zusammen also von vier Folgen mit der Periode 2^{s-2} reduziert werden. Durch Wiederholung dieser Reduktion verdoppelt sich jeweils die Zahl der zu transformierenden Folgen zugunsten einer jeweiligen Halbierung der Periode dieser Folgen, bis man schließlich bei 2^{s-1} Folgen mit der Periode Zwei angelangt ist. Um den Gesamtaufwand an Multiplikationen anzugeben, die bei der so durchzuführenden Transformation von $f(n)$ erforderlich sind, hat man zu bedenken, daß beim Rechenschritt Nr. μ ($\mu = 1, 2, \ldots, s-1$) aus $2^{s-\mu}$ Folgen mit der Periode 2^μ genau $2^{s-\mu-1}$ Folgen mit der Periode $2^{\mu+1}$ gemäß den Gln. (141) und (142) zu berechnen sind. Dazu sind, wie oben erwähnt, 2^μ Multiplikationen pro entstehender Folge, für den gesamten Rechenschritt also $2^{s-\mu-1}2^\mu = 2^{s-1} = N/2$ Multiplikationen erforderlich. Die $s-1$ Schritte erfordern den Rechenaufwand von $(s-1)\,N/2$ Multiplikationen. Zu Beginn sind noch $2^{s-1} \cdot 1 = N/2$ Multiplikationen zur Berechnung der $N/2$ Folgen mit der Periode Zwei notwendig. Damit ergibt sich ein Gesamtaufwand von

$$(s-1)\,N/2 + N/2 = sN/2 = \frac{N}{2}\,\mathrm{ld}\,N$$

Multiplikationen für die Berechnung von $F(m)$ aus $f(n)$. Eine direkte Berechnung nach Gl. (138b) würde $(N-1)^2$ Multiplikationen erfordern. Die wiederholte Anwendung von Satz III.5 (schnelle Fourier-Transformation, „F(ast)F(ourier)T(ransform)“) verlangt z. B. im Fall $N = 32$ ($s = 5$) nur 80 Multiplikationen gegenüber 961 Multiplikationen bei einer direkten Berechnung nach Gl. (138b).
Die Methode der schnellen Fourier-Transformation (FFT) läßt sich entsprechend auch zur Überführung von $F(m)$ in $f(n)$ verwenden. Auf Einzelheiten braucht nicht eingegangen zu werden, da Unterschiede gegenüber der Transformation von $f(n)$ in $F(m)$ gemäß den Gln. (138a, b) nur durch den Faktor $1/N$ vor der Summe und durch den Vorzeichenwechsel des Exponenten der e-Faktoren auftreten.

7. Idealisierte Tießpaß- und Bandpaßsysteme

Die Untersuchungen im Abschnitt 3.1 haben unter anderem gezeigt, daß verzerrungsfreie Übertragung in einem linearen, zeitinvarianten, kontinuierlichen System genau dann stattfindet, wenn die Amplitudenfunktion $A(\omega) = |H(\mathrm{j}\omega)|$ frequenzunabhängig (Allpaß-Eigenschaft) und die Phasenfunktion $\Theta(\omega)$ linear ist. Namentlich in der Nachrichtentechnik ist die Feststellung interessant, welchen Einfluß die Abweichung einer Übertragungsfunktion von jener eines entsprechenden verzerrungsfreien Systems auf die Übertragungseigenschaften hat. Derartige Untersuchungen lassen sich mit den in den vorausgegangenen Abschnitten geschaffenen Methoden in verhältnismäßig einfacher Weise durchführen. Dies soll im folgenden gezeigt werden.

7.1. *Amplitudenverzerrte Tiefpaßsysteme*

Im Abschnitt 2.3 wurde der ideale Tiefpaß in ausführlicher Weise diskutiert. Die Phasenfunktion eines idealen Tiefpasses weist das Verhalten eines verzerrungsfreien Systems auf, dagegen nicht die Amplitudenfunktion, obschon diese immerhin bis zur Grenzkreisfrequenz ω_g konstant ist und von dieser Kreisfrequenz an identisch verschwindet. In diesem Abschnitt sollen Tiefpaßsysteme mit linearer Phase $\Theta(\omega) = \omega t_0$ $(t_0 > 0)$ untersucht werden. Die Amplitude $A(\omega)$ möge für $\omega \to \infty$ derart rasch gegen Null streben, daß die Idealisierung

$$A(\omega) \equiv 0 \quad \text{für} \quad |\omega| > \omega_g \tag{143}$$

erlaubt ist. Solche Systeme sind jedoch, wie sich noch zeigen wird, stets nicht kausal. Der Verstoß gegen die Kausalität kann jedoch in vielen Fällen angesichts der vereinfachten Betrachtungsweise in Kauf genommen werden, namentlich dann, wenn keine allzu große Genauigkeit der Ergebnisse erwartet wird.
Eine Übertragungsfunktion

$$H(\mathrm{j}\omega) = A(\omega)\,\mathrm{e}^{-\mathrm{j}\Theta(\omega)} \tag{144}$$

mit linearer Phase $\Theta(\omega) = \omega t_0$ $(t_0 > 0)$ hat nach Gl. (38) die Eigenschaft, daß die zugehörige Impulsantwort $h(t)$ bezüglich der Geraden $t = t_0$ symmetrisch ist. Außerdem läßt Gl. (38) erkennen, daß für $\Theta(\omega) = \omega t_0$ die Impulsantwort $h(t)$ für $t = t_0$ ihr absolutes Maximum hat:

$$h(t_0) = \frac{1}{\pi}\int_0^{\infty} A(\omega)\,\mathrm{d}\omega \geqq \left|\frac{1}{2\pi}\int_{-\infty}^{\infty} A(\omega)\,\mathrm{e}^{-\mathrm{j}\omega t_0}\,\mathrm{e}^{\mathrm{j}\omega t}\,\mathrm{d}\omega\right| = |h(t)|\,.$$

Die Symmetrieeigenschaft von $h(t)$ hat zur Folge, daß die Sprungantwort $a(t)$ des Systems für $t = t_0$ einen Wendepunkt mit Maximalanstieg $[\mathrm{d}a/\mathrm{d}t]_{t=t_0} = h(t_0)$ hat und bezüglich dieses Wendepunktes punktsymmetrisch ist (Bild 84). Multipliziert man die

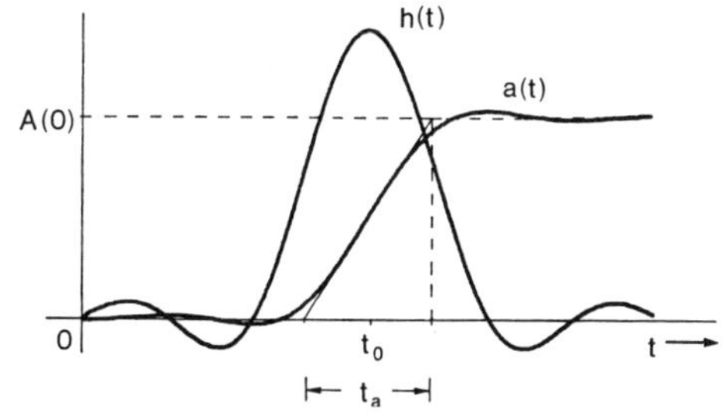

Bild 84: Sprung- und Impulsantwort eines Tiefpasses mit linearer Phase

Übertragungsfunktion $H(\mathrm{j}\omega)$ Gl. (144), wobei voraussetzungsgemäß $\Theta(\omega) = \omega t_0$ ist, mit der Fourier-Transformierten der Sprungfunktion nach Korrespondenz (74) und transformiert man das Produkt in den Zeitbereich zurück, so erhält man die Sprungantwort $a(t)$, und insbesondere für $t = t_0$ ergibt sich

$$a(t_0) = A(0)/2\,.$$

Aus Symmetriegründen ist deshalb $a(\infty) = A(0)$, und die Anstiegszeit t_a nach Bild 84 lautet

$$t_a = A(0)/h(t_0) = \frac{A(0)\,\pi}{\int\limits_0^\infty A(\omega)\,\mathrm{d}\omega}.$$

Im Fall des idealen Tiefpasses geht dieser Wert in jenen nach Gl. (52) über, sofern man beachtet, daß das hierbei auftretende Integral gleich $A(0)\,\omega_g = A(0)\,2\pi f_g$ ist.

Zur Untersuchung des Übertragungsverhaltens eines Tiefpasses mit linearer Phase $\Theta(\omega) = \omega t_0$ und der Eigenschaft Gl. (143) bieten sich zwei Möglichkeiten an. Man kann nämlich die Amplitudenfunktion $A(\omega)$ in $|\omega| < \omega_g$ entweder in eine Fourier-Reihe entwickeln oder durch ein Polynom approximieren und erhält dann einfache Zusammenhänge zwischen Eingangs- und Ausgangssignal.

Zunächst sei die Methode der Fourier-Reihenentwicklung betrachtet. Gemäß den Gln. (86b, c) läßt sich die Amplitudenfunktion durch

$$A(\omega) = \sum_{\mu=-\infty}^{\infty} A_\mu\, \mathrm{e}^{\mathrm{j}\mu\pi\omega/\omega_g} \qquad (|\omega| < \omega_g) \tag{145a}$$

mit

$$A_\mu = \frac{1}{2\omega_g} \int\limits_{-\omega_g}^{\omega_g} A(\omega)\, \mathrm{e}^{-\mathrm{j}\mu\pi\omega/\omega_g}\, \mathrm{d}\omega$$

oder

$$A_\mu = \frac{1}{\omega_g} \int\limits_0^{\omega_g} A(\omega) \cos(\mu\pi\omega/\omega_g)\, \mathrm{d}\omega \tag{145b}$$

ausdrücken. Führt man die Rechteckfunktion $p_{\omega_g}(\omega)$ nach Gl. (43) ein, dann läßt sich $A(\omega)$ für alle ω-Werte geschlossen ausdrücken, und man erhält nach Einführung des Phasenfaktors $\mathrm{e}^{-\mathrm{j}\omega t_0}$ für die Übertragungsfunktion des betrachteten Tiefpasses

$$H(\mathrm{j}\omega) = \sum_{\mu=-\infty}^{\infty} A_\mu p_{\omega_g}(\omega)\, \mathrm{e}^{-\mathrm{j}\omega(t_0 - \mu\pi/\omega_g)}. \tag{146a}$$

Die A_μ sind nach Gl. (145b) reell, und es ist $A_{-\mu} = A_\mu$. Der allgemeine Summand in Gl. (146a) hat die Form der Übertragungsfunktion eines idealen Tiefpasses gemäß Gl. (54) mit der „Laufzeit“ $t_0 - \mu\pi/\omega_g$. Man kann sich daher den Tiefpaß mit der Übertragungsfunktion nach Gl. (146a) als eine Parallelanordnung unendlich vieler idealer Tiefpässe mit derselben Grenzkreisfrequenz ω_g vorstellen, die sich nur im Amplitudenfaktor A_μ und in der Laufzeit $t_0 - \mu\pi/\omega_g$ unterscheiden. Bei praktischen Anwendungen genügt meist eine kleine Zahl von Tiefpässen, da die Amplitudenfaktoren A_μ bei überall k-mal differenzierbarem Verlauf von $A(\omega)$ für $\mu \to \infty$ mindestens wie $1/\mu^{k+2}$ gegen Null gehen und damit die Näherung $A_\mu = 0$ für $|\mu| > N$ verwendet werden kann (Bild 85). Da sich die einzelnen Tiefpässe in der Laufzeit nur um ganzzahlige Vielfache von π/ω_g und in der Größe ihrer Amplitudenfaktoren unterscheiden, läßt sich die Anordnung nach Bild 85 als Echoentzerrer (Transversalfilter) ausführen. Man vergleiche diesbezüglich z. B. [17].

Nun soll mit $y_0(t)$ die Reaktion des idealen Tiefpasses mit der Übertragungsfunktion

$$H_0(j\omega) = p_{\omega_g}(\omega)\, e^{-j\omega t_0} \tag{147}$$

auf das Eingangssignal $x(t)$ bezeichnet werden. Mit Hilfe von $H_0(j\omega)$ darf

$$H(j\omega) = \sum_{\mu=-\infty}^{\infty} A_\mu H_0(j\omega)\, e^{j\mu\pi\omega/\omega_g} \tag{146b}$$

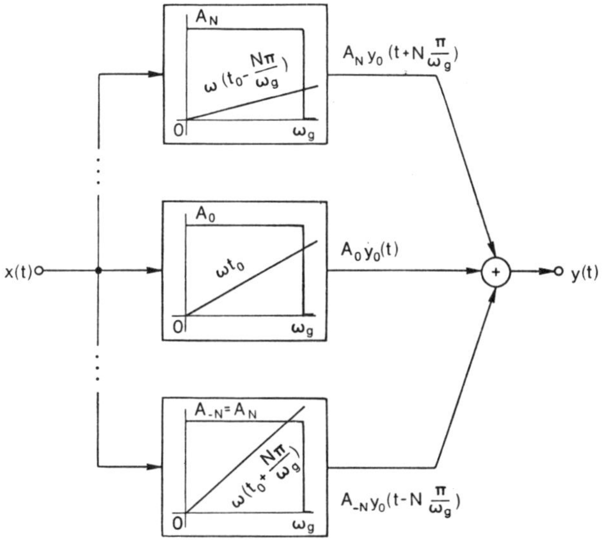

Bild 85: Darstellung des Tiefpasses mit der Übertragungsfunktion nach Gl. (146a)

anstelle von Gl. (146a) geschrieben werden. Das Ausgangssignal $y_0(t)$ erhält man mit Hilfe von Gl. (50) für $A_0 = 1$. Als Antwort $y(t)$ des durch die Übertragungsfunktion $H(j\omega)$ beschriebenen Tiefpasses auf die Erregung $x(t)$ ergibt sich nun unter Verwendung der Funktion $y_0(t)$ aufgrund von Gl. (146b) und bei Beachtung der Zeitverschiebungs-Eigenschaft der Fourier-Transformation

$$y(t) = \sum_{\mu=-\infty}^{\infty} A_\mu y_0\left(t + \mu\,\frac{\pi}{\omega_g}\right). \tag{148}$$

Die Bedeutung des gewonnenen Ergebnisses Gl. (148) liegt darin, daß die Übertragungseigenschaften eines Tiefpasses mit linearer Phase im Rahmen der durchgeführten Näherung Gl. (143) allein bei Kenntnis der entsprechenden Eigenschaften des idealen Tiefpasses und der durch Gl. (145b) gegebenen Fourier-Koeffizienten der Amplitudenfunktion beurteilt werden können. Da in praktischen Fällen die Fourier-Koeffizienten A_μ dem Betrage nach mit zunehmendem μ rasch gegen Null streben, brauchen von der Reihe Gl. (148) gewöhnlich nur wenige Glieder ($\mu = 0, \pm 1, \pm 2, \ldots, \pm N$; N klein) zur Bestimmung von $y(t)$ berücksichtigt zu werden.

Die zweite einfache Methode zur Beurteilung des Übertragungsverhaltens eines Tiefpasses mit linearer Phase und der Eigenschaft Gl. (143) beruht auf der Approximation der Amplitudenfunktion $A(\omega)$ durch ein Polynom. Ist $A(\omega)$ in $|\omega| \leqq \omega_g$ stetig, dann kann man bei hinreichend großem N diese Funktion für $|\omega| \leqq \omega_g$ beliebig genau durch ein Polynom approximieren. Es darf daher

$$A(\omega) = \sum_{\mu=0}^{N} B_\mu \omega^{2\mu}, \qquad (|\omega| \leqq \omega_g) \tag{149}$$

gesetzt werden. Hierbei wurde berücksichtigt, daß $A(\omega)$ eine gerade Funktion in ω ist. Falls sich $A(\omega)$ in $|\omega| \leqq \omega_g$ in eine Potenzreihe entwickeln läßt, besteht die Möglichkeit, das Polynom in Gl. (149) als Teilsumme dieser Potenzreihe zu erzeugen. Dann sind bekanntlich die B_μ im wesentlichen durch die Werte der geradzahligen Ableitungen der Funktion $A(\omega)$ 0-ter bis $2N$-ter Ordnung an der Stelle $\omega = 0$ bestimmt. Unter Verwendung der Übertragungsfunktion $H_0(\mathrm{j}\omega)$ Gl. (147) des idealen Tiefpasses mit der Amplitude Eins im Durchlaßbereich erhält man nun aufgrund der Darstellung der Amplitude nach Gl. (149) die Übertragungsfunktion des Tiefpasses in der Form

$$H(\mathrm{j}\omega) = \sum_{\mu=0}^{N} (-1)^\mu B_\mu (\mathrm{j}\omega)^{2\mu} H_0(\mathrm{j}\omega). \tag{150}$$

Auch hier soll mit $y_0(t)$ die Reaktion des idealen Tiefpasses mit der Übertragungsfunktion $H_0(\mathrm{j}\omega)$ auf das Eingangssignal $x(t)$ verstanden werden. Dann läßt sich aufgrund von Gl. (150) und unter Beachtung der Differentiationseigenschaft der Fourier-Transformation die Antwort des betrachteten Tiefpasses auf das Eingangssignal $x(t)$ durch

$$y(t) = \sum_{\mu=0}^{N} (-1)^\mu B_\mu \frac{\mathrm{d}^{2\mu} y_0(t)}{\mathrm{d}t^{2\mu}} \tag{151}$$

ausdrücken. Hierbei ist allerdings die Existenz der Ableitungen von $y_0(t)$ und deren Spektren vorauszusetzen. Das Ergebnis Gl. (151) hat ähnliche Bedeutung wie Gl. (148). Im Gegensatz zur Darstellung Gl. (148), in der das Signal $y_0(t)$ nur wiederholt verschoben zu werden braucht, muß $y_0(t)$ in Gl. (151) differenziert werden. — Wird ein niederfrequentes, schmalbandiges Signal, d. h. ein Signal, dessen Spektrum nur in der unmittelbaren Umgebung des Nullpunktes $\omega = 0$ von Null wesentlich verschiedene Werte hat, an den Eingang eines linearen, zeitinvarianten und stabilen Systems gegeben, dann läßt sich das Ausgangssignal näherungsweise aus Gl. (151) mit $N = 1$ bestimmen, wobei $y_0(t)$ approximativ mit $x(t - t_0)$ übereinstimmt. Der Leser möge sich dies im einzelnen überlegen.

Es sei noch erwähnt, daß Amplitudencharakteristiken von Tiefpaßsystemen gelegentlich auch durch Funktionen der Art

$$A(\omega) = A_0\, \mathrm{e}^{-T^2\omega^2} \tag{152}$$

(Gaußsches Tiefpaßsystem) oder

$$A(\omega) = \frac{A_0}{\sqrt{1 + (\omega/\Omega)^{2N}}}$$

(Potenz-Tiefpaßsystem) beschrieben werden. Wählt man die Amplitude $A(\omega)$ nach Gl. (152) und die Phasenfunktion zu $\Theta(\omega) = \omega t_0$, dann erhält man durch Fourier-Rücktransformation als Impulsantwort

$$h(t) = \frac{A_0}{2\sqrt{\pi}\, T}\, \mathrm{e}^{-(t-t_0)^2/4T^2}. \tag{153}$$

Die Impulsantwort des Gaußschen Tiefpasses mit linearer Phase hat also dieselbe Form wie die Amplitude $A(\omega)$. Da $h(t)$ für negative t-Werte nicht verschwindet, stellt der Gaußsche Tiefpaß mit linearer Phase kein kausales System dar. Aus Gl. (33), Kapitel I erhält man mit Gl. (153) die Sprungantwort des Gaußschen Tiefpasses, die sich mit Hilfe des Fehlerintegrals [55] geschlossen angeben läßt.
Die in den vorausgegangenen Untersuchungen betrachteten Tiefpaßsysteme sind durchweg nicht kausal, da die jeweilige Impulsantwort für $t < 0$ nicht beständig verschwindet. Falls die ,,Laufzeit" der Impulsantwort (t_0 bei $\Theta(\omega) = \omega t_0$) hinreichend groß ist, weicht $h(t)$ für $t < 0$ nur verhältnismäßig wenig von Null ab. In solchen Fällen läßt sich durch geringfügige Abänderung der Systemcharakteristiken erreichen, daß das

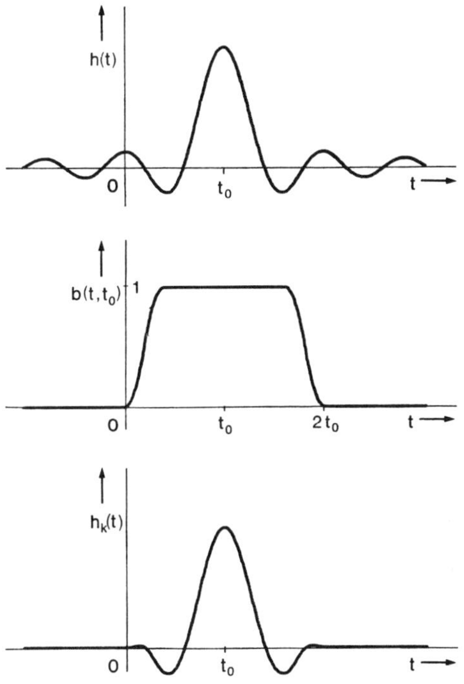

Bild 86: Beschneidung der nicht-kausalen Impulsantwort $h(t)$ mit der Funktion $b(t, t_0)$

System kausal wird. Die einfachste Art der Abänderung besteht darin, daß man $h(t)$ für $t < 0$ zu Null erklärt, während die Funktionswerte für $t > 0$ beibehalten werden. Bei Tiefpässen mit linearer Phase kann man folgenden Kunstgriff zur Erzielung der Kausalität anwenden. Die Impulsantwort $h(t)$ des nicht-kausalen Tiefpasses mit linearer Phase ist, wie früher gezeigt wurde, bezüglich t_0 symmetrisch und wird daher mit einer bezüglich $t = t_0$ symmetrischen und für $t < 0$ verschwindenden nicht-negativen Funktion $b(t, t_0)$ mit der Eigenschaft $b(t_0, t_0) = 1$ beschnitten. Es wird also die kausale Impulsantwort

$$h_k(t) = h(t)\, b(t, t_0)$$

gebildet (Bild 86). Im Frequenzbereich bedeutet diese Beschneidung eine Faltung der Übertragungsfunktion $H(j\omega) = A(\omega)\, e^{-j\omega t_0}$ des nicht-kausalen Systems mit der Fourier-

Transformierten $B(\mathrm{j}\omega)$ von $b(t, t_0)$, dividiert mit 2π:

$$H_k(\mathrm{j}\omega) = \frac{1}{2\pi} \int_{-\infty}^{\infty} H(\mathrm{j}y)\, B[\mathrm{j}(\omega - y)]\, \mathrm{d}y.$$

Führt man die aus $b(t, t_0)$ durch Linksverschiebung um t_0 entstehende Funktion $b_0(t, t_0) = b(t_0 + t, t_0)$ mit der Fourier-Transformierten $B_0(\mathrm{j}\omega) = B(\mathrm{j}\omega)\, \mathrm{e}^{\mathrm{j}\omega t_0}$ ein, so findet man nach kurzer Zwischenrechnung

$$H_k(\mathrm{j}\omega) = \frac{1}{2\pi}\, \mathrm{e}^{-\mathrm{j}\omega t_0}[A(\omega) * B_0(\mathrm{j}\omega)]. \tag{154}$$

Als Funktion $b(t, t_0)$ verwendet man z. B. die Rechteckfunktion

$$b(t, t_0) = p_{t_0}(t - t_0) \circ\!-\, (2 \sin \omega t_0)\, \mathrm{e}^{-\mathrm{j}\omega t_0}/\omega \tag{154a}$$

oder die Dreieckfunktion

$$b(t, t_0) = q_{t_0}(t - t_0) \circ\!-\, \left(4 \sin^2 \frac{\omega t_0}{2}\right) \mathrm{e}^{-\mathrm{j}\omega t_0}/t_0\omega^2. \tag{154b}$$

Die Übertragungsfunktion $H_k(\mathrm{j}\omega)$ des kausalen Systems ergibt sich dann gemäß Gl. (154) als Faltung der Amplitudenfunktion $A(\omega)$ des nicht-kausalen Systems mit dem vom Faktor $\mathrm{e}^{-\mathrm{j}\omega t_0}$ befreiten Spektrum der Korrespondenz (154a) bzw. (154b), multipliziert mit $\mathrm{e}^{-\mathrm{j}\omega t_0}/2\pi$.

7.2. Amplituden- und phasenverzerrte Tiefpaßsysteme

Die im Abschnitt 7.1 durchgeführten Untersuchungen werden im folgenden insofern erweitert, als nunmehr Tiefpaßsysteme betrachtet werden, deren Amplitudenfunktion $A(\omega)$ zwar nach wie vor die Eigenschaft Gl. (143) aufweist, deren Phasenfunktion $\Theta(\omega)$ jedoch nicht mehr linear ist. Die Abweichung der Funktion $\Theta(\omega)$ von der Linearität soll aber gering sein, d. h., es soll $\Theta(\omega) = \omega t_0 + \Delta\Theta(\omega)$ mit $|\Delta\Theta(\omega)| \ll 1$ gelten. Die Übertragungsfunktion des zu untersuchenden Tiefpaßsystems läßt sich deshalb in der Form

$$H(\mathrm{j}\omega) = A(\omega)\, \mathrm{e}^{-\mathrm{j}\omega t_0}\, \mathrm{e}^{-\mathrm{j}\Delta\Theta(\omega)} \tag{155}$$

ausdrücken. Faßt man die Amplitudenfunktion $A(\omega)$ und den Phasenfaktor $\mathrm{e}^{-\mathrm{j}\omega t_0}$ zur Übertragungsfunktion $H_0(\mathrm{j}\omega)$ eines Tiefpaßsystems mit linearer Phase zusammen, dessen Übertragungsverhalten nach Abschnitt 7.1 bestimmt werden kann, dann erhält man bei Approximation des zur kleinen Phasenabweichung $\Delta\Theta(\omega)$ gehörenden Phasenfaktors $\mathrm{e}^{-\mathrm{j}\Delta\Theta(\omega)}$ durch die ersten zwei Glieder der Potenzreihenentwicklung nach $\Delta\Theta(\omega)$ statt Gl. (155)

$$H(\mathrm{j}\omega) = H_0(\mathrm{j}\omega)\, [1 - \mathrm{j}\Delta\Theta(\omega)]. \tag{156}$$

Nun pflegt man entweder die Phasenabweichung $\Delta\Theta(\omega)$ oder die auf ω bezogene Phasenabweichung $\Delta\Theta(\omega)/\omega$ (Abweichung der Phasenlaufzeit) gemäß den Gln. (86b, c) in eine Fourier-Reihe im Intervall $[-\omega_g, \omega_g]$ zu entwickeln. Auf diese Weise gewinnt man

$$\Delta\Theta(\omega) = \sum_{\mu=-\infty}^{\infty} B_\mu \, e^{j\mu\pi\omega/\omega_g} \qquad (|\omega| < \omega_g) \tag{157a}$$

mit

$$B_\mu = \frac{1}{2\omega_g} \int_{-\omega_g}^{\omega_g} \Delta\Theta(\omega) \, e^{-j\mu\pi\omega/\omega_g} \, d\omega \tag{157b}$$

oder

$$\Delta\Theta(\omega) = \omega \sum_{\mu=-\infty}^{\infty} C_\mu \, e^{j\mu\pi\omega/\omega_g} \qquad (|\omega| < \omega_g) \tag{158a}$$

mit

$$C_\mu = \frac{1}{2\omega_g} \int_{-\omega_g}^{\omega_g} \frac{\Delta\Theta(\omega)}{\omega} \, e^{-j\mu\pi\omega/\omega_g} \, d\omega . \tag{158b}$$

Da $\Delta\Theta(\omega)$ eine ungerade Funktion in ω ist, verschwindet der Fourier-Koeffizient B_0, und die übrigen B_μ sind rein imaginär, während die C_μ durchweg reell ausfallen. Mit $y_0(t)$ soll die nach Abschnitt 7.1 bestimmbare Reaktion des durch die Übertragungsfunktion $H_0(j\omega)$ gegebenen Tiefpaßsystems auf die Erregung $x(t)$ bezeichnet werden. Dann erhält man für das Ausgangssignal $y(t)$ des zu untersuchenden Tiefpasses als Wirkung auf das Eingangssignal $x(t)$ gemäß Gl. (156) mit Gl. (157a)

$$y(t) = y_0(t) - \sum_{\mu=-\infty}^{\infty} jB_\mu y_0\left(t + \mu \frac{\pi}{\omega_g}\right) \tag{159}$$

oder gemäß Gl. (156) mit Gl. (158a)

$$y(t) = y_0(t) - \sum_{\mu=-\infty}^{\infty} C_\mu \frac{dy_0\left(t + \mu \frac{\pi}{\omega_g}\right)}{dt} . \tag{160}$$

Der in Gl. (159) auftretende Koeffizient jB_μ ist reell. Die Anwendung von Gl. (160) hat gegenüber jener von Gl. (159) den Vorteil, daß gewöhnlich die C_μ mit wachsendem μ schneller gegen Null streben als die B_μ. Angesichts der getroffenen Voraussetzung $|\Delta\Theta(\omega)| \ll 1$ haben die Gln. (159) und (160) nur Näherungscharakter. — Bei starker Phasenverzerrung ($|\Delta\Theta(\omega)| \not\ll 1$) empfiehlt es sich, eine der in früheren Abschnitten diskutierten Methoden zur approximativen Durchführung der Transformationen zwischen Zeit- und Frequenzbereich anzuwenden.

7.3. Bandpaßsysteme

a) Impulsantwort

Ein lineares, zeitinvariantes und stabiles System, dessen Amplitudenfunktion $A(\omega)$ für $\omega \geqq 0$ von Null wesentlich verschiedene Werte nur in einem endlichen Intervall besitzt, das den Punkt Null nicht enthält, heißt *Bandpaßsystem*. Es sollen nun derartige

Systeme untersucht werden, wobei die Idealisierung getroffen wird, daß außerhalb des genannten Intervalls, des sogenannten *Durchlaßbereichs*, und außerhalb des bezüglich des Nullpunktes $\omega = 0$ symmetrischen Intervalls in $\omega < 0$ die Amplitudenfunktion $A(\omega)$ gleich Null gesetzt wird (Bild 87). Die Übertragungsfunktion

$$H(\mathrm{j}\omega) = A(\omega)\,\mathrm{e}^{-\mathrm{j}\Theta(\omega)} \tag{161}$$

des Bandpaßsystems wird mit Hilfe der Sprungfunktion $s(\omega)$ additiv in zwei Teile zerlegt:

$$F_1(\mathrm{j}\omega) = s(\omega)\,A(\omega)\,\mathrm{e}^{-\mathrm{j}\Theta(\omega)}, \tag{162a}$$

$$F_2(\mathrm{j}\omega) = s(-\omega)\,A(\omega)\,\mathrm{e}^{-\mathrm{j}\Theta(\omega)}. \tag{162b}$$

Die Funktion $F_1(\mathrm{j}\omega)$ ist für $\omega < 0$ identisch Null und für $\omega > 0$ mit $H(\mathrm{j}\omega)$ identisch, während $F_2(\mathrm{j}\omega)$ für $\omega > 0$ beständig verschwindet und für $\omega < 0$ mit $H(\mathrm{j}\omega)$ übereinstimmt. Nach Wahl eines Kreisfrequenzwertes ω_0 innerhalb des Durchlaßbereichs des

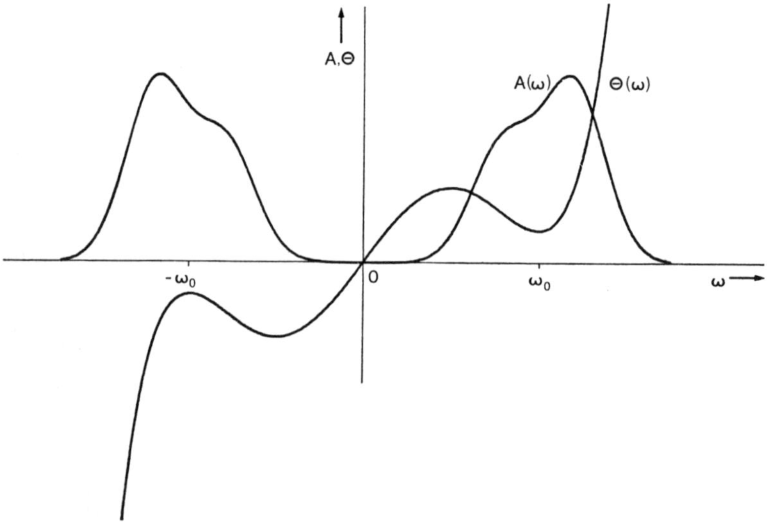

Bild 87: Amplituden- und Phasencharakteristik eines Bandpasses

Bandpasses werden zwei weitere Funktionen durch Frequenz-Verschiebung der Funktionen $F_1(\mathrm{j}\omega)$ und $F_2(\mathrm{j}\omega)$ folgendermaßen gebildet:

$$F_{t1}(\mathrm{j}\omega) = F_1[\mathrm{j}(\omega_0 + \omega)], \tag{163a}$$

$$F_{t2}(\mathrm{j}\omega) = F_2[\mathrm{j}(-\omega_0 + \omega)]. \tag{163b}$$

Bild 88 zeigt Skizzen der Funktionen $F_{t1}(\mathrm{j}\omega)$ und $F_{t2}(\mathrm{j}\omega)$ für ein Beispiel. Wie man sieht, gilt

$$F_{t2}^*(\mathrm{j}\omega) = F_{t1}(-\mathrm{j}\omega) \tag{164a}$$

oder

$$F_{t1}^*(\mathrm{j}\omega) = F_{t2}(-\mathrm{j}\omega). \tag{164b}$$

Angesichts der Gln. (164a, b) pflegt man zwei Funktionen einzuführen, welche die Eigenschaften von Übertragungsfunktionen linearer und zeitinvarianter Systeme aufweisen:

$$H_1(j\omega) = F_{t1}(j\omega) + F_{t2}(j\omega), \tag{165a}$$

$$H_2(j\omega) = \frac{1}{j}\,[F_{t1}(j\omega) - F_{t2}(j\omega)]. \tag{165b}$$

Wie man aus den Gln. (165a, b) mit den Gln. (164a, b) ersieht, gilt

$$H_\mu(-j\omega) = H_\mu{}^*(j\omega), \qquad (\mu = 1, 2).$$

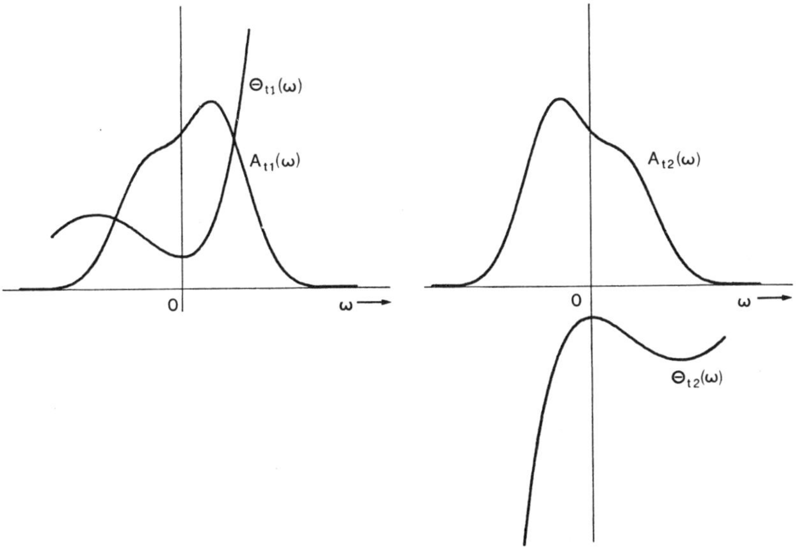

Bild 88: Darstellung der Funktionen $F_{t1}(j\omega)$ und $F_{t2}(j\omega)$ durch ihre Amplituden- und Phasenfunktionen

Die Übertragungsfunktion $H(j\omega)$ Gl. (161) des Bandpaßsystems läßt sich nach den Gln. (162a, b) als

$$H(j\omega) = F_1(j\omega) + F_2(j\omega) \tag{166}$$

oder bei Berücksichtigung der Gln. (163a, b) in der Form

$$H(j\omega) = F_{t1}[j(\omega - \omega_0)] + F_{t2}[j(\omega + \omega_0)]$$

schreiben. Mit Hilfe der Gln. (165a, b) erhält man weiterhin

$$H(j\omega) = \frac{1}{2}\,\{H_1[j(\omega - \omega_0)] + jH_2[j(\omega - \omega_0)]\}$$
$$+ \frac{1}{2}\,\{H_1[j(\omega + \omega_0)] - jH_2[j(\omega + \omega_0)]\}. \tag{167}$$

Man ordnet nun mit Hilfe der Fourier-Umkehrtransformation den Übertragungsfunktionen $H_\mu(j\omega)$ die Impulsantworten $h_\mu(t)$ $(\mu = 1, 2)$ zu. Damit folgt aus der Darstellung von $H(j\omega)$ nach Gl. (167) bei Beachtung der Frequenzverschiebungseigenschaft der Fourier-Transformation für die der Übertragungsfunktion $H(j\omega)$ entsprechende Zeitfunktion, d. h. für die Impulsantwort des Bandpaßsystems die wichtige Darstellung

$$h(t) = h_1(t) \cos \omega_0 t - h_2(t) \sin \omega_0 t\,. \tag{168}$$

Von einem *symmetrischen* Bandpaßsystem spricht man, wenn der rechte Ast ($\omega \geqq 0$) der Amplitudenfunktion $A(\omega)$ (Bild 87) im Durchlaßbereich bezüglich einer Geraden $\omega = \omega_M$ symmetrisch ist und wenn außerdem die Phasenfunktion $\Theta(\omega)$ im Durchlaßbereich bezüglich des Punktes $[\omega_M, \Theta(\omega_M)]$ symmetrisch ist. Die Kreisfrequenz ω_M heißt (Band-) Mittenkreisfrequenz. Bildet man mit $\omega_0 = \omega_M$ nach den Gln. (163a, b) die Spektren $F_{t1}(j\omega)$ und $F_{t2}(j\omega)$, dann kann man eine Tiefpaßübertragungsfunktion $H_t(j\omega)$ einführen, so daß

$$F_{t1}(j\omega) = \frac{1}{2} H_t(j\omega)\, e^{-j\Theta(\omega_0)} \tag{169a}$$

und

$$F_{t2}(j\omega) = \frac{1}{2} H_t(j\omega)\, e^{j\Theta(\omega_0)} \tag{169b}$$

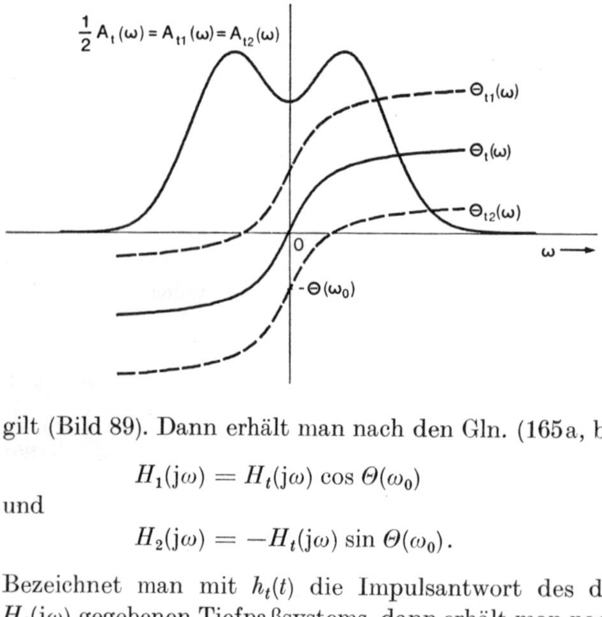

Bild 89: Amplituden- und Phasenfunktionen von $F_{t1}(j\omega)$, $F_{t2}(j\omega)$ und $H_t(j\omega)$ im Fall eines symmetrischen Bandpasses

gilt (Bild 89). Dann erhält man nach den Gln. (165a, b)

$$H_1(j\omega) = H_t(j\omega) \cos \Theta(\omega_0) \tag{170a}$$

und

$$H_2(j\omega) = -H_t(j\omega) \sin \Theta(\omega_0)\,. \tag{170b}$$

Bezeichnet man mit $h_t(t)$ die Impulsantwort des durch die Übertragungsfunktion $H_t(j\omega)$ gegebenen Tiefpaßsystems, dann erhält man nach den Gln. (170a, b) die Impulsantworten $h_1(t)$ und $h_2(t)$, woraus mit Gl. (168)

$$h(t) = h_t(t) [\cos \Theta(\omega_0) \cos \omega_0 t + \sin \Theta(\omega_0) \sin \omega_0 t]$$

oder

$$h(t) = h_t(t) \cos [\omega_0 t - \Theta(\omega_0)] \tag{171}$$

als Impulsantwort des symmetrischen Bandpaßsystems folgt. Die Impulsantwort $h(t)$ eines symmetrischen Bandpasses ist also nach Gl. (171) identisch mit der durch die

Impulsantwort $h_t(t)$ amplitudenmodulierten Schwingung $\cos [\omega_0 t - \Theta(\omega_0)]$. Man vergleiche hierzu Bild 90.

Von einem idealen Bandpaßsystem wird dann gesprochen, wenn der betreffende Bandpaß symmetrisch ist und wenn das im vorstehenden eingeführte Tiefpaßsystem mit der Übertragungsfunktion $H_t(\mathrm{j}\omega)$ ein idealer Tiefpaß nach Abschnitt 2.3 ist. In diesem Fall kann die Impulsantwort des Bandpaßsystems nach Gl. (171) direkt angegeben werden, wobei $h_t(t)$ aus Gl. (51a) mit $A_0 = 2A(\omega_0)$ folgt.

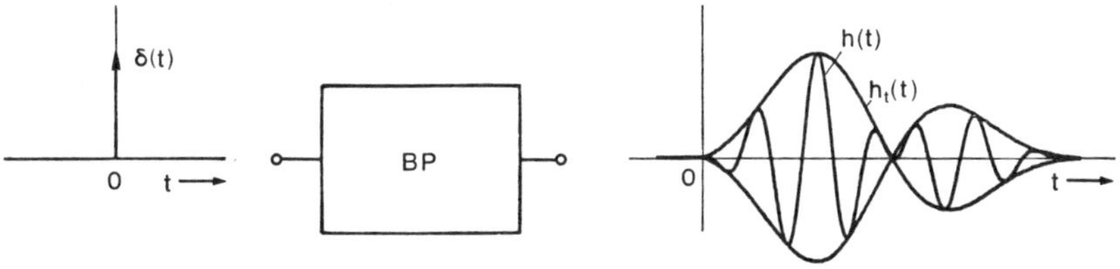

Bild 90: Impulsantwort eines symmetrischen Bandpasses

b) Zeitverhalten bei amplitudenmodulierten Eingangssignalen

Im folgenden soll die Reaktion $y(t)$ eines Bandpaßsystems auf ein Trägersignal $\cos \Omega t$ untersucht werden, das mit einem niederfrequenten Signal $x_N(t)$ amplitudenmoduliert wird und dessen Kreisfrequenz Ω im Durchlaßbereich liegt. Das Eingangssignal lautet also

$$x(t) = x_N(t) \cos \Omega t. \tag{172}$$

Das zu $x(t)$ gehörende Spektrum ist nach Abschnitt 3.1 (Eigenschaft c)

$$X(\mathrm{j}\omega) = \frac{1}{2} X_N[\mathrm{j}(\omega - \Omega)] + \frac{1}{2} X_N[\mathrm{j}(\omega + \Omega)]. \tag{173}$$

Hierbei ist $X_N(\mathrm{j}\omega)$ das Spektrum der niederfrequenten Einhüllenden $x_N(t)$. Das Spektrum $Y(\mathrm{j}\omega)$ des Ausgangssignals $y(t)$ wird durch Multiplikation des Spektrums $X(\mathrm{j}\omega)$ Gl. (173) mit der Übertragungsfunktion $H(\mathrm{j}\omega)$ bestimmt, wobei $H(\mathrm{j}\omega)$ in der Darstellung nach Gl. (167) verwendet wird. Es empfiehlt sich, $\omega_0 = \Omega$ zu wählen. Dann wird

$$\begin{aligned} Y(\mathrm{j}\omega) &= H(\mathrm{j}\omega)\, X(\mathrm{j}\omega) \\ &= \frac{1}{4} \{H_1[\mathrm{j}(\omega - \omega_0)]\, X_N[\mathrm{j}(\omega - \omega_0)] + \mathrm{j}H_2[\mathrm{j}(\omega - \omega_0)]\, X_N[\mathrm{j}(\omega - \omega_0)] \\ &\quad + H_1[\mathrm{j}(\omega + \omega_0)]\, X_N[\mathrm{j}(\omega + \omega_0)] - \mathrm{j}H_2[\mathrm{j}(\omega + \omega_0)]\, X_N[\mathrm{j}(\omega + \omega_0)]\} \\ &\quad + K(\mathrm{j}\omega) \end{aligned} \tag{174a}$$

mit

$$\begin{aligned} K(\mathrm{j}\omega) = \frac{1}{4} \{&H_1[\mathrm{j}(\omega - \omega_0)]\, X_N[\mathrm{j}(\omega + \omega_0)] + \mathrm{j}H_2[\mathrm{j}(\omega - \omega_0)]\, X_N[\mathrm{j}(\omega + \omega_0)] \\ &+ H_1[\mathrm{j}(\omega + \omega_0)]\, X_N[\mathrm{j}(\omega - \omega_0)] - \mathrm{j}H_2[\mathrm{j}(\omega + \omega_0)]\, X_N[\mathrm{j}(\omega - \omega_0)]\}. \end{aligned} \tag{174b}$$

Die Funktion $K(\mathrm{j}\omega)$ Gl. (174b) läßt sich mit Hilfe der Gln. (165a, b) und der Gln. (163a, b) als

$$K(\mathrm{j}\omega) = \frac{1}{2} \{F_1(\mathrm{j}\omega)\, X_N[\mathrm{j}(\omega + \omega_0)] + F_2(\mathrm{j}\omega)\, X_N[\mathrm{j}(\omega - \omega_0)]\} \tag{175}$$

darstellen. Die Amplitudenfunktionen der auf der rechten Seite von Gl. (175) auftretenden Spektren sind im Bild 91 für ein Beispiel veranschaulicht. Nun soll der Durchlaßbereich des Bandpasses nach Bild 91 mit geeignetem ω_g durch das Frequenzintervall

$$\omega_0 - \omega_g \leqq \omega \leqq \omega_0 + \omega_g \tag{176}$$

der Breite $2\omega_g$ beschrieben werden. Ist die Amplitudenfunktion $|X_N[j(\omega + \omega_0)]|$ mit ausreichender Genauigkeit im Durchlaßbereich (176) gleich Null, d. h. ist näherungsweise

$$X_N(j\omega) \equiv 0 \quad \text{für} \quad \omega > 2\omega_0 - \omega_g, \tag{177}$$

dann sind (Bild 91) die auf der rechten Seite von Gl. (175) auftretenden Summanden Null, und damit verschwindet $K(j\omega)$ für alle ω-Werte. Die Reaktion der durch die Übertragungsfunktionen $H_1(j\omega)$ und $H_2(j\omega)$ gemäß den Gln. (165a, b) gegebenen

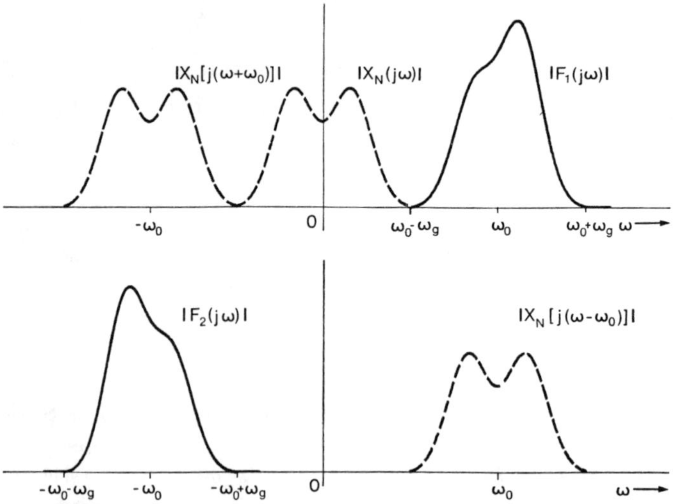

Bild 91: Zum Zeitverhalten eines Bandpasses bei amplitudenmodulierten Eingangssignalen

Systeme auf die Einhüllende $x_N(t)$ als Eingangsgröße sollen mit $y_{1N}(t)$ bzw. $y_{2N}(t)$ bezeichnet werden. Unter der Voraussetzung der Gültigkeit von Gl. (177), d. h. im Fall $K(j\omega) \equiv 0$, erhält man jetzt aus Gl. (174a) für das Ausgangssignal $y(t)$ des Bandpasses als Antwort auf das Eingangssignal $x(t)$ Gl. (172) die folgende Funktion, wobei wieder einmal die Frequenzverschiebungseigenschaft der Fourier-Transformation zu berücksichtigen ist:

$$y(t) = \frac{1}{4}\{y_{1N}(t)\, e^{j\omega_0 t} + j y_{2N}(t)\, e^{j\omega_0 t} + y_{1N}(t)\, e^{-j\omega_0 t} - j y_{2N}(t)\, e^{-j\omega_0 t}\}.$$

Die Beziehung läßt sich sofort vereinfachen:

$$y(t) = \frac{1}{2}\, y_{1N}(t) \cos \omega_0 t - \frac{1}{2}\, y_{2N}(t) \sin \omega_0 t. \tag{178}$$

Ist das Bandpaßsystem symmetrisch und stimmt die Trägerkreisfrequenz ω_0 mit der Bandmittenkreisfrequenz überein, dann kann man mit Hilfe der Reaktion $y_{tN}(t)$ des durch die Übertragungsfunktion $H_t(\mathrm{j}\omega)$ gemäß den Gln. (169a, b) bestimmten Tiefpaßsystems auf die Eingangsfunktion $x_N(t)$ die in Gl. (178) auftretenden Signale $y_{1N}(t)$ und $y_{2N}(t)$ nach den Gln. (170a, b) als

$$y_{1N}(t) = y_{tN}(t) \cos \Theta(\omega_0) \tag{179a}$$

und

$$y_{2N}(t) = -y_{tN}(t) \sin \Theta(\omega_0) \tag{179b}$$

schreiben. Führt man die Gln. (179a, b) in Gl. (178) ein, so ergibt sich

$$y(t) = \frac{1}{2}\, y_{tN}(t) \cos\left[\omega_0 t - \Theta(\omega_0)\right]. \tag{180}$$

Ist die bisherige Annahme nicht gegeben, daß die Trägerkreisfrequenz ω_0 mit der Bandmittenkreisfrequenz des symmetrischen Bandpasses übereinstimmt, dann muß das zunächst besprochene Verfahren für unsymmetrische Bandpässe verwendet werden. Besteht die Voraussetzung Gl. (177) über das Spektrum der Einhüllenden $x_N(t)$ nicht, dann verschwindet $K(\mathrm{j}\omega)$ nicht identisch, und man hat die Darstellung Gl. (178) für den Fall des unsymmetrischen Bandpasses bzw. Gl. (180) für den Fall des symmetrischen Bandpasses durch die Zeitfunktion $k(t)$ additiv zu korrigieren, die dem Spektrum $K(\mathrm{j}\omega)$ zugeordnet ist. In gewissen Fällen läßt sich für die Korrekturfunktion $k(t)$ eine einfache Näherung angeben. Ist der Durchlaßbereich (176) so klein oder $x_N(t)$ derart beschaffen, daß innerhalb dieses Intervalls das Spektrum $X_N[\mathrm{j}(\omega + \omega_0)]$ näherungsweise konstant ist, dann dürfen in Gl. (175) die Funktionen $X_N[\mathrm{j}(\omega + \omega_0)]$ und $X_N[\mathrm{j}(\omega - \omega_0)]$ durch die Konstanten $X_N(2\mathrm{j}\omega_0)$ bzw. $X_N(-2\mathrm{j}\omega_0) = X_N^*(2\mathrm{j}\omega_0)$ ersetzt werden. Dann erhält man aus Gl. (175) unter Beachtung der Gln. (163a, b) sowie der Gln. (165a, b) und mit $X_N(2\mathrm{j}\omega_0) = a\,\mathrm{e}^{\mathrm{j}\varphi}$ $(a \geqq 0)$ für die Zeitfunktion von $K(\mathrm{j}\omega)$

$$k(t) = \frac{1}{2}\left\{a\,\mathrm{e}^{\mathrm{j}\varphi}\,\mathrm{e}^{\mathrm{j}\omega_0 t} \cdot \frac{1}{2}\left[h_1(t) + \mathrm{j}h_2(t)\right] + a\,\mathrm{e}^{-\mathrm{j}\varphi}\,\mathrm{e}^{-\mathrm{j}\omega_0 t} \cdot \frac{1}{2}\left[h_1(t) - \mathrm{j}h_2(t)\right]\right\}$$

oder

$$k(t) = \frac{a}{2}\left[h_1(t) \cos(\omega_0 t + \varphi) - h_2(t) \sin(\omega_0 t + \varphi)\right] \tag{181a}$$

mit

$$X_N(2\mathrm{j}\omega_0) = a\,\mathrm{e}^{\mathrm{j}\varphi}. \tag{181b}$$

Im Fall des symmetrischen Bandpasses lassen sich gemäß den Gln. (170a, b) die Impulsantworten $h_1(t)$ und $h_2(t)$ durch die Impulsantwort $h_t(t)$ des Tiefpasses ausdrücken. Dann vereinfacht sich die Gl. (181a) zu

$$k(t) = \frac{a}{2}\, h_t(t) \cos\left[\omega_0 t + \varphi - \Theta(\omega_0)\right].$$

Anmerkung: Ein Bandpaß wird gewöhnlich *Schmalbandpaßsystem* genannt, wenn der Durchlaßbereich (176) derart klein ist, daß innerhalb dieses Intervalls und dann auch innerhalb des zum Nullpunkt symmetrischen Intervalls die Spektren $X(\mathrm{j}\omega)$ der am Systemeingang wirkenden Signale als konstant betrachtet werden dürfen. Dann läßt sich unter Verwendung der Zerlegung der Übertragungsfunktion nach Gl. (166) und bei Berücksichtigung der Eigenschaften der Funktionen $F_1(\mathrm{j}\omega)$ und $F_2(\mathrm{j}\omega)$ das Spektrum des Ausgangssignals als

$$Y(j\omega) = F_1(j\omega)\, X(j\omega_0) + F_2(j\omega)\, X(-j\omega_0)$$

darstellen. Aufgrund dieser Darstellung kann das Ausgangssignal $y(t)$ in einfacher Weise ausgedrückt werden. Dies sei dem Leser als Übung empfohlen.
Abschließend sei noch darauf hingewiesen, daß in entsprechender Weise auch Hochpaßsysteme behandelt werden können, also Systeme, bei denen die Amplitudenfunktion für $\omega \geqq 0$ von Null wesentlich verschiedene Werte nur oberhalb einer bestimmten Grenzkreisfrequenz aufweist.

c) Bandpaß-Signale, Abtastung

Eine Zeitfunktion $f(t)$, deren Spektrum $F(j\omega)$ den Verlauf der Übertragungsfunktion eines Bandpaßsystems besitzt (Bild 87), heißt Bandpaß-Signal. Die Funktion $F(j\omega)$ verschwindet also identisch mit Ausnahme von $0 < \omega_1 < |\omega| < \omega_2 < \infty$. Mit der Mittenkreisfrequenz $\omega_0 = (\omega_1 + \omega_2)/2$ läßt sich $f(t)$ gemäß Gl. (168) in der Form

$$f(t) = f_1(t) \cos \omega_0 t - f_2(t) \sin \omega_0 t \tag{182a}$$

ausdrücken. Dabei sind $f_1(t)$ und $f_2(t)$ bandbegrenzte (Tiefpaß-) Signale, deren Spektren $F_1(j\omega)$ bzw. $F_2(j\omega)$ für $|\omega| > \omega_g = (\omega_2 - \omega_1)/2$ identisch Null sind. Diese Signale lassen sich aufgrund des Abtast-Theorems gemäß Gl. (97) darstellen. Führt man diese Darstellungen in Gl. (182a) ein, so erhält man

$$f(t) = \sum_{\nu=-\infty}^{\infty} \left[f_1\left(\nu \frac{\pi}{\omega_g}\right) \cos \omega_0 t - f_2\left(\nu \frac{\pi}{\omega_g}\right) \sin \omega_0 t \right] \frac{\sin(\omega_g t - \nu\pi)}{\omega_g t - \nu\pi}. \tag{182b}$$

Das Signal $f(t)$ kann also vollständig aus den diskreten Funktionswerten von $f_1(t)$ und $f_2(t)$ an den Stellen $t = \nu\pi/\omega_g$ wiedergewonnen werden. Da das Bandpaß-Signal $f(t)$ bezüglich der oberen Grenzkreisfrequenz ω_2 bandbegrenzt ist, kann $f(t)$ vollständig auch durch die Abtastwerte $f(\nu\pi/\omega_2)$ beschrieben werden. Hierbei ist jedoch die erforderliche Abtastperiode π/ω_2 (gewöhnlich wesentlich) kleiner als bei der Abtastung von $f_1(t)$ und $f_2(t)$ im Abstand π/ω_g.
Die beiden in den Gln. (182a, b) auftretenden Funktionen $f_1(t)$ und $f_2(t)$, die sogenannte Inphase- bzw. Quadratur-Komponente von $f(t)$, lassen sich aufgrund folgender aus der Gl. (182a) ersichtlichen Beziehungen erzeugen:

$$2f(t) \cos \omega_0 t = f_1(t) + f_1(t) \cos 2\omega_0 t - f_2(t) \sin 2\omega_0 t,$$

$$-2f(t) \sin \omega_0 t = f_2(t) - f_2(t) \cos 2\omega_0 t - f_1(t) \sin 2\omega_0 t.$$

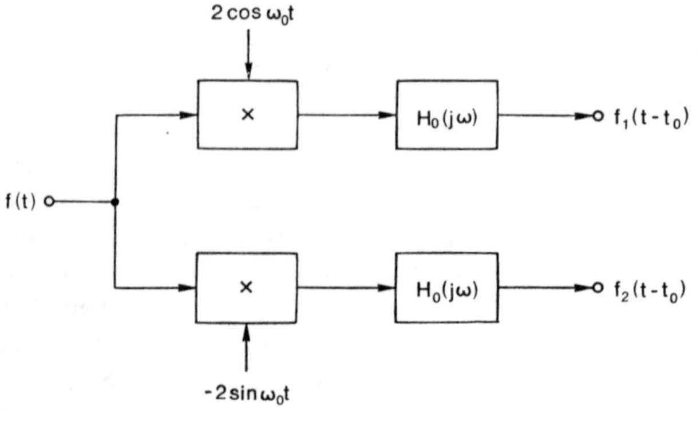

Bild 92: Erzeugung der Inphase-Komponente $f_1(t)$ und der Quadratur-Komponente $f_2(t)$ des Bandpaß-Signals $f(t)$

Die Spektren der auf den rechten Seiten dieser Gleichungen auftretenden Signale $f_\mu(t) \times \cos 2\omega_0 t$ und $f_\mu(t) \sin 2\omega_0 t$ ($\mu = 1, 2$) verschwinden für alle ω-Werte mit Ausnahme von $2\omega_0 - \omega_g < |\omega| < 2\omega_0 + \omega_g$, d. h. $(3/2)\,\omega_1 + (1/2)\,\omega_2 < |\omega| < (1/2)\,\omega_1 + (3/2)\,\omega_2$, und überlappen sich nicht mit den Spektren $F_1(\mathrm{j}\omega)$, $F_2(\mathrm{j}\omega)$ der übrigen auftretenden Signale $f_1(t)$ und $f_2(t)$, die für alle ω-Werte mit $|\omega| > \omega_g = (1/2)\,\omega_2 - (1/2)\,\omega_1$ Null sind. Angesichts dieser Tatsachen lassen sich die Komponenten $f_1(t)$ und $f_2(t)$ mit Hilfe des Systems nach Bild 92 erzeugen, wobei die Teilsysteme mit der Übertragungsfunktion $H_0(\mathrm{j}\omega)$ ideale Tiefpässe mit dem Amplitudenfaktor $A_0 = 1$, der Laufzeit t_0 und der Grenzkreisfrequenz $\omega_g = (\omega_2 - \omega_1)/2$ bedeuten.

8. Diskontinuierliche Systeme zur digitalen Signalverarbeitung

Im Abschnitt 5.2 wurde untersucht, welchen Frequenzgang $H(\mathrm{e}^{\mathrm{j}\omega T})$ ein diskontinuierliches System aufweisen muß, damit der vorgegebene Frequenzgang $\tilde{H}(\mathrm{j}\omega)$ eines kontinuierlichen Systems simuliert wird, und zwar derart, daß bei der Erregung des simulierenden Systems mit den Abtastwerten irgendeines bandbegrenzten Signals $\tilde{x}(t)$ am Ausgang die Abtastwerte des durch $\tilde{H}(\mathrm{j}\omega)$ gegebenen Ausgangssignals $\tilde{y}(t)$ geliefert werden. Es ergab sich die Vorschrift in der Form der Gl. (121), wonach $H(\mathrm{e}^{\mathrm{j}\omega T})$ mit $\tilde{H}(\mathrm{j}\omega)$ für alle ω-Werte mit $|\omega| < \omega_g = \pi/T$ übereinstimmen muß; dabei bedeutet ω_g die Grenzkreisfrequenz der zulässigen Eingangssignale $\tilde{x}(t)$, und durch $T = \pi/\omega_g$ wird die Abtastperiode vorgeschrieben. Da $H(\mathrm{e}^{\pm \mathrm{j}\omega_g T}) = H(-1)$ bei einem reellen System einen reellen Wert haben muß, kann eine, auch näherungsweise, Übereinstimmung von $H(\mathrm{e}^{\mathrm{j}\omega T})$ und $\tilde{H}(\mathrm{j}\omega)$ nur erwartet werden, wenn für $\omega = \pm\omega_g$ der Imaginärteil von $\tilde{H}(\mathrm{j}\omega)$ verschwindet. Da dies im allgemeinen nicht der Fall ist, empfiehlt es sich, in $\tilde{H}(\mathrm{j}\omega)$ noch eine Laufzeit einzuführen, d. h. statt $\tilde{H}(\mathrm{j}\omega)$ die Vorschrift $\mathrm{e}^{-\mathrm{j}\omega t_0}\tilde{H}(\mathrm{j}\omega)$ zu wählen. Der Imaginärteil der so geänderten Vorschrift verschwindet für $\omega = \pm\omega_g$, wenn die Wahl

$$t_0 = \frac{1}{\omega_g} \arctan \frac{\tilde{X}(\omega_g)}{\tilde{R}(\omega_g)}$$

getroffen wird. Dabei bedeutet $\tilde{X}(\omega)$ den Imaginärteil und $\tilde{R}(\omega)$ den Realteil von $\tilde{H}(\mathrm{j}\omega)$. Im folgenden sollen einige Möglichkeiten besprochen werden, wie man Systeme entwerfen kann, welche eine Simulation in dem genannten Sinne erlauben und für eine digitale Realisierung geeignet sind.

8.1. Nichtrekursive Systeme

Verschwinden alle Parameter α_ν ($\nu = 0, 1, \ldots, q-1$) in der Gl. (20b), so erhält die Übertragungsfunktion die einfache Form

$$H(\mathrm{e}^{\mathrm{j}\omega T}) = \sum_{\mu=0}^{q} \beta_\mu\, \mathrm{e}^{-\mathrm{j}(q-\mu)\omega T}. \tag{183}$$

Führt man diese Darstellung in die Gl. (116) ein, dann zeigt sich sofort, daß die Impulsantwort $h(n)$ im vorliegenden Fall für $n < 0$ und $n > q$ identisch verschwindet, also von endlicher Dauer ist, während sonst $h(n) = \beta_{q-n}$ gilt. Wie man der Gl. (20a) entnimmt, läßt sich das Ausgangssignal $y(n)$ in diesem Fall durch eine Summe der mit den

β_μ gewichteten Werte $x(n)$, $x(n-1)$, …, $x(n-q)$ des Eingangssignals erzeugen. Dementsprechend kann der Frequenzgang $H(e^{j\omega T})$ Gl. (183) einfach durch eine Kette von q Verzögerungsgliedern mit der jeweiligen Verzögerungszeit T realisiert werden. Hierbei durchläuft $x(n)$ diese Kette, und am Ausgang der einzelnen Verzögerungsglieder können die Signale $x(n-\nu)$ ($\nu = 1, 2, \ldots, q$) entnommen werden, die zusammen mit $x(n)$ nach Multiplikation mit $\beta_{q-\nu}$ als Summe $y(n)$ liefern (Bild 93). Das auf diese Weise entstandene diskontinuierliche System ist im Sinne von Kapitel I, Abschnitt 2.2 nichtrekursiv.

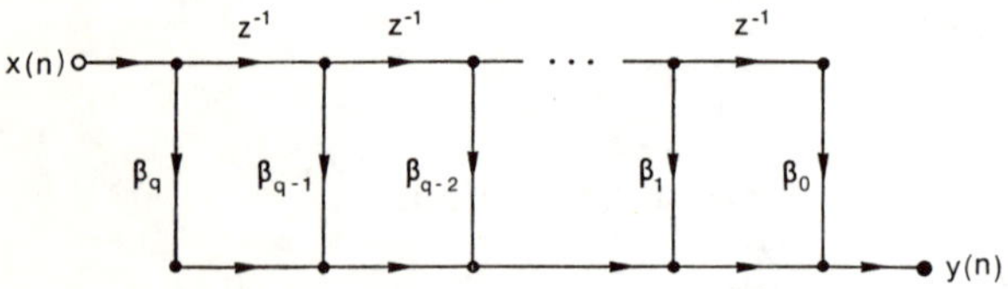

Bild 93: Realisierung der durch Gl. (183) gegebenen Übertragungsfunktion mit Hilfe eines nichtrekursiven diskontinuierlichen Systems mit q Verzögerungsgliedern, die in Anlehnung an Gl. (19) mit z^{-1} gekennzeichnet werden

Es kann nun versucht werden, die Freiheit in der Wahl der Koeffizienten β_μ ($\mu = 0, 1, \ldots, q$) zur approximativen Erfüllung der Simulationsbedingung Gl. (121) auszunützen. Eine erste Möglichkeit besteht darin, die Vorschrift $\tilde{H}(j\omega)$ in $|\omega| < \omega_g = \pi/T$ durch $H(e^{j\omega T})$ Gl. (183) im *Sinne des kleinsten mittleren Fehlerquadrates* anzunähern. Danach sind die Parameter β_μ so festzulegen, daß der Fehler

$$\Delta = \frac{1}{2\omega_g} \int_{-\omega_g}^{\omega_g} \left[\tilde{H}(j\omega) - \sum_{\mu=0}^{q} \beta_\mu \, e^{-j(q-\mu)\omega T}\right] \left[\tilde{H}^*(j\omega) - \sum_{\mu=0}^{q} \beta_\mu \, e^{j(q-\mu)\omega T}\right] d\omega$$

ein Minimum wird. Führt man zur Auswertung der Formel für Δ neben $\tilde{H}(j\omega)$ den beschnittenen Frequenzgang $\tilde{H}(j\omega)\, p_{\omega_g}(\omega)$ mit der Impulsantwort $\tilde{h}_{\omega_g}(t)$ ein, dann erhält man nach einer Zwischenrechnung

$$\Delta = \frac{1}{2\omega_g} \int_{-\omega_g}^{\omega_g} |\tilde{H}(j\omega)|^2 \, d\omega + \sum_{\mu=0}^{q} \{\beta_\mu{}^2 - 2T\beta_\mu \tilde{h}_{\omega_g}[(q-\mu)\,T]\}$$

$$= \frac{1}{2\omega_g} \int_{-\omega_g}^{\omega_g} |\tilde{H}(j\omega)|^2 \, d\omega - \sum_{\mu=0}^{q} \{T\tilde{h}_{\omega_g}[(q-\mu)\,T]\}^2$$

$$+ \sum_{\mu=0}^{q} \{\beta_\mu - T\tilde{h}_{\omega_g}[(q-\mu)\,T]\}^2 .$$

Dabei wurde berücksichtigt, daß $\tilde{h}_{\omega_g}(t)$ eine reellwertige Zeitfunktion ist. Wie man unmittelbar sieht, wird der Fehler Δ in Abhängigkeit von den Parametern β_μ genau dann am kleinsten, wenn

$$\beta_\mu = T\tilde{h}_{\omega_g}[(q-\mu)\,T] \qquad (184)$$

$(\mu = 0, 1, \ldots, q)$

gewählt wird, und für den kleinstmöglichen Fehler ergibt sich

$$\Delta_{\min} = \frac{1}{2\omega_g} \int_{-\omega_g}^{\omega_g} |\tilde{H}(j\omega)|^2 \, d\omega - \sum_{\mu=0}^{q} \beta_\mu^2$$

mit β_μ nach Gl. (184).

Es kann allerdings vorkommen, daß der Fehler $\Delta_{\min}$ nur bei Wahl eines relativ großen Wertes von q hinreichend klein gemacht werden kann. Jedenfalls sind durch Gl. (184) die Parameter $\beta_\mu = h(q - \mu)$ des im oben genannten Sinne optimalen nichtrekursiven Systems festgelegt.

Eine weitere Möglichkeit, die Simulationsbedingung näherungsweise zu erfüllen, ist die *Interpolation*, d. h. die Festlegung der Koeffizienten β_μ durch die Forderung

$$H(e^{jm\omega_0 T}) = \tilde{H}(jm\omega_0), \qquad (m = 0, 1, \ldots, N-1) \tag{185}$$

mit $\omega_0 = 2\omega_g/N$, $T = \pi/\omega_g$ und $N = q + 1$. Mit Gl. (183) läßt sich diese Forderung wegen $\omega_0 T = 2\pi/N$ in der Form

$$\tilde{H}(jm\omega_0) = \sum_{n=0}^{N-1} \beta_{q-n} \, e^{-j\frac{2\pi}{N}nm}$$

$$(m = 0, 1, \ldots, N-1)$$

ausdrücken, d. h., die Folgen $\tilde{H}(jm\omega_0)$ und β_{q-n} mit der Periode N müssen im Sinne der diskreten Fourier-Transformation eine Korrespondenz bilden. Aufgrund der Gl. (138a) erhält man mit $N - 1 = q$ sofort Vorschriften zur Festlegung der Parameter des nichtrekursiven Systems:

$$\beta_{q-n} = \frac{1}{q+1} \sum_{m=0}^{q} \tilde{H}(jm\omega_0) \, e^{j\frac{2\pi}{q+1}mn}$$

$$(n = 0, 1, \ldots, q).$$

Die interpolatorische Forderung Gl. (185) zur Berechnung der Parameter β_μ läßt sich auch auf die folgende interessante Weise befriedigen: Das Polynom $z^N - 1$ besitzt die N Nullstellen $z_\mu = e^{j2\pi\mu/N}$ ($\mu = 0, 1, \ldots, N-1$). Bedeutet m eine ganze Zahl im Intervall $[0, N-1]$, dann läßt sich demnach aus dem Polynom $z^N - 1$ der Faktor $z - z_m$ ohne Rest abdividieren, und man erhält so das Polynom

$$P_m(z) = \frac{z^N - 1}{z - z_m} = \sum_{\mu=0}^{N-1} z^\mu (z_m)^{N-1-\mu}$$

mit der Eigenschaft

$$P_m(z_\mu) = \begin{cases} \dfrac{N}{z_m} & \text{für} \quad \mu = m, \qquad (186\text{a}) \\[2ex] 0 & \text{für} \quad \mu \neq m, \qquad (186\text{b}) \end{cases}$$

wobei $z_m^{N-1} = z_m^N/z_m = 1/z_m$ berücksichtigt wurde. Mit Hilfe des Polynoms $P_m(z)$ wird nun mit $T = \pi/\omega_g$ die Übertragungsfunktion

$$H_m(e^{j\omega T}) = \frac{P_m(e^{j\omega T})}{N(e^{j\omega T})^{N-1}} = \frac{1}{N} \sum_{\mu=0}^{N-1} e^{j\frac{2\pi}{N}m(N-1-\mu)} \, e^{-j(N-1-\mu)\omega T} \tag{187}$$

eingeführt. Sie ist entsprechend Gl. (20b) eine rationale Funktion in $z = e^{j\omega T}$ und hat wegen $\omega_0 T = 2\omega_g T/N = 2\pi/N$ und der Gln. (186a, b) die besondere Eigenschaft

$$H_m(e^{j\mu\omega_0 T}) = \frac{P_m\left(e^{j\frac{2\pi}{N}\mu}\right)}{N\, e^{j\frac{2\pi}{N}(N-1)m}} = \begin{cases} 1 \quad \text{für} \quad \mu = m, & \text{(188a)} \\ 0 \quad \text{für} \quad \mu \neq m. & \text{(188b)} \end{cases}$$

Außerdem verschwinden alle Parameter α_ν ($\nu = 0, 1, \ldots, N-2$), wie der Gl. (187) zu entnehmen ist, weshalb diese Übertragungsfunktion durch ein nichtrekursives System realisiert werden kann. Mit $H_m(e^{j\omega T})$ wird schließlich die Übertragungsfunktion

$$H(e^{j\omega T}) = \sum_{\mu=0}^{N-1} \tilde{H}(j\mu\omega_0)\, H_\mu(e^{j\omega T}) \tag{189}$$

gebildet, welche wegen der Gln. (188a, b) die Interpolationsforderung Gl. (185) befriedigt. Bild 94 zeigt ein Prinzipschaltbild zur digitalen Realisierung der Übertragungs-

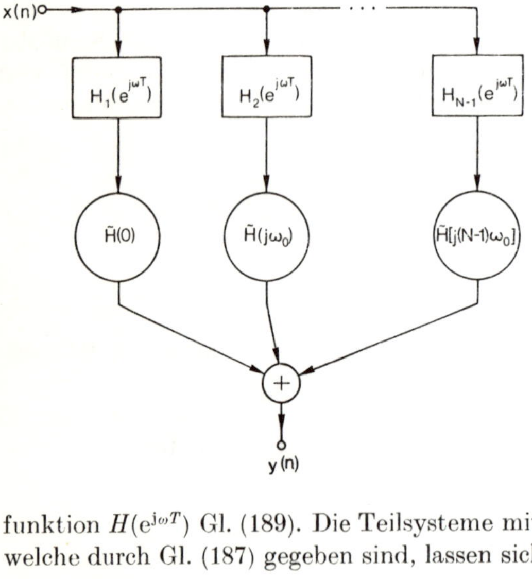

Bild 94: Blockschaltbild zur Realisierung der durch Gl. (189) gegebenen Übertragungsfunktion

funktion $H(e^{j\omega T})$ Gl. (189). Die Teilsysteme mit den Übertragungsfunktionen $H_m(e^{j\omega T})$, welche durch Gl. (187) gegeben sind, lassen sich gemäß Bild 93 mit

$$\beta_\mu = \frac{1}{N}\, e^{j\frac{2\pi}{N}m(N-1-\mu)}, \qquad q = N-1$$

für jedes $m = 0, 1, \ldots, N-1$ durch nichtrekursive — allerdings nicht reelle — Systeme verwirklichen. Diese Realisierung bietet die Möglichkeit, die vorgeschriebenen Werte des Frequenzganges an den Multiplizierern direkt einzustellen.

8.2. Rekursive Systeme

Für das zu simulierende kontinuierliche lineare, zeitinvariante System mit einem Eingang und einem Ausgang läßt sich die Verknüpfung zwischen der Eingangsgröße $\tilde{x}(t)$ und der Ausgangsgröße $\tilde{y}(t)$ mit Hilfe der Impulsantwort $\tilde{h}(t)$ in der Form

$$\tilde{y}(t) = \int_{-\infty}^{\infty} \tilde{x}(t - \vartheta)\, \tilde{h}(\vartheta)\, \mathrm{d}\vartheta \tag{190}$$

ausdrücken. Dem Eingangssignal $\tilde{x}(\vartheta)$ wird gemäß Gl. (126) seine zeitvariable Fourier-Transformierte $\tilde{X}(t, \mathrm{j}\omega)$ zugeordnet, so daß $\tilde{x}(t - \vartheta)$ als Funktion von ϑ betrachtet gemäß Gl. (127a) mit Hilfe diskreter Frequenzwerte von $\tilde{X}(t, \mathrm{j}\omega)$ dargestellt werden kann. Führt man diese Darstellung in Gl. (190) ein, so ergibt sich

$$\tilde{y}(t) = \frac{1}{2T_0} \sum_{\mu=-\infty}^{\infty} \tilde{X}\left(t, \mathrm{j}\mu \frac{\pi}{T_0}\right) \int_{-\infty}^{\infty} \tilde{h}(\vartheta)\, \mathrm{e}^{-\mathrm{j}\mu \frac{\pi}{T_0} \vartheta}\, \mathrm{d}\vartheta$$

oder, wenn man berücksichtigt, daß die Fourier-Transformierte von $\tilde{h}(t)$ die Übertragungsfunktion $\tilde{H}(\mathrm{j}\omega)$ des Systems liefert,

$$\tilde{y}(t) = \frac{1}{2T_0} \sum_{\mu=-\infty}^{\infty} \tilde{X}\left(t, \mathrm{j}\mu \frac{\pi}{T_0}\right) \tilde{H}\left(\mathrm{j}\mu \frac{\pi}{T_0}\right). \tag{191}$$

Diese Formel kann unter anderem dazu herangezogen werden, das Ausgangssignal zu berechnen, wenn der Zeitvorgang $\tilde{x}(t)$ extrem lange andauert und $\tilde{h}(t)$ (wenigstens näherungsweise) eine endliche Dauer T_1 hat. In diesem Fall wird zweckmäßigerweise $T_0 = T_1/2$ gewählt.

Betrachtet man in entsprechender Weise ein lineares, zeitinvariantes, diskontinuierliches System mit einem Eingang und einem Ausgang, dann lautet der Zusammenhang zwischen Eingangssignal $x(n)$ und Ausgangssignal $y(n)$ unter Verwendung der Impulsantwort $h(n)$

$$y(n) = \sum_{\mu=-\infty}^{\infty} x(n - \mu)\, h(\mu). \tag{192}$$

Dem Eingangssignal $x(\mu)$ wird gemäß Gl. (130) sein von n abhängiges Spektrum $X(n, \mathrm{e}^{\mathrm{j}\omega T})$ zugewiesen, so daß $x(n - \mu)$ als Funktion von μ betrachtet gemäß Gl. (131) mit Hilfe diskreter Frequenzwerte von $X(n, \mathrm{e}^{\mathrm{j}\omega T})$ dargestellt werden kann. Führt man diese Darstellung in Gl. (192) ein und berücksichtigt den Zusammenhang zwischen Impulsantwort $h(n)$ und Übertragungsfunktion $H(\mathrm{e}^{\mathrm{j}\omega T})$, so ergibt sich[1])

$$y(n) = \frac{1}{N} \sum_{m=0}^{N-1} X\left(n, \mathrm{e}^{\mathrm{j}\frac{2\pi}{N} m}\right) H\left(\mathrm{e}^{-\mathrm{j}\frac{2\pi}{N} m}\right). \tag{193}$$

Nun soll die zeitvariable Fourier-Transformierte des Eingangssignals $\tilde{x}(t)$

$$\tilde{X}(t, \mathrm{j}\omega) = \int_{-T_0}^{T_0} \tilde{x}(t + \tau)\, \mathrm{e}^{-\mathrm{j}\omega\tau}\, \mathrm{d}\tau$$

---

[1]) In einigen der folgenden Beziehungen wird angenommen, daß N gerade ist; diese Einschränkung kann jedoch durch geringfügige Modifikationen beseitigt werden.

noch etwas näher untersucht werden. Aufgrund der Beziehung $\tau = T_0 - \xi$ wird die Integrationsvariable τ durch ξ ersetzt und anschließend $\omega = m\pi/T_0$ (m ganz) gewählt. Auf diese Weise ergibt sich

$$\tilde{X}\left(t, \mathrm{j}m\,\frac{\pi}{T_0}\right) = (-1)^m \int_0^{2T_0} \tilde{x}(t + T_0 - \xi)\, \mathrm{e}^{\mathrm{j}m\frac{\pi}{T_0}\xi}\, \mathrm{d}\xi. \tag{194}$$

Bezeichnet man mit $A_m(t)$ gemäß Gl. (86b) die Fourier-Koeffizienten der periodisierten Funktion $p_{T_0}(T_0 - \xi)\, \tilde{x}(t + T_0 - \xi)$ von ξ, dann folgt aus Gl. (194) mit Gl. (86b)

$$\tilde{X}\left(t, -\mathrm{j}m\,\frac{\pi}{T_0}\right) = (-1)^m\, 2T_0 A_m(t). \tag{195}$$

Aus dem Signal $\tilde{x}(t)$ wird nach der Vorschrift

$$x(n) = \tilde{x}(T_0 + nT)$$

die abgetastete Eingangsgröße $x(n)$ gebildet, der gemäß Gl. (130) das von n abhängige Spektrum

$$X(n, \mathrm{e}^{\mathrm{j}\omega T}) = \sum_{\nu=0}^{N-1} x(n - \nu)\, \mathrm{e}^{-\mathrm{j}\omega\nu T}$$

mit $NT = 2T_0$ zugeordnet wird. Mit $\omega T = m(\pi/T_0)\, T = m2\pi/N$ erhält man

$$X\left(n, \mathrm{e}^{\mathrm{j}\frac{2\pi}{N}m}\right) = \sum_{\nu=0}^{N-1} \tilde{x}(nT + T_0 - \nu T)\, \mathrm{e}^{-\mathrm{j}\frac{2\pi}{N}\nu m} \tag{196}$$

Nach den Gln. (137c, b) ist die hier auftretende Summe bis auf den fehlenden Faktor $1/N$ eine Näherungsdarstellung für den Fourier-Koeffizienten $A_m(nT)$ der periodisierten Funktion $p_{T_0}(T_0 - \xi)\, \tilde{x}(nT + T_0 - \xi)$. Daher kann die Gl. (196) für $|m| \leqq N/2$ approximativ als

$$X\left(n, \mathrm{e}^{\mathrm{j}\frac{2\pi}{N}m}\right) = NA_m(nT) \tag{197}$$

geschrieben werden. Aus den Gln. (195) und (197) folgt im Rahmen der gemachten Näherung für $|m| \leqq N/2$ die Beziehung

$$\tilde{X}\left(nT, \mathrm{j}m\,\frac{\pi}{T_0}\right) = (-1)^m\, \frac{2T_0}{N}\, X\left(n, \mathrm{e}^{-\mathrm{j}\frac{2\pi}{N}m}\right) \tag{198}$$

Dieses Ergebnis ermöglicht es, die Gl. (191) für $t = nT$ auszuwerten. Dabei wird vorausgesetzt, daß

$$\tilde{H}\left(\mathrm{j}\mu\,\frac{\pi}{T_0}\right) = 0$$

für alle μ mit $|\mu| > N/2$ gilt. Mit

$$(-1)^m\, \tilde{H}\left(\mathrm{j}m\,\frac{\pi}{T_0}\right) = H\left(\mathrm{e}^{\mathrm{j}\frac{2\pi}{N}m}\right) \tag{199}$$

für $-\frac{N}{2} < m \leqq \frac{N}{2}$ erhält man aus den Gln. (191) und (198) die Näherungsdarstellung

$$\tilde{y}(nT) = \frac{1}{N} \sum_{m=0}^{N-1} X\left(n, \mathrm{e}^{-\mathrm{j}\frac{2\pi}{N}m}\right) H\left(\mathrm{e}^{\mathrm{j}\frac{2\pi}{N}m}\right) \tag{200}$$

Dabei ist noch zu beachten, daß die zunächst sich ergebende Summation von $m = -(N/2) + 1$ bis $N/2$ wegen der Periodizität der Summanden in Abhängigkeit von m von $m = 0$ bis $N - 1$ geführt werden darf. Aus dem gleichen Grund könnte in den Summanden der Gl. (200) auch noch m durch $-m$ ersetzt werden. Ein Vergleich der Gln. (193) und (200) lehrt, daß damit das Übertragungsverhalten des kontinuierlichen Systems mit dem Frequenzgang $\tilde{H}(\mathrm{j}\omega)$ durch das eines diskontinuierlichen Systems simuliert wurde. Die Gl. (199) widerspricht nicht der Simulationsforderung Gl. (185), da hier nicht $x(n) = \tilde{x}(nT)$, sondern $x(n) = \tilde{x}(T_0 + nT)$ gesetzt wurde und somit nach dem Simulations-Theorem

$$H(\mathrm{e}^{\mathrm{j}\omega T}) = \mathrm{e}^{-\mathrm{j}\omega T_0}\tilde{H}(\mathrm{j}\omega)$$

also

$$H\left(\mathrm{e}^{\mathrm{j}m\frac{2\pi}{N}}\right) = \mathrm{e}^{-\mathrm{j}m\pi}\tilde{H}\left(\mathrm{j}m\,\frac{\pi}{T_0}\right)$$

zu fordern ist.

Im Abschnitt 5.4 konnte gezeigt werden, wie das von n abhängige Spektrum $X\left(n, \mathrm{e}^{\mathrm{j}\frac{2\pi}{N}m}\right)$ des Signals $x(n) = \tilde{x}(nT + T_0)$ digital erzeugt werden kann. Wendet man hier diese Möglichkeit an, so erhält man das im Bild 95 in Form eines Prinzipschaltbildes beschriebene rekursive diskontinuierliche System, welches das kontinuierliche System mit der Übertragungsfunktion $\tilde{H}(\mathrm{j}\omega)$ näherungsweise simuliert.

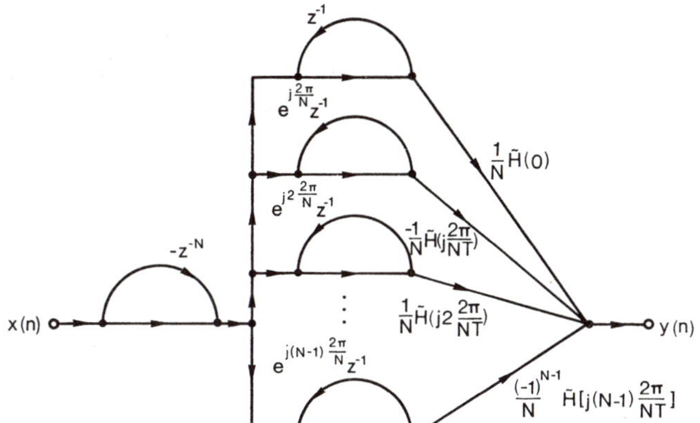

Bild 95: Digitale Simulation eines kontinuierlichen Systems mit der Übertragungsfunktion $\tilde{H}(\mathrm{j}\omega)$

9. Darstellung stochastischer Prozesse im Frequenzbereich

Im Kapitel I, Abschnitt 3 wurden die Darstellung stochastischer Prozesse und die Erregung linearer, zeitinvarianter, kontinuierlicher Systeme durch derartige Signale im Zeitbereich untersucht. Im folgenden sollen diese Untersuchungen durch Einbeziehung der Signalbeschreibung im Frequenzbereich fortgeführt und ergänzt werden.

9.1. Die spektrale Leistungsdichte

Die Vorteile einer Spektraldarstellung deterministischer Funktionen durch ihre Fourier-Transformierte legen ein ähnliches Vorgehen bei stochastischen Prozessen nahe. Man könnte versuchen, einfach jeder Musterfunktion $x(t)$ des Prozesses eine Fourier-Transformierte zuzuordnen. Da jedoch wegen der Stationarität des Prozesses die Musterfunktionen $x(t)$ für $t \to \infty$ nicht gegen Null gehen, wird diese Fourier-Transformierte in der Regel nicht existieren. Man kann diese Schwierigkeit umgehen, indem man die zeitlich begrenzte Musterfunktion

$$x_T(t) = \begin{cases} x(t) & \text{für} \quad |t| < T \\ 0 & \text{für} \quad |t| > T \end{cases}$$

betrachtet, deren Fourier-Transformierte

$$X_T(\mathrm{j}\omega) = \int_{-\infty}^{\infty} x_T(t)\, \mathrm{e}^{-\mathrm{j}\omega t}\, \mathrm{d}t$$

sicher existiert. Aufgrund der Parsevalschen Formel Gl. (63) gilt dann

$$\frac{1}{2T} \int_{-\infty}^{\infty} x_T{}^2(t)\, \mathrm{d}t = \frac{1}{2\pi} \cdot \frac{1}{2T} \int_{-\infty}^{\infty} |X_T(\mathrm{j}\omega)|^2\, \mathrm{d}\omega\,. \tag{201}$$

Setzt man voraus, daß die mittlere Signalleistung

$$r_{xx}(0) = \lim_{T\to\infty} \frac{1}{2T} \int_{-T}^{T} x^2(t)\, \mathrm{d}t \tag{202}$$

als ein für alle Musterfunktionen des Prozesses gleicher Wert existiert, dann existiert auch der Grenzwert für $T \to \infty$ auf der rechten Seite von Gl. (201), und es wäre naheliegend, als spektrale Beschreibung der Leistung des Prozesses die Größe

$$\lim_{T\to\infty} \frac{1}{2T} |X_T(\mathrm{j}\omega)|^2$$

einzuführen. Es läßt sich jedoch zeigen, daß diese Größe, die ja für jedes endliche T eine Zufallsvariable darstellt, auch in der Grenze für verschiedene Musterfunktionen des Prozesses verschiedene Werte annehmen wird und sich somit zur Charakterisierung des Prozesses im allgemeinen nicht eignet.

Die Gl. (202) motiviert ein anderes Vorgehen. Betrachtet man nämlich die Fourier-Transformierte der Autokorrelationsfunktion (die wegen der im Kapitel I, Abschnitt 3.3.3 genannten Eigenschaften existiert und eine reelle Funktion von ω ist)

$$S_{xx}(\omega) = \int_{-\infty}^{\infty} r_{xx}(\tau)\, \mathrm{e}^{-\mathrm{j}\omega\tau}\, \mathrm{d}\tau\,, \tag{203}$$

dann gilt

$$r_{xx}(\tau) = \frac{1}{2\pi} \int_{-\infty}^{\infty} S_{xx}(\omega)\, \mathrm{e}^{\mathrm{j}\omega\tau}\, \mathrm{d}\omega \tag{204}$$

und somit wegen Gl. (202)

$$\lim_{T\to\infty} \frac{1}{2T}\int_{-T}^{T} x^2(t)\,\mathrm{d}t = \frac{1}{2\pi}\int_{-\infty}^{\infty} S_{xx}(\omega)\,\mathrm{d}\omega\,. \tag{205}$$

Aufgrund der Beziehung (205) heißt $S_{xx}(\omega)$ die *spektrale Leistungsdichte* des Prozesses $\boldsymbol{x}(t)$. Wegen der eindeutigen Zuordnung durch die Fourier-Transformation enthalten $r_{xx}(\tau)$ und $S_{xx}(\omega)$ die gleiche Information über die statistischen Eigenschaften von $\boldsymbol{x}(t)$, ausgedrückt im Zeit- bzw. Frequenzbereich.

In ganz entsprechender Weise wie bei der spektralen Beschreibung eines Prozesses kann das *Kreuzleistungsspektrum* zweier stochastischer Prozesse $\boldsymbol{x}(t)$ und $\boldsymbol{y}(t)$ durch die Beziehung

$$S_{xy}(\omega) = \int_{-\infty}^{\infty} r_{xy}(\tau)\,\mathrm{e}^{-\mathrm{j}\omega\tau}\,\mathrm{d}\tau \tag{206}$$

mit

$$r_{xy}(\tau) = \frac{1}{2\pi}\int_{-\infty}^{\infty} S_{xy}(\omega)\,\mathrm{e}^{\mathrm{j}\omega\tau}\,\mathrm{d}\omega \tag{207}$$

definiert werden. Ist $\boldsymbol{x}(t)$ die Spannung und $\boldsymbol{y}(t)$ der Strom an den Klemmen eines Zweipols, dann stellt $r_{xy}(0)$ den Erwartungswert der im Zweipol verbrauchten Leistung dar.

Eigenschaften und Beispiele spektraler Leistungsdichten

a) Da die Autokorrelationsfunktion $r_{xx}(\tau)$ reell und gerade ist, muß die spektrale Leistungsdichte $S_{xx}(\omega)$ wegen der Gln. (203) und (204) stets eine reelle und gerade Funktion von ω sein.

b) Da $r_{xy}(\tau)$ nicht notwendig gerade ist, wird $S_{xy}(\omega)$ nach Gl. (206) im allgemeinen komplexe Werte annehmen; wegen $r_{yx}(\tau) = r_{xy}(-\tau)$ ist $S_{yx}(\omega) = S_{xy}^*(\omega) = S_{xy}(-\omega)$.

c) Wie später noch gezeigt wird, ist $S_{xx}(\omega)$ stets eine nicht negative Funktion, und für hinreichend kleine $\Delta\omega > 0$ stellt $S_{xx}(\omega)\,\Delta\omega$ näherungsweise die mittlere Leistung des Prozesses $\boldsymbol{x}(t)$ im Frequenzintervall $(\omega, \omega + \Delta\omega)$ dar.

d) Der im Abschnitt 3.3.3 von Kapitel I behandelte stationäre stochastische Prozeß

$$\boldsymbol{v}(t) = \boldsymbol{x}(t) + a\cos(\omega_0 t + \varphi)$$

mit dem periodischen Anteil $\boldsymbol{p}(t) = a\cos(\omega_0 t + \varphi)$ mit in $(0{,}2\pi)$ gleichverteilter Phase φ führte auf die Autokorrelationsfunktion

$$r_{vv}(\tau) = r_{xx}(\tau) + \frac{a^2}{2}\cos\omega_0\tau$$

und hat somit die spektrale Leistungsdichte

$$S_{vv}(\omega) = S_{xx}(\omega) + \frac{a^2}{2}\pi[\delta(\omega - \omega_0) + \delta(\omega + \omega_0)]\,.$$

e) Der (idealisierte) Fall eines Prozesses mit für alle Frequenzen konstanter Leistungsdichte

$$S(\omega) = K$$

heißt *weißes Rauschen.* Die zugehörige Autokorrelierte

$$r(\tau) = K\delta(\tau)$$

deutet an, daß es sich um die mathematische Abstraktion eines völlig unkorrelierten Prozesses handelt, der aber dennoch als Modell einer Systemerregung große Bedeutung besitzt.

f) Ist die spektrale Leistungsdichte über ein bestimmtes Frequenzintervall konstant und außerhalb dieses Intervalls gleich Null

$$S(\omega) = \begin{cases} K & \text{für} \quad \omega_1 < |\omega| < \omega_2 \\ 0 & \text{sonst}, \end{cases}$$

dann spricht man von *bandbegrenztem weißem* (oder *farbigem*) *Rauschen.* In diesem Fall ist die mittlere Signalleistung endlich, und es gilt

$$r(\tau) = \frac{K}{\pi}\left(\frac{\sin \omega_2\tau}{\tau} - \frac{\sin \omega_1\tau}{\tau}\right).$$

g) Eine wichtige Klasse der sogenannten Markoffschen Prozesse besitzt die spektrale Leistungsdichte

$$S(\omega) = \frac{2a}{\omega^2 + a^2}\, r_0, \qquad a > 0$$

und die Autokorrelierte

$$r(\tau) = r_0\, \mathrm{e}^{-a|\tau|}.$$

Durch dieses Modell kann eine Reihe von Zufallsphänomenen in geeigneter Weise beschrieben werden, und wegen der mathematischen Einfachheit des Modells im Zeit- und Frequenzbereich eignen sich Markoffsche Prozesse dieser Art auch insbesondere als Signale bei der Untersuchung linearer zeitinvarianter Systeme.

9.2. Spektrale Leistungsdichten und lineare Systeme

Die Gln. (77) und (78) aus Kapitel I stellen Beziehungen dar, durch welche die Autokorrelationsfunktionen von Eingangs- und Ausgangsprozeß $r_{xx}(\tau)$ bzw. $r_{yy}(\tau)$ eines linearen, zeitinvarianten, stabilen und kausalen Systems mit der Kreuzkorrelierten zwischen Eingangs- und Ausgangsprozeß $r_{xy}(\tau)$ über die Impulsantwort $h(t)$ des Systems verknüpft werden. Da diese Verknüpfungen Faltungsoperationen sind, ist zu erwarten, daß sich die Zusammenhänge durch Anwendung der Fourier-Transformation im Frequenzbereich einfacher ausdrücken lassen. Auf diese Weise ergibt sich aus Gl. (77) von Kapitel I für das Kreuzleistungsspektrum

$$S_{xy}(\omega) = H(\mathrm{j}\omega)\, S_{xx}(\omega), \tag{208}$$

und aus Gl. (78) von Kapitel I erhält man mit der bekannten Eigenschaft $S_{yx}(\omega) = S^*_{xy}(\omega)$ des Kreuzleistungsspektrums

$$S_{yy}(\omega) = H(\mathrm{j}\omega)\, S_{yx}(\omega) = H(\mathrm{j}\omega)\, S^*_{xy}(\omega)$$
$$= |H(\mathrm{j}\omega)|^2\, S_{xx}(\omega)\,. \tag{209}$$

Die Gln. (208) und (209) stellen fundamentale Aussagen dar über den Zusammenhang der spektralen Leistungsdichten von Ausgangs- und Eingangsprozeß eines linearen zeitinvarianten Systems. Es sei besonders hervorgehoben, daß in das Kreuzleistungsspektrum $S_{xy}(\omega)$ die Übertragungsfunktion $H(\mathrm{j}\omega)$ nach Betrag und Phase eingeht, während im Leistungsdichtespektrum $S_{yy}(\omega)$ nur der Betrag der Übertragungsfunktion $H(\mathrm{j}\omega)$ enthalten ist. Diese Gesichtspunkte sind bei der Systemidentifikation mit Hilfe von Rauscherregungen von entscheidender Bedeutung.

Beispiele

a) Wird ein ideales Tiefpaßsystem mit der Übertragungsfunktion

$$H(\mathrm{j}\omega) = A_0 p_{\omega_g}(\omega)\, \mathrm{e}^{-\mathrm{j}\omega t_0}$$

mit weißem Rauschen erregt, dann ist die mittlere Signalleistung des Ausgangssignals $\boldsymbol{y}(t)$ — d. h. das Quadrat des Effektivwerts der betrachteten Musterfunktion — gegeben durch

$$y^2_{\text{eff}} = \lim_{T\to\infty} \frac{1}{2T} \int_{-T}^{T} y^2(t)\, \mathrm{d}t = r_{yy}(0) = \frac{1}{2\pi} \int_{-\omega_g}^{\omega_g} A_0{}^2 S_{xx}(\omega)\, \mathrm{d}\omega = \frac{A_0{}^2 K}{2\pi} \cdot 2\omega_g\,,$$

wobei durch K die spektrale Leistungsdichte des weißen Rauschens bezeichnet wurde. Für den Effektivwert einer Musterfunktion des Ausgangsprozesses gilt also

$$y_{\text{eff}} = k\sqrt{f_g}$$

mit $k = A_0\sqrt{2K}$.

b) Es wird ein Bandpaßsystem betrachtet, für dessen Amplitudenfunktion

$$A(\omega) = \begin{cases} 1 & \text{für} \quad \omega_0 < |\omega| < \omega_0 + \Delta\omega, \\ 0 & \text{sonst} \end{cases}$$

gilt und das mit dem stationären stochastischen Prozeß $\boldsymbol{x}(t)$ erregt wird und den Ausgangsprozeß $\boldsymbol{y}(t)$ liefert. Für die mittlere Leistung des Ausgangssignals gilt dann

$$E[\boldsymbol{y}^2(t)] = \frac{1}{2\pi} \int_{-\infty}^{\infty} S_{yy}(\omega)\, \mathrm{d}\omega = \frac{1}{\pi} \int_{\omega_0}^{\omega_0+\Delta\omega} S_{xx}(\omega)\, \mathrm{d}\omega\,.$$

Für hinreichend kleines $\Delta\omega > 0$ stimmt das zweite Integral beliebig genau mit $S_{xx}(\omega_0)\, \Delta\omega$ überein, und daraus folgt zugleich, daß $S_{xx}(\omega_0)$ nicht negativ sein kann, da $E[\boldsymbol{y}^2(t)] \geqq 0$ gelten muß. Damit ist gezeigt, daß jede spektrale Leistungsdichte $S(\omega)$ eine nicht negative Funktion ist, da $S(\omega_0)$ mit $S_{xx}(\omega_0)$ identifiziert werden kann und ω_0 eine beliebig wählbare Kreisfrequenz ist.

c) Ein elektrisches RC-Zweitor nach Bild 96 werde durch weißes Rauschen der Leistungsdichte K erregt. Gesucht wird die mittlere Signalleistung des Ausgangssignals $\boldsymbol{y}(t)$. Die Übertragungsfunktion des Systems ist

$$H(j\omega) = \frac{2 + j\omega}{(1 + j\omega)\,(3 + j\omega)},$$

und damit ergibt sich für die spektrale Leistungsdichte des Ausgangsprozesses

$$S_{yy}(\omega) = \frac{(2 + j\omega)\,(2 - j\omega)}{(1 + j\omega)\,(3 + j\omega)\,(1 - j\omega)\,(3 - j\omega)}\,K.$$

Daraus resultiert dann

$$y_{\text{eff}}^2 = \frac{1}{2\pi}\int\limits_{-\infty}^{\infty} S_{yy}(\omega)\,d\omega = \frac{K}{2\pi}\int\limits_{-\infty}^{\infty} \frac{(2 + j\omega)\,(2 - j\omega)}{(1 + j\omega)\,(3 + j\omega)\,(1 - j\omega)\,(3 - j\omega)}\,d\omega.$$

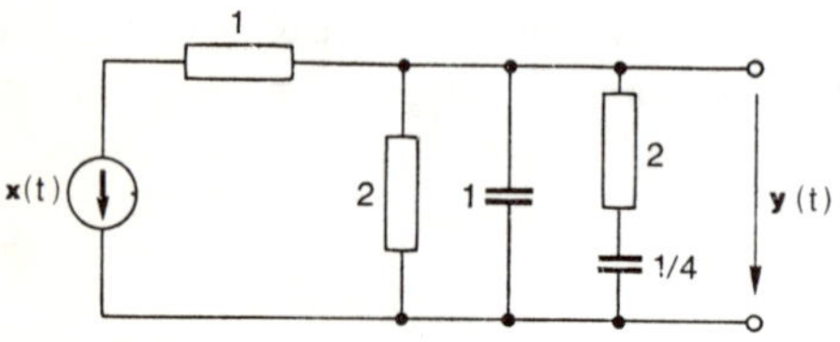

Bild 96: RC-Zweitor, das durch weißes Rauschen erregt wird

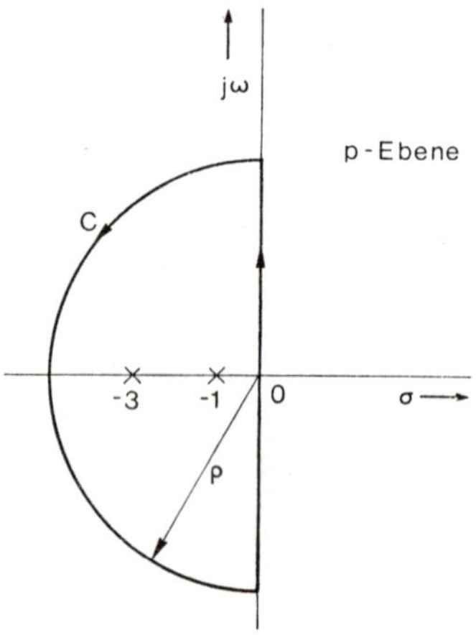

Bild 97: Zur Auswertung eines uneigentlichen Integrals mit Hilfe des Cauchyschen Residuensatzes

Die Auswertung dieses Integrals kann beispielsweise dadurch erfolgen, daß man den Integranden ins Komplexe fortsetzt und das Integral längs des im Bild 97 dargestellten Weges C für $\varrho \to \infty$ auswertet. (Wie man leicht zeigen kann, verschwindet der Integralbeitrag auf dem Halbkreisbogen für $\varrho \to \infty$). Mit $p = \sigma + j\omega$ erhält man auf diese Weise

$$y_{\text{eff}}^2 = \frac{K}{2\pi j}\oint\limits_{C} \frac{(2 + p)\,(2 - p)}{(1 + p)\,(3 + p)\,(1 - p)\,(3 - p)}\,dp.$$

Nach dem Cauchyschen Residuensatz ist ein derartiges komplexes Integral über einen geschlossenen Weg C gleich dem Produkt aus $2\pi j$ und der Summe der Residuen an allen von C eingeschlossenen Polen des Integranden, das sind hier die Punkte

$p = -1$ und $p = -3$. Damit ergibt sich

$$y_{\text{eff}}^2 = K\left(\frac{1 \cdot 3}{2 \cdot 2 \cdot 4} + \frac{(-1) \cdot 5}{(-2) \cdot 4 \cdot 6}\right) = K \cdot \frac{7}{24}.$$

d) Die Führungsgröße $\boldsymbol{w}(t)$ eines Regelkreises nach Bild 98 sei ein stochastischer Prozeß, der über ein Formfilter mit der Übertragungsfunktion

$$F(\mathrm{j}\omega) = \frac{1}{c + \mathrm{j}\omega}$$

aus weißem Rauschen mit der spektralen Leistungsdichte K gewonnen wurde. Die Übertragungsfunktion des offenen Regelkreises sei mit den Konstanten V und T

$$H_0(\mathrm{j}\omega) = \frac{V}{\mathrm{j}\omega(1 + T\mathrm{j}\omega)}.$$

Gesucht wird die mittlere Signalleistung der Regelabweichung $\boldsymbol{e}(t)$.

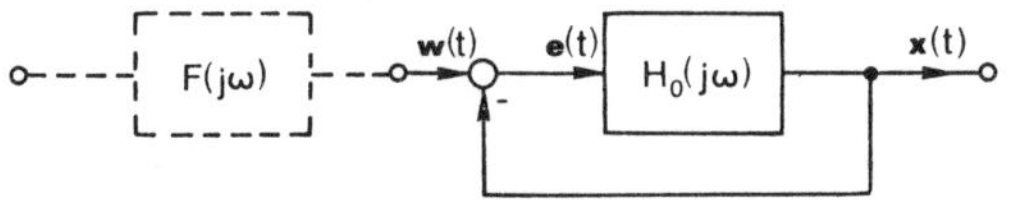

Bild 98: Stochastisch erregter Regelkreis

Die Übertragungsfunktion zwischen Regelabweichung und Führungsgröße ist, wie man sich leicht überlegen kann,

$$H_e(\mathrm{j}\omega) = \frac{1}{1 + H_0(\mathrm{j}\omega)} = \frac{\mathrm{j}\omega + T(\mathrm{j}\omega)^2}{V + \mathrm{j}\omega + T(\mathrm{j}\omega)^2}.$$

Damit ist die spektrale Leistungsdichte der Regelabweichung gegeben durch

$$S_{ee}(\omega) = |H_e(\mathrm{j}\omega)|^2\, S_{ww}(\omega) = |H_e(\mathrm{j}\omega)|^2 \cdot |F(\mathrm{j}\omega)|^2 \cdot K$$

$$= \frac{\mathrm{j}\omega + T(\mathrm{j}\omega)^2}{V + \mathrm{j}\omega + T(\mathrm{j}\omega)^2} \cdot \frac{-\mathrm{j}\omega + T(\mathrm{j}\omega)^2}{V - \mathrm{j}\omega + T(\mathrm{j}\omega)^2} \cdot \frac{1}{c + \mathrm{j}\omega} \cdot \frac{1}{c - \mathrm{j}\omega} \cdot K.$$

Daraus resultiert

$$e_{\text{eff}}^2 = \frac{1}{2\pi} \int_{-\infty}^{\infty} S_{ee}(\omega)\, \mathrm{d}\omega,$$

und die Auswertung dieses Integrals über den Cauchyschen Residuensatz wie beim letzten Beispiel liefert

$$e_{\text{eff}}^2 = \frac{1 + Tc + TV}{2(V + c + Tc^2)}\, K.$$

9.3. *Einige Anwendungen*

Von den zahlreichen Anwendungen der Systemtheorie stochastischer Vorgänge sollen hier nur einige einfache Problemstellungen erläutert und ihr Lösungsweg skizziert werden. Ein erstes Beispiel betrifft die Ermittlung der Systemcharakteristik eines unbekannten linearen, zeitinvarianten Systems durch die Wahl geeigneter Erregungen. ein weiteres Beispiel die Erkennung eines Nutzsignals im Rauschen.

9.3.1. Bestimmung von Systemcharakteristiken durch Kreuzkorrelation

In vielen Fällen ist die Messung der Impulsantwort $h(t)$ oder der Übertragungsfunktion $H(j\omega)$ über die Erregung mit bestimmten deterministischen Signalen (z. B. der Sprungfunktion bzw. einer rein harmonischen Funktion) nicht möglich oder ungeeignet, beispielsweise weil sich der Erregung eine stochastische Störgröße überlagert oder weil das System irgendwelchen zufälligen inneren Störungen ausgesetzt ist. Ein weiterer Grund kann darin bestehen, daß das zu untersuchende System, man denke etwa an ein fest installiertes Regelungssystem, auch nicht vorübergehend außer Betrieb gesetzt werden kann. In solchen Fällen erweist sich eine Messung mit statistischen Methoden als vorteilhaft. Wählt man beispielsweise als Systemerregung weißes Rauschen (hierbei genügt es, wenn die spektrale Leistungsdichte näherungsweise konstant ist in dem Frequenzband, in dem die Übertragungsfunktion des zu untersuchenden Systems nicht verschwindet), dann liefert die Meßanordnung nach Bild 99 am Ausgang gerade die Impulsantwort des unbekannten Systems, sofern die spektrale Leistungsdichte des weißen Rauschens gleich 1 gewählt wird. Dies folgt unmittelbar aus Kapitel I, Gl. (77). Der Vorteil dieser Methode wird deutlich, wenn man annimmt, daß auf das System noch eine stationäre Störgröße $z(t)$ einwirkt, von der nur vorausgesetzt wird, daß sie statistisch unabhängig von der Eingangsgröße $x(t)$ ist. In diesem Fall wird nach Bild 99

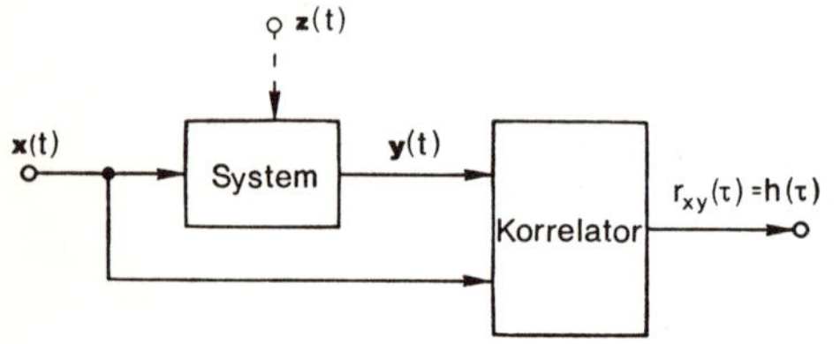

Bild 99: Bestimmung der Impulsantwort eines Systems mittels Kreuzkorrelationsmessung

$$y(t) = \int_{-\infty}^{\infty} h(\sigma)\, x(t-\sigma)\, d\sigma + \int_{-\infty}^{\infty} g(\sigma)\, z(t-\sigma)\, d\sigma,$$

wobei $g(t)$ die Impulsantwort des Teilsystems zwischen der Eingriffsstelle des Störsignals und dem Ausgang des Systems bedeutet. Damit erhält man

$$r_{xy}(\tau) = \int_{-\infty}^{\infty} h(\sigma)\, r_{xx}(\tau-\sigma)\, d\sigma + \int_{-\infty}^{\infty} g(\sigma)\, r_{xz}(\tau-\sigma)\, d\sigma, \tag{210}$$

und aus der Voraussetzung, daß $x(t)$ und $z(t)$ statistisch unabhängig sind, folgt (Anhang B)

$$r_{xz}(\tau) = m_x \cdot m_z = \text{const}, \tag{211}$$

so daß sich die Beziehung (77) aus Kapitel I für das ungestörte System von der Beziehung (210) für das gestörte System nur durch eine additive Konstante unterscheidet, die verschwindet, wenn $x(t)$ oder $z(t)$ mittelwertfrei ist. Da innere Störungen des Systems (z. B. ein rauschendes Bauelement) immer in der Form von Bild 99 dargestellt werden können, sind auch in diesem Fall die erläuterten Vorteile der Kreuzkorrelationsmethode gegeben, sofern die Störung als statistisch unabhängig von der Eingangsgröße vorausgesetzt werden darf.

Die Beziehung (210) kann auch dann zur Bestimmung von $h(t)$ herangezogen werden, wenn als Eingangsgröße $\boldsymbol{x}(t)$ kein weißes Rauschen gewählt werden darf. Um in diesem Fall die Umkehrung des Faltungsintegrals zu erleichtern, ist häufig der Übergang in den Frequenzbereich vorteilhaft, so daß mit Gl. (211) und der Fourier-Transformierten $G(\mathrm{j}\omega)$ von $g(t)$ die Beziehung

$$S_{xy}(\omega) = H(\mathrm{j}\omega)\, S_{xx}(\omega) + 2\pi G(0)\, m_x m_z \delta(\omega)$$

bei beliebiger Leistungsdichte $S_{xx}(\omega)$ der Erregung zur Bestimmung von $H(\mathrm{j}\omega)$ dient. Diese Beziehung verdeutlicht, daß die Phase des unbekannten Systems unmittelbar mit der Phase von $S_{xy}(\omega)$ übereinstimmt und daß die Betragsfunktion sich durch Quotientenbildung ermitteln läßt.

9.3.2. Signalerkennung im Rauschen

Ein wichtiges praktisches Problem der Nachrichtenübertragung besteht darin, ein durch Rauschen verdecktes Nutzsignal wiederzugewinnen. Man spricht von *Signalerkennung,* wenn nur entschieden wird, ob das empfangene Signalgemisch ein näher spezifiziertes Nutzsignal enthält, und von *Signalschätzung,* wenn darüber hinaus möglichst weitgehend das Nutzsignal von den überlagerten Störungen befreit wird. Die Anwendung von Korrelationsmethoden zur Lösung von Problemen dieser Art soll im folgenden am Beispiel der Erkennung bzw. Schätzung eines durch Rauschen verdeckten periodischen Nutzsignals gezeigt werden.

Empfangen werde ein Gemisch

$$\boldsymbol{z}(t) = \boldsymbol{n}(t) + \boldsymbol{p}(t)$$

aus einem periodischen stochastischen Signal $\boldsymbol{p}(t)$ der Periode T_0 und einem überlagerten stochastischen Geräusch $\boldsymbol{n}(t)$, das mittelwertfrei ist und keine periodischen Anteile aufweist. Es wird vorausgesetzt, daß $\boldsymbol{n}(t)$ und $\boldsymbol{p}(t)$ statistisch voneinander unabhängig sind. Dann gilt entsprechend Kapitel I, Abschnitt 3.3.3

$$r_{zz}(\tau) = r_{nn}(\tau) + r_{pp}(\tau),$$

und man kann leicht zeigen, daß $r_{pp}(\tau)$ eine periodische Funktion der Periode T_0 ist. Da $r_{nn}(\tau)$ für $\tau \to \infty$ gegen Null geht, wird $r_{zz}(\tau)$ für große Werte von τ weitgehend mit $r_{pp}(\tau)$ übereinstimmen, wie dies im Bild 100 für ein typisches Beispiel angedeutet ist.

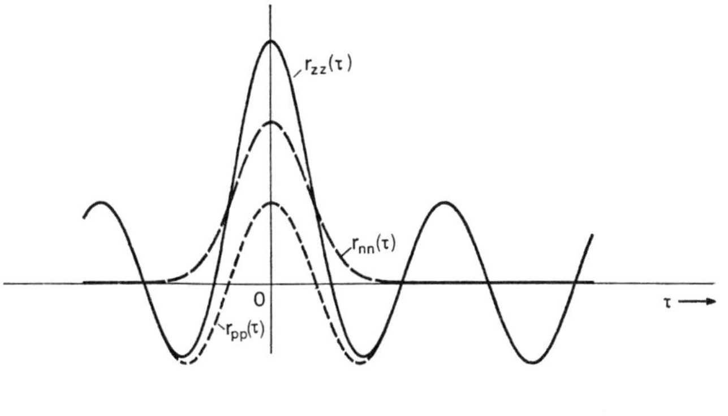

Bild 100: Zur Signalerkennung eines periodischen stochastischen Signals, das von einem stochastischen Geräusch überlagert ist

Eine Signalerkennung ist also dadurch einfach möglich, daß man die Autokorrelierte des empfangenen Signals auf einen periodischen Anteil hin überprüft. Hierbei braucht die Periode des Nutzsignals nicht bekannt zu sein.

Ist die Periode T_0 des Nutzsignals a priori bekannt, dann kann auch mit der Kreuzkorrelationsfunktion eine Signalerkennung erzielt werden. Bildet man nämlich aus dem empfangenen Signal $\boldsymbol{z}(t)$ und irgendeinem periodischen Prozeß $\boldsymbol{q}(t)$ der Periode T_0 die Kreuzkorrelierte

$$\begin{aligned} r_{qz}(\tau) &= E\{\boldsymbol{q}(t)\,[\boldsymbol{n}(t+\tau) + \boldsymbol{p}(t+\tau)]\} \\ &= r_{qn}(\tau) + r_{qp}(\tau), \end{aligned}$$

dann gilt unter der sinnvollen Annahme, daß $\boldsymbol{n}(t)$ und $\boldsymbol{q}(t)$ statistisch unabhängige Prozesse sind, $r_{qn}(\tau) = 0$, und somit ist

$$r_{qz}(\tau) = r_{qp}(\tau) \tag{212}$$

oder $r_{qz}(\tau) = 0$, je nachdem ob ein periodisches Nutzsignal der Periode T_0 in $\boldsymbol{z}(t)$ enthalten ist oder nicht.

Soll darüber hinaus eine Signalschätzung durchgeführt werden, dann kann dies ebenfalls mit Hilfe der Kreuzkorrelation erfolgen. Ist nämlich $p(t)$ die im Rauschprozeß $\boldsymbol{n}(t)$ enthaltene Musterfunktion des Nutzsignals und sind die Musterfunktionen des genannten, von $\boldsymbol{n}(t)$ statistisch unabhängigen periodischen Prozesses $\boldsymbol{q}(t)$ von der Form

$$q_i(t) = \sum_{\nu=-\infty}^{\infty} \delta(t - \nu T_0 - t_i),$$

dann gilt wegen Gl. (212)

$$\begin{aligned} r_{qz}(\tau) &= r_{qp}(\tau) = r_{pq}(-\tau) \\ &= \lim_{k\to\infty} \frac{1}{2kT_0} \int_{-kT_0}^{kT_0} p(t) \sum_{\nu=-\infty}^{\infty} \delta(t - \nu T_0 - t_i - \tau)\,\mathrm{d}t \\ &= p(\tau + \nu T_0 + t_i)\,\frac{1}{T_0} = p(\tau + t_i)\,\frac{1}{T_0}. \end{aligned}$$

Am Ausgang eines Kreuzkorrelators für die Prozesse $\boldsymbol{q}(t)$ und $\boldsymbol{z}(t)$ ergibt sich also bis auf eine zeitliche Verschiebung und einen konstanten Faktor die vorliegende Musterfunktion des Nutzsignals.

9.3.3. Suchfilter (matched filter)

Eine besonders interessante Möglichkeit der Signalerkennung bieten die Suchfilter (matched filters), bei denen das in seiner Form bekannte Nutzsignal in geeigneter Weise verstärkt und das Rauschen unterdrückt wird, ohne daß das Nutzsignal selbst formgetreu wiedergewonnen wird. Empfangen werde das Signalgemisch

$$\boldsymbol{z}(t) = \boldsymbol{n}(t) + x(t)$$

mit einem bekannten, deterministischen Nutzsignal $x(t)$ endlicher Dauer und einem mittelwertfreien stationären Rauschprozeß $\boldsymbol{n}(t)$. Es wird einem linearen und zeitinvarianten System mit der Übertragungsfunktion $H(\mathrm{j}\omega)$ zugeführt. Die Reaktion dieses Systems auf das Nutzsignal $x(t)$ läßt sich in der Form

$$y(t) = \frac{1}{2\pi} \int_{-\infty}^{\infty} X(j\omega)\, H(j\omega)\, e^{j\omega t}\, d\omega \tag{213}$$

darstellen, wobei $X(j\omega)$ die Fourier-Transformierte von $x(t)$ bedeutet. Die Reaktion $\boldsymbol{v}(t)$ des Systems auf die Erregung durch $\boldsymbol{n}(t)$ läßt sich, wie aus den Ausführungen von Abschnitt 9.1 hervorgeht, nicht in entsprechender Weise beschreiben, jedoch kann die mittlere Leistung des Ausgangsprozesses in der Form

$$E[\boldsymbol{v}^2(t)] = \frac{1}{2\pi} \int_{-\infty}^{\infty} S_{nn}(\omega)\, |H(j\omega)|^2\, d\omega \tag{214}$$

dargestellt werden. Damit definiert man das *Signal-Rausch-Verhältnis* am Ausgang des Systems in einem Zeitpunkt t_0 durch den Quotienten

$$s = \frac{y^2(t_0)}{E[\boldsymbol{v}^2(t)]} \tag{215}$$

aus der Nutzsignalleistung in diesem Zeitpunkt und der mittleren Rauschleistung. Es stellt sich nun die Aufgabe, die Übertragungsfunktion $H(j\omega)$ derart festzulegen, daß s maximal wird. Wie sich mit Hilfe der Schwarzschen Ungleichung und den Gln. (213) und (214) zeigen läßt, gilt für alle Übertragungsfunktionen stets

$$s \leqq \frac{1}{2\pi} \int_{-\infty}^{\infty} \frac{|X(j\omega)|^2}{S_{nn}(\omega)}\, d\omega .$$

Wählt man für die gesuchte Übertragungsfunktion speziell

$$H_0(j\omega) = k\, e^{-j\omega t_0}\, \frac{X^*(j\omega)}{S_{nn}(\omega)} \tag{216}$$

mit einer beliebigen reellen Konstante k, dann erreicht das Signal-Rausch-Verhältnis s Gl. (215) seinen maximal möglichen Wert, und das System mit dieser Charakteristik heißt ein optimales Suchfilter für das Signal $x(t)$. Die Gl. (216) zeigt, daß das optimale Suchfilter jene Spektralanteile stark dämpft, in denen das Amplitudenspektrum des Nutzsignals klein und die spektrale Leistungsdichte des Rauschens groß ist. Die Reaktion $y_0(t)$ des optimalen Suchfilters auf die Erregung $x(t)$ hat stets ihr Betragsmaximum an der Stelle $t = t_0$, was mit den Gln. (213) und (216) gezeigt werden kann. Bei der Signalerkennung braucht daher lediglich der Wert der vorliegenden Musterfunktion des Ausgangsprozesses an der Stelle t_0 beobachtet zu werden.
Ist die Störung $\boldsymbol{n}(t)$ weißes Rauschen der Leistungsdichte K, dann folgt aus Gl. (216), daß das optimale Suchfilter die Impulsantwort

$$h_0(t) = \frac{k}{K}\, x(t_0 - t) \tag{217}$$

hat. Ein in dieser Weise an seine Erregung angepaßtes System heißt matched filter. Da das Nutzsignal $x(t)$ als zeitlich begrenzt vorausgesetzt wurde, läßt sich durch geeignete Wahl von t_0 stets dafür sorgen, daß die Impulsantwort $h(t)$ Gl. (217) durch ein kausales System realisiert werden kann.

IV. Funktionentheoretische Methoden

Durch Erweiterung der Frequenzvariablen ω zu einem komplexen Frequenzparameter werden im folgenden die bisherigen Betrachtungen entscheidend erweitert, und dadurch wird es möglich, funktionentheoretische Konzepte zur Signal- und Systembeschreibung heranzuziehen. Als fundamental erweist sich die Laplace-Transformation für den kontinuierlichen und die Z-Transformation für den diskontinuierlichen Bereich.

1. Die Laplace-Transformation

In diesem Abschnitt werden die Grundgleichungen und Eigenschaften der Laplace-Transformation sowie deren Zusammenhang mit der Fourier-Transformation behandelt. Dabei soll zunächst der in der Praxis überwiegende Fall zugrunde gelegt werden, daß alle betrachteten Zeitfunktionen auf der negativen t-Halbachse verschwinden, also kausal sind. Die entsprechende Darstellung für nicht-kausale Zeitfunktionen wird im Abschnitt 1.5 besprochen.

1.1. Die Grundgleichungen der Laplace-Transformation

Es sei $f(t)$ eine für negative t-Werte verschwindende Funktion (kausale Zeitfunktion). Die Funktion $f(t)$ soll für $t \geqq 0$, abgesehen von möglichen Sprungstellen, stückweise glatt sein. Sie möge nicht schneller als eine geeignet gewählte Exponentialfunktion für $t \to \infty$ über alle Grenzen anwachsen, d. h., es soll eine Konstante $\sigma_{\min}$ existieren, so daß

$$\lim_{t \to \infty} f(t)\, e^{-\sigma t} = 0 \quad \text{für alle} \quad \sigma > \sigma_{\min}$$

gilt, während dieser Grenzwert für alle $\sigma < \sigma_{\min}$ nicht vorhanden sein soll. Falls der betrachtete Grenzwert für alle σ verschwindet, soll $\sigma_{\min}$ als $-\infty$ betrachtet werden. Für jedes $\sigma > \sigma_{\min}$ läßt sich nun die Funktion $g(t) = e^{-\sigma t} f(t)$, insbesondere wegen der absoluten Integrierbarkeit, nach Satz III.1 durch das Fourier-Integral darstellen:

$$e^{-\sigma t} f(t) = \frac{1}{2\pi} \int_{-\infty}^{\infty} G(j\omega)\, e^{j\omega t}\, d\omega, \tag{1}$$

$$G(j\omega) = \int_{\substack{(-\infty) \\ 0}}^{\infty} e^{-\sigma t} f(t)\, e^{-j\omega t}\, dt. \tag{2}$$

Wie man sieht, bestehen beide Gleichungen für alle Konstanten $\sigma > \sigma_{\min}$. Es empfiehlt sich, Gl. (1) mit $e^{\sigma t}$ auf beiden Seiten zu multiplizieren und dann in den Gln. (1) und (2) die Größe $\sigma + j\omega$ durch die Veränderliche

$$p = \sigma + j\omega \tag{3}$$

zu ersetzen. Auf diese Weise erhält man aus Gl. (2) die sogenannte einseitige *Laplace-Transformierte* von $f(t)$, die zur Unterscheidung von der Fourier-Transformierten mit $F_I(p)$ bezeichnet wird:

$$F_I(p) = \int_0^\infty f(t)\, e^{-pt}\, dt. \tag{4}$$

Die Gl. (1) läßt sich dann mit $d\omega = dp/j$ in der Form

$$f(t) = \frac{1}{2\pi j} \int_{\sigma - j\infty}^{\sigma + j\infty} F_I(p)\, e^{pt}\, dp \tag{5}$$

ausdrücken. Die durch die Gln. (4) und (5) angegebene Verknüpfung zwischen den Funktionen $f(t)$ und $F_I(p)$ wird künftig in der symbolischen Form

$$f(t) \circ\!\!-\!\!\bullet\, F_I(p)$$

ausgedrückt. Die durch Gl. (3) eingeführte Variable p kann man sich als Punkt in einer komplexen Zahlenebene mit den rechtwinkligen Koordinaten σ und ω vorstellen (Bild 101). Die durch Gl. (4) eingeführte Laplace-Transformierte $F_I(p)$ ist eine Funktion von p und existiert aufgrund der vorausgegangenen Herleitung für $\operatorname{Re} p = \sigma > \sigma_{\min}$, d. h. in einem Teil der p-Ebene, in der sogenannten Konvergenzhalbebene (Bild 101).

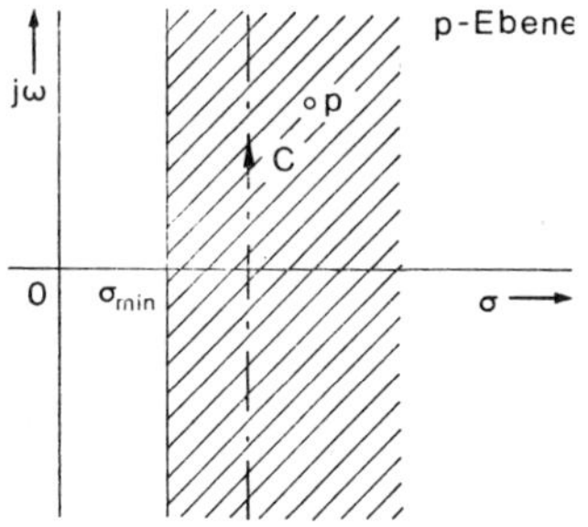

Bild 101: Ebene der komplexen Zahlen p. Die Parallele zur ω-Achse begrenzt die Konvergenzhalbebene von $F_I(p)$

Die Abszisse $\sigma_{\min}$ heißt Konvergenzabszisse. Für p-Werte mit $\operatorname{Re} p < \sigma_{\min}$ hat Gl. (4) keinen Sinn. Die in der Gl. (5) vorzunehmende Integration ist eine Wegintegration in der p-Ebene längs einer Parallelen C zur imaginären Achse (Bild 101), die im Innern der Konvergenzhalbebene verlaufen muß. Aus der Begründung der Laplace-Umkehrtransformation Gl. (5) über die Umkehrformel der Fourier-Transformation folgt, daß Gl. (5) an einer Sprungstelle t_s den arithmetischen Mittelwert $[f(t_s+) + f(t_s-)]/2$, insbesondere im Nullpunkt $[f(0+) + f(0-)]/2 = f(0+)/2$, liefert. Die bei den vorausgegangenen Untersuchungen gewonnenen Resultate sollen nun im folgenden Satz zusammengefaßt werden.

Satz IV.1: Es sei $f(t)$ eine für $t < 0$ verschwindende, für $t \geqq 0$, abgesehen von möglichen Sprungstellen, stückweise glatte Funktion. Sie soll nicht schneller als eine geeignet gewählte Exponentialfunktion für $t \to \infty$ über alle Grenzen streben, d. h., es soll für jedes $\sigma > \sigma_{\min}$ der Grenzwert von $e^{-\sigma t} f(t)$ für $t \to \infty$ verschwinden. Dann existiert die Laplace-Transformierte $F_I(p)$ Gl. (4) in einer Konvergenzhalbebene ($\operatorname{Re} p > \sigma_{\min}$) der p-Ebene. Weiterhin läßt sich dann $f(t)$ durch die Laplace-Umkehrtransformation Gl. (5) darstellen, wobei an den Sprungstellen von $f(t)$ der arithmetische Mittelwert der links- und rechtsseitigen Grenzwerte geliefert wird.

Beispiele: Es soll die Laplace-Transformierte der Funktion

$$f(t) = s(t)\, e^{-kt} \qquad (k \text{ reelle Konstante})$$

bestimmt werden. Die Funktion $f(t)$ erfüllt die im Satz IV.1 genannten Voraussetzungen. Nach Gl. (4) wird

$$F_I(p) = \int_0^\infty e^{-kt}\, e^{-pt}\, dt = \frac{-1}{k+p}\, e^{-(k+p)t} \Bigg|_{t=0}^{t=\infty}.$$

Wie man sieht, konvergiert das Integral nur für $\operatorname{Re} p > -k$. Damit erhält man

$$s(t)\, e^{-kt} \circ\!\!-\!\!\bullet \frac{1}{k+p}, \qquad \operatorname{Re} p > -k. \tag{6}$$

Diese Korrespondenz enthält für $k = 0$ den Sonderfall

$$s(t) \circ\!\!-\!\!\bullet \frac{1}{p}, \qquad \operatorname{Re} p > 0. \tag{7}$$

In entsprechender Weise können die Laplace-Transformierten der Funktionen $s(t) \cos \omega_0 t$ und $s(t) \sin \omega_0 t$ bestimmt werden, wobei es sich empfiehlt, die zu transformierenden Funktionen durch Exponentialfunktionen auszudrücken. Man erhält die Korrespondenzen

$$s(t) \cos \omega_0 t \circ\!\!-\!\!\bullet \frac{p}{p^2 + \omega_0^2}, \qquad \operatorname{Re} p > 0, \tag{8a}$$

$$s(t) \sin \omega_0 t \circ\!\!-\!\!\bullet \frac{\omega_0}{p^2 + \omega_0^2}, \qquad \operatorname{Re} p > 0. \tag{8b}$$

Die Laplace-Transformierte $F_I(p)$ Gl. (4) kann für jeden Wert p in der Konvergenzhalbebene beliebig oft differenziert werden. Deshalb stellt $F_I(p)$ eine in $\operatorname{Re} p > \sigma_{\min}$ analytische Funktion dar. Aus Gl. (4) folgt unmittelbar

$$\frac{d^n F_I(p)}{dp^n} = \int_0^\infty e^{-pt} (-t)^n f(t)\, dt$$

oder

$$(-t)^n f(t) \circ\!\!-\!\!\bullet \frac{d^n F_I(p)}{dp^n} \tag{9}$$

$$(n = 0, 1, 2, \ldots).$$

Hierbei durfte die Reihenfolge von Differentiation und Integration vertauscht werden. Werden als Funktionen $f(t)$ auch Distributionen zugelassen, dann wird die Klasse der durch ihre Laplace-Transformierte darstellbaren Funktionen wesentlich erweitert.

Unterwirft man beispielsweise die verallgemeinerte Funktion $\delta(t)$ der Laplace-Transformation, so hat man in Gl. (4) $f(t) = \delta(t)$ zu setzen und die untere Integrationsgrenze durch 0— zu ersetzen. Dann erhält man aufgrund der Ausblendeigenschaft $F_I(p) \equiv 1$, und nach Gl. (5) läßt sich mit Hilfe dieser Funktion $F_I(p)$ die (verallgemeinerte) Funktion $\delta(t)$ darstellen. Also erhält man die Korrespondenz

$$\delta(t) \circ\!\!-\!\!\bullet\, 1\,. \qquad (10)$$

1.2. Zusammenhang zwischen Fourier- und Laplace-Transformation

Vergleicht man die Darstellung für die Laplace-Transformierte einer kausalen Zeitfunktion gemäß Gl. (4) mit der Darstellung für die Fourier-Transformierte derselben Zeitfunktion nach Kapitel III, Gl. (27), so scheinen beide Darstellungen mit $p = \mathrm{j}\omega$ identisch zu sein. Die folgenden Betrachtungen mögen zeigen, welche Unterschiede zwischen beiden Transformationen bestehen.

Gilt $\sigma_{\min} > 0$ für eine gewisse, die Forderungen von Satz IV.1 erfüllende Zeitfunktion, dann befindet sich die ω-Achse (Bild 101) in jenem Teil der p-Ebene, für den die Laplace-Transformierte nicht besteht. Dann besitzt die genannte Zeitfunktion sicher keine Fourier-Transformierte. Als Beispiel hierfür sei die Zeitfunktion $f(t) = s(t)\,\mathrm{e}^t$ genannt, für die $\sigma_{\min} = 1$ ist. Die Laplace-Transformierte lautet nach Korrespondenz (6) $F_I(p) = 1/(p-1)$. Eine Fourier-Transformierte gibt es in diesem Fall nicht.

Ist für die betrachtete Zeitfunktion $\sigma_{\min} < 0$, so befindet sich die ω-Achse im Innern der Konvergenzhalbebene. Es existiert dann die Fourier-Transformierte, die offensichtlich mit der Laplace-Transformierten der betreffenden Zeitfunktion für $p = \mathrm{j}\omega$ übereinstimmt. Als Beispiel sei die Zeitfunktion $f(t) = s(t)\,\mathrm{e}^{-t}$ mit der Fourier-Transformierten $1/(\mathrm{j}\omega + 1)$ und der Laplace-Transformierten $1/(p+1)$ genannt.

Nicht so einfach liegen die Verhältnisse im Falle $\sigma_{\min} = 0$. Ist in diesem Falle die Laplace-Transformierte $F_I(p)$ nicht nur im Innern der rechten Halbebene $\operatorname{Re} p > 0$ analytisch, sondern in der abgeschlossenen Halbebene $\operatorname{Re} p \geqq 0$ stetig, dann stimmt $F_I(p)$ für $p = \mathrm{j}\omega$ mit der Fourier-Transformierten überein. Wenn sich dagegen im Falle $\sigma_{\min} = 0$ auf der imaginären Achse Pole von $F_I(p)$ befinden, so gilt dieser einfache Zusammenhang zwischen Fourier- und Laplace-Transformation nicht mehr. Es sei beispielsweise

$$F_I(p) = \frac{1}{p - \mathrm{j}\omega_0}.$$

Dies ist die Laplace-Transformierte der Zeitfunktion

$$f(t) = s(t)\,\mathrm{e}^{\mathrm{j}\omega_0 t}.$$

Man kann nun dieses $f(t)$ unter Verwendung von Gl. (5) mit $\sigma = 0$ darstellen, wobei allerdings die Integration längs der imaginären Achse gemäß Bild 102 in der Umgebung des Punktes $p = \mathrm{j}\omega_0$ durch einen kleinen, in der rechten Halbebene verlaufenden Halbkreis vom Radius ε zu modifizieren ist. Für $\varepsilon \to 0$ erhält man dann die Darstellung

$$f(t) = \frac{1}{2\pi}\int_{-\infty}^{\infty} F_I(\mathrm{j}\omega)\,\mathrm{e}^{\mathrm{j}\omega t}\,\mathrm{d}\omega + I(t), \qquad (11)$$

wobei $I(t)$ den Integralbeitrag in Gl. (5) längs des Halbkreises nach Bild 102 für $\varepsilon \to 0$ bedeutet und das erste Integral ein Fourier-Umkehrintegral darstellt. Man kann leicht zeigen, daß $I(t) = e^{j\omega_0 t}/2 \neq 0$ ist. Daher ist $F_I(j\omega)$ nicht die Fourier-Transformierte $F(j\omega)$ von $f(t)$. Wird jedoch jetzt auf die Summe von $F_I(j\omega) = 1/(j\omega - j\omega_0)$ und $\pi\delta(\omega - \omega_0)$ die Fourier-Umkehrtransformation angewendet, so erhält man gerade die Darstellung von $f(t)$ nach Gl. (11), da $\pi\delta(\omega - \omega_0)$ das Fourier-Spektrum von $I(t) = e^{j\omega_0 t}/2$ ist. Daher gilt

$$F(j\omega) = \frac{1}{j\omega - j\omega_0} + \pi\delta(\omega - \omega_0)$$

in Übereinstimmung mit Kapitel III, Korrespondenz (74). Man erhält also im vorliegenden Fall die Fourier-Transformierte, indem man in der Laplace-Transformierten $p = j\omega$ setzt und hierzu $\pi\delta(\omega - \omega_0)$ addiert. Ist der Pol bei $p = j\omega_0$ mehrfach, dann entspricht der Funktion

$$F_I(p) = \frac{1}{(p - j\omega_0)^n}$$

die Zeitfunktion

$$f(t) = s(t)\,\frac{t^{n-1}}{(n-1)!}\,e^{j\omega_0 t}.$$

Wie im vorausgegangenen Beispiel kann auch hier gezeigt werden, wie Laplace- und Fourier-Transformierte miteinander gekoppelt sind. Die Fourier-Transformierte ergibt sich hier aus der Laplace-Transformierten für $p = j\omega$ bei additiver Veränderung mit dem Term $\pi j^{n-1}\delta^{(n-1)}(\omega - \omega_0)/(n-1)!$:

$$F(j\omega) = \frac{1}{(j\omega - j\omega_0)^n} + \frac{\pi j^{n-1}}{(n-1)!}\,\delta^{(n-1)}(\omega - \omega_0).$$

Der Leser möge diese Beziehung, ausgehend vom Fall $n = 1$, mit Hilfe der im Kapitel III, Abschnitt 3.1, Teil g angegebenen Differentiationseigenschaft der Fourier-Transfor-

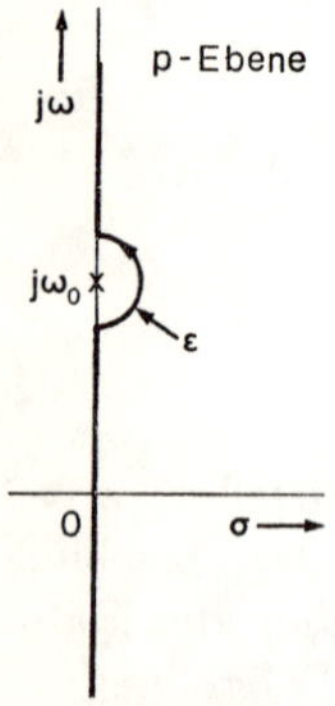

Bild 102: Integrationsweg zur Darstellung von $f(t)$ nach Gl. (11)

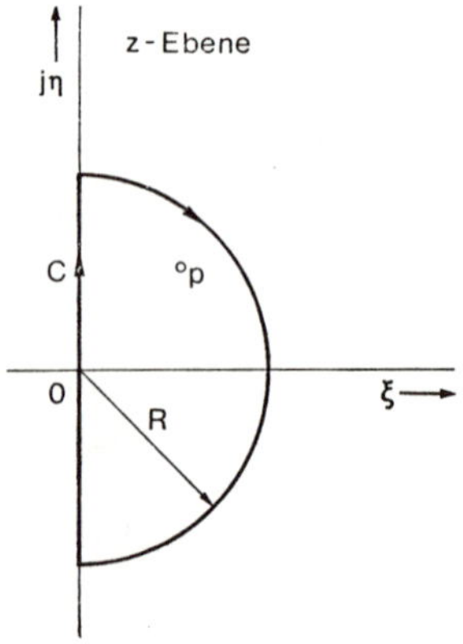

Bild 103: Integrationsweg für das Integral in Gl. (12a)

mation im Frequenzbereich selbst herleiten. Liegt nun eine Laplace-Transformierte $F_I(p)$ der Form

$$F_I(p) = \sum_{\mu=1}^{N} \frac{a_\mu}{(p - \mathrm{j}\omega_\mu)^{q_\mu}} + \tilde{F}_I(p)$$

vor, wobei die Parameter q_μ die Vielfachheiten der (nicht notwendig voneinander verschiedenen) Pole $p_\mu = \mathrm{j}\omega_\mu$ ($\mu = 1, 2, \ldots, N$) darstellen und der Summand $\tilde{F}_I(p)$ überall in $\operatorname{Re} p \geqq 0$ analytisch ist, so erhält man aufgrund der vorausgegangenen Überlegung die entsprechende Fourier-Transformierte $F(\mathrm{j}\omega)$, indem man

$$F(\mathrm{j}\omega) = F_I(\mathrm{j}\omega) + \sum_{\mu=1}^{N} \frac{a_\mu \pi \mathrm{j}^{(q_\mu - 1)}}{(q_\mu - 1)!} \delta^{(q_\mu - 1)}(\omega - \omega_\mu)$$

bildet. Für diese Fourier-Transformierten ist bei der Darstellung ihrer Zeitfunktionen nach Kapitel III, Gl. (26) die Integration so aufzufassen, als ob keine Pole vorhanden wären, d. h., es dürfen nach Auffindung eines unbestimmten Integrals nur die Grenzen $\pm\infty$ berücksichtigt werden. Entsprechendes gilt unten für die Integration in Gl. (13).

Es soll jetzt noch eine Formel abgeleitet werden, die es erlaubt, mit Hilfe der Fourier-Transformierten $F(\mathrm{j}\omega)$ einer (reellen) kausalen Zeitfunktion die zugehörige Laplace-Transformierte $F_I(p)$ darzustellen. Es sei zunächst der Fall vorausgesetzt, daß $F_I(p)$ eine in $\operatorname{Re} p > 0$ analytische und in $\operatorname{Re} p \geqq 0$ stetige Funktion ist, so daß die Fourier-Transformierte $F(\mathrm{j}\omega)$ mit $F_I(\mathrm{j}\omega)$ übereinstimmt. Außerdem sei vorausgesetzt, daß $F_I(p)$ für $p \to \infty$ ($\operatorname{Re} p \geqq 0$) gegen Null strebt, was sicher unter den Voraussetzungen von Satz IV.1 gegeben ist (man vergleiche hierzu die Gl. (19)). Dann wird das Integral

$$I = \int_C \frac{F_I(z)}{p - z} \, \mathrm{d}z \tag{12a}$$

gebildet, wobei p einen im Innern der rechten z-Halbebene gelegenen Punkt bedeutet und C den im Bild 103 dargestellten Integrationsweg bezeichnet. Nach dem Residuensatz der Funktionentheorie beträgt der Wert des Integrals

$$I = 2\pi \mathrm{j} F_I(p). \tag{12b}$$

Läßt man den Radius R (Bild 103) über alle Grenzen anwachsen, dann verschwindet der Anteil des Integrals I längs des Halbkreises, da $F_I(z)$ für $z \to \infty$ ($\operatorname{Re} z \geqq 0$) verschwindet. Übrig bleibt dann allein der Integralanteil längs der imaginären Achse der z-Ebene, auf der $F_I(z) \equiv F(\mathrm{j}\eta)$ gilt. Damit erhält man aus den Gln. (12a, b) die Darstellung

$$F_I(p) = \frac{1}{2\pi} \int_{-\infty}^{\infty} \frac{F(\mathrm{j}\eta)}{p - \mathrm{j}\eta} \, \mathrm{d}\eta. \tag{13}$$

Die Darstellung von $F_I(p)$ nach Gl. (13) ist auch dann noch gültig, wenn, entgegen den bisherigen Voraussetzungen, die Laplace-Transformierte $F_I(p)$ Pole längs der imaginären Achse hat. Zum Beweis dieser Behauptung wird der Integrationsweg C in Gl. (12a) derart abgeändert, daß die auf der imaginären Achse befindlichen Pole durch kleine, in der rechten z-Halbebene verlaufende Halbkreise umgangen werden, deren Radien gegen Null streben, während R über alle Grenzen strebt.

Nun kann man neben dem Integral Gl. (12a) das Integral

$$I_0 = \int\limits_C \frac{F_I(z)}{p+z}\,\mathrm{d}z$$

mit demselben p-Wert in $\operatorname{Re} p > 0$ und dem Integrationsweg C nach Bild 103 betrachten. Nach dem Hauptsatz der Funktionentheorie ist $I_0 = 0$, auch für $R \to \infty$. Deshalb darf auf der rechten Seite der Gl. (13) das Integral I_0 für $R \to \infty$ addiert werden:

$$F_I(p) = \frac{1}{2\pi}\int\limits_{-\infty}^{\infty} \frac{F(\mathrm{j}\eta)}{p-\mathrm{j}\eta}\,\mathrm{d}\eta + \frac{1}{2\pi}\int\limits_{-\infty}^{\infty} \frac{F(\mathrm{j}\eta)}{p+\mathrm{j}\eta}\,\mathrm{d}\eta .$$

Faßt man beide Integrale zu einem Integral zusammen, ersetzt man $F(\mathrm{j}\eta)$ durch $R(\eta) + \mathrm{j}X(\eta)$ und beachtet man, daß $X(\eta)$ eine ungerade Funktion ist, so erhält man schließlich

$$F_I(p) = \frac{p}{\pi}\int\limits_{-\infty}^{\infty} \frac{R(\eta)}{p^2+\eta^2}\,\mathrm{d}\eta \qquad (\operatorname{Re} p > 0). \tag{14}$$

Die Laplace-Transformierte einer kausalen Zeitfunktion läßt sich also allein aufgrund der Realteilfunktion der Fourier-Transformierten ausdrücken.

1.3. Die Übertragungsfunktion für komplexe Werte des Frequenzparameters

Es soll ein kontinuierliches, lineares, zeitinvariantes, stabiles und kausales System mit einem Eingang und einem Ausgang betrachtet werden. Die Impulsantwort $h(t)$ sei stückweise glatt; sie enthalte keinen δ-Anteil.

Aus der Theorie des Fourier-Integrals (Kapitel III) ist bekannt, daß die Fourier-Transformierte von $h(t)$, das ist die Übertragungsfunktion $H(\mathrm{j}\omega)$, als gewöhnliche Funktion existiert, weshalb $\sigma_{\min} \leqq 0$ gilt. Dies hat zur Folge, daß die Laplace-Transformierte $H_I(p)$ von $h(t)$ eine in $\operatorname{Re} p > 0$ analytische und in $\operatorname{Re} p \geqq 0$ stetige Funktion ist. Weiterhin muß nach Abschnitt 1.2 $H(\mathrm{j}\omega) \equiv H_I(\mathrm{j}\omega)$ sein. Es soll daher künftig die Übertragungsfunktion mit $H(p)$ bezeichnet werden, worunter für $\operatorname{Re} p \geqq 0$ die Laplace-Transformierte und speziell für $p = \mathrm{j}\omega$ die Fourier-Transformierte der Impulsantwort $h(t)$ zu verstehen ist. Für (nichtnegatives) reelles p ist natürlich die Übertragungsfunktion reell. Wegen der Impulsfreiheit von $h(t)$ strebt $H(p)$ für $p \to \infty$ ($\operatorname{Re} p \geqq 0$) gegen Null. Enthält $h(t)$ einen δ-Anteil im Nullpunkt, dann läßt sich

$$h(t) = a(0+)\,\delta(t) + h_e(t)$$

schreiben, wobei $h_e(t)$ den impulsfreien Teil der Impulsantwort darstellt und $a(0+)$ die Sprunghöhe der Sprungantwort $a(t)$ im Nullpunkt angibt. Unterwirft man diese Darstellung für $h(t)$ der Laplace-Transformation, so erhält man die Übertragungsfunktion $H(p)$ als Summe aus der Konstanten $a(0+)$ und einer Funktion mit den bisher erkannten Eigenschaften der Übertragungsfunktion. Diese Eigenschaften übertragen sich

durchweg auf $H(p)$ mit der Ausnahme, daß die Übertragungsfunktion $H(p)$ für $p \to \infty$ ($\operatorname{Re} p \geqq 0$) gegen $a(0+)$ strebt.
Sind die Elemente des betrachteten Systems *konzentriert*,[1] so ist die Übertragungsfunktion nach Kapitel III, Gl. (5) eine ratiore Funktion.

1.4. Eigenschaften der Laplace-Transformation

Die Laplace-Transformierte einer kausalen Zeitfunktion $f(t)$ hat ähnliche Eigenschaften wie die Fourier-Transformierte nach Kapitel III, Abschnitt 3.1. Die Beweise hierfür lassen sich in entsprechender Weise führen, wie dies für die Fourier-Transformation erfolgte. Im folgenden sei ein Teil der Eigenschaften aufgeführt:

a) Linearität

Aus den Korrespondenzen

$$f(t) \circ\!\!-\!\!\bullet F_I(p), \qquad g(t) \circ\!\!-\!\!\bullet G_I(p)$$

folgt mit willkürlichen Konstanten c_1 und c_2

$$c_1 f(t) + c_2 g(t) \circ\!\!-\!\!\bullet c_1 F_I(p) + c_2 G_I(p).$$

Existieren $F_I(p)$ und $G_I(p)$ für $\operatorname{Re} p > \sigma_1$ bzw. $\operatorname{Re} p > \sigma_2$, dann existiert $c_1 F_I(p) + c_2 G_I(p)$ in $\operatorname{Re} p > \max(\sigma_1, \sigma_2)$.

b) Zeitverschiebung

Aus der Korrespondenz

$$f(t) \circ\!\!-\!\!\bullet F_I(p)$$

folgt mit $t_0 > 0$

$$f(t - t_0) \circ\!\!-\!\!\bullet F_I(p)\, \mathrm{e}^{-pt_0}$$

(Bild 104).

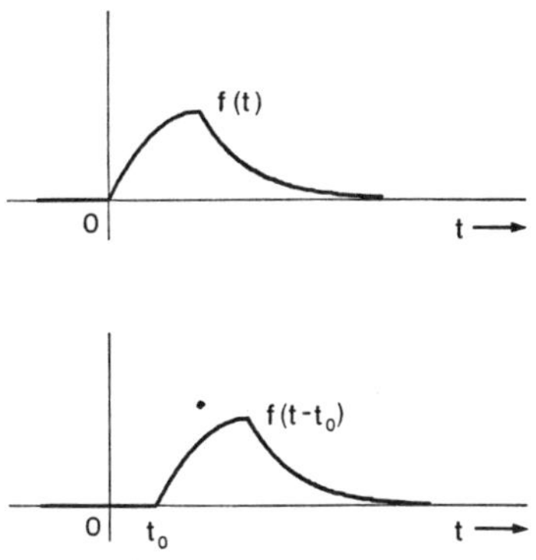

Bild 104: Zur Zeitverschiebungseigenschaft der Laplace-Transformation

[1]) Systeme mit konzentrierten Elementen lassen sich durch gewöhnliche Differentialgleichungen beschreiben.

c) Frequenzverschiebung

Aus der Korrespondenz

$$f(t) \circ\!\!-\!\!\bullet\, F_I(p) \quad (\mathrm{Re}\, p > \sigma_{\min})$$

folgt mit einer Konstanten $p_0 = \sigma_0 + \mathrm{j}\omega_0$

$$f(t)\,\mathrm{e}^{p_0 t} \circ\!\!-\!\!\bullet\, F_I(p - p_0) \quad (\mathrm{Re}\, p > \sigma_{\min} + \sigma_0).$$

d) Differentiation im Zeitbereich

Betrachtet wird eine überall differenzierbare Zeitfunktion $f(t)$ und der zugehörige kausale Anteil $s(t)\,f(t)$, dem die Laplace-Transformierte $F_I(p)$ zugeordnet ist. Die Umkehrformel (5) der Laplace-Transformation liefert dann

$$s(t)\,f(t) = \frac{1}{2\pi\mathrm{j}} \int_{\sigma-\mathrm{j}\infty}^{\sigma+\mathrm{j}\infty} F_I(p)\,\mathrm{e}^{pt}\,\mathrm{d}p,$$

und durch Differentiation beider Seiten dieser Beziehung nach t erhält man

$$\frac{\mathrm{d}}{\mathrm{d}t}\,[s(t)\,f(t)] = \frac{1}{2\pi\mathrm{j}} \int_{\sigma-\mathrm{j}\infty}^{\sigma+\mathrm{j}\infty} pF_I(p)\,\mathrm{e}^{pt}\,\mathrm{d}p, \tag{15}$$

also

$$\frac{\mathrm{d}}{\mathrm{d}t}\,[s(t)\,f(t)] \circ\!\!-\!\!\bullet\, pF_I(p). \tag{16a}$$

Durch Anwendung der Produktregel der Differentialrechnung auf die linke Seite von Gl. (15) ergibt sich mit Gl. (15) von Anhang A

$$\delta(t)\,f(0) + s(t)\,\frac{\mathrm{d}}{\mathrm{d}t}\,f(t) = \frac{1}{2\pi\mathrm{j}} \int_{\sigma-\mathrm{j}\infty}^{\sigma+\mathrm{j}\infty} pF_I(p)\,\mathrm{e}^{pt}\,\mathrm{d}p,$$

und daraus folgt bei Beachtung der Korrespondenz (10)

$$s(t)\,\frac{\mathrm{d}}{\mathrm{d}t}\,f(t) \circ\!\!-\!\!\bullet\, pF_I(p) - f(0). \tag{16b}$$

Der Unterschied der in den Korrespondenzen (16a, b) auftretenden Zeitfunktionen ist im Bild 105 veranschaulicht. In entsprechender Weise lassen sich die Laplace-Trans-

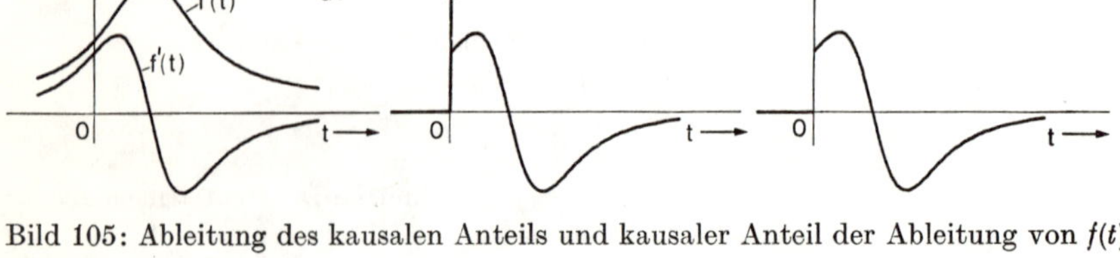

Bild 105: Ableitung des kausalen Anteils und kausaler Anteil der Ableitung von $f(t)$

formierten der höheren Ableitungen des kausalen Anteils von $f(t)$ bzw. des kausalen Anteils der höheren Ableitungen von $f(t)$ bestimmen, wobei die Laplace-Transformierten der letzteren neben der mit einer Potenz von p multiplizierten Funktion $F_I(p)$ auch noch die Werte $f(0), f'(0), \ldots$ enthalten. Falls die Funktion $f(t)$ und ihre Ableitungen nur für $t > 0$ bekannt sind, werden anstelle von $f(0), f'(0), \ldots$ die Grenzwerte $f(0+), f'(0+), \ldots$ verwendet, also insbesondere auch in Korrespondenz (16b).

e) Faltungssatz

Es seien $f(t)$ und $g(t)$ zwei kausale Zeitfunktionen, die im Sinne von Satz IV.1 mit Hilfe ihrer Laplace-Transformierten $F_I(p)$ und $G_I(p)$ dargestellt werden können. Die Funktionen $f(t)$ und $g(t)$ werden durch die Faltung

$$k(t) = f(t) * g(t) = \int_0^t f(\tau)\, g(t-\tau)\, \mathrm{d}\tau \tag{17a}$$

miteinander verknüpft. Die Laplace-Transformierte von $k(t)$ sei mit $K_I(p)$ bezeichnet. Ähnlich wie beim Beweis von Satz III.2 (Faltungssatz für Fourier-Integrale) kann nun gezeigt werden, daß die Beziehung

$$K_I(p) = F_I(p)\, G_I(p) \tag{17b}$$

in $\operatorname{Re} p > \max(\sigma_1, \sigma_2)$ gilt, wobei σ_1, σ_2 die Konvergenzabszissen von $F_I(p)$ bzw. $G_I(p)$ sind. Durch Laplace-Umkehrung des durch Gl. (17b) gegebenen Produkts erhält man die Faltungsfunktion $k(t)$ Gl. (17a)[1].

Der Faltungssatz ist für die Systemtheorie vor allem deshalb so wichtig, weil mit seiner Hilfe im Frequenzbereich der Zusammenhang zwischen Eingangs- und Ausgangsgröße bei einem kontinuierlichen, linearen, zeitinvarianten, stabilen und kausalen System in einfacher Weise angegeben werden kann, sofern das Eingangssignal $x(t)$ kausal ist und nach Satz IV.1 durch seine Laplace-Transformierte $X(p)$ darstellbar ist. Unterwirft man nämlich unter diesen Voraussetzungen die Darstellung für das Ausgangssignal $y(t)$ nach Kapitel I, Gl. (44) der Laplace-Transformation, so erhält man für die Laplace-Transformierte des Ausgangssignals aufgrund des Faltungssatzes

$$Y(p) = \left[a(0+) + \int_0^\infty h_e(t)\, \mathrm{e}^{-pt}\, \mathrm{d}t\right] X(p)\,.$$

Der in eckigen Klammern stehende Ausdruck ist die im Abschnitt 1.3 eingeführte Übertragungsfunktion $H(p)$, so daß sich die einfache Relation

$$Y(p) = H(p)\, X(p) \tag{18}$$

ergibt. Durch Rücktransformation der nach Gl. (18) bestimmten Laplace-Transformierten in den Zeitbereich gewinnt man das Ausgangssignal $y(t)$.[2]

Ähnlich wie bei der Fourier-Transformation gibt es auch bei der Laplace-Transformation einen Faltungssatz im Frequenzbereich. Werden zwei kausale Zeitfunktionen $f(t)$ und

---

[1]) Strenggenommen muß man nachweisen, daß die durch Rücktransformation aus $K_I(p)$ gewonnene Zeitfunktion $k(t)$ als Laplace-Transformierte $K_I(p)$ hat („Darstellungsproblem" nach G. Doetsch).

[2]) Hierzu wäre eine der Fußnote 1 entsprechende Bemerkung zu machen.

$g(t)$, die nach Satz IV.1 durch ihre Laplace-Transformierte $F_I(p)$ und $G_I(p)$ für $\operatorname{Re} p > \sigma_1$ bzw. $\operatorname{Re} p > \sigma_2$ darstellbar sind, miteinander multipliziert, so entspricht dem Produkt $k(t) = f(t)\, g(t)$ die Laplace-Transformierte

$$K_I(p) = \frac{1}{2\pi \mathrm{j}} \int_{\sigma_0 - \mathrm{j}\infty}^{\sigma_0 + \mathrm{j}\infty} F_I(s)\, G_I(p - s)\, \mathrm{d}s.$$

Dabei muß der Realteil von p so groß gewählt werden, daß die Konvergenzhalbebenen der beiden Funktionen $F_I(s)$ und $G_I(p - s)$ sich teilweise überdecken. Die Abszisse σ_0 der Integrationsgeraden muß im Intervall $[\sigma_1, \operatorname{Re} p - \sigma_2]$ liegen, so daß diese Gerade ganz im Innern des gemeinsamen Konvergenzbereichs von $F_I(s)$ und $G_I(p - s)$ verläuft.

f) Anfangswert-Theorem

Mit Hilfe dieses Theorems kann direkt aus der Laplace-Transformierten $F_I(p)$ einer kausalen Zeitfunktion $f(t)$, die im Nullpunkt keinen δ-Anteil aufweist und nach Satz IV.1 darstellbar ist, der Funktionswert $f(0+)$ gewonnen werden. Die Zeitfunktion $f(t)$ braucht dabei nicht bestimmt zu werden. Es gilt:

$$f(0+) = \lim_{p \to \infty} p F_I(p), \qquad (19)$$

$$(\operatorname{Re} p \to \infty).$$

Zum *Beweis* dieser Gleichung bildet man mit einem kleinen $\delta > 0$

$$p F_I(p) = \int_0^\infty f(t)\, \mathrm{e}^{-pt} p\, \mathrm{d}t = \int_0^\delta \cdots + \int_\delta^\infty \cdots,$$

woraus

$$p F_I(p) = f(0+)\, [1 - \mathrm{e}^{-\delta p}] + \varepsilon(\delta, p)$$

folgt. Wählt man $p = 1/\delta^2$ und läßt man $p \to \infty$ streben, so erhält man Gl. (19), da hierbei $\varepsilon(\delta, p)$ gegen Null strebt. Der Grenzübergang braucht nicht längs der reellen p-Achse durchgeführt zu werden. Es muß jedoch die Bedingung $\operatorname{Re} p \to \infty$ eingehalten werden.

Als *Beispiel* sei die Laplace-Transformierte $F_I(p) = 1/p$ der Sprungfunktion $s(t)$ genannt. Nach Gl. (19) erhält man $s(0+) = 1$. Für die Funktion

$$F_I(p) = \frac{p + 2}{p + 1}$$

existiert der Grenzwert nach Gl. (19) nicht. Dies liegt daran, daß die entsprechende Zeitfunktion

$$f(t) = \delta(t) + s(t)\, \mathrm{e}^{-t}$$

im Nullpunkt einen δ-Anteil hat.

g) Endwert-Theorem

Mit Hilfe dieses Theorems kann für eine kausale Zeitfunktion der Grenzwert $\lim\limits_{t \to \infty} f(t)$ direkt aus ihrer Laplace-Transformierten $F_I(p)$ bestimmt werden. Vorausgesetzt sei, daß die Ableitung $f'(t)$ für $t > 0$ sowie deren Laplace-Transformierte existieren. Die Laplace-Transformierte $F_I(p)$ sei in $\operatorname{Re} p \geqq 0$ analytisch, abgesehen von einem möglichen einfachen Pol im Nullpunkt $p = 0$. Nach Korrespondenz (16b) gilt

$$\lim_{p\to 0} \int_{0+}^{\infty} \frac{\mathrm{d}f}{\mathrm{d}t}\, \mathrm{e}^{-pt}\, \mathrm{d}t = \lim_{p\to 0} [pF_I(p) - f(0+)]. \tag{20a}$$

Die Grenzwerte existieren wegen der getroffenen Voraussetzungen. Durch Vertauschung der Reihenfolge von Limes-Operation und Integration auf der linken Seite von Gl. (20a) erhält man nach Durchführung der Integration die Differenz $f(\infty) - f(0+)$ und damit die Aussage des Endwert-Theorems:

$$\lim_{t\to\infty} f(t) = \lim_{p\to 0} pF_I(p). \tag{20b}$$

Als Beispiel sei die Laplace-Transformierte $F_I(p) = 1/(p + 1)$ betrachtet. Die entsprechende Zeitfunktion ist $f(t) = s(t)\,\mathrm{e}^{-t}$. Nach Gl. (20b) erhält man $f(\infty) = 0$. Auf die Laplace-Transformierte $F_I(p) = p/(p^2 + 1)$ der Funktion $f(t) = s(t) \cos t$ darf das Endwert-Theorem in der formulierten Weise nicht angewendet werden, da $F_I(p)$ entgegen den geforderten Voraussetzungen für die Anwendung der Gl. (20b) bei $p = \pm\mathrm{j}$ Polstellen hat. Auch die Laplace-Transformierte $1/p^2$ von $s(t)\, t$ erfüllt die Voraussetzungen nicht.

1.5. Die zweiseitige Laplace-Transformation

Im Abschnitt 1.1 wurde die einseitige Laplace-Transformation für kausale Zeitfunktionen eingeführt. Die Voraussetzung der Kausalität hatte zur Folge, daß in der Gl. (4) zur Festlegung der Laplace-Transformierten nur von $t = 0$ bis $t = \infty$ integriert zu werden brauchte und daß sich für die Existenz des Laplace-Integrals eine rechte Halbebene für den Frequenzparameter p ergab. Im folgenden soll diese Transformation auf im allgemeinen nichtkausale Zeitfunktionen $f(t)$ durch Einführung der *zweiseitigen* Laplace-Transformierten

$$F_{II}(p) = \int_{-\infty}^{\infty} f(t)\, \mathrm{e}^{-pt}\, \mathrm{d}t \tag{21}$$

erweitert werden. Dieses Integral kann in zwei Teile aufgespalten werden, indem

$$\begin{aligned} F_{II}(p) &= \int_{0}^{\infty} f(t)\, \mathrm{e}^{-pt}\, \mathrm{d}t + \int_{-\infty}^{0} f(t)\, \mathrm{e}^{-pt}\, \mathrm{d}t \\ &= \int_{0}^{\infty} s(t)\, f(t)\, \mathrm{e}^{-pt}\, \mathrm{d}t + \int_{0}^{\infty} s(t)\, f(-t)\, \mathrm{e}^{-(-p)t}\, \mathrm{d}t \end{aligned} \tag{22}$$

geschrieben wird. Die zweiseitige Laplace-Transformierte $F_{II}(p)$ kann also als Summe zweier einseitiger Laplace-Transformierten $F_I^{+}(p)$ der Zeitfunktion $s(t)\, f(t)$ in der p-Ebene bzw. $F_I^{-}(p)$ von $s(t)\, f(-t)$ in der $(-p)$-Ebene aufgefaßt werden. Das zweiseitige Laplace-Integral Gl. (21) konvergiert für solche p-Werte, für die beide Integrale auf der rechten Seite von Gl. (22) existieren. Zur Sicherstellung der Existenz dieser beiden Integrale wird einerseits vorausgesetzt, daß es eine Konstante $\sigma_{\min}$ gibt, so daß

$$\lim_{t\to\infty} f(t)\,\mathrm{e}^{-\sigma t} = 0 \quad \text{für alle} \quad \sigma > \sigma_{\min}$$

gilt, während dieser Grenzwert für $\sigma < \sigma_{\min}$ nicht existieren soll; andererseits wird angenommen, daß eine Konstante $\sigma_{\max}$ vorhanden ist, mit welcher

$$\lim_{t\to\infty} f(-t)\,\mathrm{e}^{-\sigma t} = 0 \quad \text{für} \quad \sigma > -\sigma_{\max},$$

d. h.

$$\lim_{t\to-\infty} f(t)\,\mathrm{e}^{-\sigma t} = 0 \quad \text{für} \quad \sigma < \sigma_{\max}$$

gilt, während dieser Grenzwert für $\sigma > \sigma_{\max}$ nicht existieren soll. Nach den Überlegungen von Abschnitt 1.1 konvergiert dann $F_I^+(p)$ in der p-Halbebene $\operatorname{Re} p = \sigma > \sigma_{\min}$ und $F_I^-(p)$ in der $(-p)$-Halbebene $\operatorname{Re}(-p) = -\sigma > -\sigma_{\max}$ bzw. in der p-Halbebene $\operatorname{Re} p = \sigma < \sigma_{\max}$. Angesichts dieser Tatsachen existiert die durch die Gl. (21) definierte zweiseitige Laplace-Transformierte $F_{II}(p)$, wenn sich die beiden genannten p-Halbebenen überlappen, d. h. unter der Voraussetzung $\sigma_{\min} < \sigma_{\max}$ im Parallelstreifen

$$\sigma_{\min} < \operatorname{Re} p < \sigma_{\max},$$

dem sogenannten Konvergenzstreifen (Bild 106). Dort ist $F_{II}(p)$ eine analytische Funktion. Außerhalb dieses Streifens hat die Gl. (21) im allgemeinen keinen Sinn; über das Verhalten auf dem Rand des Gebietes kann allgemein nichts ausgesagt werden. Durch

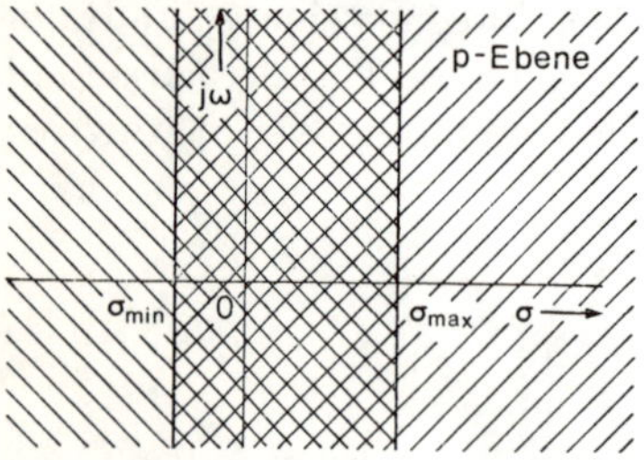

Bild 106: p-Ebene mit Konvergenzstreifen $\sigma_{\min} < \operatorname{Re} p < \sigma_{\max}$

analytische Fortsetzung läßt sich allerdings die Funktion $F_{II}(p)$ im allgemeinen auch auf Gebiete außerhalb des Konvergenzstreifens ausdehnen. Mit $p = \sigma + \mathrm{j}\omega$ und bei Wahl von σ im Intervall $(\sigma_{\min}, \sigma_{\max})$ läßt sich Gl. (21) auch in der Form

$$F_{II}(\sigma + \mathrm{j}\omega) = \int_{-\infty}^{\infty} f(t)\,\mathrm{e}^{-\sigma t}\,\mathrm{e}^{-\mathrm{j}\omega t}\,\mathrm{d}t$$

ausdrücken, d. h., $F_{II}(\sigma + \mathrm{j}\omega)$ stellt die Fourier-Transformierte der Zeitfunktion $f(t)\,\mathrm{e}^{-\sigma t}$ dar. Daher läßt sich die Umkehrformel Gl. (26) aus Kapitel III heranziehen, welche nach Multiplikation mit $\mathrm{e}^{\sigma t}$ und Rücksubstitution von $\sigma + \mathrm{j}\omega = p$ die Umkehrung der zweiseitigen Laplace-Transformation

$$f(t) = \frac{1}{2\pi j} \int_{\sigma - j\infty}^{\sigma + j\infty} F_{II}(p) \, e^{pt} \, dp \tag{23}$$

$$(\sigma_{\min} < \sigma < \sigma_{\max})$$

liefert. Das Integral in Gl. (23) ist wie in der entsprechenden Gl. (5) für die einseitige Laplace-Transformation als Linienintegral in der p-Ebene aufzufassen; der geradlinige Integrationsweg muß im Innern des Konvergenzstreifens parallel zur imaginären Achse verlaufen.

Abschließend sei noch bemerkt, daß die zweiseitige Laplace-Transformierte $F_{II}(p)$ von $f(t)$ für $p = j\omega$ mit der Fourier-Transformierten $F(j\omega)$ von $f(t)$ identisch ist, sofern die imaginäre Achse im Konvergenzstreifen liegt oder die imaginäre Achse Rand des Konvergenzgebietes ist und $F_{II}(p)$ in diesem Gebiet einschließlich der imaginären Achse stetig ist.

Als *Beispiel* sei die Zeitfunktion

$$f(t) = s(t) \, e^{\alpha t} + s(-t) \, e^{\beta t} \tag{24}$$

mit reellen Konstanten α und β betrachtet. Man kann sich sofort davon überzeugen, daß

$$\sigma_{\min} = \alpha \quad \text{und} \quad \sigma_{\max} = \beta$$

gilt. Daher konvergiert das zweiseitige Laplace-Integral nur im Fall $\alpha < \beta$. Läßt man bei festem Wert α die Größe $\beta \to \infty$ streben, dann entfällt der zweite Term auf der rechten Seite von Gl. (24), und die zweiseitige Laplace-Transformierte geht in eine einseitige mit der Konvergenzhalbebene $\operatorname{Re} p > \alpha$ über. Dies ist zu erwarten, weil die Funktion $f(t)$ für $\beta \to \infty$ kausal wird. Läßt man dagegen bei festem Wert β die Größe $\alpha \to -\infty$ streben, dann entfällt der erste Term auf der rechten Seite von Gl. (24), und der Konvergenzstreifen entartet zur Konvergenzhalbebene $\operatorname{Re} p < \beta$.

2. Verfahren zur Umkehrung der Laplace-Transformation

Die Bestimmung der Zeitfunktion $f(t)$ aus der Laplace-Transformierten durch direkte Integration gemäß Gl. (5) bzw. Gl. (23) längs einer Parallelen zur imaginären Achse ist im allgemeinen kompliziert. Man kann jedoch in vielen, gerade für die Systemtheorie bedeutsamen Fällen die Transformation von $F_I(p)$ oder $F_{II}(p)$ in den Zeitbereich dadurch ausführen, daß man die Laplace-Transformierte in eine Summe elementarer Funktionen zerlegt, die dann direkt in einfacher Weise in den Zeitbereich überführt werden können. Weiterhin kann der Residuensatz der Funktionentheorie häufig zur praktischen Auswertung von Gl. (5) bzw. Gl. (23) herangezogen werden. Dies soll zunächst für den Fall der einseitigen Laplace-Transformation dargestellt werden.

2.1. *Der Fall rationaler Funktionen*

Die in den Zeitbereich zu transformierende Funktion $F_I(p)$ sei als Quotient zweier Polynome $F_I(p) = M(p)/N(p)$ darstellbar, wobei der Grad von $M(p)$ nicht größer als jener von $N(p)$ sein möge. Bezeichnet man die Pole von $F_I(p)$, d. h. die Nullstellen von

$N(p)$, mit p_μ und deren Vielfachheiten mit r_μ ($\mu = 1, 2, \ldots, l$), dann kann für $F_I(p)$ die Partialbruchentwicklung

$$F_I(p) = A_0 + \sum_{\mu=1}^{l} \sum_{\nu=1}^{r_\mu} \frac{A_{\mu\nu}}{(p - p_\mu)^\nu} \tag{25a}$$

geschrieben werden. Aufgrund der Eigenschaften der Laplace-Transformation (Abschnitt 1.4) ist leicht zu erkennen, daß die Korrespondenz

$$s(t)\, \mathrm{e}^{p_\mu t} A_{\mu\nu} \frac{t^{\nu-1}}{(\nu-1)!} \circ\!\!-\!\!\bullet \frac{A_{\mu\nu}}{(p - p_\mu)^\nu}$$

besteht. Hieraus erhält man unter Beachtung der Korrespondenz (10) für die zu $F_I(p)$ Gl. (25a) gehörende Zeitfunktion

$$f(t) = A_0 \delta(t) + s(t) \sum_{\mu=1}^{l} \mathrm{e}^{p_\mu t} \sum_{\nu=1}^{r_\mu} \frac{A_{\mu\nu} t^{\nu-1}}{(\nu-1)!}. \tag{25b}$$

Die Koeffizienten $A_{\mu\nu}$ werden aus $F_I(p)$ dadurch bestimmt, daß man zunächst $A_0 = \lim_{p\to\infty} F_I(p)$ ermittelt. Ist p_u ein einfacher Pol ($r_u = 1$), so erhält man

$$A_{u1} = \frac{M(p_u)}{N'(p_u)}.$$

Ist dagegen p_v ein mehrfacher Pol mit der Vielfachheit r_v, so wird

$$A_{v\nu} = \frac{1}{(r_v - \nu)!} \frac{\mathrm{d}^{(r_v-\nu)}}{\mathrm{d}p^{(r_v-\nu)}} [F_I(p)\,(p - p_v)^{r_v}]_{p=p_v}$$

$$(\nu = 1, 2, \ldots, r_v).$$

Beispiel: Es sei

$$F_I(p) = \frac{1}{p^2(p+1)}.$$

Die hierzu gehörende Partialbruchentwicklung lautet

$$F_I(p) = \frac{1}{p+1} + \frac{(-1)}{p} + \frac{1}{p^2}.$$

Aufgrund der Gln. (25a, b) erhält man als entsprechende Zeitfunktion

$$f(t) = s(t)\,[\mathrm{e}^{-t} - 1 + t].$$

2.2. *Der Fall meromorpher Funktionen*

Eine Funktion $F_I(p)$, die als Singularitäten in der *endlichen* p-Ebene nur endlich viele Pole mit einem möglichen Häufungspunkt in $p = \infty$ besitzt, heißt *meromorph.* In der Systemtheorie sind insbesondere solche meromorphen Funktionen $F_I(p)$ von Interesse, deren Pole p_μ ($\mu = 1, 2, \ldots$) ausschließlich auf der imaginären Achse liegen, einfach sind und sich gegen Unendlich häufen. Im folgenden sollen derartige Funktionen betrachtet werden, wobei noch die Annahme getroffen wird, daß die von Null verschiedenen Pole paarweise konjugiert komplex auftreten. Es wird vorausgesetzt, daß eine Folge von Kreisen K_μ ($\mu = 1, 2, 3, \ldots$) um den Nullpunkt mit den Radien ϱ_μ und den folgenden Eigenschaften existiert:

a) Auf K_μ ($\mu = 1, 2, \ldots$) befinden sich keine Pole von $F_I(p)$. Der Kreis $K_{\mu+1}$ umschließt zwei Pole von $F_I(p)$ mehr als der Kreis K_μ. Im Bild 107 sind die linken Hälften solcher Kreise für ein Beispiel angedeutet.

b) Es gilt $F_I(p) \to 0$ für p-Werte auf K_μ ($\mu \to \infty$).

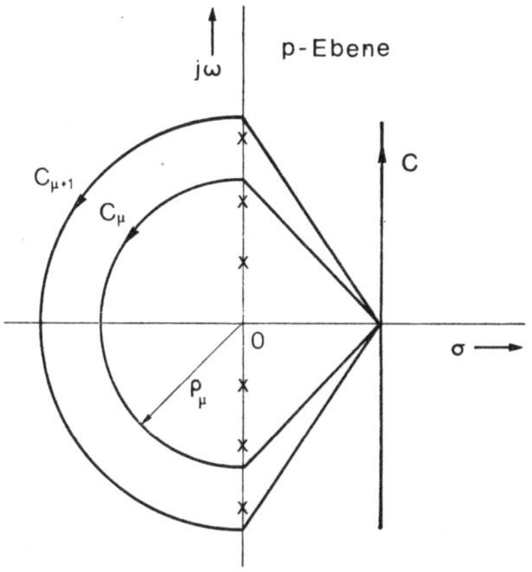

Bild 107: Integrationswege C_μ zur Laplace-Umkehrtransformation meromorpher Funktionen. Kreuzchen bedeuten Polstellen

Unter diesen Voraussetzungen läßt sich zur praktischen Auswertung der Laplace-Umkehrformel Gl. (5) bei Funktionen $F_I(p)$ der oben genannten Art die Residuenmethode der Funktionentheorie anwenden. Zu diesem Zweck muß jedoch der Integrationsweg nach Bild 101 zu einem geschlossenen Weg abgeändert werden. Es werden daher die im Bild 107 dargestellten geschlossenen, jeweils aus einem Halbkreisbogen, der Teil des Kreises K_μ ist, und zwei Geradenstücken bestehenden Wege C_μ ($\mu = 1, 2, \ldots$) betrachtet. Für $\mu \to \infty$ streben die geradlinigen Teile von C_μ gegen den Weg C.[1]) Man kann nun zeigen, daß das Integral

$$I_{l\mu} = \int F_I(p)\, e^{pt}\, dp, \tag{26}$$

das nur längs des halbkreisförmigen Teils von C_μ zu erstrecken ist, für $t > 0$ und $\mu \to \infty$ gegen Null strebt.

Zum *Beweis* dieser Behauptung bezeichnet man das Maximum von $|F_I(p)|$ längs des halbkreisförmigen Teils von C_μ mit M_μ. Dann erhält man mit $p = \varrho_\mu e^{j\varphi}$ und $|dp| = \varrho_\mu |d\varphi|$ die Abschätzung

$$|I_{l\mu}| \leqq M_\mu \varrho_\mu \int_{\pi/2}^{3\pi/2} e^{t\varrho_\mu \cos\varphi}\, d\varphi$$

---

[1]) Bei diesem Grenzübergang gehen die Teilintegrale über $F_I(p)\, e^{pt}$ längs der zwei genannten Geradenstücke in das Linienintegral längs C über, da die Differenz zwischen dem Integral über die beiden Geradenstücke und dem Integral längs C für $\mu \to \infty$ verschwindet, wie leicht gezeigt werden kann (Jordansches Lemma).

oder nach der Variablenänderung $\psi = \varphi - \pi/2$

$$|I_{l\mu}| \leqq 2M_\mu \varrho_\mu \int\limits_0^{\pi/2} e^{-t\varrho_\mu \sin\psi}\, d\psi .$$

Da im Intervall $0 \leqq \psi \leqq \pi/2$ die Ungleichung $\sin\psi \geqq 2\psi/\pi$ besteht, ergibt sich schließlich

$$|I_{l\mu}| \leqq 2M_\mu \varrho_\mu \int\limits_0^{\pi/2} e^{-2\psi t\varrho_\mu/\pi}\, d\psi = \frac{\pi M_\mu}{t}(1 - e^{-\varrho_\mu t}).$$

Da laut Voraussetzung $M_\mu \to 0$ ($\mu \to \infty$) strebt, ist $\lim I_{l\mu}$ für $\mu \to \infty$ und $t > 0$ gleich Null. Dies war zu beweisen.

Weil das Teilintegral $I_{l\mu}$ Gl. (26) für $\mu \to \infty$ verschwindet, erhält man die im einzelnen noch auszuwertende Darstellung

$$f(t) = \frac{1}{2\pi j} \lim_{\mu\to\infty} \int\limits_{C_\mu} F_I(p)\, e^{pt}\, dp, \qquad (t > 0). \tag{27}$$

In ähnlicher Weise kann man zeigen, daß $f(t)$ für $t < 0$ gleich Null ist. Hierzu betrachtet man Wege C_μ, die sich von jenen nach Bild 107 dadurch unterscheiden, daß die halbkreisförmigen Anteile jetzt in der rechten Hälfte der p-Ebene liegen. Es ergibt sich dann eine der Gl. (27) entsprechende Darstellung für $f(t)$ in $t < 0$, wobei allerdings die auftretenden Integrale für alle Werte μ nach dem Residuensatz verschwinden.
Es wird nun Gl. (27) mit Hilfe der Residuenmethode ausgewertet. Man erhält dann insgesamt

$$f(t) = s(t) \sum_{\mu=1}^{\infty} R_\mu . \tag{28}$$

Dabei bedeuten die R_μ die Residuen der Funktion $e^{pt}F_I(p)$ an den Polstellen p_μ. Im Fall einer rationalen Funktion $F_I(p)$ läßt sich die Umkehrformel in entsprechender Weise mit Hilfe der Residuenmethode auswerten, indem man den Integrationsweg nach Bild 101 „im Limes" zu einem geschlossenen Weg modifiziert, der für $t > 0$ einen in der linken p-Halbebene und für $t < 0$ einen in der rechten Hälfte der p-Ebene liegenden halbkreisförmigen Teil umfaßt. Das hierdurch entstehende Ergebnis stimmt mit Gl. (25b) überein.

Beispiel: Es sei die Funktion

$$F_I(p) = \frac{1}{p \cosh p}$$

betrachtet. Die Nullstellen der Nennerfunktion $p \cosh p = p(e^p + e^{-p})/2$ sind

$$p_1 = 0, \qquad p_{2\nu} = j\,\frac{(2\nu - 1)\pi}{2}, \qquad p_{2\nu+1} = -j\,\frac{(2\nu - 1)\pi}{2},$$

$(\nu = 1, 2, 3, \ldots)$.

Die gemäß Bild 108 gewählten Kreise K_μ erfüllen die zur Anwendung der Gl. (28) erforderlichen Voraussetzungen. Damit wird mit[1])

$$F_I(p) = \frac{1}{p} + \frac{1 - \cosh p}{p \cosh p}$$

$$= \frac{1}{p} + \sum_{\nu=1}^{\infty} \left[\frac{(1 - \cosh p_{2\nu})/(p_{2\nu} \sinh p_{2\nu})}{p - p_{2\nu}} + \frac{(1 - \cosh p_{2\nu+1})/(p_{2\nu+1} \sinh p_{2\nu+1})}{p - p_{2\nu+1}} \right]$$

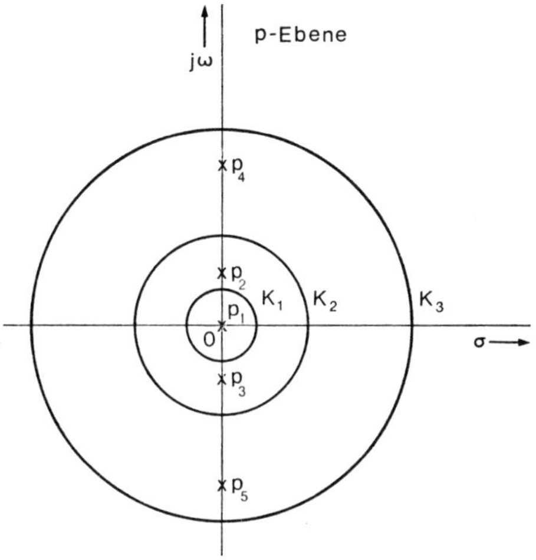

Bild 108: Kreise K_μ mit den zur Anwendung der Gl. (28) erforderlichen Eigenschaften

gemäß Gl. (28) die entsprechende Zeitfunktion

$$f(t) = s(t) \left[1 + \sum_{\nu=1}^{\infty} \left\{ e^{p_{2\nu} t} \frac{2(-1)^\nu}{(2\nu - 1)\pi} + e^{p_{2\nu+1} t} \frac{2(-1)^\nu}{(2\nu - 1)\pi} \right\} \right]$$

oder

$$f(t) = s(t) \left[1 + \frac{4}{\pi} \sum_{\nu=1}^{\infty} \frac{(-1)^\nu}{2\nu - 1} \cos \left\{ (2\nu - 1) \frac{\pi}{2} t \right\} \right].$$

Wie man sieht, ist $f(t)$ eine in $t > 0$ periodische Funktion.

2.3. *Weitere Anwendung der Residuenmethode*

Falls die in den Zeitbereich zu transformierende Laplace-Transformierte $F_I(p)$ Verzweigungspunkte in der endlichen p-Ebene besitzt[2]), läßt sich nach Einführung von Verzweigungsschnitten die Residuenmethode anwenden. Durch geeignete Verzweigungsschnitte kann nämlich eine eindeutige Funktion erzeugt werden, für die der bei

---

[1]) Es handelt sich hierbei um die aus der Funktionentheorie [60] bekannte Mittag-Lefflersche Partialbruchentwicklung für $F_I(p)$. Sie erlaubt die Entwicklung allgemeiner meromorpher Funktionen.

[2]) Derartige Laplace-Transformierte treten beispielsweise als Übertragungsfunktionen bei Systemen mit verteilten Parametern auf.

der Umkehrformel Gl. (5) auftretende Integrationsweg zu einem geschlossenen Weg abgeändert wird, so daß die Möglichkeit besteht, den Residuensatz anzuwenden. Als typisches Beispiel sei die Funktion

$$F_I(p) = \frac{1}{\sqrt{p^2 + 1}} \tag{29}$$

betrachtet. Diese Funktion hat bei $p = \pm \mathrm{j}$ zwei Verzweigungspunkte, und man führt einen Verzweigungsschnitt auf der imaginären Achse vom Punkt j zum Punkt $-\mathrm{j}$.

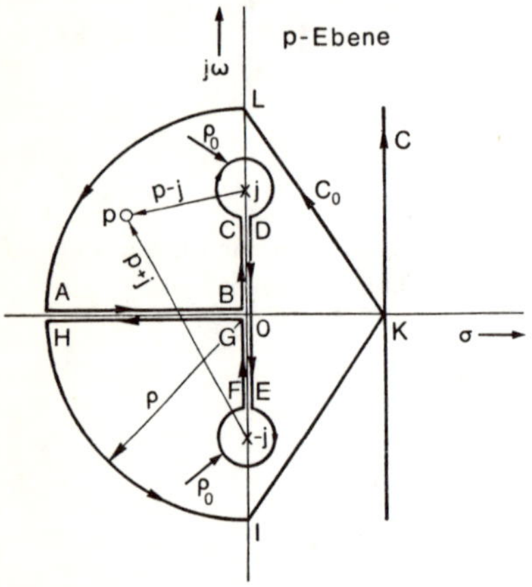

Bild 109: Integrationsweg zur Rücktransformation der Funktion $F_I(p)$ nach Gl. (29)

Deshalb wird der Integrationsweg C_0 nach Bild 109 gewählt. Da $F_I(p)$ nach Gl. (29) für $p \to \infty$ gegen Null strebt, verschwindet der Integralanteil von

$$\int \frac{\mathrm{e}^{pt}}{\sqrt{p^2+1}}\, \mathrm{d}p$$

für $t > 0$ längs des Halbkreisbogens von C_0 mit Radius ϱ für $\varrho \to \infty$ (man vergleiche diesbezüglich die Beweisführung im Abschnitt 2.2). Für den Kreis mit Radius ϱ_0 um den Punkt $p = \mathrm{j}$ gilt bei $t > 0$

$$\left|\frac{\mathrm{e}^{pt}}{\sqrt{p^2+1}}\right| = \left|\frac{\mathrm{e}^{t\,\mathrm{Re}\,p}}{\sqrt{(p-\mathrm{j})\,(p+\mathrm{j})}}\right| < \frac{\mathrm{e}^{t\varrho_0}}{\sqrt{\varrho_0}\,\sqrt{2-\varrho_0}}.$$

Hieraus folgt für den Integralanteil längs dieses Kreises

$$\left|\int \frac{\mathrm{e}^{pt}}{\sqrt{p^2+1}}\, \mathrm{d}p\right| < \frac{\mathrm{e}^{t\varrho_0}}{\sqrt{\varrho_0}\,\sqrt{2-\varrho_0}}\, 2\pi\varrho_0 \to 0 \qquad \text{für} \qquad \varrho_0 \to 0.$$

Entsprechend kann man zeigen, daß auch der Integralbeitrag längs des Kreises vom Radius ϱ_0 um $p = -\mathrm{j}$ für $\varrho_0 \to 0$ verschwindet. Da sich $p^2 + 1 = (p - \mathrm{j})\,(p + \mathrm{j})$ längs AB und GH in der Phase um 4π unterscheidet, ist $\sqrt{p^2+1}$ auf beiden Geradenstücken wertegleich, und die entsprechenden Integralanteile heben sich auf. Damit erhält man für $\varrho \to \infty$, $\varrho_0 \to 0$ nach dem Residuensatz

$$\frac{1}{2\pi j}\int\limits_{C_0}\frac{e^{pt}}{\sqrt{p^2+1}}\,dp = 0 = f(t) + \frac{1}{2\pi j}\int\limits_{F}^{C}\frac{e^{pt}}{\sqrt{p^2+1}}\,dp + \frac{1}{2\pi j}\int\limits_{D}^{E}\frac{e^{pt}}{\sqrt{p^2+1}}\,dp$$

oder[1])

$$f(t) = \frac{j}{2\pi j}\int\limits_{1}^{-1}\frac{e^{j\omega t}}{-\sqrt{1-\omega^2}}\,d\omega + \frac{j}{2\pi j}\int\limits_{-1}^{1}\frac{e^{j\omega t}}{\sqrt{1-\omega^2}}\,d\omega.$$

Hieraus folgt schließlich

$$f(t) = \frac{1}{\pi}\int\limits_{-1}^{1}\frac{\cos\omega t}{\sqrt{1-\omega^2}}\,d\omega. \tag{30}$$

Diese Funktion ist die Bessel-Funktion $J_0(t)$, wie Gl. (30) nach der Substitution $\omega = \sin\varphi$ erkennen läßt [55].
In entsprechender Weise kann man andere Funktionen $F_I(p)$ mit Verzweigungspunkten in den Zeitbereich transformieren. Dem Leser sei als Übung empfohlen, die Funktionen $p^{-1/2}$, $p^{-3/2}$ in den Zeitbereich zu transformieren.
Wenn die in diesem und den vorausgegangenen Abschnitten beschriebenen Verfahren nicht zum Ziele führen, muß die Zeitfunktion auf andere Weise ermittelt werden, etwa wie am Ende von Abschnitt 6.4 gezeigt wird.

2.4. Umkehrung der zweiseitigen Laplace-Transformation

Die Umkehrformel Gl. (23) läßt sich ähnlich auswerten wie im Fall der einseitigen Laplace-Transformation. Allerdings liefert im Gegensatz zur einseitigen Laplace-Transformation die Anwendung der Residuenmethode auch für $t < 0$ im allgemeinen von Null verschiedene Funktionswerte $f(t)$.
Nimmt man, wie das häufig der Fall ist, an, daß $F_{II}(p)$ eine rationale Funktion mit einem endlichen Wert in $p = \infty$ darstellt, dann läßt sich $F_{II}(p)$ gemäß Gl. (25a) als Partialbruchsumme ausdrücken. Dabei ist nun, abgesehen vom Absolutglied A_0 mit der Zeitfunktion $A_0\delta(t)$, für jeden Partialbruchsummanden wesentlich, ob der zugehörige Pol in der Halbebene $\operatorname{Re} p > \sigma_{\max}$, d. h. rechts vom Konvergenzstreifen oder in der Halbebene $\operatorname{Re} p < \sigma_{\min}$, d. h. links vom Konvergenzstreifen liegt. Gemäß Abschnitt 2.1 gehört zu dem allgemeinen Summanden $A_{\lambda\nu}/(p - p_\lambda)^\nu$ mit einem Pol links vom Konvergenzgebiet, also mit $\operatorname{Re} p_\lambda \leqq \sigma_{\min}$ die Zeitfunktion

$$f_\lambda(t) = s(t)\, A_{\lambda\nu}\, e^{p_\lambda t}\,\frac{t^{\nu-1}}{(\nu-1)!},$$

[1]) Man beachte, daß $\sqrt{p^2+1}$ längs der Verbindung von F nach C gleich $-\sqrt{1-\omega^2}$ und längs der Verbindung von D nach E gleich $\sqrt{1-\omega^2}$ ist, da, wie aus Bild 109 ersichtlich, p^2+1 im einen Fall das Argument π, im anderen Fall das Argument 0 hat.

und ganz entsprechend ergibt sich für einen Term $A_{\varrho\nu}/(p - p_\varrho)^\nu$ mit einem Pol rechts vom Konvergenzgebiet, also mit Re $p_\varrho \geqq \sigma_{\max}$ die Zeitfunktion

$$f_\varrho(t) = -s(-t)\, A_{\varrho\nu}\, e^{p_\varrho t} \frac{t^{\nu-1}}{(\nu - 1)!}.$$

Durch Superposition aller somit gewonnenen Zeitfunktionen läßt sich dann die zu $F_{II}(p)$ gehörende Funktion $f(t)$ angeben.

Als *Beispiel* sei die zweiseitige Laplace-Transformierte

$$F_{II}(p) = \frac{1}{(p-1)(p+1)(p+2)} = \frac{1/6}{p-1} + \frac{-1/2}{p+1} + \frac{1/3}{p+2}$$

betrachtet. Sie ist erst vollständig spezifiziert, wenn der Konvergenzstreifen bekannt ist. Gilt $\sigma_{\min} = -1$ und $\sigma_{\max} = 1$, dann ergibt sich aufgrund obiger Überlegung als Zeitfunktion

$$f(t) = s(t)\left(-\frac{1}{2}\right) e^{-t} + s(t)\frac{1}{3} e^{-2t} - s(-t)\frac{1}{6} e^{t}.$$

Ist dagegen $\sigma_{\min} = -2$ und $\sigma_{\max} = -1$, dann erhält man

$$f(t) = s(t)\frac{1}{3} e^{-2t} + s(-t)\frac{1}{2} e^{-t} + s(-t)\left(-\frac{1}{6}\right) e^{t}.$$

Das Beispiel macht deutlich, daß die Lage des Konvergenzstreifens das Aussehen der Zeitfunktion wesentlich beeinflußt.

Will man allgemein die Umkehrformel Gl. (23) aufgrund der Residuenmethode mit Hilfe der Gl. (27) auswerten, dann erhält man die im allgemeinen von Null verschiedenen Funktionswerte $f(t)$ für $t < 0$, indem man die Integrationswege C_μ für $t < 0$ über kreisförmige Anteile schließt, die in der rechten p-Halbebene verlaufen. Dabei muß man beachten, daß C_μ dann im Uhrzeigersinn durchlaufen wird und schließlich alle Polstellen p_μ mit Re $p_\mu \geqq \sigma_{\max}$ umfaßt. Die Funktionswerte $f(t)$ für $t > 0$ erhält man wie im Abschnitt 2.2, wobei C_μ alle Pole p_μ mit Re $p_\mu \leqq \sigma_{\min}$ einschließt.

3. Anwendungen der Laplace-Transformation

Die Laplace-Transformation läßt sich bei der Behandlung zahlreicher systemtheoretischer Probleme mit Vorteil anwenden. Im folgenden soll auf die Behandlung einiger typischer Probleme eingegangen werden.

3.1. *Analyse von linearen, zeitinvarianten Netzwerken mit konzentrierten Elementen*

Zur Untersuchung von elektrischen Netzwerken mit linearen, zeitinvarianten, konzentrierten Elementen, die durch Spannungen erregt werden, wendet man häufig die Methode der Maschenströme an. Diese Methode erfordert zunächst die Wahl eines maximalen Satzes von untereinander unabhängigen Maschenströmen sowie eines maximalen Satzes von untereinander unabhängigen Kapazitätsspannungen. Diese Größen werden als Variablen $w_\mu(t)$ $(\mu = 1, 2, \ldots, m)$ des Netzwerkes betrachtet. Als

Beispiel sei das im Bild 110 dargestellte Netzwerk mit vier Maschenströmen und zwei Kapazitätsspannungen genannt. Durch Anwendung der Maschenregel in den ausgewählten Maschen und durch Aufstellung der Strom-Spannungsbeziehungen für die ausgewählten Kapazitäten erhält man m gekoppelte lineare Differentialgleichungen zur Bestimmung der Variablen $w_\mu(t)$ $(\mu = 1, 2, \ldots, m)$ der Form

$$\sum_{\mu=1}^{m} \left(m_{\nu\mu} w_\mu + n_{\nu\mu} \frac{\mathrm{d}w_\mu}{\mathrm{d}t} \right) = u_\nu(t) \tag{31}$$

$$(\nu = 1, 2, \ldots, m).$$

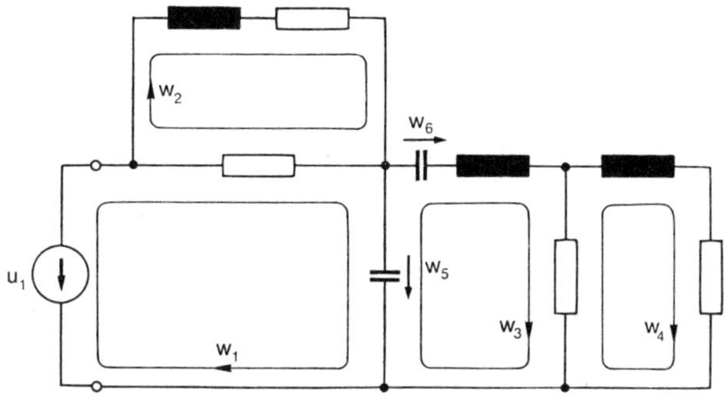

Bild 110: Beispiel eines Netzwerkes mit vier Maschenströmen und zwei Kapazitätsspannungen

Gesucht wird der zeitliche Verlauf der Variablen $w_\mu(t)$ für $t > 0$. Bei Vorgabe der Ströme in den Induktivitäten und der Spannungen an den Kapazitäten zur Zeit $t = 0$ sind die Anfangswerte $w_\mu(0+)$ der ausgewählten Variablen gegeben. Da man die Differentialgleichungen (31) nur für $t > 0$ betrachtet, werden diese zunächst mit $s(t)$ multipliziert, so daß die resultierenden Gleichungen für alle t gelten und dann der einseitigen Laplace-Transformation unterworfen werden können. Mit Korrespondenz (16b) erhält man danach in Matrizenschreibweise

$$\boldsymbol{M}\boldsymbol{W}(p) + p\boldsymbol{N}\boldsymbol{W}(p) = \boldsymbol{U}(p) + \boldsymbol{V}. \tag{32}$$

Dabei sind $\boldsymbol{M}$, $\boldsymbol{N}$ die aus den Koeffizienten $m_{\nu\mu}$, $n_{\nu\mu}$ gebildeten Matrizen, während $\boldsymbol{W}(p)$ und $\boldsymbol{U}(p)$ die Laplace-Transformierten der Spaltenmatrizen mit den Elementen $w_\mu(t)$ $(\mu = 1, 2, \ldots, m)$ bzw. $u_\nu(t)$ $(\nu = 1, 2, \ldots, m)$ darstellen. Die Spaltenmatrix $\boldsymbol{V}$ hat die Elemente

$$v_\nu = \sum_{\mu=1}^{m} n_{\nu\mu} w_\mu(0+) \qquad (\nu = 1, 2, \ldots, m).$$

Aus Gl. (32) erhält man die Lösung im Frequenzbereich:

$$\boldsymbol{W}(p) = [\boldsymbol{M} + p\boldsymbol{N}]^{-1} [\boldsymbol{U}(p) + \boldsymbol{V}]. \tag{33}$$

Durch Rücktransformation in den Zeitbereich lassen sich die Funktionen $w_\mu(t)$ gewinnen.

Nach dem Vorbild der im vorstehenden beschriebenen Methode können allgemeine lineare, zeitinvariante, kontinuierliche Systeme mit konzentrierten Parametern analysiert werden.

3.2. Anwendung der Laplace-Transformation bei der System-Analyse im Zustandsraum

Es sollen die Grundgleichungen (10) und (11) aus Kapitel II für den zeitinvarianten, kontinuierlichen Fall ($\boldsymbol{A}$, $\boldsymbol{B}$, $\boldsymbol{C}$, $\boldsymbol{D}$ zeitunabhängig) der Laplace-Transformation unterworfen werden. Entsprechend den Überlegungen vom letzten Abschnitt erhält man auf diese Weise die Beziehungen

$$p\boldsymbol{Z}(p) - \boldsymbol{z}(0+) = \boldsymbol{A}\boldsymbol{Z}(p) + \boldsymbol{B}\boldsymbol{X}(p), \tag{34a}$$

$$\boldsymbol{Y}(p) = \boldsymbol{C}\boldsymbol{Z}(p) + \boldsymbol{D}\boldsymbol{X}(p). \tag{34b}$$

Dabei sind $\boldsymbol{X}(p)$, $\boldsymbol{Y}(p)$, $\boldsymbol{Z}(p)$ die Laplace-Transformierten der Spaltenmatrizen $\boldsymbol{x}(t)$, $\boldsymbol{y}(t)$, $\boldsymbol{z}(t)$. Durch Auflösung der Gl. (34a) nach $\boldsymbol{Z}(p)$ ergibt sich

$$\boldsymbol{Z}(p) = (p\boldsymbol{E} - \boldsymbol{A})^{-1}\,\boldsymbol{z}(0+) + (p\boldsymbol{E} - \boldsymbol{A})^{-1}\,\boldsymbol{B}\boldsymbol{X}(p), \tag{35}$$

wobei $\boldsymbol{E}$ die q-reihige Einheitsmatrix bedeutet. Durch Substitution von Gl. (35) in Gl. (34b) gewinnt man

$$\boldsymbol{Y}(p) = \boldsymbol{C}(p\boldsymbol{E} - \boldsymbol{A})^{-1}\,\boldsymbol{z}(0+) + [\boldsymbol{C}(p\boldsymbol{E} - \boldsymbol{A})^{-1}\,\boldsymbol{B} + \boldsymbol{D}]\,\boldsymbol{X}(p). \tag{36}$$

Von besonderem Interesse ist der Fall, daß der Anfangszustand $\boldsymbol{z}(0+)$ verschwindet. Dann lautet der Zusammenhang zwischen Eingangs- und Ausgangsgrößen im Frequenzbereich

$$\boldsymbol{Y}(p) = [\boldsymbol{C}(p\boldsymbol{E} - \boldsymbol{A})^{-1}\,\boldsymbol{B} + \boldsymbol{D}]\,\boldsymbol{X}(p). \tag{37}$$

Andererseits entspricht diesem Fall nach Kapitel II, Abschnitt 4.3 im Zeitbereich der Zusammenhang

$$\boldsymbol{y}(t) = \int\limits_0^{t+} \boldsymbol{H}(t - \tau)\,\boldsymbol{x}(\tau)\,\mathrm{d}\tau, \tag{38}$$

wobei $\boldsymbol{H}(t)$ die Matrix der Impulsantworten des Systems ist. Unterwirft man die Gl. (38) der Laplace-Transformation, so erhält man

$$\boldsymbol{Y}(p) = \hat{\boldsymbol{H}}(p)\,\boldsymbol{X}(p). \tag{39}$$

Dabei ist $\hat{\boldsymbol{H}}(p)$ die aus den Laplace-Transformierten der Elemente der Matrix $\boldsymbol{H}(t)$ gebildete Matrix. Sie soll als *Übertragungsmatrix* bezeichnet werden. Ein Vergleich der Gln. (37) und (39) liefert die Darstellung

$$\hat{\boldsymbol{H}}(p) = \boldsymbol{C}(p\boldsymbol{E} - \boldsymbol{A})^{-1}\,\boldsymbol{B} + \boldsymbol{D}. \tag{40a}$$

Andererseits gilt gemäß Kapitel II, Gl. (89)

$$\hat{\boldsymbol{H}}(p) = \boldsymbol{C}\hat{\boldsymbol{\Phi}}(p)\,\boldsymbol{B} + \boldsymbol{D}. \tag{40b}$$

Dabei ist $\hat{\boldsymbol{\Phi}}(p)$ die Laplace-Transformierte der mit $s(t)$ multiplizierten Übergangsmatrix $\boldsymbol{\Phi}(t)$, welche als *charakteristische Frequenzmatrix* des Systems bezeichnet werden soll. Ein Vergleich der Gln. (40a, b) lehrt nun, daß

$$\hat{\boldsymbol{\Phi}}(p) = (p\boldsymbol{E} - \boldsymbol{A})^{-1} \tag{41}$$

sein muß. Die Übergangsmatrix $\boldsymbol{\Phi}(t)$ erhält man also für $t > 0$ durch Laplace-Rücktransformation der Matrix $(p\boldsymbol{E} - \boldsymbol{A})^{-1}$.

Beispiel: Für das im Bild 34 dargestellte elektrische Netzwerk ist die Matrix $\boldsymbol{A}$ nach Kapitel II, Gl. (43) gegeben. Entsprechend Gl. (41) erhält man

$$\hat{\boldsymbol{\Phi}}(p) = \begin{bmatrix} p+1 & 1 \\ -1 & p+1 \end{bmatrix}^{-1} = \frac{1}{p^2+2p+2} \begin{bmatrix} p+1 & -1 \\ 1 & p+1 \end{bmatrix}$$

$$= \begin{bmatrix} \dfrac{p+1}{p^2+2p+2} & \dfrac{-1}{p^2+2p+2} \\ \dfrac{1}{p^2+2p+2} & \dfrac{p+1}{p^2+2p+2} \end{bmatrix}.$$

Dieses Ergebnis stimmt mit der Laplace-Transformierten der Matrix $s(t)\,\boldsymbol{\Phi}(t)$ aus Gl. (47), Kapitel II überein.

Es soll jetzt noch für die Matrix $\hat{\boldsymbol{\Phi}}(p)$ eine aus Gl. (41) folgende Partialbruchentwicklung angegeben werden, aus welcher für die Übergangsmatrix $\boldsymbol{\Phi}(t)$ eine wichtige Darstellung folgt. Bezeichnet man mit $D(p)$ das charakteristische Polynom

$$D(p) = \det(p\boldsymbol{E} - \boldsymbol{A}) = p^q + a_1 p^{q-1} + a_2 p^{q-2} + \cdots + a_q \tag{42}$$

und mit

$$\boldsymbol{K}'(p) = \boldsymbol{K}_1' p^{q-1} + \boldsymbol{K}_2' p^{q-2} + \cdots + \boldsymbol{K}_q'$$

die Matrix der algebraischen Komplemente der Matrix $p\boldsymbol{E} - \boldsymbol{A}$, dann läßt sich, wie aus der Matrizen-Algebra bekannt ist, die Matrix $\hat{\boldsymbol{\Phi}}(p)$ Gl. (41) folgendermaßen ausdrücken:

$$\hat{\boldsymbol{\Phi}}(p) = \frac{\boldsymbol{K}(p)}{D(p)} = \frac{\boldsymbol{K}_1 p^{q-1} + \boldsymbol{K}_2 p^{q-2} + \cdots + \boldsymbol{K}_q}{p^q + a_1 p^{q-1} + \cdots + a_q}. \tag{43}$$

Die Matrizen $\boldsymbol{K}_\mu$ $(\mu = 1, 2, \ldots, q)$ sind quadratisch und q-reihig. Es ist $\boldsymbol{K}_1 = \boldsymbol{E}$, wie man leicht sieht. Nun sollen mit p_μ $(\mu = 1, 2, \ldots, l)$ die Nullstellen des charakteristischen Polynoms $D(p)$ aus Gl. (42) und mit r_μ die entsprechenden Vielfachheiten bezeichnet werden. Dann läßt sich $\hat{\boldsymbol{\Phi}}(p)$ Gl. (43) in die Partialbruchdarstellung

$$\hat{\boldsymbol{\Phi}}(p) = \sum_{\mu=1}^{l} \sum_{\nu=1}^{r_\mu} \frac{\boldsymbol{A}_{\mu\nu}}{(p - p_\mu)^\nu} \tag{44a}$$

entwickeln. Durch Rücktransformation in den Zeitbereich erhält man

$$s(t)\,\boldsymbol{\Phi}(t) = s(t) \sum_{\mu=1}^{l} \mathrm{e}^{p_\mu t} \sum_{\nu=1}^{r_\mu} \boldsymbol{A}_{\mu\nu} \frac{t^{\nu-1}}{(\nu-1)!}. \tag{44b}$$

Wie man sich aufgrund der Zeitinvarianz des betrachteten Systems überlegen kann, darf der Faktor $s(t)$ auf beiden Seiten der Gl. (44b) weggelassen werden.

3.3. Bestimmung des stationären Anteils einer Zeitfunktion

Es soll gezeigt werden, wie der stationäre Anteil einer kausalen Zeitfunktion $f(t)$ bestimmt werden kann, d. h. jene Funktion $f_s(t)$, gegen die $f(t)$ für $t \to \infty$ strebt. Vorausgesetzt wird, daß $f(t)$ im Sinne von Satz IV.1 durch die Laplace-Transformierte $F_I(p)$ darstellbar ist. Die Funktion $F_I(p)$ sei bekannt, sie möge meromorph sein und in $\operatorname{Re} p > 0$ keine Singularitäten haben. Im Falle einer Singularität von $F_I(p)$ in der rechten Halbebene $\operatorname{Re} p > 0$ würde $f(t)$ für $t \to \infty$ über alle Grenzen wachsen. $F_I(p)$ möge im Sinne der Methode nach Abschnitt 2.2 in den Zeitbereich transformierbar sein. Die Pole von $F_I(p)$ werden mit

$$p_\mu \ (\mu = 1, 2, \ldots, m), \qquad \operatorname{Re} p_\mu < 0,$$

$$q_\mu \ (\mu = 1, 2, \ldots, n), \qquad \operatorname{Re} q_\mu = 0,$$

bezeichnet. Die Größen m und n dürfen auch Unendlich sein. Wie im Abschnitt 2 ausgeführt wurde, läßt sich dann die Funktion $f(t)$ als

$$f(t) = s(t) \left[\sum_{\mu=1}^{m} a_\mu \, e^{p_\mu t} + \sum_{\mu=1}^{n} b_\mu \, e^{q_\mu t} \right] \tag{45}$$

schreiben.[1])
Die erste in Gl. (45) auftretende Summe stellt den sogenannten flüchtigen Anteil dar, der für $t \to \infty$ verschwindet, da die Realteile der entsprechenden Exponentialfaktoren p_μ negativ sind. Die zweite Summe liefert den gesuchten stationären Anteil $f_s(t)$. Häufig treten unendlich viele Pole q_μ in konjugiert komplexen Paaren auf, die äquidistant auf der imaginären Achse verteilt sind. In einem derartigen Fall darf damit gerechnet werden, daß der stationäre Anteil eine *periodische* Funktion ist. Eine in $t \geqq 0$ periodische Funktion $g(t)$, die im Periodizitätsintervall der Länge T stückweise glatt ist, besitzt nämlich die Laplace-Transformierte

$$G_I(p) = \int_0^\infty g(t) \, e^{-pt} \, dt = \int_0^T \cdots + \int_T^{2T} \cdots + \int_{2T}^{3T} \cdots + \cdots$$

$$= \int_0^T g(t) \, e^{-pt} \, dt [1 + e^{-pT} + e^{-2pT} + \cdots]$$

oder

$$G_I(p) = \frac{G_0(p)}{1 - e^{-pT}}. \tag{46}$$

Dabei ist $G_0(p)$ die Laplace-Transformierte der Funktion $g_0(t)$, die im Intervall $0 \leqq t \leqq T$ mit $g(t)$ übereinstimmt und außerhalb dieses Intervalls gleich Null ist; $G_0(p)$ hat in der endlichen p-Ebene keine Singularitäten. Aus Gl. (46) ersieht man damit, daß die Funktion $G_I(p)$ in der endlichen p-Ebene nur die einfachen Pole $p = \pm 2\pi\mu j / T$ ($\mu = 0, 1, 2, \ldots$) hat, sofern diese sich nicht gegen Nullstellen von $G_0(p)$ wegkürzen.

---

[1]) Die Pole q_μ werden als einfach vorausgesetzt, damit $f_s(t)$ für $t \to \infty$ nicht über alle Grenzen wächst. Ist p_μ ein mehrfacher Pol, so stellt a_μ natürlich ein Polynom in t dar.

Eine Funktion $G_I(p)$ ist also die Laplace-Transformierte einer in $t \geqq 0$ periodischen Zeitfunktion $g(t)$ mit der (kleinsten) Periode T, sofern $G_I(p)$ nur einfache Pole der Form $\pm 2\pi\mu \mathrm{j}/T$ (μ natürliche Zahl) hat und falls die dem Produkt $G_I(p)\,(1 - \mathrm{e}^{-pT})$ entsprechende Zeitfunktion außerhalb des Intervalls $0 \leqq t \leqq T$ verschwindet.
Aufgrund der vorausgegangenen Überlegungen wird man die oben genannte Funktion $F_I(p)$ zur Bestimmung ihres stationären Zeitanteils zerlegen in die Summe einer Funktion, die alle Pole von $F_I(p)$ in $\operatorname{Re} p < 0$ umfaßt, und die Restfunktion mit Polen auf $\operatorname{Re} p = 0$. Diese Restfunktion liefert nach vorstehenden Gesichtspunkten den stationären Zeitanteil.

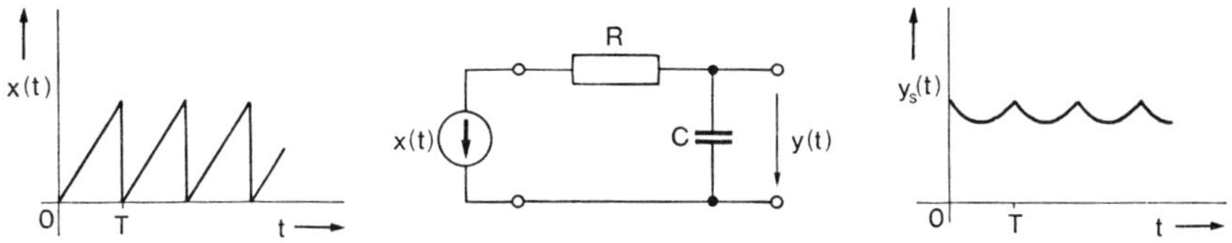

Bild 111: Reihenschaltung eines ohmschen Widerstands und einer Kapazität. Die Reaktion auf die Sägezahnspannung $x(t)$ ist $y(t)$. Dargestellt ist nur der stationäre Anteil von $y(t)$

Beispiel: An der Reihenschaltung eines ohmschen Widerstands R und einer Kapazität C (Bild 111) wirke die Sägezahnspannung

$$x(t) = \begin{cases} 0 & \text{für } t < 0 \\ x_0 t & \text{für } 0 \leqq t < T, \end{cases}$$

$$x(t + T) = x(t) \quad \text{für } t \geqq 0.$$

Es soll der stationäre Zustand der Spannung $y(t)$ an der Kapazität bestimmt werden. Die Übertragungsfunktion der Schaltung lautet mit $a = 1/RC$

$$H(p) = \frac{a}{a + p}, \tag{47}$$

wie man der Schaltung direkt entnehmen kann. Nach einigen Zwischenrechnungen erhält man gemäß Gl. (46) für die Laplace-Transformierte der Eingangsgröße

$$X(p) = \frac{x_0}{p^2}\,[1 - \mathrm{e}^{-Tp}(1 + Tp)] \cdot \frac{1}{1 - \mathrm{e}^{-pT}}. \tag{48}$$

Mit Hilfe der Gln. (47) und (48) wird die Laplace-Transformierte des Ausgangssignals

$$Y(p) = H(p)\,X(p) = \frac{x_0 a}{p^2(a + p)} - \frac{x_0 a T\,\mathrm{e}^{-pT}}{p(a + p)\,(1 - \mathrm{e}^{-pT})}. \tag{49}$$

Diese Funktion läßt sich in der Form

$$Y(p) = \frac{A}{p + a} + Y_s(p) \tag{50a}$$

mit

$$A = \frac{x_0[1 - \mathrm{e}^{aT}(1 - aT)]}{a(1 - \mathrm{e}^{aT})} \tag{50b}$$

darstellen. Dabei ist $Y_s(p)$ die Laplace-Transformierte des stationären Anteils $y_s(t)$ von $y(t)$. Sie weist die Eigenschaft der Laplace-Transformierten einer periodischen Funktion mit der Periode T auf. Aus den Gln. (49) und (50a) erhält man

$$Y_s(p) = \frac{x_0 a}{p^2(a+p)} - \frac{A}{p+a} - \{\cdots\}\, e^{-pT}.$$

Nur die ersten beiden Summanden auf der rechten Seite dieser Gleichung liefern im Zeitbereich einen Beitrag zur Funktion $y_s(t)$ im Periodizitätsintervall $0 \leqq t \leqq T$, während die Zeitfunktion des mit dem Faktor e^{-pT} behafteten Summanden in diesem Intervall verschwindet. Auf diese Weise ergibt sich

$$y_s(t) = -\frac{x_0}{a} + x_0 t + \left(\frac{x_0}{a} - A\right) e^{-at},$$

$$0 \leqq t \leqq T.$$

Diese Funktion hat man sich periodisch nach rechts fortgesetzt zu denken.

4. Die Z-Transformation

In den vorausgegangenen Abschnitten wurde die Laplace-Transformation als nützliches Hilfsmittel zur Beschreibung kontinuierlicher Signale und Systeme eingeführt. Die entsprechende Methode im diskontinuierlichen Fall ist die Z-Transformation. Sie wird im folgenden wie die Laplace-Transformation aus der Fourier-Transformation begründet, und sie besitzt ähnliche Eigenschaften.

4.1. Die Grundgleichungen der Z-Transformation

Im Kapitel III wurde aufgrund der Gl. (115b) das Spektrum $F(e^{j\omega T})$ einer diskontinuierlichen Zeitfunktion $f(n)$ eingeführt und zugleich gezeigt, daß mit Hilfe der Gl. (115a) die Werte $f(n)$ aus $F(e^{j\omega T})$ gewonnen werden können. Hierbei wurde, um die Existenz der Beziehungen zu gewährleisten, die absolute Summierbarkeit von $f(n)$ vorausgesetzt.
Es sei nun $f(n)$ eine beliebige diskontinuierliche Zeitfunktion, von der folgendes vorausgesetzt wird: Es existiere eine positive Konstante $\varrho_{\min}$, mit welcher

$$\lim_{n\to\infty} \varrho^{-n} f(n) = 0 \quad \text{für} \quad \varrho > \varrho_{\min} \tag{51a}$$

gilt, während dieser Grenzwert für $0 < \varrho < \varrho_{\min}$ nicht vorhanden ist, und es existiere eine zweite positive Konstante $\varrho_{\max}$, mit der

$$\lim_{n\to\infty} \varrho^{-n} f(-n) = 0 \quad \text{für} \quad \varrho > \frac{1}{\varrho_{\max}},$$

d. h.

$$\lim_{n\to-\infty} \varrho^{-n} f(n) = 0 \quad \text{für} \quad \varrho < \varrho_{\max} \tag{51b}$$

gilt, während für $\varrho > \varrho_{\max}$ dieser Grenzwert nicht vorhanden ist. Ist $f(n) = 0$ für $n > N$, dann wird $\varrho_{\min} = 0$ gesetzt, und entsprechend ist $\varrho_{\max} = \infty$, falls $f(n) = 0$ für $n < -M$

gilt. Besteht die Beziehung $\varrho_{\min} < \varrho_{\max}$, so läßt sich im Intervall $(\varrho_{\min}, \varrho_{\max})$ irgendein ϱ wählen, mit dem die diskontinuierliche Zeitfunktion

$$g(n) = \varrho^{-n} f(n)$$

gebildet werden kann, und angesichts der Gln. (51a, b) ist $g(n)$ absolut summierbar. Die spektrale Beschreibung von $g(n)$ gemäß den Gln. (115a, b) von Kapitel III konvergiert damit. Man erhält daher für $g(n)$ das Spektrum

$$G(e^{j\omega T}) = \sum_{n=-\infty}^{\infty} \varrho^{-n} f(n)\, e^{-j\omega n T}, \tag{52}$$

und $g(n) = \varrho^{-n} f(n)$ läßt sich durch die Beziehung

$$\varrho^{-n} f(n) = \frac{T}{2\pi} \int_{-\omega_g}^{\omega_g} G(e^{j\omega T})\, e^{j\omega n T}\, d\omega \tag{53}$$

mit $\omega_g = \pi/T$ ausdrücken. Die Gl. (53) wird auf beiden Seiten mit ϱ^n durchmultipliziert und sodann die variable Kreisfrequenz ω durch die komplexwertige Variable

$$z = \varrho\, e^{j\omega T}$$

ersetzt. Dann lassen sich die Gln. (52) und (53) mit der Abkürzung $G(z/\varrho) = F(z)$ und mit $dz = jT\varrho\, e^{j\omega T}\, d\omega$ auf die Form

$$F(z) = \sum_{n=-\infty}^{\infty} f(n)\, z^{-n} \tag{54}$$

bzw.

$$f(n) = \frac{1}{2\pi j} \oint_{|z|=\varrho} F(z)\, z^{n-1}\, dz \tag{55}$$

$$(\varrho_{\min} < \varrho < \varrho_{\max})$$

bringen. Dabei ist zu beachten, daß die Variable z als Punkt in einer komplexen Ebene den Kreis um den Ursprung mit Radius ϱ einmal im Gegenuhrzeigersinn durchläuft, wenn ω das Intervall von $-\omega_g = -\pi/T$ bis $\omega_g = \pi/T$ überstreicht, d. h., das Integral in Gl. (55) ist längs des Kreises $|z| = \varrho$ im Gegenuhrzeigersinn zu erstrecken. Die Gln. (54) und (55) bilden die Grundgleichungen der Z-Transformation. Die Funktion $F(z)$ heißt *Z-Transformierte* von $f(n)$; sie existiert, wenn die durch die Gln. (51a, b) erklärten Konstanten die Bedingung

$$0 \leqq \varrho_{\min} < \varrho_{\max} \leqq \infty$$

erfüllen, und zwar für alle komplexen z-Werte mit der Eigenschaft

$$\varrho_{\min} < |z| < \varrho_{\max}. \tag{56}$$

In der komplexen z-Ebene existiert also die Z-Transformierte $F(z)$ in dem durch die Ungleichung (56) gegebenen Ringgebiet (Bild 112), und sie stellt dort eine analytische

Funktion dar. Außerhalb dieses Ringgebietes konvergiert die Reihe Gl. (54) allgemein nicht, weshalb dort die Gl. (54) ihren Sinn verliert. Allerdings kann die Funktion $F(z)$ durch analytische Fortsetzung im allgemeinen auch auf ein größeres Gebiet ausgedehnt werden. In der Sprache der Funktionentheorie ist $F(z)$ nach Gl. (54) in Form einer Laurent-Reihe um $z = 0$ dargestellt. Der Integrationsweg in der Gl. (55), welche die Umkehrung der Z-Transformation leistet, muß ganz innerhalb des Ringgebietes (56) verlaufen.

Die durch die Z-Transformation gegebene Zuordnung soll künftig in der symbolischen Form

$$f(n) \circ\!\!-\!\!\bullet\, F(z)$$

ausgedrückt werden.

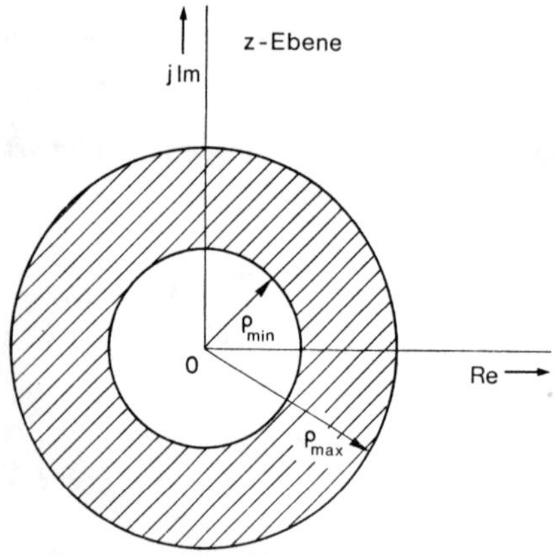

Bild 112: Ebene der komplexen Zahlen z. Im schraffierten Gebiet $\varrho_{\min} < |z| < \varrho_{\max}$ konvergiert die Z-Transformierte Gl. (54)

Im Sonderfall einer kausalen Zeitfunktion $f(n)$, die also für $n < 0$ verschwindet, ist gemäß Gl. (51b) $\varrho_{\max} = \infty$, und das Konvergenzgebiet entartet zum Kreisgebiet $|z| > \varrho_{\min}$, das den Punkt $z = \infty$ enthält. In diesem Fall spricht man in Analogie zur einseitigen Laplace-Transformation von der einseitigen Z-Transformation, wobei in Gl. (54) die Summation erst bei $n = 0$ beginnt. Die (zweiseitige) Z-Transformierte einer Funktion $f(n)$ kann immer in der Form

$$F(z) = F^+(z) + F^-(z)$$

geschrieben werden, wobei

$$F^+(z) = \sum_{n=0}^{\infty} f(n)\, z^{-n}, \qquad |z| > \varrho_{\min}$$

und

$$F^-(z) = \sum_{n=-\infty}^{-1} f(n)\, z^{-n}, \qquad |z| < \varrho_{\max}$$

gilt, so daß $F^+(z)$ dem kausalen Anteil und $F^-(z)$ dem akausalen Anteil von $f(n)$ zugeordnet ist.

Als Beispiele für die Z-Transformation seien zunächst die folgenden leicht zu verifizierenden Korrespondenzen aufgeführt; hierbei bedeutet a eine von Null verschiedene Konstante:

$$\delta(n) \circ\!\!-\!\!\bullet\ 1 \qquad (0 \leqq |z| \leqq \infty), \tag{57}$$

$$s(n) \circ\!\!-\!\!\bullet \sum_{n=0}^{\infty} z^{-n} = \frac{1}{1-\dfrac{1}{z}} = \frac{z}{z-1} \qquad (|z| > 1), \tag{58}$$

$$s(n)\, a^n \circ\!\!-\!\!\bullet \sum_{n=0}^{\infty} \left(\frac{z}{a}\right)^{-n} = \frac{z}{z-a} \qquad (|z| > |a|). \tag{59}$$

Stellt man $s(n)\, a^n$ mit Hilfe seiner Z-Transformierten $z/(z-a)$ aufgrund von Gl. (55) dar, dann erhält man

$$s(n)\, a^n = \frac{1}{2\pi \mathrm{j}} \oint\limits_{|z|=\varrho>|a|} \frac{z}{z-a}\, z^{n-1}\, \mathrm{d}z.$$

Diese Gleichung wird auf beiden Seiten m-mal nach a differenziert. Dadurch ergibt sich

$$s(n)\, n(n-1) \ldots (n-m+1)\, a^{n-m} = \frac{1}{2\pi \mathrm{j}} \oint\limits_{|z|=\varrho>|a|} \frac{m!\,z}{(z-a)^{m+1}}\, z^{n-1}\, \mathrm{d}z.$$

Dieser Beziehung entnimmt man direkt die Korrespondenz

$$s(n) \binom{n}{m} a^{n-m} \circ\!\!-\!\!\bullet \frac{z}{(z-a)^{m+1}} \qquad (|z| > |a|). \tag{60}$$

Entsprechend zu obigen Korrespondenzen lassen sich die weiteren Korrespondenzen begründen:

$$s(-n-1)\, a^n \circ\!\!-\!\!\bullet \sum_{n=-\infty}^{-1} a^n z^{-n} = \frac{-z}{z-a} \qquad (|z| < |a|), \tag{61}$$

$$s(-n-1) \binom{n}{m} a^{n-m} \circ\!\!-\!\!\bullet \frac{-z}{(z-a)^{m+1}} \qquad (|z| < |a|). \tag{62}$$

Man beachte, daß die Funktionen $s(n)\, a^n$ und $-s(-n-1)\, a^n$ dieselbe Z-Transformierte aufweisen, allerdings mit wesentlich unterschiedlichen Konvergenzgebieten. Insbesondere in den Fällen, in denen nicht bekannt ist, ob die zugehörige Zeitfunktion kausal oder akausal ist, muß daher unbedingt das Konvergenzgebiet spezifiziert sein. Abschließend sei noch bemerkt, daß die Grundgleichungen (54) und (55) der Z-Transformation für $z = \mathrm{e}^{\mathrm{j}\omega T}$ in die Gln. (115a, b) aus Kapitel III übergehen, sofern der Einheitskreis $|z| = 1$ im Konvergenzgebiet enthalten ist oder der Einheitskreis Rand des Konvergenzgebietes ist und $F(z)$ in diesem Gebiet einschließlich des Einheitskreises $|z| = 1$ stetig ist.

4.2. Eigenschaften der Z-Transformation

Die Z-Transformation besitzt ähnliche Eigenschaften wie die Laplace-Transformation, deren wichtigste direkt den Grundgleichungen (54) und (55) entnommen werden können. Soweit die Beweise besonders einfach sind, werden sie dem Leser zur Übung überlassen.

a) Linearität

Aus den Korrespondenzen

$$f_1(n) \circ\!-\!\bullet F_1(z), \qquad f_2(n) \circ\!-\!\bullet F_2(z)$$

folgt, sofern sich die Konvergenzgebiete G_1 und G_2 der beiden Z-Transformierten überlappen, mit willkürlichen Konstanten c_1 und c_2

$$c_1 f_1(n) + c_2 f_2(n) \circ\!-\!\bullet c_1 F_1(z) + c_2 F_2(z),$$

wobei diese Z-Transformierte im Durchschnittsgebiet von G_1 und G_2 konvergiert.

b) Verschiebung

Aus der Korrespondenz

$$f(n) \circ\!-\!\bullet F(z)$$

folgt mit einem beliebigen ganzzahligen m

$$f(n-m) \circ\!-\!\bullet z^{-m} F(z). \tag{63a}$$

Ist $f(n)$ kausal und damit $F(z)$ einseitige Z-Transformierte, dann ist die rechte Seite der Korrespondenz (63a) nur für $m > 0$ eine einseitige Z-Transformierte; für $m < 0$ ist sie als eine zweiseitige Z-Transformierte zu betrachten. Ist $f(n)$ eine nicht notwendig kausale Zeitfunktion, dann folgen aus

$$s(n)\, f(n) \circ\!-\!\bullet F^+(z),$$

also mit Hilfe der einseitigen Z-Transformierten $F^+(z)$ von $f(n)$ die Korrespondenzen

$$s(n)\, f(n-m) \circ\!-\!\bullet z^{-m} F^+(z) + f(-1)\, z^{-m+1} + f(-2)\, z^{-m+2} + \cdots + f(-m) \tag{63b}$$

und

$$s(n)\, f(n+m) \circ\!-\!\bullet z^m F_I(z) - f(0)\, z^m - f(1)\, z^{m-1} - \cdots - f(m-1)\, z. \tag{63c}$$

c) Multiplikation mit n

Durch Differentiation der Gl. (54) nach z und anschließende Multiplikation des Resultats mit $-z$ entsteht die nützliche Korrespondenz

$$n f(n) \circ\!-\!\bullet -z \frac{\mathrm{d}F(z)}{\mathrm{d}z}. \tag{64}$$

d) Faltung

Aus den Korrespondenzen

$$f_1(n) \circ\!-\!\bullet F_1(z), \qquad f_2(n) \circ\!-\!\bullet F_2(z)$$

folgt, sofern sich die Konvergenzgebiete G_1 und G_2 der Z-Transformierten $F_1(z)$ bzw. $F_2(z)$ überlappen

$$\sum_{\nu=-\infty}^{\infty} f_1(\nu)\, f_2(n-\nu) \circ\!-\!\bullet F_1(z)\, F_2(z), \tag{65}$$

wobei diese Z-Transformierte im Durchschnitt von G_1 und G_2 konvergiert.

e) Produkt

Für das Produkt zweier Zeitfunktionen $f_1(n)$ und $f_2(n)$ mit den zugehörigen Z-Transformierten $F_1(z)$ bzw. $F_2(z)$ gilt die Korrespondenz

$$f_1(n)\, f_2(n) \circ\!-\!\bullet \frac{1}{2\pi j} \oint F_1(\zeta)\, F_2\left(\frac{z}{\zeta}\right) \frac{d\zeta}{\zeta}. \tag{66}$$

Hierbei ist das zulässige Gebiet für z dadurch festgelegt, daß sich die Konvergenzgebiete von $F_1(\zeta)$ und $F_2(z/\zeta)$ in der ζ-Ebene überlappen, und das Integral ist dort auf einem Kreis um den Ursprung im Überdeckungsbereich auszuwerten.

Zum Beweis schreibt man die Z-Transformierte $F(z)$ von $f_1(n)\, f_2(n)$ in der Form

$$F(z) = \sum_{n=-\infty}^{\infty} f_1(n)\, f_2(n)\, z^{-n} = \sum_{n=-\infty}^{\infty} f_2(n) \left[\frac{1}{2\pi j} \oint F_1(\zeta)\, \zeta^{n-1}\, d\zeta\right] z^{-n}.$$

Vertauscht man nun die Reihenfolge von Summation und Integration, dann ergibt sich

$$F(z) = \frac{1}{2\pi j} \oint F_1(\zeta) \sum_{n=-\infty}^{\infty} f_2(n) \left(\frac{z}{\zeta}\right)^{-n} \frac{d\zeta}{\zeta},$$

und hieraus resultiert die angegebene Korrespondenz.

f) Spiegelung

Aus der Korrespondenz

$$f(n) \circ\!-\!\bullet F(z) \qquad (\varrho_{\min} < |z| < \varrho_{\max})$$

folgt

$$f^*(-n) \circ\!-\!\bullet F^*\left(\frac{1}{z^*}\right) \qquad \left(\frac{1}{\varrho_{\max}} < |z| < \frac{1}{\varrho_{\min}}\right).$$

Ist $f(n)$ eine reelle Zeitfunktion, so gilt $F^*(1/z^*) = F(1/z)$.

g) Parsevalsche Formel

Aus den Korrespondenzen

$$f_1(n) \circ\!-\!\bullet F_1(z) \qquad (\varrho_{1,\min} < 1 < \varrho_{1,\max})$$

und

$$f_2(n) \circ\!-\!\bullet F_2(z) \qquad (\varrho_{2,\min} < 1 < \varrho_{2,\max})$$

folgt mit $\omega_g = \pi/T$

$$\sum_{n=-\infty}^{\infty} f_1(n)\, f_2^*(n) = \frac{1}{2\omega_g} \int_{-\omega_g}^{\omega_g} F_1(e^{j\omega T})\, F_2^*(e^{j\omega T})\, d\omega.$$

Zum Beweis dieser Formel wird in der Faltungskorrespondenz $f_2(n)$ durch $f_2^*(-n)$ ersetzt und die Spiegelungseigenschaft berücksichtigt. Dadurch erhält man

$$\sum_{\nu=-\infty}^{\infty} f_1(\nu)\, f_2^*(-n+\nu) \circ\!-\!\bullet F_1(z)\, F_2^*\left(\frac{1}{z^*}\right).$$

Wendet man auf diese Korrespondenz die Umkehrformel Gl. (55) für $z = 1/z^* = e^{j\omega T}$ und $n = 0$ an, so ergibt sich obiges Ergebnis.
Liegt der Einheitskreis im Konvergenzbereich der in Korrespondenz (66) angegebenen Z-Transformierten, dann ergibt sich durch Auswertung dieser Korrespondenz für $z = 1$ und Übergang von $f_2(n)$ zu $f_2^*(n)$ die Beziehung

$$\sum_{n=-\infty}^{\infty} f_1(n)\, f_2^*(n) = \frac{1}{2\pi j} \oint F_1(\zeta)\, F_2^*\left(\frac{1}{\zeta^*}\right) \frac{d\zeta}{\zeta},$$

aus der die Parsevalsche Formel abgeleitet werden kann, sofern als Integrationsweg der Einheitskreis gewählt werden darf und $\zeta = e^{j\omega T}$ gesetzt wird.

h) Anfangs- und Endwert-Eigenschaften

Es konvergiere die Z-Transformierte $F(z)$ einer Zeitfunktion $f(n)$ im Kreisgebiet $|z| > \varrho_{\min}$ abgesehen von einem möglichen Pol in $z = \infty$, es gelte also $\varrho_{\max} = \infty$. Dann existiert mit einem geeigneten ganzzahligen m der Grenzwert

$$\lim_{z\to\infty} z^m F(z) = A, \tag{67a}$$

und es gilt

$$f(m) = A. \tag{67b}$$

Zum Beweis dieser Beziehung braucht man nur zu beachten, daß angesichts der Voraussetzungen über $F(z)$ in der Summendarstellung nach Gl. (54) die Summation nicht von $n = -\infty$, sondern erst von $n = -M$ an zu führen ist, wobei dieser Index den ersten nicht verschwindenden Summanden kennzeichnet. Ist $M > 0$, so hat $F(z)$ in $z = \infty$ einen Pol der Ordnung M; andernfalls ist $F(\infty)$ endlich. Bildet man mit der so reduzierten Summendarstellung von $F(z)$ den Grenzwert in Gl. (67a) mit $m = -M$, dann ergibt sich direkt $f(m)$.

Ist insbesondere $f(n)$ ein kausales Signal, dann gilt

$$f(0) = \lim_{z\to\infty} F(z). \tag{67c}$$

Befindet sich der Einheitskreis $|z| = 1$ innerhalb des Konvergenzgebietes der Z-Transformierten $F(z)$ von $f(n)$, so haben die Grundgleichungen (54) und (55) für $z = e^{j\omega T}$ die Form der Gln. (115a, b) von Kapitel III; die Reihe Gl. (115b) kann aber nur konvergieren, wenn

$$f(n) \to 0 \quad \text{für} \quad n \to \pm\infty$$

gilt. Ist $f(n)$ kausal und gilt $\varrho_{\min} = 1$, wobei $F(z)$ abgesehen von einem möglichen einfachen Pol an der Stelle $z = 1$ in $|z| \geqq 1$ analytisch sei, dann gilt

$$\lim_{n\to\infty} f(n) = \lim_{z\to 1} \left[F(z) - \frac{1}{z} F(z)\right].$$

Dies läßt sich unmittelbar aus der Beziehung

$$F(z) - \frac{1}{z} F(z) = \lim_{N\to\infty} \sum_{n=0}^{N} [f(n) - f(n-1)]\, z^{-n}$$

ableiten, wenn man den Grenzübergang $z \to 1$ durchführt und dabei auf der rechten Seite die Reihenfolge der Limes-Operationen vertauscht.

Ist demnach die Z-Transformierte $F(z)$ einer kausalen Zeitfunktion $f(n)$ rational und liegen alle Pole in $|z| < 1$, dann strebt $f(n)$ für $n \to \infty$ gegen Null.

4.3. *Umkehrung der Z-Transformation*

Grundsätzlich läßt sich eine diskontinuierliche Zeitfunktion $f(n)$ aus ihrer Z-Transformierten $F(z)$ mit Hilfe der Umkehrformel Gl. (55) ausdrücken. Das hierbei auftretende komplexe Integral kann in vielen Fällen mit Hilfe der Residuenmethode entsprechend wie bei der Laplace-Transformation ausgewertet werden, wobei der Integrationsweg $|z| = \varrho$ nicht abgeändert zu werden braucht. Sind alle Singularitäten von $F(z)$ Pole und sind A_μ die Residuen an den endlichen Polen von $F(z) \cdot z^{n-1}$ innerhalb und B_ν die Residuen an den endlichen Polen von $F(z) \cdot z^{n-1}$ außerhalb des Integrationsweges, dann gilt

$$f(n) = \sum_\mu A_\mu$$

oder

$$f(n) = -\sum_\nu B_\nu - B_\infty,$$

wobei B_∞ das Residuum der Funktion $F(z)\, z^{n-1}$ an der Stelle $z = \infty$ bedeutet und die erste Beziehung durch Anwendung des Residuensatzes auf das Innere des Integrationsweges und die zweite Beziehung durch Anwendung des Residuensatzes auf das Äußere des Integrationsweges entsteht. Es empfiehlt sich, im Einzelfall zu entscheiden, welche der beiden Formeln günstiger ausgewertet werden kann. Prinzipiell kann das Umkehrintegral auch numerisch berechnet werden.
Besonders einfach läßt sich die Z-Transformation ohne direkte Verwendung der Umkehrformel invertieren, wenn die Z-Transformierte $F(z)$ in Form einer Laurent-Reihe

$$F(z) = \sum_{n=-\infty}^{\infty} a_n z^{-n} \tag{68}$$

vorliegt, welche im Konvergenzgebiet von $F(z)$ konvergiert. Dann gilt, wie ein Vergleich mit Gl. (54) lehrt,

$$f(n) = a_n.$$

Ist $F(z)$ nicht unmittelbar in Form der Gl. (68) gegeben, dann muß die zugehörige Zeitfunktion $f(n)$, wenn die Umkehrformel nicht direkt ausgewertet werden soll, dadurch ermittelt werden, daß $F(z)$ unter Berücksichtigung des Konvergenzgebietes $\varrho_{\min} < |z| < \varrho_{\max}$ geeignet umgeformt wird. Auf zwei derartige Möglichkeiten wird im folgenden eingegangen.

Eine *erste* Möglichkeit, $f(n)$ aus $F(z)$ einfach zu ermitteln, ist die *Laurent-Reihenentwicklung* von $F(z)$ im Konvergenzgebiet. Die hierbei entstehenden Koeffizienten liefern dann direkt $f(n)$.

Als Beispiel sei die Z-Transformierte

$$F(z) = \frac{-1}{(z-1)(z-2)} \qquad (1 < |z| < 2) \tag{69}$$

betrachtet. Schreibt man $F(z)$ als Partialbruchsumme

$$F(z) = \frac{1}{z-1} - \frac{1}{z-2},$$

so muß der erste Summand $1/(z-1)$ mit dem Pol $z = 1$, um Konvergenz im Konvergenzgebiet $1 < |z| < 2$ zu erzielen, um $z = \infty$, d. h. als Potenzreihe in Potenzen von $1/z$, entwickelt werden. Man erhält

$$\frac{1}{z-1} = \frac{1/z}{1-\frac{1}{z}} = \sum_{n=1}^{\infty} \frac{1}{z^n}.$$

Der zweite Partialbruchsummand $-1/(z-2)$ mit dem Pol $z = 2$ muß, um Konvergenz im Konvergenzgebiet $1 < |z| < 2$ zu erzielen, um $z = 0$, d. h. als Potenzreihe in Potenzen von z, entwickelt werden. Man erhält

$$\frac{-1}{z-2} = \frac{1/2}{1-\frac{z}{2}} = \sum_{\nu=0}^{\infty} \frac{1}{2^{\nu+1}} z^{\nu}.$$

Substituiert man bei der Entwicklung des zweiten Summanden ν durch $-n$, dann kann zusammenfassend

$$F(z) = \sum_{n=-\infty}^{0} 2^{n-1} z^{-n} + \sum_{n=1}^{\infty} z^{-n}$$

geschrieben werden. Hieraus folgt

$$f(n) = \begin{cases} 2^{n-1} & \text{für} \quad n \leq 0, \\ 1 & \text{für} \quad n > 0. \end{cases}$$

Ist das Konvergenzgebiet von $F(z)$ Gl. (69) der Kreis $|z| > 2$, dann ist der Z-Transformierten $F(z)$ eine andere Zeitfunktion $f(n)$ zugeordnet, weil dann der Partialbruchsummand $-1/(z-2)$ nach Potenzen von $1/z$, also in der Form

$$\frac{-1}{z-2} = \frac{-1/z}{1-\frac{2}{z}} = -\frac{1}{z}\left(1 + \frac{2}{z} + \frac{2^2}{z^2} + \cdots\right)$$

entwickelt werden muß. Ist das Konvergenzgebiet von $F(z)$ der Kreis $|z| < 1$, dann müssen beide Partialbruchsummanden von $F(z)$ nach Potenzen von z entwickelt werden. Man sieht also, wie $f(n)$ außer von $F(z)$ wesentlich noch vom Konvergenzgebiet abhängt.

Eine *zweite* Möglichkeit, $f(n)$ aus $F(z)$ zu ermitteln, ist die Verwendung bekannter *Korrespondenzen*. Dazu muß man $F(z)$ als Summe von Funktionen $\Phi_\varkappa(z)$ darstellen, deren Zeitfunktionen $\varphi_\varkappa(n)$ aufgrund bekannter Korrespondenzen angegeben werden können. Dann ergibt sich $f(n)$ als Summe der Funktionen $\varphi_\varkappa(n)$. Diese Methode läßt sich besonders elegant anwenden, wenn $F(z)$ eine rationale Funktion ist. Dabei darf angenommen werden, daß der Grad des Zählerpolynoms nicht größer ist als der Grad des Nennerpolynoms. Andernfalls läßt sich dies durch Division dieser Polynome erreichen, wobei das zusätzlich auftretende Polynom direkt in den Zeitbereich transformiert werden kann. Unter dieser Voraussetzung kann dann $F(z)/z$, dessen Polstellen mit z_μ ($\mu = 1, 2, \ldots, l$) bezeichnet werden, in Form einer Partialbruchdarstellung geschrieben werden (man vergleiche Abschnitt 2.1), und man erhält dann $F(z)$ als Summe von Termen der Art

$$\Phi_\varkappa(z) = \frac{A_{\mu\nu}z}{(z - z_\mu)^\nu} \qquad (\nu = 1, 2, \ldots, r_\mu;\ \mu = 1, 2, \ldots, l),$$

deren entsprechende Zeitfunktionen $\varphi_\varkappa(n)$ für $z_\mu \neq 0$ aus den Korrespondenzen (60) bzw. (62) folgen, je nachdem ob der betreffende Pol z_μ dem Betrage nach kleiner als $\varrho_{\min}$ oder größer als $\varrho_{\max}$ ist. Im Falle $z_\mu = 0$ hat $\Phi_\varkappa(z)$ die Form $A_{\mu\nu}/z^{\nu-1}$, und die entsprechende Zeitfunktion $\varphi_\varkappa(n)$ ist $A_{\mu\nu}\delta(n - \nu + 1)$.

Als Beispiel sei die Z-Transformierte

$$F(z) = \frac{-2z^3 - 3z^2 + 11z}{(z + 2)(z - 1)^2}, \qquad 1 < |z| < 2,$$

gewählt. Man erhält zunächst

$$\frac{F(z)}{z} = \frac{1}{z + 2} + \frac{2}{(z - 1)^2} - \frac{3}{z - 1}.$$

Mit den Korrespondenzen

$$\frac{z}{z + 2} \bullet\!\!-\!\!\circ -s(-n - 1)(-2)^n, \qquad (|z| < 2)$$

$$\frac{2z}{(z - 1)^2} \bullet\!\!-\!\!\circ 2s(n)\binom{n}{1}1^{n-1}, \qquad (|z| > 1)$$

$$\frac{-3z}{z - 1} \bullet\!\!-\!\!\circ -3s(n)\,1^n \qquad (|z| > 1)$$

erhält man damit als Inverse von $F(z)$ die Zeitfunktion

$$f(n) = s(n)(2n - 3) - s(-n - 1)(-2)^n.$$

4.4. *Die Übertragungsfunktion für komplexe z-Werte*

Es wird ein diskontinuierliches, lineares, zeitinvariantes, stabiles und kausales System mit einem Eingang und einem Ausgang betrachtet. Als Eingangsgrößen seien nur kausale Signale $x(n)$ zugelassen. Nach Kapitel III, Gl. (17) ist die Übertragungsfunktion $H(e^{j\omega T})$ aus der Impulsantwort $h(n)$ aufgrund der Beziehung

$$H(e^{j\omega T}) = \sum_{n=0}^{\infty} h(n)\, e^{-j\omega nT} \tag{70a}$$

gegeben, und die Reihe auf der rechten Seite von Gl. (70a) konvergiert wegen der vorausgesetzten Stabilität, da nach Kapitel I, Abschnitt 2.6

$$\sum_{n=0}^{\infty} |h(n)| < \infty$$

gilt. Aus Gl. (70a) entsteht, wenn man $e^{j\omega T}$ durch die Variable z substituiert, die Z-Transformierte der Impulsantwort $h(n)$, nämlich

$$H(z) = \sum_{n=0}^{\infty} h(n)\, z^{-n}, \tag{70b}$$

welche jedenfalls für $|z| \geqq 1$ konvergiert und damit im Gebiet $|z| > 1$ analytisch und in $|z| \geqq 1$ stetig ist. Es ist möglich, daß der Konvergenzkreis $|z| > \varrho_{\min}$ einen Radius $\varrho_{\min} < 1$ besitzt. Die Übertragungsfunktion $H(e^{j\omega T})$ Gl. (70a) kann demzufolge als Sonderfall der Z-Transformierten $H(z)$ Gl. (70b) mit $z = e^{j\omega T}$ betrachtet werden. Anders ausgedrückt heißt dies, daß die Z-Transformierte $H(z)$ als Fortsetzung der Funktion $H(e^{j\omega T})$ vom Einheitskreis in die z-Ebene aufgefaßt werden kann. Man bezeichnet daher auch $H(z)$ für $z \neq e^{j\omega T}$ als Übertragungsfunktion des Systems.

Unterwirft man die Gl. (46b) aus Kapitel I, welche das Ausgangssignal $y(n)$ des vorliegenden Systems als Faltung des Eingangssignals $x(n)$ mit der Impulsantwort $h(n)$ ausdrückt, der Z-Transformation, so erhält man aufgrund der Faltungs-Eigenschaft der Z-Transformation

$$Y(z) = H(z)\, X(z), \tag{71}$$

wobei $X(z)$ die Z-Transformierte von $x(n)$ und $Y(z)$ die von $y(n)$ bedeutet. Läßt man Eingangssignale $x(n)$ zu, die nicht notwendig kausal zu sein brauchen, so konvergiert $Y(z)$ im Ringgebiet, das als Durchschnitt des Konvergenzkreises von $H(z)$ und des Konvergenzringgebietes von $X(z)$ entsteht.

Von einem *realisierbaren* diskontinuierlichen System spricht man hier, wenn sein durch $H(z)$ charakterisiertes Übertragungsverhalten durch eine Anordnung aus endlich vielen Verzögerungsgliedern mit gleicher Verzögerungszeit T, Multiplizierern und Addierern verwirklicht werden kann. Ein realisierbares diskontinuierliches System muß demnach kausal sein und als Übertragungsfunktion eine rationale, reelle Funktion

$$H(z) = \frac{\beta_q + \beta_{q-1} z^{-1} + \cdots + \beta_0 z^{-q}}{1 + \alpha_{q-1} z^{-1} + \cdots + \alpha_0 z^{-q}} \tag{72}$$

besitzen. Wegen der vorausgesetzten Stabilität müssen die Pole von $H(z)$ im Kreis $|z| < 1$ liegen. Transformiert man $H(z)$ in den Zeitbereich, dann erhält man die Impulsantwort $h(n)$. Dazu lassen sich die Verfahren von Abschnitt 4.3 heranziehen. Demnach kann man $H(z)$ insbesondere mit Hilfe seiner Partialbruchdarstellung in den Zeitbereich überführen. Nimmt man an, daß alle Pole z_μ ($\mu = 1, 2, \ldots, q$) von $H(z)$ einfach sind, dann ergibt sich die Impulsantwort $h(n)$ in der Form

$$h(n) = A_0 \delta(n) + A_1 s(n)\, z_1^{\,n} + \cdots + A_q s(n)\, z_q^{\,n}$$

mit den bei der Partialbruchentwicklung entstehenden Koeffizienten $A_0, A_1, \ldots, A_q$. Bei mehrfachen Polen ist die Darstellung entsprechend zu modifizieren.

Die Systembeschreibung gemäß Gl. (71) mit Hilfe der rationalen Übertragungsfunktion $H(z)$ Gl. (72) ist äquivalent der Systemdarstellung aufgrund der Differenzengleichung (20) von Kapitel II. Insofern kann $H(z)$ nach den im Kapitel II, Abschnitt 3.1 entwickelten Signalflußdiagrammen realisiert werden. Daneben besteht auch die Möglichkeit, $H(z)$ aufgrund der Besonderheiten rationaler Funktionen zu verwirklichen. Hierauf soll noch kurz eingegangen werden.

Wählt man in Gl. (72) zunächst den Zähler gleich Eins, dann läßt sich gemäß Gl. (71)

$$Y(z) = X(z) - \alpha_{q-1} Y(z)\, z^{-1} - \alpha_{q-2} Y(z)\, z^{-2} - \cdots - \alpha_0 Y(z)\, z^{-q}$$

schreiben. Diese Beziehung kann man direkt durch das im Bild 113 in Form eines Signalflußdiagramms angegebene System realisieren. Wie man sieht, lassen sich unmittelbar die Signale $y(n), y(n-1), \ldots, y(n-q+1), y(n-q)$ abgreifen. Multipliziert man diese Signale mit $\beta_q, \beta_{q-1}, \ldots, \beta_1$ bzw. β_0 und addiert die Produkte, dann erhält man ein System mit der Übertragungsfunktion

$$\beta_q \frac{1}{1 + \alpha_{q-1} z^{-1} + \cdots + \alpha_0 z^{-q}} + \beta_{q-1} \frac{z^{-1}}{1 + \alpha_{q-1} z^{-1} + \cdots + \alpha_0 z^{-q}} + \cdots$$

$$+ \beta_0 \frac{z^{-q}}{1 + \alpha_{q-1} z^{-1} + \cdots + \alpha_0 z^{-q}},$$

also mit $H(z)$ Gl. (72). Die entsprechende Realisierung zeigt Bild 114. Man vergleiche hierzu auch Bild 37.

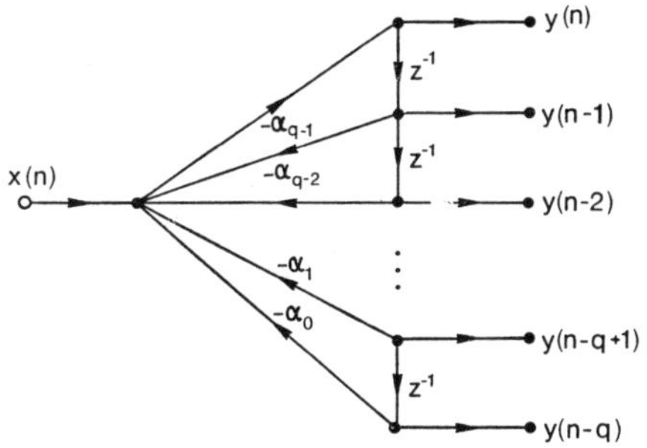

Bild 113: Realisierung der Übertragungsfunktion $H(z)$ Gl. (72) für den Sonderfall, daß das Zählerpolynom gleich Eins ist

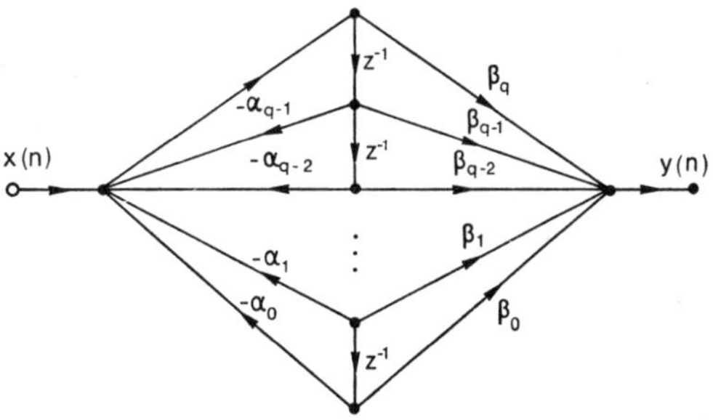

Bild 114: Realisierung der vollständigen Übertragungsfunktion $H(z)$ Gl. (72)

Man kann stets die Übertragungsfunktion $H(z)$ in der folgenden Pol-Nullstellen-Form darstellen

$$H(z) = K \frac{(z - \zeta_1)(z - \zeta_2) \ldots (z - \zeta_r)}{(z - z_1)(z - z_2) \ldots (z - z_q)},$$

wobei K eine Konstante, die ζ_μ ($\mu = 1, 2, \ldots, r$) die Nullstellen und die z_ν ($\nu = 1, 2, \ldots, q$) die Pole bedeuten. Hiermit läßt sich durch geeignete Zusammenfassung der auftretenden Faktoren $(z - \zeta_\mu)$ und $(z - z_\nu)$ die Produktform

$$H(z) = H_1(z)\, H_2(z) \ldots H_k(z)$$

angeben, wobei die $H_\mu(z)$ ($\mu = 1, 2, \ldots, k$) reelle, rationale und in $z = \infty$ polfreie Funktionen ersten oder zweiten Grades sind. Die $H_\mu(z)$ werden gebildet, indem man in jede dieser Funktionen maximal zwei Nullstellen und maximal zwei Pole von $H(z)$ aufnimmt. Dabei müssen zueinander konjugierte Pole bzw. Nullstellen stets zu Paaren zusammengefaßt werden, und alle $H_\mu(z)$ müssen in $z = \infty$ endlich sein. Die $H_\mu(z)$

können als Übertragungsfunktionen von Teilsystemen aufgefaßt werden, deren Kaskadenanordnung nach Bild 115 die Übertragungsfunktion $H(z)$ hat. Dies ist leicht einzusehen, wenn man beachtet, daß für das μ-te Teilsystem im Bild 115 die Z-Transformierte der Ausgangsgröße mit der Z-Transformierten der Eingangsgröße gemäß Gl. (71) durch die Beziehung

$$Y_\mu(z) = H_\mu(z)\, Y_{\mu-1}(z)$$

verknüpft ist. Damit gilt für das System nach Bild 115

$$\begin{aligned} Y(z) &= H_k(z)\, Y_{k-1}(z) = H_k(z)\, H_{k-1}(z)\, Y_{k-2}(z) = \cdots \\ &= H_k(z)\, H_{k-1}(z) \ldots H_1(z)\, X(z). \end{aligned}$$

Jedes der Teilsysteme $H_\mu(z)$ kann beispielsweise nach Bild 114 in einfacher Weise realisiert werden. Dadurch wird das Gesamtsystem in Form einer Kaskadenanordnung von Digitalfiltern realisiert, die jeweils maximal zwei Verzögerungsglieder enthalten.

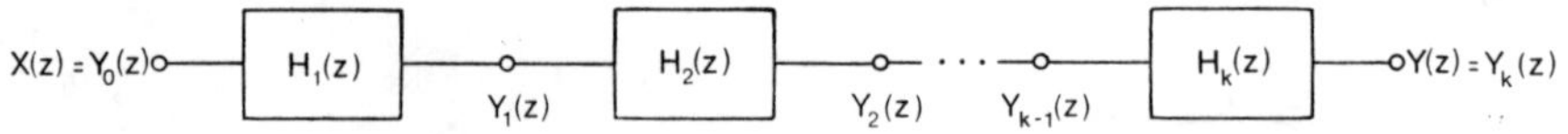

Bild 115: Realisierung einer Übertragungsfunktion $H(z)$ durch eine Kaskadenanordnung aus Systemen erster oder zweiter Ordnung

Bei der Kaskadenanordnung muß darauf geachtet werden, daß die Übertragungseigenschaften aller Teilsysteme sich durch die Zusammenschaltung nicht ändern, daß also jedes Teilsystem von den nachfolgenden Teilsystemen nicht beeinflußt wird. Man spricht dann von einer rückwirkungsfreien Kaskadenanordnung. Läßt man bei der Realisierung der Teilsysteme gemäß Bild 114 auch komplexe Faktoren zu, dann kann $k = q$ gewählt werden und alle Teilübertragungsfunktionen $H_\mu(z)$ haben den Grad Eins.
Die Übertragungsfunktion $H(z)$ kann auch aufgrund einer Partialbruchentwicklung als Summe von einfachen Teilübertragungsfunktionen dargestellt und auf diese Weise in Form einer Parallelanordnung der entsprechenden Teilsysteme niederer Ordnung realisiert werden. Abschließend sei noch darauf hingewiesen, daß die schon im Kapitel II genannte Transformation

$$z = \frac{p+1}{p-1}$$

es ermöglicht, rationale Übertragungsfunktionen $H(z)$ in rationale Übertragungsfunktionen $\tilde{H}(p)$ kontinuierlicher Systeme überzuführen. Entsprechend lassen sich rationale Übertragungsfunktionen $H(z)$ aus rationalen Übertragungsfunktionen $\tilde{H}(p)$ durch die inverse Transformation

$$p = \frac{z+1}{z-1}$$

erzeugen. Da hierbei die linke p-Halbebene und das Innere des Einheitskreises der z-Ebene ineinander übergehen, entstehen bei der Transformation aus stabilen Systemen jeweils stabile Systeme. Gelegentlich wird diese Übergangsmöglichkeit zwischen diskontinuierlichen und kontinuierlichen Systemen bei Entwurfsproblemen (z. B. für die Frequenzselektion) ausgenützt.

4.5. Anwendung der Z-Transformation bei der Systembeschreibung im Zustandsraum

Es werden die Zustandsgleichungen (12) und (13) aus Kapitel II für die Beschreibung eines linearen, zeitinvarianten, diskontinuierlichen Systems, das mit einem kausalen Eingangssignal erregt wird, der einseitigen Z-Transformation unterworfen. Auf diese Weise ergeben sich bei Beachtung der Korrespondenz (63c) für $m = 1$

$$z\boldsymbol{Z}(z) - z\boldsymbol{z}(0) = \boldsymbol{A}\boldsymbol{Z}(z) + \boldsymbol{B}\boldsymbol{X}(z) \tag{73}$$

und

$$\boldsymbol{Y}(z) = \boldsymbol{C}\boldsymbol{Z}(z) + \boldsymbol{D}\boldsymbol{X}(z). \tag{74}$$

Dabei bedeutet der Vektor $\boldsymbol{Z}(z)$ die Z-Transformierte des Zustandsvektors $\boldsymbol{z}(n)$, $\boldsymbol{X}(z)$ und $\boldsymbol{Y}(z)$ bedeuten die Z-Transformierten des Eingangssignals $\boldsymbol{x}(n)$ bzw. des Ausgangssignals $\boldsymbol{y}(n)$. Durch Elimination von $\boldsymbol{Z}(z)$ in den Gln. (73) und (74) erhält man

$$\boldsymbol{Y}(z) = \boldsymbol{C}(z\boldsymbol{E} - \boldsymbol{A})^{-1}\, z\boldsymbol{z}(0) + [\boldsymbol{C}(z\boldsymbol{E} - \boldsymbol{A})^{-1}\boldsymbol{B} + \boldsymbol{D}]\,\boldsymbol{X}(z). \tag{75}$$

Dabei ist $\boldsymbol{E}$ die q-reihige Einheitsmatrix. Es wird jetzt der Fall betrachtet, daß die Erregung des Systems vom Nullzustand $\boldsymbol{z}(0) = \boldsymbol{0}$ aus erfolgt. Dann erhält man aus Gl. (75) die Beziehung

$$\boldsymbol{Y}(z) = [\boldsymbol{C}(z\boldsymbol{E} - \boldsymbol{A})^{-1}\boldsymbol{B} + \boldsymbol{D}]\,\boldsymbol{X}(z). \tag{76}$$

Sie entspricht im Falle, daß das System einen Eingang und einen Ausgang hat, d. h., $\boldsymbol{C}$ ein Zeilenvektor $\boldsymbol{c}'$, $\boldsymbol{B}$ ein Spaltenvektor $\boldsymbol{b}$ und $\boldsymbol{D}$ ein Skalar d ist, der Gl. (71). Ein Vergleich der Gln. (76) und (71) liefert in diesem Fall die folgende Darstellung der Übertragungsfunktion eines durch die Zustandsgleichungen (12) und (13) aus Kapitel II beschriebenen Systems:

$$H(z) = \boldsymbol{c}'(z\boldsymbol{E} - \boldsymbol{A})^{-1}\boldsymbol{b} + d. \tag{77}$$

Die Gl. (75) stellt die allgemeine Lösung der Zustandsgleichungen (12) und (13) aus Kapitel II im Z-Bereich dar. Es soll nun gezeigt werden, wie durch Rücktransformation der Gl. (75) die Lösung der Zustandsgleichungen im Zeitbereich gewonnen werden kann. Beachtet man zunächst, daß der Matrizenfunktion

$$(z\boldsymbol{E} - \boldsymbol{A})^{-1} z = \boldsymbol{E} + \frac{1}{z}\boldsymbol{A} + \frac{1}{z^2}\boldsymbol{A}^2 + \cdots \qquad \big(|z| > \varrho_{\min}(\boldsymbol{A})\big) \tag{78}$$

als Zeitfunktion für $n \geqq 0$ die Übergangsmatrix $\boldsymbol{\Phi}(n) = \boldsymbol{A}^n$ entspricht, dann erhält man durch Rücktransformation der Gl. (75) bei Beachtung der Eigenschaften der Z-Transformation für $n \geqq 0$

$$\boldsymbol{y}(n) = \boldsymbol{C}\boldsymbol{\Phi}(n)\,\boldsymbol{z}(0) + \boldsymbol{C}s(n-1)\sum_{\nu=0}^{n-1}\boldsymbol{\Phi}(n-1-\nu)\,\boldsymbol{B}\boldsymbol{x}(\nu) + \boldsymbol{D}\boldsymbol{x}(n).$$

Die *charakteristische Frequenzmatrix* $\hat{\boldsymbol{\Phi}}(z)$ des Systems ist als einseitige Z-Transformierte der Übergangsmatrix $\boldsymbol{\Phi}(n)$ definiert, und es gilt damit nach Gl. (78)

$$\hat{\boldsymbol{\Phi}}(z) = (z\boldsymbol{E} - \boldsymbol{A})^{-1} z. \tag{79}$$

Somit kann die Übertragungsfunktion $H(z)$ Gl. (77) in der Form

$$H(z) = \boldsymbol{c}'z^{-1}\hat{\boldsymbol{\Phi}}(z)\,\boldsymbol{b} + d$$

ausgedrückt werden. Ausgehend von Gl. (79) kann man die charakteristische Frequenzmatrix, ähnlich wie im Abschnitt 3.2 bei kontinuierlichen Systemen, durch Partialbruchentwicklung von $\hat{\boldsymbol{\Phi}}(z)/z$ auf die Form

$$\hat{\boldsymbol{\Phi}}(z) = \sum_{\mu=1}^{l} \sum_{\lambda=1}^{r_\mu} \boldsymbol{A}_{\mu\lambda} \frac{z}{(z - z_\mu)^\lambda}$$

bringen. Dabei sind offensichtlich die z_μ ($\mu = 1, 2, \ldots, l$) mit den Eigenwerten der Matrix $\boldsymbol{A}$ identisch. Durch Rücktransformation in den Zeitbereich erhält man angesichts der Korrespondenz (60) für die Übergangsmatrix die Darstellung

$$\boldsymbol{\Phi}(n) = \sum_{\mu=1}^{l} z_\mu{}^n \boldsymbol{A}_\mu(n),$$

in der $\boldsymbol{A}_\mu(n)$ ein Matrizenpolynom in n bedeutet, dessen Grad nicht größer als $(r_\mu - 1)$ ist. Ist z_μ ein einfacher Eigenwert, dann ist das zugehörige Polynom $\boldsymbol{A}_\mu$ eine von n unabhängige Matrix.

5. Graphische Stabilitätsmethoden

Ein rückgekoppeltes System, das nach Bild 116 aus zwei kontinuierlichen, linearen, zeitinvarianten und kausalen Teilsystemen mit den Übertragungsfunktionen $F_1(p)$ bzw. $F_2(p)$ besteht, hat die Übertragungsfunktion

$$H(p) = \frac{F_1(p)}{1 + F_1(p)\, F_2(p)}$$

Diese Darstellung von $H(p)$ erhält man, wenn man nach Bild 116 die Beziehung

$$[X(p) - F_2(p)\, Y(p)]\, F_1(p) = Y(p)$$

aufstellt und diese nach $Y(p)/X(p) \equiv H(p)$ auflöst. Dabei sind $X(p)$ und $Y(p)$ die Laplace-Transformierten von $x(t)$ bzw. $y(t)$, und es wurde davon ausgegangen, daß das Übertragungsverhalten der beiden Teilsysteme sich durch die Zusammenschaltung nicht ändert.

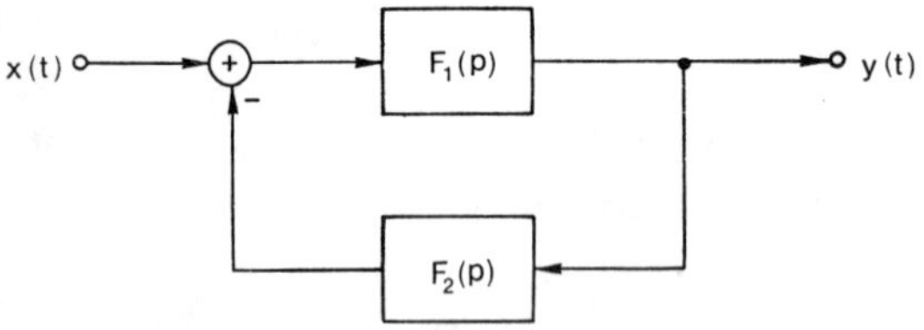

Bild 116: Rückgekoppeltes System

Die Stabilität des Systems wird durch die Lage der Pole von $H(p)$ bestimmt. Das System ist bekanntermaßen genau dann stabil, wenn die Pole seiner Übertragungsfunktion ausnahmslos in der linken Halbebene $\operatorname{Re} p < 0$ liegen. Die Pole von $H(p)$ sind identisch mit den Polen von $F_1(p)$ und den Nullstellen der Funktion $1 + F_1(p)\, F_2(p)$. Normalerweise werden sich jedoch die Pole von $F_1(p)$ gegen Pole von $1 + F_1(p)\, F_2(p)$ kürzen. Weiterhin können sich Nullstellen von $F_1(p)$ gegen Nullstellen von $1 + F_1(p) \times F_2(p)$ wegkürzen, was aber erfahrungsgemäß bei praktischen Anwendungen nur selten vorkommt. Daher genügt es gewöhnlich, die Nullstellen von $1 + F_1(p)\,F_2(p)$ zu untersuchen, und es soll im folgenden festgestellt werden, unter welchen Bedingungen sämtliche Nullstellen der Funktion $1 + F_1(p)\,F_2(p)$ in der offenen linken Halbebene $\operatorname{Re} p < 0$ liegen.

5.1. Das Kriterium von H. Nyquist

Es wird die Funktion

$$F(p) = 1 + F_1(p)\,F_2(p) \tag{80}$$

und die hierdurch gegebene Abbildung der imaginären Achse der p-Ebene betrachtet (Bild 117). Die in der F-Ebene entstehende Bildkurve heißt *Ortskurve*. Sie ist symmetrisch zur reellen Achse, weshalb es genügt, nur das dem Intervall $0 \leqq \omega \leqq \infty$ entsprechende Teilbild zu bestimmen. Die Funktion $F(p)$ darf als meromorph vorausgesetzt

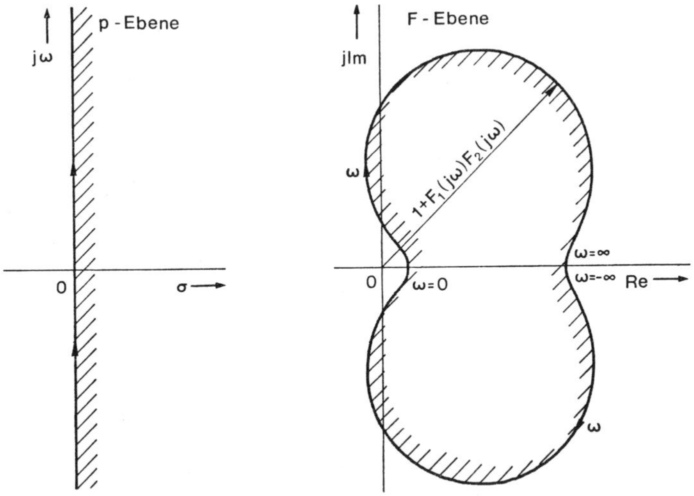

Bild 117: Ortskurve der Funktion $F(p)$

werden. Sie soll jedoch in der abgeschlossenen rechten Halbebene $\operatorname{Re} p \geqq 0$ keine Pole aufweisen. Weiterhin wird angenommen, daß $F(p)$ auf der imaginären Achse $p = j\omega$ keine Nullstellen hat. Dann besitzt $F(p)$ nach dem funktionentheoretischen Satz vom logarithmischen Residuum[1]) in der rechten p-Halbebene $\operatorname{Re} p \geqq 0$ genau dann keine

[1]) Es sei G ein einfach zusammenhängendes, nicht notwendig endliches Gebiet, dessen Rand C ein einfach-geschlossener Weg ist. Im ausgearteten Fall, daß auf C der Punkt ∞ liegt, muß der Weg C gegen ∞ schließlich geradlinig verlaufen. Die meromorphe Funktion $F(p)$ besitze auf C weder Nullstellen noch Pole, während genau N Nullstellen und P Pole, jeweils ihrer Vielfachheit entsprechend gezählt, in G liegen. Dann gilt für die Umlaufzahl Z von $F(p)$ um den Ursprung beim einmaligen Durchlaufen von C im Gegenuhrzeigersinn:

$$Z = N - P.$$

Das heißt: Das Argument von $F(p)$ ändert sich längs C um $2\pi(N - P)$.

Nullstellen, wenn die Zahl der Umläufe der Ortskurve $F(j\omega)$ $(-\infty \leqq \omega \leqq \infty)$ um den Nullpunkt in der F-Ebene gleich Null ist. Hat $F(p)$ und damit $F_1(p)\, F_2(p)$ im Gegensatz zur bisherigen Voraussetzung auch Pole auf der imaginären Achse, dann werden bei der Bestimmung der Ortskurve als Bild der imaginären Achse die Polstellen durch Halbkreise umgangen, die in der rechten p-Halbebene verlaufen und deren Radien gegen Null streben (Bild 118). Auch in diesem Fall befinden sich genau dann keine Nullstellen von $F(p)$ in der rechten Halbebene, wenn die Ortskurve den Nullpunkt in obigem Sinne nicht umschließt. Nullstellen auf der imaginären Achse $\operatorname{Re} p = 0$ hätten zur Folge,

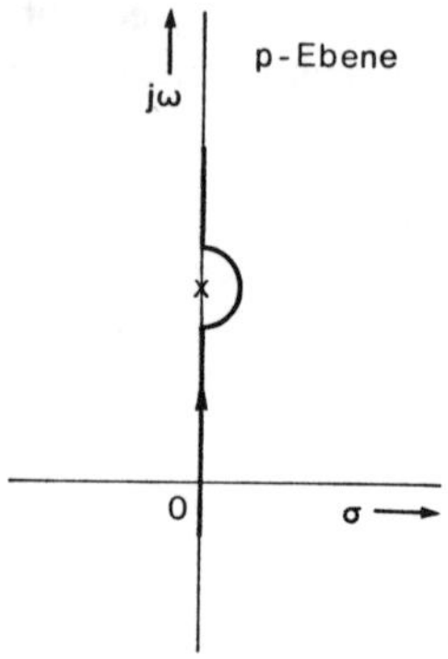

Bild 118: Umgehung eines Poles auf der imaginären Achse durch einen kleinen Halbkreis in der rechten p-Halbebene

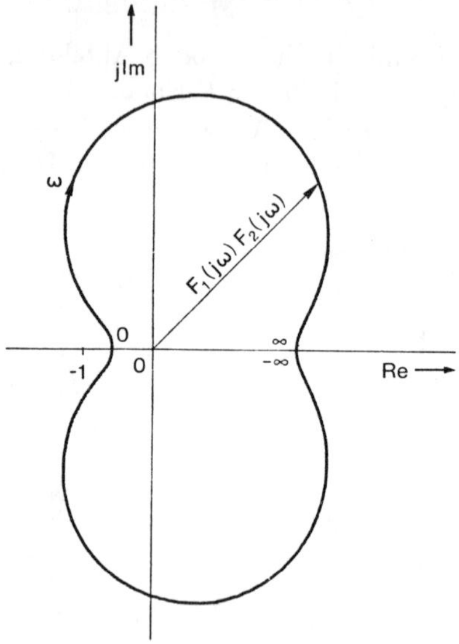

Bild 119: Ortskurve $F_1(j\omega)\, F_2(j\omega)$

daß die Ortskurve den Nullpunkt passiert. Da nach Gl. (80) der wesentliche Bestandteil der Funktion $F(p)$ die Übertragungsfunktion $F_1(p)\, F_2(p)$ des aufgeschnittenen (offenen) Systems ist (Bild 116), genügt es, diese Funktion $F_1(p)\, F_2(p)$ zu betrachten. Ihre Ortskurve unterscheidet sich von jener der Funktion $F(p)$ durch eine rein reelle Translation um -1. Unter der Annahme, daß durch die Pole der Teil-Übertragungsfunktion $F_1(p)$ keine Instabilität des rückgekoppelten Systems (Bild 116) hervorgerufen wird und daß $F_1(p)\, F_2(p)$ in der Halbebene $\operatorname{Re} p > 0$ keine Pole aufweist, lautet das auf H. Nyquist (1932) zurückgehende Stabilitätskriterium folgendermaßen:

Satz IV.2: Das System nach Bild 116 ist unter den genannten Voraussetzungen genau dann stabil, wenn die Ortskurve des offenen Systems, d. h. das Bild der Funktion $F_1(j\omega)\, F_2(j\omega)$ für $-\infty \leqq \omega \leqq \infty$, bezüglich des Punktes -1 die Umlaufzahl Null hat (Bild 119).

Ergänzung: Besitzt die Funktion $F_1(p)\, F_2(p)$ im Innern der rechten Halbebene P Pole, so ist das rückgekoppelte System nach dem Satz vom logarithmischen Residuum genau dann stabil, wenn die Ortskurve $F_1(j\omega)\, F_2(j\omega)$ den Punkt -1 bei zunehmendem ω genau P-mal im Gegenuhrzeigersinn umläuft. Dies ist der Fußnote 1, Seite 283

zu entnehmen. Ist speziell, wie das bei regelungstechnischen Problemen häufig auftritt, die Funktion $F_2(p)$ eine Konstante K, dann läßt sich das Kriterium in folgender für die praktische Handhabung günstigen Form ausdrücken: Das rückgekoppelte System ist genau dann stabil, wenn die Ortskurve $F_1(\mathrm{j}\omega)$ $(-\infty \leqq \omega \leqq \infty)$ den Punkt $-1/K$ bei zunehmendem ω genau P-mal im Gegenuhrzeigersinn umläuft.
Der Vorteil des Nyquist-Kriteriums liegt vor allem darin, daß nur die Werte der Übertragungsfunktion $F_1(p)\,F_2(p)$ des offenen Systems für $p = \mathrm{j}\omega$ $(0 \leqq \omega \leqq \infty)$ bestimmt werden müssen. Weiterhin kann an Hand der Ortskurve von $F_1(\mathrm{j}\omega)\,F_2(\mathrm{j}\omega)$ meist auch der „Grad der Stabilität" aufgrund des Abstandes der Kurve vom Punkt -1 beurteilt werden. Es sei noch darauf hingewiesen, daß die Übertragungsfunktionen $F_1(p)$ und $F_2(p)$ nicht rational zu sein brauchen.

Beispiel: Es wird ein rückgekoppeltes System nach Bild 116 mit

$$F_1(p) = \frac{p + 1{,}5}{p + b} \quad \text{und} \quad F_2(p) = \frac{p + 2}{p + 1}$$

betrachtet. Die Ortskurve $F_1(\mathrm{j}\omega)\,F_2(\mathrm{j}\omega)$ des offenen Systems ist für verschiedene Werte b im Bild 120 dargestellt. Wie man sieht, ist für $b \geqq 0$ das rückgekoppelte System stabil, da der Punkt -1 nicht umlaufen wird. Für den Parameterbereich $-3 < b < 0$ wird der Punkt -1 genau ein-

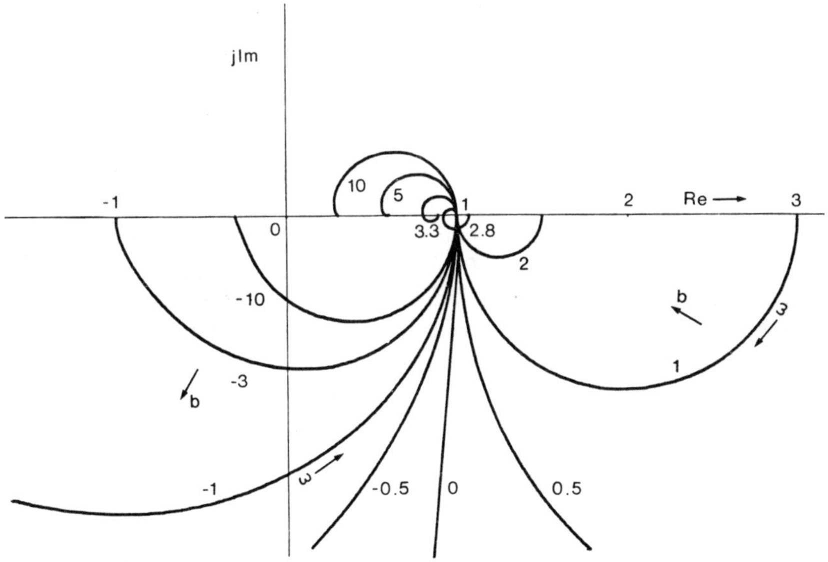

Bild 120: Ortskurvenschar zur Anwendung des Nyquist-Kriteriums

mal im Gegenuhrzeigersinn umlaufen, und die Funktion $F_1(p)\,F_2(p)$ hat genau einen Pol in der rechten Halbebene $\mathrm{Re}\,p > 0$. Daher ist auch für diese Parameterwerte das rückgekoppelte System stabil (man vergleiche hierzu die obige Anmerkung). Für $b \leqq -3$ ist das System instabil, wie man direkt sieht ($P = 1$, jedoch Umlaufzahl Null).

Bei der praktischen Auswertung des Nyquist-Kriteriums pflegt man auch den Logarithmus der Betragsfunktion und die Phasenfunktion von $F_1(\mathrm{j}\omega)\,F_2(\mathrm{j}\omega)$ in Abhängigkeit

von $\log \omega$ je in einem kartesischen Koordinatensystem darzustellen. Derartige Diagramme, die eine alternative Darstellung zur Ortskurve bieten, sind unter dem Namen *Bode-Diagramm* bekannt.
Auf eine Übertragung des Nyquist-Kriteriums auf den diskontinuierlichen Fall wird verzichtet.

5.2. *Die Methode der Wurzelortskurve*

Es wird der Fall betrachtet, daß die Übertragungsfunktion $F_0(p) = F_1(p)\,F_2(p)$ des offenen Systems (Bild 116) eine rationale Funktion

$$F_0(p) = K \frac{\prod_{\mu=1}^{m} (p - q_\mu)}{\prod_{\nu=1}^{n} (p - p_\nu)} \tag{81}$$

mit positiver, reeller Konstante K und $m \leqq n$ darstellt. Dabei sind die q_μ die Nullstellen und die p_ν die Polstellen der Übertragungsfunktion, sie werden als bekannt und jeweils spiegelbildlich zur reellen Achse liegend vorausgesetzt. Die Konstante K ist in vielen Fällen der einstellbare Wert eines Verstärkers im Regelkreis.
Unter der *Wurzelortskurve* des Systems nach Bild 116 versteht man die Gesamtheit aller Punkte, welche die Nullstellen der Funktion

$$F(p) = 1 + F_0(p), \tag{82}$$

also die Eigenwerte des rückgekoppelten Systems in der p-Ebene durchlaufen, wenn der Parameter K das Intervall $0 < K < \infty$ kontinuierlich überstreicht.[1]) Wie den Gln. (81) und (82) direkt zu entnehmen ist, streben die Nullstellen von $F(p)$ für $K \to 0$ gegen die Punkte p_ν ($\nu = 1, 2, \ldots, n$) und für $K \to \infty$ gegen die Punkte q_μ ($\mu = 1, 2, \ldots, m$) bzw. gegen den Punkt $p = \infty$. Da die Nullstellen eines Polynoms stetig von den Koeffizienten des Polynoms abhängen, entfernen sich die n Nullstellen von $F(p)$ in stetiger Weise von den Punkten p_ν ($\nu = 1, 2, \ldots, n$), wenn K vom Wert Null bis zum Wert Unendlich zunimmt. Genau m der Nullstellen von $F(p)$ erreichen schließlich die Punkte q_μ ($\mu = 1, 2, \ldots, m$), während die übrigen $(n - m)$ Nullstellen nach $p = \infty$ wandern. Wie man sieht, setzt sich die Wurzelortskurve aus n Ästen zusammen. Auf jedem dieser Äste bewegt sich ein Eigenwert. Da die Eigenwerte für jeden reellen Wert K spiegelbildlich zur reellen Achse in der p-Ebene auftreten, müssen auch die n Äste der Wurzelortskurve symmetrisch zur reellen Achse liegen.
Die Wurzelortskurve erlaubt es, für jeden festen Wert K alle Eigenwerte des rückgekoppelten Systems anzugeben. Da die Eigenwerte das zeitliche Verhalten des Systems wesentlich kennzeichnen, lassen sich damit der Wurzelortskurve charakteristische Eigenschaften etwa für den praktischen Entwurf entnehmen. So kann beispielsweise jenes Intervall reeller K-Werte angegeben werden, für welche die Nullstellen von $F(p)$ in der linken p-Halbebene liegen, für die also das rückgekoppelte System stabil ist. Aus

[1]) Falls K das Intervall $-\infty < K < 0$ überstreicht, kann eine entsprechende Betrachtung angestellt werden.

der Wurzelortskurve können für einen bestimmten K-Wert auch die „Stabilitätsgüte" und das Einschwingverhalten abgeschätzt werden, die bestimmt werden durch den Abstand der einzelnen Eigenwerte von der imaginären Achse und durch ihren Winkel gegenüber der reellen Achse. Weiterhin lassen sich die K-Werte ablesen, für welche ein bestimmter Eigenwert einen vorgeschriebenen Realteil bzw. Winkel aufweist.

Im folgenden soll auf die Frage der Konstruktion einer Wurzelortskurve eingegangen werden. Meistens kann man sich mit einer Skizze aufgrund bestimmter Punkte, einiger Tangenten und der Asymptoten begnügen. Gemäß den Gln. (81) und (82) sind die Punkte p der Wurzelortskurve für einen bestimmten Wert K als Lösungen der Gleichung

$$\frac{\prod_{\nu=1}^{n}(p-p_\nu)}{\prod_{\mu=1}^{m}(p-q_\mu)} = -K \tag{83}$$

oder der Polynomgleichung

$$\prod_{\nu=1}^{n}(p-p_\nu) + K\prod_{\mu=1}^{m}(p-q_\mu) = 0 \tag{84}$$

bestimmt. Schreibt man mit $k = 0, \pm 1, \pm 2, \ldots$ in Polarkoordinaten-Form

$$-K = K\,e^{j(\pi+k2\pi)}, \qquad p - q_\mu = \varrho_{0\mu}\,e^{j\varphi_\mu}, \qquad p - p_\nu = \varrho_{\infty\nu}\,e^{j\psi_\nu},$$

so läßt sich die Gl. (83) in die Phasenbedingung

$$\sum_{\nu=1}^{n}\psi_\nu - \sum_{\mu=1}^{m}\varphi_\mu = \pi + k2\pi \tag{85a}$$

und die Betragsbedingung

$$\frac{\prod_{\nu=1}^{n}\varrho_{\infty\nu}}{\prod_{\mu=1}^{m}\varrho_{0\mu}} = K \tag{85b}$$

aufspalten. Die Größen φ_μ, ψ_ν, $\varrho_{0\mu}$, $\varrho_{\infty\nu}$ kann man sich in einem Pol-Nullstellen-Diagramm für die Funktion $F_0(p)$ veranschaulichen (Bild 121). Die Gl. (85a) definiert die Punkte p,

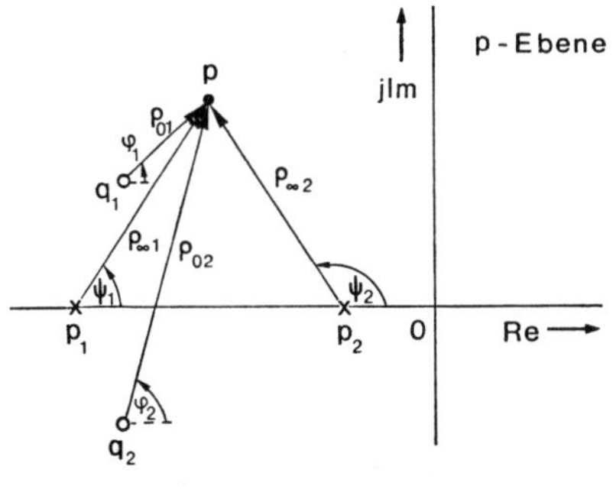

Bild 121: Geometrische Veranschaulichung der auf der linken Seite von Gl. (83) auftretenden Faktoren

welche die Gl. (83) für K-Werte im Intervall $0 < K < \infty$ erfüllen, kann also als *Ortskurvengleichung* betrachtet werden. Die verschiedenen Äste ergeben sich durch unterschiedliche ganzzahlige Werte für k. Die Gl. (85b) liefert jeweils für einen bestimmten Punkt den entsprechenden K-Wert, sie stellt also die *Bezifferungsgleichung* dar.

Mit Hilfe der Gln. (85a, b) kann man auf einfache geometrische Weise einzelne Punkte der Wurzelortskurve ermitteln. Dazu empfiehlt es sich, in der p-Ebene eine horizontale Linie ($\omega = \text{const}$) zu durchlaufen und dabei beständig die linke Seite von Gl. (85a) zu bilden. Man findet gewöhnlich schnell Punkte, in denen — bei einem bestimmten Wert k — die linke Seite von Gl. (85a) etwas kleiner ist als die rechte Seite, und zu diesen Punkten benachbarte Stellen, in denen umgekehrt die linke Seite etwas größer als die rechte Seite ist. Auf diese Weise kann man sich auf der gewählten Horizontalen $\omega = \text{const}$ einer Lösung von Gl. (85a), also einem Punkt der Wurzelortskurve, durch Einschachtelung nähern. Den zugehörigen K-Wert liefert die Gl. (85b). Durch systematisches Durchlaufen verschiedener Horizontalen lassen sich Punkte auf allen Ästen der Wurzelortskurve ermitteln.

Man kann in dieser Weise vor allem die Punkte der Wurzelortskurve auf der reellen Achse ($\omega = 0$) einfach bestimmen, indem man, beginnend mit irgendeinem Punkt, diese Achse durchläuft. Dabei ist zu beachten, daß nur die reellen q_μ und p_ν zur linken Seite der Gl. (85a) beim Durchlaufen der reellen Achse beitragen und die beiden Winkelsummen sich dabei nur ändern können, wenn man ein reelles q_μ oder ein reelles p_ν durchwandert. Hieraus folgt unmittelbar, daß ein Punkt $p = \sigma$ auf der reellen Achse Wurzelort ist, wenn die Anzahl reeller q_μ und p_ν rechts von σ ungerade ist.

Im folgenden soll gezeigt werden, wie man einige charakteristische Kernstücke einer Wurzelortskurve erhalten kann.

1. Asymptoten

Ist $n > m$, dann reichen, wie bereits festgestellt, $(n - m)$ Ortskurvenäste für $K \to \infty$ ins Unendliche. Nach Gl. (83) gilt dann für $p = \varrho\, e^{j\varphi} \to \infty$

$$p^{n-m} = -K$$

also mit $k = 0, \pm 1, \pm 2, \ldots$

$$(n - m)\, \varphi = \pi + k 2\pi .$$

Hieraus erhält man die *Winkel*

$$\varphi = \frac{\pi}{n - m} + k \frac{2\pi}{n - m}, \tag{86}$$

unter denen die Asymptoten gegenüber der positiv reellen Achse verlaufen. Der ganzzahlige Parameter k liefert die verschiedenen Winkelwerte für die einzelnen Asymptoten.

Mit $p = \sigma_a$ sei der Schnittpunkt einer Asymptote mit der reellen Achse bezeichnet. Da für $p \to \infty$ alle Faktoren $(p - q_\mu)$ und $(p - p_\nu)$ mit $(p - \sigma_a)$ übereinstimmen, erhält man aus Gl. (83) für $p \to \infty$

$$-K = (p - \sigma_a)^{n-m} = p^{n-m} - \sigma_a (n - m)\, p^{n-m-1} + \cdots .$$

Andererseits folgt aus Gl. (83) für $p \to \infty$

$$-K = \frac{\prod_{\nu=1}^{n} (p - p_\nu)}{\prod_{\mu=1}^{m} (p - q_\mu)} = \frac{p^n - p^{n-1} \sum_{\nu=1}^{n} p_\nu + \cdots}{p^m - p^{m-1} \sum_{\mu=1}^{m} q_\mu + \cdots}$$

$$= p^{n-m} - \left(\sum_{\nu=1}^{n} p_\nu - \sum_{\mu=1}^{m} q_\mu \right) p^{n-m-1} + \cdots .$$

Ein Vergleich der beiden letzten Beziehungen liefert den Wert

$$p = \sigma_a = \frac{\sum_{\nu=1}^{n} p_\nu - \sum_{\mu=1}^{m} q_\mu}{n - m}, \tag{87}$$

und damit ist zugleich gezeigt, daß sich alle Asymptoten auf der reellen Achse im Punkt σ_a Gl. (87) schneiden.[1])

2. Verzweigungspunkte

Ein Punkt, in dem sich verschiedene Äste einer Wurzelortskurve schneiden, heißt Verzweigungspunkt. Entwickelt man in einem solchen Punkt p_r ($\neq q_\mu$) die linke Seite der Gl. (83) in eine Taylorsche Reihe, so erhält man

$$K = K_r + A_2(p - p_r)^2 + A_3(p - p_r)^3 + \cdots . \tag{88}$$

Dabei ist wesentlich, daß der Summand $A_1(p - p_r)$ nicht auftritt. Denn sonst würde in hinreichend kleiner Umgebung von p_r für $\Delta K = K - K_r$ mit $A_1 \neq 0$ die Beziehung

$$\Delta K = A_1(p - p_r)$$

gelten. Wenn man den Winkel von A_1 mit α_1 und den von $p - p_r$ mit φ_r bezeichnet, folgt hieraus als Wurzelortskurvengleichung in der unmittelbaren Umgebung von p_r die Winkelbeziehung

$$\alpha_1 + \varphi_r = \begin{cases} 0 + k2\pi & (\text{für} \quad \Delta K > 0) \\ \pi + k2\pi & (\text{für} \quad \Delta K < 0), \end{cases}$$

$$(k = 0, \pm 1, \pm 2, \ldots).$$

Hieraus resultiert nur eine Richtung, nämlich

$$\varphi_r = -\alpha_1$$

bzw. die Gegenrichtung $\varphi_r = -\alpha_1 + \pi$. Verschwindet dagegen A_1, gilt aber $A_2 \neq 0$ und bezeichnet man den Winkel von A_2 mit α_2, so erhält man zunächst in unmittelbarer Umgebung von p_r aus Gl. (88)

$$\Delta K = A_2(p - p_r)^2$$

[1]) Der Punkt $p = \sigma_a$ wird gelegentlich „Wurzelschwerpunkt“ genannt.

und hieraus als Wurzelortskurvengleichung in der unmittelbaren Umgebung von p_r die Winkelbeziehung

$$\alpha_2 + 2\varphi_r = \begin{cases} 0 + k2\pi & (\text{für } \Delta K > 0) \\ \pi + k2\pi & (\text{für } \Delta K < 0) \end{cases}$$

$(k = 0, \pm 1, \pm 2, \ldots)$.

Hieraus folgen die beiden zueinander orthogonalen Richtungen

$$\varphi_r = -\frac{\alpha_2}{2} \quad \text{und} \quad \varphi_r = -\frac{\alpha_2}{2} + \frac{\pi}{2}$$

bzw. die Gegenrichtungen $\varphi_r = -\alpha_2/2 + \pi$, $\varphi_r = -\alpha_2/2 + 3\pi/2$.

Aufgrund der Gl. (88) kann die Forderung, daß der Entwicklungskoeffizient A_1 verschwindet, auch in der Form $\mathrm{d}K/\mathrm{d}p = 0$ ausgedrückt werden, so daß sich als Bedingung für Verzweigungspunkte neben der Grundgleichung (84) noch

$$\left[\frac{\mathrm{d}}{\mathrm{d}p} \prod_{\nu=1}^{n} (p - p_\nu)\right] \prod_{\mu=1}^{m} (p - q_\mu) - \prod_{\nu=1}^{n} (p - p_\nu) \left[\frac{\mathrm{d}}{\mathrm{d}p} \prod_{\mu=1}^{m} (p - q_\mu)\right] = 0 \quad (89\mathrm{a})$$

ergibt oder nach einer kurzen Zwischenrechnung

$$\sum_{\nu=1}^{n} \frac{1}{p - p_\nu} = \sum_{\mu=1}^{m} \frac{1}{p - q_\mu}. \quad (89\mathrm{b})$$

Die Lage der Verzweigungspunkte, insbesondere auf der reellen Achse, läßt sich anhand einer Skizze gewöhnlich näherungsweise angeben. Wenn die Bestimmung der genauen Lage durch explizite Lösung der Gln. (84) und (89a, b) nicht möglich ist, kann man die Näherungswerte durch Newton-Iteration verbessern.

3. Tangentenrichtungen in den Start- und Endpunkten

Wie bereits bemerkt, beginnen die n Äste der Wurzelortskurve für $K \to 0$ in den Punkten p_ν; m dieser Ortskurvenäste enden für $K \to \infty$ in den Punkten q_μ, und die übrigen $(n - m)$ Äste gehen nach Unendlich. Läßt man einen Punkt p auf der Wurzelortskurve mit $K \to 0$ gegen einen Startpunkt p_s gehen, dann strebt $\psi_s = \arg(p - p_s)$ gegen den Winkel γ_s zwischen der Tangente an die Ortskurve im Punkt p_s und der positiven reellen Achse. Damit resultiert aus Gl. (85a) für den Tangentenwinkel im Startpunkt p_s die Beziehung

$$\gamma_s = \pi + \sum_{\mu=1}^{m} \varphi_{\mu s} - \sum_{\substack{\nu=1 \\ \nu \neq s}}^{n} \psi_{\nu s}, \quad (90\mathrm{a})$$

wobei mit $\varphi_{\mu s}$ der Winkel der komplexen Zahl $p_s - q_\mu$ $(\mu = 1, 2, \ldots, m)$ und mit $\psi_{\nu s}$ der Winkel von $p_s - p_\nu$ $(\nu = 1, 2, \ldots, n;\ \nu \neq s)$ bezeichnet wurde. Ganz entsprechend findet man für den Tangentenwinkel im Endpunkt $p = q_t$

$$\delta_t = \pi + \sum_{\nu=1}^{n} \psi_{\nu t} - \sum_{\substack{\mu=1 \\ \mu \neq t}}^{m} \varphi_{\mu t}. \quad (90\mathrm{b})$$

Dabei bedeutet $\varphi_{\mu t}$ den Winkel von $q_t - q_\mu$ $(\mu = 1, 2, \ldots, m;\ \mu \neq t)$ und $\psi_{\nu t}$ den Winkel von $q_t - p_\nu$ $(\nu = 1, 2, \ldots, n)$.

4. Schnittpunkte mit der imaginären Achse

Auf das Polynom, welches durch die linke Seite von Gl. (84) gegeben ist und mit $D(p)$ bezeichnet werden soll, läßt sich gemäß Kapitel II, Abschnitt 6.4 der Routhsche Algorithmus anwenden. Sind für einen bestimmten Wert $K = K_0$ alle Koeffizienten $a_1, b_1, \ldots, e_1, f_1, g_1$ der ersten Spalte des Routh-Schemas positiv, dann liegen die zugehörigen Wurzelorte alle in der linken Halbebene. Wird durch schrittweise Änderung von K ausgehend von K_0 der Koeffizient f_1 zum ersten Male für $K = K_1$ gleich Null, ohne daß die übrigen Koeffizienten der ersten Spalte des Routh-Schemas ihr Vorzeichen ändern, dann liegt für $K = K_1$ erstmalig ein Paar rein imaginärer Wurzelorte $\pm \mathrm{j}\sqrt{e_2/e_1}$ vor [58]. Auf diese Weise lassen sich Schnittpunkte der Wurzelortskurve mit der imaginären Achse bestimmen.

Beispiel: Es sei

$$F_1(p) = \frac{1}{(p+1)(p^2+6p+13)}, \qquad F_2(p) = K(p+4),$$

also die Übertragungsfunktion des offenen Systems

$$F_0(p) = \frac{K(p+4)}{(p+1)(p+3-2\mathrm{j})(p+3+2\mathrm{j})}. \tag{91}$$

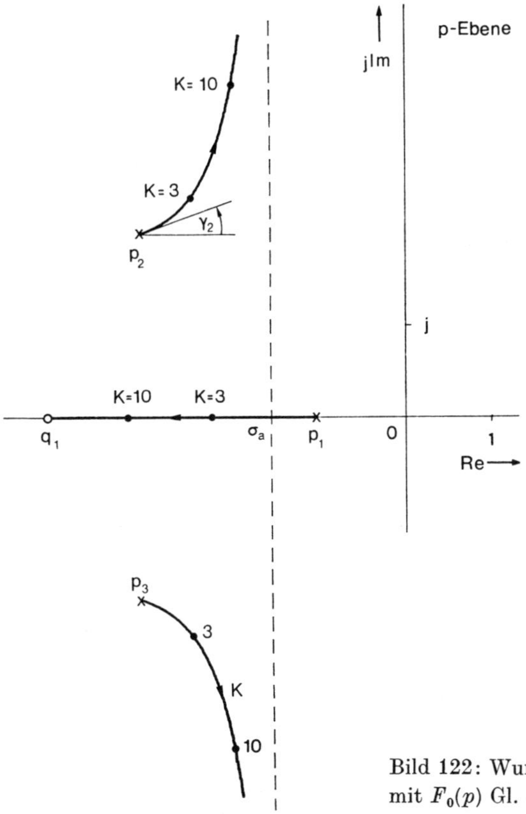

Bild 122: Wurzelortskurve für das rückgekoppelte System mit $F_0(p)$ Gl. (91)

Die Wurzelortskurve hat demnach drei Äste, die an den Stellen $p_1 = -1$, $p_{2/3} = -3 \pm 2j$ beginnen und in $q_1 = -4$ bzw. in $p = \infty$ enden. Zur Wurzelortskurve gehören auf der reellen Achse nur die Punkte im Intervall $(-4, -1)$.
Nach Gl. (86) erhält man mit $m = 1$ und $n = 3$ die beiden Asymptotenwinkel

$$\varphi = \frac{\pi}{2}, \quad \varphi = \frac{3\pi}{2}.$$

Die Gl. (87) liefert den Asymptotenschnittpunkt

$$p = \sigma_a = -1{,}5.$$

Schließlich ergibt sich mit

$$\varphi_{12} = \operatorname{arc\,tan} 2 = 63{,}43°, \qquad \psi_{12} = 135°, \qquad \psi_{32} = 90°$$

nach Gl. (90a) der Tangentenwinkel im Startpunkt $p_2 = -3 + 2j$ zu

$$\gamma_2 = 18{,}43°.$$

Auf der Grundlage der vorstehend berechneten Größen ist die im Bild 122 dargestellte Wurzelortskurve unter Berücksichtigung der Symmetrie zur reellen Achse skizziert worden. Für $K = 3$ und $K = 10$ sind zusätzlich die Punkte eingetragen.

Es sei hier noch folgendes bemerkt. Soll der Parameter K das Intervall $-\infty < K < 0$ überstreichen, dann ändern sich die bisherigen Überlegungen nur insoweit, als in der Ortskurvengleichung (85a) und in der Asymptotengleichung (86) jeweils der erste Term π bzw. $\pi/(n - m)$ auf der rechten Seite entfällt und die Tangentenwinkel γ_s und δ_t Gln. (90a, b) um jeweils π zu verringern sind.
Es besteht noch die Möglichkeit, die Wurzelortskurve in kartesischen Koordinaten (σ, ω) in Form einer algebraischen Gleichung zu beschreiben. Dazu wird die komplexe Variable p in Gl. (84) durch $\sigma + j\omega$ ersetzt und die linke Seite nach Real- und Imaginärteil zusammengefaßt. Dadurch läßt sich diese Gleichung in der Form

$$R(\sigma, \omega; K) + jX(\sigma, \omega; K) = 0$$

schreiben. Hieraus folgt

$$R(\sigma, \omega; K) = 0 \quad \text{und} \quad X(\sigma, \omega; K) = 0.$$

Die zweite dieser Gleichungen zerfällt, wie aufgrund ihrer Entstehung zu erkennen ist, in die Gleichungen

$$\omega = 0 \quad \text{und} \quad \tilde{X}(\sigma, \omega; K) = 0,$$

wobei $\tilde{X}(\sigma, \omega; K)$ den Faktor ω nicht enthält. Die Ortskurvenäste auf der reellen Achse sind jetzt durch die Beziehung

$$R(\sigma, 0; K) = 0$$

gegeben, diejenigen im Komplexen durch das Gleichungspaar

$$R(\sigma, \omega; K) = 0, \qquad \tilde{X}(\sigma, \omega; K) = 0,$$

aus dem durch Elimination von K eine einzige algebraische Gleichung gewonnen werden kann.

Beispiel: Es sei

$$F_0(p) = \frac{K(p + \sigma_0)}{(p + \sigma_1)(p + \sigma_2)} \qquad (\sigma_0 \neq \sigma_1, \sigma_2) \tag{92}$$

die Übertragungsfunktion des offenen Systems mit reellen Parametern K, σ_0, σ_1, σ_2. Die Gl. (84) hat hier das Aussehen

$$(p + \sigma_1)(p + \sigma_2) + K(p + \sigma_0) = 0 .$$

Führt man $p = \sigma + j\omega$ ein, so erhält man

$$\sigma^2 + \sigma(\sigma_1 + \sigma_2) + \sigma_1\sigma_2 - \omega^2 + K(\sigma + \sigma_0) + j\omega(2\sigma + \sigma_1 + \sigma_2 + K) = 0$$

und hieraus die beiden Gleichungen

$$R(\sigma, \omega; K) \equiv \sigma^2 + \sigma(\sigma_1 + \sigma_2) + \sigma_1\sigma_2 - \omega^2 + K(\sigma + \sigma_0) = 0 \tag{93a}$$

und

$$X(\sigma, \omega; K) \equiv \omega(2\sigma + \sigma_1 + \sigma_2 + K) = 0 . \tag{93b}$$

Für $\omega = 0$ ist Gl. (93b) erfüllt und Gl. (93a) reduziert sich auf

$$K = -\sigma - (\sigma_1 + \sigma_2 - \sigma_0) - \frac{(\sigma_1 - \sigma_0)(\sigma_2 - \sigma_0)}{\sigma + \sigma_0} . \tag{94}$$

Hieraus lassen sich die Teilintervalle auf der reellen Achse angeben, für welche $K > 0$ ist, also die reellen Zweige der Wurzelortskurve.
Für $\omega \neq 0$ lassen sich die Gln. (93a, b) nach K direkt auflösen, und man kann dann K eliminieren. Nach einer Zwischenrechnung ergibt sich

$$(\sigma + \sigma_0)^2 + \omega^2 = (\sigma_0 - \sigma_1)(\sigma_0 - \sigma_2) . \tag{95}$$

Wie man sieht, handelt es sich um einen Kreis, sofern

$$(\sigma_0 - \sigma_1)(\sigma_0 - \sigma_2) > 0 \tag{96}$$

gilt. Der Mittelpunkt liegt in $p = -\sigma_0$ und der Radius ist $\sqrt{(\sigma_0 - \sigma_1)(\sigma_0 - \sigma_2)}$. Es muß noch anhand der Gln. (93a, b) geprüft werden, ob dieser Kreis für $K > 0$ oder $K < 0$ durchlaufen wird. Wird die Ungleichung (96) nicht befriedigt, dann sind nur Äste der Ortskurve auf der reellen Achse vorhanden. Nach Gl. (89a) müssen die Verzweigungspunkte neben der Ortskurvengleichung noch die Beziehung

$$(p + \sigma_1)(p + \sigma_2) - (p + \sigma_0)(2p + \sigma_1 + \sigma_2) = 0$$

erfüllen. Nach einer Zwischenrechnung erhält man hieraus mit $p = \sigma + j\omega$ die beiden Forderungen

$$(\sigma + \sigma_0)^2 - \omega^2 = (\sigma_0 - \sigma_1)(\sigma_0 - \sigma_2)$$

und

$$\omega(\sigma + \sigma_0) = 0 .$$

Als Lösungen kommen nur die Punkte

$$\omega_r = 0, \qquad \sigma_r = -\sigma_0 \pm \sqrt{(\sigma_0 - \sigma_1)(\sigma_0 - \sigma_2)} \tag{97}$$

in Frage, wobei vorausgesetzt werden muß, daß Ungleichung (96) erfüllt ist. Diese Punkte sind die Schnittpunkte des durch Gl. (95) beschriebenen Kreises mit der reellen Achse. Als Zahlenwerte seien $\sigma_0 = 4$, $\sigma_1 = 0$, $\sigma_2 = 2$ gewählt. Die Gl. (94) lautet dann

$$K = -\sigma + 2 - \frac{8}{\sigma + 4},$$

woraus leicht zu erkennen ist, daß $K > 0$ gilt für $\sigma < -4$ und $-2 < \sigma < 0$. Die Kreisgleichung (95) lautet

$$(\sigma + 4)^2 + \omega^2 = 8.$$

Nach Gl. (97) befinden sich Verzweigungspunkte auf der reellen Achse an den Stellen $p_r = -4 \pm \sqrt{8}$. Aus Gl. (93b) erhält man $K = -2\sigma - 2$, womit eine Bezifferung möglich ist, z. B. $K = 6$ für $\sigma = -4$. Im Bild 123 sind die Ergebnisse skizziert.

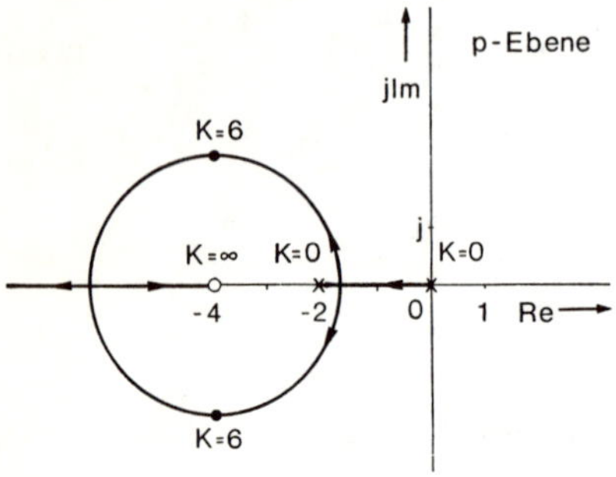

Bild 123: Wurzelortskurve mit $F_0(p)$ nach Gl. (92) und $\sigma_0 = 4$, $\sigma_1 = 0$, $\sigma_2 = 2$

5.3. Nichtlineare Rückkopplung, Popow-Kriterium und Kreiskriterium

In diesem Abschnitt wird die im Zusammenhang mit dem Nyquist-Kriterium und der Wurzelortskurven-Methode behandelte Frage der Stabilität dadurch modifiziert, daß zunächst anstelle des durch $F_2(p)$ beschriebenen linearen Teilsystems zur Rückkopplung ein gedächtnisloses nichtlineares Teilsystem zugelassen wird.

Bei den folgenden Erörterungen wird der Begriff der „positiven" Funktion verwendet. Eine Funktion heißt positiv, wenn ihr Realteil in jedem Punkt der rechten Halbebene $\operatorname{Re} p > 0$ positiv ist. Reelle, rationale, positive Funktionen spielen als sogenannte Zweipolfunktionen in der Netzwerksynthese eine ganz fundamentale Rolle [46]. Von dort her bekannt ist der

Satz IV.3: Es sei $Z(p) = P_1(p)/P_2(p)$ eine rationale reelle Funktion, wobei $P_1(p)$ und $P_2(p)$ Polynome sind, die keine gemeinsamen Nullstellen haben. Notwendig und hinreichend dafür, daß $Z(p)$ eine Zweipolfunktion ist, sind die folgenden Bedingungen:

a) Es gilt $\operatorname{Re} Z(\mathrm{j}\omega) \geqq 0$ für alle positiven ω-Werte, für die $Z(\mathrm{j}\omega)$ endlich ist.

b 1) $Z(p)$ hat in der Halbebene $\operatorname{Re} p > 0$ keine Pole und auf der imaginären Achse $\operatorname{Re} p = 0$ (einschließlich $p = \infty$), wenn überhaupt, dann nur einfache Pole mit positiven Entwicklungskoeffizienten[1]).

Oder

b 2) Das Polynom $P_1(p) + P_2(p)$ ist ein Hurwitz-Polynom.

---

[1]) Unter dem Entwicklungskoeffizienten von $Z(p)$ in einem einfachen endlichen Pol versteht man das Pol-Residuum. Liegt im Unendlichen ein einfacher Pol, dann verhält sich $Z(p)$ für $p \to \infty$ wie Cp, und dann bedeutet die Konstante C den Entwicklungskoeffizienten von $Z(p)$ in $p = \infty$.

Den nun folgenden Betrachtungen liegt das im Bild 124 dargestellte rückgekoppelte System zugrunde. Die rationale in $p = \infty$ verschwindende Übertragungsfunktion $F_1(p)$ des linearen Teilsystems sei im Zustandsraum durch die steuerbaren und beobachtbaren Gleichungen

$$\frac{\mathrm{d}\boldsymbol{z}}{\mathrm{d}t} = \boldsymbol{A}\boldsymbol{z} + \boldsymbol{b}u, \qquad y = \boldsymbol{c}'\boldsymbol{z}, \tag{98a, b}$$

beschrieben, wobei die Matrix $\boldsymbol{A}$ keine Eigenwerte in der offenen rechten Halbebene aufweist. Für das Rückkopplungssystem gelte

$$u = -f_1(y). \tag{99}$$

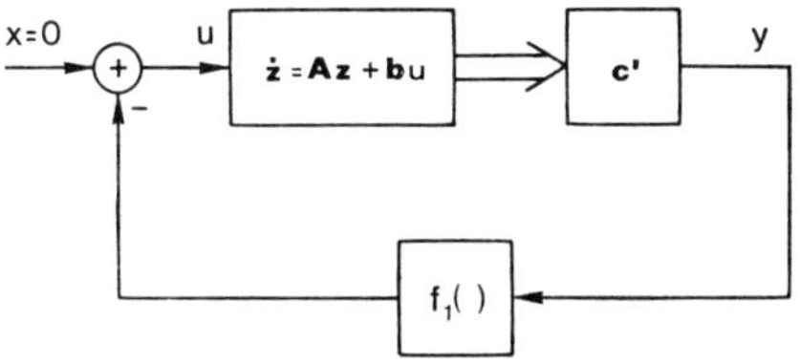

Bild 124: Ein erstes nichtlinear rückgekoppeltes System

Die Funktion $f_1(y)$ sei stetig und habe die Eigenschaft $f_1(0) = 0$. Der Zustand $\boldsymbol{z} = \boldsymbol{0}$ ist damit ein Gleichgewichtszustand. Von V. M. Popow stammt aus dem Jahre 1959 das folgende hinreichende Stabilitätskriterium.

Satz IV.4: Das durch die Gln. (98a, b) und (99) beschriebene System, dessen linearer Teil die Übertragungsfunktion $F_1(p)$ besitzt, ist im Gleichgewichtszustand $\boldsymbol{z} = \boldsymbol{0}$ asymptotisch stabil im Großen, wenn die folgenden Bedingungen erfüllt sind:

1. Es existiert eine positive Konstante k, so daß

$$0 < \frac{f_1(y)}{y} < k \quad \text{für alle} \quad y \neq 0 \tag{100}$$

gilt.

2. Es existiert eine reelle Zahl α, so daß

$$Z_1(p) = (1 + \alpha p)\, F_1(p) + \frac{1}{k} \tag{101}$$

eine Zweipolfunktion ist.

Der *Beweis* dieses Satzes soll in einer einfachen Form hier kurz angegeben werden. Dabei wird zunächst der Fall $\alpha \geqq 0$ behandelt, also angenommen, daß $Z_1(p)$ Gl. (101) für ein $\alpha \geqq 0$ Zweipolfunktion ist. Wie sich leicht bestätigen läßt, kann $Z_1(p)$, als Übertragungsfunktion eines Systems aufgefaßt, im Zustandsraum mit den in Gln. (98a, b) verwendeten Größen in der Form

$$\frac{\mathrm{d}\boldsymbol{z}}{\mathrm{d}t} = \boldsymbol{A}\boldsymbol{z} + \boldsymbol{b}u, \qquad \tilde{y} = (\boldsymbol{c}' + \alpha\boldsymbol{c}'\boldsymbol{A})\,\boldsymbol{z} + \left(\alpha\boldsymbol{c}'\boldsymbol{b} + \frac{1}{k}\right) u$$

dargestellt werden, und es gilt

$$\tilde{y} = y + \alpha\,\frac{\mathrm{d}y}{\mathrm{d}t} + \frac{1}{k}\,u.$$

Da $Z_1(p)$ eine Zweipolfunktion ist, muß dieses System passiv sein, d. h., die zeitliche Änderung der im System gespeicherten Energie kann höchstens gleich der von außen zugeführten Leistung sein. Dies ist gleichbedeutend mit der Existenz einer positiv definiten, zeitunabhängigen Matrix $\boldsymbol{P}$, für die stets

$$\frac{\mathrm{d}}{\mathrm{d}t}\,\boldsymbol{z}'\boldsymbol{P}\boldsymbol{z} \leqq u\tilde{y} = u\left(y + \alpha\,\frac{\mathrm{d}y}{\mathrm{d}t} + \frac{1}{k}\,u\right)$$

gilt. Nun wird zur Stabilitätsprüfung des Systems nach Bild 124 die Lyapunov-Funktion

$$V(\boldsymbol{z}) = \boldsymbol{z}'\boldsymbol{P}\boldsymbol{z} + \alpha \int_0^{\boldsymbol{c}'\boldsymbol{z}} f_1(\eta)\,\mathrm{d}\eta$$

gewählt, die im gesamten Zustandsraum positiv definit ist und für $\|\boldsymbol{z}\| \to \infty$ gegen Unendlich strebt. Dann gilt für die zeitliche Ableitung dieser Funktion

$$\frac{\mathrm{d}V}{\mathrm{d}t} = \frac{\mathrm{d}}{\mathrm{d}t}\,\boldsymbol{z}'\boldsymbol{P}\boldsymbol{z} + \alpha f_1(\boldsymbol{c}'\boldsymbol{z})\cdot\frac{\mathrm{d}\boldsymbol{c}'\boldsymbol{z}}{\mathrm{d}t},$$

und hieraus ergibt sich auf den Lösungen von Gln. (98a, b) mit Gl. (99) bei Beachtung obiger Leistungsbilanz

$$\frac{\mathrm{d}V}{\mathrm{d}t} \leqq -f_1(y)\left[y + \alpha\,\frac{\mathrm{d}y}{\mathrm{d}t} - \frac{1}{k}\,f_1(y)\right] + \alpha f_1(y)\cdot\frac{\mathrm{d}y}{\mathrm{d}t}$$

$$= -\frac{f_1(y)\,y}{k}\left[k - \frac{f_1(y)}{y}\right] \leqq 0.$$

Die Ableitung $\mathrm{d}V/\mathrm{d}t$ kann nur für $y \equiv 0$ identisch verschwinden, und dies ist wegen der vorausgesetzten Beobachtbarkeit des Systems (98a, b) nur für $\boldsymbol{z} \equiv \boldsymbol{0}$ möglich. Damit sind alle Bedingungen der Ergänzung von Satz II.7 erfüllt, und Satz IV.4 ist für $\alpha \geqq 0$ bewiesen. Ist $Z_1(p)$ für ein $\alpha < 0$ Zweipolfunktion, dann wird die Substitution

$$f_2(y) = ky - f_1(y)$$

verwendet, mit der die Übertragungsfunktion des linearen Teilsystems von Bild 124 übergeht in die neue Funktion

$$F_2(p) = \frac{-F_1(p)}{1 + kF_1(p)},$$

für welche sich unter den vorliegenden Bedingungen zeigen läßt, daß

$$Z_2(p) = (1 - \alpha p)\,F_2(p) + \frac{1}{k}$$

Zweipolfunktion ist. Durch die genannte Substitution wird der ursprüngliche Regelkreis nur in eine andere, äquivalente Form übergeführt, so daß sich insbesondere sein Stabilitätsverhalten nicht ändert. Da $f_2(y)$ die Forderung (100) erfüllt und $-\alpha > 0$ ist, wird wiederum die obige Beweisführung anwendbar, und Satz IV.4 ist vollständig bewiesen.

Die Ungleichung (100) läßt sich geometrisch interpretieren. Danach muß die Funktion $f_1(y)$ im Winkelraum zwischen der Geraden ky und der y-Achse verlaufen (Bild 125).

Die Frage, ob die Funktion $Z_1(p)$ Gl. (101) eine Zweipolfunktion ist, wird zweckmäßigerweise mit Hilfe von Satz IV.3 beantwortet. Nimmt man an, daß $Z_1(p)$ jedenfalls die Forderung b dieses Satzes erfüllt, was sicher der Fall ist, wenn das lineare Teilsystem mit der Übertragungsfunktion $F_1(p)$ asymptotisch stabil ist, die Systemmatrix $\boldsymbol{A}$ also

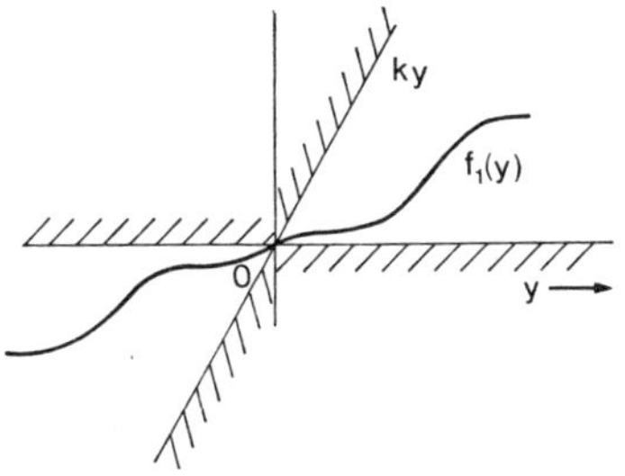

Bild 125: Zulässiger Winkelraum für die Kennlinie $f_1(y)$ des Rückkopplungssystems

nur Eigenwerte in $\operatorname{Re} p < 0$ hat, dann muß zur Prüfung der Bedingung 2 von Satz IV.4, festgestellt werden, ob

$$\operatorname{Re} Z(\mathrm{j}\omega) \equiv \operatorname{Re}\left[(1 + \alpha \mathrm{j}\omega)\, F_1(\mathrm{j}\omega) + \frac{1}{k}\right] \geqq 0$$

für alle positiven ω-Werte gilt, für welche $Z(\mathrm{j}\omega)$ endlich ist. Diese Ungleichung läßt sich mit den Abkürzungen

$$R_0(\omega) = \operatorname{Re} F_1(\mathrm{j}\omega) \quad \text{und} \quad X_0(\omega) = \omega \operatorname{Im} F_1(\mathrm{j}\omega) \qquad (102\text{a, b})$$

in der Form

$$\alpha X_0(\omega) - R_0(\omega) \leqq \frac{1}{k} \qquad (103)$$

ausdrücken. Es wird nun in ein kartesisches R,X-Koordinatensystem einerseits die aufgrund der Gln. (102a, b) gegebene (Orts-) Kurve K_0

$$R = R_0(\omega), \qquad X = X_0(\omega)$$

und andererseits die sogenannte Popow-Gerade g_P

$$\alpha X - R = \frac{1}{k}$$

eingetragen (Bild 126). Verläuft die Kurve K_0 ganz außerhalb der von der Popow-Geraden begrenzten, im Bild 126 schraffierten, offenen Halbebene, dann ist sicher die Ungleichung (103) erfüllt, und damit befriedigt $Z_1(p)$ Gl. (101) jedenfalls die Bedingung a von Satz IV.3. Man beachte, daß dabei über den Parameter α verfügt werden kann. Im Bild 126 ist noch die Popow-Gerade mit dem größtmöglichen Wert $k = k_{\max}$ skizziert, mit der die Ungleichung (103) gerade noch von den Punkten der Kurve K_0 erfüllt wird.

Wählt man im Winkelbereich von Bild 125 eine lineare Funktion $f_1(y) = \varkappa y$ $(0 < \varkappa < k)$, dann erhält man für die Laplace-Transformierte $U(p)$ des Signals $u(t)$ die homogene

Gleichung

$$[1 + \varkappa F_1(p)]\, U(p) = 0. \tag{104}$$

Notwendig und hinreichend für asymptotische Stabilität ist nun, daß die Nullstellen der zwischen den eckigen Klammern von Gl. (104) stehenden Funktion in der offenen linken Halbebene $\operatorname{Re} p < 0$ liegen. Dies läßt sich nach Abschnitt 5.1 feststellen. Wenn das nichtlinear rückgekoppelte System für alle $f_1(y)$ mit der Eigenschaft Gl. (100)

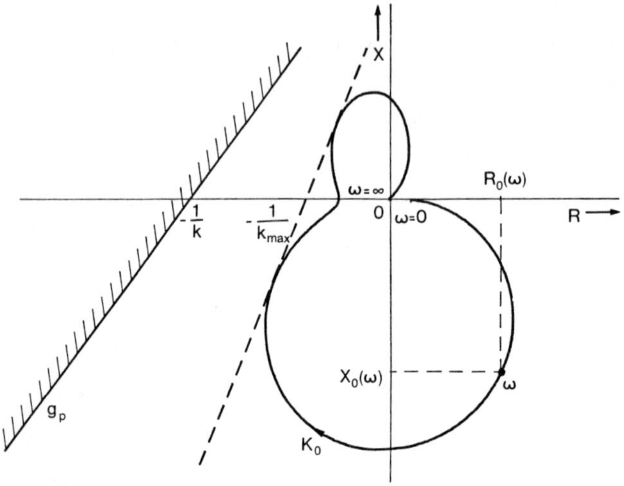

Bild 126: Darstellung der Ortskurve K_0 und der Popow-Geraden g_P

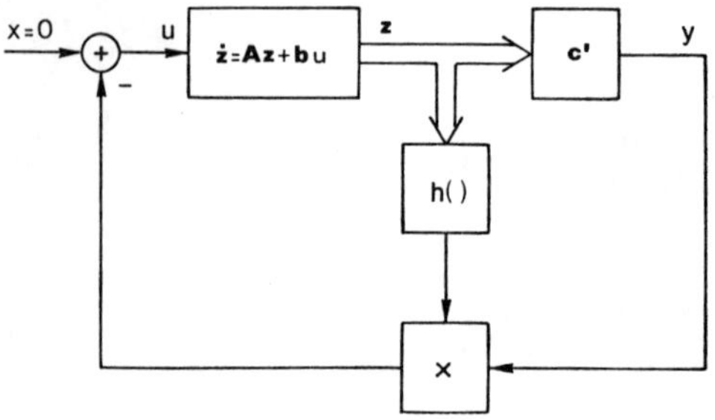

Bild 127: Ein zweites nichtlinear rückgekoppeltes System

asymptotisch stabil sein soll, muß auch das linear rückgekoppelte System für jedes $\varkappa$ im Intervall $0 < \varkappa < k$ asymptotisch stabil sein und daher das Nyquist-Kriterium für $F(p) = 1 + \varkappa F_1(p)$ für alle $\varkappa$-Werte mit $0 < \varkappa < k$ erfüllen. Man beachte jedoch, daß die Umkehrung dieser Aussagen nicht gilt.

Das bisher betrachtete System wird jetzt dahingehend abgeändert, daß statt der Rückkopplung $u = -f_1(y)$ Gl. (99) nunmehr die Rückführung

$$u = -h(z)\, y \tag{105}$$

verwendet wird. Auch für dieses im Bild 127 dargestellte System kann ein hinreichendes Stabilitätskriterium, ein sogenanntes *Kreis-Kriterium*, formuliert werden, nämlich als

Satz IV.5: Das durch die Gln. (98a, b) und (105) beschriebene System, dessen linearer Teil die Übertragungsfunktion $F_1(p)$ besitzt, ist im Gleichgewichtszustand $\boldsymbol{z} = \boldsymbol{0}$ asymptotisch stabil im Großen, wenn die folgenden Bedingungen erfüllt sind:

1. Es existieren zwei von Null verschiedene Konstanten k_1 und k_2, so daß
$$k_1 < h(\boldsymbol{z}) < k_2$$
für beliebiges $\boldsymbol{z}$ gilt.
2. Die Funktion
$$Z(p) = \frac{1 + k_1 F_1(p)}{1 + k_2 F_1(p)} \tag{106}$$
ist Zweipolfunktion.

Beweis: Wie sich leicht bestätigen läßt, kann $Z(p)$ Gl. (106), als Übertragungsfunktion eines Systems aufgefaßt, im Zustandsraum mit den in Gln. (98a, b) verwendeten Größen in der Form

$$\frac{\mathrm{d}\boldsymbol{z}}{\mathrm{d}t} = (\boldsymbol{A} - k_2 \boldsymbol{b}\boldsymbol{c}')\,\boldsymbol{z} + \boldsymbol{b}x$$

$$\hat{y} = (k_1 - k_2)\,\boldsymbol{c}'\boldsymbol{z} + x$$

dargestellt werden, und dieses System reagiert auf das Eingangssignal $x = u + k_2 y$ mit dem Ausgangssignal $\hat{y} = u + k_1 y$. Wenn $Z(p)$ eine Zweipolfunktion ist, existiert (man vergleiche den Beweis von Satz IV.4) eine positiv definite Matrix $\boldsymbol{P}$, so daß stets

$$\frac{\mathrm{d}}{\mathrm{d}t}\,\boldsymbol{z}'\boldsymbol{P}\boldsymbol{z} \leqq x\hat{y}$$

gilt. Zur Stabilitätsprüfung des Systems nach Bild 127 wird nun die Lyapunov-Funktion $V(\boldsymbol{z}) = \boldsymbol{z}'\boldsymbol{P}\boldsymbol{z}$ gewählt, die im gesamten Zustandsraum positiv definit ist und für $\|\boldsymbol{z}\| \to \infty$ gegen Unendlich strebt. Dann gilt für die zeitliche Ableitung dieser Funktion auf den Lösungen der Gln. (98a, b) mit Gl. (105) und $x = u + k_2 y$, $\hat{y} = u + k_1 y$

$$\frac{\mathrm{d}V}{\mathrm{d}t} \leqq [-h(\boldsymbol{z})\,y + k_2 y]\,[-h(\boldsymbol{z})\,y + k_1 y]$$
$$= -[k_2 - h(\boldsymbol{z})]\,[h(\boldsymbol{z}) - k_1]\,y^2 \leqq 0,$$

und diese Funktion kann nur für $y \equiv 0$ verschwinden, was wegen der vorausgesetzten Beobachtbarkeit des Systems (98a, b) nur für $\boldsymbol{z} \equiv \boldsymbol{0}$ möglich ist. Damit sind alle Bedingungen der Ergänzung von Satz II.7 erfüllt, und Satz IV.5 ist vollständig bewiesen.

Die Frage, ob $Z(p)$ Gl. (106) eine Zweipolfunktion ist, wird auch hier zweckmäßigerweise mit Hilfe von Satz IV.3 beantwortet. Danach muß jedenfalls mit

$$F_1(\mathrm{j}\omega) = R_1(\omega) + \mathrm{j}X_1(\omega)$$

die Ungleichung $\mathrm{Re}\, Z(\mathrm{j}\omega) \geqq 0$, also

$$k_1 k_2 [R_1^2(\omega) + X_1^2(\omega)] + (k_1 + k_2)\,R_1(\omega) + 1 \geqq 0 \tag{107}$$

für alle positiven ω-Werte erfüllt sein. Es wird nun in einem kartesischen R,X-Koordinatensystem einerseits die (Orts-) Kurve K_1

$$R = R_1(\omega), \qquad X = X_1(\omega) \qquad (\omega > 0)$$

und andererseits im Hinblick auf die Ungleichung (107) der Kreis C

$$\left(R + \frac{k_1 + k_2}{2k_1k_2}\right)^2 + X^2 = \left(\frac{k_2 - k_1}{2k_1k_2}\right)^2$$

eingetragen. Befindet sich ein Punkt von K_1 auf dem Kreis C, so befriedigen die Koordinaten dieses Punktes die Ungleichung (107) mit dem Gleichheitszeichen. Die Koordinaten eines Punktes von K_1 innerhalb von C erfüllen die Ungleichung (107) nur, wenn $k_1k_2 < 0$ gilt. Die Koordinaten eines Punktes von K_2 außerhalb von C befriedigen die Ungleichung (107) nur im Fall $k_1k_2 > 0$.
Die Funktion $Z(p)$ Gl. (106) genügt also der Forderung a von Satz IV.3 genau dann, wenn die Kurve K_1 im Fall $k_1k_2 > 0$ ganz außerhalb des Kreises C und im Fall $k_1k_2 < 0$ ganz innerhalb von C, jeweils den Rand C eingeschlossen, verläuft. Man vergleiche hierzu Bild 128.

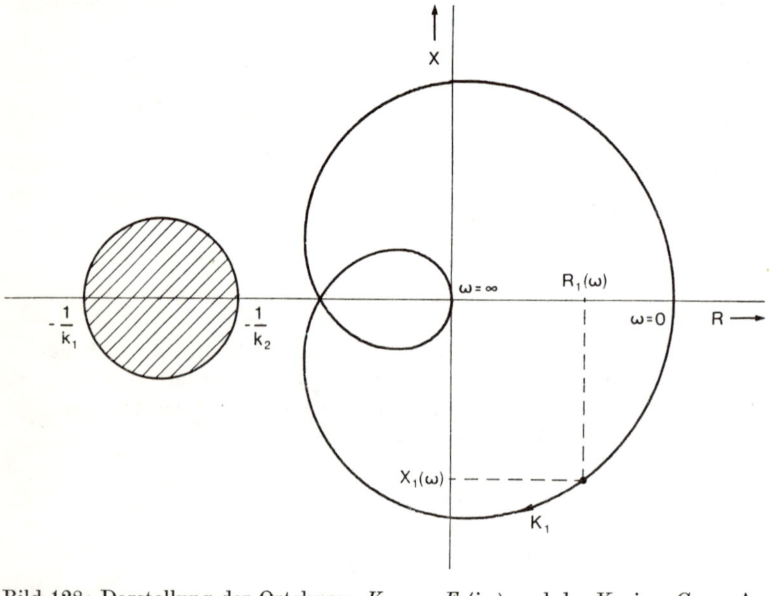

Bild 128: Darstellung der Ortskurve K_1 von $F_1(j\omega)$ und des Kreises C zur Anwendung des Kreiskriteriums

Zur Prüfung der Forderung b von Satz IV.3 stellt man $F_1(p)$ als Quotient $A(p)/B(p)$ zweier Polynome dar, die keine gemeinsamen Nullstellen haben. Die Funktion $Z(p)$ Gl. (106) erfüllt genau dann die genannte Forderung, wenn

$$(k_1 + k_2)\, A(p) + 2B(p)$$

ein Hurwitz-Polynom ist. Die Nullstellen dieses Polynoms sind die Pole der Funktion

$$\frac{2B(p)}{(k_1 + k_2)\, A(p) + 2B(p)} = \frac{1}{1 + \dfrac{k_1 + k_2}{2}\, F_1(p)},$$

so daß damit zur Prüfung, ob obiges Polynom ein Hurwitz-Polynom ist, das Nyquist-Kriterium herangezogen werden kann. Da der Punkt $-2/(k_1 + k_2)$ im Fall $k_1 k_2 > 0$ innerhalb des Kreises C liegt, folgt aus der Ergänzung zum Nyquist-Kriterium, daß die Ortskurve K_1 von $F_1(\mathrm{j}\omega)$ den Kreis C genau P-mal im Gegenuhrzeigersinn umlaufen muß, wenn $F_1(p)$ in der rechten Halbebene P Pole hat. Im Fall $k_1 k_2 < 0$ kommt wegen Bedingung 1 von Satz IV.5 nur $P = 0$ in Betracht, und die Bedingung 2 wird erfüllt, wenn die Ortskurve K_1 den Kreis C nicht verläßt.

6. Die Verknüpfung von Realteil und Imaginärteil einer Übertragungsfunktion

Wie an früherer Stelle festgestellt wurde, ist die Übertragungsfunktion $H(p)$ eines kontinuierlichen, linearen, zeitinvarianten, stabilen und kausalen Systems mit einem Eingang und einem Ausgang eine in der offenen rechten Halbebene $\operatorname{Re} p > 0$ analytische und in $\operatorname{Re} p \geqq 0$ stetige Funktion. Diese Eigenschaft der Übertragungsfunktion hat zur Folge, daß zwischen Realteilfunktion und Imaginärteilfunktion von $H(p)$ für $p = \mathrm{j}\omega$ eine Kopplung besteht. Diese Kopplung soll zunächst für den wichtigen Fall untersucht werden, daß $H(p)$ eine rationale Funktion ist. In diesem Fall ist die Übertragungsfunktion sogar in der abgeschlossenen rechten Halbebene $\operatorname{Re} p \geqq 0$ analytisch. Im Abschnitt 6.2 soll das entsprechende Problem für diskontinuierliche Systeme behandelt werden.

6.1. Beziehung zwischen Realteil und Imaginärteil bei rationalen Übertragungsfunktionen kontinuierlicher Systeme

Ausgehend von der rationalen Übertragungsfunktion $H(p)$ werden der gerade Teil

$$G(p) = \frac{1}{2}\,[H(p) + H(-p)] \tag{108a}$$

und der ungerade Teil

$$U(p) = \frac{1}{2}\,[H(p) - H(-p)] \tag{108b}$$

eingeführt. Die Summe dieser Funktionen liefert, wie man sieht, die Übertragungsfunktion $H(p)$. Da $H(p)$ eine für reelle p-Werte reellwertige Funktion ist, sind $H(\mathrm{j}\omega)$ und $H(-\mathrm{j}\omega)$ zueinander konjugiert komplex. Aus diesem Grund stimmt der gerade Teil $G(p)$ nach Gl. (108a) für $p = \mathrm{j}\omega$ mit der Realteilfunktion $R(\omega)$ von $H(\mathrm{j}\omega)$ überein, und ebenso ist $U(\mathrm{j}\omega)/\mathrm{j}$ nach Gl. (108b) identisch mit der Imaginärteilfunktion $X(\omega)$ von $H(\mathrm{j}\omega)$:

$$R(\omega) \equiv G(\mathrm{j}\omega), \tag{109a}$$

$$X(\omega) \equiv \frac{1}{\mathrm{j}}\,U(\mathrm{j}\omega). \tag{109b}$$

Zunächst soll gezeigt werden, wie sich bei Kenntnis der Funktion $R(\omega)$, die notwendigerweise für reelle ω-Werte endlich und in ω gerade sein muß, die Imaginärteilfunktion

$X(\omega)$ bestimmen läßt. Mit Hilfe der Gl. (109a) erhält man aus $R(\omega)$

$$G(p) = R\left(\frac{p}{\mathrm{j}}\right).$$

Unter der Annahme, daß $G(p)$ nur einfache Polstellen hat, wobei die in der linken p-Halbebene liegenden mit p_μ ($\mu = 1, 2, \ldots, m$) bezeichnet werden sollen, läßt sich folgende Partialbruchdarstellung angeben:

$$G(p) = \frac{1}{2}\left[A_0 + \sum_{\mu=1}^{m} \frac{A_\mu}{p - p_\mu} + A_0 + \sum_{\mu=1}^{m} \frac{-A_\mu}{p + p_\mu}\right]. \tag{110}$$

Da $H(p)$ in der abgeschlossenen rechten p-Halbebene keine Polstellen haben darf, führt ein Vergleich von Gl. (108a) mit Gl. (110) zur Darstellung

$$H(p) = A_0 + \sum_{\mu=1}^{m} \frac{A_\mu}{p - p_\mu}. \tag{111}$$

Nach Gl. (110) sind die Werte A_μ ($\mu = 1, 2, \ldots, m$) die mit dem Faktor Zwei multiplizierten Residuen der Funktion $G(p)$ an den Polen p_μ. Sie lassen sich aus $G(p)$ nach bekannten Methoden ermitteln. Besitzt $G(p)$ mehrfache Polstellen, so ist die Partialbruchentwicklung in Gl. (110) entsprechend abzuändern. Man erhält dann allerdings für $H(p)$ einen gegenüber Gl. (111) komplizierteren Ausdruck. Nach Ermittlung der Übertragungsfunktion $H(p)$ gemäß Gl. (111) läßt sich entsprechend Gl. (108b) die Funktion $U(p)$ und hieraus nach Gl. (109b) die gesuchte Imaginärteilfunktion $X(\omega)$ bestimmen. Bezüglich weiterer Möglichkeiten zur Bestimmung von $H(p)$ aus $R(\omega)$ sei auf die Arbeit [80] verwiesen.

Ist die Funktion $X(\omega)$, die notwendigerweise für reelles ω endlich und in ω ungerade sein muß, gegeben und $R(\omega)$ gesucht, so erhält man nach Gl. (109b) die ungerade Funktion

$$U(p) = \mathrm{j}X\left(\frac{p}{\mathrm{j}}\right).$$

Unter der Voraussetzung, daß $U(p)$ nur einfache Polstellen hat, wobei die in der linken p-Halbebene liegenden mit p_μ ($\mu = 1, 2, \ldots, m$) bezeichnet werden sollen, läßt sich folgende Darstellung durch Partialbruchentwicklung von $U(p)/p$ angeben:

$$U(p) = \frac{1}{2}\left[p \sum_{\mu=1}^{m} \frac{B_\mu}{p - p_\mu} + p \sum_{\mu=1}^{m} \frac{-B_\mu}{p + p_\mu}\right]. \tag{112}$$

Da die Übertragungsfunktion $H(p)$ in der abgeschlossenen rechten p-Halbebene keine Polstellen haben darf, führt ein Vergleich von Gl. (108b) und Gl. (112) zur Darstellung

$$H(p) = B_0 + p \sum_{\mu=1}^{m} \frac{B_\mu}{p - p_\mu}. \tag{113}$$

Dabei ist B_0 eine willkürliche reelle Konstante. Besitzt $U(p)$ mehrfache Pole, so ist die Darstellung Gl. (112) entsprechend abzuändern. Man erhält dann für $H(p)$ einen gegenüber Gl. (113) komplizierteren Ausdruck. Aus $H(p)$ nach Gl. (113) läßt sich $G(p)$ nach Gl. (108a) und sodann $R(\omega)$ nach Gl. (109a) bestimmen. Wie man sieht, ist $R(\omega)$ aus $X(\omega)$ nur bis auf eine additive Konstante bestimmt.

Beispiel: Es sei

$$R(\omega) = \frac{2 + \omega^2 + \omega^4}{1 + \omega^4} \tag{114}$$

gegeben. Man erhält zunächst

$$G(p) = R(p/\mathrm{j}) = \frac{2 - p^2 + p^4}{1 + p^4} = 1 + \frac{1 - p^2}{1 + p^4}.$$

Die Polstellen von $G(p)$ sind die Nullstellen des Polynoms $1 + p^4$, d. h. die Werte

$$p_1 = \mathrm{e}^{\mathrm{j}3\pi/4}, \qquad p_2 = \mathrm{e}^{\mathrm{j}5\pi/4}$$

und $-p_1$, $-p_2$ (Bild 129). Gemäß den Gln. (110) und (111) ergibt sich

$$H(p) = 1 + \frac{A_1}{p - p_1} + \frac{A_2}{p - p_2}$$

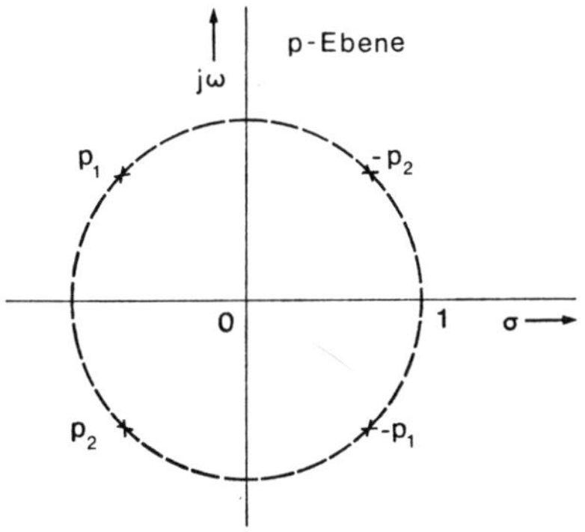

Bild 129: Darstellung der Polstellen $\pm p_1$, $\pm p_2$ in der komplexen p-Ebene für das Beispiel

mit $A_\mu = (1 - p_\mu^2)/2p_\mu^3$ ($\mu = 1, 2$). Anhand der Lage von p_1 und p_2 nach Bild 129 erkennt man, daß $A_1 = A_2 = 1/\sqrt{2}$ gilt. Somit erhält man

$$H(p) = \frac{p^2 + 2\sqrt{2}\,p + 2}{p^2 + \sqrt{2}\,p + 1},$$

woraus

$$X(\omega) = \frac{-\sqrt{2}\,\omega^3}{1 + \omega^4} \tag{115}$$

folgt.

Es soll nunmehr $X(\omega)$ nach Gl. (115) als gegeben betrachtet werden. Dann gewinnt man zunächst nach Gl. (109b)

$$U(p) = \frac{\sqrt{2}\,p^3}{1 + p^4}.$$

Aufgrund der Gln. (112) und (113) erhält man hieraus

$$H(p) = B_0 + \frac{pB_1}{p - p_1} + \frac{pB_2}{p - p_2}$$

mit $B_\mu = (-1)^{\mu+1} p_\mu \mathrm{j}/\sqrt{2}$ ($\mu = 1, 2$) und den p_μ nach Bild 129, also

$$H(p) = B_0 + \frac{-p^2}{p^2 + \sqrt{2}\,p + 1}.$$

Dieser Funktion entspricht die Realteilfunktion

$$R(\omega) = B_0 + \frac{1 + \omega^2}{1 + \omega^4}.$$

6.2. Beziehung zwischen Realteil und Imaginärteil bei rationalen Übertragungsfunktionen diskontinuierlicher Systeme

Bevor das Problem der Verknüpfung von Real- und Imaginärteil der rationalen Übertragungsfunktion $H(z)$ eines diskontinuierlichen, linearen, zeitinvarianten, stabilen und kausalen Systems für $z = \mathrm{e}^{\mathrm{j}\omega T}$ behandelt wird, sollen einige Bemerkungen zu sogenannten *selbstreziproken Polynomen* gemacht werden.

Es wird ein reelles Polynom $P(z)$ betrachtet, dessen Nullstellen ζ_μ ($\mu = 1, 2, \ldots, m$) also symmetrisch zur reellen Achse liegen. Darüber hinaus sollen alle Nullstellen zunächst von Null verschieden und jedenfalls auch zum Einheitskreis $|z| = 1$ symmetrisch angeordnet sein. Das heißt: Jede Nullstelle ζ_a außerhalb des Einheitskreises ($|\zeta_a| > 1$) hat als Partner eine Nullstelle $\zeta_i = 1/\zeta_a$ im Innern des Einheitskreises ($|\zeta_i| < 1$) und umgekehrt; bei den Nullstellen ζ_e auf dem Einheitskreis ($|\zeta_e| = 1$) wird zwischen zwei eventuell gleichzeitig gegebenen Möglichkeiten unterschieden, nämlich erstens der Möglichkeit, daß eine zu sich selbst reziproke Nullstelle im Punkt $\zeta_e = 1$ oder (und) $\zeta_e = -1$ vorhanden ist, und zweitens der Möglichkeit, daß nicht reelle Nullstellen paarweise konjugiert komplex und damit paarweise zu sich selbst reziprok, also als ζ_e und $\zeta_e^* = 1/\zeta_e$, existieren. Demzufolge muß das Polynom $P(z)$ mit einer reellen Konstanten c einerseits in der Form

$$P(z) = c \prod_{\mu=1}^{m} (z - \zeta_\mu) \tag{116a}$$

und andererseits in der Form

$$P(z) = c \prod_{\mu=1}^{m} \left(z - \frac{1}{\zeta_\mu}\right) = c z^m \prod_{\mu=1}^{m} \left(-\frac{1}{\zeta_\mu}\right) \prod_{\mu=1}^{m} \left(\frac{1}{z} - \zeta_\mu\right)$$
$$= \gamma z^m P\left(\frac{1}{z}\right) \tag{116b}$$

darstellbar sein mit

$$\gamma = \prod_{\mu=1}^{m} \left(-\frac{1}{\zeta_\mu}\right).$$

In diesem Produkt liefern alle Nullstellen, die von Eins verschieden sind, keinen Beitrag, da jede Nullstelle $\zeta_\mu \neq \pm 1$ einen reziproken Nullstellenpartner $1/\zeta_\mu$ hat und eine Nullstelle $\zeta_\mu = -1$ ohnedies den Produktwert nicht beeinflußt. Daher gilt $\gamma = \pm 1$, je nachdem, ob $P(z)$ in $z = 1$ eine Nullstelle geradzahliger oder ungeradzahliger Vielfachheit hat. Dabei sei vereinbart, daß im Falle $P(1) \neq 0$ in $z = 1$ eine Nullstelle der

Vielfachheit Null vorhanden ist. Aufgrund der Gl. (116b) ist damit

$$P(z) = \pm z^m P\left(\frac{1}{z}\right)$$

oder, wenn man $P(z)$ in der Summenform

$$P(z) = a_0 + a_1 z + \cdots + a_m z^m$$

anschreibt, gilt für die Koeffizienten

$$a_\mu = \pm a_{m-\mu} \qquad (\mu = 0, 1, \ldots, m).$$

Hat das Polynom zusätzlich eine n-fache Nullstelle im Ursprung, dann läßt sich

$$P(z) = cz^n \prod_{\mu=1}^{m} (z - \zeta_\mu)$$

schreiben, und mit $l = m + n$, dem Polynomgrad, wird

$$P(z) = \pm z^{l+n} P(1/z).$$

Polynome mit Nullstellen, welche in der genannten Weise symmetrisch sind, heißen *selbstreziprok* (Bild 130).

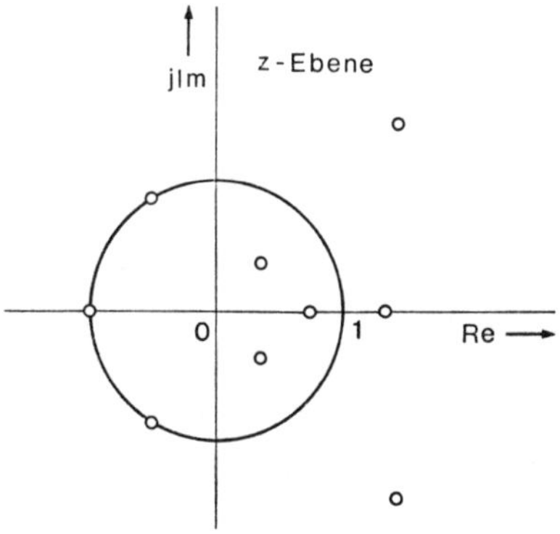

Bild 130: Nullstellenverteilung eines selbstreziproken Polynoms

Nach dieser Vorbemerkung wird die rationale Übertragungsfunktion $H(z)$ vom Grad q eines diskontinuierlichen Systems betrachtet. Aus dieser Funktion läßt sich ihre sogenannte kreissymmetrische Komponente

$$R(z) = \frac{1}{2} [H(z) + H(1/z)] \tag{117}$$

und die kreisantimetrische Komponente

$$I(z) = \frac{1}{2} [H(z) - H(1/z)] \tag{118}$$

bilden. Offensichtlich kann $H(z)$ als Summe dieser beiden Komponenten dargestellt werden:

$$H(z) = R(z) + I(z).$$

Sowohl $R(z)$ als auch $I(z)$ besitzen, wie aus ihren Definitionsgleichungen hervorgeht, überall dort einen Pol, wo auch $H(z)$ einen Pol hat, und außerdem noch in allen zu diesen Polstellen bezüglich $|z| = 1$ symmetrischen Punkten. Dabei ist $z = \infty$ der Spiegelpunkt von $z = 0$. Da für $z = e^{j\omega T}$ die beiden komplexen Zahlen z und $1/z$ konjugiert komplex zueinander sind, folgt aus den Gln. (117) und (118)

$$R(e^{j\omega T}) = \text{Re}\,[H(e^{j\omega T})] \tag{119a}$$

und

$$\frac{1}{j}\,I(e^{j\omega T}) = \text{Im}\,[H(e^{j\omega T})]. \tag{119b}$$

Zunächst soll gezeigt werden, wie man aus dem Realteil $R(e^{j\omega T})$ von $H(e^{j\omega T})$ den Imaginärteil ermitteln kann. Dazu wird $e^{j\omega T}$ durch z ersetzt. Nach Gl. (117) müssen die Nullstellen und die Pole der rationalen Funktion

$$R(z) = \frac{C(z)}{D(z)}$$

zum Einheitskreis $|z| = 1$ symmetrisch liegen, weshalb die Polynome $C(z)$ und $D(z)$, welche keine gemeinsamen Nullstellen haben sollen, die Symmetrieeigenschaft

$$C(z) = z^{2q}C(1/z) \tag{120a}$$

und

$$D(z) = z^{2q}D(1/z) \tag{120b}$$

erfüllen. Dabei ist zu beachten, daß wegen der vorausgesetzten Stabilität des Systems die Funktion $R(z)$ auf $|z| = 1$ keinen Pol besitzt und daß sie in den Punkten $z = \pm 1$, wenn überhaupt, dann je eine Nullstelle geradzahliger Vielfachheit aufweist; denn $R(e^{j\omega T})$ ist in ω gerade und mit der Periode $2\pi/T$ periodisch, und $\omega = 0$ bzw. $\omega = \pi/T$ entsprechen den Punkten $z = 1$ bzw. $z = -1$. Man beachte auch, daß $R(z)$ in $z = \infty$ eine r-fache Nullstelle hat, wenn in $z = 0$ eine r-fache Nullstelle vorhanden ist; dabei äußert sich die r-fache Nullstelle in $z = \infty$ darin, daß der Zählergrad um r kleiner ist als der Nennergrad.

Die Koeffizienten der Polynome $C(z)$ und $D(z)$ seien mit c_μ bzw. d_ν bezeichnet, und es gilt dann angesichts der Gln. (120a, b)

$$c_\mu = c_{2q-\mu} \quad (\mu = 0, 1, \ldots, 2q), \qquad d_\nu = d_{2q-\nu} \quad (\nu = 0, 1, \ldots, 2q). \tag{121a, b}$$

Es wird angenommen, daß $R(z)$ nur einfache Pole in der gesamten z-Ebene einschließlich $z = \infty$ hat. Die im Innern des Einheitskreises $|z| < 1$ liegenden, von Null verschiedenen Pole werden mit z_ν ($\nu = 1, 2, \ldots, q'$) bezeichnet. Mit jedem dieser Pole kann

$$R(z) = \frac{C(z)}{D_\nu(z)\,(z - z_\nu)\,[z - (1/z_\nu)]}$$

geschrieben werden. Damit läßt sich das Residuum ϱ_ν von $R(z)$ im Pol z_ν in der Form

$$\varrho_\nu = \frac{C(z_\nu)}{D_\nu(z_\nu)\,[z_\nu - (1/z_\nu)]} \tag{122a}$$

ausdrücken. Entsprechend erhält man für das Residuum $\varrho_{-\nu}$ des Poles in $1/z_\nu$

$$\varrho_{-\nu} = \frac{C(1/z_\nu)}{D_\nu(1/z_\nu)\,[(1/z_\nu) - z_\nu]}. \tag{122b}$$

Aufgrund der Gln. (120a, b) gilt

$$z_\nu{}^{2q} C(1/z_\nu) = C(z_\nu) \quad \text{und} \quad z_\nu{}^{2q-2} D_\nu(1/z_\nu) = D_\nu(z_\nu).$$

Hiermit kann die Gl. (122a) als

$$\varrho_\nu = \frac{z_\nu{}^2 C(1/z_\nu)}{D_\nu(1/z_\nu)\,[z_\nu - (1/z_\nu)]}$$

oder bei Berücksichtigung der Gl. (122b) auch als

$$\varrho_\nu = -z_\nu{}^2 \varrho_{-\nu} \tag{123}$$

geschrieben werden. Falls $R(z)$ einen (einfachen) Pol in $z = 0$ und damit auch in $z = \infty$ aufweist, verhält sich diese Funktion in der unmittelbaren Umgebung von $z = 0$ bzw. $z = \infty$ wie $(c_0/d_1)/z$ bzw. $(c_{2q}/d_{2q-1})\,z$. Dabei gilt $c_0/d_1 = c_{2q}/d_{2q-1}$ gemäß den Gln. (121a, 121b).

Aufgrund der vorausgegangenen Überlegungen existiert für $R(z)$ im Falle einfacher Pole die folgende modifizierte Partialbruchentwicklung:

$$R(z) = \frac{1}{2}\left(A_\infty + \frac{2A_0}{z} + \sum_{\nu=1}^{q'} \frac{2A_\nu}{z - z_\nu} + A_\infty + 2A_0 z + \sum_{\nu=1}^{q'} \frac{2A_\nu z}{1 - z_\nu z}\right). \tag{124}$$

Dabei ist bereits die Aussage von Gl. (123) berücksichtigt. Die Residuen A_ν ($\nu = 0, 1, \ldots, q'$; $z_0 = 0$) gewinnt man aufgrund der Beziehung

$$A_\nu = \lim_{z \to z_\nu} (z - z_\nu)\, R(z) = \frac{C(z_\nu)}{D'(z_\nu)} \quad (\nu = 0, 1, \ldots, q'). \tag{125a}$$

Weiterhin gilt

$$A_\infty = \lim_{z \to \infty} [R(z) - A_0 z] + \sum_{\nu=1}^{q'} \frac{A_\nu}{z_\nu}. \tag{125b}$$

Ein Vergleich der Gln. (117) und (124) liefert die Übertragungsfunktion

$$H(z) = A_\infty + \frac{2A_0}{z} + \sum_{\nu=1}^{q'} \frac{2A_\nu}{z - z_\nu}. \tag{126}$$

Die auftretenden Koeffizienten sind durch die Gln. (125a, b) bestimmt. Mit Hilfe der Gl. (118) ergibt sich $I(z)$ und daraus nach Gl. (119b) der Imaginärteil $\mathrm{Im}\,[H(\mathrm{e}^{\mathrm{j}\omega T})]$, welcher dem vorgeschriebenen Realteil zugeordnet ist.

Falls $R(z)$ mehrfache Pole aufweist, muß die modifizierte Partialbruchentwicklung gemäß Gl. (124) entsprechend erweitert werden. Soll aus dem Imaginärteil $I(\mathrm{e}^{\mathrm{j}\omega T})/\mathrm{j}$ von $H(\mathrm{e}^{\mathrm{j}\omega T})$ der zugehörige Realteil ermittelt werden, dann kann man entsprechend der obigen Vorgehensweise verfahren, sofern wieder einfache Pole vorausgesetzt werden. Im folgenden soll kurz auf die wesentlichen Unterschiede hingewiesen werden. Schreibt man $I(z)$ als Quotient des Zählerpolynoms $E(z)$ mit den Koeffizienten e_μ ($\mu = 0, 1, \ldots, 2q$)

und des Nennerpolynoms $D(z)$, welches mit dem von $R(z)$ identisch ist, so gilt

$$E(z) = -z^{2q} E(1/z). \tag{127}$$

Denn $E(z)$ besitzt in $z = 1$ (und in $z = -1$) eine Nullstelle ungerader Vielfachheit, weil $I(e^{j\omega T})/j$ in ω ungerade und mit der Periode $2\pi/T$ periodisch ist. Die Residuen r_ν und $r_{-\nu}$ in den Polen z_ν bzw. $1/z_\nu$ von $I(z)$ ergeben sich gemäß den Gln. (122a, b), wobei allerdings das Polynom $C(z)$ durch $E(z)$ zu ersetzen ist. Angesichts der Gl. (127), die im Gegensatz zu Gl. (120a) steht, ergibt sich statt der Gl. (123) nun

$$r_\nu = z_\nu{}^2 r_{-\nu}.$$

Weiterhin verhält sich $I(z)$ in der unmittelbaren Umgebung von $z = 0$, wenn dort ein (einfacher) Pol auftritt, wie $(e_0/d_1)/z$ und bei $z = \infty$ wie $(e_{2q}/d_{2q-1})\, z$. Hier gilt aber wegen Gl. (127) $e_0/d_1 = -e_{2q}/d_{2q-1}$. Damit ergibt sich die modifizierte Partialbruchdarstellung

$$I(z) = \frac{1}{2}\left(\frac{2A_0}{z} + \sum_{\nu=1}^{q'} \frac{2A_\nu}{z - z_\nu} - 2A_0 z - \sum_{\nu=1}^{q'} \frac{2A_\nu z}{1 - z_\nu z}\right), \tag{128}$$

wobei die Koeffizienten A_ν ($\nu = 0, 1, 2, \ldots, q'$) entsprechend Gl. (125a), in der $R(z)$ durch $I(z)$ und $C(z)$ durch $E(z)$ zu ersetzen sind, berechnet werden. Ein Absolutglied tritt hier nicht auf, weil nach Gl. (118) $I(1) = 0$ gilt. Der Gl. (128) läßt sich $H(z)$ und damit aufgrund der Gl. (119a) die Realteilfunktion $R(e^{j\omega T})$ entnehmen, allerdings nur bis auf eine beliebig wählbare additive Konstante A_∞. Weitere Möglichkeiten zur Lösung des hier behandelten Problems sind in der Arbeit [82] beschrieben.

Beispiel: Gegeben sei

$$R(z) = \frac{0{,}5z^4 + 2{,}75z^3 + 3{,}25z^2 + 2{,}75z + 0{,}5}{z(z + 0{,}5)(1 + 0{,}5z)}.$$

Mit $D(z) = 0{,}5z^3 + 1{,}25z^2 + 0{,}5z$, $D'(z) = 1{,}5z^2 + 2{,}5z + 0{,}5$ und $z_0 = 0$, $z_1 = -0{,}5$ liefert die Gl. (125a)

$$A_0 = 1 \quad \text{und} \quad A_1 = 1.$$

Weiterhin ergibt sich aufgrund von Gl. (125b)

$$A_\infty = 3 + \frac{1}{-0{,}5} = 1.$$

Damit folgt aus Gl. (126)

$$H(z) = 1 + \frac{2}{z} + \frac{2}{z + 0{,}5} = \frac{z^2 + 4{,}5z + 1}{z^2 + 0{,}5z}.$$

Schließlich erhält man nach Gl. (118)

$$I(z) = \frac{-0{,}5z^4 - 2{,}25z^3 + 2{,}25z + 0{,}5}{0{,}5z^3 + 1{,}25z^2 + 0{,}5z}.$$

Abschließend soll noch auf eine grundsätzliche Möglichkeit zur Kennzeichnung der Realteil- bzw. Imaginärteilfunktion von $H(e^{j\omega T})$ in Abhängigkeit von ω eingegangen werden.

Aufgrund der erkannten Nullstellen- und Pol-Eigenschaften der kreissymmetrischen Komponente $R(z)$ läßt sich diese Funktion in der Form

$$R(z) = k \frac{z^r \prod_{\mu=1}^{q-r} (z - \zeta_\mu)\left(z - \frac{1}{\zeta_\mu}\right)}{\prod_{\nu=1}^{q} (z - z_\nu)\left(z - \frac{1}{z_\nu}\right)} \tag{129}$$

ausdrücken, wobei k eine reelle Konstante bedeutet. Die hier auftretenden Nullstellen- bzw. Pol-Faktoren können nach der Beziehung

$$(z - z')\left(z - \frac{1}{z'}\right) = 2z\left[\frac{1}{2}\left(z + \frac{1}{z}\right) - \frac{1}{2}\left(z' + \frac{1}{z'}\right)\right]$$

umgeschrieben werden. Wendet man dabei noch die Abbildung

$$w = \frac{1}{2}\left(z + \frac{1}{z}\right) \tag{130}$$

an, dann geht $R(z)$ Gl. (129) über in die rationale Funktion

$$\tilde{R}(w) = \frac{k}{2^r} \frac{\prod_{\mu=1}^{q-r} (w - v_\mu)}{\prod_{\nu=1}^{q} (w - w_\nu)}. \tag{131}$$

Dabei bedeuten

$$v_\mu = \frac{1}{2}\left(\zeta_\mu + \frac{1}{\zeta_\mu}\right), \qquad w_\nu = \frac{1}{2}\left(z_\nu + \frac{1}{z_\nu}\right) \tag{132a, b}$$

$$(\mu = 1, 2, \ldots, q - r; \ \ \nu = 1, 2, \ldots, q).$$

Durch die Transformation Gl. (130) wird die z-Ebene auf eine zweiblättrige w-Ebene abgebildet, deren Blätter man sich längs des reellen Intervalls $-1 \leqq w \leqq 1$ kreuzweise verheftet denken kann. Dieses zweifach durchlaufene reelle Intervall entspricht dem Einheitskreis $|z| = 1$ (Bild 131). Es gilt nämlich nach Gl. (130)

$$w = \cos \omega T \quad \text{für} \quad z = e^{j\omega T} \quad \left(-\frac{\pi}{T} \leqq \omega \leqq \frac{\pi}{T}\right).$$

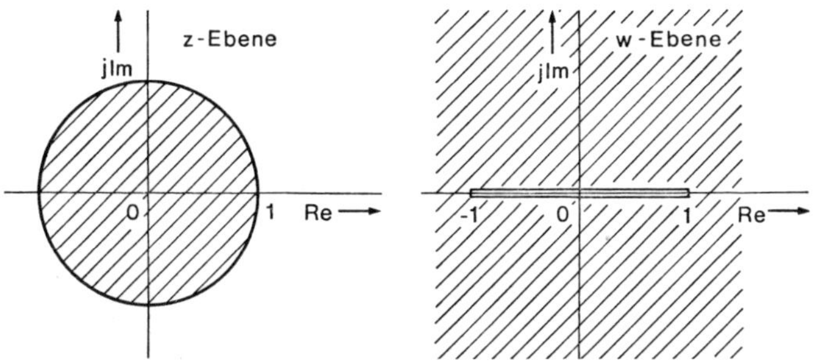

Bild 131: Abbildung der z- in die w-Ebene aufgrund der Transformation Gl. (130)

Zusammen mit Gl. (131) zeigt dies, daß die Realteilfunktion Re $[H(e^{j\omega T})]$ eine gebrochen rationale Funktion in $\cos \omega T$ sein muß. Auf diese Weise läßt sich die Realteilfunktion charakterisieren.

Betrachtet man neben der kreisantimetrischen Komponente $I(z)$ noch die Funktion

$$J(z) = \frac{2z}{z^2 - 1} I(z), \tag{133}$$

dann gilt mit Gl. (119b)

$$J(e^{j\omega T}) = \frac{\operatorname{Im}[H(e^{j\omega T})]}{\sin \omega T}. \tag{134}$$

Die Funktion $J(z)$ ist kreissymmetrisch und hat die gleichen Nullstellen- und Pol-Eigenschaften wie $R(z)$. Wenn man daher auch $J(z)$ Gl. (134) der Transformation Gl. (130) unterwirft, ergibt sich die rationale Funktion $\tilde{J}(w)$ entsprechend der Gl. (131), weshalb angesichts der Gl. (134) die Imaginärteilfunktion Im $[H(e^{j\omega T})]$ stets dargestellt werden kann als Produkt aus $\sin \omega T$ und einer gebrochen rationalen Funktion von $\cos \omega T$. Auf diese Weise läßt sich die Imaginärteilfunktion kennzeichnen.

6.3. Die Hilbert-Transformation

Es soll nun der Zusammenhang zwischen Realteil und Imaginärteil der Übertragungsfunktion $H(p)$ eines kontinuierlichen, linearen, zeitinvarianten, stabilen und kausalen Systems ohne die Einschränkung untersucht werden, daß $H(p)$ rational sei. Wie bereits erwähnt wurde, ist $H(p)$ in der abgeschlossenen rechten Halbebene $\operatorname{Re} p \geqq 0$ stetig und in der offenen Halbebene $\operatorname{Re} p > 0$ analytisch. Nun wird das Integral

$$I = \int_C \frac{H(p)}{p - j\omega_0} \, dp \tag{135}$$

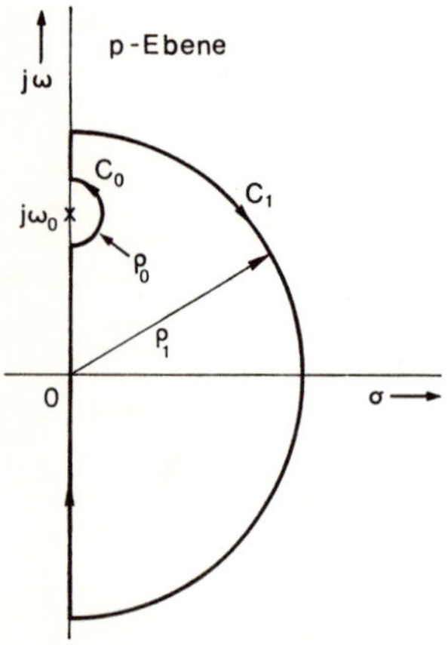

Bild 132: Integrationsweg zu Gl. (135)

längs des im Bild 132 dargestellten Weges C betrachtet. Der Weg C setzt sich zusammen aus zwei geradlinigen Stücken längs der imaginären Achse, einem Halbkreisbogen C_0 um die Stelle $j\omega_0$ mit beliebigem reellem ω_0 und dem Radius ϱ_0 sowie aus dem großen

Halbkreisbogen C_1 um den Nullpunkt mit Radius $\varrho_1 > |\omega_0| + \varrho_0$. Aufgrund der genannten Eigenschaften von $H(p)$ verschwindet das Integral I Gl. (135) nach dem Cauchyschen Hauptsatz der Funktionentheorie. Wegen der Beziehung $\lim_{p\to\infty} H(p) = R(\infty)$ $(\mathrm{Re}\, p \geqq 0)$, wobei $H(\mathrm{j}\omega) = R(\omega) + \mathrm{j}X(\omega)$ gesetzt wurde, wird das Teilintegral längs C_1 für $\varrho_1 \to \infty$

$$\lim_{\varrho_1\to\infty} \int_{C_1} \frac{H(p)}{p - \mathrm{j}\omega_0}\,\mathrm{d}p = R(\infty) \lim_{\varrho_1\to\infty} \int_{C_1} \frac{\mathrm{d}p}{p - \mathrm{j}\omega_0} = R(\infty)\,(-\mathrm{j}\pi). \tag{136a}$$

Das Teilintegral über den kleinen Halbkreisbogen C_0 wird für $\varrho_0 \to 0$

$$\lim_{\varrho_0\to 0} \int_{C_0} \frac{H(p)}{p - \mathrm{j}\omega_0}\,\mathrm{d}p = H(\mathrm{j}\omega_0)\,\mathrm{j}\pi. \tag{136b}$$

Unter Berücksichtigung der Gln. (136a, b) erhält man aus Gl. (135) wegen $I = 0$ im Grenzfall $\varrho_0 \to 0$, $\varrho_1 \to \infty$ die Beziehung

$$\lim_{\substack{\varrho_0\to 0\\ \varrho_1\to\infty}} \int_C \frac{H(p)}{p - \mathrm{j}\omega_0}\,\mathrm{d}p \equiv -\mathrm{j}\pi R(\infty) + \mathrm{j}\pi[R(\omega_0) + \mathrm{j}X(\omega_0)] + \int_{-\infty}^{\infty} \frac{R(\omega) + \mathrm{j}X(\omega)}{\omega - \omega_0}\,\mathrm{d}\omega = 0.$$

Setzt man den gesamten Realteil und ebenso den gesamten Imaginärteil auf der linken Seite dieser Beziehung gleich Null und ändert man die Bezeichnungen für die vorkommenden Variablen, dann erhält man schließlich die Darstellungen

$$R(\omega) = R(\infty) + \frac{1}{\pi} \int_{-\infty}^{\infty} \frac{X(\eta)}{\omega - \eta}\,\mathrm{d}\eta, \tag{137}$$

$$X(\omega) = -\frac{1}{\pi} \int_{-\infty}^{\infty} \frac{R(\eta)}{\omega - \eta}\,\mathrm{d}\eta. \tag{138}$$

Die Gln. (137) und (138) stellen Kopplungen dar zwischen der Realteilfunktion $R(\omega)$ und der Imaginärteilfunktion $X(\omega)$ von $H(\mathrm{j}\omega)$. Man spricht bei diesen Beziehungen von der *Hilbert-Transformation*. Funktionen, die im Sinne der Gln. (137) und (138) miteinander gekoppelt sind, heißen *konjugierte Funktionen*. Die in den Gln. (137) und (138) auftretenden Integrale sind als Cauchysche Hauptwerte[1]) zu verstehen. Diese Integrale lassen sich noch umformen, indem man ausnützt, daß $R(\omega)$ gerade und $X(\omega)$

[1]) Dies bedeutet, wie aus der Herleitung der Hilbert-Transformation hervorgeht, daß z. B. die Gl. (138) ausführlich

$$X(\omega) = -\frac{1}{\pi} \lim_{\substack{\varepsilon\to 0\\ Y\to\infty}} \left[\int_{-Y}^{\omega-\varepsilon} \frac{R(\eta)}{\omega - \eta}\,\mathrm{d}\eta + \int_{\omega+\varepsilon}^{Y} \frac{R(\eta)}{\omega - \eta}\,\mathrm{d}\eta \right]$$

lautet.

ungerade ist. Auf diese Weise gewinnt man die Ausdrücke

$$R(\omega) = R(\infty) + \frac{2}{\pi} \int\limits_0^\infty \frac{\eta X(\eta)}{\omega^2 - \eta^2} \, d\eta ,$$

$$X(\omega) = -\frac{2\omega}{\pi} \int\limits_0^\infty \frac{R(\eta)}{\omega^2 - \eta^2} \, d\eta .$$

Beispiel: Die Realteilfunktion $R(\omega)$ einer Übertragungsfunktion $H(p)$ ($p = j\omega$) sei als Rechteckfunktion

$$R(\omega) = R_0 p_{\omega_g}(\omega)$$

gemäß Bild 133 vorgeschrieben. Nach Gl. (138) erhält man für die entsprechende Imaginärteilfunktion

$$X(\omega) = -\frac{1}{\pi} \int\limits_{-\omega_g}^{\omega_g} \frac{R_0}{\omega - \eta} \, d\eta = \frac{R_0}{\pi} \ln \left| \frac{\omega - \omega_g}{\omega + \omega_g} \right| .$$

Ihr Verlauf ist im Bild 134 dargestellt. Mit Ausnahme der Unstetigkeiten an den Stellen $\omega = \pm\omega_g$ liefert die Hilbert-Transformation eine Übertragungsfunktion mit den eingangs beschriebenen Eigenschaften.

Betrachtet man die Impulsantwort $h(t)$ eines kontinuierlichen, stabilen und kausalen Systems mit der Übertragungsfunktion $H(p)$, dann besteht auf der imaginären Achse

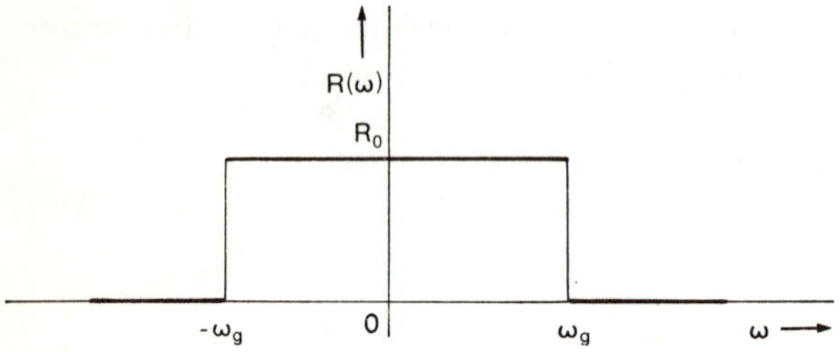

Bild 133: Realteilfunktion $R(\omega)$ für das Beispiel

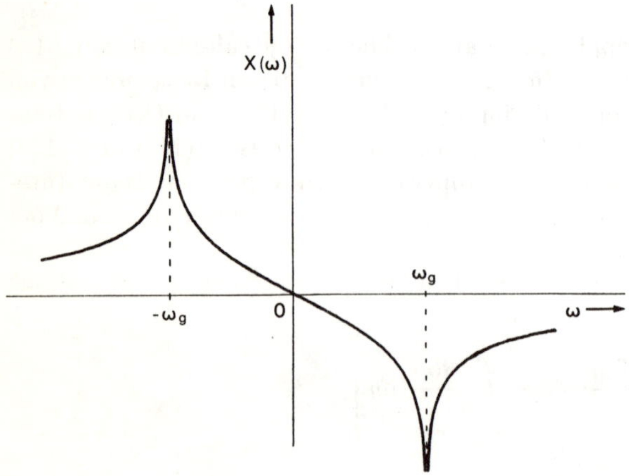

Bild 134: Imaginärteil $X(\omega)$, der aufgrund der Hilbert-Transformation dem Realteil $R(\omega)$ nach Bild 133 zugeordnet ist

zwischen dem Realteil $R(\omega)$ und dem Imaginärteil $X(\omega)$ die Kopplung entsprechend den Gln. (137) und (138). Man kann umgekehrt aus dem Bestehen der Gln. (137) und (138) schließen, daß die Impulsantwort des betreffenden stabilen Systems kausal ist.[1]) Insoweit bilden die Gln. (137) und (138) notwendige und hinreichende Bedingungen für die Kausalität eines stabilen Systems.
Man beachte hierbei, daß die Integrale in den Gln. (137) und (138) als Faltungsintegrale interpretiert werden können. In diesem Sinne läßt sich

$$R(\omega) = R(\infty) + \frac{1}{2\pi}\left[\mathrm{j}X(\omega) * \frac{2}{\mathrm{j}\omega}\right]$$

und

$$\mathrm{j}X(\omega) = \frac{1}{2\pi}\left[R(\omega) * \frac{2}{\mathrm{j}\omega}\right]$$

schreiben. Da die Realteilfunktion $R(\omega)$ mit dem geraden Teil $h_g(t)$ der Impulsantwort $h(t)$ und die rein imaginäre Komponente $\mathrm{j}X(\omega)$ mit dem ungeraden Teil $h_u(t)$ korrespondiert, kann man obige Grundgleichungen der Hilbert-Transformation bei Beachtung der Korrespondenzen (62) und (72) aus Kapitel III folgendermaßen im Zeitbereich ausdrücken:

$$h_g(t) = R(\infty)\,\delta(t) + h_u(t)\,\mathrm{sgn}\,t\,,$$

$$h_u(t) = h_g(t)\,\mathrm{sgn}\,t\,.$$

Diese Beziehungen sind offensichtlich charakteristisch für kausale Zeitfunktionen.

6.4. *Eine Methode zur praktischen Durchführung der Hilbert-Transformation*

Durch die gebrochen lineare Transformation

$$s = \frac{1-p}{1+p} \tag{139}$$

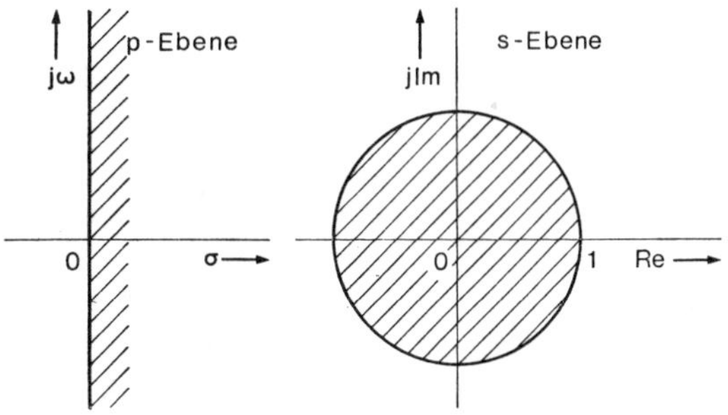

Bild 135: Abbildung der rechten p-Halbebene in den Einheitskreis der s-Ebene nach Gl. (139)

wird die p-Ebene derart in die s-Ebene abgebildet, daß die rechte Halbebene $\mathrm{Re}\,p \geqq 0$ in den Einheitskreis $|s| \leqq 1$ übergeht (Bild 135). Die Punkte $p = \mathrm{j}\omega$ der imaginären

[1]) Hierbei wird stillschweigend die Existenz der Impulsantwort vorausgesetzt. Man vergleiche hierzu das Darstellungsproblem der Laplace-Transformation [51].

Achse gehen bei der Abbildung nach Gl. (139) in die Punkte des Einheitskreises $|s| = 1$ über:

$$s = \frac{1 - j\omega}{1 + j\omega} = e^{j\vartheta}.$$

Hieraus folgt durch Auflösung nach $j\omega$ zunächst

$$j\omega = \frac{1 - e^{j\vartheta}}{1 + e^{j\vartheta}} = -\frac{e^{j\vartheta/2} - e^{-j\vartheta/2}}{e^{j\vartheta/2} + e^{-j\vartheta/2}} = -j \tan \frac{\vartheta}{2}$$

oder schließlich

$$\omega = -\tan \frac{\vartheta}{2}. \tag{140}$$

Aufgrund der Abbildung nach Gl. (139) geht die Übertragungsfunktion $H(p)$ in die Funktion $F(s)$ über. Diese Funktion $F(s)$ ist in $|s| < 1$ analytisch und in $|s| \leqq 1$ stetig, da die Übertragungsfunktion $H(p)$ entsprechend den getroffenen Voraussetzungen in $\operatorname{Re} p > 0$ analytisch und in $\operatorname{Re} p \geqq 0$ stetig sein muß. Nun ist die Potenzreihendarstellung

$$F(s) = \alpha_0 + \alpha_1 s + \alpha_2 s^2 + \cdots \tag{141}$$

mit reellen Koeffizienten α_μ ($\mu = 0, 1, \ldots$) für $|s| \leqq 1$ möglich. Für $s = e^{j\vartheta}$ gilt speziell

$$F(e^{j\vartheta}) = [\alpha_0 + \alpha_1 \cos \vartheta + \alpha_2 \cos 2\vartheta + \cdots] + j[\alpha_1 \sin \vartheta + \cdots]. \tag{142a}$$

Mit $H(j\omega) = R(\omega) + jX(\omega)$ und Gl. (140) erhält man

$$F(e^{j\vartheta}) = R\left(\tan \frac{\vartheta}{2}\right) - jX\left(\tan \frac{\vartheta}{2}\right). \tag{142b}$$

Ein Vergleich der beiden Gln. (142a, b) liefert

$$R\left(\tan \frac{\vartheta}{2}\right) = \alpha_0 + \alpha_1 \cos \vartheta + \alpha_2 \cos 2\vartheta + \cdots, \tag{143a}$$

$$X\left(\tan \frac{\vartheta}{2}\right) = -\alpha_1 \sin \vartheta - \alpha_2 \sin 2\vartheta - \cdots. \tag{143b}$$

Diese Gleichungen können dazu verwendet werden, die Hilbert-Transformation numerisch in einfacher Weise durchzuführen oder die Kausalität kontinuierlicher, linearer, zeitinvarianter, stabiler Systeme zu prüfen.

Ist die Realteilfunktion $R(\omega)$ als stückweise stetig differenzierbare Funktion bekannt und die Imaginärteilfunktion $X(\omega)$ gesucht, so bildet man zunächst die Funktion $R(\tan \vartheta/2)$. Das Intervall $-\infty \leqq \omega \leqq \infty$ geht dabei in das Intervall $-\pi \leqq \vartheta \leqq \pi$ über. In diesem ϑ-Intervall wird die transformierte Realteilfunktion $R(\tan \vartheta/2)$ (Bild 136) in eine Fouriersche Kosinusreihe nach Gl. (143a) entwickelt, wodurch man die Koeffizienten α_μ erhält. Damit gewinnt man nach Gl. (143b) die transformierte Imaginärteilfunktion und durch Übergang zur ω-Variablen gemäß Gl. (140) schließlich $X(\omega)$. In entsprechender Weise läßt sich aus $X(\omega)$ die Realteilfunktion $R(\omega)$ bis auf eine additive Konstante bestimmen.

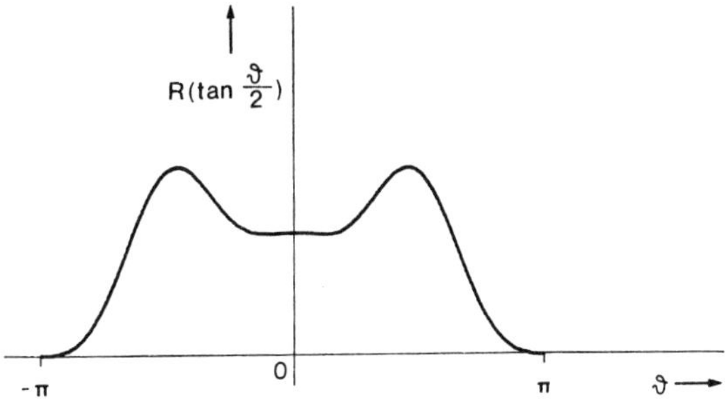

Bild 136: Transformierte Realteilfunktion $R(\tan \vartheta/2)$

Mit Hilfe der Fourier-Koeffizienten α_μ ($\mu = 0, 1, 2, \ldots$) läßt sich die Übertragungsfunktion in der Variablen s als Potenzreihe nach Gl. (141) darstellen. Substituiert man s nach Gl. (139), so erhält man die Übertragungsfunktion

$$H(p) = \sum_{\mu=0}^{\infty} \alpha_\mu \left(\frac{1-p}{1+p}\right)^\mu . \tag{144}$$

Diese Darstellung gilt für $\operatorname{Re} p \geqq 0$. Durch Laplace-Umkehrtransformation gewinnt man aus Gl. (144) auch eine Darstellung der Impulsantwort. Aufgrund der Korrespondenz

$$s(t) \frac{t^{\mu-1}}{(\mu-1)!} \circ\!\!-\!\!\bullet \frac{1}{p^\mu} \qquad (\mu \geqq 1)$$

erhält man

$$s(t) \frac{t^{\mu-1}}{(\mu-1)!} \mathrm{e}^{-2t} \circ\!\!-\!\!\bullet \frac{1}{(p+2)^\mu}$$

sowie

$$\frac{\mathrm{d}^\mu}{\mathrm{d}t^\mu}\left[s(t) \frac{t^{\mu-1}}{(\mu-1)!} \mathrm{e}^{-2t}\right] \mathrm{e}^t \circ\!\!-\!\!\bullet \left(\frac{p-1}{p+1}\right)^\mu .$$

Aus dieser Korrespondenz und Gl. (144) folgt nach einigen Umformungen[1])

$$h(t) = \alpha_0 \delta(t) + \sum_{\mu=1}^{\infty} \alpha_\mu (-1)^\mu \left\{\delta(t) + s(t) \frac{1}{(\mu-1)!} \mathrm{e}^t \frac{\mathrm{d}^\mu}{\mathrm{d}t^\mu} [t^{\mu-1} \mathrm{e}^{-2t}]\right\}.$$

Unter Verwendung der Laguerre-Polynome

$$L_\mu(t) = \frac{1}{\mu!} \mathrm{e}^t \frac{\mathrm{d}^\mu}{\mathrm{d}t^\mu} [t^\mu \mathrm{e}^{-t}] \qquad (\mu = 0, 1, 2, \ldots)$$

ergibt sich, wie in einfacher Weise gezeigt werden kann, schließlich

$$h(t) = \alpha_0 \delta(t) + \sum_{\mu=1}^{\infty} \alpha_\mu (-1)^\mu \left\{\delta(t) + \mathrm{e}^{-t} s(t) \frac{\mathrm{d}}{\mathrm{d}t} L_\mu(2t)\right\}. \tag{145}$$

---

[1]) Hierbei wird stillschweigend vorausgesetzt, daß in Gl. (144) eine gliedweise Rücktransformation gemäß Korrespondenz (145) erlaubt ist. Dies müßte von Fall zu Fall noch untersucht werden. Nach G. Doetsch ist hinreichend für die gliedweise Rücktransformation, daß die aus den Betragsquadraten $|\alpha_\mu|^2$ gebildete Reihe konvergiert.

Die vorausgegangenen Ergebnisse kann man auch zur Rücktransformation einer Funktion $F_I(p)$ in den Zeitbereich verwenden, was besonders dann bedeutsam ist, wenn die im Abschnitt 2 beschriebenen Methoden nicht zum Ziel führen. Hierzu wird die Konvergenzhalbebene von $F_I(p)$ durch $s = (1 - p + \sigma_{\min})/(1 + p - \sigma_{\min})$ in den Einheitskreis abgebildet, wobei $F_I(p)$ in $F(s)$ übergeht. Nun wird $F(s)$ in eine Potenzreihe nach Gl. (141) entwickelt, aus der eine Darstellung von $F_I(p)$ nach Gl. (144) folgt. Hierbei ist allerdings p durch $p - \sigma_{\min}$ zu ersetzen. Beim Übergang in den Zeitbereich wird dadurch das Ergebnis Gl. (145) lediglich mit dem Faktor $e^{\sigma_{\min} t}$ multipliziert.

6.5. Integral-Transformationen für diskontinuierliche Systeme

Im folgenden soll der Zusammenhang zwischen Realteil und Imaginärteil der Übertragungsfunktion $H(z)$ eines *diskontinuierlichen*, linearen, zeitinvarianten, stabilen und kausalen Systems für $z = e^{j\omega T}$ untersucht werden, wobei $H(z)$ nicht rational zu sein braucht. Wie bereits festgestellt wurde, ist $H(z)$ im abgeschlossenen Kreisgebiet $|z| \geqq 1$ stetig und im offenen Kreisgebiet $|z| > 1$ analytisch; zu beiden Gebieten wird der Punkt $z = \infty$ gezählt. Angesichts dieser Eigenschaften besteht, wie unten bewiesen wird, für alle ω-Werte im Intervall $-\omega_g \leqq \omega \leqq \omega_g$ $(\omega_g = \pi/T)$ die Beziehung

$$H(e^{j\omega T}) - H(\infty) = \frac{1}{2\pi j} \int\limits_{|\zeta|=1} H(\zeta) \frac{\zeta + e^{j\omega T}}{\zeta - e^{j\omega T}} \frac{d\zeta}{\zeta}. \tag{146a}$$

Bei diesem Integral, welches längs des Einheitskreises $|\zeta| = 1$ im Uhrzeigersinn zu führen ist und wegen der Singularität $\zeta = e^{j\omega T}$ des Integranden uneigentlich ist, muß der Hauptwert genommen werden, d. h., die Gl. (146a) lautet ausführlich (Bild 137)

$$H(e^{j\omega T}) - H(\infty) = \frac{1}{2\pi j} \lim_{\varepsilon_n \to 0} \int\limits_{\substack{P_n \\ |\zeta|=1}}^{Q_n} H(\zeta) \frac{\zeta + e^{j\omega T}}{\zeta - e^{j\omega T}} \frac{d\zeta}{\zeta}. \tag{146b}$$

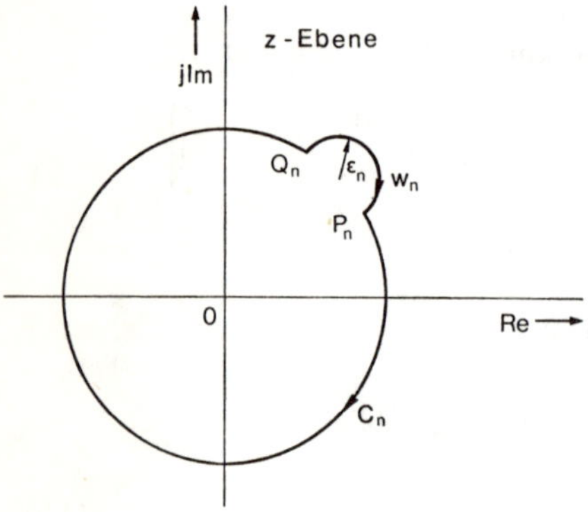

Bild 137: Kreisbogenzweieck $P_n Q_n$; mit C_n wird der gesamte Rand bezeichnet, mit w_n nur das kleine Kreisbogenstück zwischen P_n und Q_n

Zur Herleitung von Gl. (146a) wird das Integral unter dem Limeszeichen in Gl. (146b) als Differenz zweier Integrale $J_1 - J_2$ mit

$$J_1 = \int\limits_{C_n} H(\zeta) \frac{\zeta + e^{j\omega T}}{\zeta - e^{j\omega T}} \frac{d\zeta}{\zeta} \quad \text{und} \quad J_2 = \int\limits_{w_n} H(\zeta) \frac{\zeta + e^{j\omega T}}{\zeta - e^{j\omega T}} \frac{d\zeta}{\zeta} \tag{147a, b}$$

ausgedrückt. Der Weg C_n bedeutet den gesamten Rand des im Bild 137 dargestellten, den Ursprung umschließenden Kreisbogenzweiecks $P_n Q_n$, während w_n den kleinen Kreisbogen zwischen den Punkten P_n und Q_n dieses Zweiecks bezeichnet. Aufgrund des Residuensatzes gilt

$$J_1 = -2\pi \mathrm{j} H(\infty), \tag{148a}$$

wobei beachtet wurde, daß der Integrand von J_1 außerhalb von C_n überall analytisch ist und sich in der unmittelbaren Umgebung von Unendlich wie $H(\infty)/\zeta$ verhält, sein Residuum im Punkt $\zeta = \infty$ also durch $H(\infty)$ gegeben ist. Zur Berechnung von J_2 kann man für ζ-Werte auf dem kleinen Kreisbogen w_n

$$H(\zeta)\,\frac{\zeta + \mathrm{e}^{\mathrm{j}\omega T}}{\zeta} = H(\mathrm{e}^{\mathrm{j}\omega T}) \cdot 2 + \Delta_n(\zeta) \tag{149}$$

schreiben. Infolge der Stetigkeit von $H(\zeta)$ strebt $|\Delta_n(\zeta)|$ für $\varepsilon_n \to 0$ gegen Null, so daß man für Gl. (147b)

$$J_2 = 2H(\mathrm{e}^{\mathrm{j}\omega T}) \int\limits_{w_n} \frac{\mathrm{d}\zeta}{\zeta - \mathrm{e}^{\mathrm{j}\omega T}} + R_1 \qquad (R_1 \to 0 \quad \text{für} \quad \varepsilon_n \to 0)$$

erhält. Das verbleibende Integral läßt sich auswerten, und es entsteht so

$$J_2 = 2H(\mathrm{e}^{\mathrm{j}\omega T})\,(-\pi \mathrm{j}) + R_1 + R_2 \qquad (R_1, R_2 \to 0 \quad \text{für} \quad \varepsilon_n \to 0). \tag{148b}$$

Bildet man mit Hilfe der Gln. (148a, b) die Differenz $J_1 - J_2$, dividiert anschließend mit $2\pi\mathrm{j}$ und führt schließlich den Grenzübergang $\varepsilon_n \to 0$ aus, so ergibt sich $H(\mathrm{e}^{\mathrm{j}\omega T}) - H(\infty)$, womit die Gültigkeit der Gl. (146b) bzw. Gl. (146a) bewiesen ist.

Durch Einführung von $\zeta = \mathrm{e}^{\mathrm{j}\Omega T}$ wird nun die Gl. (146a) umgeschrieben. Mit

$$\frac{\zeta + \mathrm{e}^{\mathrm{j}\omega T}}{\zeta - \mathrm{e}^{\mathrm{j}\omega T}} = \frac{1 + \mathrm{e}^{\mathrm{j}(\omega - \Omega)T}}{1 - \mathrm{e}^{\mathrm{j}(\omega - \Omega)T}} = \mathrm{j} \cot \frac{(\omega - \Omega)\,T}{2}$$

und $\mathrm{d}\zeta = \mathrm{j}T\zeta\,\mathrm{d}\Omega$ erhält man

$$H(\mathrm{e}^{\mathrm{j}\omega T}) - H(\infty) = \frac{\mathrm{j}T}{2\pi} \int\limits_{\omega_g}^{-\omega_g} H(\mathrm{e}^{\mathrm{j}\Omega T}) \cot \frac{(\omega - \Omega)\,T}{2}\,\mathrm{d}\Omega.$$

Ersetzt man in dieser Gleichung die Übertragungsfunktion gemäß der Darstellung

$$H(\mathrm{e}^{\mathrm{j}\omega T}) = R(\mathrm{e}^{\mathrm{j}\omega T}) + \mathrm{j}X(\mathrm{e}^{\mathrm{j}\omega T})$$

durch ihren Real- und Imaginärteil, vergleicht dann Real- und Imaginärteil beider Seiten der Gleichung und vertauscht schließlich die Integrationsgrenzen, so entstehen, wenn man noch beachtet, daß $H(\infty)$ rein reell ist, die beiden fundamentalen Beziehungen

$$R(\mathrm{e}^{\mathrm{j}\omega T}) = R(\infty) + \frac{T}{2\pi} \int\limits_{-\omega_g}^{\omega_g} X(\mathrm{e}^{\mathrm{j}\Omega T}) \cot \frac{(\omega - \Omega)\,T}{2}\,\mathrm{d}\Omega \tag{150}$$

und

$$X(\mathrm{e}^{\mathrm{j}\omega T}) = -\frac{T}{2\pi} \int\limits_{-\omega_g}^{\omega_g} R(\mathrm{e}^{\mathrm{j}\Omega T}) \cot \frac{(\omega - \Omega)\,T}{2}\,\mathrm{d}\Omega. \tag{151}$$

Damit sind zwei Verknüpfungen zwischen Realteil und Imaginärteil der Übertragungsfunktion $H(e^{j\omega T})$ gefunden. Sie entsprechen der Hilbert-Transformation beim kontinuierlichen Fall. Man bezeichnet Funktionen, welche durch die Gln. (150) und (151) gekoppelt sind, als *konjugiert* im Sinne dieser Verknüpfung.

Beachtet man, daß die Forderung der Kausalität eines Systems mit Hilfe des geraden Teils $h_g(n)$ und des ungeraden Teils $h_u(n)$ seiner Impulsantwort $h(n)$ auch in der Form

$$h_u(n) = h_g(n) \operatorname{sgn} n,$$

$$h_g(n) = h(0)\,\delta(n) + h_u(n) \operatorname{sgn} n$$

geschrieben werden kann, wobei die diskontinuierliche Signum-Funktion

$$\operatorname{sgn} n = \begin{cases} 1 & \text{für } n > 0, \\ 0 & \text{für } n = 0, \\ -1 & \text{für } n < 0 \end{cases}$$

mit dem Spektrum

$$\sum_{n=-\infty}^{\infty} \operatorname{sgn} n \, e^{-j\omega n T} = \frac{e^{j\omega T} + 1}{e^{j\omega T} - 1}$$

verwendet wurde, so folgt aus der Produkt-Eigenschaft der Z-Transformation Gl. (66) mit $z = e^{j\omega T}$ und $\zeta = e^{j\Omega T}$

$$jX(e^{j\omega T}) = \frac{T}{2\pi} \int_{-\omega_g}^{\omega_g} R(e^{j\Omega T}) \frac{e^{j(\omega-\Omega)T} + 1}{e^{j(\omega-\Omega)T} - 1} \, d\Omega,$$

$$R(e^{j\omega T}) = h(0) + \frac{jT}{2\pi} \int_{-\omega_g}^{\omega_g} X(e^{j\Omega T}) \frac{e^{j(\omega-\Omega)T} + 1}{e^{j(\omega-\Omega)T} - 1} \, d\Omega.$$

Hierbei wurde verwendet, daß die Realteilfunktion $R(e^{j\omega T})$ mit dem geraden Teil $h_g(n)$ und die mit j multiplizierte Imaginärteilfunktion $X(e^{j\omega T})$ mit dem ungeraden Teil $h_u(n)$ korrespondiert. Aus den somit gewonnenen Beziehungen lassen sich unmittelbar die Gln. (150) und (151) gewinnen, wenn man noch die Anfangswert-Eigenschaft Gl. (67c) berücksichtigt.

Da jede Funktion $1/z^\nu$ ($\nu = 0, 1, 2, \ldots$) die eingangs genannten Eigenschaften einer Übertragungsfunktion besitzt, müssen Real- und Imaginärteil für $z = e^{j\omega T}$, d. h.

$$\frac{1}{2}(e^{-j\nu\omega T} + e^{j\nu\omega T}) = \cos \nu\omega T \quad \text{und} \quad \frac{1}{2j}(e^{-j\nu\omega T} - e^{j\nu\omega T}) = -\sin \nu\omega T$$

konjugierte Funktionen sein. Man kann aufgrund dieser Tatsache die Gln. (150) und (151) numerisch auswerten. Ist beispielsweise die Realteilfunktion $R(e^{j\omega T})$ im Intervall $-\omega_g \leqq \omega \leqq \omega_g$ als gerade, stückweise glatte Funktion, etwa graphisch oder tabellarisch, gegeben, so läßt sich $R(e^{j\omega T})$ in eine Fourier-Reihe

$$R(e^{j\omega T}) = \sum_{\nu=0}^{\infty} \alpha_\nu \cos \nu\omega T \tag{152}$$

entwickeln, wobei die Fourier-Koeffizienten α_ν in bekannter Weise bestimmt werden. Hieraus folgt direkt dann der zugehörige Imaginärteil

$$X(e^{j\omega T}) = -\sum_{\nu=1}^{\infty} \alpha_\nu \sin \nu\omega T .$$

Entsprechend kann man vorgehen, wenn $X(e^{j\omega T})$ bekannt und $R(e^{j\omega T})$ gesucht ist. Nimmt man an, daß die Realteilfunktion $R(e^{j\omega T})$ und die Imaginärteilfunktion $X(e^{j\omega T})$ im Intervall $-\omega_g \leqq \omega \leqq \omega_g$ als gerade bzw. ungerade stetige und stückweise differenzierbare Funktionen von ω gegeben sind, wobei $X(-1) = 0$ ist und beide Funktionen durch die Gln. (150), (151) gekoppelt sind, dann erhält man auf der Basis der Fourier-Reihenentwicklung von $R(e^{j\omega T})$ gemäß Gl. (152) die Übertragungsfunktion

$$H(z) = \sum_{\nu=0}^{\infty} \alpha_\nu / z^\nu ,$$

welche notwendig in $|z| > 1$ analytisch und in $|z| \geqq 1$ stetig sein muß. Die Koeffizienten α_n $(n = 0, 1, 2, \ldots)$ liefern direkt die Impulsantwort $h(n)$, und man sieht, daß das System kausal ist. Insofern bilden die Gln. (150) und (151) notwendige und hinreichende Bedingungen für die Kausalität eines linearen, zeitinvarianten diskontinuierlichen Systems.

7. Die Verknüpfung von Dämpfung und Phase

Bei einem kontinuierlichen, linearen, zeitinvarianten, stabilen und kausalen System mit einem Eingang und einem Ausgang sind nicht nur Realteilfunktion $R(\omega)$ und Imaginärteilfunktion $X(\omega)$ der Übertragungsfunktion $H(j\omega)$ miteinander verknüpft, sondern unter bestimmten Voraussetzungen auch Dämpfung $\alpha(\omega) = -\ln|H(j\omega)|$ und Phase $\Theta(\omega) = -\{\ln[H(j\omega)/H(-j\omega)]\}/2j$. Dies soll zunächst für rationale Übertragungsfunktionen $H(p)$ untersucht werden. Entsprechende Untersuchungen werden anschließend auch für diskontinuierliche Systeme durchgeführt.[1])

7.1. Der Fall kontinuierlicher Systeme mit rationaler Übertragungsfunktion

Die Übertragungsfunktion des betrachteten kontinuierlichen Systems sei

$$H(p) = \frac{Z(p)}{N(p)}, \tag{153}$$

wobei $Z(p)$ und $N(p)$ teilerfremde Polynome mit reellen Koeffizienten darstellen. Die Nullstellen des Nennerpolynoms $N(p)$ müssen sich wegen der vorausgesetzten Stabilität des Systems im Innern der linken p-Halbebene befinden; $N(p)$ muß also ein Hurwitz-Polynom sein.

[1]) Im folgenden sei für die Logarithmusfunktion $\ln z = \ln|z| + j \arg z$ stets jener Zweig gewählt, für den bei reellem positivem z das Argument $\arg z$ verschwindet. Weiterhin gelte künftig $H(0) \geqq 0$ für kontinuierliche und entsprechend $H(1) \geqq 0$ für diskontinuierliche Systeme, was durch Wahl der Bezugsrichtung für das Eingangs- oder Ausgangssignal stets erreicht werden kann.

Ist $Z(p) = N(-p)$, so bezeichnet man die Funktion $H(p)$ als Allpaß-Übertragungsfunktion. Derartige Übertragungsfunktionen haben also die Eigenschaft, daß die Nullstellen bezüglich der imaginären Achse symmetrisch zu den Polstellen liegen (Bild 138). Hieraus läßt sich die für Allpaß-Übertragungsfunktionen typische Eigenschaft ableiten, daß die Amplitudenfunktion $A(\omega) = |H(\mathrm{j}\omega)| = |N(-\mathrm{j}\omega)/N(\mathrm{j}\omega)| = |N^*(\mathrm{j}\omega)/N(\mathrm{j}\omega)|$ für alle reellen Kreisfrequenzen ω beständig Eins ist. Multipliziert man also irgendeine Übertragungsfunktion $H(p)$ nach Gl. (153) mit einer Allpaß-Übertragungsfunktion, so ändert sich dadurch der Verlauf der Dämpfungsfunktion nicht, dagegen im allgemeinen die Phase.[1])

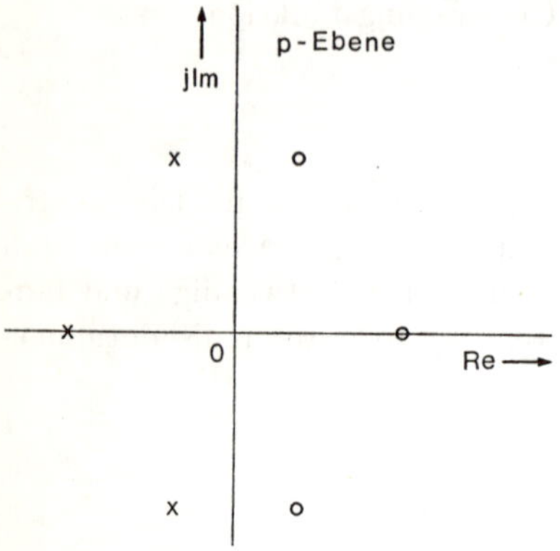

Bild 138: Pol- und Nullstellenverteilung einer Allpaß-Übertragungsfunktion

Weiterhin kann jede Übertragungsfunktion $H(p)$ nach Gl. (153) als Produkt

$$H(p) = H_m(p)\,H_a(p) \tag{154}$$

dargestellt werden, wobei $H_a(p)$ eine Allpaß-Übertragungsfunktion und $H_m(p)$ die Übertragungsfunktion eines sogenannten Mindestphasensystems darstellt. Die Übertragungsfunktion eines Mindestphasensystems besitzt keine Nullstellen in der offenen rechten Halbebene $\operatorname{Re} p > 0$. Die Darstellung einer Übertragungsfunktion nach Gl. (154) erhält man dadurch, daß man das Zählerpolynom $Z(p)$ in Form eines Produkts $Z_m(p)\,Z_a(p)$ darstellt. Diejenigen Nullstellen von $Z(p)$, die in der linken Halbebene $\operatorname{Re} p \leqq 0$ liegen, sollen mit jenen von $Z_m(p)$ übereinstimmen, und die in der offenen rechten Halbebene $\operatorname{Re} p > 0$ liegenden Nullstellen von $Z(p)$ sollen mit jenen von $Z_a(p)$ identisch sein. Dann setzt man

$$H_m(p) = \frac{Z_m(p)\,Z_a(-p)}{N(p)}, \qquad H_a(p) = \frac{Z_a(p)}{Z_a(-p)}.$$

[1]) Man kann sich leicht davon überzeugen, daß die Phase $\Theta(\omega)$ einer Allpaß-Übertragungsfunktion monoton ansteigt. Daher zeichnet sich die unten eingeführte Übertragungsfunktion $H_m(p)$ eines Mindestphasensystems dadurch aus, daß ihre Phase im Vergleich zu allen Funktionen $H(p)$ mit gleicher Amplitude (die sich also nur um Allpaß-Übertragungsfunktionen $H_a(p)$ multiplikativ unterscheiden) für jeden ω-Wert die kleinste Ableitung und mit der in Fußnote 1, Seite 319 getroffenen Vereinbarung auch den kleinsten Ordinatenwert hat. Damit erklärt sich auch die Bezeichnung „Mindestphasensystem“.

Die Übertragungsfunktion $H_m(p)$ des Mindestphasensystems erhält man also aus der Übertragungsfunktion $H(p)$, indem man die in der rechten Halbebene $\operatorname{Re} p > 0$ liegenden Nullstellen an der imaginären Achse spiegelt und die übrigen Nullstellen sowie alle Pole beibehält (Bild 139).

Da eine Übertragungsfunktion $H(p)$ mit Nullstellen in der rechten Halbebene $\operatorname{Re} p > 0$ gemäß den vorausgegangenen Überlegungen für alle reellen ω-Werte die gleiche Dämpfung hat wie die Übertragungsfunktion $H_m(p)$ des entsprechenden Mindestphasensystems — während die Phasenfunktionen beider Übertragungsfunktionen sich unter-

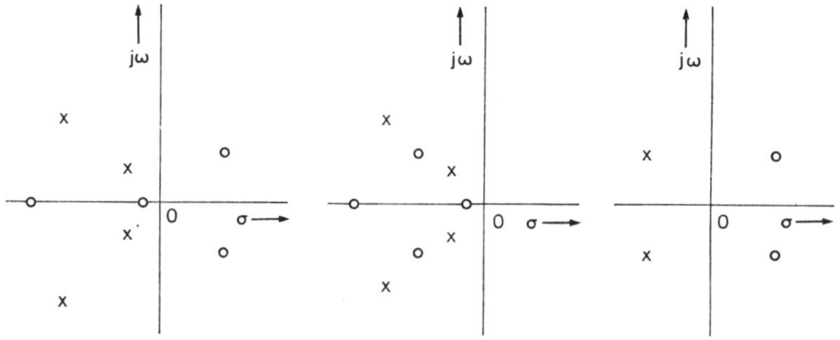

Bild 139: Zur Darstellung einer rationalen Übertragungsfunktion $H(p)$ als Produkt der Übertragungsfunktion eines Mindestphasensystems und jener eines Allpasses gemäß Gl. (154)

scheiden —, kann eine eindeutige Bestimmung der Phase aus der Dämpfung nur für eine Übertragungsfunktion erwartet werden, die einem Mindestphasensystem entspricht. Daher sollen im folgenden nur Mindestphasensysteme betrachtet werden.

Es sei $A(\omega) = |H(\mathrm{j}\omega)|$ bekannt, und gesucht sei die zugehörige Phasenfunktion $\Theta(\omega)$. Es gilt dann

$$A^2(\omega) = H(\mathrm{j}\omega)\, H(-\mathrm{j}\omega),$$

also

$$A^2\left(\frac{p}{\mathrm{j}}\right) = H(p)\, H(-p) \tag{155}$$

für alle p in der komplexen Ebene. Daher ist die Funktion $A^2(p/\mathrm{j})$ reell, rational und gerade, so daß alle Pole und Nullstellen spiegelbildlich zur imaginären Achse liegen, wobei keine Pole auf der imaginären Achse auftreten und rein imaginäre Nullstellen von gerader Vielfachheit sein müssen, da $A^2(p/\mathrm{j})$ für $p = \mathrm{j}\omega$ nicht negativ ist. Es werden die Pole der Funktion $A^2(p/j)$ in $\operatorname{Re} p < 0$ mit $p_1, p_2, \ldots, p_s$, ihre Vielfachheiten mit $k_1, \ldots, k_s$ bezeichnet. Durch $q_1, \ldots, q_l$ sollen die Nullstellen in $\operatorname{Re} p < 0$ mit den Vielfachheiten $n_1, \ldots, n_l$ dargestellt werden, und $\mathrm{j}\omega_1, \ldots, \mathrm{j}\omega_\lambda$ seien die Nullstellen auf der imaginären Achse mit den Vielfachheiten $2m_1, \ldots, 2m_\lambda$. Dann muß die Übertragungsfunktion $H(p)$ eines zugeordneten Mindestphasensystems von der Form sein

$$H(p) = c\, \frac{\prod\limits_{\nu=1}^{l} (p - q_\nu)^{n_\nu} \prod\limits_{\mu=1}^{\lambda} (p - \mathrm{j}\omega_\mu)^{m_\mu}}{\prod\limits_{\varkappa=1}^{s} (p - p_\varkappa)^{k_\varkappa}} \tag{156}$$

mit einer reellen Konstanten c. Zur Bestimmung von c wird das asymptotische Verhalten der gegebenen Amplitudenfunktion $A(\omega)$ herangezogen. Durch Betrachtung der Terme höchster ω-Potenz im Zähler und Nenner von $A^2(\omega)$ ergibt sich für $\omega \to \infty$

$$A^2(\omega) \to \frac{a^2}{\omega^{2r}} > 0$$

mit $r \geqq 0$, $a > 0$, und wegen Gl. (155) folgt hieraus unmittelbar, daß $c^2 = a^2$, also $c = \pm a$ sein muß.

Aus $H(p)$ nach Gl. (156) kann für $p = \mathrm{j}\omega$ die zu $A(\omega)$ gehörende Phasenfunktion $\Theta(\omega)$ bestimmt werden. Damit ist gezeigt, daß im Falle einer rationalen Übertragungsfunktion $H(p)$ die Phasenfunktion $\Theta(\omega)$ aus der Dämpfung $\alpha(\omega)$ in eindeutiger Weise hergeleitet werden kann, sofern das entsprechende System ein Mindestphasensystem ist (man beachte hierzu die in Fußnote 1, Seite 319, getroffene Vereinbarung). Gleichzeitig wurde gezeigt, daß auf diese Weise jeder reellen, rationalen, geraden und für alle ω (einschließlich $\omega = \infty$) beschränkten, nichtnegativen Funktion $A^2(\omega)$ eine Übertragungsfunktion $H(p)$ zugeordnet werden kann, die ein stabiles System beschreibt. Insofern sind die genannten Bedingungen notwendige und hinreichende Forderungen an die Amplitudencharakteristik eines Systems.

Es kann weiterhin für den Fall eines Mindestphasensystems mit rationaler Übertragungsfunktion $H(p)$ gezeigt werden, daß die Dämpfung $\alpha(\omega)$ bis auf eine additive Konstante in eindeutiger Weise aus der Phase $\Theta(\omega)$ folgt. Hierzu wird zunächst angenommen, daß $H(p)$ keine Nullstellen auf der imaginären Achse aufweist. Aus der Phasenfunktion $\Theta(\omega)$ erhält man nämlich die Darstellung

$$\mathrm{e}^{2\mathrm{j}\Theta(\omega)} = \frac{H(-\mathrm{j}\omega)}{H(\mathrm{j}\omega)} = \frac{Z(-\mathrm{j}\omega)\,N(\mathrm{j}\omega)}{Z(\mathrm{j}\omega)\,N(-\mathrm{j}\omega)}, \tag{157}$$

wobei $H(p)$ als Quotient zweier Polynome nach Gl. (153) dargestellt und berücksichtigt wurde, daß $H(\mathrm{j}\omega) = A(\omega)\,\mathrm{e}^{-\mathrm{j}\Theta(\omega)}$ gilt. Aus Gl. (157) ist zu erkennen, daß die Nullstellen der rationalen Funktion $\mathrm{e}^{2\mathrm{j}\Theta(p/\mathrm{j})}$ in der linken Halbebene $\mathrm{Re}\,p < 0$ mit den Polen der Übertragungsfunktion übereinstimmen und daß die Nullstellen von $\mathrm{e}^{2\mathrm{j}\Theta(p/\mathrm{j})}$ in der offenen rechten Halbebene $\mathrm{Re}\,p > 0$ nach Umkehrung des Vorzeichens die Nullstellen der Übertragungsfunktion liefern. Damit wird deutlich, daß sich aus $\Theta(\omega)$ die Übertragungsfunktion $H(p)$ mit Hilfe ihrer aus $\mathrm{e}^{2\mathrm{j}\Theta(p/\mathrm{j})}$ erhaltenen Pole und Nullstellen bis auf einen konstanten Faktor aufbauen läßt. Die Phasenfunktion $\Theta(\omega)$ bestimmt also die Dämpfung $\alpha(\omega) = -\ln|H(\mathrm{j}\omega)|$ bis auf eine additive Konstante. Falls die Übertragungsfunktion $H(p)$ entgegen der bisherigen Annahme Nullstellen auch auf der imaginären Achse enthält, treten in $\Theta(\omega)$ an den entsprechenden Stellen Phasensprünge von der Höhe $r\pi$ auf, wenn r die Vielfachheit der betreffenden Nullstelle bezeichnet. Damit lassen sich die Nullstellen von $H(p)$ auf der imaginären Achse einschließlich ihrer Vielfachheit aus dem Verlauf von $\Theta(\omega)$ direkt angeben; bei der Bestimmung der übrigen Nullstellen und Pole wird wie oben vorgegangen.

7.2. Der Fall diskontinuierlicher Systeme mit rationaler Übertragungsfunktion

Die Übertragungsfunktion des betrachteten diskontinuierlichen Systems sei

$$H(z) = \frac{Z(z)}{N(z)}. \tag{158}$$

Hierbei bedeuten

$$Z(z) = a_s \prod_{\mu=1}^{s} (z - \zeta_\mu), \qquad N(z) = \prod_{\nu=1}^{q} (z - z_\nu) \qquad (s \leqq q) \tag{159a, b}$$

zwei Polynome, die keine gemeinsamen Nullstellen haben sollen. Alle komplexen Nullstellen ζ_μ und z_ν müssen paarweise konjugiert auftreten, aus Stabilitätsgründen gilt $|z_\nu| < 1$ $(\nu = 1, 2, \ldots, q)$.

Stimmen s und q überein, und besteht die Beziehung

$$z^q N\left(\frac{1}{z}\right) = Z(z), \tag{160}$$

so besitzt die Übertragungsfunktion die Eigenschaft

$$|H(e^{j\omega T})|^2 = H(e^{j\omega T})\, H(e^{-j\omega T}) = \frac{e^{jq\omega T} N(e^{-j\omega T})}{N(e^{j\omega T})} \cdot \frac{e^{-jq\omega T} N(e^{j\omega T})}{N(e^{-j\omega T})} = 1. \tag{161}$$

Ein System mit einer derartigen Übertragungsfunktion heißt *Allpaß*. Ein Allpaß zeichnet sich, wie aus Gl. (160) hervorgeht, dadurch aus, daß die Nullstellen und Pole der Übertragungsfunktion bezüglich des Einheitskreises $|z| = 1$ symmetrisch angeordnet sind

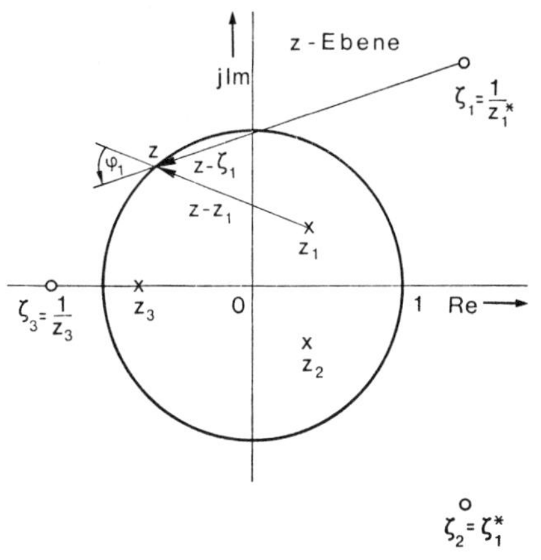

Bild 140: Pol- und Nullstellenverteilung eines Allpasses

(Bild 140). Man kann umgekehrt zeigen, daß aus der durch Gl. (161) beschriebenen Eigenschaft die genannte Symmetrie der Pole und Nullstellen folgt; denn aus der Forderung

$$|H(e^{j\omega T})|^2 = \frac{Z(e^{j\omega T})\, Z(e^{-j\omega T})}{N(e^{j\omega T})\, N(e^{-j\omega T})} = 1$$

erhält man die Gleichung

$$Z(z)\,Z\left(\frac{1}{z}\right) = N(z)\,N\left(\frac{1}{z}\right), \tag{162}$$

welche zunächst für alle z-Werte auf dem Kreis $|z| = 1$ Gültigkeit hat, jedoch auch in der gesamten z-Ebene ($z \neq 0$) gelten muß, da beide Seiten von Gl. (162) rationale Funktionen sind. Das Polynom $Z(z)$ kann, wie der Gl. (162) zu entnehmen ist, nur dort eine Nullstelle ζ_μ haben, wo entweder $N(z)$ oder $N(1/z)$ verschwindet, d. h. an einer Stelle z_ν oder $1/z_\nu$. Da $z_\nu \neq \zeta_\mu$ gilt und $Z(z)$ und $N(z)$ gleichen Grad haben, ist obige Behauptung bewiesen. — Mit φ_ν ($\nu = 1, 2, \ldots, q$) soll der Winkel des Quotienten $(z - \zeta_\nu)/(z - z_\nu)$ für $|z| = 1$ bezeichnet werden. Im Bild 140 ist dieser Winkel für das dortige Beispiel und $\nu = 1$ eingezeichnet. Wie man sieht, nimmt der Winkel φ_ν beim Durchlaufen des Einheitskreises im Gegenuhrzeigersinn monoton ab. Daher muß auch die Summe aller dieser Winkel $\varphi_1 + \varphi_2 + \cdots + \varphi_q$ beim Durchlaufen des Einheitskreises monoton abnehmen. Da diese Summe gemäß den Gln. (158) und (159a, b), abgesehen vom Winkel 0 oder π des Faktors a_s, mit dem Winkel der Übertragungsfunktion übereinstimmt, kann folgendes festgestellt werden: Die Phase eines jeden Allpasses

$$\Theta(\omega) = -\arg H(\mathrm{e}^{\mathrm{j}\omega T})$$

ist eine monoton steigende Funktion. Wie man anhand des Bildes 140 leicht sieht, beträgt die Winkeländerung von $\Theta(\omega)$ beim Durchlaufen des Intervalls $[-\pi/T, \pi/T]$ genau $2\pi q$.

Es kann nun jede Übertragungsfunktion $H(z)$ Gl. (158) als Produkt

$$H(z) = H_m(z)\,H_a(z) \tag{163}$$

aus den Übertragungsfunktionen eines sogenannten Mindestphasensystems und eines Allpasses dargestellt werden. Unter einem Mindestphasensystem wird ein System verstanden, dessen Übertragungsfunktion außerhalb des Einheitskreises, also im gesamten Gebiet $|z| > 1$ einschließlich $z = \infty$, keine Nullstellen hat. Die Darstellung nach Gl. (163) erhält man dadurch, daß man das Zählerpolynom $Z(z)$ von $H(z)$ als Produkt

$$Z(z) = Z_m(z)\,Z_a(z)$$

schreibt. In $Z_m(z)$ werden alle s_1 Faktoren $(z - \zeta_\mu)$ aus Gl. (159a) mit der Eigenschaft $|\zeta_\mu| \leqq 1$ und in $Z_a(z)$ alle übrigen $s_2 = (s - s_1)$ Faktoren mit $|\zeta_\mu| > 1$ aufgenommen. Dann wählt man

$$H_m(z) = \frac{z^{q-s} Z_m(z)\, z^{s_2} Z_a(1/z)}{N(z)}, \qquad H_a(z) = \frac{Z_a(z)}{z^{q-s} z^{s_2} Z_a(1/z)} \tag{164a, b}$$

$$(s = s_1 + s_2 \leqq q).$$

Die Nullstellen der Mindestphasen-Übertragungsfunktion $H_m(z)$ erhält man also, wie die Gl. (164a) zeigt, indem man alle Nullstellen von $H(z)$ außerhalb des Einheitskreises (auch die in $z = \infty$) am Einheitskreis spiegelt und die Nullstellen von $H(z)$ im Einheitskreis $|z| \leq 1$ beibehält. Die Pole von $H_m(z)$ sind, soweit sie sich nicht durch die am Einheitskreis gespiegelten Nullstellen aufheben, identisch mit den Polen von $H(z)$. Die Funktion $H_a(z)$ nach Gl. (164b) erfüllt die Bedingungen einer Allpaß-Übertragungsfunktion, und das Produkt $H_m(z)\,H_a(z)$ stimmt mit $H(z)$ Gl. (158) überein.

Da eine Übertragungsfunktion $H(z)$ mit Nullstellen in $|z| > 1$ nach obiger Überlegung für $z = e^{j\omega T}$ $(-\pi/T \leqq \omega \leqq \pi/T)$ das gleiche Betragsverhalten aufweist wie die gemäß Gl. (164a) zugeordnete Mindestphasen-Übertragungsfunktion $H_m(z)$, während die Phasen beider Übertragungsfunktionen sich unterscheiden, kann eine eindeutige Bestimmung der Phase aus der Amplitude nur für eine Mindestphasen-Übertragungsfunktion erwartet werden. Dies wird im folgenden besprochen.

Gegeben sei die nicht negative Betragsquadratfunktion

$$Q(e^{j\omega T}) = |H(e^{j\omega T})|^2 \tag{165}$$

einer Mindestphasen-Übertragungsfunktion $H(z)$. Gesucht wird die Funktion $H(z)$, aus der dann direkt die Phase $\Theta(\omega)$ angegeben werden kann. Angesichts der Gl. (165) besteht die Identität

$$Q(z) = H(z)\, H\left(\frac{1}{z}\right) \tag{166}$$

in der gesamten z-Ebene mit Ausnahme der Pole und Nullstellen der Übertragungsfunktion. Die Funktion $Q(z)$ hat nach Gl. (166) genau q Pole, jeweils ihrer Vielfachheit entsprechend gezählt, innerhalb des Einheitskreises $|z| = 1$ und genau q Pole, die außerhalb $|z| = 1$ zu den erstgenannten spiegelbildlich bezüglich des Einheitskreises liegen. Dabei treten alle komplexwertigen Pole paarweise konjugiert auf. Weitere Polstellen hat $Q(z)$ nicht. Die Zahl der Nullstellen von $Q(z)$ in der gesamten z-Ebene einschließlich des Punktes $z = \infty$ ist $2q$. Die auf $|z| = 1$ liegenden Nullstellen sind von gerader Ordnung, da $Q(e^{j\omega T}) \geqq 0$ für alle ω-Werte gilt. Die übrigen Nullstellen sind spiegelbildlich bezüglich $|z| = 1$ angeordnet. Alle komplexwertigen Nullstellen treten paarweise symmetrisch zur reellen Achse auf.

Zur Bestimmung der Übertragungsfunktion $H(z)$ hat man die Gl. (166) bei bekanntem $Q(z)$ nach $H(z)$ aufzulösen. Dies geschieht durch Aufteilung der (gewöhnlich numerisch zu bestimmenden) Pole und Nullstellen von $Q(z)$ auf $H(z)$ und $H(1/z)$, so daß Gl. (166) erfüllt wird. Dabei müssen aus Stabilitätsgründen alle in $|z| < 1$ liegenden Pole in die Übertragungsfunktion $H(z)$, alle in $|z| > 1$ liegenden Pole in die Funktion $H(1/z)$ aufgenommen werden. Bei der Aufteilung der Nullstellen von $Q(z)$ muß beachtet werden, daß $H(z)$ Mindestphasen-Übertragungsfunktion werden soll. Andernfalls würde es mehrere Lösungen geben. Die in $|z| < 1$ liegenden Nullstellen von $Q(z)$ müssen $H(z)$, die in $|z| > 1$ liegenden Nullstellen müssen $H(1/z)$ zugewiesen werden. Die auf $|z| = 1$ liegenden Nullstellen von $Q(z)$ werden, soweit solche vorhanden sind, stets mit jeweils halber Vielfachheit beiden Faktorfunktionen $H(z)$ und $H(1/z)$ zugewiesen. Nach Bestimmung der Pole und Nullstellen der Übertragungsfunktion $H(z)$ ist diese Funktion bis auf einen konstanten Faktor bestimmt. Dieser Faktor kann bis auf sein Vorzeichen dadurch ermittelt werden, daß man für ein beliebiges z etwa auf dem Einheitskreis (beispielsweise für $z = 1$ oder $z = -1$), das keine Nullstelle von $Q(z)$ sein darf, die linke und die rechte Seite der Gl. (166) unter Beachtung der Tatsache berechnet, daß $H(z)$ und $H(1/z)$ durch ihre Nullstellen und Pole bis auf den gesuchten Faktor bekannt sind.

Werden bei der Aufteilung der Nullstellen von $Q(z)$ auf $H(z)$ und $H(1/z)$ nicht alle in $|z| < 1$ liegenden Nullstellen der Übertragungsfunktion $H(z)$ zugeteilt, so ergibt sich eine Lösung der Gl. (166), die keine Mindestphasen-Übertragungsfunktion ist, sich aber von dieser gemäß Gl. (163) um eine Allpaß-Übertragungsfunktion unterscheidet. Da die

Phase eines jeden Allpasses eine monoton steigende Funktion ist, muß die Ableitung der Phasenfunktion der so gewonnenen Übertragungsfunktion für jeden ω-Wert größer sein als die Ableitung der Phasenfunktion der Mindestphasen-Übertragungsfunktion. Die Mindestphasen-Übertragungsfunktion zeichnet sich also unter allen Übertragungsfunktionen gleichen Betragsquadrates $Q(\mathrm{e}^{\mathrm{j}\omega T})$ dadurch aus, daß der Differentialquotient der Phasenfunktion und bei der in Fußnote 1, S. 319, getroffenen Vereinbarung auch die Phasenfunktion selbst für jede Kreisfrequenz ω den kleinsten Wert hat.

Interessant erscheint, daß die Funktion $Q(z)$ angesichts der symmetrischen Lage ihrer Pole und Nullstellen in der z-Ebene durch Anwendung der Abbildung Gl. (130) analog zur Transformation von $R(z)$ in eine rationale Funktion

$$\tilde{Q}(w) = k \frac{\prod_{\mu=1}^{s} (w - v_\mu)}{\prod_{\nu=1}^{q} (w - w_\nu)} \tag{167}$$

übergeht, wobei die v_μ und w_ν die Bilder der Nullstellen ζ_μ bzw. Pole z_ν bedeuten. Dies zeigt, daß für $z = \mathrm{e}^{\mathrm{j}\omega T}$, d. h. für $w = \cos \omega T$ die Betragsquadratfunktion $Q(\mathrm{e}^{\mathrm{j}\omega T})$ eine rationale Funktion in $\cos \omega T$ ist, die für alle ω-Werte nicht negativ sein darf. Auf diese Weise läßt sich $Q(\mathrm{e}^{\mathrm{j}\omega T})$ kennzeichnen.

Beispiel: Es sei als Betragsquadratfunktion

$$Q(\mathrm{e}^{\mathrm{j}\omega T}) = \frac{5 - 4 \cos \omega T}{10 - 6 \cos \omega T} \tag{168}$$

gewählt. Ersetzt man $\cos \omega T$ durch w, dann erhält man entsprechend Gl. (167) die transformierte Betragsquadratfunktion

$$\tilde{Q}(w) = \frac{2}{3} \frac{w - \frac{5}{4}}{w - \frac{5}{3}}.$$

Die Nullstelle $v_1 = 5/4$ liefert aufgrund der Gl. (132a) die Nullstellen $\zeta_1 = 1/2$ und $1/\zeta_1$; der Pol $w_1 = 5/3$ ergibt nach Gl. (132b) die Pole $z_1 = 1/3$ und $1/z_1$. Damit lautet die Mindestphasen-Übertragungsfunktion

$$H(z) = c \frac{z - 1/2}{z - 1/3}. \tag{169}$$

Die Konstante c erhält man mit den Gln. (168) und (169) durch Auswertung der Gl. (166) für $z = 1$ ($\omega = 0$). Es ergibt sich direkt

$$\frac{5 - 4}{10 - 6} = c^2 \left(\frac{1 - 1/2}{1 - 1/3}\right)^2,$$

also

$$c = \pm \frac{2}{3}.$$

Nimmt man statt der Nullstelle $\zeta_1 = 1/2$ die Nullstelle $1/\zeta_1 = 2$ in $H(z)$ auf, dann ergibt sich keine Mindestphasen-Übertragungsfunktion.

Abschließend soll jetzt gezeigt werden, daß für den Fall einer rationalen Mindestphasen-Übertragungsfunktion $H(z)$ die Betragsfunktion aus der Phasenfunktion für $z = e^{j\omega T}$ bis auf einen konstanten Faktor eindeutig ermittelt werden kann. Dazu werden die kreisantimetrische Funktion

$$K(z) = \frac{H(z) - H(1/z)}{H(z) + H(1/z)} \tag{170}$$

sowie die kreissymmetrische Funktion

$$L(z) = \frac{2z}{z^2 - 1} K(z) \tag{171}$$

eingeführt. Diese Funktionen haben in bezug auf ihre Nullstellen und Pole die gleichen Eigenschaften wie die Funktionen $I(z)$ bzw. $R(z)$ aus Abschnitt 6.2. Aus den Gln. (170) und (171) folgt unmittelbar für $z = e^{j\omega T}$

$$\tan\left[\arg H(e^{j\omega T})\right] = \frac{1}{j} K(e^{j\omega T}) = (\sin \omega T)\, L(e^{j\omega T}). \tag{172}$$

Wendet man die Transformation Gl. (130) an, dann zeigt sich in gewohnter Weise, daß $\tilde{L}(w)$ eine rationale Funktion sein muß. Das heißt: Der Tangens der Phasenfunktion $\Theta(\omega)$ muß darstellbar sein als Produkt einer rationalen Funktion in $\cos \omega T$ mit der Funktion $\sin \omega T$. Aus dieser Funktion kann durch Substitution von $\cos \omega T$ durch $(z + 1/z)/2$ und von $\sin \omega T$ durch $(z - 1/z)/2j$ die rationale Funktion $K(z)$ gewonnen werden. Nun wird gezeigt, wie bei gegebener Phase $\Theta(\omega) = -\arg H(e^{j\omega T})$ und damit gemäß Gl. (172) gegebener Funktion $K(z)$ die Mindestphasen-Übertragungsfunktion $H(z)$ ermittelt werden kann. Dazu muß die Gl. (170) nach $H(z)$ aufgelöst werden. Zunächst soll dabei vorausgesetzt werden, daß $H(z)$ keine Nullstellen auf dem Einheitskreis aufweist. Schreibt man

$$K(z) = \frac{a(z)}{b(z)}, \tag{173}$$

dann können die Polynome $a(z)$ und $b(z)$ keine gemeinsamen Nullstellen aufweisen, was aus Gl. (170) folgt, wenn $H(z)$ als Mindestphasen-Übertragungsfunktion angenommen wird. Da $K(z)$ kreisantimetrisch ist, gilt

$$a(z) = -z^r a(1/z) \quad \text{und} \quad b(z) = z^r b(1/z).$$

Dabei ist $r = 2q$ der Grad von $K(z)$, wobei q den Grad von $H(z)$ bedeutet. Die Gln. (170) und (173) lassen sich durch die Beziehungen

$$\frac{1}{2}\left[H(z) - H\left(\frac{1}{z}\right)\right] = \frac{a(z)}{g(z)} \tag{174a}$$

und

$$\frac{1}{2}\left[H(z) + H\left(\frac{1}{z}\right)\right] = \frac{b(z)}{g(z)} \tag{174b}$$

ersetzen. Dabei stellt $g(z)$ ein noch unbekanntes selbstreziprokes Polynom dar mit der Eigenschaft

$$z^r g(1/z) = g(z). \tag{175}$$

Durch Addition der Gln. (174a, b) erhält man

$$H(z) = \frac{a(z) + b(z)}{g(z)}. \tag{176}$$

Mit $\zeta_1, \zeta_2, \ldots, \zeta_l$ sollen die in $|z| > 1$ liegenden Nullstellen des Polynoms $a(z) + b(z)$ bezeichnet werden. Alle übrigen Nullstellen dieses Polynoms müssen in $|z| < 1$ liegen, da längs des Einheitskreises $|z| = 1$ keine Nullstellen auftreten können; denn für $|z| = 1$ ist $K(z)$ rein imaginär, und in einer Nullstelle von $a(z) + b(z)$ gilt nach Gl. (173) generell $K(z) = -1$. Da die Übertragungsfunktion in $|z| \geqq 1$ polfrei sein muß und $g(z)$ ein selbstreziprokes Polynom ist, erhält man mit einer willkürlichen, von Null verschiedenen, reellen Konstante k zwangsläufig mit (wegen der Mindestphasen-Eigenschaft) $l \leqq q$

$$g(z) = kz^{q-l}(z - \zeta_1)(z - \zeta_2) \ldots (z - \zeta_l)(z - 1/\zeta_1) \ldots (z - 1/\zeta_l). \tag{177}$$

Die Gln. (176) und (177) liefern die Lösung $H(z)$ explizit, wobei die Nullstellen von $H(z)$ mit den Nullstellen von $a(z) + b(z)$ in $|z| < 1$ und die Polstellen von $H(z)$ mit den am Einheitskreis gespiegelten Nullstellen von $a(z) + b(z)$ in $|z| > 1$ übereinstimmen. Die Phase von $H(\mathrm{e}^{\mathrm{j}\omega T})$ stimmt mit der vorgeschriebenen Phasenfunktion überein, und die Betragsfunktion $|H(\mathrm{e}^{\mathrm{j}\omega T})|$ kann ausgehend von $H(z)$ bis auf die willkürliche Konstante k direkt angegeben werden.

Sind in $H(z)$ auch Nullstellen außerhalb des Einheitskreises zugelassen, dann können die Nullstellen von $a(z) + b(z)$ in $|z| > 1$ einerseits herrühren von Nullstellen des Zählerpolynoms von $H(z)$ und andererseits von gespiegelten Nullstellen des Nennerpolynoms von $H(z)$. In diesem Fall kann die gesuchte Übertragungsfunktion stets aus der wie oben gewonnenen Mindestphasen-Übertragungsfunktion durch Multiplikation mit einem geeigneten selbstreziproken Polynom gewonnen werden.

Schließt man Nullstellen von $H(z)$ auf dem Einheitskreis nicht aus, dann treten in $\Theta(\omega)$ Phasensprünge von der Höhe $r\pi$ auf, wobei r die Vielfachheit der betreffenden Nullstelle bezeichnet. Damit lassen sich die Nullstellen von $H(z)$ einschließlich ihrer Vielfachheit auf dem Einheitskreis aus dem Verlauf von $\Theta(\omega)$ direkt angeben. Bei der Bestimmung der übrigen Nullstellen und Pole wird wie oben vorgegangen.

7.3. Allgemeine Mindestphasensysteme

Es sei $H(p)$ die Übertragungsfunktion eines kontinuierlichen, linearen, zeitinvarianten, stabilen und kausalen Systems. $H(p)$ besitze in der offenen rechten Halbebene $\operatorname{Re} p > 0$ keine Nullstellen (Mindestphasensystem), jedoch auf der imaginären Achse einschließlich $p = \infty$ möglicherweise endlich viele Nullstellen. Es wird die Funktion

$$T(p) = \frac{\ln H(p)}{p^2 + \omega_0^2} \tag{178}$$

betrachtet. Die Übertragungsfunktion $H(p)$ soll an den frei wählbaren Stellen $\pm j\omega_0$ nicht verschwinden. Wie die Gl. (178) lehrt, ist die Funktion $T(p)$ in $\text{Re}\, p > 0$ analytisch und in $\text{Re}\, p \geqq 0$ stetig, wenn man längs $\text{Re}\, p = 0$ von den Nullstellen der Übertragungsfunktion $H(p)$ und den Stellen $\pm j\omega_0$ absieht. Nun wird die Funktion $T(p)$ längs des geschlossenen Weges C nach Bild 141 integriert. Der Weg setzt sich aus Geradenstücken längs der imaginären Achse, aus kleinen Halbkreisen mit den Radien ϱ um die Punkte $\pm j\omega_0$ und um die Nullstellen von $H(p)$ auf der imaginären Achse sowie aus einem den

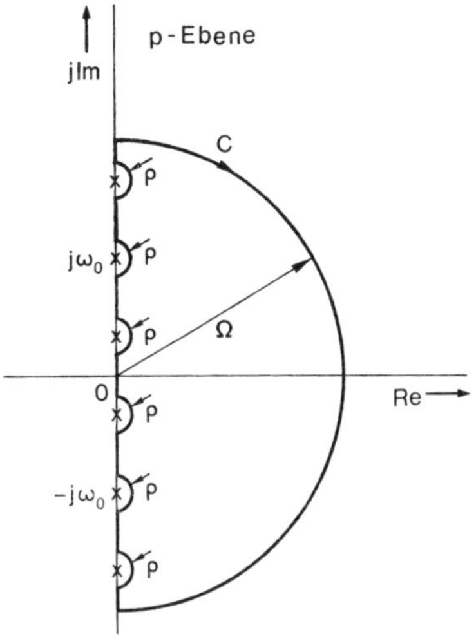

Bild 141: Integrationsweg für die Funktion $T(p)$ nach Gl. (178)

Punkt $p = \infty$ ausschließenden Halbkreis zusammen, dessen Radius Ω so groß gewählt sei, daß in $|p| \geqq \Omega$ keine Nullstellen von $H(p)$ auf der imaginären Achse liegen. Nach dem Cauchyschen Integralsatz der Funktionentheorie gilt

$$\int_C T(p)\, dp = 0. \tag{179}$$

Da $pT(p) \to 0$ strebt für $p \to \infty$ ($\text{Re}\, p \geqq 0$), verschwindet der Integralbeitrag in Gl. (179) längs des großen Halbkreises für $\Omega \to \infty$. Die entsprechenden Integralbeiträge längs der kleinen Halbkreise um die Nullstellen von $H(p)$ verschwinden ebenfalls für $\varrho \to 0$, da längs dieser Halbkreise $\varrho T(p) \to 0$ für $\varrho \to 0$ strebt. Damit kann Gl. (179) mit Gl. (178) folgendermaßen geschrieben werden:

$$j \int_{-\infty}^{\infty} \frac{\ln H(j\omega)}{\omega_0^2 - \omega^2}\, d\omega + \lim_{\varrho \to 0} \left[\frac{\ln H(j\omega_0)}{j\omega_0 + j\omega_0} \int \frac{dp}{p - j\omega_0} + \frac{\ln H(-j\omega_0)}{-j\omega_0 - j\omega_0} \int \frac{dp}{p + j\omega_0} \right] = 0. \tag{180}$$

Das erste in der eckigen Klammer stehende Integral ist längs des Halbkreises um $j\omega_0$ zu erstrecken; es ist daher gleich $j\pi$. Das zweite in der eckigen Klammer stehende Integral ist längs des Halbkreises um $-j\omega_0$ zu erstrecken; es ist ebenfalls gleich $j\pi$.

Damit erhält man aus Gl. (180) mit $\ln H(\mathrm{j}\omega) = -\alpha(\omega) - \mathrm{j}\Theta(\omega)$

$$\mathrm{j}\int_{-\infty}^{\infty} \frac{\alpha(\omega)}{\omega^2 - \omega_0^2}\,\mathrm{d}\omega + \frac{\pi}{2\omega_0}\,[-\alpha(\omega_0) - \mathrm{j}\Theta(\omega_0) + \alpha(\omega_0) - \mathrm{j}\Theta(\omega_0)] = 0 .$$

Hieraus folgt, wenn man noch die bisherige Integrationsvariable ω durch η und die Kreisfrequenz ω_0 durch ω ersetzt,

$$\Theta(\omega) = \frac{\omega}{\pi}\int_{-\infty}^{\infty} \frac{\alpha(\eta)}{\eta^2 - \omega^2}\,\mathrm{d}\eta . \tag{181}$$

Diese Beziehung erlaubt es, die Phase $\Theta(\omega)$ eines Mindestphasensystems aus der Dämpfung $\alpha(\omega)$ zu ermitteln. Aus der Herleitung der Gl. (181) geht hervor, daß das Integral in Gl. (181) im Sinne des Cauchyschen Hauptwertes aufzufassen ist.[1])

Führt man die vorausgegangenen Untersuchungen statt mit der Funktion $T(p)$ nach Gl. (178) nunmehr mit Hilfe der Funktion

$$T(p) = \frac{\ln H(p)}{p^\nu(p^2 + \omega_0^2)}$$

für $H(0) \neq 0$ in entsprechender Weise durch, wobei ν eine ungerade Zahl $(1, 3, \ldots)$ ist und der Nullpunkt bei der Integration durch einen kleinen Halbkreis in $\operatorname{Re} p \geqq 0$ umgangen werden muß, dann erhält man die Beziehung

$$\alpha(\omega) = \alpha(0) + \frac{\omega^2}{2!}\,\alpha''(0) + \cdots + \frac{\omega^{\nu-1}}{(\nu-1)!}\,\alpha^{(\nu-1)}(0) - \frac{\omega^{\nu+1}}{\pi}\int_{-\infty}^{\infty} \frac{\Theta(\eta)}{\eta^\nu(\eta^2 - \omega^2)}\,\mathrm{d}\eta . \tag{182}$$

Sie bietet für $\nu = 1$ eine Möglichkeit, die Dämpfung $\alpha(\omega)$ bis auf eine additive Konstante aus der Phasenfunktion $\Theta(\omega)$ eines Mindestphasensystems zu bestimmen. Das Integral ist für $\nu = 1$ im Sinne des Cauchyschen Hauptwertes, für $\nu > 1$ als Hakenintegral aufzufassen.

Anmerkung: Besitzt die Übertragungsfunktion $H(p)$ eines Mindestphasensystems auf der imaginären Achse einschließlich $p = \infty$ keine Nullstellen, so existieren zwischen $\alpha(\omega)$ und $\Theta(\omega)$ neben den Gln. (181) und (182) auch Beziehungen der Art der Gln. (137) und (138), da in diesem Fall auf die Funktion $\ln H(p)$ die Überlegungen von Abschnitt 6.3 anwendbar sind. Außerdem gilt dann Gl. (182) auch für $\nu = -1$, sofern man die Summe vor dem Integral durch $\alpha(\infty)$ ersetzt. Weiterhin kann in diesem Fall die Methode

[1]) Man kann statt Gl. (181) eine allgemeinere Darstellung zur Bestimmung von $\Theta(\omega)$ aus $\alpha(\omega)$ angeben, indem man im Nenner der rechten Seite von Gl. (178) den Faktor p^μ mit geradem μ $(0, 2, 4, \ldots)$ einführt. Dies hat zur Folge, daß in Gl. (181) der Faktor ω/π durch $\omega^{\mu+1}/\pi$ zu ersetzen ist und im Nenner des Integranden zusätzlich der Faktor η^μ auftritt. Das Integral selbst ist als sogenanntes Hakenintegral [51] aufzufassen, d. h., bei der Integration ist der Nullpunkt $\eta = 0$ durch einen kleinen Halbkreis in der rechten $(\xi + \mathrm{j}\eta)$-Halbebene zu umgehen. Zusätzlich erscheint auf der rechten Seite von Gl. (181) die Summe $\omega\Theta'(0)/1! + \cdots + \omega^{\mu-1}\Theta^{(\mu-1)}(0)/(\mu-1)!$. Hierbei wurde angenommen, daß $H(0) \neq 0$ ist.

von Abschnitt 6.4 zur praktischen Bestimmung der Phase aus der Dämpfung und umgekehrt angewendet werden.

Beispiel: Die Funktion

$$A(\omega) = \begin{cases} 1 & \text{für} \quad |\omega| < \omega_g, \\ A_1 > 0 & \text{für} \quad |\omega| > \omega_g \end{cases}$$

wird als Amplitudencharakteristik eines Mindestphasensystems (idealisiertes, kausales Tiefpaßsystem, Bild 142) betrachtet. Für die entsprechende Phasenfunktion erhält man nach Gl. (181)

$$\Theta(\omega) = \frac{\omega}{\pi}\left[\int\limits_{-\infty}^{-\omega_g} \frac{-\ln A_1}{\eta^2 - \omega^2}\,\mathrm{d}\eta + \int\limits_{\omega_g}^{\infty} \frac{-\ln A_1}{\eta^2 - \omega^2}\,\mathrm{d}\eta\right] = -\frac{\ln A_1}{\pi}\int\limits_{\omega_g}^{\infty}\left[\frac{1}{\eta - \omega} - \frac{1}{\eta + \omega}\right]\mathrm{d}\eta,$$

also

$$\Theta(\omega) = \frac{\ln A_1}{\pi} \ln \left|\frac{\omega_g - \omega}{\omega_g + \omega}\right|.$$

Die Funktion $\Theta(\omega)$ ist im Bild 143 dargestellt.

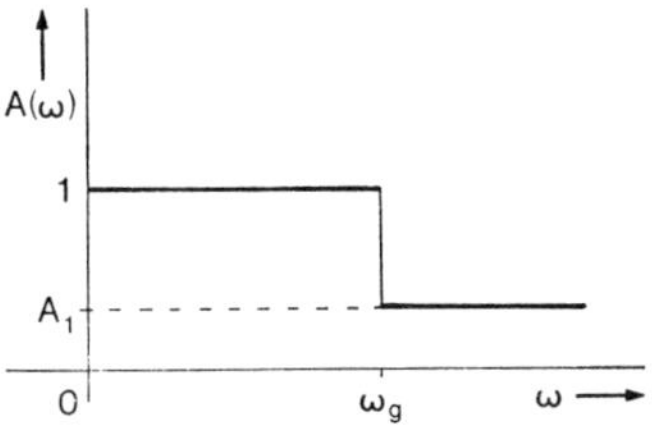

Bild 142: Amplitudencharakteristik eines Tiefpaßsystems

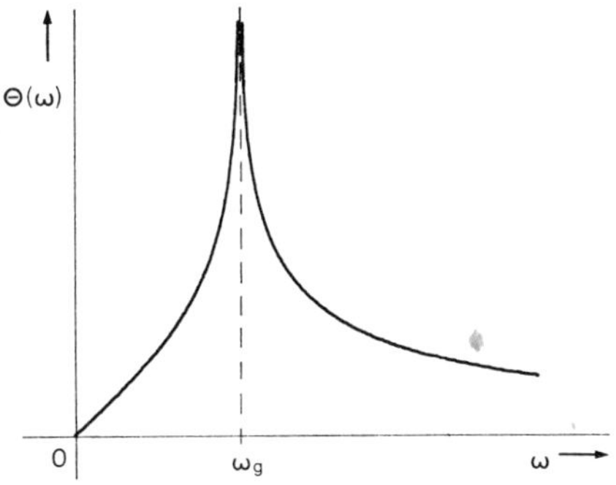

Bild 143: Phasenfunktion des Mindestphasensystems mit Amplitude nach Bild 142

Auf eine Übertragung der in diesem Abschnitt gewonnenen Ergebnisse auf den diskontinuierlichen Fall wird verzichtet.

7.4. *Die Frage der Realisierbarkeit einer Amplitudencharakteristik, das Paley-Wiener-Kriterium*

Im Anschluß an die im letzten Abschnitt durchgeführten Untersuchungen ist die folgende Frage von grundsätzlicher Bedeutung: Unter welchen Voraussetzungen kann einer geraden, nicht-negativen und beschränkten Amplitudenfunktion $A(\omega)$, deren Grenzwert für $\omega \to \infty$ eine nicht-negative endliche Konstante darstellt, eine Phasenfunktion $\Theta(\omega)$ nach Abschnitt 7.3 zugeordnet werden, so daß die hieraus resultierende Funktion $H(\mathrm{j}\omega) = A(\omega)\,\mathrm{e}^{-\mathrm{j}\Theta(\omega)}$ die Übertragungsfunktion eines kontinuierlichen, linearen, zeitinvarianten und *kausalen* Systems darstellt?

Zur Erleichterung des Studiums dieses Problems empfiehlt es sich, die p-Ebene nach Gl. (139) in die s-Ebene abzubilden, wodurch die rechte p-Halbebene in den Einheitskreis der s-Ebene übergeht (Bild 135). Dadurch erhält man unter Verwendung von Gl. (140) aus der Dämpfung $\alpha(\omega) = -\ln A(\omega)$ die 2π-periodische Funktion $\hat{\alpha}(\vartheta)$. Neben den Eigenschaften von $\hat{\alpha}(\vartheta)$, die sich aus den Voraussetzungen über $A(\omega)$ ergeben, soll zusätzlich verlangt werden, daß die Funktion $\hat{\alpha}(\vartheta)$ im Intervall $-\pi \leqq \vartheta \leqq \pi$ stückweise glatt und absolut integrierbar ist:

$$\int_{-\pi}^{\pi} |\hat{\alpha}(\vartheta)| \, \mathrm{d}\vartheta < \infty. \tag{183}$$

Für $A(\omega)$ bedeutet dies: Abgesehen von endlich vielen ω-Stellen soll $A(\omega)$ überall einen stetigen Differentialquotienten haben, und es möge

$$\int_{-\infty}^{\infty} \frac{|\ln A(\omega)|}{1 + \omega^2} \, \mathrm{d}\omega < \infty \tag{184}$$

sein. Die Ungleichung (184) folgt unmittelbar aus Ungleichung (183) aufgrund von Gl. (140), aus der sich $\mathrm{d}\vartheta$ zu $-2\mathrm{d}\omega/(1 + \omega^2)$ ergibt. Nun läßt sich $\hat{\alpha}(\vartheta)$ wegen der Bedingung (183) in die Fourier-Reihe

$$\hat{\alpha}(\vartheta) = \alpha_0 + \alpha_1 \cos \vartheta + \alpha_2 \cos 2\vartheta + \cdots$$

entwickeln, wobei die Summe an allen ϑ-Stellen mit $\hat{\alpha}(\vartheta)$ übereinstimmt, an denen $\hat{\alpha}(\vartheta)$ stetig ist [63]. Damit kann man die Funktion

$$\hat{H}(s) = \mathrm{e}^{-\alpha_0 - \alpha_1 s - \alpha_2 s^2 - \cdots}$$

und weiterhin

$$H(p) = \hat{H}\left(\frac{1-p}{1+p}\right) \tag{185}$$

bilden. Man erkennt, daß

$$|H(\mathrm{j}\omega)| = |\hat{H}(\mathrm{e}^{\mathrm{j}\vartheta})| = \mathrm{e}^{-\hat{\alpha}(\vartheta)} \equiv A(\omega) \tag{186}$$

gilt und die Funktion $H(p)$ in $\operatorname{Re} p > 0$ analytisch und in $\operatorname{Re} p \geqq 0$ endlich sowie, abgesehen von endlich vielen Stellen auf $\operatorname{Re} p = 0$, stetig ist. Damit $H(p)$ als Übertragungsfunktion eines kausalen Systems aufgefaßt werden kann, muß jetzt noch verlangt werden, daß eine für negative t-Werte verschwindende Zeitfunktion $h(t)$ (Impulsantwort des Systems) existiert, deren Laplace-Transformierte mit $H(p)$ Gl. (185) identisch ist. Diese Frage betrifft das Darstellungsproblem der Laplace-Transformation. Nach G. Doetsch [51] reichen die bis jetzt festgestellten Eigenschaften von $H(p)$ noch nicht aus, um die Existenz einer Funktion $h(t)$ der genannten Art zu garantieren. Ist jedoch die Funktion $H(\mathrm{j}\omega) - H(\infty)$ in $(-\infty, \infty)$ absolut integrierbar, dann läßt sich $H(\mathrm{j}\omega)$ gemäß Kapitel III als Fourier-Transformierte einer Zeitfunktion $h(t)$ darstellen. Diese Funktion verschwindet für $t < 0$, wie leicht dadurch gezeigt werden kann, daß man $h(t) - H(\infty)\,\delta(t)$ für $t < 0$ durch

$$\lim_{R \to \infty} \frac{1}{2\pi \mathrm{j}} \int_{C_R} [H(p) - H(\infty)] \, \mathrm{e}^{pt} \, \mathrm{d}p$$

darstellt, wobei C_R einen geschlossenen Weg bedeutet, der sich aus einem endlichen Stück der imaginären Achse und einem in $\operatorname{Re} p \geqq 0$ gelegenen Halbkreis um den Nullpunkt mit Radius R zusammensetzt. Gemäß den Überlegungen in Abschnitt 2.2 verschwindet das Teilintegral längs des Halbkreisbogens für $t < 0$ und $R \to \infty$. Wenn man also neben den genannten Voraussetzungen für $A(\omega)$ einschließlich jener, die durch Ungleichung (184) ausgedrückt wird, fordert, daß die durch Gl. (185) gegebene Funktion $H(\mathrm{j}\omega) - H(\infty)$ absolut integrierbar ist, dann stellt $H(p)$ die Übertragungsfunktion eines kontinuierlichen, linearen, zeitinvarianten und kausalen Systems dar, und es gilt $A(\omega) \equiv |H(\mathrm{j}\omega)|$. Dann kann also der Amplitude $A(\omega)$ eine Phase $\Theta(\omega)$ derart zugeordnet werden, daß die resultierende Funktion $H(\mathrm{j}\omega) = A(\omega)\,\mathrm{e}^{-\mathrm{j}\Theta(\omega)}$ Übertragungsfunktion eines kausalen Systems ist.

Nach einem Vorschlag von R. E. A. C. Paley und N. Wiener [59] soll für das folgende nur vorausgesetzt werden, daß die Amplitudenfunktion $A(\omega)$ quadratisch integrierbar ist, daß also

$$\int_{-\infty}^{\infty} A^2(\omega)\,\mathrm{d}\omega < \infty \tag{187}$$

gilt. Dann läßt sich folgende, als *Paley-Wiener-Kriterium* bekannte Aussage machen:

Satz IV.6. Zu einer geraden, nicht-negativen Amplitudenfunktion $A(\omega)$ mit der Eigenschaft Gl. (187) gibt es genau dann eine Phasenfunktion $\Theta(\omega)$, so daß die resultierende Übertragungsfunktion $H(\mathrm{j}\omega)$ ein kausales System beschreibt, wenn die Bedingung (184) erfüllt ist.

Im folgenden soll das Paley-Wiener-Kriterium, teilweise nur skizzenhaft, bewiesen werden. Zur Vereinfachung der Beweisführung werden allerdings hierbei die eingangs gemachten Voraussetzungen über $A(\omega)$ verwendet; auf die absolute Integrierbarkeit von $H(\mathrm{j}\omega) - H(\infty)$ kann dabei verzichtet werden.

(a) Es läßt sich zeigen, daß für die Funktion $H(p)$, die gemäß Gl. (185) wegen Bedingung (184) existiert, aufgrund der Ungleichung (187) für $\sigma > 0$ die Beziehung

$$\int_{-\infty}^{\infty} |H(\sigma + \mathrm{j}\omega)|^2\,\mathrm{d}\omega < \infty$$

besteht. Angesichts dieser Eigenschaft von $H(p)$ gibt es eine für negative t-Werte verschwindende Zeitfunktion $h_\sigma(t)$, die im Sinne von M. Plancherel [64] die Fourier-Transformierte der Funktion $H(\sigma + \mathrm{j}\omega)$ ist:

$$\lim_{T\to\infty} \int_{-\infty}^{\infty} \left| H(\sigma + \mathrm{j}\omega) - \int_{-T}^{T} h_\sigma(t)\,\mathrm{e}^{-\mathrm{j}\omega t}\,\mathrm{d}t \right|^2 \mathrm{d}\omega = 0.$$

Man sagt, daß die Funktion, welche durch das von $-T$ bis T erstreckte Integral gegeben ist, im *quadratischen Mittel* gegen $H(\sigma + \mathrm{j}\omega)$ konvergiert. Als Symbol für diese Konvergenzart wird l. i. m. (Limes im Mittel) benutzt. Nach [59] erhält man die Aussage

$$\underset{\sigma\to 0}{\text{l. i. m.}}\, H(\sigma + \mathrm{j}\omega) = \underset{T\to\infty}{\text{l. i. m.}} \int_0^T h(t)\,\mathrm{e}^{-\mathrm{j}\omega t}\,\mathrm{d}t. \tag{188}$$

Hierbei bedeutet $h(t)$ den Grenzwert von $h_\sigma(t)$ für $\sigma \to 0$. Da aber $H(\sigma + \mathrm{j}\omega)$ für $\sigma \to 0$ im gewöhnlichen Sinne einen Grenzwert hat, nämlich $H(\mathrm{j}\omega)$, besitzt auch das Integral auf der rechten Seite von Gl. (188) einen gewöhnlichen, mit $H(\mathrm{j}\omega)$ übereinstimmenden Grenzwert [59]. Damit gilt

$$H(\mathrm{j}\omega) = \int_0^\infty h(t)\, \mathrm{e}^{-\mathrm{j}\omega t}\, \mathrm{d}t,$$

wobei $\mathrm{j}\omega$ durch $p = \sigma + \mathrm{j}\omega$ mit $\sigma \geqq 0$ ersetzt werden darf. Da $|H(\mathrm{j}\omega)| \equiv A(\omega)$ gilt, ist ein Teil des Kriteriums bewiesen.

(b) Nimmt man jetzt eine Übertragungsfunktion $H(p)$ an, die zu einem kausalen System gehört, dann läßt sich in Umkehrung der Schlußweise von (a) zeigen, daß unter den getroffenen Voraussetzungen die Amplitudenfunktion $A(\omega)$ die Paley-Wiener-Bedingung (184) erfüllt. Dazu kann man folgendermaßen vorgehen. Zunächst sei $H(p)$ durch faktorielle Abspaltung einer Allpaßübertragungsfunktion auf eine Mindestphasenfunktion reduziert, wobei keine Veränderung der Amplitude erfolgt. Nach Übergang in die s-Ebene gemäß Gl. (139) erhält man aus $H(p)$ die Funktion $F(s)$, welche in $|s| < 1$ analytisch und nullstellenfrei ist. Danach wird das Integral

$$I = \frac{1}{2} \int\limits_{|s| = \varrho < 1} \frac{\ln F(s)}{s}\, \mathrm{d}s$$

längs des Kreises $|s| = \varrho < 1$ im Gegenuhrzeigersinn gebildet. Nach dem Residuensatz wird

$$I = \pi \mathrm{j} \ln F(0),$$

da der Integrand überall in $|s| \leqq \varrho$ analytisch ist, abgesehen von der Polstelle $s = 0$, die das Residuum $\ln F(0)$ hat. Führt man den Grenzübergang $\varrho \to 1$ durch und berücksichtigt man, daß sich dabei $\ln F(s)$ der Funktion $\ln F(\mathrm{e}^{\mathrm{j}\vartheta})$ stetig nähert und $s = \mathrm{e}^{\mathrm{j}\vartheta}$ wird, so erhält man

$$\frac{\mathrm{j}}{2} \int_{-\pi}^{\pi} \ln F(\mathrm{e}^{\mathrm{j}\vartheta})\, \mathrm{d}\vartheta = \pi \mathrm{j} \ln F(0),$$

und hieraus folgt

$$\int_{-\pi}^{\pi} \ln |F(\mathrm{e}^{\mathrm{j}\vartheta})|\, \mathrm{d}\vartheta = 2\pi \ln |F(0)|. \tag{189}$$

Nun wird der Integrand $\ln |F(\mathrm{e}^{\mathrm{j}\vartheta})|$ als Summe $\ln^+ |F(\mathrm{e}^{\mathrm{j}\vartheta})| + \ln^- |F(\mathrm{e}^{\mathrm{j}\vartheta})|$ dargestellt, wobei $\ln^+ |F(\mathrm{e}^{\mathrm{j}\vartheta})|$ sämtliche nicht-negativen Funktionswerte von $\ln |F(\mathrm{e}^{\mathrm{j}\vartheta})|$ umfaßt:

$$\ln^+ |F(\mathrm{e}^{\mathrm{j}\vartheta})| = \begin{cases} \ln |F(\mathrm{e}^{\mathrm{j}\vartheta})| & \text{für} \quad |F(\mathrm{e}^{\mathrm{j}\vartheta})| \geqq 1, \\ 0 & \text{für} \quad |F(\mathrm{e}^{\mathrm{j}\vartheta})| < 1. \end{cases}$$

In entsprechender Weise umfaßt $\ln^- |F(\mathrm{e}^{\mathrm{j}\vartheta})|$ sämtliche negativen Funktionswerte von $\ln |F(\mathrm{e}^{\mathrm{j}\vartheta})|$. Damit läßt sich schreiben

$$\int_{-\pi}^{\pi} \ln |F(\mathrm{e}^{\mathrm{j}\vartheta})|\, \mathrm{d}\vartheta = \int_{-\pi}^{\pi} \ln^+ |F(\mathrm{e}^{\mathrm{j}\vartheta})|\, \mathrm{d}\vartheta + \int_{-\pi}^{\pi} \ln^- |F(\mathrm{e}^{\mathrm{j}\vartheta})|\, \mathrm{d}\vartheta,$$

$$\int_{-\pi}^{\pi} \big|\ln |F(\mathrm{e}^{\mathrm{j}\vartheta})|\big|\, \mathrm{d}\vartheta = \int_{-\pi}^{\pi} \ln^+ |F(\mathrm{e}^{\mathrm{j}\vartheta})|\, \mathrm{d}\vartheta - \int_{-\pi}^{\pi} \ln^- |F(\mathrm{e}^{\mathrm{j}\vartheta})|\, \mathrm{d}\vartheta.$$

Aus diesen Gleichungen folgt mit Gl. (189) die Beziehung

$$\int_{-\pi}^{\pi} \big|\ln |F(\mathrm{e}^{\mathrm{j}\vartheta})|\big|\, \mathrm{d}\vartheta = 2 \int_{-\pi}^{\pi} \ln^+ |F(\mathrm{e}^{\mathrm{j}\vartheta})|\, \mathrm{d}\vartheta - 2\pi \ln |F(0)|. \tag{190}$$

Da $|F(e^{j\vartheta})| \geqq \ln^+ |F(e^{j\vartheta})|$ und $|F(e^{j\vartheta})|^2 \geqq 2 \ln^+ |F(e^{j\vartheta})|$ gilt, läßt sich die Gl. (190) in die Ungleichung

$$\int_{-\pi}^{\pi} \big|\ln |F(e^{j\vartheta})|\big| \, d\vartheta \leqq \int_{-\pi}^{\pi} |F(e^{j\vartheta})|^2 \, d\vartheta - 2\pi \ln |F(0)| \tag{191}$$

überführen. Das auf der rechten Seite von Ungleichung (191) auftretende Integral hat einen endlichen Wert; denn es ist identisch mit dem Integral über $A^2(\omega)/(1 + \omega^2)$ von $-\infty$ bis ∞, das wegen der quadratischen Integrierbarkeit von $A(\omega)$ einen endlichen Wert besitzt. Also erhält man aus der Ungleichung (191) die Eigenschaft

$$\int_{-\pi}^{\pi} \big|\ln |F(e^{j\vartheta})|\big| \, d\vartheta < \infty,$$

die durch Übergang in die p-Ebene direkt die Paley-Wiener-Bedingung (184) liefert.

Aus dem Paley-Wiener-Kriterium lassen sich einige interessante Folgerungen ziehen: Betrachtet man ein Tiefpaßsystem mit quadratisch integrierbarer Amplitudenfunktion, dessen Dämpfung $\alpha(\omega)$ für $\omega \to \infty$ sich wie const $\cdot\, \omega^n$ verhält, dann ist die Amplitude im Sinne des Paley-Wiener-Kriteriums sicher dann nicht realisierbar, wenn $n \geqq 1$ ist. Der lineare Anstieg mit der Frequenz ist also eine obere Grenze für das asymptotische Verhalten jeder realisierbaren Tiefpaß-Dämpfungsfunktion. Kein realisierbares System mit quadratisch integrierbarer Amplitude liefert eine Dämpfung, die asymptotisch wie const $\cdot\, \omega$ oder schneller ansteigt. Der Gaußsche Tiefpaß mit der quadratisch integrierbaren Amplitude $A(\omega) = e^{-\omega^2}$ hat die Dämpfung $\alpha(\omega) = \omega^2$. Er ist also nicht realisierbar. — Verschwindet die quadratisch integrierbare Amplitudenfunktion $A(\omega)$ in einem ω-Intervall von nicht verschwindender Länge, dann ist das Paley-Wiener-Kriterium offensichtlich nicht erfüllt, die Amplitude nicht realisierbar. Als Beispiel sei die Amplitudenfunktion $A(\omega)$ des idealen Tiefpasses (Kapitel III, Abschnitt 2.3) genannt, die quadratisch integrierbar ist, jedoch für $\omega > \omega_g$ identisch verschwindet. Das Paley-Wiener-Integral in Ungleichung (184) divergiert. Der ideale Tiefpaß ist also kein kausales System. Abschließend sei bemerkt, daß die Frage der Realisierbarkeit einer nicht quadratisch integrierbaren Amplitudencharakteristik (z. B. Bild 142) durch das Paley-Wiener-Kriterium nicht beantwortet wird.

7.5. Diskontinuierliche Systeme mit streng linearer Phase

In diesem Abschnitt soll gezeigt werden, daß es Übertragungsfunktionen $H(z)$ diskontinuierlicher Systeme gibt, die sich durch eine streng lineare Phase auszeichnen und nichtrekursiv realisieren lassen. Dabei wird auf die Ergebnisse von Abschnitt 7.2 zurückgegriffen.

Die Funktionen $K(z)$ Gl. (170) und $L(z)$ Gl. (171) können allgemein zu jeder rationalen Übertragungsfunktion $H(z)$ angegeben werden, wobei die Gl. (172) nach wie vor besteht. Auch die im Abschnitt 7.2 gefundene Eigenschaft, daß $L(e^{j\omega T})$ eine rationale Funktion in $\cos \omega T$ sein muß, bleibt bestehen. Wenn also die Winkelfunktion $\arg H(e^{j\omega T})$ einer rationalen Übertragungsfunktion $H(z)$ vorgeschrieben wird, muß gemäß Gl. (172) beachtet werden, daß $\{\tan [\arg H(e^{j\omega T})]\}/\sin \omega T$ eine rationale Funktion in $\cos \omega T$ ist. Verlangt man nun, daß $\Phi(\omega) = \arg H(e^{j\omega T})$ einen linearen Funktionsverlauf hat, dann lautet die Forderung für die Winkelfunktion

$$\Phi(\omega) = \Phi_0 + kT\omega. \tag{192}$$

Dabei bedeuten Φ_0 und k noch zu spezifizierende Konstanten. Mit Gl. (192) erhält man aus Gl. (172)

$$K(e^{j\omega T}) = j\,\frac{\sin(\Phi_0 + kT\omega)}{\cos(\Phi_0 + kT\omega)} = \frac{e^{j\Phi_0}\,e^{jkT\omega} - e^{-j\Phi_0}\,e^{-jkT\omega}}{e^{j\Phi_0}\,e^{jkT\omega} + e^{-j\Phi_0}\,e^{-jkT\omega}}$$

oder, wenn man $e^{j\omega T}$ durch z ersetzt,

$$K(z) = \frac{z^{2k} - e^{-j2\Phi_0}}{z^{2k} + e^{-j2\Phi_0}}. \tag{193}$$

Diese Funktion $K(z)$ muß, wenn ihr im Sinne von Gl. (170) eine rationale Übertragungsfunktion $H(z)$ zugeordnet sein soll, rational und reell sein. Daher muß notwendigerweise $2k$ eine ganze Zahl und $\Phi_0 = 0, \pm\pi/2, \pm\pi, \pm 3\pi/2, \ldots$ sein, wobei nur die Fälle $\Phi_0 = 0$ und $\Phi_0 = \pi/2$ von Interesse sind. Die gesuchte Übertragungsfunktion wird in der teilerfreien Form

$$H(z) = \frac{Z_1(z)\,Z_2(z)}{N(z)}$$

angesetzt mit dem Nennerpolynom $N(z)$ vom Grad q und den Polynomen $Z_1(z)$, $Z_2(z)$ vom Grad l_1 bzw. l_2, wobei $Z_2(z)$ die Eigenschaft

$$Z_2(z) = \pm z^{l_2} Z_2\left(\frac{1}{z}\right)$$

haben soll und damit alle Nullstellen von $H(z)$ auf dem Einheitskreis und alle zum Einheitskreis symmetrischen Nullstellen enthält, während in $Z_1(z)$ die übrigen Nullstellen von $H(z)$ auftreten. Hieraus resultiert mit Gl. (170) nach einer kurzen Zwischenrechnung

$$K(z) = \frac{z^q N\left(\frac{1}{z}\right) Z_1(z) \mp z^{q-l_2} N(z)\, Z_1\left(\frac{1}{z}\right)}{z^q N\left(\frac{1}{z}\right) Z_1(z) \pm z^{q-l_2} N(z)\, Z_1\left(\frac{1}{z}\right)}, \tag{194}$$

wobei bemerkenswert erscheint, daß das selbstreziproke Polynom $Z_2(z)$ in $K(z)$ nicht enthalten ist. Mit Gl. (173) erhält man aus Gl. (194)

$$a(z) + b(z) = 2z^q N\left(\frac{1}{z}\right) Z_1(z). \tag{195}$$

Andererseits ergibt sich im vorliegenden Fall aus Gl. (193)

$$a(z) + b(z) = \begin{cases} 2z^{2k} & \text{für} \quad k \geqq 0, \\ 2 & \text{für} \quad k < 0. \end{cases}$$

Ein Vergleich mit Gl. (195) zeigt, daß $N(z)$ und $Z_1(z)$ nur Nullstellen im Nullpunkt haben können, und da $N(z)$ vom Grad q ist, muß offensichtlich $Z_1(z)$ konstant sein und damit $k < 0$ gelten. Als Lösung für die Übertragungsfunktion ergibt sich damit gemäß dem oben gemachten Ansatz

$$H(z) = \frac{Z(z)}{z^q}, \tag{196}$$

mit einem selbstreziproken Zählerpolynom

$$Z(z) = \pm z^l Z\left(\frac{1}{z}\right)$$

und $l \leqq q$. Setzt man dies in Gl. (194) ein, dann ergibt sich

$$K(z) = \frac{1 \mp z^{2q-l}}{1 \pm z^{2q-l}},$$

woraus mit Gl. (193) $k = -(q - l/2)$ resultiert. Dabei gilt stets das $+$-Zeichen für $\Phi_0 = 0$, das $-$-Zeichen für $\Phi_0 = \pi/2$. Die Ergebnisse werden zusammengefaßt im

Satz IV.7: Ein diskontinuierliches, stabiles System mit der rationalen Übertragungsfunktion $H(z)$ hat genau dann streng lineare Phase, wenn alle Nullstellen symmetrisch zum Einheitskreis auftreten und die Pole ausnahmslos im Nullpunkt liegen. Ist q der Grad von $H(z)$ und l die Zahl der Nullstellen, dann ist die Phase $\Theta(\omega)$, wenn man von einem additiven ganzzahligen Vielfachen von π absieht, gegeben durch $(q - l/2)\,\omega T$ oder $(q - l/2)\,\omega T + \pi/2$.

Bezeichnet man die Koeffizienten des Polynoms $Z(z)$ mit a_λ ($\lambda = 0, 1, \ldots, l$), dann drückt sich die Selbstreziprozität des Polynoms in der Beziehung $a_\lambda = a_{l-\lambda}$ oder $a_\lambda = -a_{l-\lambda}$ ($\lambda = 0, 1, \ldots, l$) aus. Man beachte, daß sich die Übertragungsfunktion $H(z)$ Gl. (196) durch ein nichtrekursives System (Digitalfilter) nach Kapitel III, Abschnitt 8.1 realisieren läßt.

Für das Folgende wird angenommen, daß Zählergrad und Nennergrad der Übertragungsfunktion Gl. (196) übereinstimmen, daß also $l = q$ gilt. Das Zählerpolynom der Übertragungsfunktion wird dann in der Form

$$Z(z) = a_q(z - 1)^{q_1}(z + 1)^{q_2} \prod_{\mu=1}^{q_3} (z - \zeta_\mu)\left(z - \frac{1}{\zeta_\mu}\right) \tag{197}$$

dargestellt. Dabei ist $q_1 = 0$ oder 1 und $q_2 = 0$ oder 1, weiterhin gilt $q = q_1 + q_2 + 2q_3$. Gerade Potenzen von $(z - 1)$ und $(z + 1)$ seien, soweit solche überhaupt vorhanden sind, im Produktterm der Gl. (197) enthalten. Mit Hilfe der Transformation Gl. (130) läßt sich die Gl. (197) umschreiben, so daß für Gl. (196) die Darstellung

$$H(z) = 2^{q_3} a_q (z - 1)^{q_1}(z + 1)^{q_2} z^{-q_1-q_2-q_3} \prod_{\mu=1}^{q_3} (w - w_\mu) \tag{198}$$

mit $w_\mu = \frac{1}{2}(\zeta_\mu + 1/\zeta_\mu)$ angegeben werden kann.

Die Gl. (198) kann als Basis für den Entwurf eines nichtrekursiven Digitalfilters mit streng linearer Phase verwendet werden, wenn man eine gerade, nicht-negative Funktion $A_0(\omega)$ für den Verlauf des Betrags von $H(e^{j\omega T})$ im Frequenzintervall $-\pi/T \leqq \omega \leqq \pi/T$

vorschreibt. Da, wie eine kurze Zwischenrechnung zeigt,

$$e^{j\omega T} - 1 = 2j \sin \frac{\omega T}{2} e^{j\frac{\omega T}{2}} \tag{199a}$$

und

$$e^{j\omega T} + 1 = 2 \cos \frac{\omega T}{2} e^{j\frac{\omega T}{2}} \tag{199b}$$

gilt, läßt sich die Gl. (198) für $z = e^{j\omega T}$ auf die Form

$$H(e^{j\omega T}) = j^{q_1} 2^{q_1+q_2+q_3} a_q \, e^{-j\omega T(q_1/2+q_2/2+q_3)} \left(\sin \frac{\omega T}{2}\right)^{q_1} \left(\cos \frac{\omega T}{2}\right)^{q_2} \times \prod_{\mu=1}^{q_3} (\cos \omega T - w_\mu) \tag{200}$$

bringen. Das Betragsverhalten der in den Gln. (199a, b) beschriebenen Funktionen zeigt Bild 144. Neben der Vorschrift $A_0(\omega)$ für den Verlauf des Betrags von $H(e^{j\omega T})$ wird noch die Funktion

$$B_0(\omega) = \frac{A_0(\omega)}{\left|\sin \frac{\omega T}{2}\right|^{q_1} \left|\cos \frac{\omega T}{2}\right|^{q_2}} \tag{201}$$

eingeführt. Das Entwurfsproblem läßt sich jetzt folgendermaßen formulieren: Man bestimme die Parameter der Übertragungsfunktion $H(z)$ Gl. (198), also q_1, q_2, q_3, a_q und w_μ ($\mu = 1, 2, \ldots, q_3$) derart, daß der Betrag von $H(z)$ für $z = e^{j\omega T}$ die vorgeschriebene Amplitudenfunktion $A_0(\omega)$ „möglichst gut" im Intervall $-\pi/T \leqq \omega \leqq \pi/T$ annähert. Für q_1 und q_2 kommen nur die Werte 0 oder 1 in Frage. Aufgrund des Betragsverhaltens der beiden in den Gln. (199a, b) angegebenen Funktionen (Bild 144) ergibt

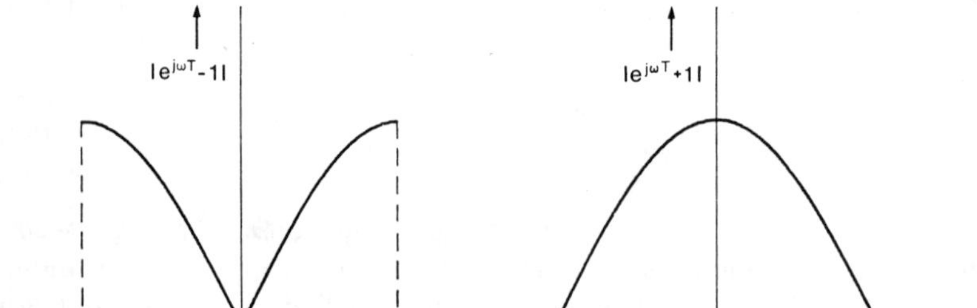

Bild 144: Verlauf der Beträge der in den Gln. (199a, b) angegebenen Funktionen

sich folgende sinnvolle Wahl für q_1 und q_2: Man wählt $q_1 = 1$ oder $q_1 = 0$, je nachdem ob $|H(e^{j\omega T})|$ für $\omega = 0$ verschwindet und dabei dort verschiedene links- und rechtsseitige Ableitungen hat oder ob dies nicht der Fall ist. Man wählt $q_2 = 1$ oder $q_2 = 0$, je nachdem ob $|H(e^{j\omega T})|$ für $\omega = \pm\pi/T$ verschwindet und dabei für π/T und $-\pi/T$ unterschiedliche links- bzw. rechtsseitige Ableitungen besitzt oder ob dies nicht der Fall ist. Nachdem die Parameter q_1, q_2 festgelegt sind, kann man die noch zu lösende Aufgabe mit Blick auf die Gln. (200) und (201) und der Abkürzung $k = 2^{q_1+q_2+q_3}a_q$ folgendermaßen vereinfachen: Es sind die Parameter des Polynoms

$$P(w) = k \prod_{\mu=1}^{q_3} (w - w_\mu) \tag{202}$$

nach Wahl eines geeigneten Wertes für q_3 so zu bestimmen, daß $P(\cos \omega T)$ die bekannte Funktion $B_0(\omega)$ im Intervall $-\pi/T \leqq \omega \leqq \pi/T$ dem Betrage nach bestmöglich approximiert. Ersetzt man $\cos \omega T$ durch w, d. h. ω durch $(\operatorname{arc} \cos w)/T$, dann besteht die Aufgabe darin, $P(w)$ Gl. (202) so zu bestimmen, daß

$$P(w) \approx \pm B_0 \left(\frac{1}{T} \operatorname{arc} \cos w\right) \tag{203}$$

im Intervall $-1 \leqq w \leqq 1$ mit möglichst guter Annäherung gilt. Die Wahl zwischen den beiden Vorzeichen in Gl. (203) besteht für jeden Punkt w. In der Regel wird man das Vorzeichen beim Durchlaufen des w-Intervalls, wenn überhaupt, nur an einer Nullstelle von B_0 wechseln. Nullstellen von $P(w)$ im Intervall $-1 \leqq w \leqq 1$ bedeuten Nullstellen der Übertragungsfunktion $H(e^{j\omega T})$ im Intervall $-\pi/T \leqq \omega \leqq \pi/T$ und damit des Zählerpolynoms $Z(z)$ auf dem Einheitskreis $|z| = 1$. In einer solchen Nullstelle springt die Phase der Übertragungsfunktion, und zwar um $r\pi$, wenn r die Vielfachheit der Nullstelle bezeichnet. Will man jedenfalls für $0 < \omega < \pi/T$ (und $-\pi/T < \omega < 0$) Phasensprünge um ungeradzahlige Vielfache von π vermeiden, dann darf das Polynom $P(w)$ im Intervall $-1 < w < 1$ sein Vorzeichen nicht wechseln und in Gl. (203) muß auf die Vorzeichen-Alternative verzichtet werden.

Die eigentliche Aufgabe des vorliegenden Entwurfsproblems liegt in der Approximation der modifizierten Betragsvorschrift $B_0(1/T \operatorname{arc} \cos w)$ Gl. (201) durch ein Polynom $P(w)$ Gl. (202), das auch in Koeffizientenform verwendet werden kann. Für diese Approximation stehen einschlägige Verfahren der Numerischen Mathematik zur Verfügung. Sobald $P(w)$ bestimmt ist, erhält man mit Hilfe der Gl. (198) bei Anwendung der Rücktransformation gemäß Gl. (130) die Übertragungsfunktion $H(z)$, die durch ein nichtrekursives Digitalfilter einfach realisiert werden kann. Durch Erhöhung des Parameters q_3 (Grad des Polynoms P) läßt sich gewöhnlich die Approximationsgüte verbessern, allerdings auf Kosten eines erhöhten Realisierungsaufwandes. Diesbezüglich muß letztlich ein Kompromiß gefunden werden.

8. Optimalfilter

Im folgenden sollen Möglichkeiten zur Charakterisierung von Systemen skizziert werden, welche zur Signalschätzung dienen, also zur möglichst genauen Bestimmung eines durch Rauschen oder sonstige Störungen überlagerten Nutzsignals. Das Nutzsignal wird hierbei als Musterfunktion eines stochastischen Prozesses verstanden. Da das Prinzip der Signalschätzung auf der Extraktion des Nutzsignals aus dem empfangenen Signalgemisch beruht, bezeichnet man die resultierenden Systeme als Filter.

8.1. Das Wienersche Optimalfilter

Von dem empfangenen stochastischen Prozeß $\boldsymbol{x}(t)$ werden nur bestimmte statistische Kenngrößen als bekannt vorausgesetzt. Dieser Prozeß setze sich additiv zusammen aus dem Nachrichtensignal $\boldsymbol{m}(t)$ und einer Störung $\boldsymbol{n}(t)$, die als reelle, mittelwertfreie, nicht korrelierte, stationäre stochastische Prozesse betrachtet werden dürfen. Es gilt also

$$\boldsymbol{x}(t) = \boldsymbol{m}(t) + \boldsymbol{n}(t). \tag{204}$$

Bekannt seien die beiden Autokorrelierten $r_{mm}(\tau)$ und $r_{nn}(\tau)$, deren Fourier-Transformierte als gewöhnliche Funktionen existieren sollen, und es sei $r_{mn}(\tau) \equiv 0$.
Die zu lösende Aufgabe besteht darin, die Impulsantwort $h(t)$ bzw. die Übertragungsfunktion $H(\mathrm{j}\omega)$ eines kontinuierlichen, linearen, zeitinvarianten und kausalen Systems zu ermitteln, dessen Reaktion

$$\boldsymbol{y}(t) = \int_0^\infty h(\sigma)\, \boldsymbol{x}(t-\sigma)\, \mathrm{d}\sigma \tag{205}$$

auf die Erregung $\boldsymbol{x}(t)$ Gl. (204) für alle t im Sinne des kleinsten mittleren Fehlerquadrates möglichst wenig vom Nutzsignal $\boldsymbol{m}(t)$ abweicht. Es soll also eine Impulsantwort $h(t)$ mit der Eigenschaft $h(t) = 0$ für alle $t < 0$ gefunden werden, so daß der Fehler

$$\Delta = E\{[\boldsymbol{m}(t) - \boldsymbol{y}(t)]^2\} \tag{206}$$

minimal wird. Dabei bezeichnet E den Erwartungswert, und $\boldsymbol{y}(t)$ ist durch die Gl. (205) erklärt.
Das Minimum des Fehlers Δ in Abhängigkeit von $h(t)$ erhält man aufgrund des sogenannten *Orthogonalitätsprinzips*, welches besagt, daß in jedem Zeitpunkt t die Abweichung des Nutzsignals $\boldsymbol{m}(t)$ von seiner durch Gl. (205) gegebenen bestmöglichen Schätzung $\boldsymbol{y}(t)$ orthogonal sein muß zu allen vergangenen Werten des empfangenen Signals $\boldsymbol{x}(t)$. Es muß also die Forderung

$$E\{[\boldsymbol{m}(t) - \boldsymbol{y}(t)]\, \boldsymbol{x}(t-\tau)\} = 0 \qquad \text{für alle} \quad \tau \geqq 0 \tag{207}$$

erfüllt sein.

Die Richtigkeit dieser Bedingung soll kurz bewiesen werden. Zu diesem Zweck wird $\boldsymbol{y}(t)$ in Gl. (206) durch eine Näherungssumme, die das Integral in Gl. (205) approximiert, ersetzt, so daß man für den Fehler mit beliebiger Genauigkeit die Darstellung

$$\Delta = E\left\{\left[\boldsymbol{m}(t) - \sum_{\mu=0}^{M} h(\sigma_\mu)\, \boldsymbol{x}(t-\sigma_\mu)\, \Delta\sigma_\mu\right]^2\right\}$$

erhält. Diese Größe ist in Abhängigkeit von den Werten $h(\sigma_\mu)$ ($\mu = 0, 1, \ldots, M$) zum Minimum zu machen. Dazu wird Δ nach $h(\sigma_\nu)$ ($\nu = 0, 1, \ldots, M$; fest) partiell differenziert, wobei Differentiation und Erwartungswertbildung vertauscht werden dürfen, und sodann ist der Differentialquotient gleich Null zu setzen. Auf diese Weise entsteht die Gleichung

$$E\left\{2\left[\boldsymbol{m}(t) - \sum_{\mu=0}^{M} h(\sigma_\mu)\, \boldsymbol{x}(t-\sigma_\mu)\, \Delta\sigma_\mu\right][-\boldsymbol{x}(t-\sigma_\nu)\, \Delta\sigma_\nu]\right\} = 0$$

$(\nu = 0, 1, \ldots, M)$,

in der die Faktoren 2 und $-\Delta\sigma_\nu$ gekürzt werden dürfen. Macht man die Diskretisierung des Integrals rückgängig und ersetzt dabei σ_ν durch den Parameter τ, dann ergibt sich die Gl. (207) für $\tau > 0$. Läßt man in $h(t)$ einen Impulsanteil für $t = 0$ zu, dann zeigt sich, daß das Orthogonalitätsprinzip auch für $\tau = 0$ gefordert werden muß.

Wenn man die Gl. (207) mit $h(\tau)$ multipliziert und dann von $\tau = 0$ bis $\tau = \infty$ integriert, wobei Integration und Erwartungswertbildung vertauscht werden dürfen, dann erhält man die Beziehung

$$E\{\boldsymbol{m}(t)\,\boldsymbol{y}(t)\} = E\{\boldsymbol{y}^2(t)\},$$

mit welcher jetzt der Fehler $\varDelta$ Gl. (206) in der Form

$$\varDelta = E\{\boldsymbol{m}^2(t)\} - E\{\boldsymbol{m}(t)\,\boldsymbol{y}(t)\} = E\{\boldsymbol{m}^2(t)\} - E\{\boldsymbol{y}^2(t)\} \tag{208a, b}$$

ausgedrückt werden kann.
Die Gln. (207) und (208a) lassen sich jetzt unter Beachtung der Gl. (205) mit Hilfe von Korrelationsfunktionen umschreiben. Auf diese Weise erhält man die *Wiener-Hopfsche Integralgleichung*

$$r_{xm}(\tau) - \int_0^\infty h(\sigma)\, r_{xx}(\tau - \sigma)\, \mathrm{d}\sigma = 0 \qquad \text{für alle} \quad \tau \geqq 0 \tag{209}$$

zur Bestimmung der optimalen Impulsantwort $h(t)$, und für den zugehörigen Fehler

$$\varDelta = r_{mm}(0) - \int_0^\infty h(\sigma)\, r_{xm}(\sigma)\, \mathrm{d}\sigma. \tag{210}$$

Zur Lösung der Wiener-Hopfschen Integralgleichung, die nur für $\tau \geqq 0$ besteht, schreibt man die Gl. (209) für alle τ in der Form

$$q(\tau) = r_{xm}(\tau) - \int_0^\infty h(\sigma)\, r_{xx}(\tau - \sigma)\, \mathrm{d}\sigma, \tag{211}$$

und man hat damit zu fordern, daß $h(\tau)$ eine kausale und $q(\tau)$ eine akausale Funktion bedeutet, daß also

$$h(\tau) = 0 \quad \text{für alle} \quad \tau < 0, \qquad q(\tau) = 0 \quad \text{für alle} \quad \tau \geqq 0 \tag{212a, b}$$

gilt. Nun wird die Gl. (211) der (zweiseitigen) Laplace-Transformation unterworfen, wobei die Transformierten von $q(\tau)$ und $h(\tau)$ mit $Q(p)$ bzw. $H(p)$ bezeichnet werden. Es ergibt sich so

$$Q(p) = R_{xm}(p) - H(p)\, R_{xx}(p). \tag{213}$$

Die Funktionen $R_{xm}(p)$ und $R_{xx}(p)$ sind die Laplace-Transformierten von $r_{xm}(\tau)$ bzw. $r_{xx}(\tau)$; sie sind in eindeutiger Weise durch die spektralen Leistungsdichten $S_{xm}(\omega)$ und $S_{xx}(\omega)$ bestimmt; denn es gilt $R_{xm}(\mathrm{j}\omega) = S_{xm}(\omega)$ und $R_{xx}(\mathrm{j}\omega) = S_{xx}(\omega)$. Es sei an dieser Stelle daran erinnert, daß stets $S_{xx}(\omega) \geqq 0$ ist, und für das Folgende wird vorausgesetzt, daß $S_{xx}(\omega)$ im Sinne des Paley-Wiener-Kriteriums als Quadrat einer Amplitudenfunktion aufgefaßt werden kann. Die Funktionen $R_{xm}(p)$ und $R_{xx}(p)$ existieren in einem zur imaginären Achse parallelen Streifen der p-Ebene, dem diese Achse angehört. Da $r_{xx}(\tau)$ eine reellwertige und gerade Funktion ist, muß die Transformierte $R_{xx}(p)$ ebenfalls gerade und für reelle p reellwertig sein. Die Transformierten $H(p)$ und $Q(p)$ existieren wegen der Gln. (212a, b) jeweils in einer Halbebene, und zwar

$$Q(p) \text{ in } \operatorname{Re} p < 0, \qquad H(p) \text{ in } \operatorname{Re} p > 0.$$

In diesen Gebieten ist die jeweilige Funktion analytisch. Die gesuchte Funktion $H(p)$ läßt sich durch Lösung der Gl. (213) folgendermaßen ermitteln:
Zuerst ist die Transformierte $R_{xx}(p)$ als Produkt

$$R_{xx}(p) = A_+(p)\, A_-(p) \tag{214}$$

derart darzustellen, daß $A_+(p)$ sowie $1/A_+(p)$ in der Halbebene $\operatorname{Re} p > 0$ und $A_-(p)$ sowie $1/A_-(p)$ in der Halbebene $\operatorname{Re} p < 0$ analytisch sind. Damit hat $A_+(p)$ die charakteristische Eigenschaft einer Mindestphasen-Übertragungsfunktion (man vergleiche Abschnitt 7.3). Falls $R_{xx}(p)$ eine rationale Funktion in p ist, läßt sich die nach Gl. (214) erforderliche Faktorisierung gemäß Abschnitt 7.1 durchführen.
Nun wird die Gl. (213) durch $A_-(p)$ dividiert. Der dabei auftretende Quotient $R_{xm}(p)/A_-(p)$ ist als Summe

$$\frac{R_{xm}(p)}{A_-(p)} = B^+(p) + B^-(p) \tag{215}$$

derart darzustellen, daß $B^+(p)$ in $\operatorname{Re} p > 0$ und $B^-(p)$ in $\operatorname{Re} p < 0$ analytisch ist; bis zum Rand ihres Regularitätsgebietes müssen die Funktionen stetig sein, und es soll $B^-(\infty) = 0$ sein. Ist die linke Seite der Gl. (215) rational in p, dann läßt sich die Zerlegung gemäß Gl. (215) durch Partialbruchentwicklung von $R_{xm}(p)/A_-(p)$ durchführen, ähnlich wie im Abschnitt 6.1 verfahren wurde. Falls aber die mit $B(p)$ abgekürzte linke Seite der Gl. (215) nicht rational ist, kann man durch Rücktransformation aus $B(p)$ die Zeitfunktion $b(t)$ ermitteln, deren additiver Zerlegung in $b^+(t) = s(t)\, b(t)$ und $b^-(t) = s(-t)\, b(t)$ die Zerlegung von $B(p)$ nach Gl. (215) entspricht. Dies bedeutet, daß $b^+(t)$ im Frequenzbereich $B^+(p)$ und $b^-(t)$ die Funktion $B^-(p)$ liefert.
Mit Hilfe der aus den Gln. (214) und (215) gewonnenen Funktionen wählt man

$$Q(p) = A_-(p)\, B^-(p) \qquad \text{und} \qquad H(p) = \frac{B^+(p)}{A_+(p)}, \tag{216a, b}$$

so daß $Q(p)$ in $\operatorname{Re} p < 0$ und $H(p)$ in $\operatorname{Re} p > 0$ analytisch ist.[1])
Führt man die Gln. (214), (215) und (216a, b) in Gl. (213) ein, so zeigt sich sofort die Richtigkeit der Beziehungen. Das durch Gl. (216b) charakterisierte System löst die gestellte Aufgabe und heißt *Wienersches Optimalfilter*.

Als *Beispiel* seien gegeben

$$S_{mm}(\omega) = \frac{2}{1+\omega^2}, \quad S_{nn}(\omega) = 1, \quad S_{mn}(\omega) = 0.$$

---

[1]) Hierbei wird angenommen, daß die aus $H(p)$ durch Rücktransformation gewonnene Zeitfunktion $h(t)$ als Laplace-Transformierte $H(p)$ besitzt. Entsprechendes gilt für $Q(p)$.

Zunächst ergibt sich

$$S_{xx}(\omega) = S_{mm}(\omega) + S_{nn}(\omega) = \frac{3 + \omega^2}{1 + \omega^2}$$

und

$$S_{xm}(\omega) = S_{mm}(\omega) = \frac{2}{1 + \omega^2}.$$

Gemäß Gl. (214) ist die Funktion

$$R_{xx}(p) = \frac{3 - p^2}{1 - p^2}$$

zu faktorisieren. Man erhält sofort

$$A_+(p) = \frac{p + \sqrt{3}}{p + 1} \quad \text{und} \quad A_-(p) = \frac{p - \sqrt{3}}{p - 1}.$$

Gemäß Gl. (215) wird die Funktion

$$\frac{R_{xm}(p)}{A_-(p)} = \frac{-2}{(p + 1)\left(p - \sqrt{3}\right)}$$

in die Summe von

$$B^+(p) = \frac{2}{1 + \sqrt{3}} \frac{1}{p + 1} \quad \text{und} \quad B^-(p) = \frac{-2}{1 + \sqrt{3}} \frac{1}{p - \sqrt{3}}$$

aufgespalten. Die Gl. (216b) liefert jetzt

$$H(p) = \frac{2}{1 + \sqrt{3}} \frac{1}{p + \sqrt{3}},$$

also

$$h(t) = s(t) \frac{2}{1 + \sqrt{3}} \mathrm{e}^{-\sqrt{3}t}.$$

Dem Leser sei als Übung die Berechnung des Fehlers nach Gl. (210) empfohlen.

Abschließend sollen noch zwei Bemerkungen gemacht werden:

1. Verzichtet man auf die Kausalität des Filters, dann ist die Wiener-Hopfsche Integralgleichung (209) sowohl für $\tau \geqq 0$ wie auch für $\tau < 0$ gültig. Damit läßt sich durch Anwendung der Fourier-Transformation auf Gl. (209) sofort die optimale Lösung $H(\mathrm{j}\omega) = S_{xm}(\omega)/S_{xx}(\omega)$ angeben, die allerdings im allgemeinen nicht realisierbar ist.

2. Das behandelte Filterproblem kann dadurch noch erweitert werden, daß $\boldsymbol{m}(t)$ im Fehler Δ Gl. (206) durch $\boldsymbol{m}(t + \delta)$ ersetzt wird. Auf diese Weise wird versucht, das um eine bestimmte Zeitspanne δ verschobene Nutzsignal zu ermitteln. Die Lösung erfolgt ganz entsprechend wie oben. In der Gl. (209) ist nur $r_{xm}(\tau)$ durch $r_{xm}(\tau + \delta)$ zu ersetzen, in den Gln. (213) und (215) braucht $R_{xm}(p)$ nur mit dem Faktor $\mathrm{e}^{p\delta}$ versehen zu werden. Für $\delta \leqq 0$ spricht man vom Fall des *Glättungsfilters*, und vom reinen *Vorhersagefilter* wird gesprochen, falls $\delta > 0$ und $\boldsymbol{x}(t) = \boldsymbol{m}(t)$ gilt.

8.2. Die diskontinuierliche Version des Wiener-Filters

Das empfangene Signal sei hier als ein diskontinuierlicher stochastischer Prozeß $\boldsymbol{x}(n)$ betrachtet, der sich additiv aus dem zu schätzenden diskontinuierlichen Nutzsignal $\boldsymbol{m}(n)$ und einer Störung $\boldsymbol{n}(n)$ zusammensetzt:

$$\boldsymbol{x}(n) = \boldsymbol{m}(n) + \boldsymbol{n}(n). \tag{217}$$

Die Prozesse $\boldsymbol{m}$ und $\boldsymbol{n}$ seien reell, mittelwertfrei, unkorreliert und stationär. Bekannt seien die beiden Autokorrelierten

$$r_{mm}(\nu) = E[\boldsymbol{m}(n)\,\boldsymbol{m}(n+\nu)], \qquad r_{nn}(\nu) = E[\boldsymbol{n}(n)\,\boldsymbol{n}(n+\nu)],$$

und für die Kreuzkorrelierte gelte $r_{mn}(\nu) \equiv 0$.
Hiermit sind auch die spektralen Leistungsdichten als periodische Funktionen

$$S_{mm}(\omega) = \sum_{\nu=-\infty}^{\infty} r_{mm}(\nu)\,\mathrm{e}^{-\mathrm{j}\nu\omega T}, \qquad S_{nn}(\omega) = \sum_{\nu=-\infty}^{\infty} r_{nn}(\nu)\,\mathrm{e}^{-\mathrm{j}\nu\omega T}$$

bekannt. Die Umkehrung der hier benützten Transformation ist durch Gl. (115a) von Kapitel III gegeben.
Die zu lösende Aufgabe besteht darin, die Impulsantwort $h(n)$ bzw. die Übertragungsfunktion $H(z)$ eines diskontinuierlichen, linearen, zeitinvarianten und kausalen Systems zu ermitteln, dessen Reaktion

$$\boldsymbol{y}(n) = \sum_{\mu=0}^{\infty} h(\mu)\,\boldsymbol{x}(n-\mu) \tag{218}$$

auf die Erregung $\boldsymbol{x}(n)$ Gl. (217) für alle n im Sinne des kleinsten mittleren Fehlerquadrates möglichst wenig vom Nutzsignal $\boldsymbol{m}(n)$ abweicht. Es wird also eine Impulsantwort $h(n)$ mit $h(n) = 0$ für alle $n < 0$ gesucht, so daß der Fehler

$$\Delta = E\{[\boldsymbol{m}(n) - \boldsymbol{y}(n)]^2\} \tag{219}$$

minimal wird. Dabei ist $\boldsymbol{y}(n)$ durch Gl. (218) gegeben.
Das Minimum des Fehlers Δ in Abhängigkeit von $h(n)$ erhält man auch hier aufgrund des Orthogonalitätsprinzips, also durch die Forderung

$$E\{[\boldsymbol{m}(n) - \boldsymbol{y}(n)]\,\boldsymbol{x}(n-\nu)\} = 0 \quad \text{für alle} \quad \nu \geqq 0. \tag{220}$$

Der Beweis dieser Bedingung erfolgt wie der von Gl. (207) des Abschnitts 8.1. Ebenso wie dort ergibt sich für den Fehler

$$\Delta = E\{\boldsymbol{m}^2(n)\} - E\{\boldsymbol{m}(n)\,\boldsymbol{y}(n)\} = E\{\boldsymbol{m}^2(n)\} - E\{\boldsymbol{y}^2(n)\}. \tag{221a, b}$$

Die Gln. (220) und (221a) lassen sich unter Beachtung der Gl. (218) mit Hilfe von Korrelationsfunktionen umschreiben. So entsteht die diskrete Form

$$r_{xm}(\nu) - \sum_{\mu=0}^{\infty} h(\mu)\,r_{xx}(\nu-\mu) = 0 \quad \text{für alle} \quad \nu \geqq 0 \tag{222}$$

der Wiener-Hopfschen Integralgleichung zur Bestimmung der optimalen Impulsantwort $h(n)$, und der zugehörige Fehler ist

$$\Delta = r_{mm}(0) - \sum_{\mu=0}^{\infty} h(\mu)\, r_{xm}(\mu). \tag{223}$$

Zur Lösung der Gl. (222) schreibt man diese für alle ν als

$$q(\nu) = r_{xm}(\nu) - \sum_{\mu=0}^{\infty} h(\mu)\, r_{xx}(\nu - \mu). \tag{224}$$

Man muß damit fordern, daß $h(\nu)$ eine kausale und $q(\nu)$ eine akausale Funktion bedeutet, daß also gilt:

$$h(\nu) = 0 \quad \text{für alle} \quad \nu < 0, \qquad q(\nu) = 0 \quad \text{für alle} \quad \nu \geqq 0. \tag{225a, b}$$

Nun wird die Gl. (224) der (zweiseitigen) Z-Transformation unterworfen, wobei die Transformierten von $q(\nu)$ und $h(\nu)$ mit $Q(z)$ bzw. $H(z)$ bezeichnet werden. Es ergibt sich somit

$$Q(z) = R_{xm}(z) - H(z)\, R_{xx}(z). \tag{226}$$

Die Funktionen $R_{xm}(z)$ und $R_{xx}(z)$ sind die Z-Transformierten von $r_{xm}(\nu)$ bzw. $r_{xx}(\nu)$; sie sind in eindeutiger Weise durch die spektralen Leistungsdichten $S_{xm}(\omega)$ und $S_{xx}(\omega)$ bestimmt; denn es gilt $R_{xm}(e^{j\omega T}) = S_{xm}(\omega)$ und $R_{xx}(e^{j\omega T}) = S_{xx}(\omega)$. Die Funktionen $R_{xm}(z)$ und $R_{xx}(z)$ existieren in einem zum Einheitskreis $|z| = 1$ konzentrischen Kreisring der z-Ebene, dem dieser Kreis angehört. Da $r_{xx}(\nu)$ eine reellwertige und gerade Funktion ist, muß die Transformierte $R_{xx}(z)$ kreissymmetrisch (vgl. Abschnitt 6.2) und für reelle z reellwertig sein. Die Transformierten $H(z)$ und $Q(z)$ existieren wegen der Gln. (225a, b) in Kreisgebieten, und zwar

$$Q(z) \text{ in } |z| < 1, \qquad H(z) \text{ in } |z| > 1.$$

In diesen Gebieten ist die jeweilige Transformierte analytisch. Die beiden Funktionen $H(z)$ und $Q(z)$ lassen sich durch die Lösung der Gl. (226) folgendermaßen ermitteln: Zuerst ist die Transformierte $R_{xx}(z)$ als Produkt

$$R_{xx}(z) = A_+(z) A_-(z) \tag{227}$$

derart darzustellen, daß $A_+(z)$ sowie $1/A_+(z)$ im Kreisgebiet $|z| > 1$ und $A_-(z)$ sowie $1/A_-(z)$ im Kreisgebiet $|z| < 1$ analytisch sind. Falls $R_{xx}(z)$ eine rationale Funktion in z ist, läßt sich die nach Gl. (227) erforderliche Faktorisierung gemäß Abschnitt 7.2 durchführen. Wichtig ist dabei, daß, in völliger Analogie zum kontinuierlichen Fall, stets $S_{xx}(\omega) \geqq 0$ für alle ω-Werte gilt.[1])

Nun ist der Quotient $R_{xm}(z)/A_-(z)$ als Summe

$$\frac{R_{xm}(z)}{A_-(z)} = B^+(z) + B^-(z) \tag{228}$$

[1]) Für die Faktorisierung nach Gl. (227) ist entsprechend dem kontinuierlichen Fall noch vorauszusetzen, daß $S_{xx}(\omega)$ als Betragsquadrat eines durch ein diskontinuierliches System realisierbaren Frequenzganges aufgefaßt werden kann. Dies bedeutet, daß der Logarithmus dieser Funktion über eine Periode absolut integrierbar sein muß (vgl. Abschnitt 7.4).

derart zu zerlegen, daß $B^+(z)$ in $|z| > 1$ und $B^-(z)$ in $|z| < 1$ analytisch ist; bis zum Rand ihres Regularitätsgebietes müssen die Funktionen stetig sein, und es soll $B^-(0) = 0$ gelten. Ist die linke Seite der Gl. (228) rational in z, dann läßt sich die Zerlegung gemäß Gl. (228) durch Partialbruchentwicklung von $R_{xm}(z)/A_-(z)$ durchführen, ähnlich wie im Abschnitt 6.2 verfahren wurde. Falls aber die mit $B(z)$ abgekürzte linke Seite der Gl. (228) nicht rational ist, kann man durch Rücktransformation $b(n)$ ermitteln, deren additiver Zerlegung in $b^+(n) = s(n)\, b(n)$ und $b^-(n) = [1 - s(n)]\, b(n)$ die Zerlegung von $B(p)$ nach Gl. (228) entspricht. Dies bedeutet, daß $b^+(n)$ im Frequenzbereich $B^+(z)$ und $b^-(n)$ die Funktion $B^-(z)$ liefert.

Mit Hilfe der aus den Gln. (227) und (228) gewonnenen Funktionen wählt man

$$Q(z) = A_-(z)\, B^-(z) \quad \text{und} \quad H(z) = \frac{B^+(z)}{A_+(z)}, \tag{229a, b}$$

so daß $Q(z)$ in $|z| < 1$ und $H(z)$ in $|z| > 1$ analytisch ist.

Führt man die Gln. (227), (228) und (229a, b) in Gl. (226) ein, so zeigt sich sofort die Richtigkeit der Beziehungen. Das durch Gl. (229b) charakterisierte System löst die gestellte Aufgabe und ist die diskrete Version des Wiener-Filters.

Beispiel: Es sei

$$S_{mm}(\omega) = \frac{1}{2 + \cos \omega T}, \qquad S_{nn}(\omega) = 1, \qquad S_{mn}(\omega) = 0.$$

Zunächst erhält man

$$S_{xx}(\omega) = S_{mm}(\omega) + S_{nn}(\omega) = \frac{3 + (e^{j\omega T} + e^{-j\omega T})/2}{2 + (e^{j\omega T} + e^{-j\omega T})/2}$$

und

$$S_{xm}(\omega) = S_{mm}(\omega) = \frac{1}{2 + (e^{j\omega T} + e^{-j\omega T})/2}.$$

Gemäß Gl. (227) ist die Funktion

$$R_{xx}(z) = \frac{z^2 + 6z + 1}{z^2 + 4z + 1} = \frac{(z - \zeta_1)(z - \zeta_2)}{(z - z_1)(z - z_2)}$$

mit

$$\zeta_1 = -3 + 2\sqrt{2}, \quad \zeta_2 = -3 - 2\sqrt{2} = \frac{1}{\zeta_1},$$

$$z_1 = -2 + \sqrt{3}, \qquad z_2 = -2 - \sqrt{3} = \frac{1}{z_1}$$

zu faktorisieren. Dabei ergibt sich

$$A_+(z) = \frac{z - \zeta_1}{z - z_1} \quad \text{und} \quad A_-(z) = \frac{z - \zeta_2}{z - z_2}.$$

Gemäß Gl. (228) ist die Funktion

$$B(z) = \frac{R_{xm}(z)}{A_-(z)} = \frac{2z}{z^2 + 4z + 1}\,\frac{z - z_2}{z - \zeta_2} = \frac{2z}{(z - z_1)(z - \zeta_2)}$$

in die Summe von

$$B^+(z) = \frac{2z/(z_1 - \zeta_2)}{z - z_1} \quad \text{und} \quad B^-(z) = \frac{2z/(\zeta_2 - z_1)}{z - \zeta_2}$$

zu zerlegen. Schließlich ergibt sich nach Gl. (229b) die Übertragungsfunktion

$$H(z) = \frac{2z/(z_1 - \zeta_2)}{z - \zeta_1}, \tag{230}$$

also die Impulsantwort

$$h(n) = s(n) \frac{2}{1 + 2\sqrt{2} + \sqrt{3}} \left(-3 + 2\sqrt{2}\right)^n.$$

Die Übertragungsfunktion Gl. (230) ist im Bild 145 realisiert.

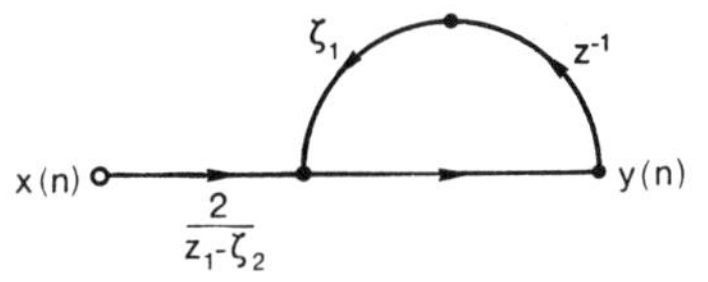

Bild 145: Optimalfilter des Beispiels

Die am Ende von Abschnitt 8.1 zu findenden Bemerkungen können sinngemäß auch für das diskontinuierliche Wiener-Filter gemacht werden.

8.3. Kalman-Filter

Eine entscheidende Weiterentwicklung der beschriebenen Optimalfilter-Theorie, die im wesentlichen auf Kolmogoroff und Wiener zurückgeht, gelang R. S. Bucy und R. E. Kalman, worüber im folgenden kurz berichtet werden soll. Dadurch lassen sich insbesondere auch instationäre Prozesse einbeziehen, und es wird möglich, mit endlichen Beobachtungszeiten für die stochastischen Prozesse auszukommen. Das Nutzsignal $\boldsymbol{m}(t)$ wird hierbei statt durch seine Autokorrelierte für $t \geqq t_0$ durch die Zustandsgleichungen

$$\frac{\mathrm{d}\boldsymbol{z}(t)}{\mathrm{d}t} = \boldsymbol{A}(t)\,\boldsymbol{z}(t) + \boldsymbol{b}(t)\,\boldsymbol{u}(t)$$

$$\boldsymbol{m}(t) = \boldsymbol{c}'(t)\,\boldsymbol{z}(t)$$

beschrieben, wobei die Systemmatrizen $\boldsymbol{A}(t)$, $\boldsymbol{b}(t)$ und $\boldsymbol{c}(t)$ als bekannt vorausgesetzt oder aus einer vorgegebenen Autokorrelationsfunktion des Prozesses $\boldsymbol{m}(t)$ in geeigneter Form bestimmt werden, was unter wenig einschränkenden Voraussetzungen möglich ist. Mit $\boldsymbol{u}(t)$ ist weißes Rauschen der Leistungsdichte U gemeint, und der Anfangszustand $\boldsymbol{z}(t_0)$ wird als Zufallsvektor mit der Kovarianzmatrix $\boldsymbol{P}_0$ angenommen. Der Einfachheit wegen soll hier auch die Störgröße $\boldsymbol{n}(t)$ als weißes Rauschen mit auf Eins normierter spektraler Leistungsdichte vorausgesetzt werden, und $\boldsymbol{n}(t)$, $\boldsymbol{u}(t)$ und $\boldsymbol{z}(t_0)$ seien gegenseitig nicht korreliert.

Die Aufgabe besteht darin, mit Hilfe eines linearen zeitvarianten Systems aus dem im Zeitintervall $[t_0, t]$ empfangenen Signal $\boldsymbol{x}(t) = \boldsymbol{c}'(t)\,\boldsymbol{z}(t) + \boldsymbol{n}(t)$ eine optimale Schätzung $\hat{\boldsymbol{z}}(t)$ für den Zustandsvektor $\boldsymbol{z}(t)$ zu gewinnen. Als Gütekriterium wird dabei der Erwartungswert $E\{[\boldsymbol{z}(t) - \hat{\boldsymbol{z}}(t)]'\,[\boldsymbol{z}(t) - \hat{\boldsymbol{z}}(t)]\}$ verwendet. Durch diese Optimierung wird

$\boldsymbol{y}(t) = \boldsymbol{c}'(t)\,\hat{\boldsymbol{z}}(t)$ eine optimale Schätzung für $\boldsymbol{m}(t)$. Die Lösung dieses Problems, wie sie Kalman entwickelt hat, liefert keine explizite Formel für $\hat{\boldsymbol{z}}(t)$, es wird vielmehr gezeigt, daß das optimale System beschrieben wird durch die Zustandsgleichung

$$\frac{\mathrm{d}\hat{\boldsymbol{z}}(t)}{\mathrm{d}t} = \boldsymbol{A}(t)\,\hat{\boldsymbol{z}}(t) + \boldsymbol{P}(t)\,\boldsymbol{c}(t)\,[\boldsymbol{x}(t) - \boldsymbol{c}'(t)\,\hat{\boldsymbol{z}}(t)], \tag{231}$$

in welcher die noch unbekannte Matrix $\boldsymbol{P}(t)$ die eindeutige Lösung der nichtlinearen Differentialgleichung

$$\frac{\mathrm{d}\boldsymbol{P}(t)}{\mathrm{d}t} = \boldsymbol{A}(t)\,\boldsymbol{P}(t) + \boldsymbol{P}(t)\,\boldsymbol{A}'(t) - \boldsymbol{P}(t)\,\boldsymbol{c}(t)\,\boldsymbol{c}'(t)\,\boldsymbol{P}(t) + \boldsymbol{b}(t)\,U\boldsymbol{b}'(t) \tag{232}$$

mit dem Anfangswert $\boldsymbol{P}(t_0) = \boldsymbol{P}_0$ ist. Diese Matrizengleichung ist eine Differentialgleichung vom Riccatischen Typ, deren Lösung bei bekannten Matrizen $\boldsymbol{A}(t)$, $\boldsymbol{b}(t)$ und

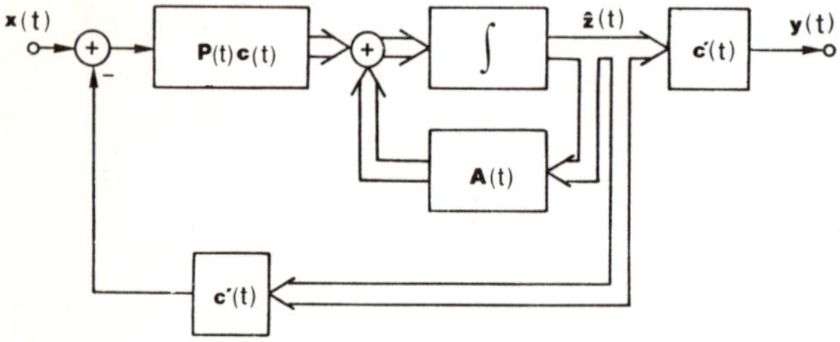

Bild 146: Blockschaltbild des Kalman-Filters

$\boldsymbol{c}(t)$ mit Hilfe eines Rechners ermittelt werden kann. Auch die Lösung der Zustandsgleichung (231) läßt sich gemäß dem Blockschaltbild nach Bild 146 mit Hilfe von Rechnern realisieren. Bei stationärem Nutzsignal $\boldsymbol{m}(t)$ ergibt sich als Sonderfall des Kalman-Filters mit $t_0 = -\infty$ und zeitlich konstanten Matrizen $\boldsymbol{A}$, $\boldsymbol{b}$ und $\boldsymbol{c}$ das Wiener-Filter. Hauptschwierigkeit ist dabei die Bestimmung der stationären Lösung $\boldsymbol{P}$ der Riccatischen Differentialgleichung (232).

Anhang A: Kurzer Einblick in die Distributionentheorie

1. Die Delta-Funktion

In der Analysis versteht man unter einer Funktion $y = f(t)$ eine Vorschrift für die Abbildung einer Zahlenmenge $\{t\}$ auf eine Zahlenmenge $\{y\}$. So versteht man unter der Sprungfunktion $y = s(t)$ den Prozeß, durch welchen alle reellen Zahlen $t < 0$ auf $y = 0$ und alle reellen Zahlen $t > 0$ auf $y = 1$ abgebildet werden. Die im Kapitel I, Gl. (16a) formal eingeführte Delta-Funktion $\delta(t)$ läßt sich auf diese Weise nicht definieren. Es gibt nämlich keine Funktion $\delta(t)$ im obigen Sinne, so daß bei Wahl irgendeiner stetigen Funktion f das Integral im Kapitel I, Gl. (16a) den Wert $f(t)$ liefert.
Zur Überwindung dieser Schwierigkeit wird die Delta-Funktion im folgenden als *verallgemeinerte Funktion* oder *Distribution* definiert. Dazu wird eine Menge von *Testfunktionen* $\{\varphi(t)\}$ gewählt, die gewöhnliche Funktionen, d. h. Funktionen im eingangs genannten Sinne der Analysis, sein sollen. Zunächst genügt es, als $\{\varphi(t)\}$ die Menge C aller in $-\infty < t < \infty$ stetigen Funktionen zu betrachten. Die Distribution $\delta(t)$ wird nun als Prozeß erklärt, durch den jeder Testfunktion $\varphi(t) \in C$ ein bestimmter Zahlenwert, nämlich $\varphi(0)$, zugeordnet wird. Die verallgemeinerte Funktion $\delta(t)$ wird also als Funktional[1]) definiert, und man schreibt hierfür gewöhnlich

$$\langle \delta(t), \varphi(t) \rangle = \varphi(0). \tag{1}$$

Diese Art der Beschreibung eines zeitlichen Vorgangs ist vergleichbar mit der Darstellung eines Zeitvorgangs durch seine Laplace-Transformierte: Der Zeitvorgang $f(t)$ wird im Laplace-Bereich beschrieben, indem der Funktionenmenge $\{e^{-pt}\}$ (dabei ist t die unabhängige Veränderliche und p ein die Menge kennzeichnender komplexwertiger Parameter) ein bestimmter Zahlenwert $F_I(p)$ zugeordnet wird. Die Art dieser durch Kapitel IV, Gl. (4) ausgedrückten Zuordnung ist charakteristisch für die Darstellung von $f(t)$ im Laplace-Bereich. Es handelt sich also auch hier um die Beschreibung eines zeitlichen Vorganges durch ein Funktional. Insofern stellt die Erklärung der Delta-Funktion gemäß Gl. (1) nichts Außergewöhnliches dar.
Die Delta-Funktion, d. h. das Funktional Gl. (1), soll bestimmte Eigenschaften aufweisen. Diese werden dadurch festgelegt, daß man das Funktional Gl. (1) formal als

$$\int_{-\infty}^{\infty} \delta(t)\, \varphi(t)\, dt = \varphi(0) \tag{2}$$

---

[1]) Ein Funktional ist eine Vorschrift, durch die jedem Element einer bestimmten Funktionenmenge eine Zahl zugewiesen wird.

schreibt, und es wird vereinbart, daß die linke Seite der Gl. (2) formal wie ein Integral zu behandeln ist. Man beachte jedoch, daß die linke Seite der Gl. (2) nicht als Integral im mathematisch üblichen Sinne (d. h. im Riemannschen oder Lebesgueschen Sinne) interpretiert werden kann.

Angesichts der getroffenen Vereinbarung hat man beispielsweise unter der Distribution $\delta(t - t_0)$ das Funktional

$$\int_{-\infty}^{\infty} \delta(t - t_0)\, \varphi(t)\, \mathrm{d}t = \int_{-\infty}^{\infty} \delta(t)\, \varphi(t + t_0)\, \mathrm{d}t = \varphi(t_0)$$

und unter $\delta(at)$ mit $a \neq 0$ das Funktional

$$\int_{-\infty}^{\infty} \delta(at)\, \varphi(t)\, \mathrm{d}t = \frac{1}{|a|} \int_{-\infty}^{\infty} \delta(t)\, \varphi\left(\frac{t}{a}\right) \mathrm{d}t = \frac{1}{|a|}\, \varphi(0)$$

zu verstehen, so daß also $|a|\, \delta(at) = \delta(t)$ geschrieben werden kann. — Bei der Erklärung des Differentialquotienten $\mathrm{d}\delta(t)/\mathrm{d}t$ muß die Klasse der bisher betrachteten Testfunktionen $\varphi(t)$ weiter eingeschränkt werden. Diese Einschränkung ist auch bei der Definition weiterer Distributionen erforderlich. Deshalb wird im nächsten Abschnitt eine allgemeine Distributionentheorie skizziert.

2. Distributionentheorie

Als Klasse von Testfunktionen $\{\varphi(t)\}$ wird die Gesamtheit aller in $-\infty < t < \infty$ unbegrenzt oft differenzierbaren reellen Funktionen betrachtet, die außerhalb irgendeines endlichen Intervalls verschwinden. Ein bekanntes Beispiel für derartige Testfunktionen ist

$$\varphi(t) = \begin{cases} a \exp\,[b^2/(t^2 - b^2)] & \text{für} \quad |t| < b, \\ 0 & \text{für} \quad |t| \geqq b. \end{cases} \tag{3}$$

Hierbei werden die Differentialquotienten von $\varphi(t)$ in den Punkten $t = \pm b$ als Grenzwerte der Differentialquotienten bei Annäherung an diese Punkte definiert. Weitere Testfunktionen erhält man z. B., indem man $\varphi(t)$ Gl. (3) mit irgendeinem Polynom in der Variablen t multipliziert.

Die Menge aller Testfunktionen mit den genannten Eigenschaften wird als Funktionenraum D bezeichnet. Es gilt $D \subset C$.

Unter einer Distribution $g(t)$ versteht man nun den Prozeß, durch den jeder Testfunktion $\varphi(t) \in D$ ein reeller Zahlenwert zugeordnet wird. Die Distribution $g(t)$ ist also ein Funktional über dem Raum D, und es wird hierfür üblicherweise $\langle g(t), \varphi(t)\rangle$ geschrieben. Die Art der Abbildung des Raumes D auf den Raum der reellen Zahlen ist kennzeichnend für die betreffende Distribution. Allgemein soll das Funktional, durch das eine Distribution definiert wird, *linear* und *stetig* sein, d. h., es soll stets

$$\langle g(t), a\varphi_1(t) + b\varphi_2(t)\rangle = a\langle g(t), \varphi_1(t)\rangle + b\langle g(t), \varphi_2(t)\rangle$$

gelten mit $\varphi_1(t), \varphi_2(t) \in D$ und $a, b = \text{const}$, und es soll weiterhin

$$\lim_{\nu \to \infty} \langle g(t), \varphi_\nu(t) \rangle = 0$$

sein für $\varphi_\nu(t) \in D$, sofern die Testfunktionen $\varphi_\nu(t)$ $(\nu = 1, 2, \ldots)$ samt ihren Ableitungen für $\nu \to \infty$ gegen Null streben.

Man kann jede gewöhnliche Funktion $f(t)$, die also im eingangs erwähnten Sinne durch die Abbildung zweier Zahlenmengen definiert ist und von der angenommen wird, daß sie in $-\infty < t < \infty$ stückweise stetig und beschränkt ist, durch folgendes Funktional als Distribution erklären[1]):

$$\langle f(t), \varphi(t) \rangle = \int_{-\infty}^{\infty} f(t)\, \varphi(t)\, \mathrm{d}t, \qquad \varphi(t) \in D.$$

Beispielsweise ist die Sprungfunktion $s(t)$ auf diese Weise als Distribution durch

$$\langle s(t), \varphi(t) \rangle = \int_{0}^{\infty} \varphi(t)\, \mathrm{d}t, \qquad \varphi(t) \in D, \tag{4}$$

gegeben. Die Distribution $s(t)$ ist also der Prozeß, durch den jeder Funktion $\varphi(t) \in D$ ihr Integral von Null bis Unendlich zugeordnet wird.

Im vorstehenden Sinn kann man den Begriff der Distribution als Erweiterung des klassischen Funktionsbegriffs auffassen.

Für Distributionen hat man Operationen eingeführt, von denen ein Teil im folgenden genannt werden soll. Allgemein können diese Operationen dadurch erklärt werden, daß man das Funktional formal als Integral

$$\langle g(t), \varphi(t) \rangle = \int_{-\infty}^{\infty} g(t)\, \varphi(t)\, \mathrm{d}t$$

schreibt und die formale Gültigkeit der mit Integralen verbundenen Rechenregeln fordert. Auf diese Weise ergeben sich die folgenden Operationen. Dabei sind die Definitionsgleichungen stets für alle $\varphi(t) \in D$ zu verstehen. Alle auftretenden Distributionen sollen also über dem Raum D erklärt sein.

a) Die *Summe zweier Distributionen* $g(t) = g_1(t) + g_2(t)$ ist definiert durch

$$\int_{-\infty}^{\infty} g(t)\, \varphi(t)\, \mathrm{d}t = \int_{-\infty}^{\infty} g_1(t)\, \varphi(t)\, \mathrm{d}t + \int_{-\infty}^{\infty} g_2(t)\, \varphi(t)\, \mathrm{d}t. \tag{5}$$

b) Unter der *Translation* $g(t - t_0)$ einer Distribution $g(t)$ versteht man das durch die Beziehung

$$\int_{-\infty}^{\infty} g(t - t_0)\, \varphi(t)\, \mathrm{d}t = \int_{-\infty}^{\infty} g(t)\, \varphi(t + t_0)\, \mathrm{d}t \tag{6}$$

gekennzeichnete Funktional.

---

[1]) Das hierbei auftretende Integral ist im Gegensatz zur Gl. (2) als Integral im üblichen (Riemannschen) Sinne zu verstehen.

c) Eine *Änderung des Zeitmaßstabes,* die einen Übergang von der Distribution $g(t)$ zur Distribution $g(at)$ mit $a \neq 0$ bewirkt, ist gekennzeichnet durch

$$\int_{-\infty}^{\infty} g(at)\,\varphi(t)\,\mathrm{d}t = \frac{1}{|a|}\int_{-\infty}^{\infty} g(t)\,\varphi\left(\frac{t}{a}\right)\mathrm{d}t. \tag{7}$$

d) Das *Produkt* $g(t)\,f(t)$ einer Distribution $g(t)$ mit einer beliebig oft differenzierbaren gewöhnlichen Funktion $f(t)$ ist definiert durch

$$\int_{-\infty}^{\infty} [g(t)\,f(t)]\,\varphi(t)\,\mathrm{d}t = \int_{-\infty}^{\infty} g(t)\,[f(t)\,\varphi(t)]\,\mathrm{d}t. \tag{8}$$

Man beachte, daß $[f(t)\,\varphi(t)] \in D$ gilt. Beispielsweise stellt jedes Polynom in t eine beliebig oft differenzierbare Funktion $f(t)$ dar.

e) Der *Differentialquotient* $\mathrm{d}^n g(t)/\mathrm{d}t^n$ n-ter Ordnung einer Distribution $g(t)$ wird durch

$$\int_{-\infty}^{\infty} \frac{\mathrm{d}^n g(t)}{\mathrm{d}t^n}\,\varphi(t)\,\mathrm{d}t = (-1)^n \int_{-\infty}^{\infty} g(t)\,\frac{\mathrm{d}^n\varphi(t)}{\mathrm{d}t^n}\,\mathrm{d}t \tag{9}$$

erklärt. Man beachte, daß $\mathrm{d}^n\varphi(t)/\mathrm{d}t^n \in D$ gilt. Die Definition Gl. (9) resultiert aus der wiederholten formalen Anwendung partieller Integration auf das linke Integral.

f) Man spricht von der *Konvergenz einer Folge* von Distributionen $\{g_\nu(t)\}$ gegen die Distribution $g(t)$, wenn

$$\lim_{\nu\to\infty} \int_{-\infty}^{\infty} g_\nu(t)\,\varphi(t)\,\mathrm{d}t = \int_{-\infty}^{\infty} g(t)\,\varphi(t)\,\mathrm{d}t \tag{10a}$$

gilt. Man schreibt hierfür

$$g(t) = \lim_{\nu\to\infty} g_\nu(t). \tag{10b}$$

g) Eine Distribution $g(t)$ heißt *gerade,* wenn

$$g(t) = g(-t), \tag{11a}$$

wenn also gemäß Gl. (7) mit $a = -1$

$$\int_{-\infty}^{\infty} g(t)\,\varphi(t)\,\mathrm{d}t = \int_{-\infty}^{\infty} g(t)\,\varphi(-t)\,\mathrm{d}t \tag{11b}$$

gilt. Die Distribution $g(t)$ heißt *ungerade,* wenn

$$g(t) = -g(-t), \tag{12a}$$

wenn also gemäß Gl. (7) mit $a = -1$

$$\int_{-\infty}^{\infty} g(t)\,\varphi(t)\,\mathrm{d}t = -\int_{-\infty}^{\infty} g(t)\,\varphi(-t)\,\mathrm{d}t \tag{12b}$$

gilt.

h) Man sagt, eine Distribution $g(t)$ sei außerhalb eines abgeschlossenen Intervalls $[a, b]$ Null, wenn für jede Testfunktion $\varphi(t)$, welche überall in diesem Intervall verschwindet, die Gleichung

$$\int_{-\infty}^{\infty} g(t)\, \varphi(t)\, \mathrm{d}t = 0$$

gilt. Entsprechend wird die Eigenschaft festgelegt, daß eine Distribution innerhalb eines Intervalls verschwindet.

i) Bei der *Faltung* $g_1(t) * g_2(t)$ zweier Distributionen $g_1(t)$ und $g_2(t)$ wird vorausgesetzt, daß wenigstens eine dieser Distributionen außerhalb irgendeines endlichen Intervalls gleich Null ist. Die Faltung $g_1(t) * g_2(t)$ wird dann erklärt durch die Beziehung

$$\int_{-\infty}^{\infty} [g_1(t) * g_2(t)]\, \varphi(t)\, \mathrm{d}t = \int_{-\infty}^{\infty} g_1(t) \left[\int_{-\infty}^{\infty} g_2(\tau)\, \varphi(t + \tau)\, \mathrm{d}\tau \right] \mathrm{d}t, \tag{13a}$$

und es gilt

$$g_1(t) * g_2(t) = g_2(t) * g_1(t). \tag{13b}$$

Einen Beweis für die Vertauschbarkeit der Faltung gemäß Gl. (13b) findet man in [52]. Daß die Definition der Faltung nach Gl. (13a) sinnvoll ist, läßt sich folgendermaßen begründen. Ist beispielsweise $g_2(t)$ außerhalb eines Intervalls gleich Null, dann ist jede Funktion

$$\psi(t) = \int_{-\infty}^{\infty} g_2(\tau)\, \varphi(t + \tau)\, \mathrm{d}\tau$$

für alle $\varphi(t) \in D$ beliebig oft differenzierbar, und außerdem verschwindet $\psi(t)$ wegen der besonderen Eigenschaft von $g_2(t)$ außerhalb eines gewissen endlichen Intervalls. Es gilt deshalb $\psi(t) \in D$, und damit hat das Funktional

$$\int_{-\infty}^{\infty} g_1(t)\, \psi(t)\, \mathrm{d}t = \int_{-\infty}^{\infty} [g_1(t) * g_2(t)]\, \varphi(t)\, \mathrm{d}t$$

einen Sinn. Ist andererseits $g_1(t)$ außerhalb eines endlichen Intervalls gleich Null und $g_2(t)$ eine beliebige Distribution, dann ist die genannte Funktion $\psi(t)$ für alle $\varphi \in D$ beliebig oft differenzierbar, aber im allgemeinen außerhalb eines endlichen Intervalls nicht gleich Null. Da aber $g_1(t)$ außerhalb eines endlichen Intervalls Null ist, hat auch in diesem Fall die Gl. (13a) einen Sinn.

3. Einige Anwendungen

Es soll zunächst gezeigt werden, daß der Differentialquotient der Sprungfunktion $\mathrm{d}s(t)/\mathrm{d}t$ mit der Distribution $\delta(t)$ identisch ist. Mit Gl. (9) für $n = 1$ erhält man

$$\int_{-\infty}^{\infty} \frac{\mathrm{d}s(t)}{\mathrm{d}t}\, \varphi(t)\, \mathrm{d}t = -\int_{-\infty}^{\infty} s(t)\, \frac{\mathrm{d}\varphi}{\mathrm{d}t}\, \mathrm{d}t = \varphi(0).$$

Ein Vergleich dieses Ergebnisses mit Gl. (2) zeigt, daß

$$\frac{\mathrm{d}s(t)}{\mathrm{d}t} = \delta(t) \tag{14}$$

sein muß.
Aus Gl. (8) folgt unter Beachtung der Definitionsgleichung (1) für die Deltafunktion die im Text häufig benutzte Beziehung

$$\delta(t)\, f(t) = \delta(t)\, f(0)\,, \tag{15}$$

in der $f(t)$ eine gewöhnliche Funktion bedeutet. Hierbei braucht $f(t)$ nicht beliebig oft differenzierbar zu sein, sondern es genügt, zu fordern, daß $f(t)$ (im Nullpunkt) stetig ist.
Weiterhin kann man die Gültigkeit der Beziehung

$$f(t)\, \delta'(t) = f(0)\, \delta'(t) - f'(0)\, \delta(t) \tag{16}$$

leicht zeigen. Dabei wird mit dem Strich jeweils der Differentialquotient bezeichnet. Mit $f(t)$ ist eine gewöhnliche Funktion gemeint, von der man nur zu fordern braucht, daß sie (im Nullpunkt) differenzierbar ist. Zum Beweis der Gl. (16) setzt man die linke Seite gleich $g_1(t)$ und die rechte Seite gleich $g_2(t)$. Dann erhält man gemäß den Gln. (8) und (9) bei Beachtung von Gl. (1)

$$\int_{-\infty}^{\infty} g_1(t)\, \varphi(t)\, \mathrm{d}t = \int_{-\infty}^{\infty} \delta'(t)\, [f(t)\, \varphi(t)]\, \mathrm{d}t = -f'(0)\, \varphi(0) - f(0)\, \varphi'(0)$$

und entsprechend

$$\begin{aligned}\int_{-\infty}^{\infty} g_2(t)\, \varphi(t)\, \mathrm{d}t &= f(0) \int_{-\infty}^{\infty} \delta'(t)\, \varphi(t)\, \mathrm{d}t - f'(0) \int_{-\infty}^{\infty} \delta(t)\, \varphi(t)\, \mathrm{d}t \\ &= -f(0)\, \varphi'(0) - f'(0)\, \varphi(0)\,.\end{aligned}$$

Damit müssen $g_1(t)$ und $g_2(t)$ übereinstimmen.
Aus der Gl. (16) folgt sofort die interessante Beziehung

$$t\delta'(t) = -\delta(t)\,. \tag{17}$$

Gemäß Gl. (11b) ist $\delta(t)$ eine gerade Distribution, gemäß Gl. (12b) ist $\delta'(t)$ ungerade. Man sieht weiterhin sofort ein, daß die Delta-Distribution außerhalb jedes abgeschlossenen endlichen Intervalls, das den Nullpunkt $t = 0$ enthält, Null ist. Deshalb erhält man mit Gl. (13a)

$$g(t) * \delta(t - t_0) = g(t - t_0)\,. \tag{18}$$

Dabei ist $g(t)$ eine beliebige Distribution.
Gemäß den Gln. (10a, b) kann man direkt die Gültigkeit der Gl. (18) aus Kapitel I zeigen. Etwas mehr Aufwand erfordert der Nachweis, daß die Gln. (23a, b) aus Kapitel III bestehen. Hierauf soll im folgenden eingegangen werden. Man erhält mit der

dortigen Gl. (23b)

$$\int_{-\infty}^{\infty} \delta_\Omega(t)\, \varphi(t)\, \mathrm{d}t = \int_{-\infty}^{-\varepsilon} (\sin \Omega t) \frac{\varphi(t)}{\pi t}\, \mathrm{d}t + \int_{-\varepsilon}^{\varepsilon} \frac{\sin \Omega t}{\pi t}\, \varphi(t)\, \mathrm{d}t + \int_{\varepsilon}^{\infty} (\sin \Omega t) \frac{\varphi(t)}{\pi t}\, \mathrm{d}t.$$

Dabei bedeutet ε eine sehr kleine positive Zahl. Das erste und das dritte Integral auf der rechten Seite dieser Gleichung streben für $\Omega \to \infty$ (nach dem Riemann-Lebesgue-Lemma) gegen Null, und zwar auch für $\varepsilon \to 0$. Für das mittlere Integral erhält man für ein festes $\varepsilon > 0$ den Ausdruck

$$\int_{-\varepsilon}^{\varepsilon} \frac{\sin \Omega t}{\pi t}\, \varphi(t)\, \mathrm{d}t = \varphi(0) \int_{-\varepsilon}^{\varepsilon} \frac{\sin \Omega t}{\pi t}\, \mathrm{d}t + R(\varepsilon)$$

$$= \varphi(0) \int_{-\varepsilon\Omega}^{\varepsilon\Omega} \frac{\sin x}{\pi x}\, \mathrm{d}x + R(\varepsilon),$$

welcher für $\Omega \to \infty$ gegen $\varphi(0) + R(\varepsilon)$ strebt. Läßt man dann noch $\varepsilon \to 0$ gehen, so konvergiert $R(\varepsilon)$ gegen Null. Deshalb gilt

$$\lim_{\Omega \to \infty} \int_{-\infty}^{\infty} \delta_\Omega(t)\, \varphi(t)\, \mathrm{d}t = \varphi(0),$$

und aufgrund der Gl. (2) und der Gln. (10a, b) sind damit die Gln. (23a, b) aus Kapitel III als richtig erkannt.

Es sei dem Leser empfohlen, zu beweisen, daß auch die Folgen der Funktionen $(\pi\varepsilon)^{-1/2}\, \mathrm{e}^{-t^2/\varepsilon}$, $2\varepsilon/(\varepsilon^2 + 4\pi^2 t^2)$, natürlich als Distributionen aufgefaßt, für $\varepsilon \to 0$ gegen $\delta(t)$ konvergieren. Damit ist am Beispiel der δ-Distribution gezeigt, daß gewisse Distributionen als Grenzwert völlig verschiedener Funktionenfolgen dargestellt werden können.

4. Verallgemeinerte Fourier-Transformation

Die Fourier-Transformierte $G(\mathrm{j}\omega)$ einer Distribution $g(t)$ wird definiert durch die Funktionalbeziehung

$$\int_{-\infty}^{\infty} G(\mathrm{j}\omega)\, \varphi(\omega)\, \mathrm{d}\omega = \int_{-\infty}^{\infty} g(t)\, \Phi(\mathrm{j}t)\, \mathrm{d}t. \tag{19a}$$

Dabei bedeutet

$$\Phi(\mathrm{j}t) = \int_{-\infty}^{\infty} \varphi(\omega)\, \mathrm{e}^{-\mathrm{j}\omega t}\, \mathrm{d}\omega \tag{19b}$$

die Fourier-Transformierte der Testfunktion $\varphi(\omega)$. Bei gewöhnlichen Funktionen ergibt sich die Gl. (19a) aus der Korrespondenz (62) von Kapitel III, indem man dort $\omega = 0$ setzt und $f_1(t)$ mit $g(t)$ und $f_2(t)$ mit $\Phi(\mathrm{j}t)$ identifiziert.

Der Definition der Fourier-Transformierten gemäß Gl. (19a) legt man als Testfunktionen die Klasse E von Funktionen $\varphi(\omega)$ zugrunde, die beliebig oft differenzierbar sind und die samt ihren Differentialquotienten beliebiger Ordnung für $|\omega| \to \infty$ stärker als jede Potenz von $1/|\omega|$ gegen Null streben. Es gilt $D \subset E$. Der Grund für diese Wahl von Testfunktionen ist darin zu sehen, daß mit $\varphi(\omega)$ stets auch deren Fourier-Transformierte $\Phi(\mathrm{j}t)$ zur Funktionenklasse E gehören muß. Dies kann unmittelbar gezeigt werden. Man kann diese Definition der Fourier-Transformierten als Erweiterung der für gewöhnliche Funktionen eingeführten Definition betrachten. Es sei allerdings bemerkt, daß aufgrund obiger Voraussetzung nur für solche Distributionen eine Fourier-Transformierte erklärt ist, die über dem Raum E definiert sind. Dies gilt sicherlich für die Distribution $\delta(t)$, und es folgt direkt aus den Gln. (19a, b), daß $\delta(t)$ die Fourier-Transformierte 1 hat.

Die verallgemeinerte Fourier-Transformation weist zahlreiche Eigenschaften der gewöhnlichen Fourier-Transformation auf. Es gilt z. B. die Korrespondenz

$$\frac{\mathrm{d}^n g(t)}{\mathrm{d}t^n} \circ\!- (\mathrm{j}\omega)^n \, G(\mathrm{j}\omega). \tag{20}$$

Dabei ist $g(t)$ eine beliebige, über E definierte Distribution, und $G(\mathrm{j}\omega)$ bedeutet deren Fourier-Transformierte. Zum Beweis der Korrespondenz (20) bildet man entsprechend den Gln. (19a, b) und der Gl. (9), ausgehend von $\mathrm{d}^n g(t)/\mathrm{d}t^n$,

$$\int\limits_{-\infty}^{\infty} \frac{\mathrm{d}^n g(t)}{\mathrm{d}t^n} \, \Phi(\mathrm{j}t) \, \mathrm{d}t = (-1)^n \int\limits_{-\infty}^{\infty} g(t) \, \frac{\mathrm{d}^n \Phi(\mathrm{j}t)}{\mathrm{d}t^n} \, \mathrm{d}t$$

$$= \int\limits_{-\infty}^{\infty} g(t) \left[\int\limits_{-\infty}^{\infty} (\mathrm{j}\omega)^n \, \varphi(\omega) \, \mathrm{e}^{-\mathrm{j}\omega t} \, \mathrm{d}\omega \right] \mathrm{d}t = \int\limits_{-\infty}^{\infty} G(\mathrm{j}\omega) \, (\mathrm{j}\omega)^n \, \varphi(\omega) \, \mathrm{d}\omega .$$

Die letzte Gleichung in der Gleichungsfolge erhält man durch Anwendung der Gl. (19a) von rechts nach links. Damit ist die Aussage der Korrespondenz (20) bewiesen.

Auch der Verschiebungssatz

$$g(t - t_0) \circ\!- G(\mathrm{j}\omega) \, \mathrm{e}^{-\mathrm{j}\omega t_0} \tag{21}$$

läßt sich auf einfache Weise herleiten. Es gilt nämlich

$$\int\limits_{-\infty}^{\infty} g(t - t_0) \, \Phi(\mathrm{j}t) \, \mathrm{d}t = \int\limits_{-\infty}^{\infty} g(t) \, \Phi[\mathrm{j}(t + t_0)] \, \mathrm{d}t = \int\limits_{-\infty}^{\infty} G(\mathrm{j}\omega) \, \mathrm{e}^{-\mathrm{j}\omega t_0} \varphi(\omega) \, \mathrm{d}\omega .$$

Weiterhin gilt der Faltungssatz in der Form

$$g_1(t) * g_2(t) \circ\!- G_1(\mathrm{j}\omega) \, G_2(\mathrm{j}\omega). \tag{22}$$

Dabei sind $G_1(\mathrm{j}\omega)$ und $G_2(\mathrm{j}\omega)$ die Fourier-Transformierten der über E erklärten Distributionen $g_1(t)$ und $g_2(t)$, und es wird vorausgesetzt, daß die in der Korrespondenz (22) auftretenden Distributionen existieren. Dazu ist hier jedenfalls vorauszusetzen, daß eine der beiden Distributionen $g_1(t)$, $g_2(t)$ außerhalb eines endlichen Intervalls verschwindet.

Zum Beweis der Korrespondenz (22) darf angesichts der Vertauschbarkeit der Faltung ohne Einschränkung der Allgemeinheit angenommen werden, daß $g_1(t)$ außerhalb eines endlichen Intervalls Null ist. Ausgehend von der linken Seite der Korrespondenz (22) erhält man aus den Gln. (19a, b) und mit den Gln. (13a, b)

$$\begin{aligned}\int_{-\infty}^{\infty} [g_1(t) * g_2(t)]\, \Phi(\mathrm{j}t)\, \mathrm{d}t &= \int_{-\infty}^{\infty} g_2(t) \left[\int_{-\infty}^{\infty} g_1(\tau) \int_{-\infty}^{\infty} \mathrm{e}^{-\mathrm{j}(t+\tau)\omega} \varphi(\omega)\, \mathrm{d}\omega\, \mathrm{d}\tau \right] \mathrm{d}t \\ &= \int_{-\infty}^{\infty} g_2(t) \left[\int_{-\infty}^{\infty} \mathrm{e}^{-\mathrm{j}\omega t} G_1(\mathrm{j}\omega)\, \varphi(\omega)\, \mathrm{d}\omega \right] \mathrm{d}t \\ &= \int_{-\infty}^{\infty} G_1(\mathrm{j}\omega)\, G_2(\mathrm{j}\omega)\, \varphi(\omega)\, \mathrm{d}\omega .\end{aligned}$$

Damit ist der Beweis vollständig erbracht.

Anhang B: Grundbegriffe der Wahrscheinlichkeitsrechnung

1. Wahrscheinlichkeit und relative Häufigkeit

Betrachtet wird ein Experiment, bei dem der Ausgang oder das Versuchsergebnis vom Zufall abhängt. Das Experiment läßt also eine Anzahl (die auch unendlich groß sein kann) verschiedener möglicher Ausgänge e_i zu, und es ist nicht vorhersehbar, welches dieser Versuchsergebnisse eintreten wird. Als Beispiele genannt seien das Würfelspiel, bei dem die Gesamtheit der möglichen Ausgänge durch die Menge der sechs Flächen bzw. der Augenzahlen $\{1, 2, \ldots, 6\}$ beschrieben werden kann, oder das Werfen einer Münze, bei dem nur zwei Ausgänge, Wappen oder Zahl, möglich sind. Ein Beispiel für ein Experiment mit unendlich vielen möglichen Versuchsergebnissen wäre gegeben, wenn man die Zeitdauer bestimmen würde, die eine willkürlich aus einer Produktionsserie ausgewählte Glühbirne brennt.

Im folgenden soll zunächst angenommen werden, daß das betrachtete Experiment nur endlich viele Versuchsergebnisse hat. Wird das Experiment N-mal durchgeführt und tritt das Ergebnis e dabei n_e-mal auf, dann ist die relative Häufigkeit dieses Versuchsergebnisses gegeben durch

$$h(e) = \frac{n_e}{N}, \tag{1}$$

und es gilt $0 \leqq h(e_i) \leqq 1$ für alle möglichen Ergebnisse e_i und $\Sigma_i h(e_i) = 1$.

Beispiel: Beim N-maligen Werfen einer Münze kann beispielsweise für das Versuchsergebnis „Wappen" die in Tabelle 1 dargestellte Wertefolge ermittelt werden.

Tabelle 1: Versuchsergebnis beim Werfen einer Münze

N	n_e	$h(e)$
1	1	1
2	1	0,5
3	2	0,66 ...
4	3	0,75
5	3	0,6
6	3	0,5
7	3	0,429
⋮	⋮	⋮
100	49	0,49
⋮	⋮	⋮
1000	505	0,505

Läßt man N gegen Unendlich gehen, dann darf man erwarten, daß für jedes Versuchsergebnis e die relative Häufigkeit $h(e)$ einem festen Wert zustrebt, und man kann diesen „Grenzwert" als die Wahrscheinlichkeit des Versuchsergebnisses erklären:

$$P(e) = \lim_{N \to \infty} \frac{n_e}{N}. \tag{2}$$

Es gilt dann $0 \leqq P \leqq 1$ sowie $\Sigma_i P(e_i) = 1$, und man spricht vom unmöglichen Versuchsausgang, wenn $P = 0$, und vom sicheren Ausgang, wenn $P = 1$ gilt. Hat ein Experiment n verschiedene Ausgänge, die alle gleichwahrscheinlich sind, dann gilt

$$P(e_i) = \frac{1}{n}, \qquad i = 1, \ldots, n,$$

und für das Auftreten eines von m dieser n möglichen Ausgänge gilt

$$P = \frac{m}{n}.$$

Beispiel: Eine Urne enthält 4 schwarze, 10 weiße und 3 rote Kugeln. Gefragt wird nach der Wahrscheinlichkeit, mit der man beim Herausnehmen von 4 Kugeln gerade 4 weiße Kugeln erhält. In diesem Fall ist die Zahl der möglichen Ausgänge gegeben durch

$$n = \binom{17}{4} = \frac{17!}{4!\,13!} = 2380.$$

Darunter gibt es

$$m = \binom{10}{4} = \frac{10!}{4!\,6!} = 210$$

Ergebnisse mit 4 weißen Kugeln, und somit gilt für die gesuchte Wahrscheinlichkeit

$$P = \frac{210}{2380} = \frac{3}{34}.$$

Dieses Beispiel zeigt, daß man nicht nur den n unmittelbaren Versuchsergebnissen $\{e_1, e_2, \ldots, e_n\}$, sondern auch weiteren Teilmengen dieser Gesamtmenge eine Wahrscheinlichkeit zuordnen kann. Die Wahrscheinlichkeit ist somit eine Zahl zwischen Null und Eins, die auf der Menge E aller unmittelbaren Versuchsergebnisse e_i und auf der Menge $\boldsymbol{A}$ der daraus abgeleiteten Teilmengen definiert ist.[1]) Man nennt die Elemente von $\boldsymbol{A}$, also die aus allen möglichen Versuchsergebnissen gebildeten Teilmengen, *Ereignisse*, und es sei daran erinnert, daß $\boldsymbol{A}$ neben den Mengen $\{e_i\}$, die *Elementarereignisse* genannt werden, auch die Nullmenge $\emptyset$, die ganze Menge E und alle denkbaren Durchschnitte und Vereinigungen dieser Mengen enthält. Dem zugrunde liegenden Experiment sind somit eine Anzahl Ereignisse zugeordnet, für die Wahrscheinlichkeiten angegeben werden können. Bei einer Ausführung des Experiments tritt das Ereignis $A \in \boldsymbol{A}$ ein, wenn das Versuchsergebnis e_i in der Menge A enthalten ist.

---

[1]) Aus Gründen, die hier nicht erörtert werden können, läßt sich nicht immer wirklich allen Teilmengen von E eine Wahrscheinlichkeit zuordnen. Derartige Teilmengen müssen dann im folgenden als „Ereignisse" ausgeschlossen werden.

Die Gleichung (2) hat als Basis für eine strenge mathematische Theorie Unzulänglichkeiten, und deswegen ist es heute üblich, den Begriff der Wahrscheinlichkeit axiomatisch in folgender Weise einzuführen:
Für jedes Ereignis $A \in \boldsymbol{A}$ eines vom Zufall abhängigen Experiments mit der Menge E der Elementarereignisse sei eine Zahl $P(A)$ erklärt, die folgende Bedingungen erfüllt:

(i) $P(A) \geqq 0$

(ii) $P(E) = 1$

(iii) $P(A \cup A_1 \cup A_2 \cup \cdots) = P(A) + P(A_1) + P(A_2) + \cdots$

für $A_i \in \boldsymbol{A}, \quad A \cap A_i = \emptyset, \quad A_i \cap A_j = \emptyset, \quad i \neq j.$

Diese Zahl heißt dann die *Wahrscheinlichkeit des Ereignisses A*. Mit den Eigenschaften (i) bis (iii) können nun ausgehend von den gegebenen Wahrscheinlichkeiten bestimmter Ereignisse die Wahrscheinlichkeiten daraus abgeleiteter Ereignisse gewonnen werden. Dies führt z. B. zum Begriff der *bedingten Wahrscheinlichkeit* $P(A/B)$ des Ereignisses A unter der Annahme, daß das Ereignis B eingetreten ist. Man kann sich leicht überlegen, daß

$$P(A/B) = \frac{P(A \cap B)}{P(B)} \tag{3}$$

gelten muß, wobei $P(B) > 0$ vorausgesetzt wird. Von großer Bedeutung ist auch der Begriff der Unabhängigkeit zweier Ereignisse: Man nennt die Ereignisse A und B *unabhängig*, wenn

$$P(A \cap B) = P(A) \cdot P(B) \tag{4}$$

gilt, oder anders ausgedrückt, wenn $P(A/B) = P(A)$ und $P(B/A) = P(B)$ ist, die Wahrscheinlichkeit des einen Ereignisses also vom Eintreten des andern nicht abhängt.

2. Zufallsvariable, Verteilungsfunktion, Dichtefunktion

Die Elementarereignisse $\{e_i\}$ und die daraus abgeleiteten Ereignisse $A \in \boldsymbol{A}$ können beliebige Objekte sein, die Augenzahl eines Würfels, das Wappen einer Münze, die Farbe einer Kugel. Oft ordnet man jedem Versuchsausgang e eine Zahl $\xi(e)$ zu, man erklärt also eine Funktion mit dem Definitionsbereich E aller möglichen Versuchsausgänge und dem Wertebereich R (oder C) der reellen (oder komplexen) Zahlen. Diese Funktion nennt man dann eine reelle (oder komplexe) *Zufallsvariable.* Wenn eine Zufallsvariable nur diskrete Werte annehmen kann, spricht man von einer *diskreten Zufallsvariablen,* und entsprechend kann eine *kontinuierliche Zufallsvariable* beliebige Werte in einem kontinuierlichen Intervall annehmen. Im folgenden werden nur reelle Zufallsvariablen betrachtet.

Beispiel: Ordnet man den sechs Flächen eines Würfels die Augenzahlen 1 bis 6 zu, dann handelt es sich um eine diskrete Zufallsvariable, während die (normierte) Brenndauer einer beliebig ausgewählten Glühbirne eine kontinuierliche Zufallsvariable darstellt.

Für irgendeine Zufallsvariable ξ läßt sich nun das Ereignis $\{\xi \leqq x\}$ für jedes $x \in R$ definieren (als die Menge aller Versuchsergebnisse e_i, für die $\xi(e_i) \leqq x$ ist), und man kann diesem Ereignis eine Wahrscheinlichkeit zuordnen. Die Funktion[1])

$$P(\xi \leqq x) = F_\xi(x) \tag{5}$$

nennt man die *Verteilungsfunktion* der Zufallsvariablen ξ, und man erkennt leicht, daß diese Funktion die Eigenschaften

$$0 \leqq F_\xi(x) \leqq 1$$

$$F_\xi(-\infty) = 0, \qquad F_\xi(\infty) = 1$$

haben muß. Weiterhin ist für $x_2 > x_1$

$$F_\xi(x_2) - F_\xi(x_1) = P(x_1 < \xi \leqq x_2) \geqq 0\,.$$

Damit ist $F_\xi(x)$ eine monoton wachsende Funktion mit dem prinzipiellen Verlauf nach Bild 147a. Ist ξ eine diskrete Zufallsvariable, dann wird $F_\xi(x)$ eine Treppenfunktion nach Bild 147b.

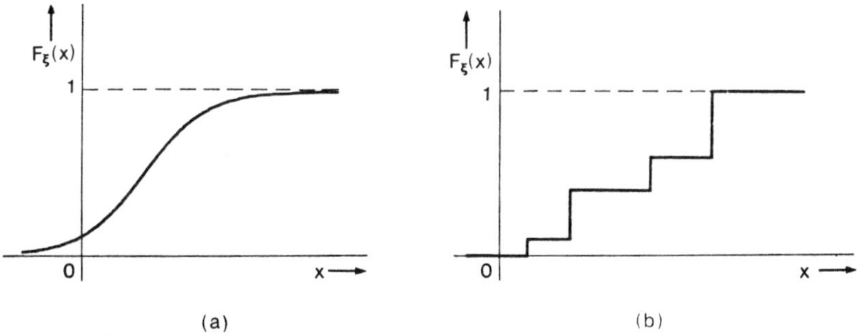

Bild 147: Darstellung von Verteilungsfunktionen

Die Wahrscheinlichkeit, mit der die Zufallsvariable ξ einen Wert x_0 annimmt, ist nur dann von Null verschieden, wenn x_0 eine Sprungstelle von $F_\xi(x)$ ist, und dann gilt

$$P(\xi = x_0) = p_0\,,$$

wobei p_0 die Sprunghöhe der Funktion $F_\xi(x)$ an der Stelle $x = x_0$ bedeutet. Bei einer kontinuierlichen Zufallsvariablen mit stetiger Verteilungsfunktion gilt

$$P(\xi = x) = 0$$

für alle Werte x; die Wahrscheinlichkeit, daß ξ einen bestimmten Wert x annimmt, ist also überall gleich Null. Als lokale Beschreibung der Wahrscheinlichkeit wird daher noch die *Wahrscheinlichkeitsdichtefunktion* eingeführt in der Form

$$f_\xi(x) = \frac{\mathrm{d}F_\xi(x)}{\mathrm{d}x}\,, \tag{6}$$

---

[1]) Zur Vereinfachung wird anstelle von $P(\{\xi \leqq x\})$ stets $P(\xi \leqq x)$ geschrieben.

wobei an Sprungstellen von $F_\xi(x)$ die Ableitung im distributiven Sinne zu nehmen ist. Da $F_\xi(x)$ eine monoton wachsende Funktion ist, muß $f_\xi(x) \geqq 0$ sein[1]), und es gilt

$$\int_{-\infty}^{x} f_\xi(y)\,\mathrm{d}y = F_\xi(x)$$

und

$$\int_{-\infty}^{\infty} f_\xi(x)\,\mathrm{d}x = 1\,.$$

Im kontinuierlichen Fall ist $f_\xi(x)\,\Delta x$ für hinreichend kleine $\Delta x > 0$ näherungsweise gleich der Wahrscheinlichkeit, daß der Wert der Zufallsvariablen ξ zwischen x und $x + \Delta x$ liegt. Im diskreten Fall ist $f_\xi(x)$ eine Folge von δ-Impulsen der Stärke

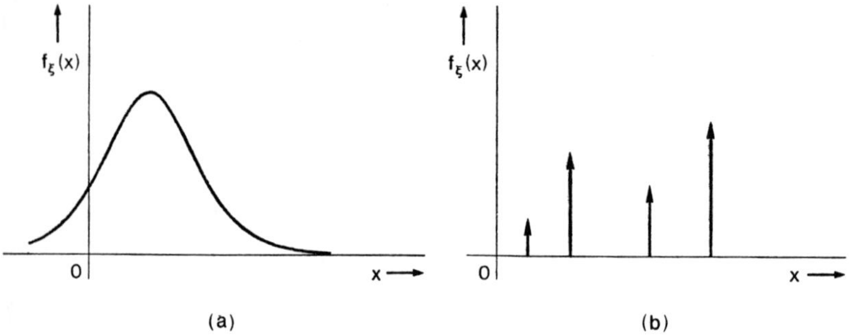

Bild 148: Darstellung von Wahrscheinlichkeitsdichtefunktionen

$P(\xi = x_\nu) = p_\nu$. In Bild 148 ist der typische Verlauf von $f_\xi(x)$ für eine kontinuierliche und eine diskrete Zufallsvariable angegeben, der Fall einer gemischten diskret-kontinuierlichen Zufallsvariablen ist ebenfalls möglich.

Man kann für das gleiche Experiment mit den möglichen Ausgängen $\{e_1, e_2, \ldots, e_i, \ldots\}$ mehrere Zufallsvariablen $\xi(e), \eta(e), \zeta(e), \ldots$ definieren und den Ereignissen $\{\xi \leqq x\}$, $\{\eta \leqq y\}$, $\{\zeta \leqq z\}, \ldots$ die Wahrscheinlichkeiten $F_\xi(x), F_\eta(y), F_\zeta(z), \ldots$ bzw. die Dichtefunktionen $f_\xi(x), f_\eta(y), f_\zeta(z), \ldots$ zuordnen. Weiterhin kann z. B. dem Ereignis

$$\{\xi \leqq x,\ \eta \leqq y\}$$

eine Wahrscheinlichkeit zugeordnet werden, und man nennt

$$P(\xi \leqq x, \eta \leqq y) = F_{\xi\eta}(x, y) \tag{7}$$

die *Verbundverteilungsfunktion* der Zufallsvariablen ξ und η bzw. die Funktion

$$\frac{\partial^2 F_{\xi\eta}(x, y)}{\partial x\, \partial y} = f_{\xi\eta}(x, y) \tag{8}$$

[1]) Aus formalen Gründen müssen hierbei die Stellen x_ν ausgenommen werden, an denen $f_\xi(x)$ nicht als gewöhnliche Funktion erklärt ist.

die *Verbunddichtefunktion* von ξ und η. Die Eigenschaften dieser Funktionen und weitere Verallgemeinerungen auf mehr als zwei Variablen sind naheliegend und brauchen hier nicht erörtert zu werden. Genannt sei allerdings die Eigenschaft der statistischen Unabhängigkeit zweier Zufallsvariablen ξ und η, die genau dann vorliegt, wenn die Ereignisse $\{\xi \leqq x\}$ und $\{\eta \leqq y\}$ unabhängig voneinander sind. Es gilt dann

$$P(\xi \leqq x, \eta \leqq y) = P(\xi \leqq x) \cdot P(\eta \leqq y),$$

also

$$F_{\xi\eta}(x, y) = F_{\xi}(x)\, F_{\eta}(y) \tag{9a}$$

oder

$$f_{\xi\eta}(x, y) = f_{\xi}(x)\, f_{\eta}(y), \tag{9b}$$

und dies bedeutet, daß kein Versuchsergebnis für die Variable ξ irgendeinen Einfluß auf die Wahrscheinlichkeitsverteilung für die Variable η zur Folge hat und umgekehrt.

3. Erwartungswert, Varianz, Kovarianz

Eine der wichtigsten statistischen Kenngrößen einer Zufallsvariablen ist ihr sogenannter *Mittelwert* oder *Erwartungswert*, für den die Bezeichnungen m_ξ oder $E[\xi]$ üblich sind. Der Erwartungswert ist definiert durch die Beziehung

$$m_\xi = E[\xi] = \int_{-\infty}^{\infty} x f_\xi(x)\, \mathrm{d}x, \tag{10a}$$

die im Falle einer diskreten Zufallsvariablen die Form

$$m_\xi = E[\xi] = \sum_\nu x_\nu P(\xi = x_\nu) = \sum_\nu x_\nu p_\nu \tag{10b}$$

annimmt. Man kann m_ξ interpretieren als die Abszisse des geometrischen Schwerpunkts der unter der Kurve $f_\xi(x)$ eingeschlossenen Fläche.

Bezeichnet g irgendeine Funktion, dann ist mit ξ auch $\eta = g(\xi)$ eine Zufallsvariable (sie ordnet dem Versuchsausgang e die Zahl $\eta(e) = g[\xi(e)]$ zu), und man kann den Mittelwert m_η von η definieren. Mit einiger Überlegung läßt sich zeigen, daß

$$m_\eta = E[g(\xi)] = \int_{-\infty}^{\infty} g(x)\, f_\xi(x)\, \mathrm{d}x \tag{11a}$$

bzw. für diskrete Zufallsvariablen

$$m_\eta = E[g(\xi)] = \sum_\nu g(x_\nu)\, p_\nu \tag{11b}$$

gilt. Ganz entsprechend gilt für die Funktion $\zeta = g(\xi, \eta)$ zweier Zufallsvariablen

$$m_\zeta = E[g(\xi, \eta)] = \int_{-\infty}^{\infty} \int_{-\infty}^{\infty} g(x, y)\, f_{\xi\eta}(x, y)\, \mathrm{d}x\, \mathrm{d}y. \tag{11c}$$

Wie Gl. (11a) deutlich macht, ist die Bildung des Erwartungswerts eine lineare Operation, d. h., für beliebige Konstanten a_1, a_2 und Funktionen $g_1(\xi)$, $g_2(\xi)$ gilt stets

$$E[a_1 g_1(\xi) + a_2 g_2(\xi)] = a_1 E[g_1(\xi)] + a_2 E[g_2(\xi)]. \tag{12a}$$

Entsprechend folgt aus Gl. (11c) bei Heranziehung der Gl. (8) nach einer Zwischenrechnung die wichtige Eigenschaft

$$E[\xi + \eta] = E[\xi] + E[\eta]. \tag{12b}$$

Ist in Gl. (11a) insbesondere $g(\xi) = \xi^n$, dann nennt man den zugehörigen Erwartungswert das *n-te Moment* der Zufallsvariablen ξ. Als *Varianz* wird das zweite Moment der Zufallsvariablen $\xi - m_\xi$ bezeichnet, also die Größe

$$\sigma_\xi{}^2 = E[(\xi - m_\xi)^2] = \int_{-\infty}^{\infty} (x - m_\xi)^2 f_\xi(x) \, \mathrm{d}x. \tag{13a}$$

Diese Größe läßt sich interpretieren als das Trägheitsmoment der Fläche unter $f_\xi(x)$ bezüglich der Achse $x = m_\xi$, und sie ist ein Maß für die Konzentration der Wahrscheinlichkeitsdichte $f_\xi(x)$ um $x = m_\xi$. Die (positive) Größe σ_ξ nennt man auch die *Streuung* von ξ. Bei diskreten Zufallsvariablen ergibt sich

$$\sigma_\xi{}^2 = \sum_\nu (x_\nu - m_\xi)^2 \, p_\nu. \tag{13b}$$

Ein Erwartungswert, der von zwei Zufallsvariablen abhängt, ist die *Kovarianz*, die definiert ist als

$$c_{\xi\mu} = E[(\xi - m_\xi)\,(\eta - m_\eta)] = \int_{-\infty}^{\infty} \int_{-\infty}^{\infty} (x - m_\xi)\,(y - m_\eta)\, f_{\xi\eta}(x, y) \, \mathrm{d}x \, \mathrm{d}y, \tag{14}$$

und man kann leicht zeigen, daß stets

$$c_{\xi\eta} = E[\xi\eta] - E[\xi] \cdot E[\eta]$$

gilt. Die Kovarianz $c_{\xi\eta}$ kennzeichnet die statistische Abhängigkeit von ξ und η. Sie wird häufig in der normierten Form $\varrho_{\xi\eta} = c_{\xi\eta}/\sigma_\xi\sigma_\eta$ verwendet und dann als *Korrelationskoeffizient* bezeichnet. Ist

$$E[\xi\eta] = E[\xi] \cdot E[\eta] \tag{15}$$

also $\varrho_{\xi\eta} = 0$, dann nennt man ξ und η *unkorreliert*. Statistisch unabhängige Zufallsvariablen sind stets auch unkorreliert; die Umkehrung dieser Aussage gilt jedoch nicht allgemein. Ist $E[\xi\eta] = 0$, dann heißen die Zufallsvariablen ξ und η zueinander *orthogonal*.

Faßt man n Zufallsvariablen $\xi_1, \ldots, \xi_n$ zu einem Zufallsvektor $\boldsymbol{\xi}$ zusammen, dann werden Mittelwert $\boldsymbol{m}$ und Streuung $\boldsymbol{\sigma}$ von $\boldsymbol{\xi}$ erklärt, indem man die Mittelwerte m_i bzw. die Streuungen σ_i entsprechend zu Vektoren zusammenfaßt. Unter der *Kovarianzmatrix* des Vektors $\boldsymbol{\xi}$ versteht man die Matrix $\boldsymbol{C} = (c_{ij})$, wobei c_{ij} die Varianz der Zufallsvariablen ξ_i, ξ_j bedeutet. Es gilt also

$$\boldsymbol{C} = E[(\boldsymbol{\xi} - \boldsymbol{m})\,(\boldsymbol{\xi} - \boldsymbol{m})'].$$

4. Normalverteilung (Gaußsche Verteilung)

Ein Beispiel für die Wahrscheinlichkeitsverteilung einer Zufallsvariablen, das bei praktischen Anwendungen sehr große Bedeutung besitzt, ist die *Gaußsche* oder *normalverteilte* Zufallsvariable, bei der die Wahrscheinlichkeitsdichtefunktion gegeben ist durch

$$f_\xi(x) = \frac{1}{\sqrt{2\pi}\,\sigma}\, e^{-\frac{(x-m)^2}{2\sigma^2}} \tag{16}$$

mit dem Mittelwert

$$m_\xi = m$$

und der Streuung

$$\sigma_\xi = \sigma .$$

Der Verlauf dieser Dichtefunktion ist im Bild 149 für einige Werte der Streuung σ angegeben.

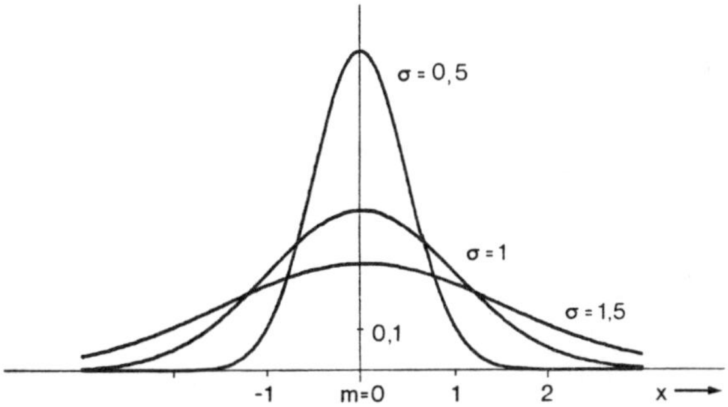

Bild 149: Dichtefunktionen der Normalverteilung für verschiedene Parameterwerte σ

Man kann einerseits zeigen, daß die Summe $\zeta = \xi + \eta$ zweier unabhängiger Gaußscher Zufallsvariablen wiederum eine Gaußsche Zufallsvariable darstellt, und andererseits, daß unter gewissen, wenig einschränkenden Voraussetzungen die Summe einer Anzahl von unabhängigen Zufallsvariablen

$$\xi = \sum_{i=1}^{n} \xi_i$$

mit nahezu beliebigen Dichtefunktionen $f_{\xi_i}(x)$ für $n \to \infty$ gegen eine Gaußsche Zufallsvariable strebt. Dies ist der Grund, warum die Gaußsche Verteilung bei praktischen Anwendungen eine überragende Rolle spielt.

Anhang C: Korrespondenzen

1. Korrespondenzen der Fourier-Transformation

$f(t)$	$F(\mathrm{j}\omega)$
$\delta(t)$	1
1	$2\pi\delta(\omega)$
$\operatorname{sgn} t$	$2/\mathrm{j}\omega$
$s(t)$	$\pi\delta(\omega) + 1/\mathrm{j}\omega$
$p_T(t)$	$\frac{2}{\omega} \sin T\omega$
$\frac{1}{\pi t} \sin \Omega t$	$p_\Omega(\omega)$
$\frac{2}{\pi\Omega t^2} \sin^2 \frac{\Omega t}{2}$	$\left(1 - \frac{\lvert\omega\rvert}{\Omega}\right) p_\Omega(\omega) = q_\Omega(\omega)$
$q_T(t)$	$\frac{4}{T\omega^2} \sin^2 \frac{T\omega}{2}$
$\cos \omega_0 t$	$\pi[\delta(\omega - \omega_0) + \delta(\omega + \omega_0)]$
$\sin \omega_0 t$	$\frac{\pi}{\mathrm{j}} [\delta(\omega - \omega_0) - \delta(\omega + \omega_0)]$
$s(t) \cos \omega_0 t$	$\frac{\pi}{2} [\delta(\omega - \omega_0) + \delta(\omega + \omega_0)] + \mathrm{j}\omega/({\omega_0}^2 - \omega^2)$
$s(t) \sin \omega_0 t$	$\frac{\pi}{2\mathrm{j}} [\delta(\omega - \omega_0) - \delta(\omega + \omega_0)] + \omega_0/({\omega_0}^2 - \omega^2)$
$p_T(t) \cos \omega_0 t$	$\frac{\sin T(\omega + \omega_0)}{\omega + \omega_0} + \frac{\sin T(\omega - \omega_0)}{\omega - \omega_0}$
$p_T(t) \cdot \cos^2 \frac{\pi}{2T} t$	$(\sin \omega T)/\{\omega[1 - (\omega T/\pi)^2]\}$
$\sum_{\mu=-\infty}^{\infty} \delta(t - \mu T)$	$\frac{2\pi}{T} \sum_{\mu=-\infty}^{\infty} \delta\left(\omega - \mu \frac{2\pi}{T}\right)$
$s(t)\, \mathrm{e}^{-at}\ \ (a > 0)$	$1/(a + \mathrm{j}\omega)$

$f(t)$	$F(j\omega)$
$e^{-a\|t\|}$ $(a > 0)$	$2a/(a^2 + \omega^2)$
$t \cdot s(t)$	$-1/\omega^2 + j\pi\delta'(\omega)$
e^{-at^2} $(a > 0)$	$\sqrt{\pi/a}\, e^{-\omega^2/4a}$
$e^{-a\|t\|} \operatorname{sgn} t$ $(a > 0)$	$\dfrac{-2j\omega}{a^2 + \omega^2}$
$\dfrac{a}{a^2 + t^2}$ $(a > 0)$	$\pi\, e^{-a\|\omega\|}$
$e^{-a\|t\|}(b \cos \omega_0 \|t\| + c \sin \omega_0 \|t\|)$	$2\,\dfrac{\omega^2(ab - \omega_0 c) + (ab + \omega_0 c)(a^2 + \omega_0^2)}{\omega^4 + 2\omega^2(a^2 - \omega_0^2) + (a^2 + \omega_0^2)^2}$

2. Korrespondenzen der Laplace-Transformation

$f(t)$	$F_I(p)$
$\delta(t)$	1
$s(t)\, t^n/n!$ $(n = 0, 1, \ldots)$	$1/p^{n+1}$
$s(t)\, t^n\, e^{-at}/n!$ $(n = 0, 1, \ldots)$	$1/(p + a)^{n+1}$
$s(t) \cos \beta t$	$p/(p^2 + \beta^2)$
$s(t) \sin \beta t$	$\beta/(p^2 + \beta^2)$
$s(t)\, e^{-at} \cos \beta t$	$(p + a)/[(p + a)^2 + \beta^2]$
$s(t)\, e^{-at} \sin \beta t$	$\beta/[(p + a)^2 + \beta^2]$
$s(t)\, t \cos \beta t$	$(p^2 - \beta^2)/(p^2 + \beta^2)^2$
$s(t)\, t \sin \beta t$	$2\beta p/(p^2 + \beta^2)^2$
$s(t) \cos^2 \beta t$	$(p^2 + 2\beta^2)/[p(p^2 + 4\beta^2)]$
$s(t) \sin^2 \beta t$	$2\beta^2/[p(p^2 + 4\beta^2)]$
$s(t) \cosh \beta t$	$p/(p^2 - \beta^2)$
$s(t) \sinh \beta t$	$\beta/(p^2 - \beta^2)$
$s(t)\, \dfrac{\sin \beta t}{t}$	$\arctan \dfrac{\beta}{p}$
$s(t)/\sqrt{\pi t}$	$1/\sqrt{p}$
$s(t)\, 2\sqrt{t/\pi}$	$1/(p\sqrt{p})$

3. Korrespondenzen der Z-Transformation

$f(n)$	$F(z)$
$\delta(n)$	1
$s(n)$	$z/(z-1)$
$s(n)\,\mathrm{e}^{-\alpha n}$	$z/(z-\mathrm{e}^{-\alpha})$
$s(n)\,n\,\mathrm{e}^{-\alpha n}$	$\mathrm{e}^{-\alpha}z/(z-\mathrm{e}^{-\alpha})^2$
$s(n)\,n^2\,\mathrm{e}^{-\alpha n}$	$\mathrm{e}^{-\alpha}z(z+\mathrm{e}^{-\alpha})/(z-\mathrm{e}^{-\alpha})^3$
$s(n)\,n$	$z/(z-1)^2$
$s(n)\,n^2$	$z(z+1)/(z-1)^3$
$s(n)\,n^3$	$z(z^2+4z+1)/(z-1)^4$
$s(n)\,n^4$	$z(z^3+11z^2+11z+1)/(z-1)^5$
$s(n)\cos n\omega$	$z(z-\cos\omega)/(z^2-2z\cos\omega+1)$
$s(n)\sin n\omega$	$z\sin\omega/(z^2-2z\cos\omega+1)$
$s(n)\,\mathrm{e}^{-\beta n}\cos n\omega$	$z(z-\mathrm{e}^{-\beta}\cos\omega)/(z^2-2\mathrm{e}^{-\beta}z\cos\omega+\mathrm{e}^{-2\beta})$
$s(n)\,\mathrm{e}^{-\beta n}\sin n\omega$	$z\,\mathrm{e}^{-\beta}\sin\omega/(z^2-2\mathrm{e}^{-\beta}z\cos\omega+\mathrm{e}^{-2\beta})$
$s(n)\cosh\beta n$	$z(z-\cosh\beta)/(z^2-2z\cosh\beta+1)$
$s(n)\sinh\beta n$	$z\sinh\beta/(z^2-2z\cosh\beta+1)$
$s(n)/n!$	$\mathrm{e}^{1/z}$

Formelzeichen und Abkürzungen

t	kontinuierliche Zeitvariable
t_0, t_1, T, τ	Zeitparameter
n	diskrete Zeitvariable
ν, μ, n_0, n_1	Zeitparameter (diskret)
$\mathrm{j} = \sqrt{-1}$	imaginäre Einheit
$p = \sigma + \mathrm{j}\omega$	komplexe Frequenzvariable
ω	reelle Frequenzvariable
$\omega_g, \omega_0, \Omega, \Omega_1$	Frequenzparameter
z	komplexe Variable der Z-Transformation
$\boldsymbol{x} = [x_1, \ldots, x_m]'$	Vektor der Eingangsgrößen
$\boldsymbol{y} = [y_1, \ldots, y_n]'$	Vektor der Ausgangsgrößen
$\boldsymbol{z} = [z_1, \ldots, z_q]'$	Vektor der Zustandsgrößen
$s(t), s(n)$	Sprungfunktion
$\delta(t), \delta(n)$	Impulsfunktion (Delta-Funktion)
$a(t,\tau), a(t), a(n,\nu), a(n)$	Sprungantwort
$h(t, \tau), h(t), h(n, \nu), h(n)$	Impulsantwort
$p_\Omega(\omega)$	Rechteckfunktion
$q_\Omega(\omega)$	Dreieckfunktion
$\boldsymbol{A}, \boldsymbol{B}, \boldsymbol{C}, \boldsymbol{D}, (\boldsymbol{b}, \boldsymbol{c}, d)$	Matrizen zur Systembeschreibung im Zustandsraum
$\boldsymbol{E}$	Einheitsmatrix
$\boldsymbol{\Phi}(t, t_0), \boldsymbol{\Phi}(t), \boldsymbol{\Phi}(n)$	Übergangsmatrix
$\boldsymbol{U}$	Steuerbarkeitsmatrix
$\boldsymbol{V}$	Beobachtbarkeitsmatrix
$\boldsymbol{F}$	Frobenius-Matrix
$V(\boldsymbol{z}, t)$	Lyapunov-Funktion
$F(\mathrm{j}\omega)$	Fourier-Transformierte (Spektrum) von $f(t)$
$F(\mathrm{e}^{\mathrm{j}\omega T})$	Spektrum von $f(n)$
$F_I(p)$	(einseitige) Laplace-Transformierte von $f(t)$
$F_{II}(p)$	(zweiseitige) Laplace-Transformierte von $f(t)$
$F(z)$	Z-Transformierte von $f(n)$
$H(p), H(z)$	Übertragungsfunktion
$H(p, t)$	verallgemeinerte Übertragungsfunktion
$A(\omega)$	Amplitudenfunktion
$\alpha(\omega)$	Dämpfungsfunktion
$\Theta(\omega)$	Phasenfunktion
$R(\omega)$	Realteilfunktion
$X(\omega)$	Imaginärteilfunktion
$\hat{\boldsymbol{\Phi}}(p), \hat{\boldsymbol{\Phi}}(z)$	charakteristische Frequenzmatrix
det	Determinante
Si	Integralsinusfunktion
sgn	Signumfunktion
e, exp	Exponentialfunktion
ld	Zweierlogarithmus
ln	natürlicher Logarithmus
log	Zehnerlogarithmus
lim	Limes
$\\|\ldots\\|$	Norm des Vektors . . ., Norm der Matrix . . .
$T[\ ]$	Operatorsymbol
Re	Realteil
Im	Imaginärteil

*	Faltungssymbol
○—	Korrespondenz zwischen Zeitfunktion und ihrer Fourier-Transformierten
○—●	Korrespondenz zwischen Zeitfunktion und ihrer Laplace-Transformierten
○⁓—●	Korrespondenz zwischen Zeitfunktion und ihrer Z-Transformierten
	Transposition bei Matrizen
$\vdash_{N}$	Symbol für die diskrete Fourier-Transformation der Ordnung N
$\boldsymbol{x}(t)$	stochastischer Prozeß
$E[\ ]$	Erwartungswert
$r_{xx}(\tau)$	Autokorrelationsfunktion
$r_{xy}(\tau)$	Kreuzkorrelationsfunktion
$S_{xx}(\omega)$	spektrale Leistungsdichte
$S_{xy}(\omega)$	Kreuzleistungsspektrum

Literatur

A. Systemtheorie

[1] Achilles, D.: Die Fourier-Transformation in der Signalverarbeitung. Springer-Verlag, Berlin 1978.

[2] Ackermann, J.: Abtastregelung. Springer-Verlag, Berlin 1972.

[3] Anderson, B. D. O., und Moore, J. B.: Linear Optimal Control. Prentice-Hall, Englewood Cliffs, N. J., 1971.

[4] Aseltine, J. A.: Transform Method in Linear System Analysis. McGraw-Hill Book Co., New York 1958.

[5] Barnett, S.: Introduction to Mathematical Control Theory. Clarendon Press, Oxford 1975.

[6] Bode, H. W.: Network Analysis and Feedback Amplifier Design. D. Van Nostrand Co., 14. Auflage, Princeton 1964.

[7] Bohn, E. V.: The Transform Analysis of Linear Systems. Addison-Wesley Publishing Co., Reading 1963.

[8] Brockett, R. W.: Finite Dimensional Linear Systems. John Wiley, New York 1970.

[9] Brown, B. M.: The Mathematical Theory of Linear Systems. Chapman and Hall, London 1965.

[10] Brown, R. G., und Nilsson, J. W.: Introduction to Linear Systems Analysis. John Wiley, New York 1962.

[11] Chen, C. T.: Introduction to Linear System Theory. Holt, Rinehart and Winston. New York 1970.

[12] DeRusso, P. M., Roy, R. J., und Close, C. M.: State Variables for Engineers. John Wiley, 2. Auflage, New York 1966.

[13] Desoer, C. A., und Vidyasagar, M.: Feedback Systems, Input-Output Properties. Academic Press, New York 1975.

[14] Dorf, R. C.: Time-Domain Analysis and Design of Control Systems. Addison-Wesley Publishing Co., Reading 1965.

[15] Gold, B., und Rader, C.: Digital Processing of Signals. McGraw-Hill Book Co., New York 1969

[16] Guillemin, E. A.: Theory of Linear Physical Systems. John Wiley, New York 1963.

[17] Kaden, H.: Impulse und Schaltvorgänge in der Nachrichtentechnik. R. Oldenbourg Verlag, München 1957.

[18] Kalman, R. E., Falb, P. L., und Arbib, M. A.: Topics in Mathematical System Theory. McGraw-Hill Book Co., New York 1969.

[19] Kaufmann, H.: Dynamische Vorgänge in linearen Systemen der Nachrichten- und Regelungstechnik. R. Oldenbourg Verlag, München 1959.

[20] Kirk, D. E.: Optimal Control Theory. Prentice-Hall, Englewood Cliffs. N. J., 1970.

[21] Küpfmüller, K.: Die Systemtheorie der elektrischen Nachrichtenübertragung. S. Hirzel-Verlag, Stuttgart 1968.

[22] Lange, F. H.: Signale und Systeme, Band I, II und III. VEB Verlag Technik, Berlin 1965, 1968, 1971.
[23] Lathi, B. P.: Signals, Systems and Communication. John Wiley, New York 1965.
[24] Liu, C. L., und Liu, Jane W. S.: Linear Systems Analysis. McGraw-Hill Book Co., New York 1975.
[25] Ogata, K.: State Space Analysis of Control Systems. Prentice-Hall, Englewood Cliffs, N. J., 1967.
[26] Oppenheim, A. V., und Schafer, R. W.: Digital Signal Processing. Prentice-Hall, Englewood Cliffs, N. J., 1975.
[27] Papoulis, A.: The Fourier Integral and its Applications. McGraw-Hill Book Co., New York 1962.
[28] Papoulis, A.: Signal Analysis. McGraw-Hill Book Co., New York 1977.
[29] Rabiner, L. R., und Gold, B.: Theory and Application of Digital Signal Processing. Prentice-Hall, Englewood Cliffs, N. J., 1975.
[30] Rabiner, L. R., und Rader, C. M.: Digital Signal Processing. Institute of Electrical and Electronics Engineers, New York 1972.
[31] Raven, F. H.: Automatic Control Engineering. McGraw-Hill Book Co., New York 1978.
[32] Schüßler, H. W.: Digitale Systeme zur Signalverarbeitung. Springer-Verlag, Berlin 1973.
[33] Schwarz, R. J., und Friedland, B.: Linear Systems. McGraw-Hill Book Co., New York 1965.
[34] Tretter, S. A.: Introduction to Discrete-Time Signal Processing. John Wiley, New York 1976.
[35] Weihrich, G.: Optimale Regelung linearer deterministischer Prozesse. R. Oldenbourg Verlag, München 1973.
[36] Wiener, N.: Extrapolation, Interpolation and Smoothing of Stationary Time Series. The M. I. T. Press, Cambridge, Mass., 1949.
[37] Willems, J. L.: Stability Theory of Dynamical Systems. Nelson, London 1970.
[38] Wunsch, G.: Systemtheorie der Informationstechnik. Akademische Verlagsgesellschaft Geest & Portig, Leipzig 1971.
[39] Wunsch, G.: Systemanalyse, Band 1 und 2. Dr. Alfred Hüthig Verlag, Heidelberg 1967, 1972.
[40] Zadeh, L. A., und Desoer, C. A.: Linear System Theory — The State Space Approach. McGraw-Hill Book Co., New York 1963.

B. Netzwerktheorie

[41] Bose, A. G., und Stevens, K. N.: Introductory Network Theory. Harper and Row, New York 1965.
[42] Carlin, H. J., und Giordano, A. B.: Network Theory. Prentice-Hall, Englewood Cliffs, N. J., 1964.
[43] Cauer, W.: Theorie der linearen Wechselstromschaltungen. Akademie-Verlag, Berlin 1954.
[44] Desoer, C. A., und Kuh, E. S.: Basic Circuit Theory. McGraw-Hill Book Co., New York 1969.
[45] Unbehauen, R.: Elektrische Netzwerke, Eine Einführung in die Analyse. Springer-Verlag, 2. Auflage, Berlin 1981.
[46] Unbehauen, R.: Synthese elektrischer Netzwerke. R. Oldenbourg Verlag, München 1972.
[47] Van Valkenburg, M. E.: Network Analysis. Prentice-Hall, Englewood Cliffs, N. J., 1964.

C. Mathematik

[48] Berg, L.: Einführung in die Operatorenrechnung. VEB Deutscher Verlag der Wissenschaften, Berlin 1965.
[49] Coddington, E. A., und Levinson, N.: Theory of Ordinary Differential Equations. McGraw-Hill Book Co., New York 1955.
[50] Doetsch, G.: Anleitung zum praktischen Gebrauch der Laplace-Transformation und der Z-Transformation. R. Oldenbourg Verlag, München 1967.

[51] Doetsch, G.: Einführung in Theorie und Anwendung der Laplace-Transformation. Birkhäuser-Verlag, Basel 1958.
[52] Fenyö, S., und Frey, T.: Moderne mathematische Methoden in der Technik. Birkhäuser-Verlag, Basel 1967.
[53] Gantmacher, F. R.: Matrizenrechnung, Band 1 und 2. Deutscher Verlag der Wissenschaften, Berlin 1965 und 1966.
[54] Halmos, P. R.: Finite-Dimensional Vector Spaces. D. Van Nostrand Co., Princeton 1958.
[55] Jahnke, E., Emde, F., und Lösch, F.: Tafeln Höherer Funktionen. B. G. Teubner Verlagsgesellschaft, Stuttgart 1966.
[56] Kaplan, W.: Operational Methods for Linear Systems. Addison-Wesley Publishing Co., Reading 1962.
[57] Lighthill, M. J.: Einführung in die Theorie der Fourier-Analysis und der verallgemeinerten Funktionen. Bibliographisches Institut, Mannheim 1966.
[58] Marden, M.: Geometry of the Zeros of a Polynomial in a Complex Variable. American Mathematical Society, New York 1949.
[59] Paley, R. E. A. C., und Wiener, N.: Fourier Transforms in the Complex Domain. American Mathematical Society, New York 1934.
[60] Smirnow, W. I.: Lehrgang der Höheren Mathematik, Teil I, Teil III, 2. VEB Deutscher Verlag der Wissenschaften, Berlin 1955 und 1956.
[61] Schwartz, L.: Mathematics for the Physical Sciences. Addison-Wesley Publishing Co., Reading 1966.
[62] Titchmarsh, E. C.: Introduction to the Theory of Fourier Integrals. Oxford University Press, 2. Auflage, New York 1967.
[63] Tolstow, G. P.: Fourierreihen. VEB Deutscher Verlag der Wissenschaften. Berlin 1955.
[64] Wiener, N.: The Fourier Integral and certain of its Applications. Dover Publications, New York 1933.
[65] Zurmühl, R.: Matrizen und ihre technische Anwendung. Springer-Verlag, Berlin 1964.
[66] Zurmühl, R.: Praktische Mathematik. Springer-Verlag, Berlin 1965.

D. Zeitschriftenaufsätze

[67] Ackermann, J.: Der Entwurf linearer Regelungssysteme im Zustandsraum. Regelungstechnik 20 (1972), S. 297–300.
[68] Cohn, A.: Über die Anzahl der Wurzeln einer algebraischen Gleichung in einem Kreise. Mathematische Zeitschrift 14 (1922), S. 110–148.
[69] Desoer, C. A., und Thomasian, A. J.: A note on zero-state stability of linear systems. Proceedings of the First Allerton Conference on Circuit and System Theory, Urbana, Illinois, University of Illinois 1963.
[70] Föllinger, O.: Entwurf von Regelkreisen durch Transformation der Zustandsvariablen. Regelungstechnik 24 (1976), S. 239–245.
[71] Forster, U., und Unbehauen, R.: Stabilitätsprüfung bei diskontinuierlichen oder periodisch zeitvarianten linearen Systemen. Archiv für Elektrotechnik 56 (1974), S. 45–49.
[72] Heymann, M.: Comments "On pole assignment in multi-input controllable linear systems." IEEE Trans. Automatic Control, AC-13 (1968), S. 748–749.
[73] Kalman, R. E.: Mathematical Description of Linear Dynamical Systems. J. SIAM Control, Series A, 1 (1963), S. 152–192.
[74] Kalman, R. E., und Bucy, R. S.: New results in linear filtering and prediction theory. Trans. ASME, ser. D, 83 (1961), S. 95–108.
[75] Kalman, R. E., Ho, Y. C., und Narendra, K. S.: Controllability of linear dynamical systems. Contrib. Differential Equations 1 (1961), S. 189–213.
[76] Kuh, E. S., und Rohrer, R. A.: The State-Variable Approach to Network Analysis. Proc. IEEE 53 (1965), S. 672–686.

[77] Luenberger, D. G.: Observing the state of a linear system. IEEE Trans. Military Electronics, MIL-8 (1964), S. 74–80.

[78] Luenberger, D. G.: Observers for multivariable systems. IEEE Trans. Automatic Control, AC-11 (1966), S. 190–197.

[79] Luenberger, D. G.: Canonical forms for linear multivariable systems. IEEE Trans. Automatic Control, AC-12 (1967), S. 290–293.

[80] Unbehauen, R.: Ermittlung rationaler Frequenzgänge aus Meßwerten. Regelungstechnik 14 (1966), S. 268–273.

[81] Unbehauen, R.: Zur Synthese digitaler Filter. AEÜ 24 (1970), S. 305–313.

[82] Unbehauen, R.: Determination of the transfer function of a digital filter from the real part of the frequency response. AEÜ 26 (1972), S. 551–557.

Sachregister